de Gruyter Lehrbuch

tom Dieck · Topologie

Tammo tom Dieck

Topologie

2., völlig neu bearbeitete und erweiterte Auflage

W
DE
G

Walter de Gruyter
Berlin · New York 2000

Tammo tom Dieck
Mathematisches Institut
Georg-August-Universität
Bunsenstr. 3–5
D-37073 Göttingen

Mathematics Subject Classification 2000: 55-01; 57-01

♾ Gedruckt auf säurefreiem Papier, das die US-ANSI-Norm über Haltbarkeit erfüllt.

Die Deutsche Bibliothek — CIP-Einheitsaufnahme

TomDieck, Tammo:
Topologie / Tammo tom Dieck. – 2., völlig neu bearb. und
erw. Aufl. – Berlin ; New York : de Gruyter, 2000
  (De-Gruyter-Lehrbuch)
  ISBN 3-11-016236-9

Printed in Germany.
Druck und Bindung: WB-Druck GmbH & Co., Rieden am Forggensee.
Umschlagentwurf: Hansbernd Lindemann, Berlin.

Vorwort

Das vorliegende Lehrbuch bietet eine Einführung in das Gesamtgebiet der algebraischen und geometrischen Topologie. Der Text der ersten Auflage wurde vollständig umgearbeitet und durch Kapitel zur algebraischen Topologie ergänzt.

Durch das Studium der Topologie lernt man eine mathematische Denkweise, die von grundsätzlicher Bedeutung für die gesamte Mathematik ist: die Denkweise der globalen (geometrischen) Strukturen. Eine globale Struktur ist qualitativer Natur. Sie läßt sich daher nur durch entsprechende globale Begriffssysteme erfassen.

Die Topologie ist kein „primäres" mathematisches Gebiet. Grundkenntnisse aus der Analysis (einschließlich der mengentheoretischen Topologie) und der Algebra (einschließlich der Kategoriensprache) werden benutzt. Die wesentlichen Methoden der Topologie sind die Quintessenz jahrzehntelanger Forschungen und daher nicht im ersten Anlauf vollständig zu meistern.

Traditionell beginnt man daher mit einem Kurs über Fundamentalgruppe und Überlagerungen (Kapitel I) und Flächen (Kapitel II). Die Flächentheorie liefert die wünschenswerte Anschauung und ist durch Verzicht auf technische Perfektion auch direkt zugänglich. Die Fundamentalgruppe ist der Prototyp eines Überganges von der „kontinuierlichen" Geometrie zur „diskreten" Algebra. Es versteht sich, daß diese traditionellen Gegenstände weitverzweigte Anwendungen in anderen Gebieten haben (etwa in der Funktionentheorie und der Differentialgeometrie) und schon darum zur mathematischen Allgemeinbildung zählen.

Eine Fortsetzung (oder auch ein fortgeschrittener Einstieg) ist auf dreierlei Weise möglich: Homologie und Kohomologie, Homotopie, Differentialtopologie. Der Homologiekurs wird durch die Kapitel IV, V, VII und X bereitgestellt. Der Homotopiekurs beginnt mit den Kapiteln III, VI, VII. Die geometrische Topologie wird hier in den Kapiteln VIII, IX und natürlich auch II präsentiert. Das achte Kapitel wurde im Vertrauen darauf verfaßt, daß aus der Analysis ein Grundverständnis über differenzierbare Mannigfaltigkeiten vorhanden ist.

Ein Text muß eine lineare Anordnung haben, und interessierte Leserinnen und Leser werden dieses Buch auch von vorn bis hinten studieren. Von dieser Idealvorstellung ausgehend wurde der Text verfaßt. Zwischen den drei genannten Kursen und der Einführung in die Topologie gibt es eine Fülle von Querverbindungen. Die grundlegenden Gegenstände der Topologie — Zellenkomplexe, Mannigfaltigkeiten und Bündel — muß man ja auf jeden Fall kennenlernen. Die Wirklichkeit läßt sich nicht linear anordnen, sie hat selbst eine (topologische?) globale Struktur.

Damit die Mühe des Bergsteigens lohnt, öffnet sich im elften Kapitel ein Ausblick mit Panorama.

Das Buch ist eingeteilt in Kapitel (römisch) und Abschnitte (arabisch). Auf (4.9) im zweiten Kapitel wird durch II (4.9) verwiesen; innerhalb des Kapitels fällt die II aber weg. Durch □ wird das Ende eines Beweises (oder sein Fehlen) markiert; durch ◇ das Ende einer anderen numerierten Einheit (Beispiel, Bemerkung). Ziffern in eckigen Klammern verweisen auf das Literaturverzeichnis.

Der Text enthält zahlreiche Beispiele. Diese haben auch die Funktion von Aufgaben, denn fast immer erfordern sie weitere Überlegungen oder Lektüre. Wegen zusätzlicher Aufgaben konsultiere man auch die erste Auflage (sie wird trotz ihrer Umarbeitung nicht als „Jugendsünde" verworfen).

Über jedes Kapitel des Buches gibt es eigene Lehrbücher — das möge man bedenken. Es ist daher leicht, etwas Elementares und Wichtiges zu benennen (zum Beispiel den Lefschetzschen Fixpunktsatz oder die Spanier-Whitehead-Dualität), das sich hier nicht findet.

Ich bedanke mich für die vielen Anregungen und Ratschläge, die ich zu diesem Buchprojekt erhalten habe; insbesondere haben mich Gespräche mit Theodor Bröcker, Wolfgang Lück und Volker Puppe beeinflußt.

Ich bedanke mich beim Verlag Walter de Gruyter für die gute Zusammenarbeit und die Bereitwilligkeit, das Buch in der von mir konzipierten Form zu veröffentlichen. Ich danke Frau Zimmermann, die meinen Text wiederum sehr gründlich durchgesehen und etliche Verbesserungen eingearbeitet hat, und Herrn Karbe, der das Projekt vom Verlag aus betreut und mit vielen Anregungen und Ermunterungen gefördert hat.

Göttingen, im August 2000   Tammo tom Dieck

Inhaltsverzeichnis

I Fundamentalgruppe und Überlagerungen

Viele geometrisch-topologische Fragen können als die Frage nach stetigen Abbildungen mit geeigneten Eigenschaften formuliert werden. Die gewünschten Eigenschaften sind oft so robust, daß sie durch kleine Änderungen der Abbildung nicht zerstört werden. Das bringt die analytische Idee der Approximation und die geometrische Idee der Deformation ins Spiel. Die Idee der Deformation wird durch den Begriff der Homotopie präzisiert. Wir beginnen deshalb mit dem für alles Weitere grundlegenden Homotopiebegriff. Mit ihm beginnt die qualitive Geometrie, und er ist der Ausgangspunkt für die Algebraisierung der Topologie.

Die Fundamentalgruppe eines Raumes wurde 1895 von Poincaré eingeführt. Sie ist ein Modell für alle weiteren algebraischen Invarianten, die Räumen zugeordnet werden. Der Betrachtung von Wegen in Räumen liegt die Idee zugrunde, daß man geometrische Information von einem Punkt zu einem anderen transportieren möchte. Im allgemeinen hängt aber das Ergebnis des Transports vom Weg ab. Soweit nur die Homotopieklasse des Weges relevant ist, tritt die Fundamentalgruppe auf.

Durch die Theorie der Überlagerungen wird die Fundamentalgruppe ihrer formalen Natur enthoben und als Symmetriegruppe erkannt. Es ist im weiteren Verlauf grundsätzlich wichtig, geometrische Invarianten mit zusätzlicher Symmetriestruktur zu betrachten. Die Klassifikation der Überlagerungen eines Raumes durch Untergruppen seiner Fundamentalgruppe ist analog zur Galois-Theorie der Körpererweiterungen. Die universelle Überlagerung ist für alle globalen geometrischen Untersuchungen von Mannigfaltigkeiten wichtig.

1 Homotopie

Das Einheitsintervall $[0, 1]$ werde mit I bezeichnet, X und Y sind beliebige topologische Räume. Eine *Homotopie* ist eine stetige Abbildung $f\colon X \times I \to Y$, $(x, t) \mapsto f(x, t) = f_t(x)$; wir nennen sie eine Homotopie von f_0 nach f_1. Wenn wir eine Homotopie in der Form $(x, t) \mapsto f_t(x)$ notieren, so unterstellen wir, daß sie in beiden Variablen (x, t) simultan stetig ist. Eine Homotopie f ist eine parametrisierte Schar f_t von stetigen Abbildungen mit *Anfang* f_0 und *Ende* f_1. Wir nennen f_0 und f_1 *homotop*, in Zeichen $f\colon f_0 \simeq f_1$, wenn es eine Homotopie f von f_0 nach f_1 gibt. Ist f eine Homotopie von f_0 nach f_1, so ist $f^-\colon X \times I \to Y$, $(x, t) \mapsto f(x, 1-t)$ eine Homotopie von f_1 nach f_0, genannt die zu f *inverse Homotopie*. Ist $g\colon X \times I \to Y$

eine Homotopie von f_1 nach f_2, so wird durch

$$h(x, t) = \begin{cases} f(x, 2t) & \text{für} \quad 0 \le t \le 1/2 \\ g(x, 2t - 1) & \text{für} \quad 1/2 \le t \le 1 \end{cases}$$

eine stetige Abbildung $X \times I \to Y$ definiert, die eine Homotopie von f_0 nach f_2 ist und *Produkt $f * g$* von f, g heißt. Eine Homotopie f_t heißt *konstant* oder *neutral*, wenn für alle $t \in I$ die Gleichheit $f_t = f_0$ gilt. Aus diesen Bemerkungen entnimmt man, daß „homotop" eine Äquivalenzrelation auf der Menge der stetigen Abbildungen $X \to Y$ ist. Wir bezeichnen die Menge der *Homotopieklassen* (das heißt der Äquivalenzklassen nach dieser Relation) mit $[X, Y]$ und mit $[f]$ die Klasse von f.

(1.1) Notiz. *Seien $f, g\colon X \to Y$ und $k, l\colon Y \to Z$ stetige Abbildungen. Aus $f \simeq g$ und $k \simeq l$ folgt $kf \simeq lg$.*

Beweis. Sei $H\colon f \simeq g$ gegeben. Dann ist $lH\colon X \times I \to Z$ eine Homotopie von lf nach lg. Sei $G\colon k \simeq l$ gegeben. Dann ist $G(f \times \mathrm{id})\colon X \times I \to Z$ eine Homotopie von kf nach lf. Insgesamt folgt $kf \simeq lf \simeq lg$.   □

Eine stetige Abbildung $f\colon Y \to Z$ induziert nach (1.1) Abbildungen

$$f_*\colon [X, Y] \to [X, Z], \quad [h] \mapsto [fh], \qquad f^*\colon [Z, X] \to [Y, X], \quad [k] \mapsto [kf]$$

zwischen Homotopiemengen. Sind f und g homotop, so gilt $f_* = g_*$ und $f^* = g^*$.

Eine stetige Abbildung $f\colon X \to Y$ heißt *Homotopieäquivalenz* (h-Äquivalenz), wenn es eine stetige Abbildung $g\colon Y \to X$ gibt, für die $gf \simeq \mathrm{id}(X)$ und $fg \simeq \mathrm{id}(Y)$ ist. Eine solche Abbildung g nennt man *homotopieinvers* (h-invers) zu f. Räume X und Y heißen *homotopieäquivalent* (h-äquivalent) oder vom *gleichen Homotopietyp*, wenn es eine Homotopieäquivalenz von X nach Y gibt. „Homotopieäquivalent" ist eine Äquivalenzrelation. Ein Raum X heißt *zusammenziehbar* oder *kontrahierbar*, wenn er zu einem einpunktigen Raum homotopieäquivalent ist. Eine Homotopie von f zu einer konstanten Abbildung heißt *Nullhomotopie* von f; gibt es eine solche, so heißt f *nullhomotop*.

Topologische Räume und stetige Abbildungen bilden eine Kategorie TOP. Topologische Räume und Homotopieklassen von Abbildungen bilden wegen (1.1) die *Homotopiekategorie* h-TOP, wenn die Komposition von Morphismen darin durch die Komposition der Vertreter definiert wird. Der bessere Standpunkt ist aber: TOP ist eine Kategorie mit einer Zusatzstruktur „Homotopie". Kategorien mit einer derartigen Zusatzstruktur sind sehr viel komplizierter als blanke Kategorien. Weitere Untersuchungen zum Homotopiebegriff finden sich im Kapitel über Homotopie.

Ist $A \subset X$ und erfüllt eine Homotopie $f\colon X \times I \to Y$ für $a \in A$ immer $f(a, t) = f(a, 0)$, so heißt f auf A *konstant* oder *stationär*. Wir sagen in diesem Fall, Anfang f_0 und Ende f_1 seien *relativ A homotop* und schreiben $f\colon f_0 \simeq f_1 \,\mathrm{rel}\, A$.

Eine Teilmenge $K \subset \mathbb{R}^n$ ist *sternförmig* in Bezug auf $k_0 \in K$, wenn die Verbindungsstrecke von k_0 zu einem beliebigen $k \in K$ in K enthalten ist. Ist K sternförmig, so ist $H\colon K \times I \to K$, $(k, t) \mapsto (1 - t)k + tk_0$ eine Nullhomotopie der Identität (Homotopie durch lineare Verbindung).

Wir verwenden in diesem Text häufig die Standardräume

$$S^n = \{x \in \mathbb{R}^{n+1} \mid \|x\| = 1\}, \quad D^n = \{x \in \mathbb{R}^n \mid \|x\| \le 1\}.$$

Darin ist $\|x\|$ die euklidische Norm des Vektors x. Wir nennen S^n die n-dimensionale Sphäre und D^n die n-dimensionale Zelle.

(1.2) Beispiel. Die Inklusion $i\colon S^n \to \mathbb{R}^{n+1} \setminus 0$ ist eine Homotopieäquivalenz. Ein Homotopieinverses ist die radiale Projektion (Normierung)

$$N\colon \mathbb{R}^{n+1} \setminus 0 \to S^n, \quad x \mapsto N(x) = \|x\|^{-1}x.$$

Eine Homotopie von $i \circ N$ nach id ist $H(x, t) = (1-t)iN(x)+tx$. Es gilt $N \circ i = \mathrm{id}$. $\diamond$

(1.3) Beispiel. Die Nullhomotopien von $f\colon S^n \to X$ entsprechen den Erweiterungen $F\colon D^{n+1} \to X$ von f. Ist nämlich F gegeben, so ist $(x, t) \mapsto F(tx)$ eine Nullhomotopie von f. Ist andererseits h eine Nullhomotopie, so faktorisiert h über die Identifizierung $p\colon S^n \times I \to D^{n+1}$, $(x, t) \mapsto tx$ und liefert auf diese Weise eine Erweiterung F von f mit $Fp = h$.

Der *Kegel* CA über dem Raum A entsteht aus $A \times I$, indem $A \times 0$ zu einem Punkt identifiziert wird. Die Abbildung $A \times 1 \subset A \times I$ induziert eine Einbettung $A \to CA$, vermöge der A als Unterraum von CA angesehen wird. Eine Abbildung $f\colon A \to X$ ist genau dann nullhomotop, wenn sie sich auf den Kegel CA stetig erweitern läßt. $\diamond$

(1.4) Beispiel. Die Inklusion $O(n) \subset GL(n, \mathbb{R})$ der orthogonalen Gruppe in die allgemeine lineare Gruppe der invertierbaren reellen (n, n)-Matrizen ist eine Homotopieäquivalenz. Sei nämlich $P(n)$ der Raum der positiv definiten reellen (n, n)-Matrizen. Die Polarzerlegung $O(n) \times P(n) \to GL(n, \mathbb{R})$, $(X, P) \mapsto XP$ ist ein Homöomorphismus. Der Raum $P(n)$ ist zusammenziehbar (sternförmig in Bezug auf die Einheitsmatrix). Ebenso ist die Inklusion der unitären Gruppe in die Gruppe der invertierbaren komplexen (n, n)-Matrizen $U(n) \subset GL(n, \mathbb{C})$ eine Homotopieäquivalenz. $\diamond$

(1.5) Beispiele. Ein Raum ist genau dann kontrahierbar, wenn die identische Abbildung nullhomotop ist. Ist X oder Y kontrahierbar, so sind alle Abbildungen $X \to Y$ zueinander homotop. Sei $y \in S^n$. Dann ist $S^n \setminus y$ vermöge stereographischer Projektion mit dem Pol y homöomorph zu $\mathbb{R}^n$ und folglich kontrahierbar. Ist Y kontrahierbar, so ist die Projektion $X \times Y \to X$ eine h-Äquivalenz. Sind f und g h-Äquivalenzen, so ist auch deren Produkt $f \times g$ eine h-Äquivalenz. Überhaupt ist die Produktbildung von Abbildungen mit der Homotopierelation verträglich.   ◇

Es ist im allgemeinen nicht leicht, zwei Räume als h-äquivalent nachzuweisen. Der nächste Satz zeigt wenigstens, daß es sich um ein lokales Problem handelt. Wir erinnern daran, daß eine Überdeckung numerierbar heißt, wenn sie eine untergeordnete Partition der Eins besitzt.

(1.6) Satz. *Seien X und Y Räume und $(X_j \mid j \in J)$ und $(Y_j \mid j \in J)$ numerierbare Überdeckungen von X und Y. Die stetige Abbildugn $f\colon X \to Y$ bilde X_j nach Y_j ab. Für jede endliche Teilmenge $E \subset J$ sei die induzierte Abbildung $f\colon \bigcap_{j \in E} X_j \to \bigcap_{j \in E} Y_j$ eine Homotopieäquivalenz. Dann ist f eine Homotopieäquivalenz.* [59] □

Der Satz besagt insbesondere, daß ein Raum X mit einer numerierbaren Überdeckung (X_j) zusammenziehbar ist, wenn alle endlichen Durchschnitte der X_j zusammenziehbar sind. Siehe dazu Beispiel (7.9). Ein überraschendes Beispiel für einen zusammenziehbaren Raum wird durch den folgenden Satz von Kuiper geliefert.

(1.7) Satz. *Sei H ein unendlich-dimensionaler (reeller, komplexer, quaternionaler) Hilbert-Raum mit abzählbarer topologischer Basis. Dann ist die Gruppe $GL(H)$ der linearen und die Gruppe der unitären Automorphismen von H in der Norm-Topologie zusammenziehbar.* [157]   □

Ein topologischer Raum Y heiße *gleichmäßig lokal zusammenziehbar*, wenn es zu jeder Umgebung V der Diagonale $D(Y)$ in $Y \times Y$ eine Umgebung U von $D(Y)$ und eine Homotopie $H\colon U \times I \to V$ mit den folgenden Eigenschaften gibt:

(1) $H(u, 0) = u$ für $u \in U$
(2) $H(u, t) = u$ für $u \in D(Y)$, $t \in I$
(3) $H(u, 1) \in D(Y)$ für $u \in U$
(4) $\mathrm{pr}_2 H(u, t) = \mathrm{pr}_2(u)$ für $u \in U$.

Abbildungen $f_0, f_1\colon X \to Y$ heißen *U-benachbart*, wenn $(f_0, f_1)\colon X \to Y \times Y$ ein in U gelegenes Bild hat.

(1.8) Satz. *Sei Y gleichmäßig lokal zusammenziehbar. Zu jeder Umgebung V von $D(Y)$ in $Y \times Y$ gibt es eine Umgebung U von $D(Y)$, so daß gilt: Sind $f_0, f_1\colon X \to Y$ U-benachbart, so gibt es eine Homotopie $f_t\colon X \to Y$ von f_0 nach f_1 mit den Eigenschaften:*

(1) $(f_t(x), f_1(x)) \in V$ für $(x, t) \in X \times I$.
(2) $t \mapsto f_t(x)$ ist konstant, sofern $f_0(x) = f_1(x)$ ist.

Beweis. Eine geeignete Homotopie wird mit einem H wie in der obigen Definition durch $\mathrm{pr}_1 \circ (H \circ (f_0, f_1) \times \mathrm{id}\colon X \times I \to U \times I \to V \to Y$ geliefert.   □

Grob gesprochen besagt der letzte Satz, daß genügend benachbarte Abbildungen homotop sind und die Homotopie zwischen ihnen sich nicht weit von einer der Abbildungen entfernt.

(1.9) Satz. *Sei $Y \subset \mathbb{R}^p$ Retrakt einer Umgebung. Dann ist Y gleichmäßig lokal zusammenziehbar.*

Beweis. Sei $r\colon W \to Y$ Retraktion einer offenen Umgebung, das heißt eine Abbildung, die auf Y die Identität ist. Die Abbildung

$$\phi\colon Y \times Y \times I \to \mathbb{R}^p, \quad (y, z, t) \mapsto (1 - t)y + tz$$

ist stetig. Die offene Menge $\phi^{-1}(W)$ enthält $D(Y) \times I$ und deshalb auch eine Menge der Form $U_0 \times I$ mit einer offenen Umgebung U_0 von $D(Y)$. Wir betrachten

$$H\colon U_0 \times I \to Y \times Y, \quad (y, z, t) \mapsto (r((1 - t)y + tz), z)$$

und wählen eine offene Umgebung $U \subset U_0$ von $D(Y)$, so daß $H(U \times I) \subset V$ ist. Die durch Einschränkung entstehende Abbildung $H\colon U \times I \to V$ hat die in der Definition von „gleichmäßig lokal zusammenziehbar" verlangten Eigenschaften. $\square$

In dem letzten Satz genügt es vorauszusetzen, daß Y Retrakt einer Umgebung in einem topologischen Vektorraum ist. Mannigfaltigkeiten sind gleichmäßig lokal zusammenziehbar, siehe VII (3.10).

(1.10) Beispiele. Sei $X = \{(x, y) \in S^n \times S^n \mid x \neq y\}$. Die Abbildung $j\colon S^n \to X$, $x \mapsto (x, -x)$ ist eine Homotopieäquivalenz.

Sei $k \leq n$ und seien $H_1, \ldots, H_k$ Hyperebenen im $\mathbb{C}^n$ in allgemeiner Lage, das heißt, für $E \subset \{1, \ldots, k\}$ habe $\bigcap_{j \in E} H_j$ in $\mathbb{C}^n$ die Kodimension $|E|$. Dann ist $\mathbb{C}^n \setminus \{H_1 \cup \cdots \cup H_k\}$ zu einem k-dimensionalen Torus $\prod_1^k S^1$ homotopieäquivalent.

Der *Konfigurationsraum* $C(2)$ der zwei-elementigen Teilmengen $M \subset \mathbb{R}^3$ (das heißt der Paare ununterscheidbarer Teilchen) entsteht aus $X(2) = \{x, y \in \mathbb{R}^3 \mid x \neq y\}$ durch die Äquivalenzrelation $(x, y) \sim (y, x)$ als Quotientraum. Der Raum $C(2)$ ist zur reellen projektiven Ebene P^2 (siehe II.1) homotopieäquivalent. $\diamond$

2 Zusammenhang

Eine stetige Abbildung $w\colon [a, b] \to U$ des abgeschlossenen Intervalls $[a, b]$ in den Raum U heißt *Weg* in U mit *Parameterintervall* $[a, b]$, *Anfangspunkt* $w(a)$ und *Endpunkt* $w(b)$. Ein Weg w läuft *von* $w(a)$ *nach* $w(b)$ und *verbindet* $w(a)$ mit $w(b)$. Ist $w(a) = w(b)$, so ist der Weg *geschlossen*. Zwei Punkte x und y eines Raumes U sind *verbindbar*, wenn es einen Weg $w\colon [a, b] \to U$ von x nach y gibt. Mit w ist auch $u\colon [0, 1] \to U$, $t \mapsto w(a + t(b - a))$ ein Weg von x nach y. Es genügt deshalb meist, das Parameterintervall $[0, 1]$ zu betrachten. Ist $w\colon I \to U$ gegeben, so heißt $w^-\colon t \mapsto w(1 - t)$ der zu w *inverse Weg*. Sind $v\colon I \to U$ und $w\colon I \to U$ zwei Wege mit $v(1) = w(0)$, so heißt der durch $(v * w)(t) = v(2t)$ für $0 \le t \le \frac{1}{2}$ und $(v * w)(t) = w(2t - 1)$ für $\frac{1}{2} \le t \le 1$ definierte Weg $v * w$ das *Produkt* von v und w. Diese Begriffsbildungen sind Spezialfälle des Homotopiebegriffs. Ist P ein Punktraum, so können wir nämlich einen Weg $I \to U$ als eine Homotopie $P \times I \to U$ ansehen.

Aus den voranstehenden Bemerkungen folgt, daß die Relation „verbindbar" eine Äquivalenzrelation ist. Die Äquivalenzklassen von U nach dieser Relation heißen die *Wegekomponenten* von U. Mit $\pi_0(U)$ bezeichnen wir die Menge der Wegekomponenten von U. Ein Raum heißt *wegweise zusammenhängend*, wenn je zwei seiner Punkte verbindbar sind. Ist P ein einpunktiger Raum, so ist $[P, U] = \pi_0(U)$. Später werden wir in den Homotopiegruppen $\pi_n(U)$, $n \ge 1$ eine Serie von Homotopieinvarianten kennenlernen; deshalb die Bezeichnung π_0.

Sei $f\colon X \to Y$ stetig. Mit $w\colon [a, b] \to X$ ist auch fw ein Weg. Indem wir der Komponente $[x]$ von x die Komponente $[f(x)]$ zuordnen, erhalten wir deshalb eine wohldefinierte Abbildung $\pi_0(f)\colon \pi_0(X) \to \pi_0(Y)$. Aus $f \simeq g$ folgt $\pi_0(f) = \pi_0(g)$. Damit wird π_0 ein Funktor von h-TOP in die Kategorie der Mengen.

Die Größe der Menge $\pi_0(X)$ betrachten wir als eine grobe qualitative Information über die Gestalt des Raumes X.

Neben dem durch Verbindbarkeit je zweier Punkte definierten Zusammenhangsbegriff gibt es noch einen weiteren: Ein Raum, der aus zwei getrennten Stücken besteht, ist nicht zusammenhängend zu nennen. Wir definieren deshalb: Eine *Zerlegung* eines Raumes X ist ein Paar U, V offener, nichtleerer Teilmengen, die disjunkt sind und X als Vereinigung haben:

$$X = U \cup V, \quad U \cap V = \emptyset, \quad U \neq \emptyset \neq V.$$

Ein Raum heißt *zusammenhängend*, wenn er keine Zerlegung besitzt. In einer Zerlegung sind die Mengen U und V als Komplemente offener Mengen auch abgeschlossen.

Die zweipunktige Teilmenge $\{0, 1\}$ von $\mathbb{R}$ ist nicht zusammenhängend. Ein Raum X ist genau dann unzusammenhängend, wenn es eine surjektive stetige Abbildung $f\colon X \to \{0, 1\}$ gibt; die Zerlegungen U, V sind durch $f^{-1}(0) = U$ und $f^{-1}(1) = V$ gegeben. Eine stetige Abbildung $f\colon X \to \{0, 1\}$ ist auf einem zusammenhängenden Unterraum konstant. Aus der Analysis ist bekannt (Zwischenwertsatz):

(2.1) Satz. *Eine Teilmenge A von $\mathbb{R}$ ist genau dann zusammenhängend, wenn A ein Intervall ist.*   □

Ist $f\colon X \to Y$ stetig und X zusammenhängend, so ist auch $f(X)$ zusammenhängend, denn eine Zerlegung U, V von $f(X)$ liefert eine Zerlegung $f^{-1}(U)$, $f^{-1}(V)$ von X. Ist X wegweise zusammenhängend, so auch zusammenhängend, denn ist U, V eine Zerlegung von X und $w\colon [0, 1] \to X$ ein Weg von $x \in U$ nach $y \in V$, so ist $w^{-1}(U)$, $w^{-1}(V)$ eine Zerlegung von $[0, 1]$, die es nach (2.1) aber nicht gibt. Wie üblich bezeichne $\overline{A}$ die abgeschlossene Hülle von A.

(2.2) Satz. *Sei $(A_j \mid j \in J)$ eine Familie zusammenhängender Teilmengen von X mit nichtleerem Durchschnitt. Dann ist die Vereinigung Y der A_j zusammenhängend. Ist A eine zusammenhängende Teilmenge von X und $A \subset B \subset \overline{A}$, so ist B zusammenhängend.*

Beweis. Eine stetige Abbildung $f\colon Y \to \{0, 1\}$ ist auf allen A_j konstant und, da die A_j nichtleeren Durchschnitt haben, überhaupt konstant.

Seien U, V offene Teilmengen von X, für die $B \subset (U \cup V)$, $B \cap U \cap V = \emptyset$ gilt. Da A zusammenhängend ist, so gilt etwa $U \cap A = \emptyset$; also $A \subset X \setminus U$, $\overline{A} \subset X \setminus U$, $U \cap \overline{A} = \emptyset$. □

Die Vereinigung aller zusammenhängenden Teilmengen A von X, die $x \in X$ enthalten, heißt *Zusammenhangskomponente $X(x)$* von x. Nach (2.2) sind die Zusammenhangskomponenten von X zusammenhängende abgeschlossene Teilmengen von X. Wir sprechen auch kurz von *Komponenten*. Ist $y \in X(x)$, so gilt $X(x) = X(y)$. Eine Komponente ist eine maximale zusammenhängende Teilmenge von X. Ein Raum ist disjunkte Vereinigung seiner Komponenten. Bestehen alle Komponenten nur aus einem Punkt, so heißt der Raum *total unzusammenhängend*. Bezeichne $\pi(X)$ die Menge der Komponenten von X. Eine stetige Abbildung $f\colon X \to Y$ induziert $\pi(f)\colon \pi(X) \to \pi(Y)$, indem der Komponente von $x \in X$ diejenige von $f(x) \in Y$ zugeordnet wird. Damit liefert π einen Funktor von h-TOP in die Kategorie der Mengen.

Ein Raum X heißt *lokal (wegweise) zusammenhängend*, wenn zu jedem $x \in X$ und jeder Umgebung U von x eine (wegweise) zusammenhängende Umgebung V existiert, die in U enthalten ist. Beide Eigenschaften werden auf offene Teilmengen vererbt. Die Komponenten einer offenen Menge $U \subset \mathbb{R}$ sind offene Intervalle; U hat höchstens abzählbar viele Komponenten. Eine offene Menge $U \subset \mathbb{R}^n$ hat abzählbar viele Wegekomponenten und diese sind offen.

(2.3) Satz. *Die Komponenten eines lokal zusammenhängenden Raumes X sind offen. Die Wegekomponenten eines lokal wegweise zusammenhängenden Raumes Y sind offen und stimmen mit den Komponenten überein.*

Beweis. Sei K eine (Wege-)Komponente von x. Sei V eine zusammenhängende Umgebung von x. Dann ist $K \cup V$ zusammenhängend. Also ist $K \cup V \subset K$. Das zeigt, daß K offen ist.

Sei Y zusammenhängend und K eine Wegekomponente. Dann ist $Y \setminus K$ eine Vereinigung von Wegekomponenten, also offen. Im Fall $Y \neq K$ erhielten wir eine Zerlegung von Y. □

(2.4) Beispiel. Die Menge $\{(0, t) \mid t \in [-1, 1]\} \cup \{(x, \sin(x^{-1})) \mid x > 0\}$ ist zusammenhängend aber nicht wegweise zusammenhängend.   ◇

Wir stellen noch zwei Sätze über die mengentheoretische Topologie des Zusammenhangs bereit.

(2.5) Satz. (1) *Sei die offene Menge A Komponente der offenen Menge B in X. Dann gilt für die Ränder* $\mathrm{Rd}(A) \subset \mathrm{Rd}(B)$.

(2) *Ist A offen in X und zusammenhängend, so ist A eine Komponente von* $X \setminus \mathrm{Rd}(A)$.

Beweis. (1) A ist abgeschlossen in B, also gilt $A = B \cap \overline{A}$. Es folgt

$$\mathrm{Rd}(A) = \overline{A} \setminus A = \overline{A} \setminus (X \cap \overline{A}) = \overline{A} \cap (X \setminus B) \subset \overline{B} \cap (X \setminus B) = \mathrm{Rd}(B).$$

(2) Sei B die Komponente von $X \setminus \mathrm{Rd}(A)$, die A enthält. Wäre $A \neq B$, so träfe B sowohl A als auch $X \setminus A$. Da $B \cap \mathrm{Rd}(A) = \emptyset$ ist, enthielte B auch Punkte von $X \setminus \overline{A}$, und $A \cap B$ und $(X \setminus \overline{A}) \cap B$ wäre eine Zerlegung von B.   □

(2.6) Satz. *Sei X zusammenhängend und $A \subset X$ ein zusammenhängender Teilraum. Sei ferner C eine Komponente von $X \setminus A$. Dann gilt:*
(1) *Ist V offen und abgeschlossen in $X \setminus C$, so ist $C \cup V$ zusammenhängend.*
(2) $X \setminus C$ *ist zusammenhängend.*

Beweis. Sei U_1, U_2 eine Zerlegung von $C \cup V$. Dann ist das zusammenhängende C etwa in U_1 enthalten und deshalb U_2 in V. Es ist U_2 folglich offen und abgeschlossen in V und (da V offen und abgeschlossen in $X \setminus C$ ist) in $X \setminus C$, insgesamt also offen und abgeschlossen in $(X \setminus C) \cup (C \cup V) = X$, was dem Zusammenhang von X widerspricht.

(2) Sei U_3, U_4 eine Zerlegung von $X \setminus C$. Wir zeigen, daß dann $A \cap U_3$, $A \cap U_4$ eine Zerlegung von A ist. Angenommen $A \cap U_3 = \emptyset$. Dann ist nach (1) $C \cup U_3$ zusammenhängend und in $X \setminus A$ enthalten. Da C eine echte Teilmenge von $C \cup U_3$ ist, widerspricht das der Festlegung von C als Komponente von $X \setminus A$. Also ist $A \cap U_3 \neq \emptyset$, und ebenso ist $A \cap U_4 \neq \emptyset$.   □

3   Faserungen und Kofaserungen

Wir kommen nun zu den beiden in der Überschrift genannten, für die gesamte Homotopietheorie fundamentalen Begriffen.

Sind $p: E \to B$ und $f: X \to B$ Abbildungen, so heißt $F: X \to E$ eine *Hochhebung* von f entlang p, wenn $pF = f$ gilt. Wir sagen, $p: E \to B$ hat die *Homotopiehochhebungseigenschaft* (= HHE) *für den Raum X*, wenn gilt: Zu jeder Homotopie $h: X \times I \to B$ und jeder Abbildung $a: X \to E$ mit $pa(x) = h(x, 0)$ für alle $x \in X$ gibt es eine Homotopie $H: X \times I \to E$ mit $pH = h$ und $H(x, 0) = a(x)$. Wir veranschaulichen die Situation in dem folgenden kommutativen Diagramm mit $j(x) = (x, 0)$:

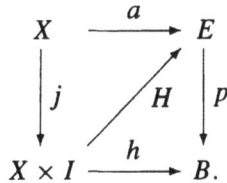

$$
\begin{array}{ccc}
X & \xrightarrow{\ a\ } & E \\
\downarrow{\scriptstyle j} & \nearrow{\scriptstyle H} & \downarrow{\scriptstyle p} \\
X \times I & \xrightarrow[\ h\ ]{} & B.
\end{array}
$$

Wir sagen: H *liegt über* h, oder h *wird zu H hochgehoben* mit der *Anfangsbedingung* a. Wir nennen $p: E \to B$ *Faserung*, wenn p die HHE für jeden Raum hat. Für eine Faserung hat also mit $f: X \to B$ auch jede dazu homotope Abbildung eine Hochhebung.

(3.1) Beispiel. Eine Projektion $p: B \times F \to B$ ist eine Faserung. Sei nämlich $a(x) = (a_1(x), a_2(x))$. Die Bedingung $pa = hj$ besagt $a(x) = h(x, 0)$. Setzen wir $H(x, t) = (h(x, t), a_2(x))$, so ist H eine Hochhebung von h mit Anfang a. $\diamond$

Seien $i: A \to X$ und $f: A \to Z$ stetige Abbildungen. Eine stetige Abbildung $F: X \to Z$, die $Fi = f$ erfüllt, heißt *Erweiterung* von f über i. Die typische Situation ist der Fall einer Inklusion $i: A \subset X$.

Sei $i: A \to X$ eine stetige Abbildung. Wir sagen, i habe die *Homotopieerweiterungseigenschaft* (= HEE) für den Raum Y, wenn zu jeder Abbildung $f: X \to Y$ und jeder Homotopie $h: A \times I \to Y$ mit $h(i(a), 0) = f(a)$ eine Homotopie $H: X \times I \to Y$ existiert, die $H(x, 0) = f(x)$ und $H(i(a), t) = h(a, t)$ erfüllt ($a \in A$, $x \in X$, $t \in I$). Wir sagen, i sei eine *Kofaserung*, wenn i die HEE für alle Räume hat. Wir veranschaulichen die Situation wieder durch ein Diagramm mit $j(x) = (x, 0)$:

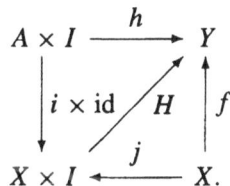

$$
\begin{array}{ccc}
A \times I & \xrightarrow{\ h\ } & Y \\
\downarrow{\scriptstyle i \times \mathrm{id}} & \nearrow{\scriptstyle H} & \uparrow{\scriptstyle f} \\
X \times I & \xleftarrow[\ j\ ]{} & X.
\end{array}
$$

Sei $i: A \subset X$. Eine Abbildung $r: X \to A$, die auf A die Identität ist, heißt *Retraktion* von X auf A. Gibt es eine Retraktion, so nennen wir A einen *Retrakt* von X. Die Teilmenge A heißt *Deformationsretrakt* von X, wenn es eine Retraktion $r: X \to A$ gibt, so daß ir homotop zur Identität ist. Ist sogar ir relativ A homotop zur Identität, so sprechen wir von einem *starken Deformationsretrakt*.

(3.2) Notiz. *Ist $A \subset X$ eine Kofaserung und A Deformationsretrakt, so ist A starker Deformationsretrakt.*

Beweis. Wir wenden die HEE auf die Identität von X und eine Homotopie von ir zur Identität an.   □

(3.3) Notiz. *Sei $i: A \subset X$ die Inklusion einer abgeschlossenen Teilmenge. Dann sind äquivalent:*
- (1)   *i ist eine Kofaserung.*
- (2)   *Es gibt eine Retraktion $r: X \times I \to X \times 0 \cup A \times I$.*

Beweis. (1) $\Rightarrow$ (2). Sei $Y = X \times 0 \cup A \times I$, $f(x) = (x, 0)$ und $h(a, t) = (a, t)$. Wir wenden die HEE an und erhalten in H eine Retraktion. (Hier muß A nicht als abgeschlossen vorausgesetzt werden.)

(2) $\Rightarrow$ (1). Wir definieren $g: X \times 0 \cup A \times I \to Y$ durch $g(x, 0) = f(x)$ und $g(a, t) = h(a, t)$. Da A abgeschlossen ist, so ist g stetig. Ein geeignetes H wird durch gr gegeben.   □

(3.4) Notiz. $\partial I^n \subset I^n$ *ist eine Kofaserung.*

Beweis. Wegen (3.3) genügt es, eine Retraktion $r: I^n \times I \to I^n \times 0 \cup \partial I^n \times I$ anzugeben. Sei $e = \left(\frac{1}{2}, \ldots, \frac{1}{2}\right)$ und $|(y_1, \ldots, y_n)| = \max |y_i|$. Dann ist

$$r(x, t) = \begin{cases} \left(\dfrac{2}{2-t}(x - e) + e, 0\right) & |x - e| \leq \dfrac{2-t}{4} \\[3mm] \left(\dfrac{x - e}{2|x - e|} + e, 2 - \dfrac{2-t}{2|x - e|}\right) & |x - e| \geq \dfrac{2-t}{4} \end{cases}$$

eine geeignete Retraktion. (Im Fall $n = 2$ verfolge man die Definition von r durch eine Skizze. Man kann diese Notiz auch ohne explizite Formeln formaler beweisen, indem man Verträglichkeit von Kofaserungen und Produkten benutzt.)   □

(3.5) Satz. *Sei*

$$\begin{array}{ccc} A & \xrightarrow{\ f\ } & B \\ \downarrow{\scriptstyle j} & & \downarrow{\scriptstyle J} \\ X & \xrightarrow{\ F\ } & Y \end{array}$$

ein Pushout-Diagramm. Ist j eine Kofaserung, so auch J. Wir nennen J die durch f von j induzierte Kofaserung.

Beweis. Seien $h: B \times I \to Z$ und $\varphi: Y \to Z$ so gegeben, daß $h(b, 0) = \varphi J(b)$ für $b \in B$. Wir verwenden, daß das Produkt mit I aus einem Pushout wieder eines macht; das folgt zum Beispiel daraus, daß Abbildungen $Y \times I \to Z$ den Abbildungen

$Y \to Z^I$ entsprechen, wobei Z^I der Abbildungsraum mit der Kompakt-Offen-Topologie ist. (Siehe dazu III.5.) Da j eine Kofaserung ist, existiert eine Homotopie $K_t: X \to Z$, so daß $K_0 = \varphi F$ und $K_t j = h_t f$. Wegen der Pushout-Eigenschaft des mit I multiplizierten Diagrammes gibt es eine Homotopie $H_t: Y \to Z$, so daß $H_t F = K_t$ und $H_t J = h_t$ ist. Es gilt $H_0 = \varphi$, da beiden Abbildungen dieselbe Komposition mit F und mit J haben.   □

(3.6) Folgerung. *Sei $A \subset X$ eine Kofaserung. Sei X/A der Raum, der aus X durch Identifikation von A zu einem Punkt $*$ entsteht. Dann ist $\{*\} \subset X/A$ eine Kofaserung.*   □

Der vorstehende Satz ist formaler Natur. Er hat ein ähnlich zu beweisendes Analogon für Faserungen.

(3.7) Satz. *Sei*

$$
\begin{array}{ccc}
X & \xrightarrow{F} & Y \\
\downarrow{\scriptstyle p} & & \downarrow{\scriptstyle q} \\
B & \xrightarrow{f} & C
\end{array}
$$

ein Pullback. Hat q die HHE für Z, so auch p. Ist also q eine Faserung, so auch p, genannt die von q durch f induzierte Faserung.   □

Der Prozeß in (3.7) wird auch als *Basiswechsel* bezeichnet und demgemäß (3.5) als *Kobasiswechsel*.

Wir geben noch einige Beispiele zu den Begriffen dieses Abschnittes. In der Überlagerungstheorie werden wir zeigen, daß die Abbildung p des folgenden Satzes eine Faserung ist. Wir leiten die etwas schwächere Aussage (3.8) aber jetzt schon auf möglichst direktem Weg her, weil das Resultat interessante geometrische Anwendungen hat.

(3.8) Satz. *Die Abbildung $p: \mathbb{R} \to S^1$, $t \mapsto \exp(2\pi i t)$ hat die HHE für alle I^n.*

Beweis. Sei $Y = I^n$ und $h: Y \times I \to S^1$ gegeben. Wir nehmen zunächst noch $h(0) = 1$ an. Sei $\psi: S^1 \setminus \{-1\} \to]-1/2, 1/2[$ eine stetige Umkehrung zu dem Homöomorphismus $p:]-1/2, 1/2[\to S^1 \setminus \{-1\}$. Da Y kompakt ist, so ist h gleichmäßig stetig. Es gibt also ein $\delta > 0$, so daß $\|y - z\| < \delta$ die Ungleichung $|h(y) - h(z)| < 1$ impliziert. Aus der letzten Ungleichung entnehmen wir $h(y)/h(z) \neq -1$. Deshalb ist $\psi(h(y)/h(z))$ definiert. Sei $N \in \mathbb{N}$ so gewählt, daß $\|y\| < N\delta$ für alle $y \in Y$. Dann sind die Werte

$$
\left\| \frac{k}{N} y - \frac{k-1}{N} y \right\|, \quad 1 \le k \le N
$$

kleiner als δ, und demnach ist

$$H(y) = \sum_{j=0}^{N-1} \psi\left(\frac{h((N-j)/N \cdot y)}{h((N-j-1)/N \cdot y)}\right)$$

definiert und stetig von y abhängig. Da p ein Homomorphismus ist und $p\psi = \mathrm{id}$ ist, gilt

$$pH(y) = \prod_{j=0}^{N-1} \frac{h((N-j)/N \cdot y)}{h((N-j-1)/N \cdot y)} = \frac{h(y)}{h(0)} = h(y).$$

Folglich ist H eine Hochhebung von h. Ist nun $h: Y \times I \to S^1$ beliebig und a eine Anfangsbedingung, so betrachten wir

$$k(y, t) = \frac{h(y, t)}{pa(y)}.$$

Dann ist $k(y, 0) = 1$. Wir heben k zu K nach dem schon Bewiesenen hoch. Es ist $K(0, 0) = 0$, und wegen Stetigkeit und $pK(y, 0) = 1$ ist $K(y, 0) = 0$. Dann ist $H(y, t) = a(y) + K(y, t)$ eine Hochhebung von h mit Anfang a. □

(3.9) Satz. *Die komplexe Exponentialabbildung $P: \mathbb{C} \to \mathbb{C}^*$, $z \mapsto \exp(2\pi i z)$ hat die* HHE *für die Räume I^n.*

Beweis. Es ist leicht zu sehen, daß mit $p: \mathbb{R} \to S^1$ auch das Produkt $p \times \mathrm{id}$ die HHE für die Räume I^n hat. Mit den Homöomorphismen

$$\Phi: \mathbb{C} \to \mathbb{R} \times \mathbb{R}, \ x + iy \mapsto (x, y), \quad \varphi: \mathbb{C}^* \to S^1 \times \mathbb{R}, \ re^{i\alpha} \mapsto \left(e^{i\alpha}, -\frac{1}{2\pi}\log r\right)$$

wird wegen $(p \times \mathrm{id}) \circ \Phi = \varphi \circ P$ das Hochhebungsproblem von P auf $p \times \mathrm{id}$ zurückgespielt. □

Wir erinnern an den Erweiterungssatz von Tietze-Urysohn aus der mengentheoretischen Topologie.

(3.10) Satz. *Sei A eine abgeschlossene Teilmenge des normalen Raumes X. Jede stetige Abbildung $f: A \to \mathbb{R}^n$ hat eine stetige Erweiterung $F: X \to \mathbb{R}^n$.* □

(3.11) Notiz. *Sei A eine abgeschlossene Teilmenge eines normalen Raumes und $f: A \to S^n$ eine stetige Abbildung. Dann gibt es eine Umgebung U von A in X und eine Erweiterung $g: U \to S^n$ von f.*

Beweis. Wir betrachten f als Abbildung nach $\mathbb{R}^{n+1}$ und wählen nach (3.10) eine Erweiterung $F: X \to \mathbb{R}^{n+1}$ von f. Sei $U = F^{-1}(\mathbb{R}^{n+1} \setminus 0)$. Dann ist U offen, und wir erhalten in $g(x) = \|F(x)\|^{-1} F(x)$ eine geeignete Erweiterung. □

(3.12) Satz. *Seien X und X × I normal und sei A eine abgeschlossene Teilmenge von X. Dann hat (X, A) die HEE für S^n.*

Beweis. Nach (3.11) gibt es eine offene Umgebung U von $A \times I \cup X \times 0$ in $X \times I$ sowie eine Erweiterung K von h auf U. Wir wählen eine stetige Abbildung $\tau\colon X \times I \to I$, die auf $A \times I$ den Wert 1 und auf dem Komplement von U den Wert 0 hat. Die Funktion s

$$s(x) = \min\{\tau(x, t) \mid t \in I\}$$

ist stetig. Für alle $(x, t) \in X \times I$ ist $(x, s(x)t) \in U$, denn $(x, s(x)t) \in X \setminus U$ würde $\tau(x, s(x)t) = 0$, $s(x) \leq \tau(x, s(x)t) = 0$ implizieren, im Widerspruch zu $(x, 0) \in X \times 0 \subset U$. Wir erhalten in $H(x, t) = K(x, s(x)t)$ eine geeignete Erweiterung. □

(3.13) Notiz. *Sei $h_t\colon (X, A) \to (X, A)$ eine Homotopie von der Identität $h_0 = \mathrm{id}$ zu einer Abbildung, so daß $h_1|A$ konstant ist. Dann ist die kanonische Projektion $p\colon X \to X/A$ eine h-Äquivalenz. Ist $i\colon A \to X$ eine Kofaserung und A zusammenziehbar, dann gibt es ein h mit diesen Eigenschaften.*

Beweis. Da $h_1(A)$ ein Punkt ist, induziert h_1 eine Abbildung $q\colon X/A \to X$ mit $qp = h_1$, und nach Voraussetzung ist diese Komposition homotop zur Identität. Um einzusehen, daß auch qp homotop zur Identität ist, verwenden wir

$$(p \times \mathrm{id}) \circ h\colon X \times I \to X/A$$

und bemerken, daß diese Homotopie über $X/A \times I$ faktorisiert und die gewünschte Homotopie induziert. □

4 Die Fundamentalgruppe

Zwei *Wege* $u_0, u_1\colon I \to X$ mit gleichem Anfang $u_0(0) = u_1(0) = x$ und gleichem Ende $u_0(1) = u_1(1) = y$ heißen *homotop*, wenn es eine Homotopie $H\colon I \times I \to X$ mit den folgenden Eigenschaften gibt:

$$
\begin{aligned}
H(s, i) &= u_i(s) &&\text{für } s \in I,\ i \in \{0, 1\} \\
H(0, t) &= x &&\text{für } t \in I \\
H(1, t) &= y &&\text{für } t \in I.
\end{aligned}
$$

Für jedes t ist also $s \mapsto H(s, t) = H_t(s)$ ein Weg mit Anfang x und Ende y. Wir schreiben $H\colon u_0 \simeq u_1$ für die Homotopie. Wir verwenden das in I.2 eingeführte Produkt $*$ von Wegen. Die Äquivalenzklasse von w bezüglich der Relation „homotop" wird mit $[w]$ bezeichnet. Es sei betont, daß eine Homotopie von Wegen die Anfangs- und Endpunkte immer festlassen soll, sofern nichts anderes gesagt wird. Wir sprechen auch von Homotopie relativ ∂I, wobei ∂I die Menge $\{0, 1\}$ der Randpunkte von I ist.

(4.1) Satz. *Das Produkt von Wegen hat die folgenden Eigenschaften:*

(1) *Sei* $\alpha: I \to I$ *stetig und gelte* $\alpha(0) = 0$, $\alpha(1) = 1$. *Für jeden Weg* w *in* X
sind w *und* $w\alpha$ *homotop.*

(2) *Sind* w_1, w_2, w_3 *Wege in* X *und ist* $w_1(1) = w_2(0)$ *sowie* $w_2(1) = w_3(0)$,
so gilt $w_1 * (w_2 * w_3) \simeq (w_1 * w_2) * w_3$.

(3) *Gilt* $w_1 \simeq w_1'$, $w_2 \simeq w_2'$, *so ist* $w_1 * w_2 \simeq w_1' * w_2'$ *(falls die Verknüpfung
definiert ist).*

(4) $w * w^-$ *ist immer definiert und homotop zum konstanten Weg.*

(5) *Für* $x \in X$ *sei* k_x *der konstante Weg mit Anfang* x. *Für jeden Weg* w *in* X
gilt $k_{w(0)} * w \simeq w \simeq w * k_{w(1)}$.

Beweis. (1) $H: I \times I \to X$, $(s, t) \mapsto w(s(1 - t) + t\alpha(s))$ ist eine Homotopie von
w nach $w\alpha$.

(2) Es gilt $(w_1 * (w_2 * w_3))\alpha = (w_1 * w_2) * w_3$, wenn $\alpha(t): I \to I$ definiert
wird durch $\alpha(t) = 2t$ für $t \leq \frac{1}{4}$, $\alpha(t) = t + \frac{1}{4}$ für $\frac{1}{4} \leq t \leq \frac{1}{2}$, $\alpha(t) = \frac{t}{2} + \frac{1}{2}$ für
$\frac{1}{2} \leq t \leq 1$. Nun wendet man (1) an.

(3) Ist F_i eine Homotopie von w_i nach w_i', so wird durch $G: I \times I \to X$ eine
Homotopie von $w_1 * w_2$ nach $w_1' * w_2'$ gegeben, wenn G durch $G(s, t) = F_1(2s, t)$
für $0 \leq s \leq 1/2$ und $G(s, t) = F_2(2s - 1, t)$ für $1/2 \leq s \leq 1$ definiert wird.

(4) Die Abbildung $F: I \times I \to X$, definiert durch $F(s, t) = w(2s(1 - t))$ für
$0 \leq s \leq 1/2$ und $F(s, t) = w(2(1 - s)(1 - t))$ für $1/2 \leq s \leq 1$, ist eine Homotopie
von $w * w^-$ zum konstanten Weg.

(5) folgt wiederum mittels (1).   □

Wir definieren ein *Produkt* von Homotopieklassen durch $[u][v] = [u * v]$. Es ist
nur dann definiert, wenn $u(1) = v(0)$ ist. Wegen (4.1) ist es wohldefiniert. Übersetzen
wir (4.1) in Aussagen über Homotopieklassen, so sehen wir: Das Produkt ist, soweit
definiert, assoziativ, hat rechts- und linksneutrale Elemente sowie Inverse.

Damit wir ein immer definiertes Produkt erhalten, betrachten wir einen festen
Punkt $x_0 \in X$, in diesem Zusammenhang *Grundpunkt* oder *Basispunkt* genannt, und
geschlossene Wege mit Anfang und Ende x_0, auch *Schleifen* in X mit Grundpunkt x_0
genannt. Es ist in der Homotopietheorie oft nötig, Grundpunkte auszuzeichnen und
als Strukturdatum den Räumen hinzuzufügen. Wir verwenden dazu eine angepaßte
Terminologie.

Wir nennen (X, x_0) einen *punktierten Raum*. Eine *punktierte Abbildung*
$f: (X, x_0) \to (Y, y_0)$ ist eine stetige Abbildung $f: X \to Y$, die den Grundpunkt
auf den Grundpunkt abbildet. Eine Homotopie $h: X \to Y$ heißt *punktiert*, wenn
h_t für alle $t \in I$ punktiert ist. Wir bezeichnen mit $[X, Y]^0$ die Menge der punktierten Homotopieklassen (gegebene Grundpunkte sind unterstellt und nicht notiert).
Entsprechend gibt es dann Begriffe wie *punktierte Homotopieäquivalenz* und dergleichen. Einen nicht weiter spezifizierten Grundpunkt notieren wir oft durch $*$. Wir

erhalten so die Kategorie TOP^0 der punktierten Räume und die zugehörige Homotopiekategorie h-TOP^0.

Das Produkt von Homotopieklassen definiert auf der Menge $\pi_1(X, x_0)$ der Homotopieklassen von Schleifen mit Grundpunkt x_0 eine Verknüpfung, die nach (4.1) die Gruppenaxiome erfüllt. Diese Gruppe heißt *Fundamentalgruppe* $\pi_1(X, x_0)$ von X zum Grundpunkt x_0. Wir lassen x_0 in der Bezeichnung weg, wenn der Grundpunkt aus dem Kontext gegeben ist. Ein Raum X heißt *einfach zusammenhängend*, wenn er wegweise zusammenhängend ist und $\pi_1(X, x_0)$ nur aus dem neutralen Element besteht. Die Fundamentalgruppe wurde 1895 von Poincaré [200, §12] als *groupe fondamental* eingeführt.

Ist u ein Weg in X von x_0 nach x_1, so ist die Abbildung

$$t(u)\colon \pi_1(X, x_1) \to \pi_1(X, x_0), \quad [w] \mapsto [u][w][u^-]$$

ein Homomorphismus mit Inversem $t(u^-)$, wie unmittelbar mittels (4.1) nachgeprüft wird. Grundpunkte innerhalb derselben Wegekomponente liefern also isomorphe Fundamentalgruppen. Sie sind allerdings nicht kanonisch isomorph; deshalb sollte man Gruppen zu verschiedenen Grundpunkten in derselben Wegekomponente nicht einfach identifizieren.

Sei $f\colon (X, x_0) \to (Y, y_0)$ eine punktierte Abbildung und $w\colon I \to X$ eine Schleife mit Grundpunkt x_0. Dann ist fw eine Schleife mit Grundpunkt y_0. Die Zuordnung

$$\pi_1(f)\colon \pi_1(X, x_0) \to \pi_1(Y, y_0), \quad [w] \mapsto [fw]$$

ist ein Homomorphismus. Statt $\pi_1(f)$ schreiben wir auch f_* und nennen f_* die durch f induzierte Abbildung. Auf diesen Weise wird π_1 ein Funktor von der Kategorie der punktierten Räume in die Kategorie der Gruppen.

Wir werden sogleich zeigen: Homotopieäquivalente Räume haben isomorphe Fundamentalgruppen. Man sagt deshalb, die Fundamentalgruppe ist eine Homotopieinvariante. Zur Vorbereitung dienen der nächste Satz und Hilfssatz.

(4.2) Hilfssatz. *Sei $F\colon I \times I \to Y$ stetig. Seien Wege a,b,c und d durch $a(t) = F(0,t)$, $b(t) = F(1,t)$, $c(t) = F(t,0)$ und $d(t) = F(t,1)$ definiert. Dann ist $d \simeq (a^- * c) * b$.*

Beweis. Es genügt, den Fall $F = $ id zu betrachten und die dabei gewonnene Homotopie mit F zusammenzusetzen. Je zwei Wege in $I \times I$ mit gleichem Anfang und Ende sind aber durch lineare Verbindung homotop. □

(4.3) Satz. *Sei $H\colon X \times I \to Y$ eine Homotopie von $H_0 = f$ nach $H_1 = g$. Sei $w\colon I \to Y$, $t \mapsto H(x_0, t)$ für ein $x_0 \in X$. Dann gilt die Gleichheit $t(w)g_* = f_*\colon \pi_1(X, x_0) \to \pi_1(Y, f(x_0))$.*

Beweis. Sei $u\colon I \to X$ eine Schleife mit Anfang x_0. Wir wenden (4.2) auf $F = H(u \times \text{id})$ an und erhalten $gu \simeq (w^- * fu) * w$. □

(4.4) Satz. *Ist $f: X \to Y$ eine Homotopieäquivalenz, so ist die induzierte Abbildung $f_*: \pi_1(X, x) \to \pi_1(Y, f(x))$ für jedes $x \in X$ ein Isomorphismus. Speziell ist ein kontrahierbarer Raum einfach zusammenhängend.*

Beweis. Wir wählen stetige Abbildungen $f: X \to Y$, $g: Y \to X$ und Homotopien $H: gf \simeq \mathrm{id}(X)$, $K: fg \simeq \mathrm{id}(Y)$. Aus (4.3) erhalten wir $g_* f_* = (gf)_* = t(w)(\mathrm{id}_*) = t(w)$ mit $w(t) = H(x_0, t)$. Es ist $t(w)$ ein Isomorphismus, also $f_*: \pi_1(X, x_0) \to \pi_1(Y, fx_0)$ injektiv und $g_*: \pi_1(Y, fx_0) \to \pi_1(X, gfx_0)$ surjektiv. Ebenso folgt $(fg)_* = t(v)$ mit $v(t) = K(y_0, t)$. Für $y_0 = f(x_0)$ speziell erkennen wir deshalb g_* auch als injektiv, folglich als bijektiv. Demnach ist auch f_* ein Isomorphismus.   □

Will man sich von der Wahl eines Grundpunktes befreien, so betrachtet man das *Fundamentalgruppoid* $\Pi(X)$. Ein *Gruppoid* ist eine Kategorie, in der jeder Morphismus ein Isomorphismus ist. Die Objekte von $\Pi(X)$ sind die Punkte von X. Ein Morphismus in $\Pi(X)$ von x nach y ist eine Homotopieklasse $[v]$ von Wegen v von x nach y. Die Komposition von Morphismen $[v]: x \to y$, $[w]: y \to z$ wird durch $[w] \circ [v] = [v * w]$ definiert. Das Fundamentalgruppoid ist das universelle Objekt für alle Transportphänomene entlang Wegen, die nur von der Homotopieklasse des Weges abhängen.

Wir werden später zeigen, daß jede Gruppe als Fundamentalgruppe eines Raumes realisiert werden kann.

Nun noch einige Bemerkungen zur Rolle des Grundpunktes. Ist $w: I \to X$ eine Schleife, so faktorisiert w über den Quotientraum $I/\partial I$ (Identifikation von ∂I zu einem Punkt), und diese Faktorisierung ist mit der Homotopierelation verträglich. Deshalb können wir $\pi_1(X, *)$ auch als die punktierte Homotopiemenge $[I/\partial I, X]^0$ ansehen, oder, da $I/\partial I$ zu S^1 homöomorph ist, mit dem punktierten Raum $(S^1, 1)$ als die punktierte Homotopiemenge $[S^1, X]^0$. Wir untersuchen zunächst etwas genauer die Rolle des Grundpunktes. Indem wir den Grundpunkt vergessen, erhalten wir eine Abbildung

(4.5) $\varphi: [S^1, X]^0 \to [S^1, X], \quad [f]^0 \mapsto [f].$

Unter gewissen Voraussetzungen ist sie bijektiv (4.7).

Sei X ein Raum mit einer stetigen Multiplikation $m: X \times X \to X$, die den Grundpunkt e als neutrales Element hat, das heißt $m(e, x) = x = m(x, e)$. Zum Beispiel kann (X, m) eine topologische Gruppe sein. Wir setzen aber im Augenblick nicht voraus, daß m assoziativ oder kommutativ ist. Auf einer punktierten Homotopiemenge $[Y, X]^0$ definieren wir eine Verknüpfung, genannt das *m-Produkt*, durch $[f], [g] \mapsto [f \cdot g]$; darin ist $f \cdot g: y \mapsto m(f(y), g(y))$, also die übliche punktweise Multiplikation. Auf der Menge $\pi_1(X, e) = [S^1, X]^0$ haben wir jetzt zwei Verknüpfungen: Das *m-Produkt* und das $*$-Produkt der Fundamentalgruppe.

(4.6) Satz. *Sei (X, e) ein Raum mit einer stetigen Multiplikation m, die e als neutrales Element hat. Dann stimmen das $*$-Produkt und das m-Produkt auf $\pi_1(X, e)$ überein, und das Produkt ist kommutativ.*

Beweis. Sei k die konstante Schleife. Es gilt für zwei Schleifen u und v

$$u * v = (u * k) \cdot (k * v) \simeq u \cdot v.$$

Das zeigt die Übereinstimmung der Produkte. Wegen $(u*k)\cdot(k*v) = (k*v)\cdot(u*v)$ ist $\pi_1(X, e)$ abelsch.   □

(4.7) Satz. *Sei X wegzusammenhängend. Dann ist φ aus (4.5) surjektiv. Ist $\pi_1(X, e)$ abelsch, so ist φ sogar bijektiv.*

Beweis. Um die Surjektivität von φ zu zeigen, müssen wir $f\colon S^1 \to X$ homotop in eine punktierte Abbildung deformieren. Zu diesem Zweck sei $w\colon I \to X$ ein Weg von $f(1)$ nach e. Wir benutzen, daß $\{1\} \subset S^1$ eine Kofaserung ist; das ist eine direkte Konsequenz von (3.4) und (3.6) im Falle des homöomorphen Raumes $I/\partial I$. Es gibt dann eine Homotopie von f, die auf $\{1\}$ mit w übereinstimmt.

Ist $h\colon I \times I \to X$ eine (unpunktierte) Homotopie zwischen den Schleifen h_0 und h_1 und $w\colon t \mapsto h(1, t)$, so ist nach (4.2) $h_0 \simeq w * (h_1 * w^-)$. Ist aber $\pi_1(X, e)$ abelsch, so sind h_0 und h_1 auch punktiert homotop. Also ist φ injektiv.   □

Wir kommen später in einem allgemeineren Kontext noch einmal auf die vergessende Abbildung (4.5) zurück. Es ist aber jetzt schon eine lehrreiche Übung, sich zu überlegen, daß φ die Konjugationsklassen von $\pi_1(X, e)$ für jeden Raum X injektiv abbildet.

5   Die Fundamentalgruppe des Kreises

Nach den Erläuterungen des letzten Abschnittes behandeln wir die Fundamentalgruppe des Kreises S^1 in der unpunktierten Form: Wir haben einen Isomorphismus $\pi_1(S^1, 1) \cong [S^1, S^1]$, und in der letzteren Gruppe können wir die Verknüpfung durch die Multiplikation in S^1 definieren. Wir benutzen die Sätze (3.8) und (3.9).

Sei $p_0\colon I \to S^1$, $t \mapsto \exp(2\pi i t)$. Ist $f\colon S^1 \to S^1$ gegeben, so ist für eine Hochhebung g von $f p_0$ entlang $p\colon \mathbb{R} \to S^1$ die ganze Zahl $g(1) - g(0)$ unabhängig von der Auswahl von g, da sich je zwei Hochhebungen um eine additive Konstante aus $\mathbb{Z}$ unterscheiden. Diese Zahl heiße *Abbildungsgrad* von f und werde mit $d(f)$ bezeichnet.

(5.1) Satz. *Über den Abbildungsgrad gelten die folgenden Aussagen:*
   (1) *Sind f_0 und f_1 homotop, so ist $d(f_0) = d(f_1)$.*

(2) *Die nach (1) wohldefinierte Abbildung d: $[S^1, S^1] \to \mathbb{Z}$, $[f] \mapsto d(f)$ ist ein Isomorphismus.*

Beweis. (1) Sei f: $S^1 \times I \to S^1$ eine Homotopie von f_0 nach f_1 und $h = f(p_0 \times \mathrm{id})$. Wir wählen eine Hochhebung H: $I \times I \to \mathbb{R}$ von h (mit irgendeiner Anfangsbedingung). Es gilt $d(f_t) = H(1, t) - H(0, t)$. Die Abbildung $t \mapsto H(1, t) - H(0, t)$ ist als stetige Abbildung in die ganzen Zahlen konstant. Damit ist d wohldefiniert.

(2) Homomorphie: Sind $f, \tilde{f}$: $S^1 \to S^1$ gegeben und $g, \tilde{g}$: $I \to \mathbb{R}$ Hochhebungen von $f p_0$, $\tilde{f} p_0$, so ist $g + \tilde{g}$ eine Hochhebung von $(f \cdot \tilde{f}) p_0$. Deshalb gilt

$$d(f \cdot \tilde{f}) = (g + \tilde{g})(1) - (g + \tilde{g})(0) = g(1) - g(0) + \tilde{g}(1) - \tilde{g}(0) = d(f) + d(\tilde{f}).$$

Surjektiv: q_n: $S^1 \to S^1$, $z \mapsto z^n$ hat den Grad n, da $t \mapsto tn$ eine Hochhebung von $q_n p_0$ ist.

Injektiv: Sei $d(f) = 0$. Eine Hochhebung g von $f p_0$ erfüllt $g(1) = g(0)$. Es gibt deshalb eine Abbildung F: $S^1 \to \mathbb{R}$ mit $F p_0 = g$ und $p F = f$. Durch

$$S^1 \times I \to S^1, \quad (z, t) \mapsto p((1 - t) F(z) + t)$$

wird eine Homotopie von f zu einer konstanten Abbildung gegeben. Eine nullhomotope Abbildung repräsentiert das neutrale Element von $[S^1, S^1]$. Also ist der Kern von d trivial.   □

Der Satz (5.1) läßt sich leicht auf andere Situationen übertragen. Sei $x \in \mathbb{C}$. Ist $S_r^1(a) = \{z \in \mathbb{C} \mid |z - a| = r\}$, so ist $k_{a,r}$: $S^1 \to S_r^1(a)$, $z \mapsto rz + a$ ein Homöomorphismus. Wir erhalten deshalb eine Bijektion

$$d: [S_r^1(a), S_s^1(b)] \to \mathbb{Z}, \quad [f] \mapsto d(k_{b,s}^{-1} \circ f \circ k_{a,r}).$$

Auch hier nennen wir $d(f)$ wieder den *Grad* von f.

Wir benutzen den Grad dazu, andere Gruppen der Form $[X, S^1]$ zu berechnen. Die Gruppenstruktur darin wird wieder durch die Multiplikation in S^1 definiert. Im Vorgriff auf spätere Entwicklungen verwenden wir auch die Bezeichnung

$$H^1(X) = [X, S^1]$$

und nennen diese Gruppe die erste Kohomologiegruppe von X. In der Variablen X ist $H^1(X)$ ein homotopieinvarianter, kontravarianter Funktor von Räumen in die Kategorie der abelschen Gruppen (Hom-Funktor).

Seien $D_j = D_{r(j)}(a_j)$, $1 \leq j \leq t$, paarweise disjunkte Kreisscheiben. Sei $D_{r(0)} = D_0$ so beschaffen, daß alle D_j im Innern D_0° von D_0 liegen. (Also $|a_i - a_j| > r_i + r_j$ für $1 \leq i < j \leq t$ und $|a_0 - a_j| + r_j < r_0$ für $1 \leq j \leq t$.) Sei $M = D_0 \setminus \bigcup_{j=1}^t D_j^\circ$. Sei f: $M \to S^1$ gegeben. Durch Einschränkung von f auf den Rand S_j von D_j erhalten wir den zugehörigen Grad $d_j(f)$ von $f|S_j$.

(5.2) Satz. *Die Zuordnung* $[f] \mapsto (d_1(f), \ldots, d_t(f))$ *ist ein Isomorphismus* $\gamma \colon [M, S^1] \to \prod_{j=1}^t \mathbb{Z}$. *Es gilt* $d_0(f) = \sum_{j=1}^t d_j(f)$.

Beweis. (1) γ ist injektiv. Ist $d_j(f) = 0$, so läßt sich $f|S_j$ auf D_j erweitern (1.3). Ist $\gamma[f] = 0$, so hat also f eine Erweiterung F auf D_0 und ist damit nullhomotop. Dann ist auch die Einschränkung auf M nullhomotop.

(2) γ ist surjektiv. Die Abbildung

$$\varepsilon_1 \colon z \mapsto \frac{z - a_1}{|z - a_1|}$$

ist für alle $z \neq a_1$ definiert und liefert insbesondere eine Abbildung $\varepsilon_1 \colon M \to S^1$. Nach Konstruktion ist $d_1(\varepsilon_1) = 1$. Ferner läßt sich $\varepsilon_1|S_j$, $j \geq 2$ auf D_j erweitern, ist damit also nullhomotop. Also ist $d_j(\varepsilon_1) = 0$ für $j \geq 2$. Damit ist $\gamma(\varepsilon_1)$ der Einheitsvektor $(1, 0, \ldots, 0)$. Ebenso lassen sich die anderen Einheitsvektoren realisieren.

(3) Die Relation. Durch

$$(z, t) \mapsto \frac{z - t a_0 - (1 - t) a_1}{|z - t a_0 - (1 - t) a_1|}$$

wird eine Homotopie von $\varepsilon_1|S_0$ nach einer Abbildung vom Grad 1 gegeben. Also ist die fragliche Relation für ε_1 erfüllt. Ebenso für alle anderen Basiselemente und damit überhaupt immer. $\square$

Die Retraktion $r_x \colon \mathbb{C} \setminus \{x\} \to S^1$, $z \mapsto (z - x)/|z - x|$ ist eine Homotopieäquivalenz (1.2) und folglich

$$[S^1, \mathbb{C} \setminus \{x\}] \to [S^1, S^1], \quad [f] \mapsto [r_x f]$$

eine Bijektion. Der Grad von $r_x f$ heißt *Umlaufzahl* von f bezüglich x, auch $\mathrm{Um}(f, x)$ bezeichnet. Abbildungen $f_0, f_1 \colon S^1 \to \mathbb{C} \setminus \{x\}$ sind also genau dann homotop, wenn sie dieselbe Umlaufzahl haben. Das Komplement $\mathbb{C} \setminus f(S^1)$ zerfällt in offene Wegekomponenten, und die Umlaufzahl bezüglich x ist konstant, solange x in einer Komponente bleibt.

Sei $w \colon I \to \mathbb{C} \setminus \{x\}$ eine Schleife. Dann gibt es genau eine stetige Abbildung $f \colon S^1 \to \mathbb{C} \setminus \{x\}$ mit $f \circ p_0 = w$. Die Umlaufzahl von f nennen wir die Umlaufzahl von w und schreiben dafür $\mathrm{Um}(w, x)$.

(5.3) Notiz. *Sei* $W \colon I \to \mathbb{C}$ *eine Hochhebung von* w *entlang* P, *siehe* (3.9). *Dann ist* $\mathrm{Um}(w, 0) = W(1) - W(0)$.

Beweis. Der Realteil $\mathrm{Re}\, W(t) = F(t)$ ist eine Hochhebung von $t \mapsto w(t)/|w(t)|$. Nun wende man die Definitionen an, sowie $W(1) - W(0) = \mathrm{Re}(W(1) - W(0)) = F(1) - F(0)$. $\square$

Die Umlaufzahl tritt in der Funktionentheorie auf, zum Beispiel beim Residuensatz. Sie mißt, wie oft bei einer Integration über einen geschlossenen Weg ein bestimmter Punkt umlaufen wird. Die Beziehung zur Analysis wird durch den folgenden Satz hergestellt.

(5.4) Satz. *Sei $\gamma\colon [0, 1] \to \mathbb{C}^*$ ein stetig differenzierbarer Weg mit Anfang 1. Dann ist*

$$\Gamma\colon [0, 1] \to \mathbb{C}, \quad t \mapsto \frac{1}{2\pi i} \int_{\gamma|[0,t]} \frac{dz}{z}$$

eine stetig differenzierbare Hochhebung von γ entlang P mit Anfang 0.

Beweis. Es gibt eine Hochhebung $W\colon [0, 1] \to \mathbb{C}$ von γ mit Anfang 0. Sie ist stetig differenzierbar, da P ein lokaler Diffeomorphismus ist. Definitionsgemäß ist

$$\int_{\gamma|[0,s]} \frac{dz}{z} = \int_0^s \frac{\gamma'(t)}{\gamma(t)}\, dt.$$

In das rechte Integral wird $\gamma(t) = \exp(2\pi i\, W(t))$ eingesetzt und das gewünschte Resultat ergibt sich. $\square$

(5.5) Folgerung. *Ist $w\colon I \to \mathbb{C} \setminus \{x\}$ eine stetig differenzierbare Schleife, so ist*

$$\mathrm{Um}(w, x) = \frac{1}{2\pi i} \int_w \frac{dz}{z - x}$$

eine Integraldarstellung der Umlaufzahl. $\square$

(5.6) Notiz. *Sei $A \in GL(2, \mathbb{R})$. Dann hat $l_A\colon S^1 \mapsto \mathbb{R}^2 \setminus 0,\ x \mapsto Ax$ bezüglich Null als Umlaufzahl das Vorzeichen der Determinante von A.*

Beweis. Die Umlaufzahl hängt nur von der Wegekomponente von A ab. Sicherlich hat $l_I = \mathrm{id}$ den Grad 1. Im zweiten Fall haben wir es etwa mit $z \mapsto \bar{z}$ zu tun, und diese Abbildung hat den Grad -1. $\square$

(5.7) Satz. *Sei $\psi\colon U \to \mathbb{R}^2$ eine C^1-Abbildung mit $\psi(0) = 0$ aus einer offenen Menge $U \subset \mathbb{R}^2$. Sei das Differential $D\psi(0)$ invertierbar. Dann gibt es nach dem Umkehrsatz der Differentialrechnung ein $\varepsilon > 0$, so daß $\psi\colon U_\varepsilon(0) \to \mathbb{R}^2$ ein C^1-Diffeomorphismus der ε-Umgebung $U_\varepsilon(0)$ auf ihr Bild ist. Für $\delta < \varepsilon$ hat die resultierende Abbildung $\psi\colon S_\delta^1(0) \to \mathbb{R}^2 \setminus 0$ als Umlaufzahl um Null das Signum der Determinante von $D\psi(0)$.*

Beweis. Da ψ eine C^1-Abbildung ist, gibt es eine Darstellung [31, p. 37]

$$\psi(x) = x_1 g_1(x) + x_2 g_2(x)$$

mit stetigen Funktionen g_j und $\frac{\partial \psi}{\partial x_j}(0) = g_j(0)$. Die Jacobi-Matrix $D\psi(0)$ hat also die Spalten $g_1(0)$ und $g_2(0)$. Wir betrachten die Homotopie

$$H(x, t) = x_1 g_1(tx) + x_2 g_2(tx).$$

Für $t > 0$ ist $H_t(x) = t^{-1}\psi(tx)$ und für $t = 0$ ist $H_0(x) = D\psi(0)$. Demnach liegt eine Homotopie von $\psi\colon S^1_\delta \to \mathbb{R}^2 \setminus 0$ nach $D\psi(0)\colon S^1_\delta(0) \to \mathbb{R}^2 \setminus 0$ vor. Nun wende man (5.6) an.   □

(5.8) Bemerkung. Der Satz (5.2) gilt genauso für Abbildungen $M \to \mathbb{R}^2 \setminus x$ und Umlaufzahlen um x.   ◇

Der nächste Satz besagt, grob gesprochen, daß man mit der Umlaufzahl Nullstellen (mit Vielfachheiten) zählen kann.

(5.9) Satz. *Sei* $f\colon D_r(0) \to \mathbb{R}^2$ *eine stetige Abbildung, die im Innern von* $D_r(0)$ *stetig differenzierbar ist. Sei* $f(S_r(0)) \subset \mathbb{R}^2 \setminus 0$. *In jedem Punkt* $x \in f^{-1}(0)$ *sei das Differential* $Df(x)$ *regulär und* $\varepsilon(x) \in \{\pm 1\}$ *das Vorzeichen der Determinante von* $Df(x)$. *Dann ist* $f^{-1}(0)$ *eine endliche Menge und*

$$\mathrm{Um}(f, 0) = \sum_{x \in f^{-1}(0)} \varepsilon(x).$$

Diese Summe ist Null, falls $f^{-1}(0)$ *leer ist.*

Beweis. Eine Kombination aus (5.2), (5.7) und (5.8).   □

(5.10) Beispiel. Wir skizzieren einen topologischen Beweis für den Fundamentalsatz der Algebra: Seien $a_0, \ldots, a_{n-1} \in \mathbb{C}$, $n \geq 1$; dann gibt es $z_0 \in \mathbb{C}$, das der Gleichung $a_0 + a_1 z_0 + \cdots + a_{n-1} z_0^{n-1} + z_0^n = f(z_0) = 0$ genügt. Man zeigt: Für $|z| > \max(1, |a_0| + \cdots + |a_{n-1}|) = r$ und $0 \leq t \leq 1$ ist

$$H(z, t) = z^n + t a_{n-1} z^{n-1} + \cdots + t a_0 \neq 0.$$

Deshalb definiert H für $R > r$ eine Homotopie

$$H\colon S_R \times I \to \mathbb{C} \setminus 0, \quad S_R = \{z \in \mathbb{C} \mid |z| = R\},$$

zwischen $z \mapsto z^n$ und $z \mapsto f(z)$. Hätte $z \mapsto f(z)$ keine Nullstelle z_0, $|z_0| \leq R$, so ließe sich $z \mapsto f(z)$ auf $D_R = \{z \in \mathbb{C} \mid |z| \leq R\}$ durch dieselbe Formel als Abbildung nach $\mathbb{C} \setminus 0$ erweitern, wäre also nullhomotop. Dann wäre auch $S_R \to \mathbb{C} \setminus 0, z \mapsto |z|^{-n} z^n$ nullhomotop. Widerspruch, da diese Abbildung den Grad n hat.   ◇

(5.11) Eigenschaften des Grades. Es gilt immer $d(f \circ g) = d(f)d(g)$. Ein Homöomorphismus $S^1 \to S^1$ hat den Grad ± 1. Hat $f \colon S^1 \to S^1$ den Grad $d(f) \neq 1$, so gibt es ein $x \in S^1$ mit $f(x) = x$. Die Abbildung $z \mapsto \bar{z}$ hat den Grad -1.

Sei $u = \exp(2\pi i/n)$ eine n-te Einheitswurzel. Sei $h \colon S^1 \to S^1$ eine stetige Abbildung, die der Funktionalgleichung $h(uz) = h(z)$ genügt. Dann gilt $d(h) \equiv 0 \bmod n$.

Seien k und j zu n teilerfremde ganze Zahlen. Sei $f \colon S^1 \to S^1$ eine stetige Abbildung, die der Funktionalgleichung $f(u^k z) = u^j f(z)$ genügt. Dann gilt für ihren Grad die Kongruenz $k\, d(f) \equiv j \bmod n$. Ist umgekehrt mit einer ganzen Zahl $d(f)$ diese Kongruenz erfüllt, so gibt es eine Abbildung vom Grad $d(f)$, die der Funktionalgleichung genügt.

Die Abbildung $f \colon S^1 \to S^1$ erfülle die Funktionalungleichung $f(-z) \neq f(z)$; dann hat f einen ungeraden Grad. Für $f, g \colon S^1 \to S^1$ gelte immer $f(z) \neq g(z)$; dann ist $d(f) = d(g)$. Gelte $d(g) \equiv 0 \bmod n$ für ein $n > 0$; dann gibt es $h \colon S^1 \to S^1$, so daß $g = h^n$. $\Diamond$

6 Windungszahl

Eine Abbildung $f \colon S^1 \to \mathbb{R}^2$ heißt C^k-Abbildung, wenn die zugehörige Abbildung $\tilde{f} = f \circ p_0 \colon I \to \mathbb{R}^2$ k-mal stetig differenzierbar ist und die Ableitungen an den Stellen 0 und 1 übereinstimmen. Wir setzen $f'(\exp(2\pi i t)) = \tilde{f}'(t)$, wobei rechts die übliche Ableitung steht. Ist f eine C^1-Abbildung und $f'(z)$ immer ungleich Null, so nennen wir f eine C^1-*Immersion*. Die Umlaufzahl der Abbildung $f' \colon S^1 \to \mathbb{R}^2$ heißt *Windungszahl* von f. Eine *reguläre Homotopie* von C^1-Immersionen ist eine stetige Abbildung $h \colon S^1 \times I \to \mathbb{R}^2$, so daß für jedes $t \in I$ die Einschränkung h_t eine C^1-Immersion ist. „Regulär homotop" ist eine Äquivalenzrelation. Eine reguläre Homotopie liefert eine gewöhnliche Homotopie der Ableitungen. Also haben regulär homotope C^1-Immersionen dieselbe Windungszahl. Die geometrische Bedeutung der Windungszahl erhellt sich aus dem nächsten Satz von Graustein und Whitney [271]. Der Satz steht allerdings schon 1901 in der Dissertation von Boy und ist in [26] in einer Fußnote auf Seite 155 erwähnt. Siehe auch [236].

(6.1) Satz. *Zwei C^1-Immersionen $S^1 \to \mathbb{R}^2$ sind genau dann regulär homotop, wenn sie dieselbe Windungszahl haben.*

Beweis. Seien zwei Immersionen mit derselben Windungszahl gegeben. Um sie als regulär homotop zu erkennen, dürfen wir sie zunächst durch reguläre Homotopie in eine Normalform überführen. Dazu dienen die folgenden Schritte (1) – (3) über eine Immersion $h \colon S^1 \to \mathbb{R}^2$.

(1) Sei $d \colon S^1 \to S^1$ eine Drehung. Dann sind h und hd regulär homotop.

(2) Sei $a \colon \mathbb{R}^2 \to \mathbb{R}^2$ ein affiner Automorphismus, der aus einer Translation und einer linearen Abbildung mit positiver Determinante zusammengesetzt ist. Dann sind h und ah regulär homotop.

Wenn man statt h die Immersion $h_\lambda\colon s \mapsto \lambda h(s)$ für $\lambda > 0$ betrachtet, so gilt für die Bogenlänge Länge$(h_\lambda) = \lambda$ Länge (h). Wegen (2) können wir uns deshalb auf Kurven der Länge 1 beschränken. Statt Abbildungen $h\colon S^1 \to \mathbb{R}^2$ betrachten wir stetig differenzierbare Abbildungen (ebenfalls reguläre Immersionen genannt) $g\colon I \to \mathbb{R}^2$ mit den folgenden Eigenschaften: $g(0) = g(1)$, $g'(0) = g'(1)$, $g'(t) \neq 0$ für alle $t \in I$. Indem wir jedem h die Abbildung $g\colon t \mapsto h(\exp(2\pi i t))$ zuordnen, erhalten wir eine Entsprechung zwischen den g und den h. Die letzte Vorüberlegung ist:

(3) g ist regulär homotop zu einer Abbildung $f\colon I \to \mathbb{R}^2$, deren Ableitung $f'(t)$ immer den Betrag 1 hat (Bogenlänge als Parameter).

Wir gehen nunmehr von folgender Situation aus: $g_0, g_1\colon I \to \mathbb{R}^2$ sind C^1-Immersionen derselben Windungszahl. Die Ableitungen $f_i = g_i'$ können als Abbildungen $I \to S^1$ aufgefaßt werden. Es gilt $f_0(0) = 1 = f_1(0)$. Da die Immersionen g_0 und g_1 dieselbe Windungszahl haben, gibt es eine Homotopie $f\colon I \times I \to S^1$, $(s, t) \mapsto f_t(s) = f(s, t)$ relativ zu $\{0, 1\}$ zwischen f_0 und f_1. Eine reguläre Homotopie g_t konstruieren wir durch Integration von f_t. Wir setzen

$$g_t(s) = \int_0^s f(\zeta, t)\, d\zeta - s \int_0^1 f(\zeta, t)\, d\zeta.$$

Das ist stetig in (s, t), differenzierbar in s für festes t, und es gilt $g_t(0) = 0 = g_t(1)$. Es ist

$$\int_0^1 f(\zeta, 0)\, d\zeta = \int_0^1 g_0'(\zeta)\, d\zeta = 0,$$

und das liefert zunächst $g_t'(0) = g_t'(1)$, so daß auch die Ableitungen wieder geschlossene Kurven sind, das heißt, g_t ist eine C^1-Schleife. Wenn wir noch zeigen, daß g_t' immer ungleich Null ist, so ist g eine reguläre Homotopie, denn wegen

$$\int_0^1 f(\zeta, 0)\, d\zeta = \int_0^1 g_0'(\zeta)\, d\zeta = 0$$

ergibt sich für $t = 0$ die ursprüngliche Abbildung (analog für $t = 1$).

Es ist $|f(s, t)| = 1$; ferner ist $\left| \int_0^1 f(\zeta, t)\, d\zeta \right| < 1$, falls $s \mapsto f(s, t)$ nicht konstant ist. Also wollen wir f so wählen, daß f_t für kein t konstant ist. Sicherlich sind f_0 und f_1 nicht konstant. Wir wählen Hochhebungen $F_0, F_1\colon I \to \mathbb{R}$ von f_0, f_1 mit $F_0(0) = 0 = F_1(0)$. Damit definieren wir $F_t(s) = (1 - t)F_0(s) + t F_1(s)$, $f_t(s) = \exp(2\pi i F_t(s))$. Es ist f_t genau dann konstant, wenn F_t konstant ist. Ist die Windungszahl $n = F_0(1) = F_1(1)$ von Null verschieden, so ist F_t nicht konstant. Ist $n = 0$, so sind F_0 und F_1 Schleifen, die deshalb auch zu einem anderen Zeitpunkt begonnen werden können. Nach (1) und (2) können wir die Ausgangskurven so modifizieren, daß $F_0(s) \geq 0$, $F_1(s) \geq 0$, $F_0(0) = F_1(0) = 0$ gilt, und dann ist kein F_t konstant. $\qquad\square$

Die Windungszahl kann geometrisch durch die Selbstüberkreuzungen der Bild-
kurve bestimmt werden, vorausgesetzt, die Kreuzungen sind transvers. Wir betrachten deshalb *generische* Immersionen $f: S^1 \to \mathbb{R}^2$. Das heißt: $f^{-1}(x)$ hat immer
höchstens zwei Elemente, und für $z_1 \neq z_2$ mit $f(z_1) = f(z_2)$ sind die Tangentialvektoren $f'(z_1)$ und $f'(z_2)$ linear unabhängig. Ein Punkt P mit zwei Urbildern bei
f heiße *Doppelpunkt* der Kurve.

Wir wählen einen Anfangspunkt, der kein Doppelpunkt ist, und durchlaufen von
dort die Kurve, das heißt wir stellen uns die Kurve als durch $g: [0, 1] \to \mathbb{R}^2$ gegeben
vor, und $g(0) = g(1)$ tritt für $t \neq 0, 1$ nicht als Funktionswert auf. Ist $t_1 < t_2$
und $P = g(t_1) = g(t_2)$, so sei $\epsilon(P) \in \{\pm 1\}$ das Vorzeichen der Determinante
$\det(g'(t_2), g'(t_1))$. Den folgenden Satz und seinen Beweis entnehmen wir [126].

(6.2) Satz. *Sei $g: S^1 \to \mathbb{R}^2$ eine generische C^1-Immersion, die in der oberen
Halbebene verläuft. Ferner sei $g(0) = 0$, und $g'(0)$ habe die Richtung der positiven
x-Achse. Dann ist $1 + \sum \epsilon(P)$ die Windungszahl von g; summiert wird dabei über
die Doppelpunkte P von g.*

Beweis. Sei $T = \{(t_1, t_2) \in \mathbb{R}^2 \mid 0 \leq t_1 \leq t_2 \leq 1\}$. Die Seiten des Dreiecks T seien
mit $H = \{(t, t) \in T\}$, $S_1 = \{(t_1, 1) \in T\}$ und $S_2 = \{(0, t_2) \in T\}$ bezeichnet. Wir
setzen $l(t_1, t_2) = \min(t_2 - t_1, 1 - (t_2 - t_1))$ und definieren $\psi: T \to \mathbb{R}^2$ durch

$$\psi(t_1, t_2) = \frac{g(t_2) - g(t_1)}{l(t_1, t_2)}, \quad \text{falls} \quad l(t_1, t_2) \neq 0,$$

$$\psi(t, t) = g'(t),$$

$$\psi(0, 1) = -g'(0).$$

Dann ist ψ stetig und im Innern des Dreiecks T stetig differenzierbar, und es gilt
$\psi(t_1, t_2) = 0$ genau dann, wenn $t_1 < t_2$, $(t_1, t_2) \neq (0, 1)$ und $g(t_1) = g(t_2)$, das heißt
genau dann, wenn $g(t_1)$ ein Doppelpunkt ist. Man bestätigt, daß 0 ein regulärer Wert
von ψ ist und $D\psi(t_1, t_2)$ dasselbe Vorzeichen wie $\epsilon(P)$ hat, wenn $g(t_1) = g(t_2) = P$
ein Doppelpunkt ist. Wegen Satz (5.9) bleibt zu überlegen, daß die Umlaufzahl von
$\psi|\partial T$ bezüglich Null gleich $W - 1$ ist, wenn W die Windungszahl von g ist. Das
Stück H von ∂T liefert wegen $\psi(t, t) = g'(t)$ den Beitrag W zur Umlaufzahl. Ferner
stellt man fest: Entlang S_1 liefert ψ eine Kurve von $g'(1)$ nach $-g'(0)$, die bis auf
die Endpunkte in der unteren Halbebene verläuft; entlang S_2 liefert ψ eine Kurve
von $-g'(0)$ nach $g'(0)$, die bis auf die Endpunkte in der oberen Halbebene verläuft.
Also liefert ψ entlang $S_1 \cup S_2$ eine Schleife mit der Umlaufzahl -1, da $g'(0)$ auf der
positiven x-Achse liegt.   □

Durch Wahl eines geeigneten Koordinatensystems und eventuelle Änderung
des Durchlaufsinns läßt sich der vorstehende Satz auf jede generische Immersion
$S^1 \to \mathbb{R}^2$ anwenden.

(6.3) Folgerung. *Eine glatte Einbettung $S^1 \to \mathbb{R}^2$ hat die Windungszahl ± 1.* □

(6.4) Folgerung. *Eine generische Immersion $S^1 \to \mathbb{R}^2$ der Windungszahl $n > 0$ hat mindestens $n - 1$ Doppelpunkte (Kreuzungen).* □

Die Windungszahl wurde schon von Gauß betrachtet. Eine der ersten Überlegungen zur Topologie oder, wie man damals sagte, zur Geometria Situs, findet sich in den Notizbüchern von Gauß, die aus dem Nachlaß in den gesammelten Werken herausgegeben wurden. Gauß schreibt [92, p. 271]:

Theorem aus der Geometria Situs

Es sei die Amplitudo einer ganzen in sich selbst zurückkehrenden Curve = $\pm n \cdot 360°$. Sie hat wenigstens Knoten [= Kreuzungspunkte]

$$1 \ 0 \ 1 \ 2 \ 3 \ 4 \ 5 \ 6$$
$$\text{für } n = 0 \ 1 \ 2 \ 3 \ 4 \ 5 \ 6 \ 7.$$

Der Beweis scheint nicht leicht zu sein; wahrscheinlich wird dazu dienen, dass man die Curve ihrem Laufe nach in Theile abtheilt, deren Grenzen die Punkte sind, in denen ihre Richtung = $90° (2n + 1)$, dann eine unendliche gerade Linie, deren Richtung = $90°$, in der Richtung $0°$ durch die Fläche schiebt und die Folge der Stücke gehörig beachtet ...

Der nächste Eintrag in das Notizbuch zeigt, daß auch Gauß dem Alles oder Nichts der mathematischen Forschung unterlag, denn er beginnt [loc.cit., p. 272] „Der Beweis ist doch leicht". Im weiteren Verlauf der Notiz schreibt er:

Interessant wird es in Beziehung auf diesen Gegenstand sein, zu untersuchen
1) Die Resultate des Durchschneidens der Knoten, in so fern man

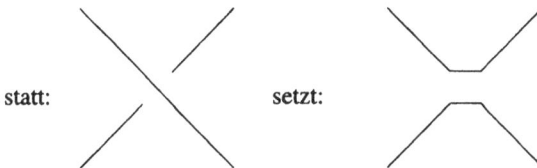

statt: setzt:

wodurch dann lauter getrennte Grenzlinien entstehen. Zählt man dann für jede Grenzlinie, die [die] +Seite innen hat, +1, und für jede, die die −Seite innen hat, −1, so ist das Aggregat×360° die ganze Amplitudo.

Allgemeiner stellt sich Gauß die Frage, die möglichen Lagen einer geschlossenen Kurve in der Ebene zu bestimmen.

Die hier Aggregat genannte Zahl ist die Windungszahl. Gauß unterstellt, daß eine Kurve ohne Kreuzungen die Windungszahl ± 1 hat (6.3).

Nachdem man die Gauß-Modifikationen durchgeführt hat, bleibt ein System von eingebetteten Gauß-Kreisen übrig. Davon mögen P Stück positiven und N Stück negativen Drehsinn haben. Dann gilt der Satz von Gauß:

(6.5) Satz. *Die Windungszahl der ursprünglichen Kurven ist* $P - N$.

Beweis. Zum Beweis ist es zweckmäßig, zwei Erweiterungen der Definition der Windungszahl vorzunehmen. Einmal „Kurven" zu betrachten, die aus mehreren Stücken bestehen: Die Windungszahl sei einfach die Summe der Windungszahlen der Stücke. Zum anderen stückweise stetig differenzierbare Kurven zuzulassen, also Kurven mit Ecken. Für irgendeine stetig differenzierbare Abbildung $f: [a, b] \to \mathbb{R}^2$ mit $f'(t) \neq 0$ werde die Windungszahl durch $W(b) - W(a)$ definiert, wenn $W: [a, b] \to \mathbb{R}$ eine Hochhebung von $t \mapsto |f(t)|^{-1} f(t)$ ist; es ist jetzt natürlich $W(b) - W(a)$ im allgemeinen keine ganze Zahl mehr. Ist nun $f: [0, 1] \to \mathbb{R}^2$ auf den Stücken $[t_{i-1}, t_i]$ einer Zerlegung $0 = t_0 < t_1 < \cdots < t_r = 1$ stetig differenzierbar, so hat man die Windungszahlen aller dieser Stücke. An jeder Ecke $f(t_i)$ betrachtet man jetzt noch den Außenwinkel $\alpha_i \in] - \pi, \pi [$, um den man die Tangente gegen den Uhrzeigersinn drehen muß, um vom Anfang des Sprungs zu seinem Ende zu gelangen, und addiert zur Summe der Windungszahlen der Stücke die Summe $\frac{1}{2\pi} \sum_{i=0}^{r-1} \alpha_i$, um damit definitionsgemäß die *Windungszahl der Kurve mit Ecken* zu erhalten. Durch Abrundung der Ecken zeigt man, daß die so definierte Windungszahl in der Tat eine ganze Zahl ist.

Mit diesen Vorbemerkungen zeigt man nun den Satz durch die Überlegung, daß sich die Windungszahl bei Gauß-Modifikationen nicht ändert. Wir betrachten noch einmal die Gauß-Modifikation (siehe die folgende Figur).

Wenn man neben dem Kreuzungspunkt einen Durchlauf auf dem Ast Nummer 1 startet, sind zwei Fälle denkbar: Entweder 2 oder 3 ist der nächste Ast, auf dem man wieder beim Kreuzungspunkt ankommt. Im ersten Fall gehört diese Kreuzung zu einer einzigen Kurve unseres Systems, die dann nach der Modifikation in die beiden Stücke K_1 und K_2 zerfällt. Im zweiten Fall überkreuzen sich zwei Kurven mit den Ästen 13 und 24. Nach der Modifikation ist daraus eine einzige Kurve geworden.

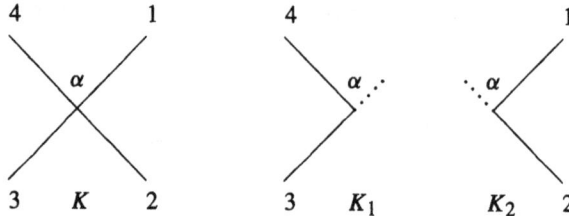

Was passiert mit den Windungszahlen in beiden Fällen? Im ersten Fall ist die Windungszahl von K_1 gleich $x + \alpha$, von K_2 gleich $y - \alpha$ und von K gleich $x + y$, wenn x und y die Windungszahlen der entsprechenden Stücke sind. Im zweiten Fall hat die Kurve $K_1 K_2$ die Windungszahl $u + \alpha + v - \alpha$, wobei u zum Stück 13 und v zum Stück 24 gehört. Man sieht, in beiden Fällen ändert sich die Windungszahl nicht.

Man beendet den Beweis mit der Folgerung (6.3). $\square$

7 Der Satz von Seifert und van Kampen

Die Fundamentalgruppe ist leicht zu definieren, aber schwer zu bestimmen. Im weiteren Verlauf werden zwei Berechnungsmethoden entwickelt: Die Theorie der Überlagerungen und der Satz von Seifert und van Kampen.

Der Satz (7.3) von Seifert [231] und van Kampen [142] gestattet es, die Fundamentalgruppe von $Z = X \cup X'$ aus den Fundamentalgruppen von X, X' und $X \cap X'$ zu berechnen. Um den Satz formulieren zu können, erinnern wir an einen kategorientheoretischen Begriff. Ein kommutatives Quadrat

$$\begin{array}{ccc} G_0 & \xrightarrow{\ i_1\ } & G_1 \\ {\scriptstyle i_2}\downarrow & & \downarrow{\scriptstyle j_1} \\ G_2 & \xrightarrow{\ j_2\ } & G \end{array}$$

aus Gruppen und Homomorphismen heißt *Pushout* in der Kategorie der Gruppen, wenn es die folgende *universelle Eigenschaft* hat: Zu jedem Paar $h_i\colon G_i \to H$ von Homomorphismen mit $h_1 i_1 = h_2 i_2$ gibt es genau einen Homomorphismus $f\colon G \to H$ mit $f j_i = h_i$. Sind in einem Pushout i_1 und i_2 Inklusionen von Untergruppen, so nennt man G das *freie Produkt* von G_1 und G_2 mit *amalgamierter Untergruppe* G_0 und verwendet dafür die Bezeichnung $G = G_1 *_{G_0} G_2$.

Ist $G_0 = \{1\}$, so heißt G das *freie Produkt* von G_1 und G_2, in Zeichen $G = G_1 * G_2$. Das freie Produkt $G_1 * G_2$ ist die kategorielle Summe von G_1 und G_2 in der Kategorie der Gruppen. Das direkte Produkt $G_1 \times G_2$ ist das kategorielle Produkt. Sind i_1 und i_2 gegeben, so sind j_1 und j_2 durch die universelle Eigenschaft bis auf eindeutige Isomorphie bestimmt.

(7.1) Satz. *Zu jedem Paar $i_1\colon G_0 \to G_1$ und $i_2\colon G_0 \to G_2$ von Homomorphismen gibt es eine Ergänzung $j_1\colon G_1 \to G$ und $j_2\colon G_2 \to G$ zu einem Pushout.* $\square$

Für einen Beweis des Satzes konsultiere man Lehrbücher der Algebra. In unseren geometrischen Anwendungen wird sich die Existenz von Pushout-Diagrammen von selbst ergeben.

(7.2) Beispiel. Sei $i\colon G_0 \to G$ ein Homomorphismus und sei $N \subset G$ der von Bild i erzeugte Normalteiler von G. Dann ist das Diagramm

$$\begin{array}{ccc} G_0 & \longrightarrow & 1 \\ {\scriptstyle i}\downarrow & & \downarrow \\ G & \xrightarrow{\ p\ } & G/N \end{array}$$

mit der Quotientabbildung $p\colon G \to G/N$ ein Pushout. $\diamondsuit$

Die Konstruktion des freien Produkts verläuft etwa folgendermaßen. Die Elemente von $G_1 * G_2$ sind „Worte" der Form $x_1 x_2 \ldots x_r$, in denen x_i aus $G_1 \setminus \{1\}$ oder aus $G_2 \setminus \{1\}$ ist und benachbarte Elemente nicht in derselben Gruppe liegen.

Außerdem gibt es noch das Einselement. Man multipliziert diese Worte, indem man sie hintereinander schreibt. Wenn an der „Nahtstelle" zwei Elemente aus derselben Gruppe zusammenstoßen, so werden sie durch ihr Produkt ersetzt. Ein entstehendes Einselement wird weggelassen. Da sich bei diesem Prozeß gelegentlich alles gegenseitig aufhebt, so interpretiert man das „leere Wort" als das Einselement von $G_1 * G_2$. Sind G_1 und G_2 nichttrivial, so ist also $G_1 * G_2$ nicht kommutativ.

(7.3) Satz. *Der Raum Z sei Vereinigung der offenen Teile X und X'. Die Mengen X, X' und $A = X \cap X'$ seien nichtleer und wegweise zusammenhängend. Wir wählen ein $a \in A$ als Grundpunkt und bezeichnen mit $i: A \to X$, $i': A \to X'$, $j: X \to Z$ und $j': X' \to Z$ die Inklusionen. Dann ist*

$$
\begin{array}{ccc}
\pi_1(A) & \xrightarrow{\ i_*\ } & \pi_1(X) \\
\downarrow{\scriptstyle i'_*} & & \downarrow{\scriptstyle j_*} \\
\pi_1(X') & \xrightarrow[\ j'_*\ ]{} & \pi_1(Z)
\end{array}
$$

ein Pushout.

Beweis. Wir weisen die universelle Eigenschaft des Pushout-Diagrammes nach. Seien also Homomorphismen

$$ h: \pi_1(X) \to H, \qquad h': \pi_1(X') \to H $$

gegeben, die $hi_* = h'i'_*$ erfüllen. Wir zeigen, daß es genau einen Homomorphismus $\phi: \pi_1(Z) \to H$ gibt, für den $\phi j_* = h$, $\phi j'_* = h'$ gilt. Wir zeigen zunächst, daß $\pi_1(Z)$ durch die Bilder von j_* und j'_* erzeugt wird. Daraus folgt die Eindeutigkeit von ϕ.

Im folgenden treten Wege auf, die durch ein anderes Intervall $[b, c]$ parametrisiert werden; wir ändern dann gegebenenfalls die Parametrisierung durch einen monoton wachsenden Homöomorphismus $I \to [b, c]$.

Sei $w: I \to Z$ eine Schleife mit Anfang a. Wir wählen eine ganze Zahl n derart, daß $w[i/n, (i+1)/n]$ für alle $i \in \{0, \ldots, n-1\}$ entweder in X oder X' enthalten ist. Sei w_i der Weg, der durch Einschränkung von w auf $[i/n, (i/+1)/n]$ und Parametrisierung durch das Einheitsintervall entsteht. Wir wählen Wege $q_i: I \to Z$ von a nach $w(i/n)$, wobei q_i innerhalb A verläuft, wenn $w(i/n)$ in A liegt, und sonst in X oder X', je nachdem ob $w(i/n)$ in der betreffenden Menge liegt. Es seien q_0 und q_n konstante Wege. Dann sind $q_i * w_i * q_{i+1}^-$ in X oder X' verlaufende Schleifen, und die Relation

$$ w \simeq (q_0 * w_0 * q_1^-) * \cdots * (q_{n-1} * w_{n-1} * q_n^-) $$

beweist, daß $[w]$ in der von Bild j und Bild j' erzeugten Untergruppe liegt. (An dieser Stelle und an einigen weiteren kommt es nur auf die Homotopieklasse der Wege an; deshalb spielt es keine Rolle, daß das $*$-Produkt nicht assoziativ ist.)

Wir kommen nun zur Existenz von ϕ. Wir nennen Wege *klein*, wenn sie ganz in X oder X' verlaufen. Für

$$z = j_1(z_1) \dots j_n(z_n) \in \pi_1(Z)$$

mit $z_j \in \pi_1(X)$, $j_\nu = j_*$, $h_\nu = h$ oder den entsprechenden gestrichenen Größen, definieren wir

$$\phi(z) = \prod h_\nu(z_\nu).$$

Wenn gezeigt ist, daß diese Festsetzung unabhängig von der Produktdarstellung von z ist, so wird dadurch ein Homomorphismus ϕ der gewünschten Eigenschaft definiert. Wir zeigen also: Aus $\prod j_\nu(z_\nu) = 1$ folgt $\prod h_\nu(z_\nu) = 1$. Wir wählen Abbildungen $f_i \colon [(i-1)/n, i/n] \to X, X'$, die z_i repräsentieren. Dann wird das Produkt $\prod j_\nu(z_\nu)$ durch $F_0 \colon I \to Z$ mit $F_0 \mid [(i-1)/n, i/n] = f_i$ repräsentiert. Nach Voraussetzung ist die Schleife F_0 nullhomotop. Wir wählen eine Nullhomotopie $F \colon I \times I \to Z$ von F_0. Sodann wählen wir die ganze Zahl m so groß, daß bei einer Zerlegung von $I \times I$ in achsenparallele Quadrate der Seitenlänge $1/nm$ jedes solche Quadrat durch F nach X oder X' abgebildet wird (Lebesguesche Zahl). Sei $k = nm$. Wir setzen

$$F_{i,j} = F \mid [(i-1)/k, i/k] \times (j-1)/k, \quad G_{i,j} = F \mid (i-1)/k \times [(j-1)/k, j/k].$$

Wir wählen Wege $r_{i,j}$ von $F((i-1)/k, (j-1)/k) = x_{i,j}$ nach a innerhalb A, X oder X', und zwar je nachdem, in welcher dieser Mengen $x_{i,j}$ liegt. Falls $x_{i,j} = a$ ist, so sei dieser Weg der konstante Weg. Mit dieser Wahl sind

$$r_{i,j}^- * F_{i,j} * r_{i+1,j} = f_{i,j}, \qquad r_{i,j}^- * G_{i,j} * r_{i,j+1} = g_{i,j}$$

„kleine" Schleifen mit dem Grundpunkt a. Durch F wird eine „kleine" Homotopie $F_{i,j} * G_{i+1,j} \simeq G_{i,j} * F_{i,j+1}$ relativ zu den Endpunkten vermittelt. Es folgt die Existenz einer „kleinen" Homotopie

$$f_{i,j} * g_{i+1,j} \simeq g_{i,j} * f_{i,j+1}.$$

Wenden wir auf die dadurch gegebenen Elemente der Fundamentalgruppen die Homomorphismen h_ν an, so entsteht eine Gleichheit; wegen der Bedingung $h i_* = h' i'_*$ ist es dabei gleichgültig, ob wir $[f_{i,j}]$ als Element von $\pi_1(X)$ oder $\pi_1(X')$ auffassen, falls Bild $f_{i,j} \subset A$ ist. Durch Anwendung der h_ν werden deshalb

$$f_{1,1} * f_{2,1} * \cdots * f_{k,1}$$

und

$$g_{1,1} * \cdots * g_{1,k} * f_{1,k} * \cdots * f_{k,k} * g^-_{k,k} * \cdots * g^-_{k,1}$$

auf dasselbe Element abgebildet. Das zweite Element wird aber durch ein Produkt von konstanten Wegen repräsentiert, und das erste liefert nach Anwendung der h_ν dasselbe wie $f_1 * \cdots * f_n$.   □

(7.4) Beispiel. Für $n > 1$ ist S^n einfach zusammenhängend, da S^n eine offene Überdeckung aus den kontrahierbaren Mengen $S^n \setminus \{e_1\}$ und $S^n \setminus \{-e_1\}$ hat, deren Schnitt für $n > 1$ wegzusammenhängend ist.   ◇

Es gibt auch eine Version von (7.3) für Gruppoide, siehe [46], [47].

Gelegentlich muß man eine topologische Situation geschickt modifizieren, um die Voraussetzungen des Satzes von Seifert und van Kampen zu erreichen. Wir geben dafür Beispiele.

Sind X und Y punktierte Räume, so bezeichne $X \vee Y$ deren punktierte Summe: Das ist derjenige Quotient der topologischen Summe $X + Y$, in der die beiden Grundpunkte identifiziert wurden. (Die punktierte Summe ist die kategorientheoretische Summe in der Kategorie der punktierten Räume. Analog für eine beliebige Familie von punktierten Räumen.) Wir nennen einen Raum *wohlpunktiert*, wenn die Inklusion des Grundpunktes eine abgeschlossene Kofaserung ist. Wir bilden den Raum $X' = X \vee I$, wenn $0 \in I$ der Grundpunkt ist. In X' verwenden wir jetzt aber den Grundpunkt $1 \in I$. Damit gilt:

(7.5) Hilfssatz. *Die Projektion* $p \colon X' \to X$, *die auf X die Identität ist und auf I konstant, ist eine punktierte h-Äquivalenz.*

Beweis. Die Inklusion $I \to X'$ ist eine Kofaserung; man kann nämlich eine Retraktion $X \times I \to X \times 0 \cup * \times I$ durch die Identität auf $I \times I$ zu einer Retraktion fortsetzen, die die behauptete Kofaserungseigenschaft beweist. Weil I zusammenziehbar ist, können wir nun (3.13) anwenden.   □

(7.6) Satz. *Seien X und Y wohlpunktiert. Die Inklusionen $X \to X \vee Y \leftarrow Y$ induzieren dann ein Summendiagramm*

$$\pi_1(X) \to \pi_1(X \vee Y) \leftarrow \pi_1(Y)$$

in der Kategorie der Gruppen, das heißt, $\pi_1(X \vee Y)$ ist das freie Produkt der beiden Fundamentalgruppen $\pi_1(X) * \pi_1(Y)$.

Beweis. Die Voraussetzung erlaubt es uns, die Räume X und Y durch X' und Y' zu ersetzen. Wir setzen $X'' = X' \cup U(Y)$, worin $U(Y)$ das Intervall $]1/2, 1]$ in $Y' \vee I$ ist. Analog wird $Y'' = Y' \cup U(X)$ definiert. Die Inklusionen $X' \subset X''$, $Y' \subset Y''$

und $\{*\} \subset X'' \cap Y''$ sind punktierte h-Äquivalenzen. Auf X'' und Y'' läßt sich (7.3) anwenden.   □

Der vorstehende Satz gilt zum Beispiel für $S^1 \vee S^1$ (mit $1 \in S^1$ als Grundpunkt). Anstatt nachzuweisen, daß S^1 wohlpunktiert ist, kann man auch etwas anders die Voraussetzungen von (7.3) erreichen. Es sei U_1 der offene Teil, in dem -1 aus dem zweiten Summanden herausgenommen wurde. Dann ist die Inklusion $S^1 \to U_1$ eine punktierte h-Äquivalenz. Ebenso verfahren wir mit dem zweiten Summanden. Der Satz (7.3) läßt sich auf die Überdeckung U_1, U_2 anwenden. Wir erhalten, daß $\pi_1(S^1 \vee S^1)$ eine freie Gruppe mit zwei Erzeugenden ist. Erzeugende werden durch die Inklusion der Summanden repräsentiert. Ebenso wird induktiv die Fundamentalgruppe $\pi_1(S^1 \vee \cdots \vee S^1)$ einer n-fachen punktierten Summe als freie Gruppe mit n Erzeugenden bestimmt. Auch beliebige punktierte Summen von S^1 kann man auf diese Weise behandeln, wenn man die aus der mengentheoretischen Topologie bekannte Tatsache benutzt, daß eine kompakte Teilmenge von $\bigvee_{j \in J} S^1$ außerhalb des Grundpunktes nur endlich viele Summanden trifft.   ◇

(7.7) Beispiel. Sei $E \subset \mathbb{R}^2$ eine Menge mit k Elementen. Dann heißt $\mathbb{R}^2 \setminus E$ eine *k-fach gelochte Ebene.* Die Fundamentalgruppe einer k-fach gelochten Ebene ist die freie Gruppe mit k Erzeugenden, wie man mittels (7.3) durch Induktion nach k zeigt. Eine k-fach gelochte Ebene ist übrigens zu $\mathbb{R}^2 \setminus \{(1, 0), \ldots, (k, 0)\}$ homöomorph. Außerdem kann man zeigen: Die k-fach gelochte Ebene ist zu $\bigvee_{j=1}^{k} S^1$ h-äquivalent.◇

(7.8) Beispiel. Sei $\varphi \colon S^1 \to A$ eine punktierte Abbildung. Entstehe X aus A durch Anheften einer 2-Zelle vermöge φ, das heißt, X ist durch ein Pushoutdiagramm

$$\begin{array}{ccc} S^1 & \xrightarrow{\varphi} & A \\ \big\downarrow{\scriptstyle\cap} & & \big\downarrow{\scriptstyle\cap} \\ D^2 & \xrightarrow{\Phi} & X \end{array}$$

definiert. Nimmt man aus X den Mittelpunkt der angehefteten 2-Zelle heraus, so ist die Inklusion von A in den resultierenden Raum X_0 ein starker Deformationsretrakt (radiale Retraktion der Zelle auf den Rand). Auf die Überdeckung $X_0, (D^2)^\circ$ kann man (7.3) anwenden. Der Satz zeigt, daß $\pi_1(A) \to \pi_1(X)$ surjektiv ist, und der Kern ist der von $[\varphi]$ erzeugte Normalteiler. Da wir freie Gruppen schon als Fundamentalgruppe realisiert haben, kann man auf die angedeutete Weise eine beliebige Gruppe durch Hinzufügen von Relationen realisieren. (Das Anheften von Zellen wird später im Kapitel über CW-Komplexe ausführlich untersucht.)   ◇

(7.9) Beispiel. Sei $A = \{0\} \cup \{n^{-1} \mid n \in \mathbb{N}\} \subset \mathbb{R}$. Sei $CA = A \times I / A \times 1$ der Kegel über A mit Grundpunkt $(0, 0)$. Dann ist CA zusammenziehbar aber nicht $CA \vee CA$. Sei $K_n \subset \mathbb{R}^2$ der Kreis mit Radius n^{-1} und Mittelpunkt $(n^{-1}, 0)$. Sei $B = \bigcup_{n \geq 1} K_n$

und CB der Kegel über B. Dann ist CB zusammenziehbar, aber $CB \vee CB$ ist nicht einfach zusammenhängend [102]. $\diamond$

(7.10) Beispiel. Mit etwas Beweistechnik über Kofaserungen, die wir später entwickeln, zeigt man, daß aus einem Pushoutdiagramm (3.5) mit wegweise zusammenhängendem A durch Anwendung des Funktors π_1 ein Pushoutdiagramm entsteht. Die Zurückführung auf (7.3) geschieht dadurch, daß man die Abbildungen f und j zunächst durch die Inklusionen in den Abbildungszylinder ersetzt. Durch diese „Verdickung" der Räume erhält man dann ein h-äquivalentes Diagramm mit einer Vereinigung von offenen Mengen. $\diamond$

8   Überlagerungen

Für die geometrische Untersuchung stetiger Abbildungen $p \colon E \to B$ hat sich der folgende Gesichtspunkt als erfolgreich erwiesen: p wird als stetige Familie der Urbilder $p^{-1}(b)$ betrachtet, die durch B parametrisiert werden. In diesem Kontext nennt man E den *Totalraum*, B die *Basis* und $p^{-1}(b)$ die *Faser* von p über b. Besonders wichtig ist der Fall, daß alle Fasern homöomorph zu einem festen Raum F sind. Im einzelnen muß man festlegen, wie benachbarte Fasern miteinander verglichen werden sollen. Das geschieht durch die lokal trivialen Abbildungen, die lokal wie die Projektion eines Produktes auf einen Faktor aussehen.

Sei $p \colon E \to B$ eine stetige Abbildung und $U \subset B$ eine offene Teilmenge. Eine *lokale Trivialisierung* mit *typischer Faser F* über U ist ein Homöomorphismus

$$\varphi \colon p^{-1}(U) \to U \times F, \quad z \mapsto (\varphi_1(z), \varphi_2(z)),$$

für den $\mathrm{pr}_1\, \varphi(z) = \varphi_1(z) = p(z)$ gilt. Die Abbildung p heißt *lokal trivial* mit *typischer Faser F*, wenn jeder Punkt $b \in B$ eine offene Umgebung U besitzt, über der eine lokale Trivialisierung mit typischer Faser F existiert. Eine lokal triviale Abbildung heißt auch *Bündel* oder *Faserbündel* und eine lokale Trivialisierung *Bündelkarte*.

Eine *Überlagerung* ist eine lokal triviale Abbildung mit diskreter typischer Faser F. Ist F diskret, so ist $U \times F$ homöomorph zur topologischen Summe $\coprod_{x \in F} U \times \{x\}$. Die Summanden $U \times \{x\}$ sind alle zu U homöomorph, und $\varphi^{-1}(U \times \{x\})$ wird durch p topologisch abgebildet. Eine Überlagerung ist deshalb ein lokaler Homöomorphismus. Die Summanden $\varphi^{-1}(U \times \{x\})$ sind die *Blätter* der Überlagerung über U. Ist F endlich, so nennt man $|F| = n$ die *Blätterzahl* der Überlagerung und spricht von einer endlichen (genauer: n-fachen) Überlagerung.

(8.1) Beispiele. Die Abbildung $S^1 \to S^1$, $z \mapsto z^n$ ist eine n-fache Überlagerung. Die Exponentialabbildungen $p \colon \mathbb{R} \to S^1$, $t \mapsto \exp(2\pi i t)$ und $\exp \colon \mathbb{C} \to \mathbb{C}^*$ sind Überlagerungen mit typischer Faser $\mathbb{Z}$; wir werden sie unter dem Aspekt der

Gruppenoperationen wieder aufgreifen. Die Einschränkung von p auf $]0, 3/2[$ ist ein lokaler Homöomorphismus aber keine Überlagerung.   ◇

In Überlagerungen sind Hochhebungen im wesentlichen eindeutig, wie der nächste Satz lehrt.

(8.2) Satz. *Sei $p\colon E \to B$ eine Überlagerung. Sind $F_0, F_1\colon Y \to E$ Hochhebungen von $f\colon Y \to B$, die an einer Stelle $y_0 \in Y$ übereinstimmen, und ist Y zusammenhängend, so sind sie gleich.*

Beweis. Sei $X = \{y \in Y \mid F_0(y) = F_1(y)\}$. Wenn wir zeigen, daß X offen und abgeschlossen ist, so folgt $X = Y$, weil Y zusammenhängend ist und X nicht leer.

Offen: Sei $\varphi\colon p^{-1}(U) \to U \times F$ eine lokale Trivialisierung über einer Umgebung U von $p(x)$ für ein $x \in X$. Da $F_0(x) = F_1(x)$ ist, liegt für ein $a \in F$ sowohl $\varphi F_0(x)$ als auch $\varphi F_1(x)$ in $U \times \{a\}$. Auf Grund der Stetigkeit gibt es eine offene Umgebung W von x, für die $\varphi F_i(W) \subset U \times \{a\}$ gilt. Da $\mathrm{pr}_1\, \varphi F_i = p F_i$ für $i = 0$ und $i = 1$ dieselbe Abbildung ist und $\mathrm{pr}_1 |U \times \{a\}$ ein Homöomorphismus ist, so folgt $W \subset X$.

Abgeschlossen: Angenommen $F_0(y) \neq F_1(y)$. Da $p F_0 = p F_1$ ist, gibt es wegen der lokalen Trivialität disjunkte offene Umgebungen U_i von $F_i(y)$. Wegen der Stetigkeit von F_0 und F_1 gehört dann eine Umgebung von y zum Komplement von X.   □

(8.3) Satz. *Eine Überlagerung ist eine Faserung.*

Beweis. Sei eine Homotopie $h\colon X \times I \to B$ und eine Anfangsbedingung a gegeben. Eine offene Menge $U \subset B$ heiße *zulässig*, wenn p über U eine lokale Trivialisierung hat.

(1) Zu jedem $(x, t) \in X \times I$ wählen wir eine zulässige Umgebung $U(x, t)$ von $h(x, t)$. Sodann wählen wir eine offene Umgebung $W(x, t)$ von x und ein offenes Intervall $J(x, t)$ um t, so daß $h(W(x, t) \times J(x, t)) \subset U(x, t)$. Da I kompakt ist, wird I etwa von $J(x, t_1), \ldots, J(x, t_m)$ überdeckt. Sei $V_x = \bigcap_{i=1}^m W(x, t_i)$. Sei $\varepsilon > 0$ eine Lebesguesche Zahl der Überdeckung $(J(x, t_i) \mid i = 1, \ldots, m)$ und sei $1/n < \varepsilon$ für ein $n \in \mathbb{N}$. Dann liegt $h(V_x \times [i/n, (i+1)/n])$ für $0 \le i < n$ in einer zulässigen Teilmenge von B.

(2) Wir konstruieren eine Abbildung $H_x\colon V_x \times I \to E$ mit den Eigenschaften $p H_x = h|V_x \times I$ und $H_x(v, 0) = a(v)$. Zu diesem Zweck benötigen wir für $i = 1, \ldots, n$ Abbildungen

$$H_{x,i}\colon V_x \times [(i-1)/n, i/(n)] \to E$$

mit den Eigenschaften

$$p H_{x,i} = h|V_x \times [(i-1)/n, i/n], \quad H_{x,i-1}(v, i/n) = H_{x,i}(v, i/n),$$

sowie $H_{x,0}(v, 0) = a(v)$. Wir konstruieren $H_{x,i}$ durch Induktion nach i. Sei U eine zulässige Menge, die $h(V_x \times [0, 1/n])$ umfaßt. Sei $p^{-1}(U) = \bigcup_{j \in F} U_j$. Darin seien die U_j offen und disjunkt, und $p\colon U_j \to U$ sei ein Homöomorphismus. Sei $A_j = a^{-1}(U_j) \cap V_x$. Die A_j, $j \in F$ bilden eine offene Überdeckung von V_x durch paarweise disjunkte Mengen. Wir definieren $H_{x,0}\colon A_j \times [0, 1/n] \to U_j$ durch die Bedingungen

$$pH_{x,0}|A_j \times [0, 1/n] = h|A_j \times [0, 1/n], \quad H_{x,0}(v, 0) = a(v)$$

eindeutig und stetig. Ist $H_{x,i-1}$ schon definiert, so konstruieren wir $H_{x,i}$ mittels $u \mapsto H_{x,i-1}(u, i/n)$ wie zuvor $H_{x,0}$ mittels a.

(3) Wir verfahren wie unter (1) und (2) mit jedem Punkt $x \in X$. Ist $z \in V_x \cap V_y$, so gilt $pH_x(z, t) = h(x, t) = pH_y(z, t)$. Nach Satz (8.1) gilt wegen $H_x(z, 0) = a(z) = H_y(z, 0)$ für alle $t \in I$ auch $H_x(z, t) = H_y(z, t)$. Mithin wird durch $H(z, t) = H_x(z, t)$ für $z \in V_x$ eindeutig eine Abbildung $H\colon X \times I \to E$ definiert, die auch die weiteren Forderungen des Satzes erfüllt.   □

Ein anderer Beweis von (8.3) verläuft so: Zunächst wird jeder Weg $t \mapsto h(x, t)$ mit Anfang $a(x)$ eindeutig hochgehoben, was leicht durch Zerstückelung von I geschieht. Damit liegt die Hochhebung als Mengenabbildung vor, und es bleibt ihre Stetigkeit zu zeigen.

Wir stellen einige Folgerungen aus den Sätzen (8.2) und (8.3) zusammen. Zugrundegelegt wird eine Überlagerung $p\colon E \to B$.

(8.4) Sei $w\colon I \to B$ ein Weg und $p(e) = w(0)$. Dann gibt es genau eine Hochhebung von w mit Anfang e, das heißt einen Weg $u\colon I \to E$ mit $u(0) = e$ und $pu = w$. Die Existenz folgt aus (8.3), angewendet auf einen Punktraum X und die Eindeutigkeit aus (8.2).   ◇

(8.5) Sei $h\colon I \times I \to B$ eine Homotopie von Wegen. Sei $H_0\colon I \to B$ eine Hochhebung von h_0. Wir wählen sie als Anfangsbedingung in (8.3) für eine Hochhebung $H\colon I \times I \to E$ von h. Die Abbildungen $t \mapsto H(\varepsilon, t)$ sind Abbildungen in eine diskrete Faser und folglich konstant ($\varepsilon = 0, 1$). Also ist H eine Homotopie von Wegen.   ◇

(8.6) Seien $u_0, u_1\colon I \to E$ Wege mit demselben Anfang x und seien pu_0 und pu_1 homotop. Heben wir eine Homotopie zwischen ihnen mit konstantem Anfang x hoch, so entsteht wegen (8.4) eine Homotopie von u_0 nach u_1, und wegen (8.5) handelt es sich um eine Homotopie von Wegen.   ◇

(8.7) Sei u eine Hochhebung von w. Jeder zu w homotope Weg hat eine Hochhebung u', und es ist $u \simeq u'$. Ist u eine Schleife, so auch u'. Insbesondere ist die induzierte Abbildung $p_*\colon \pi_1(E, x) \to \pi_1(B, p(x))$ injektiv.   ◇

(8.8) Satz. *Seien w_0 und w_1 Wege in E mit Anfang x. Sei $u_i = pw_i$. Es gilt genau dann $w_0(1) = w_1(1)$, wenn $u_0(1) = u_1(1)$ ist und $[u_0 * u_1^-]$ in $p_*\pi_1(E, x)$ liegt.*

Beweis. Ist $w_0(1) = w_1(1)$, so ist $p_*[w_0 * w_1^-] = [u_0 * u_1^-]$. Umgekehrt: Wir heben $u_0 * u_1^-$ mit Anfang x hoch. Wegen $[u_0 * u_1^-] \in p_*\pi_1(E, x)$ gibt es eine zu $u_0 * u_1^-$ homotope Schleife, die sich mit Anfang x hochheben läßt, und nach (8.6) läßt sich dann auch $u_0 * u_1^-$ selbst zu einer Schleife hochheben. Also haben u_0 und u_1 Hochhebungen mit Anfang x und demselben Ende. Diese Hochhebungen sind notwendig w_0 und w_1. □

Der nächste Satz ist bedeutsam, weil er die Existenz einer stetigen Abbildung aus algebraischen Daten über Fundamentalgruppen sicherstellt. Er ist einer der Grundpfeiler für die algebraische Klassifikation der Überlagerungen.

(8.9) Satz. *Sei $p\colon E \to B$ eine Überlagerung und Z wegweise und lokal wegweise zusammenhängend. Sei $f\colon Z \to B$ stetig und gelte $f(z) = p(x)$. Es gibt genau dann eine Hochhebung $\Phi\colon Z \to E$ von f mit $\Phi(z) = x$, wenn $f_*\pi_1(Z, z)$ in $p_*\pi_1(E, x)$ enthalten ist.*

Beweis. Falls eine Hochhebung existiert, so besteht die genannte Inklusion der Gruppen, denn wegen $p\Phi = f$ ist

$$f_*\pi_1(Z, z) = p_*\Phi_*\pi_1(Z, z) \subset p_*\pi_1(E, x)$$

(Funktoreigenschaft von π_1).

Sei umgekehrt $f_*\pi_1(Z, z) \subset p_*\pi_1(E, x)$. Wir konstruieren Φ zunächst als Abbildung von Mengen und zeigen danach die Stetigkeit.

Sei $z_0 \in Z$. Es gibt einen Weg w von z nach z_0. Sei $v\colon I \to E$ eine Hochhebung von fw mit Anfang x. Wir möchten Φ durch $\Phi(z) = v(1)$ definieren. Sei w_1 ein weiterer Weg von z nach z_0 und v_1 eine Hochhebung von fw_1 mit Anfang x. Dann gilt

$$pv(1) = fw(1) = f(z_0) = fw_1(1) = pv_1(1);$$

ferner gilt

$$[pv * pv_1^-] = f_*[w * w_1^-] \in p_*\pi_1(E, x).$$

Nach (8.8) gilt also $v(1) = v_1(1)$, und damit ist Φ durch $\Phi(z) = v(1)$ wohldefiniert.

Die Abbildung Φ ist stetig: Sei U eine offene Umgebung von $\Phi(z_0)$, so daß $p(U) = V$ zulässig und $p\colon U \to V$ ein Homöomorphismus mit Inversem $q\colon V \to U$ ist. Sei W eine wegweise zusammenhängende Umgebung von z_0 mit $f(W) \subset V$. Wir behaupten: $\Phi(W) \subset U$. Sei nämlich $z_1 \in W$ und w_1 ein Weg in W von z_0

nach z_1. Dann ist $w * w_1$ ein Weg von z nach z_1 und $v_1 = v * qfw_1$ ein Weg mit $pv_1 = f \circ (w * w_1)$ und $v_1(0) = x$. Es ist $v_1(1) \in U$.   □

(8.10) Satz. *Sei X eine topologische Gruppe mit neutralem Element x und p: E →
X eine Überlagerung mit wegweise und lokal wegweise zusammenhängendem E.
Zu jedem $e \in p^{-1}(x)$ gibt es genau eine Gruppenstruktur auf E, die E zu einer
topologischen Gruppe mit neutralem Element e und p zu einem Homomorphismus
macht.*

Beweis. Zur Konstruktion der Gruppenstruktur auf E. Sei $m\colon X \times X \to X$ die
Gruppenmultiplikation. Wir wollen $m(p \times p)$ entlang p zu $M\colon E \times E \to E$ mit
$M(e, e) = e$ hochheben. Nach (8.9) ist das möglich, wenn

$$m_*(p \times p)_* \pi_1(E) \subset p_* \pi_1(E)$$

ist. Das folgt aus dem voranstehenden Satz, wenn wir

$$[pw_1 \cdot pw_2] = [pw_1 * pw_2] = [p(w_1 * w_2)]$$

bedenken. Aus der Eindeutigkeit (8.2) folgt, daß M assoziativ ist. Ebenso läßt sich
der Übergang zum Inversen hochheben; und aus der Eindeutigkeit folgt wieder, daß
es sich auch in E um das Inverse handelt.   □

Ein bekanntes Resultat von Weyl besagt, daß eine kompakte, zusammenhängende, halbeinfache Liesche Gruppe eine endliche, einfach zusammenhängende Überlagerung hat. Siehe [34, V.7] für die Fundamentalgruppen von kompakten Lieschen
Gruppen.

(8.11) Beispiel. Die Abbildung $SU(n) \times S^1 \to U(n)$, $(A, z) \mapsto A \cdot zE$ ist eine
n-fache Überlagerung.   ◇

(8.12) Beispiel. Die Gruppe $O(n)$ hat zwei verschiedene zweifache Überlagerungen, die über $SO(n)$ nichttrivial sind. Sie unterscheiden sich dadurch, daß über Spie-
gelungen an Hyperebenen Elemente der Ordnung 2 bzw. 4 liegen ($n \geq 1$). Wichtig
sind die zweifachen universellen Überlagerungen Spin$(k) \to SO(k)$, $k \geq 3$. Zur
algebraischen Konstruktion der Spinor-Gruppen siehe zum Beispiel [34, I.6].   ◇

Wir behandeln das Hochheben von Wegen in Überlagerungen von einem mehr
begrifflichen Standpunkt.

Ist B ein Raum und B^I der Raum der Wege $w\colon I \to B$ mit KO-Topologie (siehe
III.5), so haben wir eine stetige Abbildung

$$\pi = (\pi_0^B, \pi_1^B)\colon B^I \to B \times B, \quad w \mapsto (w(0), w(1)).$$

Wir können $B \times B$ mit $B^{\partial I}$ identifizieren. Dann wird π durch die Inklusion $\partial I \subset I$
induziert. Mit den Eigenschaften der KO-Topologie verifiziert man:

(8.13) Notiz. *Sei $A \subset X$ eine Kofaserung aus lokal kompakten Räumen. Dann ist die durch i induziert Abbildung $B^i\colon B^X \to B^A$ eine Faserung.*   □

Sei $p\colon E \to B$ eine stetige Abbildung. Dazu haben wir zwei kommutative Diagramme, das zweite definiert als Pullback.

$$
(8.14) \qquad
\begin{array}{ccc}
E^I & \xrightarrow{\ p^I\ } & B^I \\
\Big\downarrow{\pi_0^E} & & \Big\downarrow{\pi_0^B} \\
E & \xrightarrow{\ p\ } & B
\end{array}
\qquad\qquad
\begin{array}{ccc}
Z & \longrightarrow & B^I \\
\Big\downarrow & & \Big\downarrow{\pi_0^B} \\
E & \xrightarrow{\ p\ } & B
\end{array}
$$

Die Pullbackeigenschaft liefert uns eine Abbildung $\eta\colon E^I \to Z$. Dual zu (3.3) gilt:

(8.15) Notiz. *Genau dann ist p eine Faserung, wenn η einen Schnitt besitzt.*   □

Sei nun p eine Überlagerung. Wegen der Existenz und Eindeutigkeit der Hochhebung von Wegen in Überlagerungen ist η bijektiv. Eine Überlagerung ist eine Faserung. Ein Schnitt von η ist in diesem Fall eine stetige Umkehrabbildung. Also gilt:

(8.16) Notiz. *Ist p eine Überlagerung, so ist das linke Diagramm in (8.14) ein Pullback.*   □

Eine stetige Abbildung $p\colon E \to B$, bei der das linke Diagramm in (8.14) ein Pullback ist, ist eine Faserung. Es ist dann nämlich η ein Homöomorphismus. In dieser Faserung gilt, daß Wege eindeutig zu gegebenem Anfang hochgehoben werden können. Man könnte diesen Sachverhalt dazu benutzen, *verallgemeinerte Überlagerungen* zu definieren.

9 Fasertransport. Automorphismen

Sei $p\colon E \to B$ eine Überlagerung und $w\colon I \to B$ ein Weg von b_0 nach b_1. Zu jedem $x \in p^{-1}(b_0)$ gibt es eine Hochhebung $v\colon I \to E$ von w mit Anfang x. Das Ende $v(1)$ liegt in $p^{-1}(b_1)$. Ist $w \simeq w'$ und v' eine Hochhebung von w' mit Anfang x, so gilt nach (8.6) $v(1) = v'(1)$. Also erhalten wir durch die Zuordnung $x \mapsto v(1)$ eine Abbildung

$$\tau[w]\colon p^{-1}(b_0) \longrightarrow p^{-1}(b_1),$$

die nur von der Homotopieklasse $[w]$ abhängt. Wir nennen sie *Fasertransport* entlang w. Es gilt $\tau[w*v] = \tau[v]\tau[w]$. Der Transport entlang eines konstanten Weges ist die Identität. Es folgt $\tau[u^-] = \tau[u]^{-1}$, und $\tau[w]$ ist immer bijektiv. Die Zuordnungen

$b \mapsto p^{-1}(b)$ und $[w] \mapsto \tau[w]$ liefern deshalb einen Funktor vom Fundamental-gruppoid $\Pi(X)$ in die Kategorie der Mengen.

Insbesondere wird durch

$$p^{-1}(b) \times \pi_1(B, b) \to p^{-1}(b), \quad (x, [w]) \mapsto \tau[w]x$$

eine Rechtsoperation der Gruppe $\pi = \pi_1(B, b)$ auf der Menge $p^{-1}(b) = F_b$ definiert.

Für jeden Punkt $x \in F_b$ erhalten wir eine Abbildung

$$\partial_x : \pi_1(B, b) \to F_b, \quad [w] \mapsto \tau[w](x).$$

Sie ist π-äquivariant, wenn π auf der Menge $\pi_1(B, b)$ durch Rechtstranslation operiert. Nach Konstruktion gilt außerdem:

(9.1) Notiz. *Das Bild von ∂_x besteht aus den Punkten von F_b, die durch einen Weg in E mit x verbindbar sind. Ist E wegweise zusammenhängend, so ist ∂_x surjektiv.* □

(9.2) Notiz. *Die Standgruppe π_y an der Stelle $y \in F_b$ der π-Operation auf F_b ist $p_* \pi_1(E, y)$.*

Beweis. Nach Konstruktion des Fasertransports wird die Standgruppe durch diejenigen Schleifen in B repräsentiert, die sich zu Schleifen in E mit Anfang y hochheben lassen.   □

Bezeichne ρ die Untergruppe $p_* \pi_1(E, x)$ von π. Aus (9.1) und (9.2) erhalten wir:

(9.3) Folgerung. *Sei E wegweise zusammenhängend. Dann induziert ∂_x einen Iso-morphismus von π-Mengen $d_x : \rho \backslash \pi \to F_b$. Darin ist $\rho \backslash \pi$ die Menge der Neben-klassen ρg, $g \in \pi$.*   □

Wir bemerken, daß im allgemeinen in (9.3) ρ von der Wahl von $x \in F_b$ abhängt. Eine andere Wahl führt zu einer konjugierten Untergruppe. Ist ρ ein Normalteiler, so spielt die Auswahl von x also keine Rolle.

Die Kategorie ÜBER(B) der Überlagerungen mit der Basis B hat als Objekte die Überlagerungen von B. Morphismen von $p: X \to B$ nach $q: Y \to B$ sind Abbildungen $f: X \to Y$ mit $qf = p$. Ist f ein Homöomorphismus, so handelt es sich um einen Isomorphismus von Überlagerungen und im Falle $p = q$ um einen Automorphismus. Die Automorphismen einer Überlagerung p bilden die Gruppe Aut(p). Ein Automorphismus einer Überlagerung p wird auch *Decktransformation* von p genannt.

Sei $f: X \to Y$ ein Morphismus der Überlagerung $p: X \to B$ in die Überla-gerung $q: Y \to B$. Die induzierte Abbildung der Fasern $f_b : p^{-1}(b) \to q^{-1}(b)$ ist bezüglich der Operation von π äquivariant, denn wird $w\colon I \to B$ durch $v\colon I \to X$ entlang p hochgehoben, so ist $fv\colon I \to Y$ eine Hochhebung entlang q. Wir erhalten demnach eine Abbildung

$$(9.4) \qquad \varphi\colon \mathrm{Mor}(p, q) \to \mathrm{Abb}_\pi\left(p^{-1}(b), q^{-1}(b)\right),$$

indem wir f auf f_b abbilden. Es bezeichne dabei Abb_π die Menge der π-äquivarianten Abbildungen, also die Morphismenmenge in der Kategorie π-MENGEN der π-Mengen mit Rechtsoperation und der π-äquivarianten Abbildungen.

Indem wir $p\colon X \to B$ die π-Menge $p^{-1}(b)$ zuordnen und $f\colon p \to q$ die π-Abbildung f_b, erhalten wir einen Funktor

$$\Phi_b\colon \ddot{\mathrm{U}}\mathrm{BER}(B) \longrightarrow \pi\text{-MENGEN}.$$

(9.5) Satz. *Sei B wegweise zusammenhängend und X lokal wegweise zusammenhängend. Dann ist die Abbildung φ aus (9.4) bijektiv.*

Beweis. Seien f und g Morphismen von p nach q und sei $f_b = g_b$. Nach (8.2) stimmen dann f und g auf jeder Zusammenhangskomponente, also überhaupt überein. Demnach ist φ injektiv. Sei $\alpha\colon p^{-1}(b) \to q^{-1}(b)$ äquivariant. Für $x \in p^{-1}(b)$ sei $X(x)$ die Wegekomponente (= Komponente), die x enthält. Die Standgruppe von x bzw. $y = \alpha(x)$ ist $p_*\pi_1(X(x), x)$ bzw. $q_*\pi_1(Y, y)$. Da α äquivariant ist, gilt $p_*\pi_1(X(x), x) \subset q_*\pi_1(Y, y)$. Nach (8.9) gibt es eine Abbildung $f^x\colon X(x) \to Y$ mit $qf^x = p|X(x)$ und $f^x(x) = y$. Da $B \in \mathcal{Z}(0)$ ist, überdecken die $X(x)$ den Raum X, und die f^x zusammen liefern einen Morphismus f von p nach q, der bei Φ_b auf α abgebildet wird. $\qquad\square$

Wir beschreiben im einzelnen, was der letzte Satz für die Automorphismengruppe einer Überlagerung besagt. Sei E wegweise zusammenhängend. Die π-Menge F_b ist dann nach (9.3) vermöge d_x isomorph zur π-Menge $\rho\backslash\pi$. Ist E auch lokal wegweise zusammenhängend, so haben wir zusammen mit (9.5) eine Bijektion $\mathrm{Aut}(p) \cong \mathrm{Aut}_\pi(F_b) \cong \mathrm{Aut}_\pi(\rho\backslash\pi)$. Wir benutzen nun einige elementare Tatsachen der Algebra. Die π-Automorphismengruppe von $\rho\backslash\pi$ ist isomorph zur Faktorgruppe $N\rho/\rho$, wobei $N\rho$ der Normalisator $\{g \in \pi \mid g\rho g^{-1} = \rho\}$ von ρ in π ist. Dabei entspricht $n\rho \in N\rho/\rho$ dem Automorphismus $\rho g \mapsto \rho ng$. Die Operation der Automorphismengruppe auf $\rho\backslash\pi$ ist genau dann transitiv, wenn ρ in π ein Normalteiler ist. Damit haben wir:

(9.6) Satz. *Sei $p\colon E \to B$ eine Überlagerung und E wegweise und lokal wegweise zusammenhängend. Dann sind äquivalent:*
   (1) $\mathrm{Aut}(p)$ *operiert transitiv auf einer Faser von p.*
   (2) $\mathrm{Aut}(p)$ *operiert transitiv auf jeder Faser von p.*
   (3) $p_*\pi_1(E, x)$ *ist Normalteiler in $\pi_1(B, p(x))$.* $\qquad\square$

Die im vorangehenden gewonnene Kette von Isomorphismen

$$\delta_x \colon \operatorname{Aut}(p) \cong \operatorname{Aut}_\pi(F_b) \cong \operatorname{Aut}_\pi(\rho \backslash \pi) \cong N\rho/\rho$$

hat formal die Gestalt

$$f \mapsto f_b \mapsto d_x^{-1} f_b d_x \mapsto d_x^{-1} f_b d_x(\rho e)$$

mit der Einschränkung f_b von f und der Restklasse ρe des neutralen Elementes. Wenn wir die Definitionen durchlaufen, so bedeutet das folgendes: Ein Repräsentant von $\delta_x(f)$ ist die Schleife pw, wenn $w \colon I \to E$ ein Weg von x nach $f(x)$ ist.

Wir nennen eine Überlagerung $p \colon E \to B$ *regulär*, wenn E wegweise und lokal wegweise zusammenhängend ist und $p_*\pi_1(E, x)$ ein Normalteiler in $\pi_1(B, p(x))$ ist. Eine reguläre Überlagerung heißt *universelle Überlagerung*, wenn E außerdem einfach zusammenhängend ist. Der Hauptsatz über die Klassifikation von Überlagerungen wird besagen, daß der Funktor Φ_b eine Äquivalenz von Kategorien ist, wenn B wegweise und lokal wegweise zusammenhängend ist und eine universelle Überlagerung besitzt.

10 Transformationsgruppen

Typische Überlagerungen entstehen als Orbitabbildungen von freien Operationen diskreter Gruppen. Um diese Situation angemessen beschreiben zu können, betrachten wir lokal triviale Abbildungen, die mit einer Gruppenoperation verträglich sind. Das führt zu dem auch sonst in der Geometrie wichtigen Begriff des Prinzipalbündels. Wir erinnern als Vorbereitung an die Grundbegriffe aus der mengentheoretischen Topologie der Transformationsgruppen.

Sei G eine topologische Gruppe mit neutralem Element e. Eine stetige *Linksoperation* von G auf dem Raum X ist eine stetige Abbildung $\rho \colon G \times X \to X$ mit den Eigenschaften:

(1) $\rho(g, \rho(h, x)) = \rho(gh, x)$ für $g, h \in G$, $x \in X$.

(2) $\rho(e, x) = x$ für $x \in X$.

Ein *G-Raum* ist ein Paar (X, ρ), das aus einem Raum X und einer Operation ρ von G auf X besteht. Statt G-Raum sagen wir auch *Transformationsgruppe*. Meist schreibt man kürzer $\rho(g, x) = gx$. Dann nehmen die Axiome (1) und (2) die Gestalt $g(hx) = (gh)x$ und $ex = x$ an. Eine *Rechtsoperation* ist eine stetige Abbildung $X \times G \to X$, $(x, g) \mapsto xg$ mit den Eigenschaften $(xh)g = x(hg)$ und $xe = x$. In unserem topologischen Kontext sollen Operationen immer als stetig angenommen werden, sofern nichts anderes gesagt wird. Die Axiome (1) und (2) ohne weitere Voraussetzung einer Stetigkeit definieren eine *Operation* der Gruppe (ohne Topologie) G auf der Menge X; das ist also ein algebraischer Begriff.

Sei (X, ρ) ein G-Raum. Dann ist $R = \{(x, gx) \mid x \in X, g \in G\}$ eine Äquivalenzrelation auf X. Der Raum der Äquivalenzklassen mit der Quotiententopologie wird mit X/G bezeichnet und *Orbitraum* oder *Bahnenraum* der Operation genannt. Die Äquivalenzklasse von x heißt *Orbit* von x oder *Bahn* durch x. Für jedes $x \in X$ ist $G_x = \{g \in G \mid gx = x\}$ eine Untergruppe von G, die *Standgruppe* oder *Isotropiegruppe* von x. Wegen $G_{gx} = gG_x g^{-1}$ tritt mit einer Untergruppe auch jede konjugierte als Isotropiegruppe auf. Ist $H \subset G$ Untergruppe, so heißt $X^H = \{x \in X \mid hx = x$ für alle $h \in H\}$ die *H-Fixpunktmenge* des G-Raumes X.

Seien X und Y G-Räume und $f: X \to Y$ eine Abbildung. Sie heißt *G-Abbildung* oder *G-äquivariante Abbildung*, wenn für $g \in G$ und $x \in X$ immer $gf(x) = f(gx)$ gilt. Allgemein weist das Wort „äquivariant" auf eine Gruppenoperation hin. Eine G-Abbildung $f: X \to Y$ induziert durch Übergang zu den Bahnen eine Abbildung $f/G: X/G \to Y/G$, die stetig ist, falls f stetig war. Für eine G-Abbildung f gilt immer $G_x \subset G_{f(x)}$ und $f(X^H) \subset f(X)^H$. Eine Teilmenge A des G-Raumes X ist *G-invariant* oder *G-stabil*, wenn $a \in A$ und $g \in G$ immer $ga \in A$ impliziert. Eine G-stabile Teilmenge A nennen wir auch *G-Unterraum*; sie trägt eine stetige G-Operation $(g, a) \mapsto ga$.

Aus systematischen Gründen wäre es besser, den Orbitraum einer Linksoperation mit $G\backslash X$ und den einer Rechtsoperation mit X/G zu bezeichnen. Soweit wir nur mit Linksoperationen zu tun haben, bleiben wir bei der Bezeichnung X/G für den Orbitraum.

Eine Operation heißt *frei*, wenn sämtliche Isotropiegruppen trivial sind; *effektiv*, wenn $x \mapsto gx$ für $g \neq e$ niemals die Identität ist; *transitiv*, wenn sie nur aus einer Bahn besteht. Wir nennen $L_g: X \to X$, $x \mapsto gx$ die *Linkstranslation* mit g. Wir bezeichnen sie auch mit l_g. Die Regeln $L_g L_h = L_{gh}$ und $L_e = \mathrm{id}$ zeigen, daß L_g ein Homöomorphismus ist.

(10.1) Notiz. *Die Orbitabbildung $X \to X/G$ ist eine offene Abbildung. Ist $f: X \to Y$ eine offene, stetige, surjektive Abbildung, so ist Y genau dann ein Hausdorff-Raum, wenn $R = \{(x_1, x_2) \mid f(x_1) = f(x_2)\}$ in $X \times X$ abgeschlossen ist.* □

Ist G eine topologische Gruppe und $H \subset G$ eine Untergruppe im Sinne der Algebra, so ist H mit der Teilraumtopologie eine topologische Gruppe (genannt *topologische Untergruppe*). Ist $H \subset G$ eine Untergruppe, so auch die abgeschlossene Hülle. Ist H ein Normalteiler, so auch $\overline{H}$. Ist G eine Gruppe und wird die Menge G mit der diskreten Topologie versehen, so wird G eine topologische Gruppe. Derartige topologische Gruppen werden als *diskrete Gruppen* bezeichnet.

Im Vektorraum $M_n(\mathbb{R})$ der reellen (n, n)-Matrizen sei $GL(n, \mathbb{R})$ der Teilraum der invertierbaren Matrizen. Wegen der Stetigkeit der Determinantenabbildung ist das eine offene Teilmenge. Die Matrizenmultiplikation und der Übergang zum Inversen sind stetig, da beide Abbildungen durch rationale Funktionen in den Matrixeintragungen gegeben sind. Damit wird $GL(n, \mathbb{R})$ zu einer topologischen Gruppe.

Ähnlich wird $GL(n, \mathbb{C})$ erhalten. Alle diese Gruppen heißen *allgemeine lineare Gruppen*.

Sei $O(n) = \{A \in M_n(\mathbb{R}) \mid A^t \cdot A = E\}$ die Gruppe der orthogonalen (n, n)-Matrizen (A^t Transponierte von A; E Einheitsmatrix). Die Menge $O(n)$ ist im Raum der (n, n)-Matrizen abgeschlossen und beschränkt. Deshalb ist $O(n)$ eine kompakte topologische Gruppe (*orthogonale Gruppe*). Der offene Teil $SO(n) = \{A \in O(n) \mid \det(A) = 1\}$ von $O(n)$ ist die *spezielle orthogonale Gruppe*. Ähnlich wird gezeigt, daß die Untergruppe $U(n) = \{A \in M_n(\mathbb{C}) \mid A^t \cdot \bar{A} = E\}$ der unitären (n, n)-Matrizen eine kompakte topologische Gruppe ist. Sie heißt *unitäre Gruppe*. Es gilt $SO(2) \cong U(1) \cong S^1$, als topologische Gruppen betrachtet. Die *spezielle unitäre Gruppe* $SU(n)$ ist die kompakte Untergruppe von $U(n)$ der Matrizen mit der Determinante 1.

Sind G und H topologische Gruppen, so ist das direkte Produkt $G \times H$, versehen mit der Produkttopologie, eine topologische Gruppe. Ebenso bildet man das topologische Produkt einer beliebigen Familie von topologischen Gruppen. Eine zum n-fachen Produkt $S^1 \times \cdots \times S^1$ isomorphe Gruppe wird als *n-dimensionaler Torus* bezeichnet.

Eine Teilmenge H eines topologischen Raumes G heiße *lokal abgeschlossen*, wenn jedes $x \in H$ eine Umgebung V_x in G hat, so daß $H \cap V_x$ in G abgeschlossen ist. Die Teilmenge A eines Raumes X sei lokal abgeschlossen. Dann ist sie Durchschnitt $A = U \cap C$ einer offenen Menge U und einer abgeschlossenen Menge C. Ist X regulär, so ist ein Schnitt $U \cap C$ einer offenen Menge U und einer abgeschlossenen Menge C lokal abgeschlossen. Eine lokal kompakte Menge A eines Hausdorff-Raumes X ist lokal abgeschlossen. Eine lokal abgeschlossene Menge A eines lokal kompakten Raumes ist lokal kompakt.

Sei H eine Untergruppe der topologischen Gruppe G. Ist H lokal abgeschlossen, so ist H abgeschlossen in G.

Sei G eine topologische Gruppe. Die Zusammenhangskomponente C des neutralen Elementes ist ein abgeschlossener Normalteiler. Eine offene Untergruppe U ist auch abgeschlossen in G. Ist H eine abgeschlossene Untergruppe, so ist auch der Normalisator $NH = \{g \in G \mid gHg^{-1} = H\}$ abgeschlossen. Ist G zusammenhängend und V eine Umgebung des neutralen Elementes, so ist $G = \bigcup_{n \geq 1} V^n$, das heißt, G wird von V erzeugt.

Sei G eine kompakte hausdorffsche Gruppe und H eine abgeschlossene Untergruppe. Dann ist $gHg^{-1} = H$ genau dann, wenn $gHg^{-1} \subset H$ gilt. Jede G-Abbildung $G/H \to G/H$ ist also ein Homöomorphismus.

Sei X ein G-Raum, $g \in G$, $A \subset G$ und $B \subset X$. Wir setzen $gB = \{gx \mid x \in B\}$ und $AB = \{gx \mid g \in A, x \in B\}$. Diese Bezeichnungen verwenden wir im nächsten Satz.

(10.2) Satz. *Sei X ein G-Raum, $A \subset G$ und $B \subset X$. Dann gilt:*
  (1)   *Ist $B \subset X$ offen, so ist $AB \subset X$ offen.*

(2) *Sind A und B kompakt, so ist AB kompakt.*

(3) *Ist A kompakt und B in X abgeschlossen, so ist AB in X abgeschlossen.*

(4) *Die Quotientabbildung $p: X \to X/G$ ist offen.*

(5) *Ist G kompakt und X separiert, so ist X/G separiert.*

(6) *Ist G kompakt, so ist p abgeschlossen.*

(7) *Sei G kompakt, A eine abgeschlossene G-stabile Teilmenge und U eine Umgebung von A in X. Dann enthält U eine G-stabile Umgebung von A.* □

(10.3) Satz. *Sei G eine kompakte Gruppe und X ein hausdorffscher G-Raum mit Orbitabbildung $p: X \to X/G$. Dann gilt:*

(1) *Die Abbildung p ist eigentlich, das heißt: p ist abgeschlossen, und die Urbilder kompakter Mengen sind kompakt.*

(2) *X ist genau dann kompakt, wenn X/G kompakt ist.*

(3) *X ist genau dann lokal kompakt, wenn X/G lokal kompakt ist.*   □

Sei A eine G-stabile Teilmenge des G-Raumes X. Dann trägt A/G die Teilraumtopologie von X/G. Insbesondere ist $X^G \to X \to X/G$ eine Einbettung.

Ist H eine Untergruppe der topologischen Gruppe G, so werde die Menge G/H der Rechtsnebenklassen gH mit der Quotienttopologie bezüglich der kanonischen Projektion $p: G \to G/H, g \mapsto gH$ versehen. Dann ist die Linkstranslation $l: G \times G/H \to G/H, (x, gH) \mapsto xgH$ eine stetige Operation. Ein Raum G/H mit dieser G-Operation heißt *homogener Raum*. Ein homogener Raum G/H ist genau dann ein Hausdorff-Raum, wenn H in G abgeschlossen ist. Speziell ist G hausdorffsch, wenn $\{e\}$ abgeschlossen ist. Ist H Normalteiler in G, so ist die Faktorgruppe G/H mit der Quotienttopologie eine topologische Gruppe.

Ist X ein G-Raum und $x \in X$, so induziert die Abbildung $G \to X, g \mapsto gx$, eine injektive stetige G-Abbildung $G/G_x \to X$, deren Bild die Bahn Gx durch x ist. Im allgemeinen liegt kein Homöomorphismus vor, wohl aber, wenn G kompakt und X separiert ist.

Ist X ein Raum mit abgeschlossenen Punkten, so sind die Isotropiegruppen abgeschlossene Untergruppen, denn G_x ist das Urbild von x bei der stetigen Abbildung $G \to X, g \mapsto gx$. Ist X ein Hausdorff-Raum, so sind Fixpunktmengen abgeschlossen, denn $X^g = \{x \in X \mid gx = x\}$ ist das Urbild der Diagonale bei $X \to X \times X, x \mapsto (x, gx)$ und $X^H = \bigcap_{g \in H} X^g$.

Eine Operation $G \times V \to V$ auf einem reellen (komplexen) Vektorraum V heißt reelle (komplexe) *Darstellung*, wenn alle Linkstranslationen lineare Abbildungen sind. Nach Wahl einer Basis in dem n-dimensionalen Raum V ist eine Darstellung durch einen stetigen Homomorphismus von G nach $GL(n, \mathbb{R})$ oder $GL(n, \mathbb{C})$ gegeben. Ein Homomorphismus $G \to O(n)$ oder $G \to U(n)$ heißt *orthogonale* oder *unitäre Darstellung*. Geometrisch wird eine orthogonale Darstellung durch eine Operation $G \times V \to V$ mit *invariantem Skalarprodukt* $\langle -, - \rangle$ gegeben. Das Skalarprodukt heißt dabei *invariant*, wenn $\langle gv, gw \rangle = \langle v, w \rangle$ für alle

$g \in G$ und $v, w \in V$ gilt. In einer orthogonalen Darstellung ist die Einheitssphäre $S(V) = \{v \in V \mid \langle v, v \rangle = 1\}$ G-stabil.

Die Matrizenmultiplikation $GL(n, \mathbb{R}) \times \mathbb{R}^n \to \mathbb{R}^n$ liefert die *Standarddarstellung*. Durch Einschränkung auf eine Untergruppe erhalten wir die Standarddarstellung dieser Untergruppe. Durch Matrizenmultiplikation erhalten wir auf diese Weise auch eine Operation $SO(n+1) \times S^n \to S^n$. Die Standgruppe von $e_1 = (1, 0, \ldots, 0)$ ist zu $SO(n)$ kanonisch isomorph und werde mit dieser Gruppe identifiziert. Wir erhalten einen $SO(n+1)$-Homöomorphismus $SO(n+1)/SO(n) \cong S^n$. Ähnlich gewinnt man $U(n+1)$-Homöomorphismen $U(n+1)/U(n) \cong S^{2n+1}$.

Ein wichtiges beweistechnisches Hilfsmittel zur Untersuchung Liescher (und allgemeiner: lokal kompakter) Gruppen ist das *invariante (Haarsche) Integral*. Für kompakte Liesche Gruppen G gewinnt man es aus der bekannten Integrationstheorie von Differentialformen [34]. Mittels des invarianten Integrals zeigt man die Existenz invarianter Skalarprodukte in Darstellungsräumen V. Ist $b \colon V \times V \to \mathbb{R}$ ein Skalarprodukt, so ist $\langle v, w \rangle = \int_G b(gv, gw) dg$ ein invariantes Skalarprodukt. Ist U ein G-stabiler Unterraum von V, so ist $U^\perp$, das orthogonale Komplement bezüglich des invarianten Skalarproduktes, wieder G-stabil.

Ist E ein Raum mit linker G-Operation und F einer mit rechter G-Operation, so wird mit $F \times_G E$ der Orbitraum der Operation

$$G \times (F \times E) \to F \times E, \quad (g, x, y) \mapsto (xg^{-1}, gy)$$

bezeichnet. Eine G-Abbildung $f \colon E_1 \to E_2$ induziert eine stetige Abbildung $F \times_G f \colon F \times_G E_1 \to F \times_G E_2$ der Orbiträume, auf Repräsentanten durch $(x, y) \mapsto (x, f(y))$ gegeben. Trägt F außerdem eine linke K-Operation, die mit der G-Operation vertauschbar ist (das heißt $k(xg) = (kx)g$), so wird auf $F \times_G E$ durch $(k, (x, y)) \mapsto (kx, y)$ eine K-Operation induziert. Das läßt sich insbesondere anwenden, wenn $F = K$ ist, G eine Untergruppe von K und die fraglichen Operationen durch Translation gegeben sind. Die Zuordnungen $E \mapsto K \times_G E$ und $f \mapsto K \times_G f$ liefern einen Funktor von G-Räumen zu K-Räumen. Ist X ein K-Raum, so ist $K \times_G X \to K/G \times X$, $(k, x) \mapsto (kG, kx)$ ein K-Homöomorphismus.

11 Prinzipalbündel

Sei $r \colon E \times G \to E$, $(x, g) \mapsto xg$ eine freie Rechtsoperation der topologischen Gruppe G auf E und $p \colon E \to B$ eine stetige Abbildung. Das Paar (p, r) heißt *G-Prinzipalbündel*, wenn gilt:

(1)   Für alle $g \in G$ und $x \in E$ ist $p(xg) = p(x)$.

(2)   Zu jedem $b \in B$ gibt es eine offene Umgebung U und einen G-Homöomorphismus $\varphi \colon p^{-1}(U) \to U \times G$, der eine lokale Trivialisierung von p über U ist.

Erläuterung: Wegen (1) ist $p^{-1}(U)$ eine G-stabile Teilmenge. Auf $U \times G$ operiert G durch $((u, g_1), g_2) \mapsto (u, g_1 g_2)$. Aus (1) folgt, daß es eine Abbildung $h: E/G \to B$ gibt, für die $p = hq$ mit der Quotientabbildung $q: E \to E/G$ geschrieben werden kann. Aus (2) folgt, daß h bijektiv ist und p offen. Da auch q offen ist, so ist h ein Homöomorphismus. Also ist p im wesentlichen die Quotientabbildung. Analog werden Prinzipalbündel mit Linksoperation definiert.

Der folgende Hilfssatz über freie Operationen wird im Beweis des nächsten Satzes verwendet.

(11.1) Hilfssatz. *Sei* $r : E \times G \to E$ *eine freie Operation der diskreten Gruppe* G, *sei* $C = \{(x, xg) \mid x \in E, g \in G\}$ *und* $t: C \to G$, $(x, xg) \mapsto g$. *Folgende Aussagen sind äquivalent:*

(1) *Zu jedem* $x \in E$ *gibt es eine offene Umgebung* U, *so daß für* $g \neq e$ *immer* $U \cap Ug = \emptyset$ *ist.*

(2) *Die Menge* $t^{-1}(e)$ *ist offen in* C.

(3) *Die Abbildung* t *ist stetig.*

Wir nennen die Operation *blätternd*, wenn eine der Aussagen (1) – (3) des Hilfssatzes gilt.

Beweis. (1) $\Rightarrow$ (2). Sei $(x, y) \in t^{-1}(e)$, also $x = y$. Sei U eine offene Umgebung von x mit der in (1) genannten Eigenschaft. Dann ist $(U \times U) \cap C \subset t^{-1}(e)$, denn $(u, ug) \in U \times U$ impliziert $ug \in U \cap Ug$.

(2) $\Rightarrow$ (1). Es ist $t(x, x) = e$. Da $t^{-1}(e)$ offen ist, gibt es eine offene Umgebung U von x in E, so daß $(U \times U) \cap C \subset t^{-1}(e)$ ist. Sei $U \cap Ug \neq \emptyset$, etwa $v = ug$ für $u, v \in U$. Dann ist $(u, v) = (u, ug) \in (U \times U) \cap C$, also $t(u, ug) = g = e$.

(2) $\Leftrightarrow$ (3). Für $h \in G$ sei $R_h : C \to C$, $(x, y) \mapsto (x, yh)$ und $r_h: G \to G$, $g \mapsto gh$. Dann gilt

$$t R_h(x, xg) = t(x, xgh) = gh = r_h t(x, xg).$$

Da R_h und r_h Homöomorphismen sind, ist mit $t^{-1}(e)$ auch $t^{-1}(h)$ offen. $\square$

(11.2) Satz. *Die diskrete Gruppe* G *operiere frei auf dem Raum* E. *Folgende Aussagen sind äquivalent:*

(1) *Die Orbitabbildung* $p: E \to E/G$ *ist ein* G-*Prinzipalbündel.*

(2) *Die Operation ist blätternd.*

Beweis. (2) $\Rightarrow$ (1). Sei $y \in E/G$ und $x \in p^{-1}(y)$. Sei U eine offene Umgebung von x, für die $U \cap Ug = \emptyset$ ist für alle $g \neq e$. Dann ist $V = p(U)$ eine offene Umgebung von y in E/G, da p eine offene Abbildung ist. Die Abbildung $\sigma : U \to V$, $u \mapsto p(u)$ ist bijektiv, denn aus $p(u_1) = p(u_2)$ würde $u_1 = u_2 g$ für ein geeignetes $g \in G$

folgen, also $u_1 \in U \cap Ug$, was nur für $g = e$ möglich ist. Als bijektive stetige offene Abbildung ist σ ein Homöomorphismus. Sei $s = \sigma^{-1}$. Dann ist

$$\varphi \colon p^{-1}(V) \to V \times G, \quad z \mapsto (p(z), t(sp(z), z))$$

ein G-Homöomorphismus mit der Umkehrabbildung

$$\psi \colon V \times G \to p^{-1}(V), \quad (v, g) \mapsto s(v)g.$$

Damit ist p als G-Prinzipalbündel nachgewiesen.

(1) $\Rightarrow$ (2). Aus der Existenz einer Bündelkarte folgt unmittelbar, daß die Operation blätternd ist.   □

Eine freie blätternde Operation der diskreten Gruppe G auf E heißt *eigentlich*, wenn $C = \{(x, xg) \mid x \in E, g \in G\}$ in $E \times E$ abgeschlossen ist. Es gilt: Genau dann ist C abgeschlossen, wenn E/G Hausdorff-Raum ist (10.1).

Sei $G \times E \to E$ eine freie blätternde Linksoperation der diskreten Gruppe G. Dann ist die Orbitabbildung $p \colon E \to E/G = B$ nach (11.2) eine lokal triviale Abbildung mit typischer Faser G, also eine Überlagerung. Für $x \in E$ und $b = p(x)$ haben wir einen Homöomorphismus $i_x \colon G \to F_b$, $g \mapsto gx$. Zusammen mit der Abbildung ∂_x aus (9.1) erhalten wir

$$\varepsilon_x \colon \pi_1(B, b) \xrightarrow{\ \partial_x\ } F_b \xrightarrow{\ i_x^{-1}\ } G.$$

(11.3) Satz. *Sei E wegweise zusammenhängend. Dann ist ε_x ein surjektiver Homomorphismus. Der Kern ist gleich dem Bild von p_*, und dieses Bild ist ein Normalteiler. Ist E einfach zusammenhängend, so ist $\pi_1(B, b)$ isomorph zu G.*

Beweis. Wegen (9.3) müssen wir nur die Homomorphie zeigen. Seien $w_i \colon I \to B$ Schleifen mit Anfang b und seien $u_i \colon I \to E$ Wege, die w_i mit Anfang x hochheben. Für genau ein $g_i \in G$ ist $u_i(1) = g_i x$. Nach Definition von ε_x ist $\varepsilon_i[w_i] = g_i$. Mit dem Weg $g_1 u_2 \colon t \mapsto g_1 u_2(t)$ von $g_1 u_2(0) = g_1 x = u_1(1)$ nach $g_1 u_2(1) = g_1 g_2 x$ kann man $u_1 * g_1 u_2$ bilden, und dieser Weg hebt $w_1 * w_2$ mit Anfang x hoch. Das zeigt die Homomorphie.   □

(11.4) Beispiel. Sei H eine diskrete Untergruppe der topologischen Gruppe G. Die Linksoperation $H \times G \to G$, $(h, g) \mapsto hg$ ist frei; und sie ist blätternd, weil $t \colon (x, y) \mapsto x^{-1}y$ stetig ist. Also ist die Orbitabbildung $G \to G/H$ eine Überlagerung.   ◇

(11.5) Beispiel. Wir haben die Überlagerung $p \colon \mathbb{R} \to \mathbb{R}/\mathbb{Z}$ nach dem vorigen Beispiel. Diese Abbildung ist isomorph zu $\mathbb{R} \to S^1$, $t \mapsto \exp(2\pi it)$. Analog ist $\mathbb{C} \to \mathbb{C}/\mathbb{Z}$ isomorph zur Exponentialabbildung $\exp \colon \mathbb{C} \to \mathbb{C}^*$. Beides sind universelle Überlagerungen, da die Totalräume zusammenziehbar sind. Es folgt wiederum

$\pi_1(S^1) \cong \mathbb{Z}$; ein erzeugendes Element ist die Schleife, die einmal um den Kreis herumläuft. $\diamond$

(11.6) Beispiel. Eine freie Operation einer endlichen Gruppe auf einem Hausdorff-Raum ist blätternd, weil offenbar (11.1.1) gilt. Die antipodische Operation der Gruppe $G = \{1, t \mid t^2 = 1\} \cong \mathbb{Z}/2$ auf S^n wird durch $t(x) = -x$ definiert. Der Orbitraum ist der reelle projektive Raum $\mathbb{R}P^n$. Für $n > 1$ ist S^n einfach zusammenhängend (7.4). Deshalb ist die Orbitabbildung $S^n \to \mathbb{R}P^n$ eine universelle Überlagerung, und es gilt $\pi_1(\mathbb{R}P^n) \cong \mathbb{Z}/2$ für $n > 1$. Aus der linearen Algebra ist die zweifache Überlagerung $SU(2) \to SO(3)$ bekannt [156, p. 220]. Topologisch gesehen handelt es sich um die Überlagerung $S^3 \to \mathbb{R}P^3$. $\diamond$

12 Klassifikation von Überlagerungen

Überlagerungen entstehen aus Prinzipalbündeln als assoziierte Bündel. Sei G eine diskrete Gruppe und $p\colon E \to B$ ein G-Prinzipalbündel mit Linksoperation. Für jede G-Menge F mit G-Rechtsoperation definieren wir $F \times_G E = A_p(F)$ als Quotientraum von $F \times E$ nach der Äquivalenzrelation $(x, y) \sim (xg, g^{-1}y)$ für $(x, y) \in F \times E$ und $g \in G$. Die Zusammensetzung von p mit der Projektion $F \times E \to E$ induziert eine Abbildung $p_F\colon F \times_G E \to B$. Sie ist eine Überlagerung mit typischer Faser F (betrachtet als diskreter Raum). Wir nennen p_F die zu P *assoziierte* Überlagerung mit typischer Faser F. Jede G-Abbildung $f\colon F_1 \to F_2$ liefert einen Morphismus von Überlagerungen $A_p(f) = f \times_G E\colon F_1 \times_G E \to F_2 \times_G E$.

Die eben beschriebene Konstruktion der assoziierten Überlagerungen und der zugehörigen Morphismen liefert also einen Funktor

$$A_p\colon G\text{-MENGEN} \longrightarrow \text{ÜBER}(B).$$

Ein Raum X heißt *semi-lokal einfach zusammenhängend*, wenn jeder Punkt x von X eine Umgebung $U(x)$ besitzt, so daß jede in $U(x)$ liegende Schleife mit Anfang x in X nullhomotop ist.

Wir verwenden nur in diesem die folgenden Abkürzungen.

$$
\begin{array}{lll}
X \in \mathbb{Z}(0) & \Longleftrightarrow & X \text{ wegweise zusammenhängend} \\
X \in \mathbb{Z}(1) & \Longleftrightarrow & X \text{ lokal wegweise zusammenhängend} \\
X \in \mathbb{Z}(2) & \Longleftrightarrow & X \text{ semi-lokal einfach zusammenhängend}
\end{array}
$$

Ferner bedeute etwa $X \in \mathbb{Z}(0, 1)$, daß $X \in \mathbb{Z}(0)$ und $X \in \mathbb{Z}(1)$ gilt. Für eine Überlagerung $p\colon X \to B$ sind die Bedingungen $X \in \mathbb{Z}(1)$ und $B \in \mathbb{Z}(1)$ gleichwertig, weil p ein lokaler Homöomorphismus ist.

Die Automorphismengruppe $\mathrm{Aut}(p)$ einer Überlagerung $p\colon E \to B$ operiert natürlich auf E. Der nächste Satz gibt genauere Auskunft über diese Operation. Mit seiner Hilfe gewinnen wir aus Überlagerungen Prinzipalbündel.

(12.1) Satz. *Sei $p\colon E \to B$ eine Überlagerung. Dann gilt:*

(1) *Ist $E \in \mathrm{Z}(0)$, so operiert $\mathrm{Aut}(p)$ und jede Untergruppe von $\mathrm{Aut}(p)$ frei und blätternd auf E.*

(2) *Sei $B \in \mathrm{Z}(1)$ und sei H Untergruppe von $\mathrm{Aut}(p)$. Dann ist die durch p induzierte Abbildung $q\colon E/H \to B$ eine Überlagerung.*

Beweis. (1) Sei $g \in \mathrm{Aut}(p)$ und $g(x) = x$. Es sind g und $\mathrm{id}(E)$ Hochhebungen von p entlang p. Da $E \in \mathrm{Z}(0)$ ist, so ist wegen $g(x) = x$ nach (8.2) die Abbildung g die Identität. Also ist die Operation frei.

Sei $x \in E$ und $g \in \mathrm{Aut}(p)$. Sei U eine zulässige Umgebung von $p(x)$, und sei U_x eine Umgebung von x, die bei p homöomorph auf U abgebildet wird. Für $y \in U_x \cap gU_x$ ist $p(y) = p(g^{-1}y)$. Also ist $y = g^{-1}y$, da beide Elemente in U_x liegen, und demnach gilt $g^{-1} = \mathrm{id}$. Folglich ist die Operation blätternd.

(2) Sei U eine zulässige offene zusammenhängende Menge von B. Sei $p^{-1}(U) = \bigcup_{j \in J} U_j$ die Zerlegung in disjunkte offene Mengen, die bei p homöomorph abgebildet werden (die Blätter von p über U). Diese Mengen werden bei Anwendung von $h \in H$ permutiert, da sie die Komponenten von $p^{-1}(U)$ sind. Die Äquivalenzklassen bezüglich H sind deshalb offen in der Quotiententopologie von E/H und werden bei q bijektiv und stetig abgebildet. Da p offen ist, so auch q. Also ist q über U trivial. Da $B \in \mathrm{Z}(1)$ ist, hat B eine offene Überdeckung aus zulässigen offenen zusammenhängenden Mengen. $\qquad\square$

(12.2) Satz. *Sei $p\colon E \to B$ eine Überlagerung mit $E \in \mathrm{Z}(0)$ und $B \in \mathrm{Z}(1)$. Dann sind äquivalent:*

(1) *p ist ein $\mathrm{Aut}(p)$-Prinzipalbündel.*

(2) *Die Überlagerung ist regulär.*

Beweis. Das ist eine unmittelbare Konsequenz aus (12.1) und (11.2). $\qquad\square$

Sei $p\colon E \to B$ eine universelle Überlagerung. Dann ist p nach (12.2) ein $\mathrm{Aut}(p)$-Prinzipalbündel mit Linksoperation. Wir erhalten damit den Funktor A_p von $\mathrm{Aut}(p)$-Mengen in die Kategorie der Überlagerungen. Andererseits haben wir aus dem neunten Abschnitt den Funktor Φ_b von Überlagerungen in die π-Mengen. Damit wir diese beiden Funktoren sinnvoll vergleichen können, müssen wir noch einen Isomorphismus von $\mathrm{Aut}(p)$ mit π wie im neunten Abschnitt festlegen. Er sei hier für den vorliegenden Fall noch einmal rekapituliert.

Sei für alles folgende $x \in F_b$ fixiert. Sei $[w] \in \pi$ gegeben und $v\colon I \to E$ eine Hochhebung mit Anfang x. Für genau ein $g \in \mathrm{Aut}(p)$ gilt $v(1) = gx$. Der

Isomorphismus bildet dann $[w]$ auf g ab. Wir betrachten im folgenden diesen Iso-morphismus als eine Identifizierung und arbeiten mit der Gruppe π. Insbesondere werden dadurch die Kategorien der π-Mengen und der Aut(p)-Mengen identifiziert.

Der nächste Satz rechtfertigt die Bezeichnung „universelle Überlagerung".

(12.3) Satz. *Sei* $p: E \to B$ *eine universelle Überlagerung. Dann sind die Funkto-ren* A_p *und* Φ_b *zueinander inverse Äquivalenzen von Kategorien.*

Beweis. Die Behauptung besagt genauer, daß die nachstehenden Aussagen (1) und (2) gelten:

(1) Zu jeder π-Menge K ist ein Isomorphismus $\alpha_K: K \to \Phi_b A_p(K)$ von π-Mengen gegeben, so daß für jede π-Abbildung $f: K \to L$ die Kommutativität

$$(*) \qquad \Phi_b A_p(f) \circ \alpha_K = \alpha_L \circ f$$

gilt. Die Familie der α_K ist dann, wie man sagt, eine *natürliche Äquivalenz* vom identischen Funktor zum Funktor $\Phi_b A_p$.

(2) Zu jeder Überlagerung $q: X \to B$ ist ein Isomorphismus $\beta_q: X \to A_p \Phi_b(q)$ von Überlagerungen gegeben, so daß für jeden Morphismus $f: q \to r$ von Überla-gerungen die Kommutativität

$$(**) \qquad A_p \Phi_b(f) \circ \beta_q = \beta_r \circ f$$

gilt. Die Familie der β_q ist dann eine natürliche Äquivalenz vom identischen Funktor zum Funktor $A_p \Phi_b$.

Es ist $\Phi_b A_p(K)$ als Menge die Faser über b von $K \times_\pi E$, also $K \times_\pi p^{-1}(b)$. Sei

$$\alpha_K: K \to K \times_\pi p^{-1}(b), \quad k \mapsto (k, x).$$

Es handelt sich um eine Bijektion. Die π-Operation auf $K \times_\pi p^{-1}(b)$ wird durch den Fasertransport gegeben. Sei $[w] \in \pi$ und $v: I \to E$ eine Hochhebung von w mit An-fang x und Ende gx. Dann ist $t \mapsto (k, v(t))$ eine Hochhebung von w entlang $A_p(K)$ mit Anfang (k, x) und Ende $(k, gx) = (kg, x)$. Also ist α_K ein Isomorphismus von π-Mengen. Die α_K erfüllen offenbar die verlangte Kommutativität $(*)$.

Für die Umkehrung bemerkt man, daß $A_p \Phi_b(q) = q^{-1}(b) \times_\pi E$ eine Überla-gerung ist, die nach dem eben Gezeigten als Faser über b eine in bestimmter Weise zu $q^{-1}(b)$ isomorphe π-Menge hat. Dieser Isomorphismus liefert nach (9.5) einen Isomorphismus $\beta_q: X \to A_p \Phi_b(q)$ von Überlagerungen, der das Verlangte $(**)$ leistet.   □

(12.4) Beispiel. Wir beschreiben die Klassifikation nun von einem mehr klassi-schen Gesichtspunkt. Sei B ein Raum, der eine universelle Überlagerung besitzt. Eine π-Menge ist die disjunkte Summe ihrer Bahnen. Die transitiven π-Mengen entsprechen nach dem Klassifikationssatz (12.3) den Überlagerungen mit wegweise zusammenhängendem Totalraum. Eine transitive π-Menge ist isomorph zu einer homogenen Menge $\rho\backslash\pi$. Der Klassifikationssatz liefert eine Äquivalenz zwischen der Kategorie der homogenen π-Mengen und der Kategorie der zusammenhängenden Überlagerungen.

Ist man nur an den Überlagerungen und ihrer Klassifikation bis auf Isomorphie interessiert, so lautet das Ergebnis also folgendermaßen:

Eine (zusammenhängende) Überlagerung $p\colon E \to B$ bestimmt eine Konjugationsklasse von Untergruppen von $\pi_1(B, b)$, und zwar ist ein Repräsentant der Konjugationsklasse $p_*\pi_1(E, x)$ mit $x \in p^{-1}(b)$. Zwei Überlagerungen sind genau dann isomorph, wenn ihre Konjugationsklassen übereinstimmen. Eine Überlagerung ist genau dann regulär, wenn die Konjugationsklasse durch einen Normalteiler ρ gegeben ist. Sie ist dann ein $\rho\backslash\pi$-Prinzipalbündel. Zu jeder Konjugationsklasse existiert auch eine Überlagerung. Ein allgemeiner Klassifikationssatz dieser Art wurde zuerst von Reidemeister [215] ausgesprochen.   ◇

(12.5) Satz. *Sei $B \in \mathcal{Z}(0, 1, 2)$. Dann besitzt B eine universelle Überlagerung* $p\colon E \to B$.

Beweis. Wir unterteilen den Beweis in sieben Schritte.

(1) (Definition der Menge E.) Sei $b_0 \in B$ gewählt. Sei WB die Menge aller Wege in B mit Anfang b_0. Sei E die Menge der Homotopieklassen solcher Wege. Wir setzen $p[w] = w(1)$. Da $B \in \mathcal{Z}(0)$ ist, so ist p surjektiv.

(2) (Topologie auf E.) Sei $w \in WB$, und sei V eine offene Umgebung von $w(1)$. Wir setzen $\langle w, V \rangle = \{[w * u] \mid u\colon I \to V, u(0) = w(1)\}$. Man bestätigt, daß die $\langle w, V \rangle$ eine Basis für eine Topologie auf E bilden. Dazu verifiziert man, daß für $[v] \in \langle w, V \rangle \cap \langle w', V' \rangle$ gilt: $\langle v, V \rangle = \langle w, V \rangle$ und $\langle v, V \cap V' \rangle \subset \langle w, V \rangle \cap \langle w', V' \rangle$.

(3) (p ist stetig und offen.) Sei $[w] \in E$ gegeben. Sei V eine offene Umgebung von $p([w]) = w(1)$. Dann ist $p(\langle w, V \rangle) \subset V$ und $\langle w, V \rangle$ offene Umgebung von $[w]$. Also ist p stetig. Es ist $p(\langle w, V \rangle)$ die Wegekomponente von V, die $w(1)$ enthält. Da $B \in \mathcal{Z}(1)$ ist, so ist diese Wegekomponente offen in B. Also ist p eine offene Abbildung.

(4) (p ist Überlagerung.) Sei $b \in B$. Es gibt eine Umgebung U von b, so daß jede Schleife in U nullhomotop in B ist. Indem wir U eventuell verkleinern, können wir annehmen, daß U offen und wegweise zusammenhängend ist. Wir zeigen für eine solche Menge U

$$p^{-1}(U) = \bigcup_{[w] \in p^{-1}(b)} \langle w, U \rangle.$$

Wir haben schon gesehen, daß $p\langle w, U \rangle$ in U liegt. Also umfaßt $p^{-1}(U)$ die genannte Vereinigung. Sei $[v] \in p^{-1}(U)$. Dann ist $v(1) \in U$. Da $U \in \mathcal{Z}(0)$, gibt es einen

Weg $w\colon I \to U$ von $v(1)$ nach b. Es folgt

$$v \simeq (v * w) * w^-, \quad [v * w] \in p^{-1}(b)$$

und $[v] \in \langle v * w, U \rangle$. Die Mengen $\langle w, U \rangle$, $[w] \in p^{-1}(b)$ sind paarweise disjunkt. Aus $[v] \in \langle w_1, U \rangle \cap \langle w_2, U \rangle$ folgt nämlich $v \simeq w_1 * u_1 \simeq w_2 * u_2$ mit gewissen Wegen u_1 und u_2 in U. Es ist $u_1 * u_2^-$ eine Schleife in U und deshalb in B nullhomotop. Es folgt

$$w_1 \simeq w_1 * (u_1 * u_2^-) \simeq (w_1 * u_1) * u_2^- \simeq (w_2 * u_2) * u_2^- \simeq w_2$$

und damit $[w_1] = [w_2]$. Schließlich ist $p\langle w, U \rangle$ injektiv (also ein Homöomorphismus auf U, da p stetig und offen ist). Aus $(w * u_1)(1) = (w * u_2)(1)$ folgt nämlich wieder, daß $u_1 * u_2^-$ definiert und nullhomotop ist; und damit folgt $w * u_1 \simeq w * u_2$.

(5) ($E \in \mathcal{Z}(0)$.) Sei $k\colon I \to \{b_0\} \subset B$ ein konstanter Weg. Sei $w \in WE$. Wird $w_t\colon I \to B$ durch $w_t(s) = w(st)$ definiert, so ist die Abbildung $\alpha\colon I \to E$, $\alpha(t) = [w_t]$ stetig. Es ist α ein Weg von $[k]$ nach $[w]$.

(6) ($E \in \mathcal{Z}(1)$.) Das gilt, weil B diese Eigenschaft hat und p ein lokaler Homöomorphismus ist.

(7) (E ist einfach zusammenhängend.) Sei $v\colon I \to E$ eine Schleife mit Anfang $[k]$. Wir setzen $w = pv$ und definieren wie in (5) eine Abbildung $\alpha\colon I \to E$, $\alpha(t) = [w_t]$. Wegen $p\alpha(t) = p[w_t] = w_t(1) = w(t) = pv(t)$ und $\alpha(0) = v(0)$ ist nach (4.1) $\alpha = v$ und deshalb α eine Schleife. Insbesondere gilt $[w] = [w_1] = \alpha(1) = v(1) = v(0) = [k]$ und mithin $p_*[v] = [pv] = [w] = [k]$. Da p_* injektiv ist, so ist $[v]$ das neutrale Element.   □

Sei $B \in \mathcal{Z}(0,1)$ und habe eine universelle Überlagerung. Dann gilt $B \in \mathcal{Z}(2)$.

Sei $p\colon E \to B$ eine Überlagerung und $f\colon C \to B$ eine stetige Abbildung. Die von p durch f *induzierte* Überlagerung $f^*p\colon f^*E \to C$ wird durch

$$f^*E = \{(c, x) \in C \times E \mid f(c) = p(x)\}$$

zusammen mit der Projektion $f^*E \to C$, $(c, x) \mapsto c$ gegeben.

Ein Morphismus von Überlagerungen über B induziert einen der induzierten Überlagerungen. Die Zuordnung $p \mapsto f^*p$ wird damit zu einem Funktor

$$f^*\colon \text{ÜBER}\,(B) \to \text{ÜBER}\,(C).$$

Falls die Äquivalenz (12.3) von Funktoren besteht, so gehört dazu ein Funktor

$$f^*\colon \pi_1(B)\text{-MENGEN} \to \pi_1(C)\text{-MENGEN},$$

der dadurch gegeben wird, daß vermöge des Homomorphismus $f_*\colon \pi_1(C, c) \to \pi_1(B, b)$ aus $\pi_1(B)$-Mengen X durch $(\alpha, z) \mapsto f_*(\alpha) \cdot z$ induzierte $\pi_1(C)$-Mengen werden.

Ist $f: C \subset B$, so ist p^*f isomorph zur Einschränkung $p: p^{-1}(C) \to C$. Ist E zusammenhängend, so hat die Einschränkung auf C nicht notwendig einen zusammenhängenden Totalraum (Beispiel?).

(12.6) Beispiel. Die Quotientabbildung $p: \mathbb{R}^n \to \mathbb{R}^n/\mathbb{Z}^n$ ist eine universelle Überlagerung. Ebenso ist $q: \mathbb{R}^n \to T^n$, $(x_j) \mapsto (\exp 2\pi i x_j)$ eine universelle Überlagerung des n-dimensionalen Torus $T^n = S^1 \times \cdots \times S^1$. Ist $f: T^n \to T^n$ ein stetiger Automorphismus, so sei $F: \mathbb{R}^n \to \mathbb{R}^n$ eine Hochhebung von fq entlang q mit $F(0) = 0$. Die Zuordnungen $x \mapsto F(x) + F(y)$ und $x \mapsto F(x + y)$ sind Hochhebungen derselben Abbildung mit gleichem Wert für $x = 0$. Also gilt $F(x + y) = F(x) + F(y)$. Daraus schließt man, daß F eine lineare Abbildung ist. Wegen $F(\mathbb{Z}^n) \subset \mathbb{Z}^n$ wird F durch eine Matrix $A \in GL(n, \mathbb{Z})$ vermittelt. Jede solche Matrix führt zu einem Automorphismus von T^n. Die Gruppe der stetigen Automorphismen von T^n ist demnach zu $GL(n, \mathbb{Z})$ isomorph. $\diamond$

Wir geben nun der Klassifikation von Überlagerungen eine formalere Gestalt. Sei $p: X \to B$ eine Überlagerung. Ihr haben wir im neunten Abschnitt einen Transportfunktor $\Phi_p: \Pi(B) \to M$ in die Kategorie M der Mengen zugeordnet. Sei B semi-lokal einfach zusammenhängend. Sei $\Phi: \Pi(B) \to M$ ein beliebiger Funktor. Wir ordnen ihm eine Überlagerung $p_\Phi: X(\Phi) \to B$ zu wie folgt. Als Menge ist

$$X(\Phi) = \coprod_{b \in B} \Phi(b),$$

und p_Φ bildet $\Phi(b)$ auf b ab. Wir versehen $X(\Phi)$ mit einer Topologie, so daß p_Φ eine Überlagerung wird. Sei dazu $U \subset B$ eine offene Umgebung von $b \in B$, so daß je zwei Wege in U von b nach u in X homotop sind. Wir definieren eine lokale Trivialisierung

$$\varphi_{U,b}: U \times \Phi(b) \to p_\Phi^{-1}(U)$$

durch $(u, x) \mapsto \Phi[w](x)$, wobei $w: I \to U$ ein Weg von b nach x ist. Nach Voraussetzung über U ist $\varphi_{U,b}$ wohldefiniert. Wir versehen $\Phi(b)$ mit der diskreten Topologie und postulieren $\varphi_{U,b}$ als Homöomorphismus auf eine offene Menge von $X(\Phi)$. Damit erhalten wir eine wohldefinierte Topologie auf $X(\Phi)$, die p_Φ zu einer Überlagerung macht. Man verifizert, daß der Transportfunktor zu p_Φ der ursprüngliche Funktor Φ ist. Umgekehrt haben wir einen kanonischen Isomorphismus $X(\Phi_p) \cong X$ von Überlagerungen über B. In diesem Sinne entsprechen sich Überlagerungen über B und Funktoren $\Phi: \Pi(B) \to M$. Eine natürliche Transformation $\alpha: \Phi \to \Psi$ zwischen Funktoren induziert einen Morphismus $X(\alpha): X(\Phi) \to X(\Psi)$ von Überlagerungen, und ein Morphismus von Überlagerungen induziert eine natürliche Transformation der zugehörigen Transportfunktoren. Diese Konstruktionen zusammen liefern zueinander inverse Äquivalenzen zwischen der Funktorkategorie $[\Pi(B), M]$ und der Kategorie ÜBER(B). Eine stetige Abbildung $f: B \to C$ induziert einen Funktor $\Pi(f): \Pi(B) \to \Pi(C)$ und folglich einen

Funktor $\Pi(f)^*: [\Pi(C), M] \to [\Pi(B), M]$. Durch Pullback induziert f einen Funktor von ÜBER(C) nach ÜBER(B). Die konstruierten Äquivalenzen sind mit diesen Funktoren verträglich. Die universelle Überlagerung gehört zu dem Funktor, der b die Automorphismen von b in $\Pi(B)$ zuordnet und einem Weg die Konjugation mit diesem Weg.

13   Ein Dualitätssatz für die Ebene

Ungeachtet der später bewiesenen allgemeinen Dualitätssätze benutzen wir die bislang zur Verfügung stehenden Hilfsmittel, um einen Dualitätssatz für die Ebene zu beweisen. Damit kann man dann zum Beispiel den Jordanschen Kurvensatz und den Satz von der Invarianz der Dimension im Zweidimensionalen genauso beweisen, wie es später allgemein durchgeführt wird.

Für jede Teilmenge $X \subset \mathbb{R}^2 = \mathbb{C}$ haben wir die *Dualitätsabbildung*

$$\delta: (\mathbb{C} \setminus X) \times X \to S^1, \quad (c, x) \mapsto \frac{x - c}{|x - c|}.$$

Halten wir $c \in \mathbb{C} \setminus X$ fest, so verbleibt $\delta_c: X \to S^1, x \mapsto \delta(c, x)$. Ist $w: I \to \mathbb{C} \setminus X$ ein Weg, so ist $(x, t) \mapsto \delta(w(t), x)$ eine Homotopie. Also hängt $[\delta_c] \in [X, S^1]$ nur von der Wegekomponente $[c]$ von c ab, das heißt, wir haben eine Abbildung

$$D'': \pi_0(\mathbb{C} \setminus X) \to [X, S^1], \quad [c] \mapsto [\delta_c].$$

Ist $X \subset \mathbb{C}$ kompakt, so hat $\mathbb{C} \setminus X$ genau eine unbeschränkte Komponente. Wir setzen $D_r(a) = \{z \in \mathbb{C} \mid r \geq |z - a|\}$.

(13.1) Lemma. *Liegt c in der unbeschränkten Komponente von $\mathbb{C} \setminus X$ für kompaktes X, so ist δ_c nullhomotop.*

Beweis. Sei $X \subset D_r(0)$ und $e \notin D_r(0)$. Aus $\delta(e, x) = |e|^{-1}e$ folgt $x|e| = e(|x - e| + |e|)$ und $|x| = |x - e| + |e|$, was $|x| < |e|$ widerspricht. Also hat δ_e ein Bild im zusammenziehbaren Raum $S^1 \setminus |e|^{-1}e$ und ist somit nullhomotop. $\square$

Sei $H_0(X)$ die freie abelsche Gruppe über $\pi_0(X)$ (siehe dazu das Kapitel über singuläre Homologie). Durch lineare Fortsetzung erhält man aus $\pi_0(f)$ den Homomorphismus $H_0(f) = f_*: H_0(X) \to H_0(Y)$. Damit wird H_0 ein Funktor von Räumen zu abelschen Gruppen. Durch lineare Erweiterung von D'' erhalten wir einen Homomorphismus $D': H_0(\mathbb{C} \setminus X) \to [X, S^1]$. Sei $\tilde{H}_0(\mathbb{C} \setminus X)$ der Quotient von $H_0(\mathbb{C} \setminus X)$ nach der von der unbeschränkten Komponente erzeugten Untergruppe. Wegen (13.1) induziert D' einen Homomorphismus $D = D_X: \tilde{H}_0(\mathbb{R}^2 \setminus X) \to [X, S^1] = H^1(X)$.

(13.2) Dualitätssatz. *Für jede kompakte Teilmenge $X \subset \mathbb{C}$ ist D_X ein Isomorphismus.*

Aus dem Dualitätssatz entnehmen wir zunächst einmal, daß $H^1(X)$ für die in Rede stehenden X immer eine freie abelsche Gruppe ist. Die Gruppe $H^1(X)$ hängt ihrer Definition nach nur von dem Homöomorphietyp des Raumes X ab. Dagegen sagt $\tilde{H}_0(\mathbb{C} \setminus X)$ etwas darüber aus, wie X in $\mathbb{C}$ liegt. Der Fall der *Jordan-Kurven*, also zu S^1 homöomorpher X, zeigt, welcher große Unterschied zwischen beiden Seiten besteht. Zum Beweis des Dualitätssatzes verwenden wir:

(13.3) Notiz. *Eine stetige Abbildung* $f \colon A \to S^n$ *einer kompakten Menge* $A \subset \mathbb{R}^{n+1}$ *hat eine Erweiterung* $F \colon \mathbb{R}^{n+1} \setminus E \to S^n$ *auf das Komplement einer endlichen Menge* E.

Beweis. Wir behandeln im einzelnen den Fall $n = 1$; nur er wird im Beweis des Dualitätssatzes gebraucht. Es genügt, eine Erweiterung G nach $\mathbb{R}^2 \setminus 0$ zu finden. Danach normieren wir wieder auf Einheitslänge.

Sei $A \subset D_r(0)$. Wir erweitern f zu einer Abbildung g_1 auf $A \cup (\mathbb{R}^2 \setminus U_{2r}(0))$ durch die Identität auf $\mathbb{R}^2 \setminus U_{2r}(0)$ und wählen dann eine Erweiterung $g_2 \colon \mathbb{R}^2 \to \mathbb{R}^2$ von g_1 nach dem Satz von Tietze-Urysohn. Dann ist $B = g_2^{-1}(0)$ kompakt und disjunkt zu A. Sei $2d$ der Abstand von A und B. Sei $A \cup B \subset [-c, c]^2$. Wir unterteilen das Quadrat $Q = [-c, c]^2$ durch äquidistante Parallelen zu den Seiten des Quadrates in Teilquadrate einer Seitenlänge kleiner als d. Dann trifft ein abgeschlossenes Teilquadrat niemals A und B gleichzeitig. Sei Y die Vereinigung des Komplementes von $]-c, c[^2$ und allen Ecken, Kanten und Quadraten der Unterteilung von Q, die B nicht treffen. Dann ist $A \subset Y$.

Wir definieren die gewünschte Abbildung G auf Y durch g_2. Ist x ein verbleibender Eckpunkt, so definieren wir $G(x) \in \mathbb{R}^2 \setminus 0$ irgendwie. Ist K eine verbleibende Kante, so haben wir G auf den Endpunkten von K schon definiert. Da $\mathbb{R}^2 \setminus 0$ wegweise zusammenhängend ist, können wir G über die Kante als Abbildung nach $\mathbb{R}^2 \setminus 0$ erweitern.

Sei schließlich P ein verbleibendes Quadrat. Dann ist G auf dem Rand ∂P von P schon definiert. Wir wollen G auf P so erweitern, daß die Null höchstens ein Urbild hat. Sei m_P der Mittelpunkt von P. Jeder Punkt $x \in P \setminus m_P$ hat die Form $x = m_P + \lambda(p - m_P)$ für genau ein $0 < \lambda \leq 1$ und $p \in \partial P$. Wir definieren G auf P durch

$$G(m_P + \lambda(p - m_P)) = \lambda G(p), \quad 0 \leq \lambda \leq 1, \quad p \in \partial P.$$

Das ist eine wohldefinierte stetige Erweiterung. Ist die rechte Seite Null, so muß $\lambda = 0$ sein.

Für beliebiges n wird der Beweis wörtlich ebenso mit einer Würfelunterteilung geführt (Induktion nach der Dimension der Teilwürfel). Man braucht allerdings ein erst später bewiesenes Resultat, daß nämlich eine Abbildung vom Rand eines k-dimensionalen Würfels nach $\mathbb{R}^n \setminus 0$ für $k < n - 1$ eine Erweiterung auf den ganzen Würfel hat.   □

Beweis von (13.2). Injektivität von D. Wir schreiben Elemente in $\tilde{H}_0(\mathbb{C} \setminus X)$ als formale Linearkombinationen von Wegekomponenten $[c]$ von Punkten $c \in \mathbb{C} \setminus X$ in beschränkten Komponenten. Liege $\alpha = \sum_j n_j[c_j]$ im Kern von D. Das bedeutet:

$$f = \prod_j \delta_{c_j}^{n_j} \colon X \to S^1, \quad x \mapsto \prod_j \frac{(x - c_j)^{n_j}}{|x - c_j|^{n_j}}$$

ist nullhomotop. Die f definierende Formel ist für alle $x \notin \{c_j \mid j \in J\}$ sinnvoll. Sei U_j die Komponente von c_j. Dann liefert die Formel insbesondere eine Erweiterung von f zu

$$f_j \colon X \cup (U_j \setminus c_j) \to S^1.$$

Eine nullhomotope Abbildung $X \to S^1$ hat nach (3.12) eine stetige Erweiterung auf $\mathbb{C}$. Sei $g_j \colon \mathbb{C} \setminus U_j \to S^1$ eine solche Erweiterung von f. Da g_j und f_j auf dem abgeschlossenen Durchschnitt X ihrer Definitionsbereiche übereinstimmen, liefern sie zusammen eine Abbildung $F_j \colon \mathbb{C} \setminus c_j \to S^1$, die f erweitert. Wir schränken F_j auf den Kreis $S_\varepsilon(c_j)$ um c_j vom Radius ε ein. Für genügend großes ε liegt $S_\varepsilon(c_j)$ in $\mathbb{C} \setminus U_j$, da U_j beschränkt ist, und deshalb ist

$$F_j | S_\varepsilon(c_j) = g_j | S_\varepsilon(c_j)$$

nullhomotop. Für genügend kleines ε ist $D_\varepsilon(c_j)$ in U_j enthalten. Es ist dann

$$F_j | S_\varepsilon(c_j) = f_j | S_\varepsilon(c_j).$$

Die Abbildung $f_j \colon S_\varepsilon(c_j) \to S^1$ hat den Grad n_j, denn die Faktoren δ_{c_i} für $i \neq j$ sind auf $D_\varepsilon(c_j)$ erweiterbar, also nullhomotop, und liefern daher keinen Beitrag zum Grad, während δ_{c_j} den Grad 1 hat. Da also f_j den Grad n_j hat und denselben Grad wie das dazu homotope, aber nullhomotope g_j, ist $n_j = 0$.

Surjektivität von D. Wir nutzen die Abhängigkeit der Dualitätsabbildung von X aus (natürliche Transformation von Funktoren). Die Abhängigkeit wird in dem folgenden Lemma formuliert.

(13.4) Lemma. *Seien $Y \subset X$ kompakte Teilmengen von $\mathbb{C}$. Seien $i \colon Y \subset X$ und $j \colon \mathbb{C} \setminus X \to \mathbb{C} \setminus Y$ die Inklusionen. Dann ist das Diagramm*

$$
\begin{array}{ccc}
\tilde{H}_0(\mathbb{C} \setminus X) & \xrightarrow{\ j_* \ } & \tilde{H}_0(\mathbb{C} \setminus Y) \\
\big\downarrow{\scriptstyle D} & & \big\downarrow{\scriptstyle D} \\
H^1(X) & \xrightarrow{\ i^* \ } & H^1(Y)
\end{array}
$$

kommutativ. Der Nachweis erfolgt durch Einsetzen der Definitionen. □

Sei $f\colon X \to S^1$ gegeben. Nach (13.3) gibt es eine endliche Menge $E \subset \mathbb{C} \backslash X$ und eine Erweiterung $F\colon \mathbb{C} \backslash E \to S^1$. Wir wählen um die $a_j \in E$ paarweise disjunkte Kreisscheiben $D_j \subset \mathbb{C} \backslash X$ und danach $r > 0$ so groß, daß $D_r(0)$ die Mengen X und D_j enthält. Dann hat f also eine Erweiterung auf $M = D_r(0) \backslash \bigcup_{i=1}^{t} D_j^\circ$. Wegen (13.4) genügt es deshalb, die Surjektivität von D_M zu zeigen.

Wir haben in (5.2) die Menge $H^1(M)$ schon berechnet. Das im dortigen Beweis vorkommende Element ε_1 liegt nach Konstruktion im Bild von D_M.   □

II Flächen

Eine *Fläche* ist eine 2-dimensionale Mannigfaltigkeit: Ein Hausdorff-Raum mit abzählbarer Basis, bei dem jeder Punkt eine offene Umgebung hat, die zu einer offenen Teilmenge des euklidischen Raumes $\mathbb{R}^2$ homöomorph ist. Eine Flächen mit Rand ist ein derartiger Raum, bei dem jeder Punkt eine offene Umgebung hat, die zu einer offenen Menge eines Halbraumes $\{(x, y) \in \mathbb{R}^2 \mid y \geq 0\}$ homöomorph ist.

Die Klassifikation der kompakten Flächen gehört zu den klassischen Resultaten der Topologie. Flächen sind anschauliche Gegenstände der Topologie. Einige begegnen uns tagtäglich als Oberflächen von Körpern. Mit der Untersuchung und Klassifikation der Flächen begann im 19. Jahrhundert die geometrische Topologie. Das Bedürfnis nach einer topologischen Flächentheorie wurde geweckt durch die Riemannsche Funktionentheorie, durch die komplexen algebraischen Kurven (Lösungsmengen von Polynomen) und durch die von Gauß begonnene Krümmungstheorie der Flächen.

Wir klassifizieren die Flächen vom Standpunkt der kombinatorischen Topologie. Als Einführung in die kombinatorische Topologie berichten wir dazu über simpliziale Komplexe und ihre Euler-Charakteristik. Die Klassifikation wird durch die Bestimmung der Fundamentalgruppe abgerundet.

1 Beispiele für Flächen

Der Prototyp einer Fläche ist natürlich die Zahlenebene $\mathbb{R}^2$. Jede offene Teilmenge der Zahlenebene ist ebenfalls eine Fläche.

(1.1) Die Sphäre. Sie ist der Teilraum $S^2 = \{(x, y, z) \in \mathbb{R}^3 \mid x^2 + y^2 + z^2 = 1\}$ des euklidischen Raumes $\mathbb{R}^3$. Eine Teilmenge der Form $S^2 \setminus \{y\}$ ist, vermöge stereographischer Projektion mit dem Pol y, homöomorph zu $\mathbb{R}^2$.

In der Funktionentheorie wird die komplexe Zahlenebene $\mathbb{C}$ durch einen unendlich fernen Punkt ∞ zur *Riemannschen Zahlenkugel* $\overline{\mathbb{C}} = \mathbb{C} \cup \{\infty\}$ ergänzt. Da die stereographische Projektion genau einen Punkt, nämlich ihren Pol ausläßt, liegt es nahe, sie dadurch zu erweitern, daß der Pol dem Punkt ∞ entspricht. In dieser Weise wird $\overline{\mathbb{C}}$ als S^2 aufgefaßt, und man spricht deshalb von der Zahlenkugel.

Das Hinzufügen unendlichferner Punkte ist typisch für die projektive Geometrie. Der topologische Raum S^2 entsteht in diesem Sinne als komplexe projektive Gerade: Der Raum der eindimensionalen Unterräume des $\mathbb{C}^2$. $\diamond$

(1.2) Möbius-Band. Es entsteht aus einem Rechteck, indem ein Paar gegenüberliegender Seiten identifiziert wird [183, Bd. II, p. 484 und p. 519]. Formal läßt
es sich definieren als Quotient von $I \times I$ nach der Äquivalenzrelation, die von
$(1, t) \sim (0, 1 - t)$ erzeugt wird. Das Möbius-Band ist eine zweidimensionale Mannigfaltigkeit mit Rand. Der Rand ist homöomorph zu S^1. Eine andere Beschreibung
des Möbius-Bandes M erhält man als Quotient von $S^1 \times [-1, 1]$ nach der Äquivalenzrelation $(z, t) \sim (-z, -t)$. Es ist $S^1 \times [-1, 1]$ ein Zylinder, und die Quotientabbildung $p: S^1 \times [-1, 1] \to M$ wickelt den Zylinder zweimal um M herum
(zweifache Überlagerung). Eine Realisierung von M als ein Unterraum des $\mathbb{R}^3$ wird
durch ein einmal verdrilltes Band geliefert.

Der Raum der Konjugationsklassen unitärer (2, 2)-Matrizen, das heißt der Quotient von $U(2)$ nach der Relation $A \sim BAB^{-1}$ für $A, B \in U(2)$, ist ein Möbius-Band.
Man betrachte in diesem Zusammenhang die Determinantenabbildung und interpre-
tiere sie geometrisch.

Sei Q der Raum aller von Null verschiedenen Polynome $\{a_0 + a_1 z + a_2 z^2 \mid$
$a_i \in \mathbb{C}\}$. Man identifiziere zwei Polynome aus Q, wenn sie dieselbe Nullstellenmenge haben. Der Quotientraum ist homöomorph zum Möbius-Band.

Die Besonderheit des Möbius-Bandes liegt darin, nichtorientierbar zu sein, oder,
anschaulich gesprochen, nur eine Seite zu haben. Wenn man einen „Drehsinn" auf
seinem Weg einmal um das Band herum verfolgt, wird er in den entgegengesetzten
verwandelt. Wir wollen in diesem Kapitel eine Fläche *nichtorientierbar* nennen,
wenn sie ein Möbius-Band enthält. Allgemeinere technische Definitionen werden
wir später geben.   ◇

(1.3) Die projektive Ebene. Wir benutzen hier die folgende Definition, um uns
eine Anschauung zu verschaffen: Die projektive Ebene P^2 entstehe aus S^2 durch
Identifizieren antipodischer Punkte ($x \sim -x$). Man kann stattdessen auch die obere Halbkugel nehmen und antipodische Punkte des Randes identifizieren. Bis auf
Homöomorphie erhält man dasselbe Resultat, wenn man im Einheitskreis D^2 antipodische Punkte des Randes identifiziert. Indem man den Kreis viertelt und entsprechend auf ein Quadrat abbildet, erhält man P^2 aus einem Quadrat durch Identifikation
gegenüberliegender Seiten in Gegenrichtung.

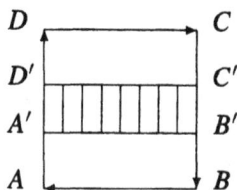

Identifiziert man zunächst nur AD mit BC, so ergibt sich ein Möbius-Band.
Im Möbius-Band sind dann noch Randpunkte paarweise geeignet zu verheften. Die

projektive Ebene enthält also ein Möbius-Band als Untermannigfaltigkeit und ist deshalb nichtorientierbar.

Das Möbius-Band erkennt man noch besser aus der folgenden Überlegung. Man zerschneide das Quadrat entlang $A'B'$ und $C'D'$. Führt man die Verklebung von $A'D'$ und $B'C'$ durch, so erhält man ein Möbius-Band aus dem schraffierten Teil. Dann führt man die Verklebung von AB und CD durch und erhält ein zweites Stück

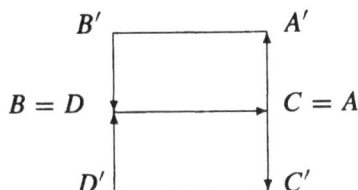

Die darin noch vorzunehmende Verklebung der Randseiten liefert einen zur Zelle D^2 homöomorphen Raum. Der topologische Raum P^2 entsteht also, indem man ein Möbius-Band M und eine Zelle D^2 entlang des Randkreises durch einen Homöomorphismus identifiziert.

Das Möbius-Band läßt sich so in den $\mathbb{R}^3$ einbetten, daß sein Rand ein Standardkreis ist. Zeichnung oder Modell! In diesen Standardkreis kann man dann eine Kreisscheibe einheften und erhält so ein (wenn auch nicht sehr gutes) Modell der projektiven Ebene mit Selbstdurchdringungen.

Eine interessante Immersion (Realisierung mit Selbstdurchdringungen) von $\mathbb{R}P^2$ in den $\mathbb{R}^3$ wurde von Boy 1901 in seiner Dissertation gefunden [26]. Die Immersion ist generisch, hat einen Dreifachpunkt und eine $\mathbb{Z}/(3)$-Symmetrieachse. Ein Drahtmodell steht in der Modellsammlung des Mathematischen Institutes in Göttingen. Es ist [113, p. 282] abgebildet, zusammen mit weiteren Veranschaulichungen von Flächen. Siehe auch [84]. Neuerdings steht ein großes Metallmodell auf dem Gelände des Mathematischen Forschungsinstitutes in Oberwolfach — damit ist die projektive Ebene geradezu ein Emblem für die Mathematik überhaupt. Aus der Darstellung der projektiven Ebene läßt sich eine Kunst und Wissenschaft machen [9].   ◇

(1.4) Der Torus. Er wird als Produkt $T = S^1 \times S^1$ zweier Kreise definiert. Er hat eine Realisierung als Rotationsfläche im $\mathbb{R}^3$, indem man einen Kreis geeignet rotieren läßt. Der Torus entsteht aus einem Rechteck $I \times I$ durch Identifikation gegenüberliegender Seiten $(s, 0) \sim (s, 1)$, $(0, t) \sim (1, t)$ für alle $s, t \in I$. Diese Identifikation läßt sich algebraisch dadurch definieren, daß in der Ebene $\mathbb{R}^2$ Punkte identifiziert werden, deren Koordinaten sich um ganze Zahlen unterscheiden: $\mathbb{R}^2/\mathbb{Z}^2$. Die Abbildung

$$\pi \colon \mathbb{R}^2 \to S^1 \times S^1, \quad (s, t) \mapsto (\exp 2\pi i s, \exp 2\pi i t)$$

ist ein Homomorphismus mit dem Kern $\mathbb{Z} \times \mathbb{Z}$ und liefert einen Isomorphismus $\mathbb{R}^2/\mathbb{Z}^2 \cong S^1 \times S^1$. Die Abbildung bedeutet anschaulich, daß die Ebene um den Torus herumgewickelt wird; jeweils ein Einheitsquadrat überdeckt den Torus (universelle Überlagerung des Torus). Der Torus ist der Konfigurationsraum des ebenen Doppelpendels.   ◇

(1.5) Der Kleinsche Schlauch. Wir haben schon zwei Verheftungsvorschriften für die Seiten eines Rechtecks kennengelernt: Torus und projektive Ebene. Es gibt noch eine dritte:

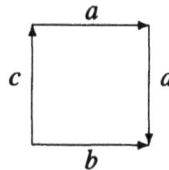

Inden wir zunächst a und b identifizieren, erhalten wir einen Zylinder, dessen Randkurven noch im Gegensinne zu verheften sind. Das läßt sich im $\mathbb{R}^3$ nur mit Selbstdurchdringung erreichen [150, Bd. III, p. 571]. Das Resultat ist eine nichtorientierbare Fläche: der Kleinsche Schlauch.

Der Kleinsche Schlauch läßt sich aus zwei Möbius-Bändern durch Verheften der Randkurven erhalten.

Der Homöomorphismus $\tau\colon S^1 \times S^1 \to S^1 \times S^1$, $(z, w) \mapsto (\bar{z}, -w)$ hat keine Fixpunkte. Indem man (z, w) mit $\tau(z, w)$ identifiziert, erhält man den Kleinschen Schlauch (doppelt überlagert vom Torus).   ◇

(1.6) Die nichteuklidische Ebene. Flächen sind Träger zweidimensionaler Geometrien. Von besonderer Bedeutung sind Modelle für die nichteuklidische Geometrie. Ein Modell hat als zugrundeliegende Menge die obere Halbebene $H = \{x + iy \in \mathbb{C} \mid y > 0\}$. Die geometrische Struktur wird durch eine Riemannsche Metrik auf H festgelegt. Der Tangentialraum $T_z H$ im Punkt $z \in H$ wird in kanonischer Weise mit $\mathbb{R}^2$ identifiziert. Auf $T_z H$ hat man für $z = x + iy$ das Skalarprodukt

$$b\colon T_z H \times T_z H \to \mathbb{R}, \quad b(v, w) = \frac{\langle v, w \rangle}{y^2},$$

worin $\langle v, w \rangle$ das Standardskalarprodukt bezeichnet. Eine stetig differenzierbare Kurve $\gamma\colon [a, b] \to H$ hat die Bogenlänge $\int_a^b b(\gamma'(t), \gamma'(t))^{1/2} dt$, das Integral über die Länge der Geschwindigkeitsvektoren gemessen in der Riemannschen Metrik. Für $\gamma\colon [a, b] \to H$, $t \mapsto it$ und $0 < a < b$ ergibt sich als Länge zum Beispiel $\log b - \log a$. Man kann zeigen, daß dieses die kürzeste Verbindung zwischen ia und ib ist. Elementargeometrie betreibt man auf der oberen Halbebene dadurch, daß man als die *Geraden der Geometrie* die auf der reellen Achse senkrecht stehenden Kreise und Geraden definiert. Durch einen Punkt P, der nicht auf einer Geraden L liegt, gibt es unendlich viele Parallelen zu L durch P. Die Winkel von sich schneidenden Geraden werden durch die angegebene Riemannsche Metrik gemessen. Der Flächeninhalt wird durch das Integral über die Volumenform mit dem Wert $\omega = y^{-2} dx \wedge dy$ an der Stelle $x + iy$ definiert.

Die Gruppe $SL(2, \mathbb{R})$ der reellen $(2, 2)$-Matrizen mit Determinante 1 operiert auf H durch gebrochen-lineare Transformationen

$$SL(2, \mathbb{R}) \times H \to H, \quad \left(\begin{pmatrix} a & b \\ c & d \end{pmatrix}, z \right) \mapsto \frac{az + b}{cz + d}.$$

Für jedes $A \in SL(2, \mathbb{R})$ ist die Linkstranslation L_A eine Isometrie, das heißt, Vektoren $v \in T_z H$ und $T_z L_A v \in T_{Az} H$ haben dieselbe Länge. Die Abbildung L_A bildet Geraden der Geometrie auf Geraden der Geometrie ab.

Ein weiteres Modell von Poincaré hat als zugrundeliegende Menge das Innere des Einheitskreises $B = \{z \in \mathbb{C} \mid |z| < 1\}$. Die Geraden der Geometrie sind die in B liegenden Stücke von Kreisen, die den Rand von B senkrecht schneiden. Die Abbildung $\rho\colon H \to B$, $z \mapsto (z-i)/(z+i)$ ist eine konforme Bijektion, die Geraden auf Geraden abbildet.

Die euklidische und nichteuklidische Geometrie sind für die Flächentheorie von prinzipieller Bedeutung. Eine orientierbare Fläche trägt immer (mindestens) eine komplexe Struktur und kann deshalb als Riemannsche Fläche angesehen werden. Der berühmte Uniformisierungssatz der Funktionentheorie besagt, daß jede Riemannsche Fläche als universelle Überlagerung entweder die Riemannsche Zahlenkugel, die Ebene oder die obere Halbebene hat. Die Fläche selbst entsteht als Orbitraum nach einer freien, eigentlichen Operation einer diskreten Gruppe von holomorphen Automorphismen auf einem der drei Standardmodelle. Bis auf wenige Ausnahmen (zum Beispiel beim Torus) ist die universelle Überlagerung die nichteuklidische Ebene. Alle zugehörigen Flächen nennt man *hyperbolisch*.

(1.7) Algebraische Kurven. Riemannsche Flächen ergeben sich insbesondere als Nullstellenmenge komplexer Polynome $P(z, w) \in \mathbb{C}[z, w]$. Die Teilmenge $\{(z, w) \mid P(z, w) = 0\} \subset \mathbb{C}^2$ ist eine komplexe Untermannigfaltigkeit, wenn man die singulären Punkte (beide partiellen Ableitungen gleich Null) ausschließt. Die ausgeschlossenen Punkte lassen sich allerdings abstrakt zu der Fläche wieder hinzufügen. Die Nullstellenmengen komplexer Polynome führen deshalb in natürlicher Weise zu kompakten Riemannschen Flächen. Da wir uns auf die topologische Beschreibung der Flächen beschränken müssen, sei für die Konstruktion der Riemannschen Flächen auf die Bücher der Funktionentheorie verwiesen. Wir bringen jedoch noch zwei Beispiele.

Sei $P(z, w) = w - (z-1)(z+1) = w - z^2 + 1$. Wir machen daraus künstlich ein homogenes Polynom vom Grad zwei, indem wir eine neue Veränderliche t einführen $Q(z, w, t) = wt - z^2 + t^2$. Die Teilmenge $\{(z, w, t) \neq (0, 0, 0) \mid Q(z, w, t) = 0\}$

des komplexen projektiven Raumes $\mathbb{C}P^2$ ist eine komplexe Untermannigfaltigkeit: die Riemannsche Fläche der Quadratwurzel. Sie ist homöomorph zu S^2.

Das letzte Beispiel tritt in der Theorie der elliptischen Funktionen auf. Wir betrachten die Nullstellenmenge des Polynoms

$$P(w, z) = w^2 - (z - \lambda_1)(z - \lambda_2)(z - \lambda_3)$$

mit paarweise verschiedenen λ_i. Auch hier betrachtet man besser die homogene Form, nämlich die Nullstellenmenge

$$T = \{[w, z, t] \mid w^2 t = (z - \lambda_1 t)(z - \lambda_2 t)(z - \lambda_3 t)\} \subset \mathbb{C}P^2.$$

Man verifiziert, daß T eine komplexe Untermannigfaltigkeit ist. Die Fläche ist homöomorph zum Torus. Wie sieht man das? Dazu betrachtet man die Abbildung

$$p: Z \to \mathbb{C}P^1, \quad [w, z, 1] \mapsto [z, 1], \; [1, 0, 0] \mapsto [1, 0].$$

Dann ist p eine doppelte verzweigte Überlagerung mit vier Verzweigungspunkten, und die später zu behandelnde Riemann-Hurwitz-Formel liefert das Gewünschte.

2   Simpliziale Komplexe

Die simplizialen Komplexe sind die Bausteine der *kombinatorischen Topologie*. In der kombinatorischen Topologie werden Räume durch stückweise lineare Objekte (Strecken, Dreiecke, Tetraeder, ...) beschrieben. Damit wird ein geometrisches Objekt durch ein endliches Datensystem bestimmt und kombinatorischen Methoden zugänglich. Umgekehrt lassen sich kombinatorische Sachverhalte geometrisch interpretieren und anreichern. Wir definieren zunächst die Datensysteme und danach ihre geometrische Realisierung.

Ein *simplizialer Komplex* $K = (E, S)$ besteht aus einer Menge E von *Ecken* und einer Menge S endlicher Teilmengen von E. Eine Menge $s \in S$ mit $q + 1$ Elementen heißt q-*Simplex* von K. Es sollen die folgenden Axiome gelten:

    (1)   Jede einpunktige Teilmenge von E ist ein Simplex in S.

    (2)   Jede nichtleere Teilmenge t eines Simplexes $s \in S$ liegt in S.

Ist $s \in S$ ein q-Simplex, so heißt q die *Dimension* von s, in Zeichen $q = \dim s$. Ist $t \subset s$, so ist t *Seite* von s, und zwar p-*Seite*, falls $\dim t = p$ ist. Ein 1-Simplex von K wird *Kante* von K genannt. Die 0-Simplexe von K entsprechen genau den Elementen von E und werden deshalb ebenfalls *Ecken* genannt. Ein Simplex ist durch seine 0-Seiten bestimmt. Wir können (und wollen) deshalb einen Komplex mit der Menge seiner Simplexe identifizieren.

Ein simplizialer Komplex ist n-*dimensional*, wenn er (mindestens) ein n-Simplex enthält aber kein $(n+1)$-Simplex. Die Gesamtheit der Simplexe von K, deren Dimension kleinergleich n ist, bildet einen simplizialen Komplex K^n, genannt das n-*Gerüst* von K. Ein *Unterkomplex* L von K besteht aus einer Menge von Simplexen in K, die mit jedem s auch alle Seiten von s enthält. Die Gerüste K^n sind Unterkomplexe von K. Ein eindimensionaler Komplex heißt *Graph*. Ein Komplex $K = (E, S)$ heißt *endlich*, wenn E endlich ist, und *lokal endlich*, wenn jede Ecke nur in endlich vielen Simplexen liegt.

Jedem simplizialen Komplex $K = (E, S)$ wird ein topologischer Raum $|K|$, seine geometrische Realisierung, zugeordnet. Zunächst definieren wir die Menge $|K|$ und danach zwei Topologien auf dieser Menge.

Sei $|K|$ die Menge aller Funktionen $\alpha\colon E \to [0, 1]$ mit den folgenden Eigenschaften:

(1) $\{e \in E \mid \alpha(e) > 0\}$ ist ein Simplex von K.

(2) $\sum_{e \in E} \alpha(e) = 1$.

Auf $|K|$ definieren wir eine Metrik d durch

$$d(\alpha, \beta) = \left(\sum_{e \in E} (\alpha(e) - \beta(e))^2 \right)^{\frac{1}{2}}.$$

Wir bezeichnen $|K|$ zusammen mit dieser *metrischen Topologie* durch $|K|_d$. Jede Ecke $e \in E$ liefert eine stetige Abbildung

$$|K|_d \to \mathbb{R}, \quad \alpha \mapsto \alpha(e).$$

Die Zahlen $(\alpha(e) \mid e \in E)$ heißen die *baryzentrischen Koordinaten* von α.

Die metrische Topologie ist oft ungeeignet, wenn K nicht lokal endlich ist. Wir definieren eine weitere Topologie auf $|K|$. Für $s \in S$ sei $|s| \subset |K|$ durch

$$|s| = \{\alpha \in |K| \mid \alpha(e) \neq 0 \Rightarrow e \in s\}$$

definiert und *abgeschlossenes Simplex* von $|K|$ genannt. Wenn wir die Elemente von s als Basis eines Vektorraumes $\mathbb{R}(s)$ über $\mathbb{R}$ verwenden, so ist der Teilraum $|s| = |s|_d$ von $|K|_d$ zu der kompakten Teilmenge (dem geometrischen Standardsimplex von $\mathbb{R}(s)$)

$$\left\{ \sum_{e \in s} x_e e \mid \sum_{e \in s} x_e = 1, \ 0 \leq x_e \leq 1 \right\} \subset \mathbb{R}(s)$$

homöomorph. Die Teilraumtopologien von $|s_1|_d \cap |s_2|_d$ in $|s_1|_d$ und in $|s_2|_d$ stimmen überein und sind gleich derjenigen von $|s_1 \cap s_2|_d$, sofern $s_1 \cap s_2 \neq \emptyset$ ist. Wir erklären die *Komplextopologie* auf $|K|$ dadurch, daß eine Menge $A \subset |K|$ genau dann abgeschlossen sein soll, wenn für alle $s \in S$ der Schnitt $A \cap |s|_d$ in $|s|_d$ abgeschlossen ist. Die Teilraumtopologie von $|s|$ in der Komplextopologie ist weiterhin $|s|_d$. Wir nennen $|K|$ mit der Komplextopologie die *geometrische Realisierung* von K und verwenden für diesen topologischen Raum ebenfalls das Symbol $|K|$. Aus der Definition der geometrischen Realisierung ergeben sich unmittelbar die beiden folgenden Aussagen.

(2.1) Satz. *Die kanonische Abbildung $\coprod_{s \in S} |s| \to |K|$, die auf jedem $|s|$ die Inklusion ist, wird bezüglich der Komplextopologie eine Identifizierung.* □

(2.2) Satz. *Eine Abbildung $f : |K| \to Y$ in einen topologischen Raum Y ist genau dann stetig, wenn die Einschränkung auf jedes abgeschlossene Simplex stetig ist. Insbesondere ist die Identität $|K| \to |K|_d$ stetig.* □

In der Elementargeometrie ist ein (geometrisches) q-Simplex die konvexe Hülle von $q + 1$ affin unabhängigen Punkten. Die Aussage (2.1) ist der eigentliche Sinn der geometrischen Realisierung: Geometrische Simplexe werden entlang gemeinsamer Seiten verheftet. Die Datenstruktur $K = (E, S)$ kodifiziert, welche Seiten als „gemeinsam" anzusehen sind. Das wird noch deutlicher, wenn wir über Polyeder in euklidischen Räumen sprechen.

Sei L ein Unterkomplex von K. Wir können $|L|$ kanonisch mit einer Teilmenge von $|K|$ identifizieren, und $|L|$ trägt die Teilraumtopologie von $|K|$, denn um eine Teilmenge von $|L|$ als abgeschlossen zu erkennen, müssen wir nur mit Simplexen $|s|$ aus $|L|$ schneiden. Die Teilraumtopologie der Menge $|L| \subset |K|_d$ liefert den Raum $|L|_d$, und $|L|_d$ ist in $|K|_d$ abgeschlossen.

Ist $(L_j \mid j \in J)$ eine Familie von Unterkomplexen von K, so sind auch die Vereinigung $\bigcup L_j$ und der Durchschnitt $\bigcap L_j$ Unterkomplexe, und es gelten die Relationen $\bigcup |L_j| = |\bigcup L_j|$ und $\bigcap |L_j| = |\bigcap L_j|$.

Für jedes Simplex s von K wird das *offene Simplex* $\langle s \rangle \subset |K|$ als der Teilraum

$$\langle s \rangle = \{ \alpha \in |K| \mid \alpha(e) \neq 0 \Leftrightarrow e \in s \}$$

definiert. Das Komplement $|s| \setminus \langle s \rangle = \partial |s|$ ist der *kombinatorische Rand* von $|s|$; er ist die geometrische Realisierung des Unterkomplexes, der aus allen echten Seiten von s besteht. Die Menge $|K|$ ist die disjunkte Vereinigung der $\langle s \rangle$, $s \in S$. Im allgemeinen ist $\langle s \rangle$ keine offene Menge in $|K|$, jedoch ist $\langle s \rangle$ immer offen in $|s|$.

Ein Homöomorphismus $t : |K| \to X$ heißt *Triangulierung* des Raumes X. Ein berühmtes Problem der Topologie ist die Frage, ob jede Mannigfaltigkeit eine Triangulierung besitzt (triangulierbar ist). Die Triangulierbarkeit der Flächen wurde von Radó [213] gezeigt, die der 3-Mannigfaltigkeiten von Moise (siehe [184] für Literatur und weitere Beweise). Differenzierbare Mannigfaltigkeiten sind triangulierbar, die Triangulierung kann sogar so gewählt werden, daß sie auf jedem Simplex eine glatte Einbettung ist ([264]; für Beweise auch [187]).

(2.3) Satz. *Ist $A \subset |K|$ kompakt, so trifft A nur endliche viele Simplexe.*

Beweis. Sei $B \subset A$ eine Menge, die aus jedem von A getroffenen offenen Simplex genau einen Punkt enthält. Ist $C \subset B$, so ist für jedes Simplex s die Menge $C \cap |s|$ endlich, also abgeschlossen. Demnach ist jede Teilmenge von B abgeschlossen, also B ein diskreter Raum. Wäre B unendlich, so hätte B in der kompakten Menge A einen Häufungspunkt, was der Diskretheit widerspräche.   □

Wir folgern, daß $|K|$ genau dann kompakt ist, wenn K endlich ist. Für endliches K ist die Identität $|K| \to |K|_d$ ein Homöomorphismus. Da $|K|_d$ als metrischer Raum separiert ist und die Identität $|K| \to |K|_d$ stetig, so ist auch $|K|$ immer separiert.

Für jede Ecke $e \in E$ heißt

$$\mathrm{St}(e) = \{\alpha \in |K| \mid \alpha(e) \neq 0\}$$

der *Stern* von e. Da $\alpha \mapsto \alpha(e)$ stetig ist, so ist $\mathrm{St}(e)$ in $|K|_d$ und folglich in $|K|$ offen. Wenn wir e mit der Funktion $\alpha(e) = 1, \alpha(e') = 0$ für $e \neq e'$ identifizieren, so ist also $\mathrm{St}(e)$ eine offene Umgebung von e.

(2.4) Satz. *Sei K ein simplizialer Komplex. Dann sind folgende Aussagen äquivalent:*

(1) *K ist lokal endlich.*
(2) *$|K|$ ist lokal kompakt.*
(3) *Die Identität $|K| \to |K|_d$ ist ein Homöomorphismus.*
(4) *$|K|$ ist metrisierbar.*
(5) *Jeder Punkt von $|K|$ hat eine abzählbare Umgebungsbasis.*

Beweis. (1) $\Rightarrow$ (2). Sei $\alpha \in |K|_d$. Dann ist $\alpha \in \mathrm{St}(e)$ für eine Ecke $e \in K$. Da K lokal endlich ist, so ist e Ecke von nur endlich vielen Simplexen $s_j, j \in J$. Deshalb ist $\mathrm{St}(e)$ in der kompakten Menge $\bigcup_{j \in J} |s_j| = B$ enthalten. Es ist B die geometrische Realisierung eines endlichen Unterkomplexes L von K. Weil $\alpha \in \mathrm{St}(e) \subset |L|_d$ ist, liegt α im Inneren von $|L|_d$ und folglich auch im Inneren von $|L|$ bezüglich $|K|$. Demnach ist $|L|$ eine kompakte Umgebung von α.

(2) $\Rightarrow$ (3). Wir zeigen, daß $|K| \to |K|_d$ eine offene Abbildung ist. Sei U offen in $|K|$ mit kompaktem Abschluß. Jede offene Menge in $|K|$ ist Vereinigung von solchen U, da $|K|$ lokal kompakt ist. Wir müssen zeigen, daß U in $|K|_d$ offen ist. Nach (2.3) gibt es einen endlichen Unterkomplex L von K, so daß $\overline{U} \subset |L|$. Sei K_1 der durch $K_1 = \{s \in K \mid |s| \cap U = \emptyset\}$ definierte Unterkomplex von K. Für $s \in K \setminus K_1$ ist dann $|s| \cap U$ eine nichtleere offene Teilmenge von $|s|$. Also ist $\langle s \rangle \cap U \neq \emptyset$ und erst recht $\langle s \rangle \cap |L| \neq \emptyset$. Letzteres besagt aber, daß s im Unterkomplex L enthalten sein muß. Wir haben damit $K = K_1 \cup L$ gezeigt. Da L endlich ist, so ist $|L| \to |L|_d$ ein Homöomorphismus. Also ist U in $|L|_d$ offen; und da $|K_1|$ in $|K|$ abgeschlossen ist, so ist U auch in $|L|_d \setminus |K_1|_d$ offen. Wegen $|L|_d \setminus |K_1|_d = |K|_d \setminus |K_1|_d$ ist U in $|K|_d$ offen.

(3) $\Rightarrow$ (4). Mit $|K|_d$ ist auch der homöomorphe Raum $|K|$ metrisierbar.

(4) $\Rightarrow$ (5). In einem metrischen Raum haben alle Punkte eine abzählbare Umgebungsbasis.

(5) $\Rightarrow$ (1). Angenommen, K sei nicht lokal endlich. Wir wählen eine Ecke $e \in K$, die unendlich vielen Simplexen $s_1, s_2, \ldots$ angehört und eine Umgebungsbasis $(U_j \mid j = 1, 2, \ldots)$ von e. Wir können ohne wesentliche Einschränkung $U_i \supset U_{i+1}$ annehmen. Für jedes i ist $\langle s_i \rangle \cap U_i \neq \emptyset$, denn e ist Berührpunkt von $\langle s_i \rangle$. Sei

$\alpha_i \in \langle s_i \rangle \cap U_i$ ausgewählt. Dann ist e Limes der Folge (α_i), weil $\alpha_j \in U_i$ für $j \geq i$. Andererseits ist die Menge $\{e, \alpha_1, \alpha_2, \ldots\}$ diskret, da sie jedes offene Simplex höchstens in einem Punkt trifft. $\qquad\qquad\qquad\qquad\qquad\qquad\qquad\qquad\qquad\qquad\quad$ □

Punkte $e_0, \ldots, e_k$ des $\mathbb{R}^n$ sind *affin unabhängig*, wenn aus den Relationen $\Sigma \lambda_i e_i = 0$ und $\Sigma \lambda_i = 0$ immer folgt, daß alle $\lambda_i = 0$ sind. Gleichbedeutend damit ist, daß die $e_0, \ldots, e_k$ nicht in einem $(k - 1)$-dimensionalen affinen Unterraum liegen. Sind $e_0, \ldots, e_k$ affin unabhängig, so ist das von $e_0, \ldots, e_k$ *aufgespannte k-Simplex*

$$\left\{ \sum_{i=0}^{k} \lambda_i e_i \mid \lambda_i \geq 0, \ \Sigma \lambda_i = 1 \right\}$$

die kleinste konvexe Teilmenge des $\mathbb{R}^n$, die alle e_i enthält. Diese Menge ist homöomorph zur geometrischen Realisierung des Komplexes, der aus allen nichtleeren Teilmengen von $\{e_0, \ldots, e_k\}$ besteht.

Zu einem simplizialen Komplex $K = (E, S)$ und einer Familie $(x_e \mid e \in E)$ von Punkten des $\mathbb{R}^n$ betrachten wir die stetige Abbildung

$$(2.5) \qquad\qquad f \colon |K| \to \mathbb{R}^n, \quad \alpha \mapsto \sum \alpha(e) x_e.$$

Ist (2.5) eine Einbettung, so nennen wir das Bild von f ein *simpliziales Polyeder* im $\mathbb{R}^n$ *vom Schema K*. Ferner nennen wir das Polyeder $f(|K|)$ eine *Realisierung* von K *als Polyeder* im $\mathbb{R}^n$.

(2.6) Satz. *Sei K abzählbar, lokal endlich und höchstens n-dimensional. Dann hat K eine polyedrale Realisierung im $\mathbb{R}^{2n+1}$.*

Beweis. Wir wählen eine Menge $\{p_j \mid j = 1, 2, \ldots\}$ von Punkten des $\mathbb{R}^{2n+1}$ mit den folgenden Eigenschaften:
  (1) Jede Teilmenge von $2n + 2$ Punkten ist affin unabhängig.
  (2) Zu jeder kompakten Teilmenge C des $\mathbb{R}^{2n+1}$ gibt es ein j, so daß C disjunkt zur konvexen Hülle von $\{p_i \mid i \geq j\}$ ist.
Solche Mengen gibt es: Sei $H_1 \supset H_2 \supset H_3 \supset \cdots$ eine Folge von affinen Halbräumen mit leerem Schnitt $\cap H_i$. Zu jeder kompakten Menge C gibt es dann ein k mit $C \cap H_k = \emptyset$. Sei $p_i \in H_i$ für $i < q$ gewählt, so daß (1) für $\{p_1, \ldots, p_{q-1}\}$ gilt. Es gibt nur endlich viele Hyperebenen des $\mathbb{R}^{2n+1}$, die maximal $2n + 2$ Punkte aus $\{p_1, \ldots, p_{q-1}\}$ enthalten. Sei der Punkt $p_q \in H_q$ so gewählt, daß er nicht auf diesen endlich vielen Hyperebenen liegt. Auf diese Weise erhält man induktiv eine geeignete Menge.

Sei $\{e_1, e_2, \ldots\}$ eine Aufzählung der Eckenmenge von K und $f \colon |K| \to \mathbb{R}^{2n+1}$ die durch $f(e_i) = p_i$ festgelegte Abbildung (2.5). Wegen (1) wird jedes Simplex

$|s| \subset |K|$ durch f linear und injektiv abgebildet. Wegen (1) und weil K höchstens n-dimensional ist, ist f auch auf $|s| \cup |t|$ für irgend zwei Simplexe s und t injektiv; somit ist f überhaupt injektiv.

Wir zeigen, daß f abgeschlossen ist, also eine Einbettung. Sei $A \subset |K|$ abgeschlossen. Dann ist $f(A)$ abgeschlossen, falls $f(A) \cap C$ in C für alle kompakten C abgeschlossen ist. Wegen (2) gibt es ein j, so daß

$$f^{-1}(C) \subset \bigcup_{i \leq j} \mathrm{St}(e_i).$$

Da K lokal endlich ist, folgt daraus, daß $f^{-1}(C)$ in der Realisierung $|L|$ eines endlichen Unterkomplexes L von K enthalten ist. Also ist $f^{-1}(C)$ als abgeschlossene Teilmenge von $|L|$ kompakt in $|K|$ und deshalb $f(A) \cap C = f(A \cap f^{-1}(C))$ kompakt, also abgeschlossen in C.   □

Eine offene Teilmenge eines euklidischen Raumes ist triangulierbar. Eine offene Teilmenge von $|K|$ ist triangulierbar.

Eine Triangulierung eines Raumes ist eine sehr starre Struktur. Für die flexible Verwendung der simplizialen Komplexe in der Topologie sind deshalb Unterteilungen ein wichtiges Hilfsmittel. Eine formal definierbare Unterteilung ist die baryzentrische. Sei $K = (E, S)$ ein simplizialer Komplex. Wir definieren einen neuen Komplex, die *baryzentrische Unterteilung*, $UT(K) = (S, S')$, wobei $\{s_0, \ldots, s_a\} \in S'$ genau dann, wenn s_i echte Seite von s_{i+1} ist. Es gibt einen Homöomorphismus $|K| = |UT(K)|$. Geometrisch gesehen sind die Eckpunkte von $|UT(K)|$ die Schwerpunkte der Simplexe von $|K|$. Die folgende Figur zeigt diese Unterteilung für ein 2-Simplex.

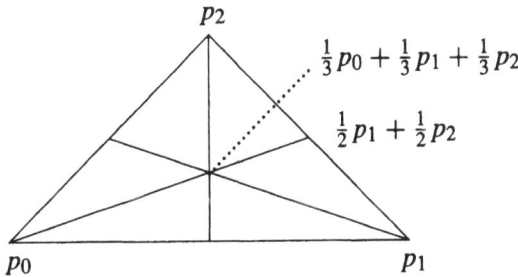

3   Flächenkomplexe

Wir untersuchen, welche Eigenschaften ein simplizialer Komplex haben muß, damit seine geometrische Realisierung eine Fläche (eventuell mit Rand) ist. Die nächste

Definition genügt für die kombinatorische Klassifikation der Flächen. Wir begründen sie noch durch weitere Resultate.

Ein simplizialer Komplex K heiße *Flächenkomplex* oder *flächenartig*, wenn gilt:

(1) K ist abzählbar, lokal endlich und zweidimensional.

(2) Jedes Nullsimplex ist Seite einer Kante.

(3) Jede Kante ist Seite von mindestens einem und höchstens zwei 2-Simplexen.

(4) Ist a ein 0-Simplex und sind $x_1, \ldots, x_k$ die 2-Simplexe, die a als Ecke haben, so bilden die Kanten von $x_1, \ldots, x_k$, die a nicht als Ecke haben, einen zusammenhängenden Komplex.

Die Bedingung (4) ist zu der folgenden äquivalent:

(5) Die 2-Simplexe $x_1, \ldots, x_k$ lassen sich so indizieren, daß jeweils x_i und x_{i+1} eine Kante gemeinsam haben ($1 \le i \le k - 1$).

Durch (4) wird ausgeschlossen: Zwei Tetraeder, die an einem Eckpunkt verbunden sind; dieser Komplex erfüllt jedoch (1) – (3).

(3.1) Satz. *Sei X eine n-Mannigfaltigkeit, eventuell mit Rand, und $f \colon |K| \to X$ eine Triangulierung von X. Dann ist K ein abzählbarer, lokal endlicher, n-dimensionaler Komplex.*

Beweis. X ist lokal kompakt, also K nach (2.4) lokal endlich. Sei t ein Simplex von K und e eine Ecke von t. Da K lokal endlich ist, gibt es ein Simplex s maximaler Dimension, das t als Seite hat. Dann ist $\langle s \rangle$ eine offene Teilmenge von $|K|$ und deshalb nach dem Satz X(3.6) von der Dimensionsinvarianz $\dim t \le \dim s = n$. Die Menge

$$U(e) = \{\alpha \in |K| \,|\, \alpha(e) > \alpha(e') \text{ für jede Ecke } e' \ne e\}$$

ist eine offene Umgebung von e in $|K|$. Für $e \ne e'$ ist $U(e) \cap U(e') = \emptyset$. Da X eine abzählbare Basis hat, kann es nur abzählbar viele Mengen $U(e)$ geben.   □

(3.2) Satz. *Ein simplizialer Komplex K hat genau dann eine topologische Fläche als geometrische Realisierung, wenn er ein Flächenkomplex ist.*

Beweis. Sei $|K|$ eine Fläche. Wegen (3.1) müssen wir nur noch (2) – (4) nachweisen. Isolierte Kanten und Ecken würden dem Satz von der Dimensionsinvarianz widersprechen. Also ist jede Kante Seite mindestens eines 2-Simplexes.

Sei das 1-Simplex t Seite der 2-Simplexe $s_1, \ldots, s_k$ für $k \ge 3$. Sei $x \in \langle t \rangle$. Jede Umgebung von x schneidet dann $\langle s_1 \rangle, \ldots, \langle s_k \rangle$. Es ist $\langle s_1 \rangle \cup \langle t \rangle \cup \langle s_2 \rangle = U$ homöomorph zu einer offenen Teilmenge des $\mathbb{R}^2$. Da $|K|$ lokal euklidisch ist, muß nach dem Satz X(3.5) von der Invarianz des Gebietes U offen in $|K|$ sein, was für $k \ge 3$ unmöglich ist, weil $U \cap \langle s_3 \rangle \ne \emptyset$ wäre. Damit ist (3) gezeigt.

Sei $a \in K$ eine Ecke. Die Bedingung (4) läßt sich auch so formulieren: Es ist $\overline{\mathrm{St}}(a) = |x_1| \cup \cdots \cup |x_k|$ die Hülle von $\mathrm{St}(a)$ und $\overline{\mathrm{St}}(a) \setminus \mathrm{St}(a) = S(a)$ die geometrische Realisierung des fraglichen Komplexes; sie muß wegweise zusammen-hängend sein. Es ist $\overline{St}(a)$ eine wegweise zusammenhängende Umgebung von a, und $S(a)$ ist, vermöge radialer Deformation von a aus, homotopieäquivalent zu $\overline{St}(a) \setminus \{a\}$. Nun gilt aber: Ist X eine Fläche und U eine wegweise zusammen-hängende Umgebung von $x \in X$, so ist auch $U \setminus \{x\}$ wegweise zusammenhängend. Es folgt die Bedingung (4).

Sei K flächenartig. Dann hat $|K|$ offenbar in allen Punkten, die nicht Ecken sind, eine Umgebung, die homöomorph zu einer offenen Menge eines Halbraumes im $\mathbb{R}^2$ ist. Für eine Ecke a ist wegen (5) $St(a)$ entweder homöomorph zum Inneren eines regulären k-Ecks oder zum Inneren (bezüglich eines Halbraumes) eines halben $2k$-Ecks. $\qquad\qquad\qquad\qquad\qquad\qquad\qquad\qquad\qquad\qquad\qquad\qquad\qquad\qquad\square$

Ein Flächenkomplex K liefert genau dann eine zusammenhängende Fläche $|K|$, wenn zu je zwei 2-Simplexen D und D' eine Sequenz $D = D_0, \ldots, D_r = D'$ von 2-Simplexen existiert, so daß D_{i-1} und D_i eine gemeinsame Kante haben ($1 \le i \le r$).

Satz (3.2) kann noch ergänzt werden: Ist $|K|$ eine Fläche, so ist der Rand $\partial|K|$ die geometrische Realisierung eines Unterkomplexes L von K. Die 1-Simplexe von L sind diejenigen Kanten, die nur Seite eines einzigen 2-Simplexes sind.

Der Torus T entstehe, wie schon beschrieben, aus dem Einheitsquadrat durch Seitenidentifizierungen. In diesem Modell von T wird eine Triangulierung durch die folgende Figur veranschaulicht.

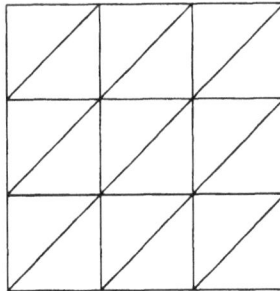

Triangulierung des Torus

Warum erhält man keine Triangulierung des Torus, wenn man wie in der letzten Figur verfährt, aber nur 4 Teilquadrate benutzt?

Für einige Flächen kann man durch Probieren Triangulierungen finden. Eine Sphäre S^2 wird zum Beispiel durch die Oberfläche eines Tetraeders oder eines Iko-saeders trianguliert. Die projektive Ebene besitzt eine Triangulierung mit 6 Ecken, 15 Kanten und 10 Dreiecken; in jeder Ecke stoßen 5 Kanten zusammen. Sie entsteht aus dem Ikosaeder durch „Halbierung".

4   Klassifikation von Flächen

In diesem Abschnitt klassifizieren wir Flächen in einer kombinatorischen Form. Als
Vorbereitung dient der nächste Satz. Er kann so interpretiert werden: Die Fläche
wird entlang geeigneter Kurven aufgeschnitten, bis sie sich als Fläche mit Rand in
die Ebene ausbreiten läßt.

(4.1) Satz. *Sei F eine kompakte, zusammenhängende, triangulierbare Fläche. Dann
läßt sich F als topologischer Raum dadurch erhalten, daß in einem regulären n-Eck
gewisse Seitenpaare (linear) miteinander identifiziert werden.*

Beweis. Da F als triangulierbar vorausgesetzt wurde, können wir F als geometrische
Realisierung $F = |K|$ eines simplizialen Komplexes K ansetzen. Der Komplex K
ist endlich, weil F kompakt ist.

Wir behaupten: Man kann die 2-Simplexe (= Dreiecke) $D_1, D_2, \ldots, D_s$ von F
so numerieren, daß für $i > 1$ das Dreieck D_i mit mindestens einem der Dreiecke
$D_1, \ldots, D_{i-1}$ eine Kante gemeinsam hat. Sei $D_1, D_2, \ldots, D_s$ ein maximales System
von Dreiecken mit dieser Eigenschaft; es gibt solche, da ein einziges Dreieck sicher
ein derartiges System ist.

Falls es außer den $D_1, \ldots, D_s$ noch weitere Dreiecke gibt, so sind deren Kanten
zu denen von $D_1, \ldots, D_s$ disjunkt. Der Unterkomplex $D_1 \cup \cdots \cup D_s$ von F ist deshalb eine Zusammenhangskomponente von F. Da F zusammenhängend ist, umfaßt
$\{D_1, \ldots, D_s\}$ alle 2-Simplexe.

Aus $D_1, \ldots, D_s$ konstruieren wir induktiv ein reguläres Vieleck wie folgt. Für
$i > 1$ sei T_i eine Kante von D_i, die unter den Kanten von $D_1, \ldots, D_{i-1}$ vorkommt.
Die Fläche F ist ein Quotient von $\coprod_{j=1}^{s} D_j$. Für jede Kante T, die in zwei verschiedenen D_i und D_j vorkommt, werden die Unterräume $T \subset D_i$ und $T \subset D_j$
identifiziert. Da die Zusammensetzung zweier Identifizierungen wieder eine Identifizierung ist, können wir die zu den Kanten gehörenden Identifizierungen nacheinander
ausführen. Wir zeigen induktiv: Hat man in $\coprod_{j=1}^{i} D_j$ die zu $T_2, \ldots, T_i$ gehörenden
Identifizierungen ausgeführt, so entsteht ein zu einem regulären $(i + 2)$-Eck $E(i)$
homöomorpher Raum; die $i + 2$ Kanten von $E(i)$ entsprechen dabei den noch nicht
identifizierten Kanten von $D_1, \ldots, D_i$. Für $i = 1$ ist das klar. Für den Übergang
von i nach $i + 1$ müssen wir ein Dreieck D_{i+1} und das $(i + 2)$-Eck $E(i)$ an einer
gemeinsamen Kante T_{i+1} identifizieren: Eine Figur mag genügen.

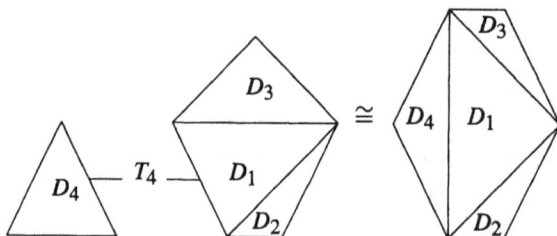

Im letzten Schritt des Beweises tritt folgende topologische Situation auf.

(4.2) Satz. *Seien E_1 und E_2 Räume, die zu D^2 homöomorph sind. Seien $A_1 \subset$*
∂E_1 und $A_2 \subset \partial E_2$ Räume, die zu $[-1, 1]$ homöomorph sind. Sei $h\colon A_1 \to A_2$
ein Homöomorphismus. In der topologischen Summe $E_1 + E_2$ werde $a_1 \in A_1$ mit
$h(a_1) \in A_2$ identifiziert. Dann ist der Quotientraum E homöomorph zu D^2.

Beweis. Wir verwenden die Halbkreise $D(1) = \{(x, y) \in D^2 \mid y \geq 0\}$ und $D(2) =$
$\{(x, y) \in D^2 \mid y \leq 0\}$. Sei $\varphi_1\colon [-1, 1] \times 0 \to A_1$ ein Homöomorphismus. Es gibt
einen Homöomorphismus $\Phi_1\colon D(1) \to E_1$, der φ_1 erweitert. Wenn man dies einmal
annimmt, so wähle man einen Homöomorphismus $\varphi_2\colon [-1, 1] \times 0 \to A_2$ derart,
daß $h = \varphi_2 \varphi_1^{-1}$ ist und erweitere entsprechend φ_2 zu $\Phi_2\colon D(2) \to E_2$. Dann liefern
Φ_1 und Φ_2 zusammen einen Homöomorphismus $D^2 \to E$.

Sei E homöomorph zu D^2. Sei $h\colon [-1, 1] \times 0 \to \partial E$ eine Einbettung mit Bild A.
Dann ist $\partial E \setminus A^\circ$ homöomorph zu $\{(x, y) \in S^1 \mid y \geq 0\}$. Sei $D(1) = \{(x, y) \in D^2 \mid$
$y \geq 0\}$. Dann läßt sich h zu einem Homöomorphismus $H\colon \partial D(1) \to \partial E$ erweitern.
Sei $h\colon S^1 \to S^1$ ein Homöomorphismus. Durch $H(z) = |z| h(z/|z|)$ für $z \neq 0$
und $H(0) = 0$ wird ein Homöomorphismus $H\colon D^2 \to D^2$ definiert, der h erweitert. $\square$

Wir betrachten zunächst eine kompakte, zusammenhängende, triangulierbare
Fläche ohne Rand. In diesem Fall führt (4.1) zu einem (regulären, ebenen) $2n$-Eck,
dessen Kanten paarweise durch Homöomorphismen identifiziert werden. Den Rand
des $2n$-Ecks durchlaufen wir von einer Ecke aus gegen den Uhrzeigersinn und bezeichnen die Kanten nacheinander mit $a_1, a_2, \ldots$. Kommen wir zu einer weiteren
Kante, die mit a_1 verheftet wird, so bezeichnen wir sie mit a_1^{-1} oder a_1, je nachdem,
ob bei der Identifizierung die Durchlaufrichtung geändert wird oder nicht. Indem wir
nacheinander die so erhaltenen Symbole aufschreiben, erhalten wir ein sogenanntes
Flächenwort. Wir wollen deshalb allgemeiner einen Raum betrachten, der aus D^2
(oder einem dazu homöomorphen) entsteht, indem der Rand S^1 durch $2n$ Punkte
unterteilt wird und die entstehenden Bögen paarweise durch Homöomorphismen
identifiziert werden.

Zu den Flächenworten bemerken wir noch: Da die Fläche nicht davon abhängt,
wo der Anfangspunkt des Wortes gewählt wird, liefert zyklische Vertauschung
der Symbole $b_1 b_2 \ldots b_n \mapsto b_2 \ldots b_n b_1$ ein neues Wort für dieselbe Fläche, $b_j \in$
$\{a_1, a_1^{-1}, \ldots, a_n, a_n^{-1}\}$. Ferner kann für ein Symbol c im Wort auch c^{-1} gesetzt werden, unter Beachtung von $(c^{-1})^{-1} = c$, ohne die Fläche zu ändern. Schließlich kann
man auch noch den Durchlaufsinn des Randes ändern, also vom Wort $b_1 b_2 \ldots b_n$ zu
dem Wort $b_n^{-1} b_{n-1}^{-1} \ldots b_1^{-1}$ übergehen.

Die Klassifikation der Flächen beruht auf einer Normalform für die Wortdarstel-
lung, die wir nun in den nächsten Sätzen herleiten wollen.

Falls das Wort nur zwei Symbole enthält, so wird entweder die Sphäre aa^{-1}
oder die projektive Ebene aa beschrieben (wie im ersten Abschnitt erläutert). Bei

den folgenden Veränderungen von Worten ist immer gemeint, daß die ursprünglichen und die veränderten Worte homöomorphe Flächen beschreiben.

(4.3) Satz. *Benachbarte Zeichen* $\ldots cc^{-1} \ldots$ *lassen sich eliminieren, solange mindestens vier Zeichen vorhanden sind.*

Beweis. Man betrachte die folgenden Figuren.

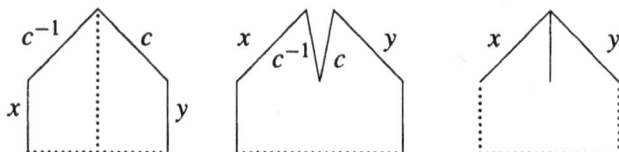

Wenn man möchte, kann man erst entlang der punktierten senkrechten Linie aufschneiden und sieht dann eine Anwendung von (4.2). □

Die Kanten des Polygons werden paarweise identifiziert. Bei diesem Prozeß entsteht im Quotientraum eine gewisse Punktmenge aus den Eckpunkten des Polygons. Beispiel: Aus $aba^{-1}b^{-1}$ entsteht ein Punkt, aus dem aufgeschnittenen Tetraeder $aa^{-1}bb^{-1}cc^{-1}$ entstehen 4 Punkte. (In den Figuren zu den folgenden Sätzen hat man dem Kontext zu entnehmen, ob von zwei gleichbezeichneten Kanten ein Symbol mit einem Exponenten -1 versehen werden muß.)

(4.4) Satz. *Jede Fläche läßt sich durch ein Wort beschreiben, bei dem alle Eckpunkte identifiziert werden.*

Beweis. Wir nehmen an, daß nach (4.3) alle benachbarten Zeichen der Form cc^{-1} eliminiert worden sind. Angenommen, es gibt dann noch mindestens zwei Äquivalenzklassen von Punkten. Dann gibt es benachbarte nichtäquivalente Punkte, etwa P und Q. Wir haben eine Situation wie in der folgenden Figur. (Es gibt noch eine zweite Möglichkeit, bei der a^{-1} durch a ersetzt wird und P links unten steht.)

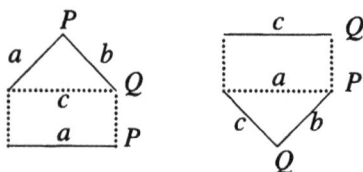

Da P und Q nicht äquivalent sind, und Teilworte aa^{-1} oder $a^{-1}a$ nicht vorkommen, muß b von a und a^{-1} verschieden sein. Deshalb kommt a oder a^{-1} an einer anderen Stelle vor. Wir schneiden entlang c auf und verheften entlang a. In dem resultierenden Wort enthält die Äquivalenzklasse von P einen Punkt weniger und die von Q einen Punkt mehr. Falls es jetzt wieder benachbarte Zeichen der Form dd^{-1} gibt, eliminiere man diese. Falls danach noch Punkte aus der Klasse von P

übrig sind und außerdem noch weitere Äquivalenzklassen, so verfahre man wie eben.
(Man beachte, daß durch (4.3) Punkte beseitigt werden.)   □

Falls ein Seitenpaar in der Form $a \ldots a$ vorkommt, heiße es von *erster Art*, falls
es in der Form $a \ldots a^{-1}$ vorkommt, von *zweiter Art*. Wir setzen voraus, daß die
Reduktionen von (4.3) und (4.4) durchgeführt worden sind. In diesem Fall heiße das
Wort *reduziert*.

(4.5) Satz. *Jedes Wort läßt sich so modifizieren, daß Seitenpaare der ersten Art
benachbart sind. Ein reduziertes Wort bleibt dabei reduziert.*

Beweis. Wir betrachten die folgende Figur.

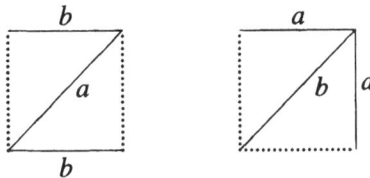

Wir schneiden entlang a und verheften entlang b.   □

Falls es keine Seitenpaare der zweiten Art gibt, läßt sich die Fläche also durch
ein Wort der Form $a_1 a_1 a_2 a_2 \ldots a_n a_n$ darstellen.

Für den nächsten Satz nehmen wir an, daß die Reduktionen aus (4.5) durchgeführt
worden sind.

(4.6) Satz. *Das Wort enthalte mindestens 4 Zeichen. Falls es Seitenpaare zweiter
Art gibt, so mindestens 2 und diese trennen sich, das heißt das Wort hat die Form*
$\ldots c \ldots d \ldots c^{-1} \ldots d^{-1} \ldots$.

Beweis. Andernfalls hat man die Situation der folgenden Figur

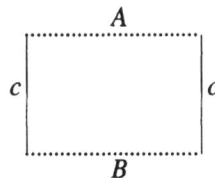

und keine Kante in A wird mit einer Kante in B identifiziert. Dann ist aber
die Reduktion aus (4.4) nicht durchgeführt. Wegen (4.3) sind auch A und B nicht
leer.   □

(4.7) Satz. *Seitenpaare zweiter Art lassen sich benachbart machen.*

Beweis. Man führe Schnitte und Verheftungen gemäß der folgenden Figuren aus; gestrichelt: c und d Schnitte, a Verheftung. Durch zyklische Vertauschung kann man annehmen, daß zumindest A oder D nicht leer ist.

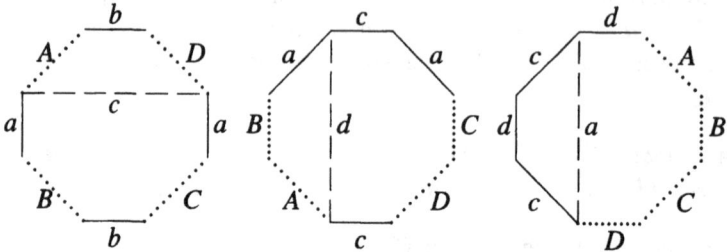

Ist CD oder AB leer, so ist nach dem ersten Schnitt nichts mehr zu tun. Ein reduziertes Wort bleibt reduziert.   □

Falls es keine Seitenpaare der ersten Art gibt, läßt sich die Fläche also durch ein Wort der Form $a_1 b_1 a_1^{-1} b_1^{-1} \ldots a_g b_g a_g^{-1} b_g^{-1}$ darstellen. Es bleibt noch zu überlegen, was geschieht, wenn Seitenpaare der ersten und der zweiten Art gleichzeitig auftreten.

(4.8) Satz. *Ein Wort der Form $xxaba^{-1}b^{-1}A$ läßt sich in ein Wort der Form $zzyyuuA$ überführen.*

Beweis. Man betrachte die folgende Kette von Modifikationen.

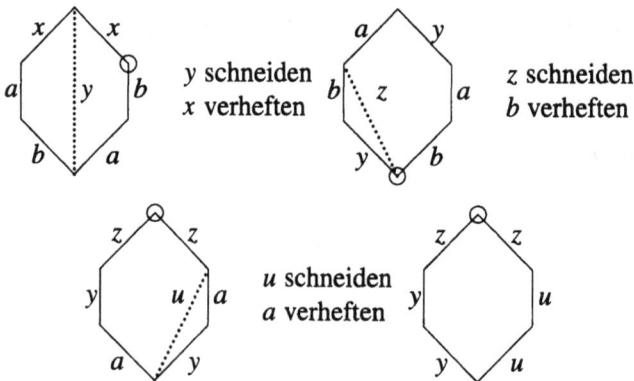

Der kleine Kreis im Rand gibt an, wo das Stück A einzufügen ist. Falls es wirklich auftritt, muß man zum Schluß noch den Prozeß aus (4.5) anwenden.   □

Falls Seitenpaare der ersten und zweiten Art wirklich auftreten, kann man durch zyklische Vertauschung und Änderung des Durchlaufsinnes immer annehmen, daß das Wort die Gestalt aus (4.8) hat. Man kann also in diesem Fall nacheinander alle Seitenpaare der zweiten Art eliminieren. Insgesamt führen die Modifikationen aus Satz (4.3) bis (4.8) zu folgendem Ergebnis.

(4.9) Satz. (Normalformensatz) *Jede kompakte, zusammenhängende, triangulierbare Fläche ohne Rand ist homöomorph zu einer Fläche, die durch eines der Worte*

$$aa^{-1}$$
$$a_1 b_1 a_1^{-1} b_1^{-1} \ldots a_g b_g a_g^{-1} b_g^{-1} \quad g \geq 1$$
$$a_1 a_1 a_2 a_2 \ldots a_g a_g \quad g \geq 1$$

beschrieben wird.   □

Die in dem Satz auftretende Größe g nennt man das *Geschlecht* der betreffenden Fläche. Die Sphäre S^2 hat das Geschlecht Null.

Genauer haben wir sogar folgendes bewiesen: Sei ein reguläres $2n$-Eck gegeben. Die Seiten seien paarweise durch lineare Homöomorphismen identifiziert. Dann ist der resultierende Quotientraum homöomorph zu einem Raum, der durch eines der in Satz (4.9) genannten Worte beschrieben wird. In diesem Zusammenhang ist es deshalb interessant, sich zu überlegen, daß die dort genannten Worte (bis auf aa^{-1}) reduziert sind und tatsächlich eine Fläche beschreiben. Durch (4.9) wird übrigens eine minimale Zellenzerlegung (im Sinne der Theorie der CW-Komplexe) der betreffenden Fläche geliefert.

Wer Zweifel hat, ob hier alles ordentlich bewiesen ist, sollte sich überlegen, daß alle Modifikationen durch (4.2) gedeckt sind. Auch ist es leicht, durch genügend feine Zerlegung des $2n$-Ecks einzusehen, daß alle diese Räume triangulierbar sind.

5 Die Euler-Charakteristik

Es bleibt zu zeigen, daß verschiedene Worte in Satz (4.9) niemals homöomorphe Flächen beschreiben. Dazu braucht man topologische Invarianten. Wir werden alsbald sehen, daß die Fundamentalgruppe eine geeignete Invariante ist. Für die Flächentheorie wichtig ist die Euler-Poincaré-Charakteristik. Ihr Ursprung ist die berühmte Eulersche Polyederformel. Wir besprechen die Euler-Charakteristik in ihrer elementaren kombinatorischen Form und zitieren einige ihrer Eigenschaften, die später mit tieferliegenden Hilfsmitteln der algebraischen Topologie bewiesen werden (Homologie-Theorie).

Sei X ein endlicher Zellenkomplex und $f_i(K)$ die Anzahl seiner i-Zellen. Einen Zellenkomplex definieren wir hier nicht formal, für die Anwendung auf Flächen erlauben wir aber in einer Zerlegung nicht nur Dreiecke, wie in einer Triangulierung, sondern auch 4-Ecke, 5-Ecke und so weiter. Die *kombinatorische Euler-Charakteristik* von X ist die Wechselsumme

(5.1)
$$\chi(X) = \sum_{i \geq 0} (-1)^i f_i(K).$$

Die fundamentale Erkenntnis über diese Größe besagt, daß sie nur von dem Raum X und nicht von seiner Zellenzerlegung abhängt, ja sogar eine Homotopieinvariante ist. Der Ursprung ist die berühmte *Eulersche Polyederformel* — eines der ersten Ergebnisse der Topologie (aus heutiger Sicht): Sie besagt, daß im Fall $X = S^2$ der Wert $\chi(X)$ immer gleich 2 ist [81] [82] [83]. Bevor wir die Euler-Charakteristik genauer behandeln, wenden wir sie in zwei Beispielen an.

(5.2) Platonische Körper. Wir wollen ein konvexes Polyeder regulär nennen, wenn an jeder Ecke dieselbe Anzahl Kanten zusammenstoßen, etwa m Stück, und jede Seitenfläche dieselbe Anzahl Kanten hat, etwa n Stück. Ist E die Anzahl der Ecken, K die der Kanten und F die der Seitenflächen, so gilt demnach $mE = 2K$ und $nF = 2K$. Setzen wir diese Werte in die Eulersche Formel $E + F = K + 2$ ein und dividieren durch $2K$, so erhalten wir

(5.3)
$$\frac{1}{m} + \frac{1}{n} = \frac{1}{K} + \frac{1}{2}.$$

Es ist $m \geq 3$, $n \geq 3$, denn Flächen sind n-Ecke. Damit überzeugt man sich davon, daß (5.3) nur die Lösungen hat, die in der folgenden Tabelle aufgeführt sind. Die zugehörigen Körper haben wir ebenfalls gleich benannt.

m	n	K	Körper	E	F
3	3	6	Tetraeder	4	4
4	3	12	Oktaeder	6	8
3	4	12	Hexaeder	8	6
3	5	30	Dodekaeder	20	12
5	3	30	Ikosaeder	12	20

(Das Hexaeder ist natürlich der Würfel.)   ◇

(5.4) Geraden in der projektiven Ebene. Seien $G_1, \ldots, G_n$ Geraden in der projektiven Ebene P^2. Wir betrachten die dadurch bewirkte Zerlegung der Ebene. Sei t_r die Anzahl der Punkte, in denen sich genau r Geraden schneiden. Wir werden bald sehen, daß für eine Zerlegung von P^2 immer

(5.5)
$$f_0 - f_1 + f_2 = 1$$

gilt. Zunächst ist

(5.6)
$$f_0 = t_2 + t_3 + \cdots.$$

Von einem r-fachen Schnittpunkt laufen $2r$ Kanten aus. Summieren wir über alle Punkte, so ergibt sich

$$(5.7) \qquad\qquad f_1 = 2t_2 + 3t_3 + 4t_4 + \cdots .$$

Bezeichnen wir die Anzahl der n-Ecke, die durch die Geradenkonfiguration entstehen, mit p_n, so gelten analoge Formeln

$$(5.8) \qquad\qquad f_2 = \sum p_s, \quad 2f_1 = \sum s p_s.$$

Diese Formeln liefern zusammen mit (5.5) die Identität

$$(5.9) \qquad \sum_{r \geq 2}(3 - r)t_r + \sum_{s \geq 2}(3 - s)p_s = 3f_0 - f_1 + 3f_2 - 2f_1 = 3.$$

Setzen wir voraus, daß nicht alle Geraden durch einen einzigen Punkt laufen, so treten keine Zweiecke auf. Wegen (5.8) gilt dann $2f_1 \geq 3f_2$ und damit wegen (5.9) $f_1 \leq 3(f_0 - 1)$ oder

$$(5.10) \qquad\qquad t_2 \geq 3 + \sum_{r \geq 4}(r - 3)t_r.$$

Insbesondere gibt es also immer mindestens 3 Doppelpunkte. $\Diamond$

Durch Abzählen von Zellen erhält man die Additivitätseigenschaft:

(5.11) Satz. *Seien A und B Unterkomplexe eines endlichen Zellenkomplexes. Dann gilt $\chi(A) + \chi(B) = \chi(A \cup B) + \chi(A \cap B)$.* $\square$

Die Euler-Charakteristik ist im wesentlichen die einzige Zahleninvariante von endlichen Komplexen mit dieser Additivitätseigenschaft. Später beweisen wir dann die wahrhaft überraschende topologische Invarianz:

(5.12) Satz. *Homotopieäquivalente endliche Komplexe haben dieselbe Euler-Charakteristik.*

6   Flächen und Euler-Charakteristik

Wir benutzen nun die Euler-Charakteristik dazu, um die kombinatorische Klassifikation der Flächen topologisch abzurunden.

Dazu geben wir der Klassifikation durch Normalformenworte noch einen mehr geometrischen Gehalt.

Seien F_1 und F_2 zusammenhängende Flächen. Daraus bilden wir eine neue Fläche, die *verbundene Summe* $F_1 \# F_2$, wie folgt: Sei $D_j \subset F_j$ homöomorph zur Zelle D^2 mit Rand S_j. In der topologischen Summe

$$F_1 \setminus D_1^\circ + F_2 \setminus D_2^\circ$$

identifizieren wir $x \in S_1$ mit $\varphi(x) \in S_2$ vermöge eines Homöomorphismus $\varphi \colon S_1 \to S_2$, um $F_1 \# F_2$ zu erhalten. Wenn man den Rand einer orientierten Fläche so orientiert (anschaulich: mit einer Durchlaufrichtung versieht), so daß die Fläche „links" liegt, so wollen wir bei orientierten Flächen verlangen, daß φ die Orientierung umkehrt. Man kann zeigen, daß das Resultat unabhängig davon ist, wo die Zellen herausgenommen wurden und mit welchem Homöomorphismus verheftet wurde. Wenn man alles so einrichtet, daß die Triangulierbarkeit nicht verloren geht, so erkennt man das aus dem Klassifikationssatz.

Ein ähnlicher Prozeß ist das Anheften eines Henkels. Es handelt sich um die verbundene Summe mit einem Torus. Aber man stellt diesen Prozeß meist anders dar. Dazu werden aus F zwei disjunkte offene Kreisscheiben D_j° entfernt und $D^2 \times [0, 1]$ wird an $F \setminus (D_1^\circ \cup D_2^\circ)$ vermöge eines Homöomorphismus $D^2 \times \{0, 1\} \to S_1 + S_2$ angeheftet.

Eine kleine Überlegung zeigt nun: Die verbundene Summe $\#$ von Flächen wird durch Aneinanderreihung der Normalformenworte gegeben. Die verbundene Summe liefert auf der Menge $\mathcal{F}$ der Homöomorphietypen zusammenhängender geschlossener Flächen die Struktur eines kommutativen Monoids.

Es gilt $\chi(D^2) = 1$, $\chi(S^1) = 0$, $\chi(S^2) = 2$. Aus der Additivität der Euler-Charakteristik entnimmt man damit leicht

(6.1) $$\chi(F_1) - 1 + \chi(F_2) - 1 = \chi(F_1 \# F_2).$$

Diese Relation läßt sich umformulieren: Die Zuordnung $F \mapsto \chi(F) - 2$ verhält sich additiv bei der Bildung der verbundenen Summe. Für die Standardflächen erhalten wir deshalb

(6.2) $$\chi(S^2) = 2, \quad \chi(mT) = 2 - 2m, \quad \chi(mP) = 2 - m.$$

Ist F eine kompakte Fläche mit k Randkomponenten, so können wir k Zellen D^2 anheften, um eine geschlossene Fläche F^* zu erhalten. Es gilt dann $\chi(F^*) = \chi(F) + k$ wegen der Additivität von χ. Zwei Flächen mit gleicher Anzahl der Randkomponenten sind genau dann homöomorph, wenn die zugehörigen Flächen F_1^* und F_2^* homöomorph sind. Dahinter steckt eine Eindeutigkeitsaussage wie bei der verbundenen Summe: Es ist unerheblich, an welcher Stelle einer Fläche eine Zelle herausgenommen wird.

Die topologische Invarianz der Euler-Charakteristik, die Triangulierbarkeit der Flächen, die Eindeutigkeit der verwendeten Schneide- und Klebeprozesse und die

Resultate über Normalformen liefern damit die folgenden Aussagen über die Klassifikation der kompakten Flächen. (Zur Information über die Geschichte siehe den Artikel von Dehn und Heegaard [57]. Weiteres zur Klassifikation, auch im Falle differenzierbarer Mannigfaltigkeiten, findet man in [232], [115], [165].)

(6.3) Satz. *Jedes Element in $\mathcal{F}$ läßt sich eindeutig in der Form S, mT für $m \geq 1$, nP für $n \geq 1$ schreiben. Es gelten die Relationen $S + x = x$ und $P + T = 3P$ (also allgemein $mT + nP = (2m + n)P$, falls $n \geq 1$ ist).* $\square$

(6.4) Satz. *Der Homöomorphietyp einer zusammenhängenden, geschlossenen, kompakten Fläche ist bestimmt durch:*
  (1) *Das Orientierungsverhalten.*
  (2) *Die Euler-Charakteristik.*
Der Homöomorphietyp einer kompakten, zusammenhängenden Fläche mit Rand ist bestimmt durch:
  (1) *Das Orientierungsverhalten.*
  (2) *Die Euler-Charakteristik.*
  (3) *Die Anzahl der Randkomponenten.* $\square$

Die Betrachtung der Euler-Charakteristik führt zu einem anderen Ansatz für die Klassifikation der geschlossenen Flächen. Sei F eine zusammenhängende geschlossene Fläche. Eine Einbettung $f\colon S^1 \times [-1, 1] \to F$ heiße (in altmodischer, aber anschaulicher Terminologie) ein *zweiufriger Rückkehrschnitt* von F (Einbettung von S^1 mit trivialem Normalenbündel). Eine Einbettung $f\colon M \to F$ des Möbius-Bandes M heiße ein *einufriger Rückkehrschnitt* von F (Einbettung von S^1 mit nicht trivialem Normalenbündel).

Zerlegt $f\colon S^1 \times [-1, 1] \to F$ die Fläche nicht, das heißt, ist das Komplement des Bildes zusammenhängend, so können wir an die beiden Randkomponenten von $F \setminus f(S^1 \times]-1, 1[)$ eine Kreisscheibe anheften und erhalten eine zusammenhängende geschlossene Fläche $\tilde{F}$. Es gilt $\chi(\tilde{F}) = \chi(F) + 2$. Der Übergang von F zu $\tilde{F}$ ist die Umkehrung des Prozesses „Anheftung eines Henkels".

Ist $f\colon M \to F$ gegeben, so können wir an die Randkurve von $F \setminus f(M)^\circ$ eine Kreisscheibe anheften und erhalten eine Fläche $\tilde{F}$ mit $\chi(\tilde{F}) = \chi(F) + 1$.

Solange es also auf einer Fläche nichtzerlegende Rückkehrschnitte gibt, kann man durch die genannten Modifikationen die Euler-Charakteristik erhöhen. Die homologische Betrachtung der Euler-Charakteristik zeigt aber, daß für jede Fläche $\chi(F) \leq 2$ gilt. Man muß also nach endlich vielen Schritten bei einer Fläche ankommen, bei der jeder Rückkehrschnitt zerlegt. Aus der geometrischen Beschreibung der Normalformen ist klar, daß eine solche Fläche notwendig homöomorph zu S^2 ist.

Auf einer orientierbaren Fläche ist jeder Rückkehrschnitt zweiufrig. Hat die Fläche g Henkel, so gibt es offenbar g disjunkte Rückkehrschnitte in den g Henkeln, die zusammen die Fläche nicht zerlegen. Nach unseren Betrachtungen über die Euler-Charakteristik kann es aber nicht mehr solche Schnitte geben.

In der Fläche gP gibt es g disjunkte Möbius-Bänder. Mehr disjunkte, in ihrer Gesamtheit nichtzerlegende Rückkehrschnitte kann es aber wiederum nicht geben.

(6.5) Satz. *Sei F eine zusammenhängende geschlossene Fläche. Die Maximalzahl eines Systems nichtzerlegender, disjunkter Rückkehrschnitte ist das Geschlecht von F.*   □

7 Ausschöpfung von Flächen

Eine kompakte zusammenhängende Fläche F mit Rand heiße *atomar*, wenn sie zu einer der folgenden Flächen homöomorph ist:

$$D = D^2 = \{z \in \mathbb{C} \mid |z| \le 1\} = \text{die Zelle.}$$

H = eine Zelle mit zwei herausgenommenen kleineren Zellen;

  = eine Sphäre mit drei herausgenommenen Zellen;

  = die „Hose".

M = ein Möbiusband mit einer herausgenommenen Zelle;

  = eine projektive Ebene mit zwei herausgenommenen Zellen.

Wir werden zeigen, daß sich jede kompakte Fläche durch sukzessives Anlagern von atomaren Stücken gewinnen läßt.

Es sei daran erinnert, daß eine kompakte, zusammenhängende Fläche F durch drei Daten bis auf Homöomorphie bestimmt ist:
(1) Geschlecht g.
(2) Anzahl der Randkomponenten r.
(3) Orientierungsverhalten: $\epsilon = 1$, falls F orientierbar ist; und $\epsilon = 0$, falls F nicht orientierbar ist.

Als weitere Invariante steht die Euler-Charakteristik χ zur Verfügung, die mit den anderen Invarianten durch die Gleichung $\chi = 2 - (1 + \epsilon)g - r$ verknüpft ist. Für die atomaren Flächen gilt

	g	r	ϵ	χ
D	0	1	1	1
H	0	3	1	−1
M	1	2	0	−1

Ist F eine kompakte Fläche und $F_1 \subset F$ eine kompakte Teilmenge, die selbst eine Fläche ist, so heiße F_1 Untermannigfaltigkeit von F, wenn jede Randkomponente von F_1 entweder im Innern von F liegt oder im Rand von F. Es ist dann $F_2 = F \setminus F_1^\circ$ ebenfalls eine Untermannigfaltigkeit in diesem Sinne, und $F_1 \cap F_2$ ist eine Vereinigung von Randkomponenten von F_1 und F_2. Wir sagen in diesem Falle: F entsteht aus F_1 durch *Anlagerung* von F_2. Ist F_2 atomar, so sprechen wir von *atomarer Anlagerung*.

(7.1) Satz. *Sei F eine kompakte Fläche. Dann gibt es ein System*

$$\emptyset = F_0 \subset F_1 \subset \cdots \subset F_k = F$$

von Untermannigfaltigkeiten, so daß F_i aus F_{i-1} durch atomare Anlagerung entsteht.

Beweis. Es genügt offenbar, zusammenhängende F zu betrachten.

Wir betrachten zunächst geschlossene Flächen. Die Sphäre besitzt eine Zerlegung in zwei Zellen.

Sei F orientierbar vom Geschlecht g. Indem wir $2g$ Hosen so aneinandersetzen, daß die Beine der $(2i-1)$-ten mit den Beinen der $2i$-ten vernäht werden und der Gürtel der $2i$-ten mit dem Gürtel der $(2i+1)$-ten, erhalten wir F ohne zwei Zellen, die man nun am Anfang und Ende noch beifügen kann. Mit der Additivität der Euler-Charakteristik zeigt man $2 + 2g\chi(H) = 2 - 2g$, wie es sein muß.

Ist F nichtorientierbar vom Geschlecht g, so ist F die verbundene Summe von g projektiven Ebenen. Indem wir g Möbiuszylinder M aneinandersetzen, erhalten wir eine Fläche der Euler-Charakteristik $-g$ mit 2 Randkomponenten. Lagern wir an diese Randkomponenten zwei Zellen an, so erhalten wir eine geschlossene Fläche der Euler-Charakteristik $2 - g$, wie es sein muß.

Sei nun F eine Fläche vom Geschlecht g mit $k \geq 1$ Randkomponenten. Falls wir in der voranstehenden Konstruktion die letzte Zelle weglassen, erhalten wir die gewünschte Zerlegung für $k = 1$. Ist eine Fläche F mit $k \geq 1$ gegeben und heften wir an eine Randkomponente H an, so erhalten wir eine Fläche desselben Geschlechtes mit $k + 1$ Randkomponenten. $\qquad\square$

Eine atomare Zerlegung gemäß (7.1) ist nicht eindeutig. Zwei verschiedene Zerlegungen der Sphäre werden durch $D \cup D$ und $H \cup D \cup D \cup D$ angedeutet.

(7.2) Satz. *Sei F eine kompakte Fläche und F' eine kompakte Untermannigfaltigkeit. Dann gibt es ein System*

$$F' = F_0 \subset F_1 \subset \cdots \subset F_k = F,$$

so daß F_i aus F_{i-1} durch atomare Anlagerung entsteht.

Beweis. Sei $F'' = F \setminus F'^\circ$. Auf F'' wende man (7.1) an, um etwa ein System $\emptyset = F_0'' \subset F_1'' \subset \cdots \subset F_k'' = F''$ zu erhalten. Man setze $F_i = F' \cup F_i''$. Es ist F_i eine Untermannigfaltigkeit von F, weil eine Randkomponente von F_i'' entweder im

Innern von F'' liegt und dann F' nicht trifft, oder aber eine Randkomponente von F' oder $F \setminus F'^\circ$ ist. $\square$

Wir wenden uns nun den offenen Flächen zu. Der nächste Satz beschreibt eine nützliche *Ausschöpfung* durch kompakte Teilflächen.

(7.3) Satz. *Sei F eine zusammenhängende, nicht kompakte Fläche ohne Rand. Es gibt eine Folge $F_1 \subset F_2 \subset \cdots \subset F$ von kompakten Flächen F_i mit Rand, die die folgenden Eigenschaften hat:*

(1) $F_n \subset F_{n+1} \setminus \partial F_{n+1}$. *(Also ist F_n Untermannigfaltigkeit von F_{n+1}.)*
(2) $\bigcup_{i=1}^{\infty} F_n = F$.
(3) *Jede Komponente von $F_{n+1} \setminus F_n^\circ$ trifft ∂F_{n+1}.*
(4) *Die abgeschlossene Hülle jeder Komponente von $F \setminus F_n$ ist nicht kompakt.*
(5) *Die F_n sind zusammenhängend.*
(6) *F hat eine Triangulierung, so daß alle F_n Unterkomplexe sind.*

Beweis. Wir nehmen $F = |K|$ als trianguliert an. Wir numerieren die 2-Simplexe von K durch $\{s_i \mid i = 1, 2, 3, \ldots\}$. Es sei $F_1 = |s_1|$. Seien kompakte Untermannigfaltigkeiten $F_1 \subset F_2 \subset \cdots \subset F_n$ gegeben, so daß (1) – (6) gelten, soweit sinnvoll. Ferner nehmen wir an:

(7) $F_n \supset \bigcup_{i=1}^{n} |s_i|$.
(8) $F_1, \ldots, F_n$ sind Unterkomplexe der zweiten baryzentrischen Unterteilung von K.

Wir wählen nun einen Weg $w \colon I \to F$ von F_n nach $|s_{n+1}|$. Sei L_{n+1} die Menge aller 2-Simplexe von $|K|$, die $F_n \cup \text{Bild } w$ treffen, zusammen mit deren Seiten. Dann ist $|L_{n+1}|$ ein kompakter Unterkomplex von $|K|$. Er ist zusammenhängend, da jedes seiner Simplexe die zusammenhängende Menge $F_n \cup \text{Bild } w$ trifft. Es ist F_n im Inneren von $|L_{n+1}|$ enthalten.

Möglicherweise ist L_{n+1} kein Flächenkomplex; zum Beispiel können zwei Simplexe an nur einem Punkt zusammenstoßen. Wir müssen deshalb $|L_{n+1}|$ etwas verdicken: Es bestehe NL_{n+1} aus allen Simplexen der zweifachen baryzentrischen Unterteilung von K, die $|L_{n+1}|$ treffen, zusammen mit allen deren Seiten. Dann ist $|NL_{n+1}|$ eine kompakte, zusammenhängende Untermannigfaltigkeit von F (Aufgabe).

Wir betrachten die Komponenten von $F \setminus |NL_{n+1}|$. Es gibt nur endlich viele (Aufgabe). Zu $|NL_{n+1}|$ nehmen wir die Komponenten mit kompaktem Abschluß hinzu; damit erhalten wir eine kompakte Untermannigfaltigkeit von F. Wir behaupten, daß F_{n+1} die gewünschten Eigenschaften hat.

Nach Konstruktion gelten (1), (6), (7), (8). Die Komponenten von $F \setminus F_{n+1}$ sind genau die nichtkompakten Komponenten von $F \setminus NL_{n+1}$, also gilt (4).

Sei Q eine Komponente von $F_{n+1} \setminus F_n$ und $\overline{Q}$ ihr Abschluß. Falls Q die Menge ∂F_{n+1} nicht trifft, so ist $\overline{Q}$ eine kompakte Fläche mit Rand in F_n und deshalb Q

eine Komponente von $F \setminus F_n$ mit kompaktem $\overline{Q}$, was nach Induktionsvoraussetzung ausgeschlossen war. Also gilt (3).

Damit ist die induktive Konstruktion beendet. Wegen (7) gilt (2). $\square$

Man kann (7.3) mit den voranstehenden Ergebnissen verbinden und eine Ausschöpfung $F_1 \subset F_2 \subset F_3 \subset \cdots$ einer nichtkompakten Fläche finden, bei der F_{i+1} aus F_i durch atomare Anlagerung entsteht oder durch Anlagerung eines Zylinders $S^1 \times [0, 1]$.

(7.4) Beispiel. Ein *Cantorsches Diskontinuum* $D \subset [0, 1]$ werde aus $D(2) = \{z \in \mathbb{C} \mid |z| \leq 2\}$ herausgenommen. Dann hat $M = D(2) \setminus D$ eine Ausschöpfung $F_1 \subset F_2 \subset \cdots$ folgender Struktur: F_i ist eine kompakte Fläche mit Randkomponenten $A, R_i(1), \ldots, R_i(2^i)$. Es entsteht F_{i+1} aus F_i, indem an jede Randkomponente $R_i(k)$ eine Hose angesetzt wird. Es ist F_1 eine Hose. Die Fläche hat überabzählbar viele „Enden". $\diamond$

8 Die Fundamentalgruppe von Flächen

Die Beschreibung einer geschlossenen Fläche F durch Normalformenworte können wir als eine Darstellung von F als CW-Komplex lesen (siehe das Kapitel über Komplexe). Die Fläche mit dem Wort $a_1 b_1 a_1^{-1} b_1^{-1} \ldots a_g b_g a_g^{-1} b_g^{-1}$ hat eine Nullzelle; $4g$ 1-Zellen, die den Symbolen $a_1, \ldots, b_g^{-1}$ entsprechen; sowie eine 2-Zelle. Die anheftende Abbildung der 2-Zelle wird durch das Flächenwort beschrieben, wenn $\pi_1(F^1)$ als freie Gruppe in den Buchstaben des Wortes präsentiert wird. Durch Anheften einer 2-Zelle wird nach dem Satz von Seifert und van Kampen genau der durch das Flächenwort erzeugte Normalteiler herausdividiert. Diese Überlegungen liefern deshalb:

(8.1) Satz. *Die Fundamentalgruppe einer geschlossenen orientierbaren Fläche vom Geschlecht $g \geq 1$ hat $\langle \alpha_1, \beta_1, \ldots, \alpha_g, \beta_g \mid \alpha_1 \beta_1 \alpha_1^{-1} \beta_1^{-1} \ldots \alpha_g \beta_g \alpha_g^{-1} \beta_g^{-1} \rangle$ als Präsentation durch Erzeugende und Relationen. Die Fundamentalgruppe einer nichtorientierbaren Fläche vom Geschlecht g besitzt die Präsentation $\langle \alpha_1, \ldots, \alpha_g \mid \alpha_1^2 \alpha_2^2 \ldots \alpha_g^2 \rangle$.*

Indem wir die Fundamentalgruppe einer Fläche π_1 abelsch machen, in Symbolen π_1^{ab}, erhalten wir dieselbe Darstellung wie in (8.1), wenn wir unterstellen, daß jetzt die Erzeugenden alle vertauschbar sind. Die Relation bei einer orientierbaren Fläche ist für eine abelsche Gruppe immer erfüllt, kann also weggelassen werden. Für die abelsch gemachte Fundamentalgruppe einer nicht orientierbaren Fläche kann man $\alpha_1 \alpha_2 \ldots \alpha_g, \alpha_2, \ldots, \alpha_g$ als neues Erzeugendensystem wählen. Insgesamt sieht man:

(8.2) Satz. *Ist F eine orientierbare geschlossene Fläche vom Geschlecht g, so ist $\pi_1(F)^{ab}$ eine freie abelsche Gruppe vom Rang 2g. Ist F eine nichtorientierbare geschlossene Fläche vom Geschlecht g, so ist $\pi_1(F)^{ab}$ isomorph zu $\mathbb{Z}/2 \oplus \mathbb{Z}^{g-1}$.* □

Insbesondere sieht man aus (8.2), daß Flächen mit verschiedenen Normalformenworten verschiedene Fundamentalgruppen haben und deshalb nicht homotopieäquivalent sind, also erst recht nicht homöomorph.

Zur Untersuchung beliebiger Flächen bestimmen wir als nächstes den Homotopietyp von Flächen mit Rand.

(8.3) Satz. *Sei $F = |K|$ eine kompakte, zusammenhängende, triangulierte Fläche mit Rand $\partial F \neq \emptyset$. Dann gibt es einen eindimensionalen Unterkomplex L von K derart, daß $|L|$ ein Deformationsretrakt von $|K|$ ist.*

Beweis. Sei M irgendein Unterkomplex von K. Wir zeigen, daß M einen höchstens eindimensionalen Unterkomplex als Deformationsretrakt hat. Induktion nach der Anzahl der 2-Simplexe in M. Sei M_1 der Unterkomplex von M, der aus allen 2-Simplexen von M und deren Rändern besteht. Nicht alle 1-Simplexe von M_1 können im Rand von zwei 2-Simplexen liegen, denn andernfalls wäre $|M_1|$ eine Mannigfaltigkeit ohne Rand, die aber in der zusammenhängenden Mannigfaltigkeit mit Rand nicht enthalten sein könnte. Also enthält M ein 2-Simplex s mit einer Seite u, die nicht Rand eines weiteren 2-Simplexes von M ist. Es gibt eine Deformationsretraktion $r: |s| \to \partial|s| \setminus \langle u \rangle$: Beim Standardmodell in der Ebene zum Beispiel die Projektion von einem geeigneten Punkt P aus.

Indem wir $r_1: |M| \to |M| \setminus \langle s \rangle \cup \langle u \rangle = |M'|$ auf $|s|$ durch r und sonst durch die Identität definieren, erhalten wir eine Deformationsretraktion auf die Realisierung eines Unterkomplexes, der s nicht mehr enthält. Nach Induktionsvoraussetzung gibt es eine Deformationsretraktion $r_2: |M'| \to |L|$ auf einen höchstens eindimensionalen Unterkomplex. Es ist $r_2 r_1: |M| \to |L|$ eine geeignete Retraktion.   □

Man beachte, daß bei der konstruierten Retraktion, die (kombinatorisch definierte) Euler-Charakteristik nicht geändert wird.

Falls das Simplex s im Beweis von (8.3) zwei „freie Seiten" hat, so kann man auch eine Deformationsretraktion auf eine Randseite verwenden.

(8.4) Zusatz. *Unter den Voraussetzungen von (8.3) bestehe $\partial F = R_1 \cup R_2$ aus zwei disjunkten, nichtleeren Stücken R_1 und R_2. Dann kann man $R_2 \subset |L|$ erreichen.*

Beweis. Es kommt darauf an, in jeder Stufe des Deformationsprozesses ein 2-Simplex s zu finden, dessen freie Seite nicht in R_2 liegt. Hat aber der Komplex M_1 nur freie Seiten in R_2, so ist $|M_1|$ eine Fläche mit Rand R_2, was wegen des Zusammenhanges von $|F|$ nicht sein kann.   □

Satz (8.3) bleibt ohne Voraussetzung des Zusammenhanges von F richtig, nicht aber der Zusatz.

(8.5) Satz. *Seien* $S = |K| \supset S_1 = |K_1|$ *kompakte triangulierte Flächen* (K_1 *Unterkomplex von* K). *Jede Komponente von* $S \setminus S_1$ *treffe* ∂S. *Sei* $S_1 \subset S \setminus \partial S$. *Dann gibt es eindimensionale Unterkomplexe* $L \subset K$, $L_1 \subset K \cup L$ *und eine Deformationsretraktion* $r \colon (|K|, |K_1|) \to (|L|, |L_1|)$ *von Raumpaaren.*

Beweis. Es besteht $S \setminus S_1$ aus endlich vielen Komponenten $U_1, \ldots, U_r$. Sei T_i der Abschluß von U_i. Dann ist $T_i = |M_i|$ für einen Unterkomplex M_i von K, und T_i ist eine Fläche mit Rand $\partial T_i = R_i(1) \cup R_i(2)$, $R_i(1) = \partial T_i \cap \partial S \neq \emptyset$. Nach dem Zusatz gibt es eine Deformationsretraktion $r_i \colon |T_i| \to |N_i|$ mit eindimensionalen Komplexen $|N_i| \supset R_i(2)$. Daraus erhalten wir eine Deformationsretraktion $\rho_1 \colon S \to S_1 \cup \bigcup_{i=1}^r |N_i| = S_2$. Sei $\rho_2 \colon S_2 \to |L|$ eine Deformationsretraktion nach dem Beweis (8.3). Dann ist $\rho_2(S_1) = |L_1| \subset S_1$, und $r = \rho_2 \rho_1$ hat die verlangte Eigenschaft. $\square$

(8.6) Folgerung. *Für einen Grundpunkt* $a \in |L_1|$ *erhalten wir durch die Inklusion ein kommutatives Diagramm*

$$
\begin{array}{ccc}
\pi_1(|L_1|, a) & \longrightarrow & \pi_1(|L|, a) \\
\Big\downarrow \cong & & \Big\downarrow \cong \\
\pi_1(S_1, a) & \longrightarrow & \pi_1(S, a),
\end{array}
$$

so daß wir die untere Zeile durch die obere bestimmen können. $\square$

Ein endlicher, zusammenhängender, eindimensionaler Komplex L hat eine freie Gruppe mit $1 - \chi(L)$ Erzeugenden als Fundamentalgruppe, denn Quotientbildung nach einem maximalen Baum ändert die Euler-Charakteristik nicht, und für eine punktierte Summe von 1-Sphären ist die Aussage offenbar richtig. (Ein maximaler Baum ist ein zusammenziehbarer eindimensionaler Unterkomplex, der alle 0-Zellen enthält.) Das liefert zusammen mit (8.3) die nächste Aussage.

(8.7) Satz. *Sei* F *eine kompakte, zusammenhängende Fläche. Ist* $\partial F \neq \emptyset$, *so ist* $\pi_1(F)$ *eine freie Gruppe mit* $1 - \chi(F)$ *Erzeugenden.* $\square$

Entsteht F aus einer orientierten Fläche F_g vom Geschlecht g durch Herausnehmen von k offenen Zellen, so ist $\chi(F) = \chi(F_g) - k = 2 - 2g - k$. Demnach ist $\pi_1(F)$ eine freie Gruppe mit $2g + k - 1$ Erzeugenden. Insbesondere ist die Fundamentalgruppe von F genau dann trivial, wenn $g = 0$ und $k = 1$ ist, wenn also F zu D^2 homöomorph ist.

Entsteht F aus einer nichtorientierbaren Fläche M_g vom Geschlecht g durch Herausnehmen von k offenen Zellen, so ist

$$\chi(F) = \chi(M_g) - k = 2 - g - k.$$

Deshalb ist $\pi_1(F)$ eine freie Gruppe mit $g + k - 1$ Erzeugenden. Wegen $g \geq 1$, $k \geq 1$ ist diese Gruppe niemals trivial.

Wir betrachten im weiteren nichtkompakte zusammenhängende Flächen F ohne Rand. Wir wählen eine Ausschöpfung $F_1 \subset F_2 \subset \cdots \subset F$ nach (7.3) und betrachten die zugehörige Folge der Homomorphismen

$$\pi_1(F_1) \to \pi_1(F_2) \to \pi_1(F_3) \to \cdots \to \pi_1(F).$$

Nach (8.7) sind alle $\pi_1(F_i)$ endlich erzeugte freie Gruppen. Wegen (7.3.3) und (8.5) können wir nacheinander freie Erzeugende der $\pi_1(F_i)$ so wählen, daß $\pi_1(F_i) \to \pi_1(F_{i+1})$ die eine Erzeugendenmenge injektiv in die nächste abbildet.

Die Abbildungen $\pi_1(F_i) \to \pi_1(F)$ sind injektiv, weil jede kompakte Menge von F in einem F_n liegt; und $\pi_1(F)$ ist Vereinigung der Bilder der $\pi_1(F_i)$, aus demselben Grund. (F ist Kolimes der F_i.)

(8.8) Satz. *Sei F eine zusammenhängende Fläche ohne Rand. Dann ist $\pi_1(F)$ eine freie Gruppe von endlich oder abzählbar unendlich vielen Erzeugenden.* ☐

Falls $\pi_1(F)$ nur endlich viele Erzeugende hat, so gibt es nach den vorstehenden Überlegungen ein n_0, so daß für $n \geq n_0$ alle Abbildungen

$$\pi_1(F_n) \to \pi_1(F_{n+1}) \to \cdots \to \pi_1(F)$$

Isomorphismen sind. Wir untersuchen diesen Fall genauer.

Die Fläche F_{n+1} entsteht aus F_n in der folgenden Weise: Es gibt kompakte, zusammenhängende Mannigfaltigkeiten mit Rand $M_1, \ldots, M_r$. Jedes M_i wird mit einem echten Teil seiner Randkomponenten mit einem Teil des Randes von F_n verheftet. Die durch die Inklusion induzierte Abbildung $\pi_1(F_n) \to \pi_1(M_1 \cup F_n)$ ist injektiv, etc. Da aber $\pi_1(F_n) \to \pi_1(F_{n+1})$ bijektiv ist, so muß auch $\pi_1(F_n) \to \pi_1(M_1 \cup F_n)$ bijektiv sein. Nun hat $\pi_1(F_n)$ jedoch $1 - \chi(F_n)$ Erzeugende. Wegen $\chi(M_1 \cup F_n) = \chi(M_1) + \chi(F_n)$ muß also $\chi(M_1) = 0$ sein. Da M_1 mindestens zwei Randkomponenten hat, bleibt als einzige Möglichkeit für M_1 übrig: $M_1 \cong S^1 \times I$, das heißt M_1 ist ein Zylinder. Analoges gilt für die anderen Komponenten. Von einer gewissen Stelle an werden also nur noch Zylinder angeheftet, was bedeutet, daß sich die Mannigfaltigkeit nicht mehr wesentlich ändert. Wir erhalten:

(8.9) Satz. *Sei F eine zusammenhängende, nichtkompakte, randlose Fläche und sei $\pi_1(F)$ endlich erzeugt. Es gibt eine kompakte Untermannigfaltigkeit M von F mit folgender Eigenschaft: Die Differenz $F \setminus M$ besteht aus endlich vielen Komponenten*

$E_1, \ldots, E_r$, *die sämtlich zu $S^1 \times\,]0, \infty[$ homöomorph sind, und M hat r Randkomponenten. Die abgeschlossene Hülle $\overline{E}_i$ ist homöomorph zu $S^1 \times [0, \infty[$ und trifft M in genau einer Randkomponente. Als M kann irgendeine kompakte Fläche verwendet werden, für die $\pi_1 M \to \pi_1 F$ bijektiv ist.*

Die Stücke E_i heißen *Enden* von F. Man kann (8.9) auch so interpretieren: Es gibt eine kompakte Fläche F^*, so daß F zu $F^* \setminus \partial F^*$ homöomorph ist.

Beweis. Nach den bisherigen Überlegungen müssen wir nur noch folgendes zeigen: Sei E eine Fläche, die Vereinigung $E = F_1 \cup F_2 \cup F_3 \cup \ldots$ von kompakten Flächen F_i ist; es sei F_i homöomorph zu $S^1 \times [0, 1]$ und $F_i \cap F_{i+1}$ sei jeweils eine Randkomponente beider Flächen. Dann ist E homöomorph zu $S^1 \times [0, \infty[$. Zum Beweis sei $\varphi_n \colon F_1 \cup \cdots \cup F_n \to S^1 \times [1, n]$ ein Homöomorphismus, so daß der freie Rand S von F_n auf $S^1 \times \{n\}$ abgebildet wird. Sei $f \colon F_{n+1} \to S^1 \times [n, n+1]$ ein Homöomorphismus, der $S = F_n \cap F_{n+1}$ auf $S^1 \times \{n\}$ abbildet. Wir betrachten

$$\varphi_n f^{-1} \times \mathrm{id} \colon S^1 \times [n, n+1] \to S^1 \times [n, n+1].$$

Dann ist $(\varphi_n f^{-1} \times \mathrm{id})f \colon F_{n+1} \to S^1 \times [n, n+1]$ ein Homöomorphismus, der auf S mit φ_n übereinstimmt. Also kann man die Abbildungen zu einem Homöomorphismus $F_1 \cup \cdots \cup F_{n+1} \to S^1 \times [1, n+1]$ zusammensetzen, der φ_n erweitert. Es folgt die Behauptung. $\qquad\square$

Angenommen, F ist einfach zusammenhängend. Dann sind alle F_n in der Ausschöpfung ebenfalls einfach zusammenhängend. Es ist etwa $F_1 \cong D^2$ und $F_2 \cup F_3 \cup \ldots \cong S^1 \times [1, \infty[$. Insgesamt erkennt man, daß F homöomorph zu $\mathbb{R}^2$ ist:

(8.10) Satz. *Eine einfach zusammenhängende randlose Fläche ist homöomorph zu S^2 oder $\mathbb{R}^2$.* $\qquad\square$

Insbesondere ist also die universelle Überlagerung einer (zusammenhängenden, randlosen) Fläche entweder homöomorph zu S^2 oder zu $\mathbb{R}^2$.

(8.11) Satz. *Die einzigen Flächen mit universeller Überlagerung S^2 sind S^2 und die projektive Ebene.*

Beweis. Ist die universelle Überlagerung von F kompakt, so muß F kompakt sein und die Fundamentalgruppe endlich. $\qquad\square$

9 Verzweigte Überlagerungen

Insbesondere zur Untersuchung von Riemannschen Flächen verallgemeinert man die Überlagerungen zu sogenannten verzweigten Überlagerungen. Diese treten auch beim Studium von Flächensymmetrien auf. Als Vorbereitung klären wir zunächst den Zusamenhang zwischen Überlagerungen und lokalen Homöomorphismen.

(9.1) Satz. *Sei X ein Hausdorff-Raum und $p: X \to Y$ ein lokaler Homöomorphismus auf einen zusammenhängenden Raum Y. Genau dann ist p eine endlich-blättrige Überlagerung, wenn p eigentlich ist.*

Beweis. „Eigentlich" heißt in diesem Kontext: p ist abgeschlossen und alle Fasern $p^{-1}(y)$ sind endliche Mengen.

Sei p eigentlich. Für $n \in \mathbb{N}$ setzen wir $Y_n = \{y \in Y \mid n \leq |p^{-1}(y)|\}$. Wir zeigen, daß Y_n offen und abgeschlossen ist. Da Y zusammenhängend ist, ist dann entweder $Y_n = \emptyset$ oder $Y_n = Y$. Wegen $Y_n \subset Y_{n+1}$ gibt es deshalb ein größtes n mit $Y = Y_n$ und $Y_{n+1} = \emptyset$. Also haben alle Fasern die Mächtigkeit n.

Da X ein Hausdorff-Raum ist und p ein lokaler Homöomorphismus ist, gibt es zu $p^{-1}(y) = \{x_1, \ldots, x_n\}$ offene, paarweise disjunkte Mengen $U_i \ni x_i$, die bei p homöomorph auf dieselbe offene Menge $V \ni y$ abgebildet werden. Man erkennt, daß V die Bedingung für eine n-fache Überlagerung erfüllt. Es bleibt also zu zeigen, daß Y_n offen und abgeschlossen ist. Ist $y \in Y_n$, so folgt wiederum aus der Separiertheit von X und der lokalen Homöomorphie von p, daß eine offene Umgebung von y in Y_n liegt.

Sei $p^{-1}(y) = \{x_1, \ldots, x_t\}$, $t < n$. Sei wiederum U_j eine offene Umgebung von x_j, die bei p homöomorph auf eine offene Menge $V \subset Y$ abgebildet wird, und seien die U_j paarweise disjunkt. Dann ist nach der Voraussetzung über p die Menge $p(X \setminus (U_1 \cup \cdots \cup U_t))$ abgeschlossen in Y und enthält nicht y. Also hat y eine offene Umgebung W mit $p^{-1}(W) \subset U_1 \cup \cdots \cup U_t$. Es folgt für $z \in W$ die Ungleichung $|p^{-1}(z)| \leq t$. Also ist auch das Komplement von Y_n offen.

Sei umgekehrt p eine n-fache Überlagerung. Eine Projektion $B \times F \to B$ mit endlichem F ist eigentlich. Ist eine Abbildung über den Mengen einer offenen Überdeckung eigentlich, so ist sie überhaupt eigentlich.   □

Eine stetige Abbildung $p: X \to Y$ zwischen Flächen ohne Rand heißt *verzweigte Überlagerung*, wenn es zu jedem $x \in X$ Karten (U, φ) um x und (V, ψ) um $y = p(x)$ so gibt, daß $\psi(0) = 0 = \varphi(0)$, $p(U) \subset V$ und $\psi p \varphi^{-1}: \varphi(U) \to \mathbb{C}$, $z \mapsto z^n$ ($n \geq 1$). Wir nennen in diesem Fall $n - 1$ die *Verzweigungsordnung* von p in x. Im Fall $n = 1$ heißt natürlich p im Punkt x *unverzweigt*; dann ist p um x ein lokaler Homöomorphismus.

Das Standardmodell einer verzweigten Überlagerung ist $p_n: \mathbb{C} \to \mathbb{C}$, $z \mapsto z^n$. Der Nullpunkt hat die Verzweigungsordnung $n - 1$. Alle anderen Punkte sind unverzweigt. Deshalb bilden die Verzweigungspunkte generell eine diskrete Menge. Ist X kompakt, so gibt es nur endlich viele Verzweigungspunkte. Auch ist in diesem Fall $p(X)$ eine kompakte Mannigfaltigkeit und besteht somit aus vollen Komponenten von Y. Wir können demnach p als surjektiv annehmen. Elementares Rechnen mit Potenzreihen zeigt:

(9.2) Notiz. *Eine holomorphe Abbildung zwischen Riemannschen Flächen ist eine verzweigte Überlagerung.*   □

Wir legen nun eine verzweigte Überlagerung $p\colon X \to Y$ zwischen geschlossenen, zusammenhängenden Flächen zugrunde. Die Formel von Riemann und Hurwitz vergleicht die Euler-Charakteristik von X und Y. Zunächst einmal gilt:

(9.3) Satz. *Es sei $V \subset Y$ die Bildmenge der Verzweigungspunkte. Dann ist $p\colon X \setminus p^{-1}(V) \to Y \setminus V$ eine endlich-blättrige Überlagerung.*

Beweis. Für jedes $y \in Y$ ist $p^{-1}(y) \subset X$ abgeschlossen, also kompakt. Da in einer verzweigten Überlagerung die Urbildpunkte von y diskret liegen, so ist $p^{-1}(y)$ endlich. Ebenso ist V endlich. Da $p\colon X \to Y$ als stetige Abbildung zwischen kompakten Hausdorff-Räumen abgeschlossen ist, so auch die Einschränkung $p\colon X \setminus p^{-1}(V) \to Y \setminus V$. Also können wir (9.1) anwenden.   □

(9.4) Satz. *Sei $p\colon X \to Y$ eine n-fache Überlagerung zwischen kompakten Flächen mit Rand. Dann gilt für die Euler-Charakteristiken $\chi(X) = n\chi(Y)$.*

Beweis. Sei Y trianguliert und $|s| \subset Y$ ein abgeschlossenes Simplex. Da $|s|$ zusammenziehbar ist und lokal zusammenziehbar, so ist $|s|$ seine eigene universelle Überlagerung, und die Überlagerung $p\colon p^{-1}|s| \to |s|$ ist trivial. Aus den Komponenten von $p^{-1}|s|$ erhalten wir eine Triangulierung von X. Da über jedem Simplex von Y genau n Simplexe von X liegen, ist die Behauptung aus der kombinatorischen Definition der Euler-Charakteristik klar.   □

Die Verallgemeinerung von (9.4) auf verzweigte Überlagerungen ist die *Formel von Riemann-Hurwitz.*

(9.5) Satz. *Sei $p\colon X \to Y$ eine verzweigte Überlagerung zwischen geschlossenen, zusammenhängenden Flächen. Seien $P_1, \ldots, P_r \in X$ die Verzweigungspunkte mit Verzweigungsordnung $v(P_j)$. Sei $|p^{-1}(y)| = n$, wenn y nicht Bild eines Verzweigungspunktes ist. Dann gilt*

$$\chi(X) = n\chi(Y) - \sum_{j=1}^{r} v(P_j).$$

Beweis. Seien $Q_1, \ldots, Q_s$ die Bilder der Verzweigungspunkte. Seien ferner $D_1, \ldots, D_s \subset Y$ paarweise disjunkte Kreisscheiben. Dann ist

$$p\colon X_0 = X \setminus \cup_{j=1}^{s} p^{-1}(D_j^{\circ}) \to Y \setminus \cup_{j=1}^{s} D_j^{\circ} = Y_0$$

eine n-fache Überlagerung, und es gilt nach (9.4), daß $\chi(X_0) = n\chi(Y_0)$ ist. Wegen der Additivität von χ ist zunächst $\chi(Y_0) = \chi(Y) - s$. Wir nennen alle Elemente in $p^{-1}(Q_i)$ Verzweigungspunkte. Ist C eine endliche Menge, so ist $\chi(X \setminus C) = \chi(X) - |C|$. Insgesamt erhält man die Gleichung

$$\chi(X) - \sum_{j=1}^{s} |p^{-1}(Q_j)| = n\chi(Y) - ns.$$

Es ist aber $ns - \sum_{j=1}^{s} |p^{-1}(Q_j)| = \sum_{i=1}^{r} v(P_i)$.   □

III Homotopiegruppen

Jedem punktierten Raum (X, x) wird eine Familie von Homotopiegruppen $\pi_n(X, x)$ zugeordnet [50] [134]. Die Gruppe π_n beruht auf Abbildungen der n-Sphäre S^n nach X. Für $n \geq 2$ sind die Gruppen, im Gegensatz zur Fundamentalgruppe π_1, alle kommutativ. Homotopiegruppen verschiedener Räume werden durch exakte Sequenzen miteinander verbunden. Als grundlegende Eigenschaft der Homotopiegruppen beweisen wir den sogenannten Ausschneidungssatz von Blakers und Massey. Als Anwendung erhalten wir den Freudenthalschen Einhängungssatz. Wir entwickeln eine homotopietheoretische Version des Abbildungsgrades für Abbildungen $S^n \to S^n$.

1 Homotopiegruppen

Wir nennen $\partial I^n = \{(t_1, \dots, t_n) \in I^n \mid t_i \in \{0, 1\}$ für mindestens ein $i\}$ den (kombinatorischen) Rand des n-dimensionalen Würfels I^n, $n \geq 1$. Wir vereinbaren ferner: $I^0 = \{z\}$ ist ein Einpunktraum und ∂I^0 ist leer. In $I^n/\partial I^n$ verwenden wir ∂I^n als Grundpunkt. ($I^0/\partial I^0$ ist I^0 mit einem zusätzlichen Grundpunkt.) Sind A und B punktierte Räume, so bezeichnet weiterhin $[A, B]^0$ die Menge der punktierten Homotopieklassen $A \to B$. Wir setzen

$$\pi_n(X, x) = [I^n/\partial I^n, X]^0.$$

Für $n = 0$ ist das die Menge der Wegekomponenten, für $n = 1$ die Fundamentalgruppe. Für $n \geq 1$ erklären wir auf $\pi_n(X, x)$ eine Addition: Sind $[f]$ und $[g]$ aus $\pi_n(X, x)$, so werde $[f] + [g]$ durch $f + g$ repräsentiert:

$$(f + g)(t_1, \dots, t_n) = \begin{cases} f(t_1, \dots, t_{i-1}, 2t_i, \dots, t_n) & \text{für} \quad t_i \leq 1/2 \\ g(t_1, \dots, t_{i-1}, 2t_i - 1, \dots, t_n) & \text{für} \quad 1/2 \leq t_i. \end{cases}$$

Wie bei der Fundamentalgruppe wird gezeigt, daß diese Verknüpfung wohldefiniert ist und eine Gruppenstruktur liefert. Zunächst könnte diese Struktur noch von $i \in \{1, \dots, n\}$ abhängen, so daß wir genauer $+_i$ für diese Verknüpfung schreiben müßten. Wir werden aber gleich die Unabhängigkeit von i zeigen. Wir nennen die Gruppe $\pi_n(X, x)$ die n-te *Homotopiegruppe* von (X, x).

Ein *punktiertes Raumpaar* (X, A, a) besteht aus einem Raum X, einem Teilraum A und einem Punkt $a \in A$. Eine punktierte Abbildung $f: (X, A, a) \to (Y, B, b)$ ist eine punktierte Abbildung $f\colon X \to Y$, die A in B abbildet. Für $n \geq 2$ sei $J^{n-1} \subset \partial I^n$ der Teilraum

$$J^{n-1} = \partial I^{n-1} \times I \cup I^{n-1} \times \{1\} \subset I^{n-1} \times I,$$

und für $n = 1$ setzen wir $J^0 = \{1\}$. Wir bezeichnen mit $\pi_n(X, A, a)$ die Menge der Homotopieklassen von Abbildungen $f\colon (I^n, \partial I^n, J^{n-1}) \to (X, A, a)$. (Das bedeutet natürlich: $f(\partial I^n) \subset A$, $f(J^{n-1}) \subset \{a\}$, und in einer Homotopie H ist H_t für jedes $t \in I$ eine Abbildung von diesem Typ.) Für $n \geq 2$ geben wir $\pi_n(X, A, a)$ eine Gruppenstruktur: Die Verknüpfung $+_i$ wird für $i \in \{1, \dots, n-1\}$ durch dieselbe Formel wie eben definiert. Wir nennen $\pi_n(X, A, a)$ die n-te *(relative)* *Homotopiegruppe* des Paares (X, A, a). Falls A nur aus dem Grundpunkt besteht, so fallen $\pi_n(X, A, a)$ und $\pi_n(X, a)$ zusammen.

Eine relative Homotopiegruppe läßt sich als (absolute) Homotopiegruppe eines Hilfsraumes beschreiben. Alle Homotopiegruppen lassen sich als Fundamentalgruppe geeigneter Hilfsräume darstellen. Grundpunkte bezeichnen wir im folgenden oft durch einen $*$. Sei X^I der Raum aller stetigen Abbildungen $I \to X$ mit der Kompakt-Offen-Topologie. (Siehe zu diesen Begriffsbildungen den Anhang dieses Kapitels.) Wir verwenden den konstanten Weg $k\colon I \to \{*\} \subset X$ als Grundpunkt. Sei $\Gamma(X, A, *) \subset A \times X^I$ der Teilraum $\{(a, w) \mid w(0) = a, w(1) = *\}$ mit dem Grundpunkt $(*, k)$. Für $n > 1$ ordnen wir $f\colon (I^n, \partial I^n, J^{n-1}) \to (X, A, *)$ die Abbildung $\overline{f}\colon I^{n-1} \to \Gamma(X, A, *)$ zu, die durch die nachstehenden Formeln definiert ist:

$$\overline{f}(t_1, \dots, t_{n-1}) = (f(t_1, \dots, t_{n-1}, 0), w(t_1, \dots, t_{n-1}))$$
$$w(t_1, \dots, t_{n-1})(t) = f(t_1, \dots, t_{n-1}, t).$$

Es gilt $\overline{f}(\partial I^{n-1}) = \{*\}$. Wir können deshalb $\overline{f}$ als eine Abbildung

$$\overline{f}\colon (I^{n-1}, \partial I^{n-1}) \to (\Gamma(X, A, *), *)$$

auffassen. Der Übergang $f \mapsto \overline{f}$ induziert eine Bijektion

$$\pi_n(X, A, *) \cong \pi_{n-1}(\Gamma(X, A, *), *),$$

die die Verknüpfung $+_i$ für $i \in \{1, \dots, n-1\}$ respektiert, also ein Isomorphismus ist. Ist $A = \{*\}$, so nennen wir $\Gamma(X, A, *) = \Omega(X)$ den *Schleifenraum* von $(X, *)$. Wir erhalten einen Isomorphismus $\pi_n(X, *) \cong \pi_{n-1}(\Omega(X), *)$. Diesen Prozeß kann man wiederholen, induktiv $\Omega^1 X = \Omega X$, $\Omega^{i+1} = \Omega(\Omega^i X)$ bilden und somit bei Verwendung von $+_1$ einen Isomorphismus $\pi_n(X, *) \cong \pi_1(\Omega^{n-1} X, *)$ gewinnen.

(1.1) Satz. *Für $i \in \{2, \dots, n\}$ gilt $+_1 = +_i$. Für $n \geq 2$ ist $\pi_n(X, *)$ kommutativ. Ebenso ist $\pi_n(X, A, *)$ für $n \geq 3$ kommutativ.*

Beweis. Seien $f, g \colon (I^n, \partial I^n) \to (X, *)$ gegeben. Sei k die konstante Abbildung. Dann gilt

$$f +_1 g \simeq (f +_i k) +_1 (k +_i g) = (f +_1 k) +_i (k +_1 g) \simeq f +_i g$$
$$f +_1 g \simeq f +_i g \simeq (k +_1 f) +_i (g +_1 k) = (k +_i g) +_1 (f +_i k) \simeq g +_1 f.$$

Die verwendeten Gleichheiten erkennt man, wenn man die Abbildungen nach ihren Definitionen explizit hinschreibt.   □

Informationen über Homotopiegruppen erhält man oft dadurch, daß man die Gruppen verschiedener Räume miteinander vergleicht. Ein grundlegendes Hilfsmittel der Vergleichsmethode sind exakte Sequenzen. Zunächst benötigen wir noch π_n als Funktor. Durch Zusammensetzen mit $f \colon (X, A, *) \to (Y, B, *)$ wird eine Abbildung $f_* \colon \pi_n(X, A, *) \to \pi_n(Y, B, *)$ induziert, die für $n \geq 2$ ein Homomorphismus ist. Ebenso induziert $f \colon (X, *) \to (Y, *)$ für $n \geq 1$ einen Homomorphismus $f_* \colon \pi_n(X, *) \to \pi_n(Y, *)$. Die Funktoreigenschaften $(gf)_* = g_* f_*$ und $\mathrm{id}_* = \mathrm{id}$ sind offenbar erfüllt. Punktiert homotope Abbildungen induzieren dieselben Homomorphismen.

Sei $h \colon (I^n, \partial I^n, J^{n-1}) \to (X, A, *)$ gegeben. Durch Einschränkung auf $I^{n-1} = I^{n-1} \times \{0\}$ erhalten wir wegen $\partial I^n \cap I^{n-1} = I^{n-1}$ und $J^{n-1} \cap I^{n-1} = \partial I^{n-1}$ eine Abbildung $\partial h \colon (I^{n-1}, \partial I^{n-1}) \to (A, *)$ und durch Übergang zu Homotopieklassen eine Abbildung

(1.2) $\partial \colon \pi_n(X, A, *) \to \pi_{n-1}(A, *),$

die für $n \geq 2$ ein Homomorphismus ist. Im Fall $n = 1$ ist sinngemäß $\partial h(z) = h(0)$ zu setzen. Wir nennen ∂ den *verbindenden Homomorphismus*, eine Bezeichnung, die durch den nächsten Satz verständlich wird.

(1.3) Satz. (Exakte Homotopiesequenz) *Für jedes Raumpaar $(X, A, *)$ ist die Sequenz*

$$\cdots \to \quad \pi_n(A, *) \quad \xrightarrow{\ i_*\ } \quad \pi_n(X, *) \quad \xrightarrow{\ j_*\ } \quad \pi_n(X, A, *) \quad \xrightarrow{\ \partial\ }$$
$$\cdots \to \quad \pi_1(X, A, *) \quad \xrightarrow{\ \partial\ } \quad \pi_0(A, *) \quad \xrightarrow{\ i_*\ } \quad \pi_0(X, *)$$

exakt. Hierbei sind i_* und j_* durch die Inklusionen induziert.

Beweis. (1) $j_* i_* = 0$. Sei $x \in \pi_n(A, *)$ durch $f \colon (I^n, \partial I^n) \to (A, *)$ repräsentiert. Dann wird $j_* i_* x$ durch die Abbildung $g \colon (I^n, \partial I^n, J^{n-1}) \to (X, A, *)$, $x \mapsto f(x)$ repräsentiert. Es ist $g(I^n) \subset A$. Durch

$$g_t(t_1, \ldots, t_n) = f(t_1, \ldots, t_{n-1}, t + t_n(1 - t))$$

wird eine Nullhomotopie von $g_0 = g$ definiert.

(2) $\partial j_* = 0$. Sei $x \in \pi_n(X, *)$ durch $f: (I^n, \partial I^n) \to (X, *)$ repräsentiert. Dann wird $\partial j_* x$ durch die Einschränkung von f auf $I^{n-1} \times \{0\}$ gegeben, also durch eine konstante Abbildung.

(3) $i_* \partial = 0$. Sei $x \in \pi_n(X, A, *)$ durch $f: (I^n, \partial I^n, J^{n-1}) \to (X, A, *)$ repräsentiert. Dann wird $i_* \partial x$ durch die Einschränkung von f auf $I^{n-1} \times \{0\}$ gegeben. Durch $g_t(t_1, \ldots, t_{n-1}) = f(t_1, \ldots, t_{n-1}, t)$ wird für $n \geq 1$ eine Homotopie von Paaren gegeben mit $g_0 = g$ und $g_1(I^{n-1}) = \{0\}$. Für $n = 0$ ist g konstant.

(4) Kern $j_* \subset$ Bild i_*. Sei $x \in$ Kern j_* durch $f: (I^n, \partial I^n) \to (X, *)$ repräsentiert. Da $j_* x = 0$ ist, gibt es eine Homotopie $f_t: (I^n, \partial I^n, J^{n-1}) \to (X, A, *)$ mit $f_0(u) = f(u)$ und $f_1(u) = *$ für $u \in I^n$. Wir definieren $g_t: I^n \to X$ durch

$$
g_t(t_1, \ldots, t_n) = \begin{cases} f_{2t_n}(t_1, \ldots, t_{n-1}, 0) & \text{für} \quad 0 \leq t_n \leq t/2 \\[2ex] f_t(t_1, \ldots, t_{n-1}, \frac{2t_n - t}{2 - t}) & \text{für} \quad t/2 \leq t_n \leq 1. \end{cases}
$$

Es ist $g_0 = f$, $g_1(I^n) \subset A$, $g_t(\partial I^n) = \{*\}$. Deshalb repräsentiert g_1 ein Element $y \in \pi_n(A, *)$, und die Homotopie g_t zeigt, daß $i_* y = x$ ist.

(5) Kern $\partial \subset$ Bild j_*. Sei zunächst $n > 1$. Sei $x \in \pi_n(X, A, *)$ mit $\partial x = 0$ durch $f: (I^n, \partial I^n, J^{n-1}) \to (X, A, *)$ repräsentiert. Da $\partial x = 0$ ist, gibt es eine Homotopie $h_t: (I^{n-1}, \partial I^{n-1}) \to (A, *)$ mit $h_0(u) = f(u, 0)$, $h_1(I^{n-1}) = \{*\}$. Wir definieren eine Homotopie $k_t: \partial I^n \to A$ durch

$$
k_t(u) = \begin{cases} h_t(s) & \text{für} \quad u = (s, 0) \in I^{n-1} \times \{0\} \\ * & \text{für} \quad u \in J^{n-1}. \end{cases}
$$

Da $k_0(u) = f(u)$ für $u \in \partial I^n$ und weil $\partial I^n \subset I^n$ eine Kofaserung ist, gibt es eine Homotopie $K_t: I^n \to X$ mit $K_0 = f$, $K_t(u) = k_t(u)$ für $u \in \partial I^n$. Es ist $K_1(\partial I^n) = \{*\}$. Also können wir K_1 als Abbildung $(I^n, \partial I^n) \to (X, *)$ auffassen. Für das dadurch repräsentierte Element $y \in \pi_n(X, *)$ gilt $j_*(y) = x$, wie die Homotopie K_t zeigt.

Sei jetzt $n = 1$. Dann wird $x \in \pi_1(X, A, *)$ durch $f: I \to X$ mit $f(0) \in A$, $f(1) = *$ repräsentiert. Es bedeutet $\partial x = 0$: Der Punkt $f(0)$ liegt in derselben Wegekomponente von A wie der Grundpunkt $*$. Es gibt deshalb eine Homotopie $f_t: I \to X$ mit $f_0 = f$, $f_t(0) \in A$, $f_t(1) = *$ und $f_1(0) = *$. Es gilt $j_*[f_1] = [f]$.

(6) Kern $i_* \subset$ Bild ∂. Sei $x \in$ Kern i_* durch $f: (I^n, \partial I^n) \to (A, *)$ repräsentiert. Es bedeutet $i_* x = 0$: Es gibt eine Homotopie $f_t: (I^n, \partial I^n) \to (X, *)$ mit $f_0 = if$ und $f_1(I^n) = \{*\}$. Man definiere $g: I^{n+1} \to X$ durch

$$
g(t_1, \ldots, t_n, t) = f_t(t_1, \ldots, t_n)
$$

(oder $g(t) = f_t(z)$ für $n = 0$). Dann repräsentiert g ein Element $y \in \pi_{n+1}(X, A, *)$ mit $\partial y = x$. $\square$

Wir nennen noch einige weitere Eigenschaften von Homotopiegruppen.

(1.4) Verträglichkeit mit Kolimites. Sei $\{*\} \subset X_1 \subset X_2 \subset \ldots$ eine Folge von Hausdorff-Räumen mit Vereinigung X und der Kolimes-Topologie, das heißt, eine Menge $U \subset X$ ist genau dann offen, wenn alle Schnitte $U \cap X_i$ in X_i offen sind. Die Inklusionen $X_i \subset X$ induzieren Homomorphismen $\pi_n(X_i, *) \to \pi_n(X, *)$ und diese einen Isomorphismus $\operatorname{kolim} \pi_n(X_i, *) \cong \pi_n(X, *)$. Das folgt, weil nach einer Grundeigenschaft der Kolimes-Topologie jede kompakte Menge von X in einer Teilmenge X_i liegt. $\Diamond$

(1.5) Verträglichkeit mit Produkten. Sei $(X_j \mid j \in J)$ eine Familie punktierter Räume. Die Verträglichkeit von Homotopien mit Produkten liefert in diesem Fall speziell einen kanonischen Isomorphismus $\pi_n(\prod_j X_j) \cong \prod_j \pi_n(X_j)$. $\Diamond$

(1.6) Smash-Produkt. Sind A und B punktierte Räume, so wird

$$A \wedge B = A \times B / A \vee B$$

gesetzt und das Bild von $A \vee B$ als Grundpunkt genommen. Dieser Raum heißt *Smash-Produkt* von A, B. (Er ist kein Produkt im kategorientheoretischen Sinne.) Durch $I^m \times I^n = I^{m+n}$ wird ein Homöomorphismus

$$(1.7) \qquad I^m/\partial I^m \wedge I^n/\partial I^n \cong I^{m+n}/\partial I^{m+n}$$

induziert. Ähnlich ist auch $S^m \wedge S^n$ zu S^{m+n} homöomorph. Sind $f \colon A \to C$ und $g \colon B \to D$ punktierte Abbildungen, so induziert $f \times g$ eine punktierte Abbildung $f \wedge g \colon A \wedge B \to C \wedge D$. Diese Bildung ist mit punktierten Homotopien verträglich. Insbesondere wird dadurch eine Abbildung

$$(1.8) \qquad \pi_m(A) \times \pi_n(B) \to \pi_{m+n}(A \wedge B)$$

geliefert (Smash-Produkt auf den Repräsentanten, (1.7)), die wir auch $(x, y) \mapsto x \wedge y$ notieren.

(1.9) Satz. *Die Abbildung* (1.8) *ist biadditiv* ($m, n \geq 1$).

Beweis. Die Additivität in der ersten Variablen folgt aus der Definition der Addition, wenn beide Male $+_1$ verwendet wird. Die Additivität in der zweiten Variablen erkennen wir, wenn wir $+_1$ und $+_{m+1}$ verwenden. $\square$

Das durch (1.9) gegeben $\wedge$-Produkt ist eine natürliche Transformation in den Variablen A und B. Das $\wedge$-Produkt ist assoziativ, wenn man einen kanonischen Homöomorphismus $(A \wedge B) \wedge C \cong A \wedge (B \wedge C)$ unterstellt, der zum Beispiel gilt, wenn B und C kompakte Hausdorff-Räume sind, oder der in der Kategorie der kompakt erzeugten Räume gilt, wobei man allerdings $\wedge$ mit dem Produkt $\times_k$ bilden muß. Das $\wedge$-Produkt ist in dem folgenden Sinne kommutativ:

(1.10) Satz. *Sei $\tau\colon A \wedge B \to B \wedge A$ die Vertauschung der Faktoren. Dann gilt $\tau_*(x \wedge y) = (-1)^{mn} y \wedge x$, wenn $x \in \pi_m(A)$ und $y \in \pi_n(B)$ ist.*

Beweis. Wir benutzen zwei Ergebnisse aus dem vierten Abschnitt: $\pi_n(I^n/\partial I^n)$ ist isomorph zu $\mathbb{Z}$ und wird von der Identität erzeugt. Ist $\sigma\colon I^n \to I^n$ eine Permutation der Koordinaten, so ist $\sigma_*\colon \pi_n(I^n/\partial I^n) \to \pi_n(I^n/\partial I^n)$ die Multiplikation mit dem Signum von σ. Das liefert zunächst für jedes $[f] \in \pi(X)$ die Relation

$$[f\sigma] = f_*\sigma_*[\mathrm{id}] = \mathrm{signum}(\sigma)f_*[\mathrm{id}] = \mathrm{signum}(\sigma)[f].$$

Die Elemente $\tau_*(x \wedge y)$ und $y \wedge x$ unterscheiden sich um eine Permutation vom Signum $(-1)^{mn}$. $\qquad\qquad\qquad\qquad\qquad\qquad\qquad\qquad\qquad\qquad\quad$ $\square$

Das (algebraische) Arbeiten mit exakten Sequenzen wird ausführlich im Kapitel über Homologie und Kohomologie dargestellt. Dort findet man zum Beispiel, daß aus der exakten Sequenz für Raumpaare eine exakte Sequenz für Raumtripel folgt. Auch wird dort das Fünfer-Lemma wiederholt.

Eine Abbildung $p\colon E \to B$ heißt *Serre-Faserung*, wenn sie die HHE für alle Würfel I^n hat. Wir leiten die exakte Homotopie-Sequenz einer Serre-Faserung her. Dazu verwenden wir den Hilfssatz (1.11).

(1.11) Hilfssatz. *Sei $p\colon E \to B$ eine Serre-Faserung. Zu jedem kommutativen Diagramm mit der Inklusion i*

$$
\begin{array}{ccc}
I^n \times 0 \cup \partial I^n \times I & \xrightarrow{\ a\ } & E \\
\downarrow{\scriptstyle i} & & \downarrow{\scriptstyle p} \\
I^n \times I & \xrightarrow{\ h\ } & B
\end{array}
$$

gibt es $H\colon I^n \times I \to E$ mit $Hi = a$ und $pH = h$.

Beweis. Wir verwenden den folgenden Homöomorphismus, der dieses Problem auf die HHE für den Raum I^n zurückführt.

Es gibt einen Homöomorphismus von Paaren

$$k\colon (I^n \times I, I^n \times 0 \cup \partial I^n \times I) \to (I^n \times I, I^n \times 0).$$

Um ein k in Formeln anzugeben, betrachten wir statt I^n den Raum $[-1,1]^n$. Es sei $u\colon I^n \to [-1,1]^n$, $u(t_1,\dots,t_n) = (2t_1-1,\dots,2t_n-1)$. Dann wird k bestimmt durch:

$$(u \times \mathrm{id}(I)) \circ k(x, t) = \begin{cases} \left(\dfrac{1+t}{2-t} ux, t \right) & \text{für} \quad |ux| \leq \dfrac{1}{2}(2-t) \\[3mm] \left(\dfrac{1}{2}(1+t) \dfrac{ux}{|ux|}, 2(1-|ux|) \right) & \text{für} \quad |ux| \geq \dfrac{1}{2}(2-t). \end{cases}$$

Dabei haben wir $|y| = \max |y_i|$ gesetzt, wenn $y = (y_1 \ldots, y_n)$ ist. $\qquad\square$

(1.12) Satz. *Sei $p\colon E \to B$ eine Serre-Faserung. Für $B_0 \subset B$ setzen wir $E_0 = p^{-1}B_0$. Wir wählen Grundpunkte $* \in B_0$ und $* \in E_0$ mit $p(*) = *$. Dann induziert p für $n \geq 1$ eine Bijektion $p_*\colon \pi_n(E, E_0, *) \to \pi_n(B, B_0, *)$.*

Beweis. p_* ist surjektiv. Sei die Klasse $x \in \pi_n(B, B_0, *)$ durch die Abbildung $h\colon (I^n, \partial I^n, J^{n-1}) \to (B, B_0, *)$ repräsentiert. Es ist $J^{n-1} = I^{n-1} \times 1 \cup \partial I^{n-1} \times I$. Deshalb gibt es nach (1.11) eine Abbildung $H\colon I^n \to E$ mit $H(J^{n-1}) = \{*\}$ und $pH = h$. Es ist dann $H(\partial I^n) \subset E_0$, und deshalb repräsentiert H ein Urbild von x bei p_*.

p_* ist injektiv. Seien Elemente $x_0, x_1 \in \pi_n(E, E_0, *)$ mit $p_*x_0 = p_*x_1$ durch f_0, f_1 repräsentiert. Es gibt eine Homotopie $\phi\colon (I^n, \partial I^n, J^{n-1}) \times I \to (B, B_0, *)$ mit $\phi(u, 0) = pf_0(u)$, $\phi(u, 1) = pf_1(u)$ für alle $u \in I^n$. Wir betrachten den Unterraum

$$T = I^n \times \partial I \cup J^{n-1} \times I \subset I^n \times I$$

und definieren $G\colon T \to E$ durch

$$G(u, t) = \begin{cases} f_t(u) & (u, t) \in I^n \times \partial I \\ * & (u, t) \in J^{n-1} \times I. \end{cases}$$

Es geht $T \subset \partial(I^n \times I)$ in J^n über, wenn man die beiden letzten Koordinaten vertauscht. Nach (1.11) gibt es deshalb eine Abbildung $H\colon I^n \times I \to E$ mit $H|T = G$ und $pH = \phi$. Wir können H als eine Homotopie von f_0 nach f_1 auffassen. $\qquad\square$

Als Folgerung erhalten wir die exakte Homotopiesequenz einer Serre-Faserung. Wir schreiben $i\colon F = p^{-1}(*) \subset E$. In die exakte Homotopiesequenz des Paares $(E, F, *)$ setzen wir den Isomorphismus $\pi_n(E, F, *) \cong \pi_n(B, *)$ ein und erhalten die neue exakte Sequenz.

(1.13) Satz. *Für jede Serre-Faserung $p\colon E \to B$ ist die Sequenz*

$$\cdots \to \pi_n(F) \xrightarrow{\ i_*\ } \pi_n(E) \xrightarrow{\ p_*\ } \pi_n(B) \xrightarrow{\ \partial\ } \pi_{n-1}(F) \to \cdots$$

exakt. $\qquad\square$

Die neue Abbildung ∂ entsteht dabei aus der alten durch den genannten Isomorphismus. Direkter läßt sie sich auf Repräsentanten so beschreiben: Sei $f \colon (I^n, \partial I^n) \to (B, *)$ gegeben. Wir betrachten f als Nullhomotopie $I^{n-1} \times I \to B$. Es gibt eine Hochhebung $\phi \colon I^n \to E$, die auf J^{n-1} konstant ist. Damit wird $\partial[f]$ durch $\phi|I^{n-1} \times 0$ repräsentiert.

(1.14) Beispiel. Sei $p \colon E \to B$ eine Überlagerung mit typischer Faser F. Da jede Abbildung $S^n \to F$ konstant ist, falls $n \geq 1$, so ist $\pi_n(F, *)$ für $n \geq 1$ die triviale Gruppe. Die exakte Sequenz (1.13) von p zeigt, daß p für $n \geq 2$ einen Isomorphismus $p_* \colon \pi_n(E) \cong \pi_n(B)$ induziert. Die Überlagerung $\mathbb{R} \to S^1$ liefert somit: $\pi_n(S^1) \cong 0$ für $n > 1$. $\Diamond$

(1.15) Satz. *Sei $p \colon E \to B$ eine stetige Abbildung und $(U_j \mid j \in J)$ eine offene Überdeckung von B. Für alle $j \in J$ sei die durch p induzierte Abbildung $p_j \colon p^{-1}(U_j) \to U_j$ eine Serre-Faserung. Dann ist auch p eine Serre-Faserung.*

Beweis. Wir haben ein gegebenes Hochhebungsproblem für den Raum I^n mit Anfang a zu lösen, das heißt, eine Hochhebung H zu konstruieren. Wir unterteilen den Würfel $I^n \times I$ durch fortgesetztes Halbieren der Seiten so weit, daß jeder Teilwürfel bei h in (mindestens) eine Menge U_j abgebildet wird (Lebesguesche Zahl). Dadurch erhalten wir eine Zerlegung von I^n, deren k-dimensionale Würfel V_i^k seien, und eine Zerlegung $0 < t_1 < \cdots$ von I. Wir erweitern a schrittweise über die Schichten $I^n \times [t_r, t_{r+1}]$ zu einer Hochhebung von h. Wir setzen $V^k = \bigcup_i V_i^k$ und lösen sukzessiv die Probleme

$$
\begin{array}{ccc}
I^n \times 0 \cup V^{k-1} \times [0, t_1] & \xrightarrow{\;H(k-1)\;} & E \\
\cap \downarrow & & \downarrow p \\
I^n \times 0 \cup V^k \times [0, t_1] & \xrightarrow{\;h\;} & B
\end{array}
$$

für $k = 0, \ldots, n$ mit $V^{-1} = \emptyset$ und $H(-1) = a$ induktiv nach k. Wir können nämlich das Problem

$$
\begin{array}{ccc}
V_i^k \times 0 \cup \partial V_i^k \times [0, t_1] & \xrightarrow{\;H(k-1)\;} & p^{-1} U_j \\
\cap \downarrow & & \downarrow p_j \\
V_i^k \times [0, t_1] & \xrightarrow{\;h\;} & U_j
\end{array}
$$

lösen, da p_j eine Serre-Faserung ist; dabei haben wir natürlich ein $j \in J$ so gewählt, daß $h(V_i^k \times [0, t_1]) \subset U_j$ ist, was nach Annahme über die Würfelzerlegung möglich ist.

Die H_i^k schließen sich zu einer stetigen Abbildung $H(k)\colon V^k \times [0, t_1] \to E$ zusammen, die h hochhebt und $H(k-1)$ erweitert. Wir definieren H auf der ersten Schicht $I^n \times [0, t_1]$ durch $H(n)$. Die anderen Schichten werden genauso behandelt.□

(1.16) Notiz. *Die definierende Abbildung* $p\colon S^{2n+1} \to \mathbb{C}P^n$ *des komplexen projektiven Raumes ist ein* S^1-*Prinzipalbündel.*

Beweis. Die Abbildung ist, definitionsgemäß, die Orbitabbildung der Operation von S^1 auf $S^{2n+1} \subset \mathbb{C}^n$ durch skalare Multiplikation. Sei $V_i = \{(z_0, \ldots, z_n) \mid z_i \neq 0\}$ und $U_i = pV_i$. Die Formeln

$$k_i\colon V_i \to U_i \times S^1, \quad (z_0, \ldots, z_n) = z \mapsto (p(z), |z_i|^{-1} z_i)$$
$$g_i\colon U_i \times S^1 \to V_i, \quad (p(z), t) \mapsto |z_i| t z_i^{-1}(z)$$

liefern zueinander inverse lokale Trivialisierungen.   □

(1.17) Beispiel. Man nennt $p\colon S^{2n+1} \to \mathbb{C}P^n$ die *Hopfsche Faserung.* Deren exakte Homotopiesequenz liefert wegen $\pi_i(S^1) = 0$ für $i > 1$ die Isomorphismen

$$p_*\colon \pi_i(S^{2n+1}) \cong \pi_i(\mathbb{C}P^n), \quad \text{für } i \geq 3;$$

und speziell $\pi_i(S^3) \cong \pi_i(S^2)$ für $i \geq 3$. Da wir schon $\pi_1(S^1) \cong \mathbb{Z}$ wissen, liefert die Hopf-Faserung im Fall $n = 1$ wegen $\mathbb{C}P^1 = S^2$ die Berechnung $\pi_2(S^2) \cong \mathbb{Z}$ und damit auch $\pi_3(S^2) \cong \mathbb{Z}$.   ◇

(1.18) Der Anfang der Sequenz. Am Anfang der Sequenz (1.3) haben wir es nicht mit Gruppen zu tun. Trotzdem gibt es noch eine gewisse algebraische Struktur, wie wir jetzt erläutern werden. Die einfachen Beweise mögen als Aufgabe dienen.

Sei A wegweise zusammenhängend. Dann wird jedes Element von $\pi_1(X, A, a)$ durch eine Schleife in (X, a) repräsentiert. Die Abbildung $j_*\colon \pi_1(X, a) \to \pi_1(X, A, a)$ induziert eine Bijektion von $\pi_1(X, A, a)$ mit den rechten (oder linken) Nebenklassen von $\pi_1(X, a)$ modulo dem Bild von $i_*\colon \pi_1(A, a) \to \pi_1(X, a)$.

Werde $x \in \pi_1(X, A, a)$ durch $v\colon I \to X$ mit $v(0) \in A$ und $v(1) = a$ repräsentiert. Sei $w\colon I \to X$ eine Schleife in (X, a). Die Zuordnung $[v], [w] \mapsto [v * w] = [v] \cdot [w]$ definiert eine Rechtsoperation der Gruppe $\pi_1(X, a)$ auf der Menge $\pi_1(X, A, a)$. Die Bahnen dieser Operation sind die Urbilder von $\partial\colon \pi_1(X, A, a) \to \pi_0(A, a)$. Sei $(F, f)\colon (X, A) \to (Y, B)$ eine Abbildung von Paaren. Dann ist $F_*\colon \pi_1(X, A, a) \to \pi(Y, B, f(a))$ äquivariant bezüglich des Homomorphismus $F_*\colon \pi_1(X, a) \to \pi_1(Y, f(a))$. Sei $\partial[v] = [v(0)] = [u]$. Dann ist die Isotropiegruppe von $[v]$ das Bild von $\pi_1(A, u)$ in $\pi_1(X, a)$ bezüglich $[w] \mapsto [v * w * v^-]$.

Ist $p\colon E \to B$ ein G-Rechtsprinzipalbündel und $i\colon G \to F$, $g \mapsto e_0 g$, $e_0 \in F$ Grundpunkt, so haben wir $\varepsilon\colon \pi_1(B) \xrightarrow{\partial} \pi_0(F) \cong \pi_0(G)$ mit dem durch i

induzierten Isomorphismus. Wie in I (11.3) erkennt man ε als Homomorphismus; die Gruppenstruktur auf $\pi_0(G)$ wird durch diejenige auf G induziert. $\diamond$

(1.19) Homotopiegruppen von Abbildungen. Sei $f\colon X \to Y$ eine punktierte Abbildung. Bis auf Homotopie kann man f als Inklusion ansehen. Dazu wird der folgende Trick verwendet. Der *Abbildungszylinder* $Z(f)$ von f ist der Quotientraum von $X \times I + Y$ nach der Äquivalenzrelation, die durch $(x, 1) \sim f(x)$, $x \in X$, sowie $(0, t) \sim f(0)$, $t \in I$, erzeugt wird. Man hat die Inklusion $i\colon X \to Z(f)$, $x \mapsto (x, 0)$ und die Projektion $p\colon Z(f) \to Y$, $(x, t) \mapsto f(x)$, $y \mapsto y$. Beides sind punktierte Abbildungen, es gilt $pi = f$ und p ist eine punktierte Homotopieäquivalenz mit Homotopieinversem $j\colon Y \to Z(f)$, $y \mapsto y$. Deshalb erhält man eine exakte Homotopiesequenz

Man kann also jede Abbildung f_* in eine exakte Sequenz einbetten.

Man kann die Gruppen $\pi_n(Z(f), X, *)$ auch ohne den Abbildungszylinder beschreiben. Dazu betrachte man kommutative Diagramme (links) von punktierten Abbildungen. Eine punktierte Homotopie besteht aus einem kommutativen Diagramm (rechts) mit punktierten Homotopien h und H. Punktiert bedeutet hier, daß jeweils J^{n-1} auf den Grundpunkt geworfen wird.

Sei $\pi_n(f)$ die Menge der punktierten Homotopieklassen. Falls $f\colon X \subset Y$ eine Inklusion ist, so erhalten wir die alte Beschreibung von $\pi_n(Y, X, *)$. Man überlege sich: Die Projektion p induziert einen Isomorphismus $p_*\colon \pi_n(Z(f), X) = \pi_n(i) \to \pi_n(f)$. $\diamond$

(1.20) Die Rolle des Grundpunktes. Seien (X, x) und (Y, y) punktierte Räume und sei X *wohlpunktiert* (das heißt, die Inklusion $\{x\} \subset X$ ist eine abgeschlossene Kofaserung). Wir bezeichnen jetzt mit $[(X, x), (Y, y)]$ die Menge der punktierten Homotopieklassen. Auf die folgende Weise wird ein Funktor

$$\gamma\colon \Pi(Y) \to \text{MENGEN}$$

des Fundamentalgruppoids in die Kategorie der Mengen definiert. Dem Objekt $y \in Y$ werde $\gamma(y) = [(X, x), (Y, y)]$ zugeordnet. Sei $w\colon I \to Y$ ein Weg von y_0 nach y_1

und f_0: $(X, x) \to (Y, y_0)$ eine punktierte Abbildung. Zusammen liefern f_0 und w eine Abbildung $X \times 0 \cup x \times I \to Y$, die zu einer Abbildung H: $X \times I \to Y$ erweitert werden kann, da $\{x\} \subset X$ eine Kofaserung ist. Das Ende dieser Homotopie sei f_1: $(X, x) \to (Y, y_1)$. Die punktierte Homotopieklasse von f_1 hängt nur von den Homotopieklassen $[f_0]$ und $[w]$ ab. Wir setzen deshalb $\gamma[w]$: $[f_0] \mapsto [f_1]$. Damit wird der Funktor auf Morphismen definiert. Insbesondere erhalten wir eine Rechtsoperation von $\pi_1(Y, y) = \pi$ auf $\gamma(y)$. Sei v: $[(X, x), (Y, y)] \to [X, Y]$ die Abbildung, die das Festhalten der Grundpunkte vergißt. Elemente in einer Bahn der π-Operation auf $\gamma(y)$ haben bei v dasselbe Bild. Deshalb induziert v eine Abbildung V: $\gamma(y)/\pi \to [X, Y]$. Ist Y wegweise zusammenhängend, so ist V bijektiv. Im Falle $(X, x) = (S^1, 1)$, also $[(S^1, 1), (Y, y)] = \pi_1(Y, y)$, wird die eben konstruierte Operation von π auf sich selbst durch Konjugation gegeben. Ist $\pi_1(Y, y)$ abelsch, so ist demnach $\pi_1(Y, y) \cong [S^1, Y]$, das heißt Grundpunkte spielen keine Rolle.

Die Operation der Fundamentalgruppe bedeutet im Spezialfall der Homotopiegruppen: Wir haben eine Operation von $\pi_1(A, a)$ auf $\pi_n(X, A, a)$. Sie ist wie folgt definiert. Sei w: $I \to A$ ein in a beginnender Weg und sei f: $(I^n, \partial I^n, J^{n-1}) \to (X, A, a)$ Repräsentant eines Elementes α in der Homotopiegruppe. Wir betrachten w als Homotopie einer konstanten Abbildung $J^{n-1} \to \{a\}$ und erweitern diese Homotopie, was möglich ist, da $J^{n-1} \subset \partial I^n$ und $J^{n-1} \subset I^n$ Kofaserungen sind. Das Ende dieser Homotopie repräsentiert ein Element in $\pi_n(X, A, w(1))$, das nur von der Homotopieklasse des Weges w und von α abhängt. Wir erhalten auf diese Weise einen Funktor aus dem Fundamentalgruppoid von A. Die Operation ist für $n \geq 2$ mit der Addition in π_n verträglich (für $n \geq 1$ im Fall $A = \{a\}$). Deshalb sprechen wir von dem $\pi_1(A, a)$-Modul $\pi_n(X, A, a)$. Allerdings ist zu beachten, daß für $n = 2$ ein besonderer Fall vorliegt, da π_2 im allgemeinen nicht abelsch ist. Die verbindenden Morphismen der exakten Sequenz sind Modulabbildungen. In den niederdimensionalen Fällen gilt dabei folgendes:

Seien $x, y \in \pi_2(X, A, a)$. Sei $\partial y = z \in \pi_1(A, a)$. Für die Operation $z \cdot x$ von z auf x gilt dann die Formel $z \cdot x = y + x - y$. Es folgt, daß das Bild von $\pi_2(X, a) \to \pi_2(X, A, a)$ im Zentrum liegt. $\diamond$

Die Betrachtungen der letzten Nummer werden alsbald in größerer Allgemeinheit wieder aufgegriffen. Ähnlich wie bei der Fundamentalgruppe zeigt man nun:

(1.21) Satz. *Eine Homotopieäquivalenz f: $X \to Y$ induziert einen Isomorphismus f_*: $\pi_n(X, x) \to \pi_n(Y, f(x))$.* $\square$

Mit der exakten Sequenz eines Paares und dem algebraischen Fünfer-Lemma erhält man die Folgerung: Sei f: $(X, A, *) \to (Y, B, *)$ so, daß f: $X \to Y$ und die Einschränkung f: $A \to B$ gewöhnliche h-Äquivalenzen sind. Dann ist f_*: $\pi_n(X, A, *) \to \pi(Y, B, *)$ bijektiv. Diese Aussage wird im weiteren oft stillschweigend verwendet.

2   Der Ausschneidungssatz

Der Raum Y sei Vereinigung der offenen Teilräume Y_1 und Y_2 mit nichtleerem Durchschnitt $Y_0 = Y_1 \cap Y_2$. Wir setzen voraus: Es gelte

$$\pi_i(Y_1, Y_0) = 0 \quad \text{für} \quad 0 < i < p, \quad p \geq 1$$
$$\pi_i(Y_2, Y_0) = 0 \quad \text{für} \quad 0 < i < q, \quad q \geq 1$$

für jede Wahl des Grundpunktes $* \in Y_0$. Ist $p = 1$ oder $q = 1$, so wird also keine Bedingung gestellt. Für $i = 1$ handelt es sich um Homotopiemengen ohne Gruppenstruktur.

Unter diesen Voraussetzungen gilt der *Ausschneidungssatz* (2.1) von Blakers und Massey [22]. Er ist grundlegend für den homotopietheoretischen Aufbau der algebraischen Topologie.

(2.1) Satz. *Die durch die Inklusion induzierte Abbildung*

$$\iota: \pi_n(Y_2, Y_0) \to \pi_n(Y, Y_1)$$

ist für $1 \leq n \leq p + q - 2$ surjektiv und für $1 \leq n < p + q - 2$ bijektiv (für jede Wahl des Grundpunktes $* \in Y_0$).

Der Beweis von (2.1) wird durch die folgenden Hilfssätze vorbereitet.

(2.2) Hilfssatz. *Sei $f: (I^n, \partial I^n) \to (X, X')$ als Abbildung von Raumpaaren homotop zu einer konstanten Abbildung. Dann ist f relativ ∂I^n homotop zu einer Abbildung g mit $g(I^n) \subset X'$.*

Beweis. Wir setzen $(A, A') = (I^n, \partial I^n)$. Satz und Beweis gelten für jede Kofaserung $A' \subset A$. Nach Voraussetzung gibt es eine Homotopie $\varphi: (A \times I, A' \times I) \to (X, X')$ von f zu einer konstanten Abbildung k. Weil $A' \subset A$ eine Kofaserung ist, gibt es eine Homotopie $\psi: A \times I \to X'$ mit $\psi(a, t) = \varphi(a, 1-t)$ für $a \in A'$ und $\psi(a, 0) = k(a)$ für $a \in A$. Sei $g = \psi_1$. Wir behaupten: f ist relativ A' zu g homotop. Zum Beweis betrachten wir $F: A \times I \to X$, $F = \varphi * \psi$ und benutzen, daß $A' \times I \cup A \times \partial I \subset A \times I$ eine Kofaserung ist. Es ist nämlich $F \mid A' \times I$ gleich $\varphi * \varphi^-$ und deshalb relativ $A' \times \partial I$ homotop zu einer konstanten Homotopie. Mit dieser Information beendet man den Beweis der Behauptung. $\square$

Unter einem *achsenparallelen Würfel* im $\mathbb{R}^n$ verstehen wir im folgenden eine Punktmenge der Form

$$W = W(a, \delta, L) = \{x \in \mathbb{R}^n \mid a_i \leq x_i \leq a_i + \delta \text{ für } i \in L, a_i = x_i \text{ für } i \notin L\}$$

für $a = (a_1, \ldots, a_n) \in \mathbb{R}^n$, $\delta > 0$, $L \subset \{1, \ldots, n\}$. ($L$ darf leer sein.) Wir setzen $\dim W = |L|$. Eine *Seite* von W ist eine Teilmenge der Form

$$W' = \{x \in W \mid x_i = a_i \text{ für } i \in L_0, x_j = a_j + \delta \text{ für } j \in L_1\}$$

für gewisse $L_0 \subset L$, $L_1 \subset L$. (W' kann leer sein!) Mit ∂W bezeichnen wir die Vereinigung aller von W verschiedenen Seiten von W. Wir werden die folgenden Teilmengen eines Würfels $W = W(a, \delta, L)$ verwenden:

$$K_p(W) = \left\{ x \in W \mid x_i < a_i + \frac{\delta}{2} \text{ für mindestens } p \text{ Werte } i \in L \right\}$$

$$G_p(W) = \left\{ x \in W \mid x_i > a_i + \frac{\delta}{2} \text{ für mindestens } p \text{ Werte } i \in L \right\}.$$

Hierin ist $1 \leq p \leq n$. Für $p > \dim W$ verstehen wir unter $K_p(W)$ und $G_p(W)$ die leere Menge.

(2.3) Hilfssatz. *Gegeben sei* $f: W \to Y$ *und* $A \subset Y$. *Für ein* $p \leq \dim W$ *gelte*

$$f^{-1}(A) \cap W' \subset K_p(W') \quad \text{für alle} \quad W' \subset \partial W.$$

Dann gibt es eine zu f *relativ* ∂W *homotope Abbildung* g *mit* $g^{-1}(A) \subset K_p(W)$. *(Analog für* G_p *anstelle von* K_p.)*

Beweis. Wir können $W = I^n$, $n \geq 1$, annehmen. Wir definieren $h: I^n \to I^n$ auf die folgende Weise: Sei $x = \left(\frac{1}{4}, \ldots, \frac{1}{4} \right)$. Für eine in x beginnende Halbgerade y betrachten wir ihre Schnittpunkte $P(y)$ mit dem Rand von $[0, 1/2]^n$ und $Q(y)$ mit dem Rand von I^n. Dann bilde h die Strecke von $P(y)$ nach $Q(y)$ auf $Q(y)$ ab und die Strecke von x nach $P(y)$ affin auf die Strecke von x nach $Q(y)$. Durch lineare Verbindung ist h relativ ∂I^n homotop zur Identität. Wir setzen $g = fh$. Sei $z \in I^n$ und $g(z) \in A$. Ist $z_i < \frac{1}{2}$ für alle i, so ist $z \in K_n(I^n) \subset K_p(I^n)$. Gilt für mindestens ein i die Ungleichung $z_i \geq \frac{1}{2}$, so ist $h(z) \in \partial I^n$ und demnach $h(z) \in W'$ für eine Seite W' mit $\dim W' = n - 1$. Da auch $h(z) \in f^{-1}(A)$ gilt, ist nach Voraussetzung $h(z) \in K_p(W')$. Also ist für mindestens p Koordinaten $\frac{1}{2} > h(z)_i$. Nach Definition von h gilt $h(z)_i = \frac{1}{4} + t \left(z_i - \frac{1}{4} \right)$ mit $t \geq 1$. Es ist deshalb für mindestens p Koordinaten $\frac{1}{2} > z_i$. (Natürlich muß man noch die Stetigkeit von h verifizieren!) □

Beweis des Ausschneidungssatzes (2.1) nach D. Puppe [63]. Wir zeigen zunächst die Surjektivität und unterteilen deren Beweis in mehrere Schritte.

(1) Es genügt, eine Abbildung

$$f: (I^n, \partial I^n, J^{n-1}) \to (Y, Y_1, *)$$

in eine Abbildung g zu deformieren, für die

$$\pi(g^{-1}(Y \setminus Y_2)) \cap \pi(g^{-1}(Y \setminus Y_1)) = \emptyset$$

ist, wenn $\pi(x_1, \ldots, x_n) = (x_1, \ldots, x_{n-1})$ gesetzt wird.

Da $g^{-1}(Y \setminus Y_2) = g^{-1}(Y_1 \setminus Y_0)$ wegen $g(J^{n-1}) = \{*\} \subset Y_0$ mit J^{n-1} leeren Schnitt hat, so auch $\pi(g^{-1}(Y \setminus Y_2))$ mit $\partial I^{n-1} \cup \pi(g^{-1}(Y \setminus Y_1))$. Nach dem Satz von

Tietze-Urysohn gibt es eine stetige Funktion $\tau\colon I^{n-1} \to I$, die auf $\pi(g^{-1}(Y \setminus Y_2))$ den Wert 1 und auf $\partial I^{n-1} \cup \pi(g^{-1}(Y \setminus Y_1))$ den Wert 0 annimmt. Sei

$$g_0(x_1, \ldots, x_n) = g(x_1, \ldots, x_{n-1}, \tau + (1 - \tau)x_n)$$

mit $\tau = \tau(x_1, \ldots, x_{n-1})$. Dann ist g_0 eine Abbildung $(I^n, \partial I^n, J^{n-1}) \to (Y_2, Y_0, *)$, und durch lineare Verbindung erhält man eine Homotopie, die $\iota[g_0] = [g]$ nachweist.

(2) Wir zeigen, daß es eine zu f homotope Abbildung mit der in Schritt (1) genannten Eigenschaft gibt. Dazu wird f induktiv auf Würfeln einer Zerlegung von I^n homotop abgeändert.

Wir zerlegen I^n so in achsenparallele Würfel, daß für jeden Teilwürfel W entweder $f(W) \subset Y_1$ oder $f(W) \subset Y_2$ gilt. Seien $W_1, \ldots, W_r$ diejenigen Würfel W, für die $f(W) \subset Y_1$ und $f(W) \not\subset Y_2$ ist, und seien $W_1', \ldots, W_s'$ diejenigen W, für die $f(W) \subset Y_2$ und $f(W) \not\subset Y_1$ ist. Die Indizierung sei so gewählt, daß $\dim W_i \le \dim W_{i+1}$ und $\dim W_i' \le \dim W_{i+1}'$ ist.

Wir konstruieren induktiv eine Familie $f_k\colon I^n \to Y$, $k \in \{0, \ldots, r\}$ mit den Eigenschaften:

(a) $f(W) \subset Y_i \Rightarrow f_k(W) \subset Y_i$.
(b) $f_k^{-1}(Y_1 \setminus Y_0) \cap W_j \subset K_p(W_j)$ für alle $j \le k$.
(c) $f \simeq f_k$ als Abbildung von Tripeln.

Wir setzen $f_0 = f$ und nehmen f_{k-1} mit den genannten Eigenschaften an. Für jede echte Seite W von W_k gilt dann nach Induktionsvoraussetzung

$$f_{k-1}^{-1}(Y_1 \setminus Y_0) \cap W \subset K_p(W).$$

(3) Zwischenbehauptung: Es gibt eine Homotopie $\psi\colon W_k \times I \to Y_1$ relativ ∂W_k mit $\psi_0 = f_{k-1} \mid W_k$ und $\psi_1^{-1}(Y_1 \setminus Y_0) \subset K_p(W_k)$.

Für den Beweis der Zwischenbehauptung sei zunächst $\dim W_k = 0$. Wir müssen dann $f_{k-1}(W_k)$ innerhalb Y_1 mit einem Punkt aus Y_0 verbinden, denn $K_p(W_k) = \emptyset$ wegen $p \ge 1$. Da $n > 0$ ist, gibt es in I^n einen Weg von W_k zu einem Punkt aus J^{n-1}. Sein Bild bei f_{k-1} verbindet $f_{k-1}(W_k)$ mit einem Punkt aus Y_0. Ein geeignetes Anfangsstück des Weges verläuft also ganz in Y_1 und endet in Y_0.

Sei nun $0 < \dim W_k < p$. Für jede echte Seite W von W_k ist dann $K_p(W) = \emptyset$ und folglich nach Induktionsvoraussetzung $f_{k-1}(W) \subset Y_0$. Wir erhalten demnach aus f_{k-1} eine Abbildung

$$(W_k, \partial W_k) \to (Y_1, Y_0).$$

Da nach der Voraussetzung von (2.1) $\pi_i(Y_1, Y_0) = 0$ ist für $i = \dim W_k$, läßt sich (2.2) anwenden, um die gewünschte Homotopie ψ zu erhalten.

Im Fall $\dim W_k \ge p$ schließlich wird (2.3) angewendet. Damit ist die Zwischenbehauptung bewiesen.

(4) Wir setzen den induktiven Existenzbeweis für f_k aus (2) fort. Die in (3) gewonnene Homotopie ψ wird zu einer Homotopie $\Psi\colon I^n \times I \to Y$ von f_{k-1}

fortgesetzt, und zwar konstant auf $U_2 \cup W_1 \cup \cdots \cup W_{k-1}$ (wir bezeichnen mit U_j die Vereinigung aller Würfel, die bei f nach Y_j abgebildet werden). Eine Fortsetzung ist möglich, weil diese Menge keine inneren Punkte von W_k enthält. Die Fortsetzung über $W_{k+1}, \ldots, W_r$ geschieht induktiv; die Werte sollen in Y_1 liegen; man benutzt, daß $\partial W_j \subset W_j$ eine Kofaserung ist. Es sei $f_k = \Psi_1$ das Ende dieser Homotopie. Nach Konstruktion ist Ψ eine Homotopie relativ U_2, wegen $J^{n-1} \subset U_2$ also relativ J^{n-1}. Ferner gilt $\Psi(\partial I^n \times I) \subset Y_1$. Demnach ist Ψ eine Homotopie in der Kategorie der Tripel, und die Eigenschaften (a), (b), (c) aus (2) sind für f_k erfüllt.

(5) Wir setzen $g_0 = f_r$ und zeigen wie unter (2) – (4), daß es eine Familie $g_0, \ldots, g_s \colon I^n \to Y$ mit den folgenden Eigenschaften gibt:

(a') $g_0(W) \subset Y_i \Rightarrow g_l(W) \subset Y_i$.

(b') $W_j' \cap g_l^{-1}(Y_2 \setminus Y_0) \subset G_q(W_j')$ für alle $j \leq l$.

(c') $g_l \simeq g_0$ relativ U_1.

(Es gilt $\partial I^n \subset U_1$.) Wir setzen $g = g_s$. Dann ist $g \simeq f$ als Abbildung von Tripeln, und es bleibt für ein so gewonnenes g die Bedingung aus (1) nachzuweisen.

Sei $y \in \pi g^{-1}(Y_1 \setminus Y_0)$ und $y = \pi(z), z \in g^{-1}(Y_1 \setminus Y_0) \cap W$. Dann ist $z \in K_p(W)$, also $y \in K_{p-1}(\pi(W))$. Ebenso folgt aus $y \in \pi g^{-1}(Y_2 \setminus Y_0)$, daß $y \in G_{q-1}(\pi(W))$ ist. Wegen $n-1 < p-1+q-1$ können nicht beide Relationen gleichzeitig bestehen. Damit ist die Surjektivität gezeigt.

Die Injektivität wird ähnlich bewiesen. Seien $f, g \colon (I^n, \partial I^n, J^{n-1}) \to (Y_2, Y_0, *)$ gegeben und sei $u \colon (Y_2, Y_0, *) \to (Y, Y_1, *)$ die Inklusion. Wir nehmen an, daß es eine Homotopie

$$\varphi \colon (I^n \times I, \partial I^n \times I, J^{n-1} \times I) \to (Y, Y_1, *)$$

zwischen $\varphi_0 = uf$ und $\varphi_1 = ug$ gibt. Es genügt, φ relativ zu

$$\tilde{J}^n = I^n \times \partial I \cup J^{n-1} \times I$$

in eine Abbildung ψ zu deformieren, die mit $t = \pi \times \mathrm{id} \colon I^n \times I \to I^{n-1} \times I$

$$t\psi^{-1}(Y \setminus Y_2) \cap t\psi^{-1}(Y \setminus Y_1) = \emptyset$$

erfüllt. Sei $\tau \colon I^{n-1} \times I \to I$ auf $\partial(I^{n-1} \times I) \cup t\psi^{-1}(Y \setminus Y_1)$ Null und auf $t\psi^{-1}(Y \setminus Y_2)$ gleich Eins. Dann können wir die Zusammensetzung von ψ mit

$$(z_1, \ldots, z_{n+1}) \mapsto (z_1, \ldots, z_{n-1}, \tau + (1-\tau)z_n, z_{n+1})$$

als Homotopie von f nach g auffassen ($\tau = \tau(z_1, \ldots, z_{n-1}, z_{n+1})$ und z_{n+1} als Homotopieparameter). Die Deformation von φ in ψ geschieht wie im Beweis der Surjektivität, nur muß jetzt wegen des weiteren Homotopieparameters $n + 1 \leq p + q - 2$ vorausgesetzt werden. $\qquad\square$

3 Der Einhängungssatz

Sei $(X, *)$ ein punktierter Raum. Wir bilden daraus den neuen Raum

$$\Sigma X = I \times X/(\partial I \times X \cup I \times \{*\})$$

mit dem Bild von $\partial I \times X \cup I \times \{*\}$ als Grundpunkt und nennen ihn *Einhängung* von X. Ist $f \colon X \to Y$ eine punktierte Abbildung, so ist $\mathrm{id}(F) \times F$ mit der Quotientbildung zur Definition der Einhängung verträglich und induziert eine punktierte Abbildung $\Sigma f \colon \Sigma X \to \Sigma Y$. Damit wird die Einhängung zu einem Funktor. Er ist mit Homotopien verträglich: Sind f_0 und f_1 punktiert homotop, so auch Σf_0 und Σf_1. Der Funktor „Einhängung" induziert deshalb eine Abbildung

$$\Sigma_* \colon [A, X]^0 \to [\Sigma A, \Sigma X]^0,$$

die ebenfalls Einhängung genannt wird.

Die Identifizierung zur Definition von ΣX kann auch in zwei Schritten erfolgen und ΣX als $(I/\partial I) \wedge X$ geschrieben werden. Man erhält einen kanonischen Homöomorphismus $\Sigma(I^n/\partial I^n) \cong I^{n+1}/\partial I^{n+1}$, der auf Repräsentanten in $I^{n+1} = I^n \times I$ die Identität ist. Allgemein haben wir kanonische Homöomorphismen

$$I^k/\partial I^k \wedge (I^l/\partial I^l \wedge X) = (I^k/\partial I^k \wedge I^l/\partial I^l) \wedge X = I^{k+l}/\partial I^{k+l} \wedge X,$$

die auf Repräsentanten die Identität sind und die wir bei iterierten Einhängungen benutzen. Wir setzen $\Sigma^2 X = \Sigma(\Sigma X)$.

Sei $e_1, \ldots, e_{n+1}$ die Standardbasis von $\mathbb{R}^{n+1}$ und e_1 der Grundpunkt von S^n. Ein punktierter Homöomorphismus $\Sigma S^n \cong S^{n+1}$ wird durch

$$h_n \colon \Sigma S^n \to S^{n+1}, \quad (t, x) \mapsto \frac{1}{2}(e_1 + x) + \cos 2\pi t\, \frac{e_1 - x}{2} + \sin 2\pi t\, \left| \frac{e_1 - x}{2} \right| e_{n+2}$$

gegeben, wobei $\mathbb{R}^{n+1} = \mathbb{R}^{n+1} \times 0 \subset \mathbb{R}^{n+2}$ ist.

Wir können den Einhängungsparameter $t \in I$ dazu benutzen, um der Menge $[\Sigma X, Y]^0$ wie bei den Homotopiegruppen eine Gruppenstruktur aufzuprägen. Die Verknüpfung wird auf Repräsentanten durch $(f, g) \mapsto f + g$ mit

$$(f + g)[t, x] = \begin{cases} f[2t, x] & 0 \le t \le 1/2 \\ g[2t - 1, x] & 1/2 \le t \le 1 \end{cases}$$

gegeben. (Mit $[t, x]$ haben wir das Bild von $(t, x) \in I \times X$ in ΣX bezeichnet.)

(3.1) Satz. *Wie bei den Homotopiegruppen zeigt man, daß die beiden Verknüpfungen*

$$(f +_1 g)[s, t, x] = \begin{cases} f[2s, t, x] & s \le 1/2 \\ g[2s - 1, t, x] & 1/2 \le s \end{cases}$$

$$(f +_2 g)[s, t, x] = \begin{cases} f[s, 2t, x] & t \leq 1/2 \\ g[s, 2t - 1, x] & 1/2 \leq t \end{cases}$$

in $[\Sigma^2 X, Z]^0$ *gleich sind. Es gilt aber* $\Sigma(f + g) = \Sigma f +_2 \Sigma g$, *und deshalb ist* Σ_*
ein Homomorphismus.   □

Aus dem Voranstehenden erhalten wir eine Bijektion

$$[\Sigma(I^{n-1}/\partial I^{n-1}), X]^0 \cong [I^n/\partial I^n, X]^0 = \pi_n(X, *).$$

Mit (3.1) erhalten wir einen Homomorphismus

(3.2) $\Sigma_*: \pi_n(X) \to \pi_{n+1}(\Sigma X),$ $\Sigma_*: \pi_n(S^k) \to \pi_{n+1}(S^{k+1}),$

wobei im zweiten Fall noch der Homöomorphismus h_k benutzt wurde. Die Einhängung wurde zuerst von Freudenthal betrachtet, der über (3.2) den folgenden Satz (für Sphären $X = S^k$) bewiesen hat, und der deshalb *Freudenthalscher Einhängungssatz* genannt wird [87].

Der Einhängungssatz ist der Anlaß für die sogenannte *stabile Homotopietheorie*, deren Grundidee darin besteht, über wiederholte Abbildungen Σ_* einen direkten Limes zu bilden.

(3.3) Satz. *Sei X wohlpunktiert. Es gelte* $\pi_i(X) = 0$ *für* $0 \leq i \leq n$. *Dann ist* $\Sigma_*: \pi_j(X) \to \pi_{j+1}(\Sigma X)$ *für* $0 \leq j \leq 2n$ *bijektiv und für* $j = 2n + 1$ *surjektiv.*

Wir reduzieren den Beweis von (3.3) auf den Satz (3.5). Sei

$$CX = X \times I/(X \times 1 \cup \{*\} \times I)$$

der punktierte Kegel von X. Wir haben die punktierte Einbettung $b: X \to CX$, $x \mapsto [x, 0]$, die wir als Inklusion betrachten. Der Quotientraum CX/X kann kanonisch mit $X \wedge I/\partial I$ gleichgesetzt werden. Da der Raum CX zusammenziehbar ist, erhalten wir aus der exakten Homotopiesequenz des Paares (CX, X) einen Isomorphismus $\partial: \pi_{j+1}(CX, X) \simeq \pi_j(X)$. Eine Umkehrabbildung wirft einen Repräsentanten $f: I^j \to X$ auf die durch $f \times \mathrm{id}(I)$ induzierte Abbildung. Deshalb ist Σ_* gleich der Komposition

$$\tau_* \circ p_* \circ \partial^{-1} : \pi_j(X) \leftarrow \pi_{j+1}(CX, X) \to \pi_{j+1}(X \wedge I/\partial I) \to \pi_{j+1}(I/\partial I \wedge X)$$

mit der Quotientabbildung $p: CX \to CX/X = X \wedge I/\partial I$ und der Vertauschung der Faktoren τ. Also folgt (3.3), wenn wir zeigen, daß p_* in demselben Bereich bijektiv oder surjektiv ist.

(3.4) Lemma. *Sei Z ein lokal kompakter Hausdorff-Raum und* $i: A \to X$ *eine Kofaserung. Dann ist auch* $i \times \mathrm{id}: A \times Z \to X \times Z$ *eine Kofaserung. Ist i eine abgeschlossene Kofaserung, so kann Z ein beliebiger Raum sein.*

Beweis. Die erste Aussage ist eine unmittelbare Konsequenz aus der Tatsache, daß Abbildungen und Homotopien $A \times Z \to Y$ den Abbildungen und Homotopien $A \to Y^Z$ korrespondieren (siehe Abschnitt 5). Die zweite folgt daraus, daß eine Retraktion $X \times I \to A \times I \cup X \times 0$ durch Produkt mit Z wieder in eine Retraktion übergeht.   □

Wir verwenden auch den unpunktierten Kegel $C'X = X \times I / X \times 1$ und die unpunktierte Einhängung $\Sigma'X = C'X / X \times 0$. Ist X wohlpunktiert, so sind die Quotientabbildungen $C'X \to CX$ und $\Sigma'X \to \Sigma X$ Homotopieäquivalenzen, weil ein zusammenziehbarer Raum zu einem Punkt identifiziert wird. Aus der Kofaserung $* \times I \to X \times I$ (3.4) erhalten wir durch Kobasiswechsel, daß auch die entsprechenden Inklusionen nach $C'X$ und $\Sigma'X$ Kofaserungen sind; nun wenden wir I (3.13) an. Es genügt deshalb zum Beweis von (3.3) zu zeigen, daß die zu p_* analoge Abbildung

$$p'_*: \pi_{j+1}(C'X, X) \to \pi_{j+1}(\Sigma'X)$$

in dem angegebenen Bereich bijektiv (surjektiv) ist. Das folgt schließlich aus dem nächsten Satz, wenn man bedenkt, daß $b: X \subset C'X$ eine Kofaserung ist; wir wenden wieder Kobasiswechsel an, um aus der Kofaserung $X \times \partial I \subset X \times I$ auch b als Kofaserung zu erkennen.

(3.5) Satz. *Sei $A \subset X$ eine Kofaserung, $* \in A$ und $p: (X, A) \to (X/A, *)$ die Abbildung, die A zu einem Punkt identifiziert. Es gelte*

$$\pi_i(A) = 0 \quad \text{für} \quad 0 \le i \le m,$$
$$\pi_i(X, A) = 0 \quad \text{für} \quad 0 < i \le n.$$

Dann ist $p_*: \pi_i(X, A) \to \pi_i(X/A)$ für $0 < i \le m+n$ bijektiv und für $i = n+m+1$ surjektiv.

Beweis. Da der zusammenziehbare Raum $C'A$ zu einem Punkt identifiziert wird, haben wir eine h-Äquivalenz I (3.13)

$$q: X \cup C'A \to (X \cup C'A)/C'A \cong X/A$$

und deshalb ist

$$q_*: \pi_i(X \cup C'A, C'A) \to \pi_i(X/A, *)$$

für jede Wahl des Grundpunktes in $C'A$ bijektiv. Wir setzen $Y = X \cup C'A$, Q Spitze des Kegels, $Y_2 = Y \setminus Q$, A_1 Grundfläche des Kegels (homöomorph zu A), $Y'_1 = C'A$ und $Y_1 = Y'_1 \setminus A_1$. Wir haben ein von Inklusionen induziertes Diagramm

$$
\begin{array}{ccccc}
\pi_i(X, A) & \xrightarrow{\ \alpha\ } & \pi_i(Y_2, Y_1 \cap Y_2) & \xrightarrow{\ \beta\ } & \pi_i(Y, Y_1) \\
& & \Big\uparrow{\scriptstyle \cong} & & \Big\uparrow{\scriptstyle \cong} \\
& & \pi_i(Y_2, Y_2 \cap (Y_1 \setminus A_1)) & \xrightarrow{\ e\ } & \pi_i(Y, Y_1 \setminus A_1).
\end{array}
$$

Die eingezeichneten Isomorphismen rühren daher, daß die Inklusionen Homotopieäquivalenzen sind. Aus demselben Grund ist α ein Isomorphismus. Auf e können
wir den Ausschneidungssatz von Blakers und Massey anwenden, der uns sagt, daß
e für $i \le n + m$ ($i = n + m + 1$) bijektiv (surjektiv) ist. (Da A wegweise zusammenhängend ist, kann man einen Punkt in $C'A$ so als Grundpunkt wählen, daß die
Inklusionen jeweils punktierte Abbildungen sind.) Mittels $q_* \beta \alpha = p_*$ folgt schließlich die Behauptung.   □

(3.6) Satz. (Über Homotopiegruppen von Sphären)
    (1) $\pi_i(S^n) = 0$ *für* $0 \le i < n$.
    (2) $\Sigma_*\colon \pi_i(S^n) \cong \pi_{i+1}(S^{n+1})$ *für* $i \le 2n - 2$.
    (3) $\pi_n(S^n) \cong \mathbb{Z}$, $n \ge 1$.

Beweis. (1) folgt aus (3.3), weil für $n > 0$ jedenfalls $\pi_0(S^n) = 0$ ist.
    (2) folgt aus (3.3) und (1).
    (3) Wir entnehmen (3.3), daß in

$$\pi_1(S^1) \xrightarrow{\ \Sigma_*\ } \pi_2(S^2) \xrightarrow{\ \Sigma_*\ } \pi_3(S^3) \xrightarrow{\ \Sigma_*\ } \cdots$$

die erste Abbildung surjektiv und alle weiteren bijektiv sind. In (1.17) haben
wir schon $\pi_2(\mathbb{C}P^1) = \pi_2(S^2) \cong \mathbb{Z}$ gezeigt, so daß auch die erste Abbildung
$\Sigma_*\colon \pi_1(S^1) \to \pi_2(S^2)$ bijektiv sein muß.   □

Da sich die Gruppen $\pi_{n+k}(S^n)$ für $k \le n - 2$ durch Einhängung nicht mehr
ändern, bezeichnet man sie als *stabile Homotopiegruppen der Sphären* π_k^S. Die Bestimmung der Homotopiegruppen der Sphären ist ein äußerst schwieriges Problem.
Einen Eindruck vermittelt [214].
    Es folgt eine Liste der ersten 20 stabilen Homotopiegruppen π_k^S der Sphären aus
[253]. Dabei bedeutet a eine zyklische Gruppe der Ordnung a; und $a \times b$ das Produkt
von zyklischen Gruppen der Ordnungen a und b; und a^j das j-fache Produkt von
zyklischen Gruppen der Ordnung a.

k	0	1	2	3	4	5	6	7	8	9
π_k^S	∞	2	2	24	0	0	2	240	2^2	2^3
k	10	11	12	13	14	15	16	17	18	19
π_k^S	6	504	0	3	2^2	480×2	2^2	2^4	8×2	264×2

Die ersten Abbildungen $S^m \to S^n$ für $m > n$, die nicht nullhomotop sind, wurden von Hopf [123] [125] gefunden, und zwar für $(m, n) = (4k - 1, 2k)$. Zu diesem
Zweck hat Hopf eine berühmte, nach ihm benannte ganzzahlige Invariante für Homotopieklassen gefunden, die zeigt, daß $\pi_{4k-1}(S^{2k})$ eine zu $\mathbb{Z}$ isomorphe Untergruppe

enthält. Serre hat gezeigt, daß $\pi_m(S^n)$ für $m > n$ bis auf die von Hopf entdeckten Fälle endlich ist [234]. Für weitere Endlichkeitssätze siehe [235].

Die Operation $SO(n + 1) \times S^n \to S^n$ durch Matrizenmultiplikation hat die Standgruppe $SO(n)$ an der Stelle $e_{n+1} = (0, \ldots, 0, 1)$. Damit wird $S^n \cong SO(n + 1)/SO(n)$. Die Abbildung $p: SO(n + 1) \to S^n, A \mapsto Ae_{n+1}$ ist ein $SO(n)$-Prinzipalbündel. Die exakte Sequenz dieser Faserung liefert im Verein mit $\pi_i(S^n) = 0$ für $i < n$

$$(3.7) \qquad \pi_i(SO(n)) \cong \pi_i(SO(n + 1)) \quad \text{für} \quad i < n - 1.$$

Insbesondere gilt $\pi_1(SO(n)) \cong \mathbb{Z}/2$ für $n > 2$, da wir wegen $SO(3) \cong \mathbb{R}P^3$ schon $\pi_1(SO(3)) \cong \mathbb{Z}/2$ kennen. Die Gruppe $SO(n)$ hat deshalb für $n > 2$ eine zweifache universelle Überlagerung $\mathrm{Spin}(n) \to SO(n)$. Die Spinor-Gruppe $\mathrm{Spin}(n)$ ist eine kompakte Liesche Gruppe. Sie läßt sich mit den Hilfsmitteln der linearen Algebra durch Clifford-Algebren konstruieren [15].

Wir betrachten den Kolimes SO von Inklusionen $SO(n) \subset SO(n+1)$. Man kann SO als eine Gruppe von $\mathbb{N} \times \mathbb{N}$-Matrizen betrachten, wobei jede Matrix die Form

$$\begin{pmatrix} A & 0 \\ 0 & I \end{pmatrix}, \quad A \in SO(n), \quad I = I_\infty$$

mit der unendlichen Einheitsmatrix I_∞ hat (n geeignet). Mittels (3.6) folgt: Die Inklusion $SO(n) \to SO$ induziert für $i < n - 1$ einen Isomorphismus $\pi_i(SO(n)) \cong \pi_i(SO)$. Die Gruppen $\pi_i(SO)$ wurden von Bott bestimmt [24]; sie erweisen sich als periodisch und hängen nur von $i \bmod 8$ ab. Wir verwenden die analog gebildete Gruppe $O = \bigcup O(n)$. Sie hat zwei Wegekomponenten, die beide zu SO homöomorph sind. Es gilt $\pi_i O \cong \pi_{i+8} O$.

$i \bmod 8$	0	1	2	3	4	5	6	7
$\pi_i O$	$\mathbb{Z}/2$	$\mathbb{Z}/2$	0	$\mathbb{Z}$	0	0	0	$\mathbb{Z}$

Diese berühmte *Bottsche Periodizität* ist eine fundamentale Entdeckung und hat weitverzweigte Anwendungen in Geometrie und Analysis.

Analog kann man die unitären Gruppen $U(n)$ und $U = \bigcup U(n)$ untersuchen. Es gibt ein $U(n)$-Prinzipalbündel $U(n + 1) \to S^{2n+1}$. Damit wird gezeigt, daß die Inklusionen $U(n) \to U$ Isomorphismen $\pi_i(U(n)) \cong \pi_i(U)$ induzieren, sofern $i < 2n$ ist. Die Bottsche Periodizität lautet in diesem Fall $\pi_i U \cong \pi_{i+2} U$.

$i \bmod 2$	0	1
$\pi_i U$	0	$\mathbb{Z}$

Wir wissen schon, daß $\pi_1(U(1)) = \pi_1(S^1) \cong \mathbb{Z}$ ist, und deshalb folgt $\pi_1 U \cong \mathbb{Z}$.

4 Der Abbildungsgrad

In diesem Abschnitt definieren wir eine Gruppenstruktur auf der Homotopiemenge $[S^n, S^n]$ und leiten einen Isomorphismus $d: [S^n, S^n] \to \mathbb{Z}$ her, der die Klasse der Identität auf 1 abbildet. Wir nennen $d(f)$ den Grad von f. Der Abbildungsgrad ist eine fundamentale Invariante der algebraische Topologie.

Als ein technisches Hilfsmittel verwenden wie einen Homöomorphismus $k_n: (I^n/\partial I^n, *) \to (S^n, e_1)$. Er wird induktiv definiert. Für $n = 1$ wird er durch $I \to S^1$, $t \mapsto \cos 2\pi t e_1 + \sin 2\pi t e_2$ induziert. Für $n > 1$ setzen wir

$$k_{n+1}: I^{n+1}/\partial I^{n+1} \cong \Sigma(I^n/\partial I^n) \xrightarrow{\Sigma k_n} \Sigma S^n \xrightarrow{h_n} S^{n+1}.$$

Die Abbildung h_n wurde im letzten Abschnitt definiert. Der erste Homöomorphismus wird durch die Identität induziert, wobei wir beide Seiten als Quotient von $I^n \times I$ ansehen. Definitionsgemäß gilt $\pi_n(S^n, y) = [I^n/\partial I^n, S^n]^0$. Sei

$$v_y: [I^n/\partial I^n, S^n]^0 \to [I^n/\partial I^n, S^n]$$

das Vergessen des Grundpunktes y. Diese Abbildung ist bijektiv. Das folgt aus (1.20). Wir benutzen v_y, um die Gruppenstruktur auf die rechte Seite zu transportieren. Diese Struktur hängt nicht von der Wahl von y ab. Wir benutzen schließlich die Bijektion

$$k_n^*: [S^n, S^n] \to [I^n/\partial I^n, S^n],$$

um $[S^n, S^n]$ eine Gruppenstruktur zu geben. Wir wissen schon, daß diese Gruppe zu $\mathbb{Z}$ isomorph ist.

(4.1) Theorem. *Die Identität von S^n erzeugt $[S^n, S^n]$.*

Beweis. Die Aussage ist äquivalent dazu, daß k_n einen Erzeuger von $\pi_n(S^n)$ repräsentiert. Aus Kapitel I wissen wir das für $n = 1$. Der Einhängungsisomorphismus $\Sigma_*: \pi_n(S^n, e_1) \to \pi_{n+1}(S^{n+1}, e_1)$ schickt $[k_n]$ auf $[k_{n+1}]$. ☐

Der Isomorphismus

$$d: [S^n, S^n] \to \mathbb{Z},$$

der die Klasse der Identität auf 1 abbildet, heißt *Grad-Homomorphismus*. Ist $d[f] = k$, so nennen wir k den *Grad $d(f)$* von f.

5 Anhang: Abbildungsräume

Mit Y^X oder $C(X, Y)$ bezeichnen wir die Menge der stetigen Abbildungen des Raumes X in den Raum Y. Für $K \subset X$ und $U \subset Y$ sei

$$W(K, U) = \{f \in Y^X \mid f(K) \subset U\}.$$

Die *Kompakt-Offen-Topologie* (kurz: KO-Topologie) auf Y^X ist diejenige Topologie, die als Subbasis alle Mengen der Form $W(K, U)$ für kompaktes $K \subset X$ und offenes $U \subset Y$ hat.

(5.1) Satz. *Sei $\mathcal{S}$ Subbasis der Topologie auf Y und sei X ein Hausdorff-Raum. Dann bilden die Mengen $W(K, U)$, $K \subset X$ kompakt, $U \in \mathcal{S}$, eine Subbasis der KO-Topologie auf Y^X.*

Beweis. Sei $K \subset X$ kompakt und $V \subset Y$ offen. Es genügt zu zeigen: Zu jedem $u \in W(K, V)$ gibt es endlich viele kompakte Mengen $K_i \subset X$ und offene Mengen $U_i \in \mathcal{S}$, so daß

(1) $$u \in \bigcap_i W(K_i, U_i) \subset W(K, V).$$

Nach Definition einer Subbasis ist V eine Vereinigung von $(V_a \mid a \in A)$, wobei V_a ein endlicher Durchschnitt von Mengen aus $\mathcal{S}$ ist. Da K kompakt ist, gibt es endlich viele der V_a, etwa $V_{a(1)}, \ldots, V_{a(n)}$, so daß

$$K \subset u^{-1}(V_{a(1)}) \cup \cdots \cup u^{-1}(V_{a(n)}).$$

Zu jedem Punkt $x \in K$ wählen wir einen Index $a(x) \in \{a(1), \ldots, a(n)\}$ mit $x \in u^{-1}(V_{a(x)})$. Da K als kompakter Hausdorff-Raum normal ist, gilt für eine geeignete Umgebung A_x von x in K

$$x \in A_x \subset \overline{A}_x \subset u^{-1}(V_{a(x)}).$$

Die Menge $\overline{A}_x$ ist als abgeschlossene Teilmenge von K kompakt. Endlich viele A_x überdecken K, etwa die A_x für x aus einer endlichen Menge E. Dann gilt

(2) $$u \in \bigcap_{x \in E} W(\overline{A}_x, V_{a(x)}) \subset W(K, V).$$

Da für endlich viele $S_r \in \mathcal{S}$ immer die Relation $\bigcap_r W(L, S_r) = W(L, \bigcap_r S_r)$ erfüllt ist, folgt aus (2) eine Aussage der verlangten Art (1). □

Seien X, Y und Z topologische Räume. Ist $f \colon X \times Y \to Z$ stetig, so ist $\overline{f}(x) \colon Y \to Z$, $y \mapsto f(x, y)$ für jedes $x \in X$ stetig. Deshalb erhalten wir eine Mengenabbildung $\overline{f} \colon X \to Z^Y$. Die Abbildungen f und $\overline{f}$ heißen zueinander *adjungiert*.

(5.2) Satz. *Wird Z^Y mit der KO-Topologie versehen, so ist $\overline{f}$ stetig.*

Beweis. Sei $K \subset Y$ kompakt, $U \subset Z$ offen, $x \in X$ und $\overline{f}(x) \in W(K, U)$. Dann ist $f(\{x\} \times K) \subset U$. Da K kompakt ist, gilt für eine geeignete Umgebung V von x in X die Inklusion $V \times K \subset f^{-1}(U)$. Das heißt aber $\overline{f}(V) \subset W(K, U)$. Damit ist die Stetigkeit von $\overline{f}$ im Punkt x gezeigt. □

Aus (5.2) erhalten wir eine Abbildung $\alpha\colon Z^{X \times Y} \to (Z^Y)^X$, $f \mapsto \overline{f}$.

(5.3) Satz. *Die Abbildung α hat die folgenden Eigenschaften:*

(1) *Ist X Hausdorff-Raum, so ist α stetig.*

(2) *Ist Y lokal kompakt, so ist α surjektiv.*

(3) *Sind X und Y Hausdorff-Räume, so ist α eine Einbettung.*

(4) *Sind X und Y Hausdorff-Räume und ist Y lokal kompakt, so ist α ein Homöomorphismus.*

Beweis. (1) Sei $K \subset X$ kompakt und $V = W(L, U)$ mit kompaktem $L \subset Y$ und offenem $U \subset Z$. Nach (5.1) bilden die Mengen der Form $W(K, V)$ eine Subbasis der Topologie auf $(Z^Y)^X$. Es genügt zu zeigen, daß ihr Urbild bei α offen ist. Das folgt aus der Gleichheit $\alpha^{-1} W(K, V) = W(K \times L, U)$.

(2) Lokal kompakt heißt: In jeder Umgebung U eines Punktes y gibt es eine kompakte Umgebung von y. Sei $f\colon X \times Y \to Z$ eine Mengenabbildung und sei $\overline{f}$ stetig. Sei $(x_0, y_0) \in X \times Y$ und sei U eine offene Umgebung von $f(x_0, y_0)$. Da $\overline{f}(x_0)$ stetig ist, gibt es eine kompakte Umgebung K von y_0, für die $f(\{x_0\} \times K) \subset U$ ist. Da $\overline{f}$ stetig ist, so ist $V = \overline{f}^{-1} W(K, U)$ eine offene Umgebung von x_0. Es gilt dann $f(V \times K) \subset U$, und wir sehen, daß f im Punkt (x_0, y_0) stetig ist.

(3) Aus mengentheoretischen Gründen ist α immer injektiv. Nach (1) ist α stetig. Wir zeigen zunächst, daß Mengen der Form $W(K \times L, U)$ für kompaktes $K \subset X, L \subset Y$ und offenes $U \subset Z$ eine Subbasis für die KO-Topologie auf $Z^{X \times Y}$ bilden. Sei $f \in W(M, U)$, $M \subset X \times Y$ kompakt, $U \subset Z$ offen. Sei $\mathrm{pr}_i(M) = M_i$. Dann ist $M_1 \times M_2 \subset X \times Y$ ein kompakter Hausdorff-Raum. Ferner gilt $M \subset f^{-1}(U) \cap (M_1 \times M_2)$. Da $M_1 \times M_2$ normal ist, gibt es zu jedem $(x, y) \in M$ kompakte Umgebungen K_x von x in M_1 und L_y von y in M_2, so daß

$$K_x \times L_y \subset f^{-1}(U) \cap (M_1 \times M_2)$$

gilt. Endlich viele $K_x \times L_y$ überdecken M, etwa $K_{x(1)} \times L_{y(1)}, \ldots, K_{x(m)} \times L_{y(m)}$. Dann ist

$$f \in \bigcap_{i=1}^{m} W(K_{x(i)} \times L_{y(i)}, U) \subset W(M, U).$$

Es ist

$$\alpha W(K \times L, U) = W(K, W(L, U)) \cap \alpha(Z^{X \times Y}).$$

Also ist $\alpha W(K \times L, U)$ offen im Bild von α. Da die Mengen $W(K \times L, U)$ eine Subbasis bilden, so ist α eine offene Abbildung auf das Bild von α.

(4) folgt aus (1) – (3).   □

Die Abbildung $e: Y^X \times X \to Y$, $(f, x) \mapsto f(x)$ heißt *Auswertung*. Deren Adjungierte ist die Identität von Y^X. Aus (5.3) entnehmen wir somit, daß für lokal kompaktes X die Auswertung stetig ist.

Wir untersuchen nun die funktoriellen Eigenschaften der Abbildungsräume mit KO-Topologie. Eine Abbildung $f: X \to Y$ induziert durch Zusammensetzung Abbildungen $f^Z: X^Z \to Y^Z$, $g \mapsto fg$ und $Z^f: Z^Y \to Z^X$, $g \mapsto gf$.

(5.4) Satz. *f^Z und Z^f sind stetig.*

Beweis. Sei $W(K, U) \subset Y^Z$ gegeben. Dann ist

$$(f^Z)^{-1} W(K, U) = W(K, f^{-1}U),$$

womit die Stetigkeit von f^Z folgt. Sei $W(K, U) \subset Z^X$. Mittels

$$(Z^f)^{-1} W(K, U) = W(fK, U)$$

folgt die Stetigkeit von Z^f.   □

(5.5) Satz. *Sei $i: Z \to Y$ die Inklusion eines Unterraumes. Dann ist $i^X: Z^X \to Y^X$ eine Einbettung.*

Beweis. Nach (5.4) ist i^X stetig. Es bleibt zu zeigen: Ist $W \subset Z^X$ offen, so gibt es eine offene Menge $W_1 \subset Y^X$ mit $(i^X)^{-1} W_1 = W$. Dazu genügt es, W von der Form $W = W(K, U)$ anzunehmen. Sei $U = Z \cap V = i^{-1}V$ mit offenem V aus Y. Aus

$$(i^X)^{-1} W(K, V) = W(K, i^{-1}V) = W(K, U)$$

folgt die Behauptung.   □

Seien X, Y, U und V topologische Räume. Durch Produktbildung erhalten wir eine Abbildung $\pi: U^X \times V^Y \to (U \times V)^{X \times Y}$, $(f, g) \mapsto f \times g$.

(5.6) Satz. *Seien X und Y Hausdorff-Räume. Dann ist die voranstehende Abbildung π stetig.*

Beweis. Nach (5.1) bilden die Mengen der Form $W(K, A_1 \times A_2)$, $K \subset X \times Y$ kompakt, $A_1 \subset U$ und $A_2 \subset V$ offen, eine Subbasis der Topologie des Raumes $(U \times V)^{X \times Y}$. Es ist

$$\pi^{-1} W(K, A_1 \times A_2) = W(\mathrm{pr}_1 K, A_1) \times W(\mathrm{pr}_2 K, A_2).$$

Daraus folgt die Behauptung.   □

Eine Abbildung $X \to Y \times Z$ ist „dasselbe" wie ein Paar von Abbildungen $X \to Y$, $X \to Z$. In diesem Sinne erhalten wir eine tautologische Bijektion

$$\tau: (Y \times Z)^X \to Y^X \times Z^X.$$

(5.7) Satz. *Für einen Hausdorff-Raum X ist die voranstehende Abbildung τ ein Homöomorphismus.*

Beweis. Sei $d\colon X \to X \times X$ die Diagonale. Die Abbildung

$$(Y \times Z)^X \to (Y \times Z)^X \times (Y \times Z)^X \to Y^X \times Z^X, \quad f \mapsto (f, f) \mapsto (f_1, f_2)$$

mit $f_j = \mathrm{pr}_j \circ f$ ist nach (5.4) immer stetig und

$$Y^X \times Z^X \to (Y \times Z)^{X \times X} \to (Y \times Z)^X, \quad (f, g) \mapsto f \times g \mapsto (f \times g)d$$

ist nach (5.4) und (5.6) stetig. Sie sind invers zueinander. □

(5.8) Satz. *Es seien X und Y lokal kompakt. Dann ist die Zusammensetzung $Z^Y \times Y^X \to Z^X$, $(g, f) \mapsto gf$ stetig.*

Beweis. Es genügt zu zeigen, daß $Z^Y \times Y^X \times X \to Z$, $(g, f, x) \mapsto gf(x)$ stetig ist (5.3). Diese Abbildung läßt sich aber als Komposition

$$Z^Y \times Y^X \times X \to Z^Y \times Y \to Z, \quad (g, f, x) \mapsto (g, f(x)) \mapsto gf(x)$$

mittels zweier stetiger Auswertungen schreiben. □

(5.9) Satz. *Sei Z lokal kompakt und $p\colon X \to Y$ eine Identifizierung. Dann ist $p \times \mathrm{id}(Z)\colon X \times Z \to Y \times Z$ eine Identifizierung.*

Beweis. Wegen der universellen Eigenschaft einer Identifizierung genügt es zu zeigen: Sei U ein beliebiger Raum und $h\colon Y \times Z \to U$ eine Mengenabbildung und $k = h(p \times \mathrm{id})$ stetig; dann ist auch h stetig. Durch Übergang zur adjungierten Abbildung erhalten wir $\bar{k} = \bar{h}p$. Es ist $\bar{h}$ stetig, da p eine Identifizierung ist. Nach (5.3) ist deshalb h stetig. □

Sei $H\colon X \times I \to Y$ eine Homotopie von f nach g. Für $t \in I$ sei $e_t\colon Y \to I$ die konstante Abbildung mit dem Wert t. Dann ist $I \to I^Y$, $t \mapsto e_t$ stetig. Die Zusammensetzung

$$X^Z \times I \longrightarrow (X \times I)^Z \xrightarrow{\ H^Z\ } Y^Z$$

ist nach (5.4) und (5.7) stetig und eine Homotopie von f^Z nach g^Z.

Die Zusammensetzung

$$e \circ (\alpha \times \mathrm{id}) \circ (Z^H \times \mathrm{id})\colon Z^Y \times I \to Z^{X \times I} \times I \to (Z^X)^I \times I \to Z^X$$

ist ebenfalls stetig und eine Homotopie von Z^f nach Z^g.

Als Folgerung erhalten wir: Sind X und Y sowie U und V h-äquivalent, so sind X^U und Y^V h-äquivalent. Aus (5.3) erhält man: Ist Y lokal kompakt, so induziert der Übergang zur adjungierten Abbildung eine Bijektion von Homotopieklassen $[X \times Y, Z] \cong [X, Z^Y]$.

(5.10) Beispiele.

1. Sei G eine topologische Gruppe und seien X und Y G-Räume. Mit $C_G(X, Y)$ werde der Raum der G-Abbildungen $X \to Y$ mit der KO-Topologie bezeichnet. Sei G kompakt und $H \subset G$ eine abgeschlossene Untergruppe. Dann gibt es einen kanonischen Homöomorphismus $X^H \cong C_G(G/H, X)$.

2. Sei X ein kompakter Hausdorff-Raum. Sei $H(X)$ die Gruppe der Homöomor- phismen von X mit der Zusammensetzung als Verknüpfung. Dann ist $H(X)$ mit der KO-Topologie eine topologische Gruppe und $H(X) \times X \to X$, $(f, x) \mapsto f(x)$ eine stetige Operation.

3. Die KO-Topologie auf der Menge der linearen Abbildungen $\mathbb{R}^n \to \mathbb{R}$ ist die übliche Topologie.

4. Sei X kompakt und Y ein metrischer Raum. Die KO-Topologie auf Y^X wird durch die Supremum-Metrik induziert.

5. Seien (X, x), (Y, y) und (Z, z) punktierte Räume. Mit $C(X, Y)^0$ bezeichnen wir den Raum aller punktierten Abbildungen $X \to Y$ mit der KO-Topologie (Teilraum von $C(X, Y)$). In $C(X, Y)^0$ verwenden wir die konstante Abbildung als Grundpunkt. Ist $f: X \times Y \to Z$ gegeben, so ist die Adjungierte $\bar{f}: X \to C(Y, Z)$ genau dann eine punktierte Abbildung nach $C(X, Y)^0$, wenn der Teilraum $X \times y \cup x \times Y$ durch f auf den Grundpunkt abgebildet wird. Sei

$$p: X \times Y \to X \wedge Y = X \times Y/(X \times y \cup x \times Y)$$

die Quotientabbildung. Ist $g: X \wedge Y \to Z$ gegeben, so sei die Adjungierte von $g \circ p$ mit $\alpha^0 g$ bezeichnet und als Element von $C(X, C(Y, Z)^0)^0$ aufgefaßt. Auf diese Weise erhält man eine Abbildung

$$\alpha^0: C(X \wedge Y, Z)^0 \to C(X, C(Y, Z)^0)^0.$$

Ist Y lokal kompakt, so ist α^0 bijektiv und induziert eine Bijektion

$$[X \wedge Y, Z]^0 \cong [X, C(Y, Z)^0]^0$$

der punktierten Homotopiemengen.

6. Sei $(Y, *)$ ein punktierter Raum und (X, A) ein Raumpaar. Sei $p: X \to X/A$ die Quotientabbildung. Wir betrachten X/A als punktiert mit dem Grundpunkt A. Sei $C((X, A), (Y, *))$ der Unterraum von $C(X, Y)$ aller Abbildungen, die A auf den Grundpunkt werfen. Zusammensetzung mit p induziert eine bijektive stetige Abbildung $C(X/A, Y)^0 \to C((X, A), (Y, *))$; und diese eine Bijektion von Homo- topiemengen $[X/A, Y]^0 \to [(X, A), (Y, *)]$.

7. Der Raum $C(S^1, S^1)$ mit KO-Topologie wird eine topologische Gruppe, wenn man als Verknüpfung die punktweise Multiplikation der Abbildungen verwendet.

8. Es gibt zwei stetige Homomorphismen $e\colon C(S^1, S^1) \to S^1$, $f \mapsto f(1)$ und $d\colon C(S^1, S^1) \to \mathbb{Z}$, $f \mapsto \mathrm{Grad}(f)$. Es sei $M^0(S^1)$ der Kern von (e, d). Sei $f_n\colon S^1 \to S^1$, $z \mapsto z^n$. Der Homomorphismus

$$s\colon S^1 \times \mathbb{Z} \to C(S^1, S^1), \quad (\alpha, n) \mapsto \alpha f_n$$

ist stetig. Die Abbildung

$$M^0(S^1) \times (S^1 \times \mathbb{Z}) \to C(S^1, S^1), \quad (f, (\alpha, n)) \mapsto f \cdot s(\alpha, n)$$

ist ein Isomorphismus von topologischen Gruppen. Aus der Überlagerungstheorie (Hochheben über $\mathbb{R} \to S^1$, $t \mapsto \exp(it)$) folgt, daß $M^0(S^1)$ isomorph zum Raum V der stetigen Funktionen $\phi\colon \mathbb{R} \to \mathbb{R}$ mit $\varphi(0) = 0$ und $\varphi(x + 2\pi) = \varphi(x)$ ist oder, äquivalent, zum Raum der stetigen Funktionen $\alpha\colon S^1 \to \mathbb{R}$ mit $\alpha(1) = 0$. Der Raum V trägt die Supremum-Norm und die induzierte KO-Topologie.

Aus dem angegebenen Isomorphismus folgt, daß $C(S^1, S^1)$ eine unendlich-dimensionale Mannigfaltigkeit ist.

9. Sei $M(S^1)$ die Gruppe der Homöomorphismen $S^1 \to S^1$ vom Grad 1 mit KO-Topologie. Jedes Element $\lambda \in S^1$ liefert den Homöomorphismus $f_\lambda\colon z \mapsto \lambda x$. Damit wird S^1 eine Untergruppe von $M(S^1)$. Sei $M_1(S^1)$ die Untergruppe aller Homöomorphismen f mit $f(1) = 1$. Dann ist

$$S^1 \times M_1(S^1) \to M(S^1), (\lambda, h) \mapsto f_\lambda \circ h$$

ein Homomorphismus. Nach Hochhebungstheorie ist $M_1(S^1)$ homöomorph zum Raum H aller Homöomorphismen $f\colon [0, 1] \to [0, 1]$ mit $f(0) = 0$. Der Raum H ist zusammenziehbar; eine Kontraktion wird durch $f_t(x) = (1 - t)f(x) + tx$ geliefert. Folglich ist die Inklusion $S^1 \to M(S^1)$ eine Homotopieäquivalenz. Der Raum $H(S^1)$ aller Homöomorphismen von S^1 ist zu $O(2)$ homotopieäquivalent.

IV Axiomatische Homologie und Kohomologie

Die algebraische Topologie verwandelt geometrische („kontinuierliche") Informati-on in algebraische („diskrete"). Ihr liegt die Idee und Erfahrung zugrunde, daß zum einen in der algebraischen Information wesentliche („globale") Struktur der Geome-trie kodifiziert wird und zum anderen ein geometrisches Problem oft leichter lösbar ist, wenn es zuvor algebraisiert wurde.

Eine der bedeutsamsten methodischen Entdeckungen zur Algebraisierung der Geometrie ist die Homologietheorie. In ihr entfaltet sich eine mathematische Denk-weise, die weite Teile der Mathematik dominiert.

Die Geburtsanzeige der Homologie, von Poincaré 1895 aufgegeben, lautet [200]:

Considérons une variété V à p dimensions; soit maintenant W une variété à q dimensions ($q \le p$) faisant partie de V. Supposons que la frontière complète de W se compose de λ variétés continues à $q - 1$ dimensions

$$\nu_1, \nu_2, \ldots, \nu_\lambda.$$

Nous exprimerons ce fait par la notation

$$\nu_1 + \nu_2 + \cdots + \nu_\lambda \sim 0.$$

Plus généralement la notation

$$k_1\nu_1 + k_2\nu_2 \sim k_3\nu_3 + k_4\nu_4$$

où les k sont des entiers et les ν des variétés à $q - 1$ dimensions, signifiera qu'il existe une variété W à q dimensions faisant partie de V et donc la frontière complète se composera de k_1 variétés peu différentes de ν_1, de k_2 variétés peu différentes de ν_2, de k_3 variétés peu différentes de la variété opposée à ν_3 et de k_4 variétés peu différentes de la variété opposée à ν_4.

Les relations de cette forme pourront s'appeler des *homologies*.

Es ist schwer vorzustellen, wie mit einer derartigen Definition Sätze bewiesen werden können. Poincaré hat 1899 die Definition der Homologie andersartig präzisiert: Er gibt eine kombinatorische Definition durch Inzidenzzahlen und Berandungsrelatio-nen und begründet damit die kombinatorische Version der algebraischen Topologie [201]. In den nächsten Jahrzehnten wird der Homologiebegriff weiterentwickelt, auf allgemeinere Räume ausgedehnt und als topologisch invariant nachgewiesen. Wir erwähnen nur: Beweis der topologischen Invarianz der kombinatorisch definierten Homologieinvarianten durch Alexander [4]. Einführung der Homologie-*Gruppen* durch Emmy Noether um etwa 1926. Erfindung der singulären Homologie durch Eilenberg [75]. Für die Geschichte des Homologiebegriffs siehe [23] und für die Topologie überhaupt [66], [110], [141].

Die Axiomatisierung der Homologie durch Eilenberg und Steenrod 1945 hat der Theorie eine definitive Gestalt gegeben [77]. Seitdem ist es ratsam, mit den Axiomen von Eilenberg und Steenrod zu beginnen. Durch diese Axiome wird eine Homologietheorie als mathematisches Objekt und unverzichtbares Werkzeug der Topologie definiert und damit erst verfügbar.

1 Die Axiome von Eilenberg und Steenrod

In der algebraischen Topologie werden Funktoren von Räumen in algebraische Kategorien untersucht. Wir benennen einige für uns wichtige Kategorien. Wir bezeichnen mit $\mathbb{K}$-Mod die Kategorie der linken $\mathbb{K}$-Moduln über dem kommutativen Ring $\mathbb{K}$. Als topologische Kategorie verwenden wir die Kategorie TOP der topologischen Räume und stetigen Abbildungen. Daraus bilden wir die Kategorie TOP(2) der Raumpaare. Ein Objekt (X, A) von TOP(2) besteht aus einem Raum X und einem Unterraum A. Ein Morphismus $f: (X, A) \to (Y, B)$ von TOP(2) ist eine stetige Abbildung $f: X \to Y$, die A nach B abbildet. Eine Homotopie $f_t: (X, A) \to (Y, B)$ in TOP(2) ist eine gewöhnliche Homotopie $f_t: X \to Y$, die für jedes $t \in I = [0, 1]$ den Unterraum A nach B abbildet. Wir verwenden gleich den Funktor $\kappa: \text{TOP}(2) \to \text{TOP}(2)$, der das Objekt (X, A) auf das Objekt $(A, \emptyset)$ wirft und $f: (X, A) \to (Y, B)$ auf die Einschränkung $f: (A, \emptyset) \to (B, \emptyset)$. Analog wird die Kategorie TOP(3) der Tripel (X, A, B) mit $B \subset A \subset X$ definiert. Künftig verwenden wir Bezeichnungen wie $(X, A) \times (Y, B) = (X \times Y, A \times Y \cup X \times B)$.

(1.1) Definition. Eine *Homologietheorie für Raumpaare* besteht aus einer Familie $(h_n \mid n \in \mathbb{Z})$ von kovarianten Funktoren

$$h_n: \text{TOP}(2) \to \mathbb{K}\text{-Mod}$$

und einer Familie $(\partial_n \mid n \in \mathbb{Z})$ von natürlichen Transformationen

$$\partial_n: h_n \to h_{n-1} \circ \kappa.$$

Diese Daten sollen die folgenden Axiome erfüllen.

(1) *Homotopieinvarianz.* Für jede Homotopie f_t in TOP(2) gilt $h_n(f_0) = h_n(f_1)$.

(2) *Exakte Homologiesequenz.* Für jedes Raumpaar (X, A) ist die Sequenz

$$\cdots \to h_{n+1}(X, A) \xrightarrow{\partial} h_n(A, \emptyset) \to h_n(X, \emptyset) \to h_n(X, A) \xrightarrow{\partial} \cdots$$

exakt. Die unbezeichneten Homomorphismen sind durch die Inklusionen induziert.

(3) *Ausschneidung.* Sei (X, A) ein Raumpaar. Sei $\tau\colon X \to [0, 1]$ stetig, $U \subset \tau^{-1}(0)$ und $\tau^{-1}[0, 1[\subset A$. Dann induziert die Inklusion $(X \setminus U, A \setminus U) \to (X, A)$ einen Isomorphismus

$$h_n(X \setminus U, A \setminus U) \cong h_n(X, A),$$

der als *Ausschneidung* von U bezeichnet wird.   ◇

Wir haben eine Form des Ausschneidungsaxioms gewählt, die der Homotopietheorie angepaßt ist. Eine stärkere Form gilt zum Beispiel in der singulären Homologie, dort wird nur vorausgesetzt, daß die abgeschlossene Hülle $\overline{U}$ im Inneren $A°$ enthalten ist (siehe auch [78, p. 14], wo U außerdem als offen angenommen wird). Gelegentlich werden Homologietheorien nur für geeignete Teilkategorien von TOP betrachtet, etwa für CW-Komplexe, (lokal) kompakte Räume oder metrische Räume.

Wir nennen $h_n(X, A)$ die *n*-te *Homologiegruppe* von (X, A) in der Homologietheorie (auch Homologiegruppe in der *Dimension n*, vom *Grad n*). Wir setzen $h_n(X) = h_n(X, \emptyset)$. Die Gruppen $h_n(X)$ werden die *absoluten* und die Gruppen $h_n(X, A)$ die *relativen* Homologiegruppen genannt. Die Homomorphismen ∂_n heißen *Randoperatoren* oder *verbindende Morphismen* der Theorie. Wir setzen oft der Einfachheit halber $h_n(f) = f_*$ und nennen (wie schon oben) f_* den durch f induzierten Homomorphismus. Die Homologiegruppen $h_n(P)$ eines Punktraumes P werden als *Koeffizientengruppen* der Homologietheorie bezeichnet. Ist $h_n(P) = 0$ für $n \neq 0$, so sagen wir, die Theorie erfülle das *Dimensionsaxiom*, und nennen die Theorie eine *gewöhnliche* oder *klassische* Homologietheorie. Die Bezeichnung

$$h_n(X, A) = H_n(X, A; G)$$

bedeutet, daß es sich um eine gewöhnliche Homologietheorie handelt, für die ein Isomorphismus $h_0(P) \cong G$ festgelegt ist. Wir sprechen dann von gewöhnlicher Homologie mit *Koeffizienten* in G. Der Terminus „Koeffizienten" wird verständlich werden, wenn wir Kettenkomplexe und Zellenketten behandeln.

Wir verweisen auf eine Homologietheorie meist nur durch das Symbol $h_*(-)$ oder nur h_*. Die Daten ∂_n werden also in der Bezeichnung unterdrückt.

Die Axiome werden dadurch gerechtfertigt, daß eine gewöhnliche Homologietheorie mit Koeffizientengruppe G für endliche CW-Komplexe durch die Axiome und G bestimmt ist. Das werden wir später beweisen.

(1.2) Bemerkung. Der intuitive Sinn der Axiome erschließt sich leider nicht unmittelbar. Anschaulich am einfachsten zugänglich scheint die Homologietheorie zu sein, die *Bordismentheorie* genannt wird (siehe VIII.13). Sie kommt auch der in der Einleitung zitierten Vision von Poincaré am nächsten. Die Konstruktion der Bordismentheorie setzt einige Grundbegriffe und Aussagen über differenzierbare Mannigfaltigkeiten voraus, aber nicht mehr, als in einem üblichen Analysiskurs geboten wird

[32]. Die Bordismentheorien sind keine gewöhnlichen Theorien im eben definierten Sinne.   ◇

Als eine erste Konsequenz aus den Axiomen leiten wir die *exakte Sequenz eines Tripels* (X, A, B) her. Wir definieren den Randoperator eines Tripels als die Zusammensetzung

(1.3) $\partial\colon h_n(X, A) \to h_{n-1}(A) \to h_{n-1}(A, B),$

worin die erste Abbildung der bisherige Randoperator ist und die zweite durch die Inklusion induziert wird. Damit gilt dann:

(1.4) Satz. *Für jedes Tripel (X, A, B) ist die Sequenz*

$$\cdots \to h_n(A, B) \to h_n(X, B) \to h_n(X, A) \xrightarrow{\partial} h_{n-1}(A, B) \to \cdots$$

exakt. Die unbezeichneten Abbildungen sind durch die Inklusion induziert.

Beweis. Für den ursprünglichen Beweis siehe [78, p. 24]. Es ist leicht zu sehen, daß die Zusammensetzung zweier aufeinanderfolgender Abbildungen Null ist. Die Sequenz des Satzes, sowie die exakten Sequenzen der Paare (X, A), (X, B) und (A, B) bilden zusammen ein Zopf-Diagramm wie im nächsten Lemma, das ebenfalls einen Beweis von (1.4) liefert. Wir geben einen weiteren Beweis im zehnten Abschnitt. Er benutzt auch die anderen Axiome einer Homologietheorie.   □

(1.5) Zopf-Lemma. *Seien vier Sequenzen nach Art des folgenden kommutativen Diagramms zopfartig miteinander verwoben. Jede Sequenz läuft von links nach rechts und hat eine „sägezahnartige" Form. An den Stellen • stehen jeweils abelsche Gruppen.*

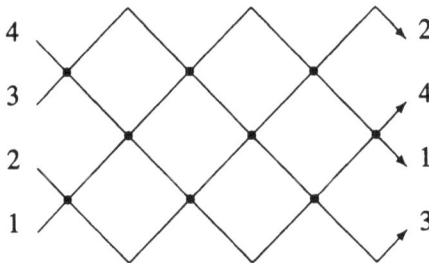

Sind drei der Sequenzen exakt und sind in der vierten die Zusammensetzungen zweier aufeinanderfolgender Abbildungen jeweils Null, so ist auch die vierte Sequenz exakt. [259]   □

Seien $h_* = (h_n, \partial_n)$ und $k_* = (k_n, \partial'_n)$ Homologietheorien. Eine *natürliche Transformation* $\varphi_*\colon h_* \to k_*$ *von Homologietheorien* besteht aus einer Familie von natürlichen Transformationen $\varphi_n \colon h_n \to k_n$ von Funktoren, die mit den Rand-operatoren verträglich sind $\partial'_n \circ \varphi_n = \varphi_{n-1} \circ \partial_n$. Eine natürliche Transformation $\varphi \colon h_* \to k_{*+t}$ vom Grad $t \in \mathbb{Z}$ besteht aus einer Familie von natürlichen Trans-formationen $\varphi_n \colon h_n \to k_{n+t}$, die $\partial'_{n+t} \circ \varphi_n = (-1)^t \varphi_{n-1} \circ \partial_n$ erfüllen (Vorzeichen-regel). Betrachten wir jedoch stattdessen die Transformationen $\psi_n = (-1)^{nt} \varphi_n$, so gilt $\partial'_{n+t} \circ \psi_n = \psi_{n-1} \circ \partial_n$, und deshalb spielen die Vorzeichen keine große Rolle. Wird eine natürliche Transformation vom Grad s mit einer vom Grad t verknüpft, so entsteht eine vom Grad $s + t$.

(1.6) Beispiel. Sei (h_n, ∂_n) eine Homologietheorie. Sei $(\varepsilon_n \mid n \in \mathbb{Z})$ eine Familie von Einheiten des Ringes $\mathbb{K}$. Dann ist $(h_n, \varepsilon_n \partial_n)$ wieder eine Homologietheorie. Sie ist aber zu der ursprünglichen natürlich isomorph. Ein Isomorphismus wird durch Multiplikation $\alpha \colon h_n \to h_n$ mit geeigneten Einheiten α_n von $\mathbb{K}$ gegeben, zum Bei-spiel $\alpha_n = \prod_{j=1}^{n} \varepsilon_j^{-1}$ für $n > 0$, $\alpha_0 = 1$ und $\alpha_{-n} = \prod_{j=0}^{n-1} \varepsilon_{-j}$ für $n > 0$. Man kann deshalb die Randoperatoren ∂_n als natürliche Transformationen ohne großen Schaden mit irgendwelchen Vorzeichen $\varepsilon_n \in \{\pm 1\}$ versehen. $\diamond$

(1.7) Beispiel. Sei (h_n, ∂_n) eine Homologietheorie. Wir erhalten eine neue Homo-logietheorie durch Verschiebung der Indizes, das heißt, wir setzen $k_n = h_{n+t}$ und entsprechend für die Randoperatoren. Die Abbildungen $(-1)^{nt} \operatorname{id} \colon k_n \to H_{n+t}$ bil-den einen Isomorphismus vom Grad t der Theorie k_* in die Theorie h_*. $\diamond$

(1.8) Beispiel. Sei Y ein gegebener Raum. Wir setzen

$$k_n(X, A) = h_n(X \times Y, A \times Y).$$

Dann sind die k_n wieder Bestandteil einer Homologietheorie; deren Randoperatoren für (X, A) sind die Randoperatoren von h_* des Paares $(X \times Y, A \times Y)$. Die Projek-tionen $\operatorname{pr} \colon X \times Y \to X$ induzieren eine natürliche Transformation $\operatorname{pr}_* \colon k_* \to h_*$ von Homologietheorien. Aus einer gewöhnlichen Homologietheorie erhalten wir so andere, die das Dimensionsaxiom nicht erfüllen. $\diamond$

(1.9) Beispiel. Sei h_* eine Homologietheorie mit Werten in $\mathbb{K}$-Mod. Sei M ein flacher $\mathbb{K}$-Modul; das bedeutet, das Tensorprodukt $\otimes_{\mathbb{K}} M$ überführt exakte Sequenzen wieder in exakte Sequenzen. Dann bilden die $h_n(-) \otimes_{\mathbb{K}} M$ eine Homologietheorie. Im Falle $\mathbb{K} = \mathbb{Z}$ kann man für M einen Unterring der rationalen Zahlen $\mathbb{Q}$ nehmen (eine sogenannte Lokalisierung von $\mathbb{Z}$), etwa $\mathbb{Q}$ selbst. $\diamond$

(1.10) Beispiel. Sei $({}_j h_n \mid n \in \mathbb{Z})$ eine Homologietheorie $(j \in J)$. Dann bilden die $\bigoplus_{j \in J} {}_j h_n(X, A)$ und die $\prod_{j \in J} {}_j h_n(X, A)$ zusammen mit den ebenso gebildeten Randoperatoren wieder eine Homologietheorie. $\diamond$

Wir formulieren zwei zusätzliche Axiome, die manchmal von Bedeutung sind, aber zunächst noch keine Rolle spielen. Weitere Axiome folgen später.

(1.11) *Kompakte Träger.* Eine Homologietheorie hat *kompakte Träger*, wenn zu

jedem $x \in h_n(X)$ ein kompakter Hausdorff-Raum K, eine stetige Abbildung
$f \colon K \to X$ und ein $y \in h_n(K)$ existieren, so daß $f_*(y) = x$ ist. $\Diamond$

(1.12) Kombinatorisch. Eine Homologietheorie heißt *kombinatorisch*, wenn schwache Homotopieäquivalenzen in sämtlichen Homologiegruppen Isomorphismen induzieren. Eine solche Homologietheorie ist dann vollständig durch ihre Werte auf
CW-Komplexen bestimmt, denn nach dem Satz über die CW-Approximation ist
jeder Raum schwach homotopieäquivalent zu einem CW-Komplex. (Siehe hierzu
das Kapitel VII über Komplexe.) $\Diamond$

2   Kohomologie

Werden die Axiome einer Homologietheorie sinngemäß für kontravariante Funktoren
formuliert, so erhalten wir die Axiome einer Kohomologietheorie.

(2.1) Definition. Eine *Kohomologietheorie für Raumpaare* besteht aus einer Familie $(h^n \mid n \in \mathbb{Z})$ von kontravarianten Funktoren

$$h^n \colon \mathrm{TOP}(2) \to \mathbb{K}\text{-}\mathrm{Mod}$$

und einer Familie $(\delta^n \mid n \in \mathbb{Z})$ von natürlichen Transformationen

$$\delta^n \colon h^{n-1} \circ \kappa \to h^n.$$

Diese Daten sollen die folgenden Axiome erfüllen.
  (1) *Homotopieinvarianz.* Für jede Homotopie f_t in $\mathrm{TOP}(2)$ gilt $h^n(f_0) = h^n(f_1)$.
  (2) *Exakte Sequenz.* Für jedes Paar (X, A) ist die Sequenz

$$\cdots \to h^{n-1}(A) \xrightarrow{\delta} h^n(X, A) \to h^n(X) \to h^n(A) \xrightarrow{\delta} \cdots$$

exakt. Die unbezeichneten Abbildungen sind wieder durch die Inklusionen induziert.
  (3) *Ausschneidung.* Unter den Voraussetzungen von (1.1.3) wird durch die In-
klusion ein Isomorphismus $h^n(X, A) \cong h^n(X \setminus U, A \setminus U)$ induziert. $\Diamond$

Wir nennen $h^n(X, A)$ die *n*-te *Kohomologiegruppe* von (X, A). Die δ^n heißen
Korandoperatoren oder *verbindende Morphismen.* Wir setzen $h^n(f) = f^*$. Den
durch eine Inklusion $i \colon A \subset X$ induzierten Homomorphismus $i^* \colon h^n(X) \to h^n(A)$
bezeichnen wir manchmal als *Einschränkung.* Die Punktgruppen $h^n(P)$ heißen wieder die *Koeffizientengruppen* der Theorie. Ist $h^n(P) = 0$ für $n \neq 0$, so sprechen
wir von einer *gewöhnlichen* oder *klassischen* Kohomologietheorie und sagen, die
Theorie erfülle das *Dimensionsaxiom.* Die Bezeichnung

$$h^n(X, A) = H^n(X, A; G)$$

steht für eine gewöhnliche Kohomologietheorie mit einem gegebenen Isomorphismus der Koeffizientengruppe $h^0(P) \cong G$.

Ferner gibt es für jedes Tripel (X, A, B) eine exakte Kohomologiesequenz, analog zur Homologie (1.4) und mit analogem Beweis. Der Korandoperator wird in diesem Fall durch

$$(2.2) \qquad \delta \colon h^{n-1}(A, B) \to h^{n-1}(A) \to h^n(X, A)$$

definiert. Darin ist die erste Abbildung durch die Inklusion induziert und die zweite der gegebene Korandoperator.

3 Einfache Folgerungen

Wir ziehen einige Folgerungen aus den Axiomen. Danach formulieren wir das Additivitätsaxiom. Wir legen eine Homologie- oder Kohomologietheorie zugrunde.

(3.1) Notiz. *Es gilt $h_n(\emptyset) = 0$ und $h_n(X, X) = 0$. Analog für h^n.*

Beweis. Aus der Exaktheit (das heißt aus Axiom (1.1.2)) folgt: Ist die durch die Inklusion induzierte Abbildung $h_n(A) \to h_n(X)$ ein Isomorphismus für alle $n \in \mathbb{Z}$, so gilt $h_n(X, A) = 0$ für alle $n \in \mathbb{Z}$. Insbesondere ist deshalb $h_n(X, X) = 0$ und somit $h_n(\emptyset) = h_n(\emptyset, \emptyset) = 0$.   □

(3.2) Notiz. *Sei $f \colon A \to X$ eine Homotopieäquivalenz. Dann ist die induzierte Abbildung $f_* \colon h_n(A) \to h_n(X)$ ein Isomorphismus. Ist sogar $f \colon A \subset X$, so gilt $h_n(X, A) = 0$. Analog für die Kohomologie.*

Beweis. Aus der Funktoreigenschaft und der Homotopieinvarianz folgt, daß f_* ein Isomorphismus ist. Die weitere Aussage folgt dann aus der Exaktheit.   □

Für das Arbeiten mit exakten Sequenzen ist das *Fünfer-Lemma* der Algebra wichtig. Wir erinnern daran.

(3.3) Das Fünfer-Lemma. *Das Diagramm*

aus Gruppen und Homomorphismen sei kommutativ und habe exakte Zeilen.

(1) *Sind f_2, f_4 surjektiv und f_5 injektiv, so ist f_3 surjektiv.*

(2) *Sind f_2, f_4 injektiv und f_1 surjektiv, so ist f_3 injektiv.*
(3) *Sind f_1 surjektiv, f_2, f_4 bijektiv und f_5 injektiv, so ist f_3 bijektiv.* □

Da eine Abbildung $f: (X, A) \to (Y, B)$ einen Morphismus der exakten Sequenz von (X, A) in diejenige von (Y, B) induziert, so ist die nächste Aussage eine unmittelbare Folge von (3.2) und (3.3).

(3.4) Notiz. *Sei $f: (X, A) \to (Y, B)$ eine Abbildung von Paaren und seien die beiden Komponenten $X \to Y$ und $A \to B$ Homotopieäquivalenzen. Dann ist $f_*: h_n(X, A) \to h_n(Y, B)$ bijektiv. Analog für die Kohomologie.* □

(3.5) Notiz. *Sei $i: A \to X$ eine Inklusion und $p: X \to A$ eine Abbildung, so daß $p \circ i$ homotop zur Identität ist. Dann induzieren $(A, \emptyset) \subset (X, \emptyset) \subset (X, A)$ eine kurze exakte Sequenz*

$$0 \to h_n(A) \to h_n(X) \to h_n(X, A) \to 0,$$

und i_* ist eine Inklusion als direkter Summand mit einem zu $h_n(X, A)$ isomorphen Komplement Kern p_* (das heißt, die Sequenz spaltet auf). Im Falle der Kohomologie haben wir eine kurze exakte Sequenz

$$0 \to h^n(X, A) \to h^n(X) \to h^n(A) \to 0,$$

die ebenfalls aufspaltet.

Beweis. Wegen $p_* i_* = $ id ist i_* injektiv. Aus der exakten Sequenz folgt dann, daß $\partial: h_n(X, A) \to h_{n-1}(A)$ die Nullabbildung ist und $h_n(X) \to h_n(X, A)$ surjektiv. Das liefert die kurze exakte Sequenz. Außerdem besagt $p_* i_* = $ id, daß i_* eine Inklusion als direkter Summand ist. □

Wir zeigen nun die Verträglichkeit von (Ko-)Homologiegruppen mit endlichen topologischen Summen.

(3.6) Satz. *Seien (X_j, A_j), $1 \le j \le k$, Raumpaare und bezeichne*

$$i_\nu: (X_\nu, A_\nu) \to (X, A) = (\amalg_j X_j, \amalg_j A_j)$$

die Inklusion eines Summanden. Dann ist

$$\bigoplus_{j=1}^{k} h_n(X_j, A_j) \to h_n(X, A), \quad (x_j) \mapsto \sum_{j=1}^{k} h_n(i_j)(x_j)$$

ein Isomorphismus. Im Falle einer Kohomologietheorie ist

$$h^n(X, A) \to \prod_{j=1}^{k} h^n(X_j, A_j), \quad x \mapsto \big(h^n(i_j)(x)\big)$$

ein Isomorphismus.

Beweis. Der allgemeine Fall folgt aus dem Fall $k = 2$ durch eine leichte Induktion. Mit dem Fünfer-Lemma erkennen wir, daß es genügt, den Fall leerer A_j zu betrachten.

In dem folgenden kommutativen Diagramm seien die Homomorphismen durch Inklusionen induziert.

$$
\begin{array}{ccc}
h_n(X_1) & \xrightarrow{\ \ a_1\ \ } & h_n(X, X_2) \\
& \begin{array}{cc} i_1\searrow & \nearrow j_2 \end{array} & \\
& h_n(X) & \\
& \begin{array}{cc} i_2\nearrow & \searrow j_1 \end{array} & \\
h_n(X_2) & \xrightarrow{\ \ a_2\ \ } & h_n(X, X_1)
\end{array}
$$

Die Stücke (i_1, j_1) und (i_2, j_2) sind exakt. Aus dem Ausschneidungsaxiom folgt, daß $h_n(A, B) \to h_n(A + C, B + C)$ immer ein Isomorphismus ist. Also sind a_1 und a_2 Isomorphismen. Die Behauptung folgt nun aus dem nachstehenden algebraischen Lemma. Die Kohomologie wird analog behandelt.   □

(3.7) Summen-Lemma. *Sei ein kommutatives Diagramm aus abelschen Gruppen und Homomorphismen gegeben*

$$
\begin{array}{ccc}
A_1 & \xrightarrow{\ \ a_1\ \ } & B_2 \\
& \begin{array}{cc} i_1\searrow & \nearrow j_2 \end{array} & \\
& A & \\
& \begin{array}{cc} i_2\nearrow & \searrow j_1 \end{array} & \\
A_2 & \xrightarrow{\ \ a_2\ \ } & B_1.
\end{array}
$$

Seien a_1 und a_2 Isomorphismen und (i_1, j_1) sowie (i_2, j_2) exakt. Dann sind

$$A_1 \oplus A_2 \to A, \quad (x_1, x_2) \mapsto i_1(x_1) + i_2(x_2) \quad und \quad A \to B_1 \times B_2, \quad x \mapsto (j_1(x), j_2(x))$$

Isomorphismen. Die Zusammensetzung dieser Isomorphismen ist $a_1 \times a_2$. Sind umgekehrt (i_1, j_1) und (i_2, j_2) kurz-exakt und ist $\langle i_1, i_2 \rangle: A_1 \oplus A_2 \to A$ ein Isomorphismus, so sind a_1 und a_2 Isomorphismen.   □

Mit dem Summen-Lemma zeigt man das folgende Sechseck-Lemma.

(3.8) Sechseck-Lemma. *Gegeben sei ein kommutatives Diagramm von abelschen*

Gruppen und Homomorphismen.

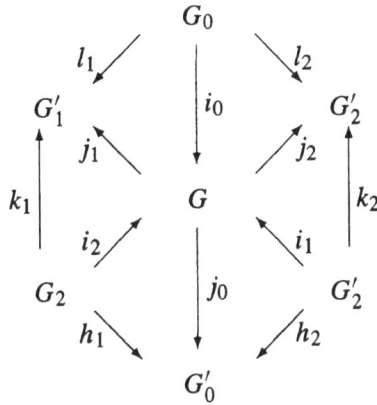

Seien k_1 und k_2 *Isomorphismen,* (i_1, j_1) *und* (i_2, j_2) *exakt und gelte* $j_0 i_0 = 0$. *Dann gilt* $h_1 k_1^{-1} l_1 = -h_2 k_2^{-1} l_2$.   □

Aus den Axiomen allein kann man nicht schließen, daß für beliebige topologische Summen die Abbildungen in (3.6) Isomorphismen sind. Wir nennen deshalb eine (Ko-)Homologietheorie *additiv*, wenn das folgende zusätzliche Axiom gilt.

(3.9) Additivitätsaxiom. Sei (X_j, A_j), $j \in J$ eine Familie von Raumpaaren. Dann ist

$$\bigoplus_{j \in J} h_n(X_j, A_j) \to h_n(\sqcup_{j \in J} X_j, \sqcup_{j \in J} A_j), \quad (x_j) \mapsto \sum_{j \in J} h_n(i_j)(x_j)$$

für alle $n \in \mathbb{Z}$ ein Isomorphismus. Für eine Kohomologietheorie besagt das Additivitätsaxiom, daß wie in (3.6) die Kohomologie einer beliebigen topologischen Summe in ein Produkt der Kohomologiegruppen der Summanden verwandelt wird.◇

(3.10) Beispiel. Das Tensorprodukt ist mit Summen verträglich aber im allgemeinen nicht mit Produkten. Die Konstruktion (1.9) macht daher aus einer additiven Homologietheorie wieder eine, während die analoge Aussage für die Kohomologie im allgemeinen nicht gilt.   ◇

4   Reduzierte Homologie und Kohomologie

Die Koeffizientengruppen $h_n(P)$ eines Punktraumes sind zwar wichtige Daten einer Homologietheorie, aber sie enthalten natürlich keine geometrische Information über Räume. Wir wollen sie deshalb von den Homologiegruppen eines Raumes abspalten.

In der Homotopietheorie ist es, wie wir schon gesehen haben, oft nötig, punktierte Räume zu betrachten. Ein *punktierter Raum* (X, x) war definiert als ein Raum X

zusammen mit einem ausgezeichneten *Grundpunkt* $x \in X$. Die Kategorie TOP^0 der punktierten Räume wird als die Teilkategorie von TOP(2) angesehen, bei der in einem Raumpaar (X, A) der Teilraum A einpunktig ist. Damit haben wir dann auch Begriffe wie *punktierte* Homotopie und *punktierte* h-Äquivalenz.

Sei X ein nichtleerer Raum und $p\colon X \to P$ die Projektion auf einen Punkt. Die Gruppe

$$\tilde{h}_n(X) = \mathrm{Kern}\,(p_*\colon h_n(X) \to h_n(P))$$

heißt *n*-te *reduzierte* Homologiegruppe von X. (Diese Definition wäre auch für leeres X möglich, aber (4.1) gilt dann nicht.) Ist $f\colon X \to Y$ stetig, so induziert $h_n(f)$ einen Homomorphismus

$$\tilde{h}_n(f)\colon \tilde{h}_n(X) \to \tilde{h}_n(Y).$$

Damit wird $\tilde{h}_n$ ein homotopieinvarianter Funktor TOP $\to \mathbb{K}$-Mod. Ist $i\colon P \to X$ die Inklusion eines Punktes, so haben wir eine direkte Zerlegung in Untermoduln

(4.1) $$h_n(X) \cong \tilde{h}_n(X) \oplus i_* h_n(P).$$

Ist $(X, *)$ ein punktierter Raum, so induziert die Inklusion $j\colon (X, \emptyset) \to (X, *)$ einen Isomorphismus

(4.2) $$\tilde{h}_n(X) \cong h_n(X, *)$$

und zusammen mit p einen Isomorphismus

(4.3) $$(j_*, p_*)\colon h_n(X) \xrightarrow{\;\cong\;} h_n(X, *) \oplus h_n(P).$$

Wir haben auch die exakte Sequenz (3.5), wenn A ein Punktraum ist. Der Isomorphismus (4.2) ist ein natürlicher Isomorphismus auf der Kategorie TOP^0 der punktierten Räume. Zwei punktierte Abbildungen $f, g\colon (X, *) \to (Y, *)$, die frei (das heißt ohne Beachtung der Grundpunkte) homotop sind, induzieren dieselben Homomorphismen $f_*, g_*\colon h_n(X, *) \to h_n(Y, *)$, da $\tilde{h}_n(f) = \tilde{h}_n(g)$ ist.

(4.4) Satz. *Sei $A \neq \emptyset$. Der Randoperator $\partial\colon h_n(X, A) \to h_{n-1}(A)$ hat ein in $\tilde{h}_{n-1}(A)$ gelegenes Bild. Durch Einschränkung der exakten Sequenz des Paares (X, A) erhalten wir eine exakte Sequenz*

$$\cdots \to \tilde{h}_n(A) \to \tilde{h}_n(X) \to h_n(X, A) \to \tilde{h}_{n-1}(A) \to \cdots$$

für die reduzierten Gruppen.

Beweis. Die erste Aussage folgt, indem man die Sequenz von (X, A) in die Sequenz von (P, P) abbildet und $h_n(P, P) = 0$ benutzt. Die zweite Aussage ist eine algebraische Konsequenz aus der exakten Sequenz (1.1.2). Man benutzt: Hat man eine

Surjektion von exakten Sequenzen, so ist der Kern exakt; hat man eine Injektion von exakten Sequenzen, so ist der Kokern exakt.   □

(4.5) Bemerkung. Über Isomorphismen vom Typ (4.2) ist die Sequenz in (4.4) isomorph zu der eines Tripels $(X, A, *)$. Damit folgt die Exaktheit für diese Tripel aus der exakten Sequenz für Raumpaare.   ◇

(4.6) Beispiel. Ist A zusammenziehbar, so ist $\tilde{h}_*(A) = 0$ und folglich wegen (4.4) $\tilde{h}_n(X) \to h_n(X, A)$ ein Isomorphismus. Ist X zusammenziehbar, so ist $\partial\colon h_n(X, A) \to \tilde{h}_{n-1}(A)$ ein Isomorphismus.   ◇

Für eine Kohomologietheorie definieren wir die *reduzierten* Gruppen eines nicht-leeren Raumes durch

$$\tilde{h}^n(X) = \operatorname{Kokern}(p^*\colon h^n(P) \to h^n(X)).$$

Auch diese Gruppen sind Bestandteil homotopieinvarianter (kontravarianter) Funktoren TOP $\to$ $\mathbb{K}$-Mod. Wir haben Isomorphismen

(4.7) $$h^n(X) \cong \tilde{h}^n(X) \oplus h^n(P)$$

(4.8) $$h^n(X) \cong h^n(X, *) \oplus h^n(P).$$

In Analogie zu (4.4) wird gezeigt:

(4.9) Satz. *Sei $A \neq \emptyset$. Der Korandoperator $\delta^n\colon h^{n-1}(A) \to h^n(X, A)$ faktorisiert über $\tilde{h}^n(A)$. Durch Quotientbildung erhalten wir aus der exakten Sequenz von (X, A) eine exakte Sequenz*

$$\cdots \to \tilde{h}^{n-1}(A) \to h^n(X, A) \to \tilde{h}^n(X) \to \tilde{h}^n(A) \to \cdots$$

für die reduzierten Gruppen.   □

5 Homologie von Sphären

Aus den Axiomen einer Homologietheorie lassen sich die Homologiegruppen der Sphären berechnen. Wir verwenden weiterhin die Standardräume S^{n-1}, D^n sowie

$$D_\pm^{n-1} = \{(x_1, \ldots, x_n) \in S^{n-1} \mid \pm x_n \geq 0\}.$$

Sei e_i der Einheitsvektor mit einer 1 an der i-ten Stelle. Wir setzen $e = \{-e_1\}$. Indem wir rechts Nullen ansetzen, betrachten wir S^{n-1} als Teilraum von S^n und analog für die Zellen und die euklidischen Räume. Der Raum D^n ist konvex und deshalb zusammenziehbar. Die Projektion $D_\pm^n \to D^{n-1}$, die die letzte Koordinate wegläßt, ist ein Homöomorphismus; also sind auch die Mengen $D_\pm^n$ zusammenziehbar.

Wir haben ein kommutatives Diagramm von Homomorphismen, die durch Inklusionen induziert sind ($n \geq 1$):

$$
\begin{array}{ccc}
h_k(D^n_-, S^{n-1}) & \longrightarrow & h_k(S^n, D^n_+) \\
\downarrow & & \downarrow \\
h_k(D^n_-, D^n_- \setminus \{-e_{n+1}\}) & \longrightarrow & h_k(S^n, S^n \setminus \{-e_{n+1}\}).
\end{array}
$$

Die senkrechten Abbildungen sind Isomorphismen, weil $S^{n-1} \to D^n_- \setminus \{-e_{n+1}\}$
und $D^n_+ \to S^n \setminus \{-e_{n+1}\}$ h-Äquivalenzen sind. Die untere Abbildung ist ein Ausschneidungsisomorphismus. Demnach ist auch die obere ein Isomorphismus.

Wir haben ein kommutatives Diagramm ($n \geq 1$)

$$
\begin{array}{ccccc}
h_k(S^n, D^n_+) & \xleftarrow{\ j\ } & h_k(S^n, e) & \cong & \tilde{h}_k(S^n) \\
\cong \uparrow & & \uparrow \sigma_+ & & \uparrow \sigma_+ \\
h_k(D^n_-, S^{n-1}) & \xrightarrow{\ \partial\ } & h_{k-1}(S^{n-1}, e) & \cong & \tilde{h}_{k-1}(S^{n-1}).
\end{array}
$$

Die waagerechten Isomorphismen gelten wegen (4.2). Die Sequenz des Tripels
(D^n_-, S^{n-1}, e) zeigt, daß ∂ ein Isomorphismus ist; und j ist ein Isomorphismus,
weil $e \subset D^n_+$ eine h-Äquivalenz ist. Der Isomorphismus σ_+ werde so definiert, daß
das Diagramm kommutativ wird.

(5.1) Notiz. *Wird σ_- analog wie σ_+ definiert, aber mir vertauschten Rollen von D^n_+
und D^n_-, so gilt $\sigma_+ = -\sigma_-$.*

Beweis. Wir wenden das Sechseck-Lemma (3.8) an. Die beiden Abbildungen $\sigma_\pm$
sind die äußeren Wege des Sechsecks. In das Zentrum wird die Gruppe $h_k(S^n, S^{n-1})$
gesetzt.   □

Sei $t\colon S^n \to S^n$ die Abbildung, die in der letzten Koordinate das Vorzeichen
vertauscht. Dann gilt $t_*\sigma_+ = \sigma_-$. Also ist $t_*(x) = -x$.

(5.2) Satz. *Sei $A \in O(n+1)$. Dann gilt für die durch $l^A\colon S^n \to S^n$, $x \mapsto Ax$
induzierte Abbildung $l^A_*(c) = \det(A)c$.*

Beweis. $O(n+1)$ hat zwei Wegekomponenten. Sind A und B in derselben Komponente, so sind l^A und l^B homotop. Repräsentanten in den beiden Komponenten sind
die Einheitsmatrix E und die Diagonalmatrix $T = \text{Dia}(1, \ldots, 1, -1)$. Es ist $l^T = t$
und $l^E = \text{id}$. Wegen $t_* = -\,\text{id}$ folgt die Behauptung.   □

(5.3) Satz. *Sei $A \in GL(n, \mathbb{R})$ und sei $l^A\colon \mathbb{R}^n \to \mathbb{R}^n$, $x \mapsto Ax$. Für die induzierte
Abbildung l^A_* von $h_k(\mathbb{R}^n, \mathbb{R}^n \setminus 0)$ in sich gilt $l^A_*(c) = e(A)c$ mit dem Vorzeichen $e(A)$
der Determinante von A.*

Beweis. Wir haben einen Isomorphismus

$$h_k(\mathbb{R}^n, \mathbb{R}^n \setminus 0) \xrightarrow{\ \partial\ } \tilde{h}_{k-1}(\mathbb{R}^n \setminus 0) \cong \tilde{h}_{k-1}(S^{n-1}),$$

der mit der Wirkung von l_*^A verträglich ist, sofern $A \in O(n)$ ist. In diesem Fall folgt die Behauptung aus (5.2). Im allgemeinen Fall verwenden wir, daß $GL(n, \mathbb{R})$ zwei Komponenten hat, die durch das Vorzeichen der Determinante unterschieden werden. □

Wir haben vermöge wiederholter Isomorphismen σ_+

$$(5.4) \qquad \tilde{h}_k(S^n) \cong \tilde{h}_{k-1}(S^{n-1}) \cong \cdots \cong \tilde{h}_{k-n}(S^0) \cong h_{k-n}(P) = h_{k-n}.$$

Ebenso mit $h_k(S^n, e) \cong h_{k-n}(S^0, e)$. Der rechte Isomorphismus ist dabei durch $P = \{e_1\} \subset S^0$ induziert. Wie erinnerlich ist $h_k(S^n) \cong \tilde{h}_k(S^n) \oplus h_k \cong h_k(S^n, e) \oplus h_k$. Damit haben wir die axiomatische Berechnung der Homologiegruppen der Sphären durchgeführt.

Da $\partial\colon h_k(D^n, S^{n-1}) \to \tilde{h}_{k-1}(S^{n-1})$ ein Isomorphismus ist, haben wir auch die in Rede stehenden relativen Gruppen berechnet. Mittels h-Äquivalenz sehen wir $h_k(D^n, S^{n-1}) \cong h_k(\mathbb{R}^n, \mathbb{R}^n \setminus 0)$ und kennen somit auch diese Gruppen.

(5.5) Folgerung. *Sei H_* eine gewöhnliche Homologietheorie mit Koeffizientengruppe $\mathbb{Z}$. Dann gilt für $n \geq 1$*

$$H_k(S^n) \cong \mathbb{Z}, \qquad k = 0, n$$

und $H_k(S^n) = 0$ für alle anderen k. Ferner gilt

$$H_k(D^n, S^{n-1}) \cong H_k(\mathbb{R}^n, \mathbb{R}^n \setminus 0) \cong \mathbb{Z}, \qquad k = n,$$

und sonst sind diese Gruppen gleich Null. □

6 Der Abbildungsgrad

Sei H_* eine gewöhnliche Homologietheorie mit Koeffizientengruppe $\mathbb{Z}$. Wir fixieren ein erzeugendes Element $z = z(D^n) \in H_n(D^n, S^{n-1}) \cong \mathbb{Z}$, $n \geq 1$, und verwenden $z(S^{n-1}) = \partial z(D^n) \in H_{n-1}(S^{n-1})$ als erzeugendes Element, falls $n \geq 2$ ist (siehe (5.5)). Ist $f\colon S^n \to S^n$ eine stetige Abbildung, so definieren wir ihren *Grad* $d(f) \in \mathbb{Z}$ durch die Gleichung $f_* z(S^n) = d(f) z(S^n)$. Er hängt nicht von der Wahl des erzeugenden Elementes ab. Wir erhalten damit eine Abbildung

$$(6.1) \qquad d\colon [S^n, S^n] \to \mathbb{Z}, \qquad [f] \mapsto d(f).$$

Aus der Definition erkennen wir unmittelbar die Eigenschaften:

(6.2) Notiz. *Eigenschaften des Abbildungsgrades:*
(1) $d(f \circ g) = d(f)d(g)$.
(2) $d(\mathrm{id}) = 1$. *Ist f ein Homöomorphismus, so ist $d(f) = \pm 1$.*
(3) *Ist f nullhomotop, so ist $d(f) = 0$.* □

In III.4 haben wir die Homotopiemenge $[S^n, S^n]$ mit der Homotopiegruppe $\pi_n(S^n)$ identifiziert. Diese Gruppe ist isomorph zu $\mathbb{Z}$ und wird von der Identität erzeugt. Im zehnten Abschnitt zeigen wir, daß (6.1) ein Homomorphismus ist. Daraus folgt dann:

(6.3) Satz. *Die Gradabbildung* (6.1) *ist ein Isomorphismus* $(n \geq 1)$. □

Aus (5.2) wissen wir, daß für jedes $A \in O(n + 1)$ die Abbildung $l^A \colon x \mapsto Ax$ den Grad $\det(A)$ hat. Insbesondere gilt:

(6.4) Beispiel. Die *antipodische Abbildung* $x \mapsto -x$ von S^n hat den Grad $(-1)^{n+1}$. ◇

Hier ist eine Anwendung dieses Sachverhaltes. Ein *Vektorfeld* auf S^n ist eine stetige Abbildung $F \colon S^n \to \mathbb{R}^{n+1}$, so daß $F(x)$ immer senkrecht auf x steht.

(6.5) Satz. *Auf S^n gibt es genau dann ein Vektorfeld ohne Nullstellen, wenn n ungerade ist.*

Beweis. Im Fall $n = 2k - 1$ ist $(x_1, \ldots, x_{2k}) \mapsto (x_2, -x_1, \ldots, x_{2k}, -x_{2k-1})$ ein Vektorfeld ohne Nullstellen. Sei F ein Vektorfeld ohne Nullstellen. Sei $V(x) = F(x)/\|F(x)\|$ die Normierung auf Einheitslänge. Dann ist

$$(x, t) \mapsto \cos \pi t \cdot x + \sin \pi t \cdot V(x)$$

eine Homotopie der antipodischen Abbildung zur Identität. Also hat die antipodische Abbildung den Grad eins. Nach dem eben Bemerkten ist das nur für ungerade n der Fall. □

(6.6) Beispiel. Sei $d(f) \neq 0$. Dann ist f surjektiv, denn anderfalls ist f eine Abbildung in einen zusammenziehbaren Raum $S^n \setminus y$, also nullhomotop. ◇

(6.7) Beispiel. Gilt für eine Selbstabbildung f von S^n immer $f(x) \neq -x$, so ist für $t \in [0, 1]$ immer $tf(x) + (1 - t)x \neq 0$, und durch Normierung N auf Einheitslänge erhalten wir in $F(x, t) = N(tf(x) + (1-t)x)$ eine Homotopie von f zur Identität. Ist dagegen immer $f(x) \neq x$, so erhalten wir analog in $G(x, t) = N(-tx + (1-t)f(x))$ eine Homotopie von f zur antipodischen Abbildung. Ist also $d(f) \neq \pm 1$, so gibt es x mit $f(x) = \pm x$. ◇

Sei $S_r^n(a) = \{x \in \mathbb{R}^{n+1} \mid \|x - a\| = r\}$. Wir haben einen kanonischen Homöo-morphismus $h_{r,a}\colon S^n \to S_r^n(a)$, $x \mapsto rx + a$ und die Normierung $r_b\colon \mathbb{R}^{n+1} \setminus b \to S^n$, $x \mapsto N(x - b)$. Die *Umlaufzahl* einer Abbildung $f\colon S_r^n(a) \to \mathbb{R}^{n+1} \setminus b$ um b ist als der Grad von $r_b \circ f \circ h_{r,a}$ definiert.

Der Grad eines Polynoms zählt die Anzahl seiner Nullstellen mit Vielfachheiten. Eine ähnliche Zählung führt der Abbildungsgrad durch (6.8).

Sei $K \subset S^n$ kompakt und von S^n verschieden und sei U eine offene Umge-bung von K. Wir haben einen Ausschneidungsisomorphismus $H_n(U, U \setminus K) \cong H_n(S^n, S^n \setminus K)$. Ist $U = U_1 \cup U_2$ disjunkte Vereinigung offener Teile U_j und schreiben wir $K_j = U_j \cap K$, so liefert die Additivität (3.6) einen Isomorphismus $H_n(U_1, U_1 \setminus K_1) \oplus H_n(U_2, U_2 \setminus K_2) \cong H_n(U, U \setminus K)$. Sei $f\colon S^n \to S^n$ stetig und $K = f^{-1}(p)$. Wir haben ein kommutatives Diagramm

$$
\begin{array}{ccc}
H_n(S^n) & \xrightarrow{\;\;f_*\;\;} & H_n(S^n) \\
\downarrow & & \downarrow{\scriptstyle(1)} \\
H_n(S^n, S^n \setminus K) & \xrightarrow{\;\;f_*\;\;} & H_n(S^n, S^n \setminus p) \\
\uparrow{\scriptstyle\cong} & & \uparrow{\scriptstyle=} \\
H_n(U, U \setminus K) & \xrightarrow{\;\;f_*^U\;\;} & H_n(S^n, S^n \setminus p)
\end{array}
$$

mit der Einschränkung f^U von f. Die exakte Sequenz des Paares $(S^n, S^n \setminus p)$ zeigt, daß (1) ein Isomorphismus ist $(n \geq 1)$. Sei $z \in H_n(S^n)$ ein erzeugendes Element und $z_{U,K}$ sein Bild in $H_n(U, U \setminus K)$. Es gilt $f_*^U z_{U,K} = d(f) z_{S^n, p}$. Also kann der Grad durch f^U berechnet werden. Ist K eine endliche Menge, so können wir U als disjunkte Vereinigung offener Mengen U_x, $x \in K$ so wählen, daß $U_x \cap K = \{x\}$ ist. Es gilt dann $\bigoplus_{x \in K} H_n(U_x, U_x \setminus x) \cong H_n(U, U \setminus K)$; es ist $H_n(U_x, U_x \setminus x) \cong \mathbb{Z}$ nach (5.5) und Ausschneidung. Wir nennen in diesem Fall die durch $f_* z_{U_x, x} = d(f, x) z_{S^n, p}$ definierte ganze Zahl den *lokalen Grad* von f bei p. In dieser Situation gilt dann also

$$(6.8) \qquad\qquad d(f) = \sum_{x \in K} d(f, x).$$

Der Grad ist also durch das lokale Verhalten von f bei den Urbildern eines festen Punktes bestimmt.

(6.9) Beispiel. Ist $f\colon S^n \to S^n$ eine stetig differenzierbare Abbildung und p ein regulärer Wert von f, das heißt, ist das Differential von f in alle Punkte $x \in f^{-1}(p)$ bijektiv, so ist $d(f, x) = \pm 1$, und zwar gilt das Pluszeichen genau dann, wenn das Differential an der Stelle x die Orientierung erhält. $\diamond$

(6.10) Beispiel. Fassen wir ein komplexes Polynom g als Selbstabbildung der Riemannschen Zahlenkugel $\mathbb{C}P^1 \cong S^2$ auf, so ist der Abbildungsgrad gleich dem Polynomgrad. ◇

Sei $V \subset \mathbb{R}^n$ offen und $f\colon V \to \mathbb{R}^n$ eine Abbildung mit kompaktem Urbild $K = f^{-1}(0)$. Wir haben dann einen induzierten Homomorphismus

$$f_*\colon H_n(V, V \setminus K) \to H_n(\mathbb{R}^n, \mathbb{R}^n \setminus 0).$$

Stellen wir uns $S^n = \mathbb{R}^n \cup \{\infty\}$ als die Einpunkt-Kompaktifizierung von $\mathbb{R}^n$ vor, so liefert das erzeugende Element $z \in H_n(S^n)$ vermöge

$$z \in H_n(S^n) \to H_n(S^n, S^n \setminus K) \xleftarrow{\cong} H_n(V, V \setminus K) \ni z(V, K)$$

das Bild $z(V, K)$. Wir nennen die durch $f_* z(V, K) = u(f)z(\mathbb{R}^n, 0)$ definerte ganze Zahl $u(f)$ den *Umlaufindex* von f um Null. Ist $g\colon V \to \mathbb{R}^n$ gegeben und die Fixpunktmenge $F = \{x \in V \mid x = g(x)\}$ kompakt, so heißt der Umlaufindex von $f(x) = x - g(x)$ der *Fixpunktindex* von g. Er ist ein globales Maß für die „Anzahl" der Fixpunkte von g, gezählt mit Vorzeichen und Vielfachheiten.

7 Der Brouwersche Fixpunktsatz

Wir benutzen jetzt den Abbildungsgrad, um ein klassisches Resultat der Topologie zu beweisen, nämlich den Brouwerschen Fixpunktsatz. Die Beweismethode ist typisch für die algebraische Topologie; es werden die funktoriellen und homotopietheoretischen Eigenschaften der Funktoren benutzt.

Der klassische Fixpunktsatz (7.1) von Brouwer [39] ist äquivalent zu den Umformulierungen (7.2) und (7.3). Der Homotopiesatz (7.3) folgt aus (6.2). Der Retraktionssatz folgt homologisch, wenn die Identität und eine nullhomotope Abbildung verschiedene Homomorphismen induzieren.

(7.1) Brouwerscher Fixpunktsatz. *Jede stetige Abbildung $b\colon D^n \to D^n$ besitzt mindestens einen Fixpunkt, also einen Punkt, der auf sich selbst abgebildet wird.*

In (7.1) ist eine topologische Eigenschaft eines Raumes angesprochen: Ist X zu D^n homöomorph, so hat jede stetige Abbildung $b\colon X \to X$ einen Fixpunkt. Ist nämlich $h\colon X \to D^n$ ein Homöomorphismus und x ein Fixpunkt von hbh^{-1}, so ist $h(x)$ ein Fixpunkt von b.

Für den Beweis und die geometrische Deutung des Brouwerschen Fixpunktsatzes stellen wir zwei im wesentlichen dazu äquivalente Sätze vor.

(7.2) Retraktionssatz. *Es gibt keine stetige Abbildung $r\colon D^n \to S^{n-1}$, die alle Punkte aus S^{n-1} identisch abbildet.*

(7.3) Homotopiesatz. *Es gibt keine Nullhomotopie der Identität von S^{n-1}.*

Wir zeigen, wie sich die drei vorstehenden Sätze auseinander herleiten lassen.

(7.1) $\Rightarrow$ (7.2). Gäbe es eine Retraktion r, so wäre $x \mapsto -r(x)$ eine Abbildung ohne Fixpunkte.

(7.2) $\Rightarrow$ (7.3). Angenommen, H sei eine Nullhomotopie der Identität. Die Festsetzung $r(tx) = H(x, t)$ für $x \in S^{n-1}$ und $t \in [0, 1]$ liefert eine wohldefinierte stetige Abbildung r, die eine Retraktion ist.

(7.3) $\Rightarrow$ (7.1). Angenommen, b habe keinen Fixpunkt. Dann ist

$$S^{n-1} \times [0, 1] \to S^{n-1}, \quad (x, t) \mapsto \frac{x - tb(x)}{\|x - tb(x)\|} = N(x - tb(x))$$

eine Homotopie der Identität zur Abbildung $f \colon x \mapsto N(x - b(x))$. Da b keinen Fixpunkt hat, definiert die Formel für f eine Abbildung auf D^n, und dann ist $(x, t) \mapsto f(tx)$ eine Homotopie von der konstanten Abbildung nach f. Da f nullhomotop ist, so also auch die Identität von S^{n-1}.

(7.4) Satz. *Sei $f \colon D^n \to \mathbb{R}^n$ eine stetige Abbildungen, die für alle $z \in S^{n-1}$ die Gleichung $f(z) = z$ erfüllt. Dann liegt D^n im Bild von f.*

Beweis. Ist x im Inneren von D^n enthalten, so gibt es eine Retraktion $r \colon \mathbb{R}^n \to S^{n-1}$ auf S^{n-1}. Ist x nicht im Bild von f enthalten, so widerspricht $r \circ f \colon D^n \to S^{n-1}$ dem Retraktionssatz. $\qquad\square$

(7.5) Satz. *Sei $g \colon D^n \to \mathbb{R}^n$ stetig. Dann hat entweder g einen Fixpunkt, oder es gibt ein $z \in S^{n-1}$ und ein $\lambda > 1$, so daß $g(z) = \lambda z$ ist.*

Wir definieren $f \colon D^n \to \mathbb{R}^n$ durch

(1) $\qquad f(x) = 2x - g(2x) \qquad\qquad\qquad \|x\| \le 1/2$
(2) $\qquad f(x) = \|x\|^{-1}x - 2(1 - \|x\|)g(\|x\|^{-1}x) \qquad \|x\| \ge 1/2.$

Für $x = \frac{1}{2}$ ergibt sich in beiden Fällen der Wert $2x - g(2x)$, und deshalb ist f eine wohldefinierte stetige Abbildung.

Für $\|x\| = 1$ gilt $f(x) = x$. Nach dem vorigen Satz gibt es deshalb ein y mit $f(y) = 0$. Ist $\|y\| \le \frac{1}{2}$, so zeigt (1), daß $2y$ ein Fixpunkt ist. Ist $\|y\| > \frac{1}{2}$, so ist $\|y\| \ne 1$, und (2) liefert den zweiten Fall mit $\lambda = (2 - 2\|y\|)^{-1} > 1$. $\qquad\square$

Für unendlich-dimensionale Räume gelten keine analogen Sätze. Für einen Beweis des folgenden Satzes, sowie Verallgemeinerungen und Anwendungen, siehe [95, Ch. 19].

(7.6) Satz. *Für jeden unendlich-dimensionalen Banach-Raum gibt es eine stetige Retraktion der Einheitsvollkugel auf die Einheitssphäre.* $\qquad\square$

Als Anwendung des Brouwerschen Fixpunktsatzes beweisen wir eine höherdimensionale Verallgemeinerung des Zwischenwertsatzes.

Der gewöhnliche Zwischenwertsatz der reellen Analysis läßt sich, etwas verallgemeinert, als ein Kreuzungssatz aussprechen: Verbindet man gegenüberliegende Seiten eines Quadrates W innerhalb W jeweils durch einen Weg, so schneiden sich die Wege. Eine analoge Aussage im dreidimensionalen Raum wäre: Verbindet man jeweils gegenüberliegende Seiten eines Würfels durch eine Fläche, so haben diese drei Flächen mindestens einen gemeinsamen Punkt. Wir werden eine Aussage dieser Form beweisen.

Wir betrachten den Würfel

$$W = W^n = \{(x_i) \in \mathbb{R}^n \mid -1 \leq x_i \leq 1\}$$

mit den Seiten $C_i(\pm 1) = \{x \in W^n \mid x_i = \pm 1\}$. Wir sagen, $B_i \subset W^n$ trennt $C_i(+)$ und $C_i(-)$, wenn B_i abgeschlossen in W ist und wenn mit gewissen offenen Teilmengen $B_i(+)$ und $B_i(-)$ von $W \setminus B_i$ gilt:

$$W \setminus B_i = B_i(+) \cup B_i(-), \quad \emptyset = B_i(+) \cap B_i(-), \quad C_i(\pm) \subset B_i(\pm).$$

(7.7) Satz. *Seien B_i Mengen, die $C_i(-)$ und $C_i(+)$ trennen. Dann ist der Schnitt $B_1 \cap B_2 \cap \cdots \cap B_n$ nicht leer.*

Beweis. Ist $B \subset \mathbb{R}^n$, so haben wir die Funktion $x \mapsto d(x, B) = \inf\{d(x, b) \mid b \in B\}$, wenn $d(x, y)$ der euklidische Abstand von x und y ist. Wir definieren eine Funktion $v_i \colon W \to \mathbb{R}$ durch

$$v_i(x) = \begin{cases} -d(x, B_i) & x \in B_i(+) \\ d(x, B_i) & x \in B_i(-) \\ d(x, B_i) = 0 & x \in B_i. \end{cases}$$

Dann ist $v_i(x)$ stetig, denn auf der abgeschlossenen Teilmenge $B_i \cup B_i(-)$ ist $v_i(x) = d(x, B_i)$ und auf $B_i \cup B_i(+)$ ist $v_i(x) = -d(x, B_i)$. Wir setzen $v(x) = (v_1(x), \ldots, v_n(x))$ und $f(x) = x + v(x)$. Wir behaupten: $f(W) \subset W$, das heißt, für jedes i ist $-1 \leq x_i + v_i(x) \leq 1$.

Beweis: Das ist klar für $x \in B_i$. Sei $x \in B_i(+)$ und $y \in C_i(+)$. Wir betrachten den Weg $w \colon t \mapsto x + t(y - x)$. Da $[0, 1]$ zusammenhängend ist, gilt nicht $w([0, 1]) \subset B_i(+) \cup B_i(-)$. Also gibt es ein $t \in I$ mit $z = x + t(y - x) \in B_i$. Dann gilt $d(x, B_i) \leq d(x, z)$, nach Definition von $d(x, B_i)$, und $d(x, z) \leq d(x, y)$ nach Eigenschaften der euklidischen Norm. Wenn wir $y = (x_1, \ldots, -1, \ldots x_n)$ wählen, so ist $d(x, B_i) \leq d(y, x) = 1 + x_i$ und folglich

$$1 \geq x_i \geq x_i - d(x, B_i) = x_i + v_i(x) \geq -1.$$

Analog für $x \in B_i(-)$. Nach (7.1) hat f einen Fixpunkt, weil W^n homöomorph zu D^n ist. Die Gleichung $f(x) = x$ ist äquivalent zu $d(x, B_i) = 0$ für alle i. Da B_i abgeschlossen ist, gilt $x \in B_i$.   □

8   Die Mayer-Vietoris-Sequenz

Eine *Triade* $(X; A, B)$ besteht aus einem Raum X und zwei Teilräumen A und B mit der Vereinigung X. Die exakten Homologiesequenzen von $(B, A \cap B)$ und (X, A) liefern zusammen ein kommutatives Leiterdiagramm

$$\cdots \to \quad h_n(A) \quad \to h_n(X) \to \quad h_n(X, A) \quad \to \quad h_{n-1}(A) \quad \to \cdots$$
$$\uparrow \qquad\quad \uparrow \qquad\qquad \uparrow \qquad\qquad \uparrow$$
$$\cdots \to h_n(A \cap B) \to h_n(B) \to h_n(B, A \cap B) \to h_{n-1}(A \cap B) \to \cdots$$

Die senkrechten Pfeile sind durch Inklusionen induziert. Wir nennen die Triade $(X; A, B)$ *schnittig* für die gegebene Homologietheorie, wenn die Inklusion einen Isomorphismus $h_*(B, A \cap B) \cong h_*(X, A)$ induziert. Für eine schnittige Triade definieren wir einen *Randoperator* Δ durch

$$\Delta \colon h_n(X) \to h_n(X, A) \overset{\cong}{\longleftarrow} h_n(B, A \cap B) \overset{\partial}{\longrightarrow} h_{n-1}(A \cap B).$$

Dieser Randoperator tritt in der folgenden, nach Mayer [169] und Vietoris [256] benannten exakten *Mayer-Vietoris-Sequenz* (= MVS) der Triade auf.

(8.1) Satz. *Sei $(A \cup B; A, B)$ eine schnittige Triade. Dann ist die Sequenz*

$$\cdots \to h_n(A \cap B) \to h_n(A) \oplus h_n(B) \to h_n(A \cup B) \overset{\Delta}{\longrightarrow} h_{n-1}(A \cap B) \to \cdots$$

exakt. Darin ist mit $i_A \colon A \cap B \subset A$ und $i_B \colon A \cap B \subset B$ die erste Abbildung durch $x \mapsto ((i_A)_* x, -(i_B)_* x)$ gegeben; und mit $j_A \colon A \subset A \cup B$ und $j_B \colon B \subset A \cup B$ die zweite durch $(a, b) \mapsto (j_A)_* a + (j_B)_* b$. Dasselbe gilt, wenn für einen Raum $C \subset A \cap B$ alle Homologiegruppen durch $h_*(-, C)$ ersetzt werden. Ist insbesondere $C = \{*\}$ ein Punktraum, so sehen wir, daß die MVS in derselben Weise auch für die reduzierte Homologie besteht.

Es gibt eine relative MVS. Sei $(A \cup B; A, B)$ schnittig und $A \cup B \subset X$. Wir definieren einen Randoperator Δ durch

$$\Delta \colon h_n(X, A \cup B) \overset{\partial}{\longrightarrow} h_{n-1}(A \cup B, A) \cong h_{n-1}(B, A \cap B) \to h_{n-1}(X, A \cap B).$$

Damit gilt dann:

(8.2) Satz. *Die Sequenz*

$$\to h_n(X, A \cap B) \to h_n(X, A) \oplus h_n(X, B) \to h_n(X, A \cup B) \to h_{n-1}(X, A \cap B) \to$$

ist exakt. Die dritte Abbildung ist Δ *und die anderen sind wie in* (8.1) *gebildet.*

Beweis. Der Beweis von (8.1) und (8.2) besteht in einer Anwendung des folgenden algebraischen Lemmas auf das oben aufgezeichnete Leiterdiagramm und ein ähnliches im relativen Fall. □

(8.3) Lemma. *Das folgende Diagramm aus abelschen Gruppen und Homomorphismen sei kommutativ und habe exakte Horizontalen.*

$$
\begin{array}{ccccccccc}
\cdots \to & A_i & \xrightarrow{f_i} & B_i & \xrightarrow{g_i} & C_i & \xrightarrow{h_i} & A_{i-1} & \to \cdots \\
& \downarrow{a_i} & & \downarrow{b_i} & & \downarrow{c_i} & & \downarrow{a_{i-1}} & \\
\cdots \to & A_i' & \xrightarrow{f_i'} & B_i' & \xrightarrow{g_i'} & C_i' & \xrightarrow{h_i'} & A_{i-1}' & \to \cdots
\end{array}
$$

Die c_i *seien Isomorphismen. Dann ist die Sequenz*

$$\cdots \to A_i \xrightarrow{(a_i, -f_i)} A_i' \oplus B_i \xrightarrow{\langle f_i', b_i \rangle} B_i' \xrightarrow{h_i c_i^{-1} g_i'} A_{i-1} \to \cdots$$

exakt. □

(8.4) Notiz. *Folgende Aussagen sind äquivalent:*
 (1) $(A \cup B; A, B)$ *ist schnittig.*
 (2) $(A \cup B; B, A)$ *ist schnittig.*
 (3) $h_*(A, A \cap B) \oplus h_*(B, A \cap B) \to h_*(A \cup B, A \cap B)$ *ist ein Isomorphismus.*
 (4) $h_*(A \cup B, A \cap B) \to h_*(A \cup B, A) \oplus h_*(A \cup B, B)$ *ist ein Isomorphismus.*

Beweis. Sei $(A \cup B; A, B)$ schnittig. Wir wenden (8.1) mit $C = A \cap B$ an und (8.2) mit $X = A \cup B$. Dann folgt, daß (3) und (4) Isomorphismen sind. Durch Anwendung des Summen-Lemmas (3.7) sowie der exakten Homologiesequenzen auf eine Situation mit $A_1 = h_*(B, A \cap B)$, $B_2 = h_*(A \cup B, A)$, $A = h_*(A \cup B, A \cap B)$ und A_2, B_1 mit vertauschen Rollen von A und B erkennen wir, daß (3) oder (4) jeweils (1) und (2) implizieren. □

(8.5) Notiz. *Die beiden Randoperatoren in* (8.1) *und* (8.2), *die durch Vertauschung von* A *und* B *auseinander hervorgehen, unterscheiden sich nur um ein Vorzeichen.*

Beweis. Auf die beiden Randoperatoren wenden wir das Sechseck-Lemma (3.8) an. Im Fall (8.1) setzen in das Zentrum $G = h_*(A \cup B, A \cap B)$. □

Eine Mayer-Vietoris-Sequenz gibt es natürlich auch für die Kohomologie. In diesem Fall bezeichnen wir die Triade $(X; A, B)$ als *schnittig*, wenn die Restriktion

$$h^*(X, B) \to h^*(A, A \cap B)$$

ein Isomorphismus ist. Damit wird der Korandoperator als die Komposition

$$\Delta \colon h^{n-1}(A \cap B) \xrightarrow{\delta} h^n(A, A \cap B) \xleftarrow{\cong} h^n(X, B) \to h^n(X)$$

definiert. Die Mayer-Vietoris-Sequenz lautet dann in Analogie zu (8.1) und mit einem Beweis vermöge (8.3):

(8.6) Satz. *Sei $(X; A, B)$ eine schnittige Triade für die Kohomologie. Dann ist die Sequenz*

$$\cdots \to h^{n-1}(A \cap B) \xrightarrow{\Delta} h^n(X) \to h^n(A) \oplus h^n(B) \to h^n(A \cap B) \to \cdots$$

exakt. Die erste Abbildung ist der Korandoperator, die zweite besteht aus den beiden Restriktionen, die dritte ist die Differenz der Restriktionen. Ebenso gibt es die oben für die Homologie genannten relativen Varianten. $\square$

(8.7) Beispiel. Die Triade $(X \times \partial I \cup A \times I; X \times 0 \cup A \times I, X \times 1 \cup A \times I)$ ist für jedes Raumpaar (X, A) schnittig. Das folgt durch Ausschneiden von $X \times 0 \cup A \times [0, 1/2[$ und eine anschließende h-Äquivalenz. Die Inklusion der Teilräume in den Raum $X \times I$ ist eine h-Äquivalenz. Der Randoperator der MVS (8.2) liefert deshalb einen Isomorphismus $h_n((X, A) \times (I, \partial I)) \cong h_{n-1}((X, A) \times I)$. Setzen wir diesen mit dem durch die h-Äquivalenz $\mathrm{pr} \colon (X, A) \times I \to (X, A)$ induzierten Homomorphismus zusammen, so erhalten wir insgesamt einen Isomorphismus $\sigma \colon h_{n-1}(X, A) \cong h_n((X, A) \times (I, \partial I))$. Er wird *Einhängungsisomorphismus* genannt, weil er, wie später erläutert, unmittelbar mit der Freudenthalschen Einhängung der Homotopietheorie zusammenhängt. Ebenso kann man auch mit $I \times X$ verfahren. Diese Einhängung läßt sich auch durch das kommutative Diagramm

$$
\begin{array}{ccc}
h_{n-1}(X, A) & \xrightarrow{\ \cong\ } & h_{n-1}(1 \times X, 1 \times A) \\[2pt]
\Big\downarrow{\scriptstyle \sigma_+} & & \Big\downarrow{\scriptstyle \cong} \\[6pt]
h_n(I \times X, \partial I \times X \cup I \times A) & \xrightarrow{\ \partial\ } & h_{n-1}(\partial I \times X, 0 \times X \cup \partial I \times A)
\end{array}
$$

beschreiben. Wir haben σ_+ geschrieben, weil durch Vertauschung der Rollen von 0 und 1 ein σ_- entsteht, und es gilt wie in (8.5) $\sigma_+ = -\sigma_-$. $\diamond$

Wir untersuchen nun, unter welchen Bedingungen Triaden schnittig sind und geben auch noch eine andere Herleitung der Sequenz, die nicht auf dem Lemma (8.3) beruht.

Sei $(X; A, B)$ eine Triade. Wir kürzen ab $A \cap B = AB$. Wir betrachten den Teilraum

$$N = 0 \times A \cup I \times AB \cup 1 \times B$$

von $I \times X$ und die Projektion $p: N \to X$ auf den ersten Faktor.

(8.8) Satz. *Folgende Aussagen über eine Triade $(X; A, B)$ sind äquivalent:*
(1) *Die Triade ist schnittig.*
(2) $p_*: h_*(N) \to h_*(X)$ *ist ein Isomorphismus.*
Analoge Äquivalenzen gelten für Kohomologie.

Beweis. Wir betrachten das folgende Diagramm, in dem die waagerechten Abbildungen durch Inklusionen induziert werden und die senkrechten durch die Projektion.

$$
\begin{array}{ccccc}
h_n(N) & \longrightarrow & h_n(N, 1 \times B) & \xleftarrow{\ (a)\ } & h_n(0 \times A \cup I \times AB, 1 \times AB) \\
\downarrow{\scriptstyle p_*} & & \downarrow{\scriptstyle p'_*} & & \downarrow{\scriptstyle p''_*} \\
h_n(X) & \longrightarrow & h_n(X, B) & \xleftarrow{\ (2)\ } & h_n(A, AB)
\end{array}
$$

Mit dem Fünfer-Lemma, angewendet auf die exakten Sequenzen von $(N, 1 \times B)$ und (X, B), folgt zunächst, daß p_* genau dann ein Isomorphismus ist, wenn p'_* einer ist. Wegen Homotopieinvarianz ist p''_* immer ein Isomorphismus. Wenn gezeigt ist, daß (a) ein Isomorphismus ist, so sehen wir, daß (2) genau dann ein Isomorphismus ist, wenn p'_* einer ist. Um (a) als Isomorphismus zu erkennen, verdicken wir zunächst zu $(N, 1 \times B \cup I \times AB)$, was wegen Homotopieinvarianz möglich ist. Sodann schneiden wir $1 \times B$ aus und wenden noch einmal Homotopieinvarianz an.   □

(8.9) Satz. *Sei (A, B) eine numerierbare Überdeckung von $A \cup B$. Dann ist $p: N \to X$ eine h-Äquivalenz und damit die Triade für alle (Ko-)Homologietheorien schnittig.*

Beweis. Es gibt eine stetige Funktion $\tau: X \to [0, 1]$ mit $X \setminus A \subset \tau^{-1}(1)$ und $X \setminus B \subset \tau^{-1}(0)$. Die Abbildung $x \mapsto (\tau(x), x)$ hat ein in N gelegenes Bild und liefert eine stetige Abbildung $s: X \to N$ mit $ps = \mathrm{id}$. Die Homotopie

$$H: (I \times X) \times I \to I \times X, \quad (s, x, t) \mapsto (s(1 - t) + t\tau(x), x)$$

induziert eine Homotopie $N \times I \to N$. Es ist $H_0 = \mathrm{id}$ und $H_1 = sp$. Also ist s homotopieinvers zu p.   □

Wir sprechen von einer *h-Triade*, wenn die Projektion $p: N \to X$ eine Homotopieäquivalenz ist.

Die Mayer-Vietoris-Sequenz ist wichtig, weil sie es erlaubt, Aussagen über die (Ko-)Homologie eines Raumes aus der (Ko-)Homologie von Teilräumen zu gewinnen. Hier ist eine typische Anwendung.

(8.10) Satz. *Sei* $(X_1, \ldots, X_n)$ *eine numerierbare Überdeckung von* X *und ebenso* $(Y_1, \ldots, Y_n)$ *eine solche von* Y. *Sei* $f: X \to Y$ *eine Abbildung, die* X_i *nach* Y_i *wirft. Wir haben für* $\emptyset \neq A \subset \{1, \ldots, n\}$ *den Durchschnitt* $X_A = \bigcap_{a \in A} X_a$. *Wir setzen voraus, daß* $f_A: X_A \to Y_A$ *(die Restriktion von* f*) für alle diese* A *einen Isomorphismus in der (Ko-)Homologie induziert. Dann ist* $f_*: h_*(X) \to h_*(Y)$ *ein Isomorphismus (bzw.* f^**).*

Beweis. Im Fall $n = 2$ folgt die Behauptung sogleich aus der MVS und dem Fünfer-Lemma. Wir schließen sodann durch Induktion nach n. Sei X' die Vereinigung von $X_1, \ldots, X_{n-1}$. Dann induziert f' nach Induktionsvoraussetzung einen Isomorphismus. Es ist (X', X_n) eine numerierbare Überdeckung von X. Durch $X' \cap X_n \to Y' \cap Y_n$ wird ein Isomorphismus induziert, wie ebenfalls der Satz für $n - 1$ zeigt, da $X' \cap X_n$ durch die $U_j \cap U_n$ numerierbar überdeckt wird. Der Induktionsschritt folgt dann durch nochmalige Anwendung des Falles $n = 2$. $\square$

Wir leiten die MVS nun noch auf andere Weise her. Sei $(X; A, B)$ eine Triade. Vermöge Ausschneidung und Homotopieinvarianz induziert die Inklusion einen Isomorphismus

$$h_n((I, \partial I) \times AB) \cong h_n(N, 0 \times A \cup 1 \times B).$$

Mit dem Einhängungsisomorphismus und der Additivität erhalten wir deshalb aus der exakten Sequenz des Raumpaares $(N, 0 \times A \cup 1 \times B)$ eine Sequenz

$$\cdots \to h_n(A) \oplus h_n(B) \to h_n(N) \to h_{n-1}(AB) \to \cdots.$$

Daraus wird eine Mayer-Vietoris-Sequenz, wenn die Triade schnittig ist (8.8). Wir lassen es als Aufgabe, die Randoperatoren miteinander zu vergleichen, die sich aus den beiden Konstruktionen der MVS ergeben.

Es gibt auch Mayer-Vietoris-Sequenzen für Raumpaare. Diese wollen wir jetzt herleiten. Die vorher genannten MVSen sind Spezialfälle der nun folgenden.

(8.11) Satz. *Seien* $(A; A_0, A_1) \subset (X; X_0, X_1)$ *zwei schnittige Triaden. Dann gibt es eine Mayer-Vietoris-Sequenz der folgenden Form*

$$\cdots \to h_n(X_0 \cap X_1, A_0 \cap A_1) \to h_n(X_0, A_0) \oplus h_n(X_1, A_1) \to h_n(X, A) \to \cdots.$$

Analog für Kohomologie.

Beweis. Den Raum N für die X-Triade bezeichnen wir mit $N(X)$. Sei $N(X, A)$ der Raum $0 \times X_0 \cup I \times (A_0 \cap A_1) \cup 1 \times X_1$. Die fragliche Sequenz entsteht durch Umschreiben der exakten Sequenz des Tripels $(N(X), N(X, A), N(A))$. Wir betrachten die drei typischen Terme der Sequenz.

(1) Wegen der Schnittigkeit ist p_*: $h_*(N(X), N(A)) \cong h_n(X, A)$.

(2) Die Inklusionen $(X_j, A_j) \cong \{j\} \times (X_j, A_j) \to (N(X, A), N(A))$ induzieren einen Isomorphismus

$$h_*(X_0, A_0) \oplus h_*(X_1, A_1) \to h_*(N(X, A), N(A)).$$

(3) Es ist schließlich $h_*(N(X), N(X, A))$ vermöge einer Inklusion isomorph zu $h_*((I, \partial I) \times (X_0 \cap X_1, A_0 \cap A_1))$ und letzteres vermöge Einhängung (8.7) isomorph zu $h_{*-1}(X_0 \cap X_1, A_0 \cap A_1)$. Man verifiziert nun mittels Natürlichkeit, daß die graderhaltenden Morphismen der umgeschriebenen MVS durch die Inklusionen induziert werden. Den Randoperator identifizieren wir in diesem Fall nicht auf andere Weise.□

9 Einhängung

Wir legen eine Homologie- oder Kohomologietheorie zugrunde. Um übersichtliche Diagramme zu erhalten, verwenden wir die folgenden Abkürzungen: $I \times X = IX$, $\partial I \times X = \partial IX$, $0 \times X = 0X$ und analoge andere. In (8.7) haben wir bewiesen:

(9.1) Einhängungssatz. *Es gibt einen in der Variablen (X, A) natürlichen Isomorphismus σ: $h_n(X, A) \to h_{n+1}((I, \partial I) \times (X, A))$.*   □

(9.2) Satz. *Sei ρ: $I \to I$, $t \mapsto 1 - t$. Dann ist die auf $h_n((I, \partial I) \times (X, A))$ durch $\rho \times \mathrm{id}(X)$ induzierte Abbildung die Multiplikation mit -1.*

Beweis. Das ist eine unmittelbare Konsequenz aus (8.7) und (8.5).   □

Wegen $(I^k, \partial I^k) \times (I^l, \partial I^l) = (I^{k+l}, \partial I^{k+l})$ erhalten wir induktiv aus (9.1) einen natürlichen Isomorphismus

$$(9.3) \qquad \sigma^k: h_n(X, A) \to h_{n+k}((I^k, \partial I^k) \times (X, A)).$$

Alle diese Isomorphismen werden *Einhängungsisomorphismen* genannt.

Für eine Kohomologietheorie haben wir einen analogen Einhängungsisomorphismus

$$(9.4) \qquad \sigma: h^n(X, A) \to h^{n+1}((I, \partial I) \times (X, A)).$$

Die kohomologischen Form von (9.2) gilt gleichermaßen.

Durch Verwendung anderer Standardmodelle ergeben sich andere Formen der Einhängungen. So ist $(I^k, \partial I^k)$ homöomorph zu (D^k, S^{k-1}). Fixieren wir einen geeigneten Homöomorphismus, so erhalten wir aus (9.3) einen Isomorphismus

$$(9.5) \qquad \sigma_k: h_n(X, A) \cong h_{n+k}((D^k, S^{k-1}) \times (X, A)).$$

Wegen (9.2) ist es wichtig, nicht zu vergessen, mit welchen Homöomorphismen gearbeitet wird.

Wir bringen nun einen technischen Satz über die Verträglichkeit der Einhängung mit dem Randoperator.

(9.6) Satz. *Es gilt die Gleichheit*

$$\partial \circ \sigma = -\sigma \circ \partial \colon h_n(X, A) \to h_n(IA, \partial IA).$$

Darin ist das rechte ∂ definiert durch

$$\partial \colon h_{n+1}(IX, IA \cup \partial IX) \xrightarrow{\partial} h_n(IA \cup \partial IX, \partial IX) \xleftarrow{\cong} h_n(IA, \partial IA).$$

Beweis. Aus dem Sechseck-Lemma folgt $\alpha = -\beta$, wenn

$$\alpha \colon h_{n+1}(IX, IA \cup \partial IX) \to h_n(IA \cup \partial IX, \partial IX)$$
$$\cong h_n(IA \cup 0X, 1A \cup 0X) \to h_{n-1}(0X \cup A, 0X)$$
$$\beta \colon h_{n+1}(IX, IA \cup \partial IX) \to h_n(IA \cup \partial IX, IA \cup 0X)$$
$$\cong h_n(\partial X, 0X \cup 1A) \to h_{n-1}(0X \cup 1A, 0X)$$

ist. Sei j der Isomorphismus

$$h_n(IA, \partial IA) \to h_{n-1}(\partial IA, 0A) \to h_{n-1}(0X \cup 1A, 0X).$$

Eine kleine Diagrammbetrachtung zeigt $\alpha = j \circ \partial \circ \sigma$ und $\beta = j \circ \sigma \circ \partial$. $\square$

Wenn wir $k_{n+1}(X, A) = h_{n+1}((I, \partial I) \times (X, A))$ setzen, so können wir die Funktoren $k_*(-)$ als Konstituenten einer Homologietheorie ansehen. Aus dem vorhergehenden Satz entnehmen wir, daß die

$$\sigma \colon h_n(X, A) \to k_{n+1}(X, A)$$

eine natürliche Transformation von Homologietheorien vom Grad 1 sind. Der Randoperator der Theorie k_* wird durch den schon im Satz genannten Morphismus

$$h_n(IX, \partial IX \cup IA) \to h_{n-1}(\partial IX \cup IA, \partial IA) \leftarrow h_{n-1}(IA, \partial IA)$$

definiert.

(9.7) Lemma. *Sei (A, B, C) ein Tripel. Dann induzieren die Inklusionen einen Isomorphismus*

$$h_n(\partial I \times (A, B)) \oplus h_n((I, \partial I) \times (B, C)) \to h_n(\partial IA \cup IB, \partial IB \cup IC).$$

Im ersten Summanden können wir noch die Additivität ausnutzen und gemäß $1 \times (A, B)$ *und* $0 \times (A, B)$ *aufspalten.*

Beweis. Ein direkter Beweis mag als Aufgabe dienen. Ein anderer Beweis wird mit der relativen Mayer-Vietoris-Sequenz (8.11) geführt. Sie wird auf die Triaden

$$(X; X_1, X_2) = (\partial I A \cup I B; \partial I A, I B)$$
$$(Y; Y_1, Y_2) = (\partial I B \cup I C; \partial I B, \partial I B \cup I C)$$

angewendet.   □

Aus dem voranstenden Satz und Lemma ergibt sich:

(9.8) Satz. *Mit dem Isomorphismus des Lemmas wird*

$$\partial \circ \sigma : h_n(A, B) \to h_{n+1}((I, \partial I) \times (A, B)) \to h_n(\partial I A \cup I B, \partial I B \cup I C)$$

in die Abbildung $(\mathrm{id}, -\mathrm{id}, -\sigma \circ \partial)$ *verwandelt. Die beiden hier verwendeten* ∂ *gehören zu den Tripelsequenzen, die sich aus dem Kontext ergeben.*   □

10 Kofaserungen

Die reduzierten Homologiegruppen sind den punktierten Räumen und der Homotopietheorie angepaßt. Das erläutern wir im Folgenden. (Verstehen wir für leeres A unter $X/A = X^+ = X + \{*\}$ den Raum X zusammen mit einem separaten Grundpunkt, so gilt (10.1) auch für leere A und X.)

(10.1) Satz. *Sei* $i: A \subset X$ *eine Kofaserung. Sei* $q: (X, A) \to (X/A, *)$ *die Abbildung, die* A *zu einem Punkt* $*$ *identifiziert. Dann ist*

$$q_* : h_n(X, A) \to h_n(X/A, *)$$

ein Isomorphismus. Wir können diesen Isomorphismus auch in der Form

$$h_n(X, A) \cong \tilde{h}_n(X/A)$$

schreiben. Analog für Kohomologie.

Beweis. Bezeichne $X \cup CA = (A \times I/A \times 0 + X)/(a, 1) \sim a$ den Abbildungskegel von i und $CA = A \times I/A \times 0$ den darin gelegenen Kegel von A. Die kanonische Inklusion $j: (X, A) \to (X \cup CA, CA)$ induziert einen Isomorphismus in der Homologie. Um das einzusehen, schneiden wir zunächst die Kegelspitze $A \times 0$ aus. Das resultierende Raumpaar ist dann zu (X, A) homotopieäquivalent. Für eine Kofaserung haben wir aber nach I(3.13) eine Homotopieäquivalenz

$p\colon X \cup CA \to X \cup CA/CA \cong X/A$. Wegen $pj = q$ ist also q_* die Verkettung der Isomorphismen p_* und j_*.   □

Ist $f\colon X \to Y$ eine punktierte Abbildung, so ist der punktierte Abbildungskegel $C(f)$ der Quotient von $X \times I + Y$ nach den Relationen $(x, 1) \sim f(x)$ und $X \times 0 \cup * \times I \sim \{*\}$. Wir haben die punktierte Inklusion $c(f)\colon Y \to C(f)$, die auf Repräsentanten die Identität ist.

(10.2) Satz. *Sei* $X \xrightarrow{f} Y \xrightarrow{c(f)} C(f)$ *der Anfang der Kofaserfolge einer punktierten Abbildung zwischen wohlpunktierten Räumen. Dann ist*

$$\tilde{h}_n(X) \xrightarrow{\quad f_* \quad} \tilde{h}_n(Y) \xrightarrow{\quad c(f)_* \quad} \tilde{h}_n(C(f))$$

exakt.

Beweis. Sei $Z(f) = (X \times I + Y)/(x, 1) \sim f(x)$ der (unpunktierte) Abbildungszylinder von f und $X \subset Z(f)$, $x \mapsto (x, 0)$ die kanonische Inklusion als Kofaserung. Aus der exakten Sequenz des Paares $(Z(f), X)$ erhalten wir in dem folgenden kommutativen Diagramm eine exakte Sequenz in der unteren Zeile

$$
\begin{array}{ccccc}
\tilde{h}_n(X) & \longrightarrow & \tilde{h}_n(Z(f)) & \longrightarrow & h_n(Z(f), X) \\
\Big\| = & & \Big\downarrow \cong & & \Big\downarrow \cong \\
\tilde{h}_n(X) & \xrightarrow{\ f_* \ } & \tilde{h}_n(Y) & \xrightarrow{\ c(f)_* \ } & \tilde{h}_n(Z(f)/X).
\end{array}
$$

Der mittlere Isomorphismus besteht wegen Homotopieinvarianz (er wird durch die kanonische Projektion induziert) und der rechte wegen (10.1). (Wir haben hier mit $c(f)$ auch die unpunktierte Inklusion $Y \subset Z(f)/X$ bezeichnet.) Wir nutzen nun aus, daß für wohlpunktierte Räume die Quotientabbildung $Z(f)/X \to C(f)$ eine Homotopieäquivalenz ist, weil dabei ein als Kofaserung eingebettetes Einheitsintervall zu einem Punkt identifiziert wird I (3.13).   □

Die Additivität läßt sich auch für punktierte Räume und reduzierte (Ko-)Homologiegruppen formulieren. Sei $(X_j \mid j \in J)$ eine Familie wohlpunktierter Räume mit den Inklusionen $i_\nu\colon X_\nu \to \bigvee_{j \in J} X_j$ der Summanden. Sie induzieren Homomorphismen

(10.3) $$\bigoplus_{j \in J} \tilde{h}_n(X_j) \to \tilde{h}_n\Big(\bigvee_{j \in J} X_j\Big), \quad (x_j) \mapsto \sum_{j \in J} (i_j)_*(x_j)$$

(10.4) $$\tilde{h}^n\Big(\bigvee_{j \in J} X_j\Big) \to \prod_{j \in J} \tilde{h}^n(X_j), \quad x \mapsto ((i_j)^*(x)).$$

Für endliche J sind diese immer Isomorphismen und für beliebige J jedenfalls dann, wenn die Theorien als additiv vorausgesetzt werden. Das folgt aus der unpunktierten Additivität unter Verwendung von (10.1).

(10.5) Exakte Sequenz eines Tripels. Wir erläutern nun, wie aus den exakten Sequenzen von Paaren diejenigen von Tripeln hergeleitet werden können. Ist $Z(i)$ der Abbildungzylinder von $i\colon A \subset X$ und setzen wir $j\colon A \cong A \times 0 \subset Z(i)$, so ist die kanonische Projektion $q\colon Z(i) \to X$ eine Homotopieäquivalenz, die auf A die Identität ist. Deshalb induziert q einen Isomorphismus

$$(10.6) \qquad\qquad q_*\colon h_n(Z(i), A) \cong h_n(X, A).$$

Es ist $j\colon A \subset Z(i)$ immer eine Kofaserung. Deshalb liefern (3.4) und (10.1)

$$(10.7) \qquad\qquad h_n(X, A) \cong \tilde{h}_n(Z(i)/A).$$

Sei $A \subset B \subset X$ ein Tripel. Mit den Inklusionen $i_B\colon A \subset B$ und $i_X\colon A \subset X$ erhält man Inklusionen $A \xrightarrow{j} Z(i_B) \to Z(i_X)$. Die Sequenz des Tripels ist über Isomorphismen vom Typ (10.6) isomorph zur Sequenz des Tripels $(Z(i_X), Z(i_B), A)$. Die letztere Sequenz hat über die Projektionen $Z(i_X) \to Z(i_X)/A$ und $Z(i_B) \to Z(i_B)/A$ einen Morphismus in die Sequenz des Paares $(Z(i_X)/A, Z(i_B)/A)$, die an zwei Stellen nach (10.1) einen Isomorphismus liefert. Ferner steht an der dritten Stelle eine Abbildung $h_n(Z(i_X), Z(i_B)) \to h_n(Z(i_X)/A, Z(i_B)/A)$, die nach Ausschneidung einer geeigneten Umgebung der Kegelspitze und der Homotopieinvarianz als Isomorphismus erkannt wird. Damit ist die fragliche Sequenz isomorph zur Sequenz des Paares $(Z(i_X)/A, Z(i_B)/A)$. $\diamond$

(10.8) Satz. *Seien X und Y wohlpunktiert. Die Sequenz von $(X \times Y, X \vee Y)$ zerfällt in kurze exakte Sequenzen*

$$0 \to \tilde{h}_n(X \vee Y) \to \tilde{h}_n(X \times Y) \to h_n(X \times Y, X \vee Y) \to 0.$$

Die Quotientabbildung induziert $h_n(X \times Y, X \vee Y) \cong \tilde{h}_n(X \wedge Y)$. (Wegen $S^m \wedge S^n \cong S^{m+n}$ kann mit dieser Formel induktiv die Homologie eines Produktes von Sphären bestimmt werden.)

Beweis. Die Projektionen auf die Faktoren induzieren $\tilde{h}_n(X \times Y) \to \tilde{h}_n(X) \oplus \tilde{h}_n(Y)$, und zusammen mit der punktierten Additivität ist das ein Linksinverses zu $\tilde{h}_n(X \vee Y) \to \tilde{h}_n(X \times Y)$. Der Isomorphismus folgt aus (10.1). $\square$

(10.9) Satz. *Sei ein Pushout-Diagramm mit einer abgeschlossenen Kofaserung j*

gegeben

$$
\begin{array}{ccc}
A & \xrightarrow{\;j\;} & B \\
\downarrow{\scriptstyle f} & & \downarrow{\scriptstyle J} \\
X & \xrightarrow{\;F\;} & Y.
\end{array}
$$

Dann induziert (F, f) *einen Isomorphismus* $h_n(X, A) \to h_n(Y, B)$.

Beweis. (F, f) induziert einen Homöomorphismus $X/A \to Y/B$. Darauf wenden wir (10.1) an. $\qquad\qquad\qquad\qquad\qquad\qquad\qquad\qquad\qquad\qquad\qquad\Box$

Im Falle eines wohlpunktierten Raumes X ist $\partial I \times X \cup I \times \{*\} \subset I \times X$ eine Kofaserung. Der Quotient ist die punktierte Einhängung ΣX. Aus (10.1) erhalten wir einen Isomorphismus $h_n((I, \partial I) \times (X, *)) \to h_n(\Sigma X, *) \cong \tilde{h}_n(\Sigma X)$ und dann aus dem früher hergeleiteten Einhängungsisomorphismus

(10.10) $\qquad\qquad\qquad\qquad \sigma\colon \tilde{h}_n(X) \cong \tilde{h}_{n+1}(\Sigma X).$

Dieser Einhängungsisomorphismus läßt sich nun mit der homologischen Kofasersequenz (10.2) kombinieren.

Für punktierte Räume X und Y trägt die Homotopiemenge $[\Sigma X, Y]^0$ eine Gruppenstruktur. Indem jeder Homotopieklasse $[f] \in [\Sigma X, Y]^0$ die induzierte Abbildung $f_*\colon \tilde{h}_n(\Sigma X) \to \tilde{h}_n(Y)$ zugeordnet wird, erhalten wir

$$
\omega_n\colon [\Sigma X, Y]^0 \to \mathrm{Hom}(\tilde{h}_n(\Sigma X), \tilde{h}_n(Y)).
$$

(10.11) Satz. *Die vorstehende Abbildung* ω_n *ist ein Homomorphismus.*

Beweis. Die Summe $[f] + [g]$ in $[\Sigma X, Y]^0$ wird durch die Abbildung

$$
\Sigma X \xrightarrow{\;d\;} \Sigma X \vee \Sigma X \xrightarrow{\;f \vee g\;} Y \vee Y \xrightarrow{\;m\;} Y
$$

repräsentiert. Darin ist m auf jedem Summanden die Identität und d die Kogruppenstruktur der Einhängung mit der ersten Komponente $[x, t] \mapsto [x, 2t]$ für $t \leq \frac{1}{2}$ und der zweiten Komponente $[x, t] \mapsto [x, 2t - 1]$ für $\frac{1}{2} \leq t$. Es ist d, zusammengesetzt mit den Projektionen auf die Summanden, jeweils punktiert homotop zur Identität. Wir wenden den Funktor $\tilde{h}_n = h$ an und erhalten im folgenden Diagramm die obere Zeile.

$$
\begin{array}{ccccccc}
h(\Sigma X) & \xrightarrow{\;d_*\;} & h(\Sigma X \vee \Sigma X) & \xrightarrow{\;(f \vee g)_*\;} & h(Y \vee Y) & \xrightarrow{\;m_*\;} & h(Y) \\
& {\scriptstyle D}\searrow & \downarrow{\scriptstyle \cong} & & \downarrow{\scriptstyle \cong} & \nearrow{\scriptstyle a} & \\
& & h(\Sigma X) \oplus h(\Sigma X) & \xrightarrow{\;f_* \oplus g_*\;} & h(Y) \oplus h(Y) & &
\end{array}
$$

Die senkrechten Isomorphismen sind diejenigen aus der Additivität. Die Diagonale $D(x) = (x, x)$, $x \in h(\Sigma X)$, und die Summe $a(x, y) = x + y$, $x, y \in h(Y)$, machen das Diagramm kommutativ. Es ist $a(f_* \oplus g_*)D = f_* + g_*$.   □

(10.12) Satz. *Sei h_* eine Homologietheorie mit $h_0(\text{Punkt}) = \mathbb{Z}$. Dann ist für jedes $n \geq 1$ die Abbildung*

$$\omega_n \colon [S^n, S^n] \to \text{Hom}(\tilde{h}_n(S^n), \tilde{h}_n(S^n)), \quad f \mapsto f_*$$

ein Isomorphismus.

Beweis. Nach dem Einhängungssatz und wegen der Voraussetzung $h_0(P) = \mathbb{Z}$ ist $\tilde{h}_n(S^n) \cong \mathbb{Z}$. Die Hom-Gruppe ist also isomorph zu $\mathbb{Z}$, indem jedem Homomorphismus seine Wirkung auf ein festes Erzeugendes zugeordnet wird. Es gilt $\pi_n(S^n) \cong [S^n, S^n] \cong \mathbb{Z}$. Die Identität von S^n wird dabei auf 1 abgebildet. Nach (10.12) ist ω_n ein Homomorphismus; also liegt notwendig ein Isomorphismus vor.□

(10.13) Satz. *Für jede Abbildung $f \colon S^n \to S^n$ ist $f_* \colon \tilde{h}_m(S^n) \to \tilde{h}_m(S^n)$ die Multiplikation mit dem Grad von f.*

Beweis. Das ist richtig für die Identität und deshalb nach (10.12) für positive Vielfache der Identität. Eine konstante Abbildung induziert den Nullhomomorphismus. Für das Negative der Identität verwenden wir (9.2). Die Funktoreigenschaft liefert jetzt die Aussage für negative Vielfache der Identität.   □

11 Kolimites

Die beiden nächsten Abschnitte enthalten Untersuchungen über die Rolle des Additivitätsaxioms. Sie sind technischer Natur und können bei einer ersten Lektüre übergangen werden. Wir beweisen zunächst die Verträglichkeit einer additiven Homologietheorie mit direkten Limites von Folgen. Der nächste Abschnitt ist analogen Problemen in der Kohomologie gewidmet.

Stehe $(X_\bullet, f_\bullet)$ kurz für eine Folge

$$X_1 \xrightarrow{\ f_1\ } X_2 \xrightarrow{\ f_2\ } X_3 \xrightarrow{\ f_3\ } \cdots$$

von stetigen Abbildungen f_j. Ein Kolimes (= direkter Limes) besteht bekanntlich aus einem Raum X und stetigen Abbildungen $j_k \colon X_k \to X$ mit der folgenden universellen Eigenschaft:

(1) $j_{k+1} f_k = j_k$.

(2) Ist $a_k \colon X_k \to Y$ eine Familie stetiger Abbildungen mit $a_{k+1} f_k = a_k$, so gibt es genau eine stetige Abbildung $a \colon X \to Y$ mit $a j_k = a_k$.

(Analog wird der Kolimes einer Folge in einer beliebigen Kategorie definiert.) Wir schreiben für den Kolimes auch

$$\text{kolim}(X_\bullet, f_\bullet) = \text{kolim}(X_k).$$

Sind zum Beispiel die $f_k \colon X_k \subset X_{k+1}$ Inklusionen, so kann als Kolimes deren Vereinigung mit der Kolimestopologie gewählt werden.

Für die Zwecke der Homotopietheorie ist der Kolimes oft nicht geeignet. Stattdessen betrachten wir einen sogenannten Homotopiekolimes, der im Fall einer Folge auch *Teleskop* genannt wird. Wir identifizieren in $\coprod_i X_i \times [i, i+1]$ jeweils $(x_i, i+1)$ mit $(f_i(x_i), i+1)$ für $x_i \in X_i$. Sei

$$Z = Z(X_\bullet, f_\bullet) = \text{hokolim}(X_\bullet, f_\bullet)$$

das Resultat. Wir haben Abbildungen $j_k \colon X_k \to Z$, $x \mapsto (x, k)$ sowie eine kanonische Homotopie $\kappa_k \colon j_{k+1} f_k \simeq j_k$ durch lineare Verbindung in $X_k \times [k, k+1]$. Diese Daten definieren den *Homotopiekolimes* der Folge. (Er wird aber hier nicht durch eine universelle Eigenschaft definiert.)

Seien $a_k \colon X_k \to Y$ stetige Abbildungen und $h_k \colon X_k \times [k, k+1] \to Y$ Homotopien von $a_{k+1} f_k$ nach a_k. Dann gibt es eine stetige Abbildung $a \colon Z \to Y$ mit $j_k a = a_k$, und die Komposition der Inklusion $X_k \times [k, k+1] \to Z$ mit a ist h_k.

Wir haben Unterräume $Z_k \subset Z$, die das Bild von

$$\coprod_{i=1}^{k-1} X_i \times [i, i+1] + X_k \times \{k\}$$

sind. Die kanonische Inklusion $j_k \colon X_k \to Z_k$ ist eine Homotopieäquivalenz (Zusammenstauchen des Teleskops).

Wegen der Homotopieinvarianz der Homologie erhalten wir ein kommutatives Diagramm

$$
\begin{array}{ccc}
h_n(X_k) & \xrightarrow{\ (f_k)_* \ } & h_k(X_{k+1}) \\[2mm]
\Big\downarrow {\scriptstyle (j_k)_*} & & \Big\downarrow {\scriptstyle (j_{k+1})_*} \\[2mm]
h_n(Z) & \xrightarrow{\ = \ } & h_n(Z)
\end{array}
$$

und deshalb nach der universellen Eigenschaft des Kolimes einen Homomorphismus

$$\iota \colon \text{kolim}\, h_n(X_k) \to h_n(\text{hokolim}(X_k)).$$

(11.1) Satz. *Für eine additive Homologietheorie ist ι ein Isomorphismus.*

Beweis. Wir erinnern zunächst an eine algebraische Konstruktion des Kolimes von abelschen Gruppen $A_1 \xrightarrow{a_1} \cdots \to A_k \xrightarrow{a_k} A_{k+1} \to \cdots$. Wir betrachten

$$\bigoplus_{k \geq 1} A_k \to \bigoplus_{k \geq 1} A_k, \quad (x_k) \mapsto (x_{k+1} - a_k(x_k)).$$

Der Kokern dieser Abbildung ist der Kolimes, zusammen mit den kanonischen Abbildungen (Inklusion des j-ten Summanden, verkettet mit der Projektion)

$$A_j \xrightarrow{\subset} \bigoplus_k A_k \to \mathrm{kolim} A_k.$$

Wir brauchen deshalb eine Berechnung von $h_n(Z)$, die diese Form hat. Wir zerlegen dazu Z in die Teilräume

$$A = Z \setminus \bigcup_{i \geq 1} X_{2i} \times \{2i + 1/2\}, \quad B = Z \setminus \bigcup_{i \geq 1} X_{2i-1} \times \{2i - 1/2\}.$$

Damit gilt dann:

(11.2) Lemma. *Die Inklusionen*

$$\coprod_{i \geq 1} X_{2i} \times \{2i\} \quad \to \quad A$$
$$\coprod_{i \geq 1} X_{2i-1} \times \{2i - 1\} \quad \to \quad B$$
$$\coprod_{i \geq 1} X_i \times \{i\} \quad \to \quad A \cap B$$

sind h-Äquivalenzen, und (A, B) ist eine numerierbare Überdeckung von Z. □

Wegen dieses Lemmas haben wir eine Mayer-Vietoris-Sequenz

$$
\begin{array}{ccccc}
h_n(A \cap B) & \longrightarrow & h_n(A) \oplus h_n(B) & \longrightarrow & h_n(Z) \\
\big\uparrow {\scriptstyle \cong} & & \big\uparrow {\scriptstyle \cong} & & \\
\bigoplus h_n(X_j) & \xrightarrow{\ \alpha\ } & \displaystyle\bigoplus_{j \equiv 0(2)} h_n(X_j) \oplus \bigoplus_{j \equiv 1(2)} h_n(X_j), & &
\end{array}
$$

wobei für die untere Zeile die Homotopieäquivalenzen des Lemmas und die Additivität der Theorie benutzt wurde. Die Abbildung α hat die Form

$$x_{2i} \in h_n(X_{2i}) \mapsto (x_{2i}, f_*(x_{2i}))$$
$$x_{2i+1} \in h_n(X_{2i+1}) \mapsto (f_*(x_{2i+1}), x_{2i+1}).$$

Sie ist insbesondere injektiv, so daß wir $h_n(Z)$ wegen der Exaktheit als Kokern von α erhalten. Bis auf ein Umschreiben mittels Vorzeichen ist dieser Kokern aber gerade durch die oben referierte algebraische Beschreibung des Kolimes gegeben. □

Für Anwendungen ist es wichtig zu wissen, wann der Homotopiekolimes bis auf Homotopie mit dem Kolimes übereinstimmt. Wir behandeln diese Frage für den Fall, daß alle $f_k\colon X_k \to X_{k+1}$ Inklusionen sind und $X = \bigcup_k X_k$ der Kolimes. Wir betrachten aber jetzt Z als den Teilraum

$$Z = \bigcup_k X_k \times [k, k+1] \subset X \times [0, \infty[.$$

Dann trägt Z vielleicht eine andere Topologie als die zuvor verwendete Teleskop-topologie, aber Satz (11.1) und sein Beweis gelten genauso für dieses Modell. (Es ist homotopieäquivalent zu dem zuvor betrachteten Modell.) Die Projektion auf den ersten Faktor liefert $p\colon Z \to X$.

(11.3) Satz. *Die Projektion p ist eine Homotopieäquivalenz, falls Funktionen $\lambda_i\colon X \to [0, 1]$ existieren, so daß $X_i \subset \lambda_i^{-1}(0) \subset \lambda_i^{-1}[0, 1[\subset X_{i+1}$.*

Beweis. Man kann die λ_i etwas abändern, so daß der Abschluß von $\lambda_i^{-1}[0, 1[$ im Innern von X_{i+1} liegt. Dann wird ein h-Inverses von p durch

$$\lambda\colon X \to Z, \quad x \mapsto \left(x, 1 + \sum_{i=0}^{\infty} \lambda_i(x)\right)$$

gegeben. Die Summe ist an jeder Stelle endlich. Eine Homotopie H der Identität nach λp wird durch $H((x, t), \tau) = \left(x, (1 - \tau)t + \tau(1 + \sum \lambda_i(x))\right)$ gegeben. $\quad\square$

Die Projektion p ist auch eine h-Äquivalenz, wenn alle $X_k \subset X_{k+1}$ Kofaserungen sind.

12   Limites

Wir untersuchen, unter welchen Bedingungen Kohomologie einen Kolimes in einen Limes überführt. Dafür stellen wir zunächst einige Aussagen über den algebraischen Limes bereit. Sei

$$G_\bullet\colon \quad G_1 \xleftarrow{\;p_1\;} G_2 \xleftarrow{\;p_2\;} G_3 \xleftarrow{\;p_3\;} \cdots$$

eine Folge von Gruppen und Homomorphismen. Wir haben eine Operation der Gruppe $\prod_{i \in \mathbb{N}} G_i$ auf der Menge $\prod_{i \in \mathbb{N}} G_i$ durch

$$(g_1, g_2, \ldots) \cdot (h_1, h_2, \ldots) = (g_1 h_1 p_1(g_2)^{-1}, g_2 h_2 p_2(g_3)^{-1}, \ldots).$$

Die Orbitmenge dieser Operation werde mit

$$\lim{}^1(G_\bullet) = \lim{}^1(G_i, p_i) = \lim{}^1(G_i)$$

bezeichnet. Unmittelbar aus den Definitionen folgt:

(12.1) Notiz. *Seien die Gruppen G_i abelsch. Dann haben wir eine exakte Sequenz*

$$0 \to \lim(G_i, p_i) \to \prod_{i \in \mathbb{N}} G_i \xrightarrow{\;d\;} \prod_{i \in \mathbb{N}} G_i \to \lim^1(G_i, p_i) \to 0.$$

Darin ist $d(g_1, g_2, \dots) = (g_1 - p_1(g_2), g_2 - p_2(g_3), \dots)$ und lim *der Limes (= inverse Limes) der Folge.*   □

(12.2) Notiz. *Eine kurze exakte Sequenz*

$$0 \to (G_i', p_i') \to (G_i, p_i) \to (G_i'', p_i'') \to 0$$

inverser Systeme induziert funktoriell eine exakte Sequenz

$$0 \to \lim^0(G_i') \to \lim^0(G_i) \to \lim^0(G_i'')$$
$$\to \lim^1(G_i') \to \lim^1(G_i) \to \lim^1(G_i'') \to 0.$$

Beweis. Das folgt aus der Kern-Kokern-Sequenz.   □

Sei eine additive Kohomologietheorie gegeben. Wie im vorigen Abschnitt betrachten wie eine Folge $(X_\bullet, f_\bullet)$ und den zugehörigen Homotopiekolimes Z. Dann gilt:

(12.3) Satz. *Es gibt eine exakte Sequenz*

$$0 \to \lim^1(h^{n-1}(X_i)) \to h^n(Z) \to \lim(h^n(X_i)) \to 0.$$

Beweis. Wir verwenden wie im letzten Abschnitt die Mayer-Vietoris-Sequenz zur Triade $(Z; A, B)$. Sie hat die Form

$$\cdots \to h^n(Z) \to h^n(A) \oplus h^n(B) \xrightarrow{\beta^n} h^n(A \cap B) \to \cdots$$

und liefert deshalb eine kurze exakte Sequenz

$$0 \to \mathrm{Kokern}(\beta^{n-1}) \to h^n(Z) \to \mathrm{Kern}(\beta^n) \to 0.$$

Es bleiben also Kern und Kokern von β^n zu bestimmen. Wie im letzten Abschnitt erhalten wir mittels Additivität der Theorie Isomorphismen

$$h^n(A) \cong \bigoplus_{i \equiv 0(2)} h^n(X_i) \quad h^n(B) \cong \bigoplus_{i \equiv 1(2)} h^n(X_i) \quad h^n(A \cap B) \cong \bigoplus_{i \in \mathbb{N}} h^n(X_i).$$

Mit diesen Isomorphismen wird β^n in die Abbildung,

$$(x_1, x_2, x_3, \dots) \mapsto (-x_1 + f_1^*(x_2), x_2 - f_2^*(x_3), \dots)$$

verwandelt. Das ist aber bis auf den Isomorphismus $(a_i) \mapsto ((-1)^i a_i)$ die in der Definition von $\lim$ und $\lim^1$ vorkommende Abbildung d. $\square$

Es dürfte klar sein, wie $\lim^1$ als Funktor von der Kategorie der Folgen abelscher Gruppen in die Kategorie der Gruppen angesehen werden kann. Dieser Funktor ist übrigens ein derivierter Funktor des Funktor $\lim$ im Sinne der homologischen Algebra; das benutzen wir aber nicht explizit. Wir stellen einige Aussagen über $\lim^1$ zusammen. Wir betrachten dafür nur abelsche Gruppen G_i (oder allgemeiner $\mathbb{K}$-Moduln).

(12.4) Notiz. *Sind die p_i alle surjektiv, so ist $\lim^1(G_i, p_i) = 0$.*

Beweis. Sei $g = (g_1, g_2, \ldots) \in \prod_{i \in \mathbb{N}} G_i$. Man hat zu zeigen, daß g im Bild von d liegt. Das heißt, man hat die Gleichungen $g_i = x_i - p_i(x_{i+1})$ mit gewissen $x_i \in G_i$ zu lösen. Das geht offenbar rekursiv. $\square$

(12.5) Notiz. *Zu jedem inversen System $(G_i, p_i, i \in \mathbb{N}_0)$ gibt es eine injektive Abbildung $(f_i): (G_i, p_i) \to (H_i, q_i)$ von inversen Systemen, so daß jedes q_i epimorph ist und damit $\lim^1(H_i, q_i) = 0$.*

Beweis. Wir setzen $H_k = \bigoplus_{j=0}^{k} G_j$ mit der Abbildung

$$q_k: H_{k+1} = H_k \oplus G_{k+1} \xrightarrow{\;(\mathrm{id}, i_k p_{k+1})\;} H_k,$$

worin i_k die Inklusion in den k-ten Summanden ist. $\square$

Sei weiterhin $(G_i, p_i, i \in \mathbb{N}_0)$ ein inverses System und $n_0 < n_1 < n_2 < \cdots$ eine unendliche Folge natürlicher Zahlen. Durch Zusammensetzen der p_i erhalten wir Abbildungen $p'_{n_i}: G_{n_i} \to G_{n_{i+1}}$ und einen Morphismus von inversen Systemen

$$
\begin{array}{ccccccc}
G_{n_0} & \leftarrow & G_{n_1} & \leftarrow & G_{n_2} & \leftarrow & \cdots \\
\downarrow & & \downarrow & & \downarrow & & \\
G_0 & \leftarrow & G_1 & \leftarrow & G_2 & \leftarrow & \cdots,
\end{array}
$$

worin die senkrechten Pfeile ebenfalls durch Komposition der p_j gewonnen werden.

(12.6) Notiz. *Der soeben definierte Morphismus induziert einen kanonischen Isomorphismus*

$$\lim^1(G_{n_i}, p'_{n_i}) \to \lim^1(G_i, p_i).$$

Beweis. Wir betten das System (G_i, p_i) nach der letzten Notiz in ein System (H_i, q_i) mit Epimorphismen q_i ein und bilden aus diesem System zu der Teilfolge (n_i) analog ein System (H_{n_i}, q'_{n_i}). Dann haben wir einen Morphismus von kurzen exakten Folgen

$$0 \to (G_{n_i}, p'_{n_i}) \to (H_{n_i}, q'_{n_i}) \to (\overline{H}_{n_i}, \overline{q}_{n_i}) \to 0$$
$$\downarrow P \qquad\qquad \downarrow Q \qquad\qquad \downarrow$$
$$0 \to (G_i, p_i) \to (H_i, q_i) \to (\overline{H}_i, \overline{q}_i) \to 0$$

und erhalten aus (12.2) eine Abbildung exakter Sequenzen

$$\lim{}^0(H_{n_i}, q'_{n_i}) \to \lim{}^0(\overline{H}_{n_i}, \overline{q}_{n_i}) \to \lim{}^1(G_{n_i}, p'_{n_i}) \to \lim{}^1(H_{n_i}, q'_{n_i}) = 0$$
$$\downarrow \cong \qquad\qquad \downarrow \cong \qquad\qquad \downarrow \qquad\qquad \downarrow$$
$$\lim{}^0(H_i, q_i) \to \lim{}^0(\overline{H}_i, \overline{q}_i) \to \lim{}^1(G_i, p_i) \to \lim{}^1(H_i, q_i) = 0.$$

Die beiden ersten senkrechten Abbildungen sind Isomorphismen, denn es ist wohlbekannt, daß man zur Berechnung von $\lim^0$ ein kofinales Teilsystem verwenden kann; daher ist die von P induzierte Abbildung ein Isomorphismus.   □

(12.7) Notiz. *Verschwinden alle Abbildungen des inversen Systems (G_i, p_i), so ist* $\lim^1(G_i, p_i) = \lim^0(G_i, p_i) = 0$.

Beweis. Die Abbildung $d\colon \prod G_i \to \prod G_i$ ist die Identität.   □

(12.8) Notiz. *Sei (G_i, p_i) ein inverses System. Dann induziert der Morphismus von inversen Systemen*

$$G_0 \xleftarrow{\;p_0\;} G_1 \xleftarrow{\;p_1\;} G_2 \xleftarrow{\quad} \cdots$$
$$\downarrow \qquad\quad \downarrow p_0 \qquad\quad \downarrow p_1$$
$$\{0\} \xleftarrow{\quad} \mathrm{Bild}(p_0) \xleftarrow{\;q_1\;} \mathrm{Bild}(p_2) \xleftarrow{\quad} \cdots$$

mit $q_i = p_{i-1}|\mathrm{Bild}(p_i)$ Isomorphismen von $\lim^0$ und $\lim^1$.

Beweis. Wir haben eine exakte Sequenz von inversen Systemen

$$0 \to (\mathrm{Kern}(p_{i-1}), 0) \to (G_i, p_i) \to (\mathrm{Bild}(p_{i-1}), q_i) \to 0.$$

Die Behauptung folgt daher aus (12.2) und (12.7).   □

Wir sagen, daß System (G_i, p_i) erfüllt die *Mittag-Leffler-Bedingung* (ML), wenn gilt: Zu jedem i existiert ein j, so daß für alle $k \geq j$ gilt

$$\mathrm{Bild}(G_{i+k} \to G_i) = \mathrm{Bild}(G_{i+j} \to G_i).$$

Die Bilder in einem festen G_i werden also schließlich konstant.

(12.9) Satz. *Erfüllt das System (G_i, p_i) die Bedingung ML, so ist $\lim^1(G_i, p_i) = 0$. Sind die G_i abzählbar und ist $\lim^1(G_1, p_i) = 0$, so erfüllt das System ML.*

Beweis. Wir wählen zu jedem i ein $j(i)$, so daß für alle $k > j(i)$ das Bild von $G_k \to G_i$ gleich dem Bild von $G_{j(i)} \to G_i$ ist. Dann bestimmen wir eine Folge (n_i) von natürlichen Zahlen rekursiv durch $n_0 = 0$, $n_{i+1} = j(n_i)$. Dann ist nach (12.6) $\lim^1(G_i, p_i) \cong \lim^1(G_{n_i}, p'_{n_i})$, und letzteres ist nach (12.8) isomorph zu $\lim^1(\text{Bild}(p'_{n_i}), p'_{n_{i-1}} | \text{Bild}(p'_{n_i}))$. In diesem System sind nach Konstruktion alle Abbildungen surjektiv; daher liefert (12.4) die erste Behauptung.

Wegen (12.6) kann man den Anfang eines Systems weglassen und daher annehmen, ML sei für G_0 verletzt. Wir bezeichnen mit $p^k \colon G_k \to G_0$ die Komposition der p_i und mit I_k das Bild von p^k. Sei C_k der Kokern von p^k. Ferner sei $I_0 = G_0$, $C_0 = 0$. Dann haben wir für $k \geq 1$ Inklusionen $i_k \colon I_k \to I_{k-1}$ und Projektionen $\pi_k \colon C_k \to C_{k-1}$ und damit eine exakte Sequenz inverser Systeme

$$0 \to (I_k, i_k) \to (G_0, \text{id}) \to (C_k, \pi_k) \to 0.$$

Diese induziert nach (12.2) eine lange Sequenz

$$\cdots \to G_0 = \lim^0(G_0, \text{id}) \to \lim^0(C_k, \pi_k) \to \lim^1(I_k, i_k) \to \cdots$$

und eine Surjektion $\lim^1(p^k) \colon \lim^1(G_k, p_k) \to \lim^1(I_k, i_k)$. Letztere entsteht dabei aus $(G_k, p_k) \to (I_k, i_k) \to 0$. Ist nun $\lim^1(G_k, p_k) = 0$, so folgt $\lim^1(I_k, i_k) = 0$; außerdem ist G_0 abzählbar, also $\lim^0(C_k, \pi_k)$ abzählbar. Aber die Abbildungen π_k sind surjektiv; daher gilt für die Kardinalzahlen #:

$$\#(\lim^0(C_k, \pi_k)) = \prod_{k=0}^{\infty} \#\text{Kern}(\pi_k) = \prod_{k=0}^{\infty} \#(I_k/I_{k+1}),$$

und diese Zahl ist überabzählbar, es sei denn $\#(I_k/I_{k+1}) = 1$ für fast alle k, daß heißt $I_k = I_{k+1}$ für fast alle k, und das ist ML.   □

(12.10) Satz. *Sind die Gruppen G_i endlich, so ist $\lim^1(G_i, p_i) = 0$. Sind die Gruppen G_i endlich erzeugt, so ist $\lim^1(G_i, p_i)$ teilbar.*

Beweis. Die erste Behauptung folgt, weil das System (G_i, p_i) für endliche G_i offenbar ML erfüllt. Zum Beweis der zweiten bilden wir die beiden kurzen Sequenzen

$$0 \to (nG_i, p_i) \to (G_i, p_i) \to (G_i/nG_i, \overline{p}_i) \to 0$$
$$0 \to (\text{Kern}(n \colon G_i \to G_i), p_i|) \to (G_i, p_i) \to (nG_i, p_i) \to 0,$$

worin n die Multiplikation mit $n \in \mathbb{Z}$ bezeichnet. Die exakte Sequenz (12.2) liefert Epimorphismen

$$\lim^1(G_i, p_i) \xrightarrow{n} \lim^1(nG_i, p_i) \to \lim^1(G_i, p_i),$$

weil die Gruppen G_i/nG_i endlich sind. Das heißt aber, daß jedes Element von $\lim^1(G_i, p_i)$ durch n teilbar ist.   □

V Singuläre Homologie und Kohomologie

1 Kettenkomplexe

Die kombinatorische Konstruktion und Analyse von Homologie- und Kohomologietheorien benutzt algebraische Hilfsmittel, die oft unter der Überschrift „Homologische Algebra" zusammengefaßt werden. Diese Algebra hat ihren Ursprung in der Theorie der Kettenkomplexe, und diese hinwiederum stammen aus der algebraischen Aufbereitung der kombinatorischen Topologie der Zellenkomplexe und der simplizialen Komplexe. Wir stellen in diesem Abschnitt einige Grundbegriffe aus diesem Gebiet zusammen.

Ein $\mathbb{Z}$-*graduierter* Modul A_* ist eine Familie $(A_n \mid n \in \mathbb{Z})$ von Moduln A_n. Manchmal wird in der Literatur mit A_* auch die direkte Summe $A_* = \bigoplus_{n \in \mathbb{Z}} A_n$ bezeichnet, und der darin kanonisch enthaltene Untermodul A_n wird dann der *homogene Anteil vom Grad oder der Dimension n* genannt. Wir vermeiden aber nach Möglichkeit die direkte Summe. Sind A_* und B_* $\mathbb{Z}$-graduierte Moduln, so heißt eine Familie von Homomorphismen $f_n \colon A_n \to B_{n+k}$ ein *Morphismus vom Grad k* zwischen den graduierten Moduln.

Eine Sequenz $C_\bullet = (C_n, d_n \mid n \in \mathbb{Z})$ von Moduln C_n und Homomorphismen, genannt *Randoperatoren*, $(d_n \colon C_n \to C_{n-1} \mid n \in \mathbb{Z})$ heißt *Kettenkomplex*, wenn für alle $n \in \mathbb{Z}$ die Komposition $d_n \circ d_{n+1} = 0$ ist. Zu einem Kettenkomplex $C_\bullet$ betrachten wir die Gruppen

$$
\begin{aligned}
Z_n &= Z_n(C_\bullet) = \mathrm{Kern}(d_n \colon C_n \to C_{n-1}) \\
B_n &= B_n(C_\bullet) = \mathrm{Bild}(d_{n+1} \colon C_{n+1} \to C_n) \\
H_n &= H_n(C_\bullet) = Z_n / B_n
\end{aligned}
$$

(1.1)

und bezeichnen C_n (bzw. Z_n, B_n) als die Gruppe der *n-Ketten* (bzw. *n-Zyklen, n-Ränder*) und H_n als die *n-te Homologiegruppe* des Kettenkomplexes. Zwei *n*-Ketten, deren Differenz ein Rand ist, heißen *homolog*. Die Gruppen H_n messen, wie weit der Kettenkomplex von einer exakten Sequenz entfernt ist: Die Homologiegruppen sind genau dann Null, wenn der Komplex eine exakte Sequenz ist; man nennt ihn dann *azyklisch*.

Sind $C_\bullet = (C_n, c_n)$ und $D_\bullet = (D_n, d_n)$ Kettenkomplexe von $\mathbb{K}$-Moduln, so heißt eine Sequenz von Homomorphismen $f_n \colon C_n \to D_n$, die $d_n \circ f_n = f_{n-1} \circ c_n$ erfüllt, eine *Kettenabbildung* $f_\bullet\colon C_\bullet \to D_\bullet$. Eine Kettenabbildung induziert Morphismen der Zyklen, Ränder und Homologiegruppen

$$Z_n(f_\bullet)\colon Z_n(C_\bullet) \to Z_n(D_\bullet)$$
$$B_n(f_\bullet)\colon B_n(C_\bullet) \to B_n(D_\bullet)$$
$$f_* = H_n(f_\bullet)\colon H_n(C_\bullet) \to H_n(D_\bullet).$$

Kettenkomplexe und Kettenabbildungen bilden eine Kategorie, und H_* ist ein Funktor dieser Kategorie in die Kategorie der $\mathbb{Z}$-graduierten $\mathbb{K}$-Moduln und Morphismen vom Grad Null.

Seien $f, g\colon (C_n, c_n) \to (D_n, d_n)$ Kettenabbildungen. Eine *Kettenhomotopie s* von f nach g ist eine Sequenz $s_n\colon C_n \to D_{n+1}$ von Homomorphismen, die

(1.2) $$d_{n+1} \circ s_n + s_{n-1} \circ c_n = f_n - g_n$$

erfüllt. Gibt es eine derartige Kettenhomotopie, so nennen wir f und g *kettenhomotop*, in Zeichen $f \simeq g$. „Kettenhomotop" ist eine Äquivalenzrelation auf der Menge der Kettenabbildungen $C_\bullet \to D_\bullet$. Diese Relation ist auch mit der Komposition verträglich, das heißt, gilt $f \simeq f'\colon C_\bullet \to D_\bullet$ und $g \simeq g'\colon D_\bullet \to E_\bullet$, so ist $g \circ f \simeq g' \circ f'$. Wir nennen $f\colon C_\bullet \to D_\bullet$ eine *Kettenäquivalenz*, wenn es eine Kettenabbildung $g\colon D_\bullet \to C_\bullet$ und Kettenhomotopien $fg \simeq \mathrm{id}$, $gf \simeq \mathrm{id}$ gibt.

(1.3) Notiz. *Kettenhomotope Abbildungen induzieren dieselben Morphismen der Homologiegruppen.*

Beweis. Ist $x \in C_n$ ein Zykel, so sind $f_n(x)$ und $g_n(x)$ wegen $f_n(x) - g_n(x) = d_{n+1}s_n(x)$ homolog.   □

Sei $0 \to C' \xrightarrow{\ f\ } C \xrightarrow{\ g\ } C'' \to 0$ eine *exakte Sequenz von Kettenkomplexen*, das heißt, f und g sind Kettenabbildungen, und für jedes $n \in \mathbb{Z}$ ist

$$0 \to C'_n \xrightarrow{\ f_n\ } C_n \xrightarrow{\ g_n\ } C''_n \to 0$$

exakt. Dann haben wir zunächst die induzierten Morphismen $H_n(f)$ und $H_n(g)$. Ferner gibt es einen *verbindenden Morphismus*, auch *Randoperator* genannt, $\partial_n\colon H_n(C'') \to H_{n-1}(C')$, der durch die Korrespondenz $f_{n-1}^{-1} \circ d_n \circ g_n^{-1}$ „definiert" ist, das heißt für einen Zykel $z'' \in C''_n$ und ein Urbild z bei g_n gibt es z' mit $d_n(z) = f_{n-1}(z')$, und $z'' \mapsto z'$ induziert einen wohldefinierten Homomorphismus $\partial_n\colon H_n(C'') \to H_{n-1}(C')$. Mit den so definierten Objekten verifiziert man durch „Diagrammjagd" den

(1.4) Satz. *Die Sequenz*

$$\cdots \to H_n(C') \to H_n(C) \to H_n(C'') \xrightarrow{\ \partial_n\ } H_{n-1}(C') \to \cdots$$

ist exakt. Die unbezeichneten Abbildungen sind durch f und g induziert. Sind zwei der Kettenkomplexe azyklisch, so ist auch der dritte azyklisch.   □

Mit dem Begriff der Kettenhomotopie kann man in der Kategorie der Ketten-komplexe eine Homotopietheorie entwickeln, die analog zur topologischen Homo-topietheorie ist, wegen ihres algebraischen Charakters aber in mancherlei Hinsicht einfacher. Es wird empfohlen, einige der nun folgenden Begriffsbildungen mit den entsprechenden der Homotopietheorie zu vergleichen.

Wir haben den Nullkomplex, dessen Kettengruppen in allen Dimensionen gleich Null sind. Ein Komplex heißt *kontrahierbar*, wenn er kettenäquivalent zum Null-komplex ist, oder, äquivalent, wenn die Identität kettenhomotop zur Nullabbildung ist.

Sei $f: (K_\bullet, d^K) \to (L_\bullet, d^L)$ eine Kettenabbildung. Daraus definieren wir einen neuen Kettenkomplex $Cf_\bullet$, den *Abbildungskegel* von f, durch

$$Cf_n = L_n \oplus K_{n-1}, \qquad d^{Cf}(y, x) = (d^L y + fx, -d^K x).$$

Letzteres läßt sich auch in Matrizenform schreiben

$$\begin{pmatrix} x \\ y \end{pmatrix} \mapsto \begin{pmatrix} d^L & f \\ 0 & -d^K \end{pmatrix} \begin{pmatrix} y \\ x \end{pmatrix}.$$

Die *Einhängung* $\Sigma K_\bullet$ von $K_\bullet$ werde durch $\Sigma K_n = K_{n-1}$ und $d^{\Sigma K} = -d^K$ definiert. Die kanonischen Injektionen und Projektionen liefern dann eine exakte Sequenz von Kettenkomplexen $0 \to L_\bullet \to Cf_\bullet \to \Sigma K_\bullet \to 0$. Dazu gehört eine exakte Sequenz (1.4), und der verbindende Morphismus $\partial: H_{n+1}(\Sigma K_\bullet) \to H_n(L_\bullet)$ stimmt nach der kanonischen Identifizierung $H_{n+1}(\Sigma K_\bullet) \cong H_n(K_\bullet)$ mit $H_n(f)$ überein. Der nächste Satz zeigt einen deutlichen Unterschied zwischen der topologischen Homotopietheorie und der Kettenhomotopietheorie auf.

(1.5) Satz. *Sei $Cf_\bullet$ kontrahierbar. Dann ist f eine Kettenäquivalenz.*

Beweis. Die Inklusion $\iota: L_\bullet \to Cf_\bullet$, $y \mapsto (y, 0)$ ist nullhomotop, da $Cf_\bullet$ kontrahier-bar ist. Sei $s: \iota \simeq 0$ eine Nullhomotopie. Wir schreiben $s(y) = (\gamma(y), g(y)) \in L \oplus K$ (ohne Notation der beteiligten Dimensionen). Die Bedingung $\partial s + s\partial = \iota$ lautet dann

$$(\partial \gamma y + fgy + \gamma \partial y, -\partial gy + g\partial y) = (y, 0),$$

das heißt, $\partial g = g\partial$ und $\partial \gamma + \gamma \partial = \mathrm{id} - fg$. Also ist g eine Kettenabbildung und wegen der γ-Relation ein Rechtshomotopieinverses von f.

Die Projektion $\kappa: Cf_\bullet \to \Sigma K_\bullet$ ist ebenfalls nullhomotop. Sei $t: \kappa \simeq 0$ eine Nullhomotopie. Wir schreiben $t(y, x) = h(y) + \eta(x)$. Die Gleichung $\partial t + t\partial = \kappa$ bedeutet dann

$$-\partial hy + h\partial y - \partial \eta x + \eta \partial x + hfx = x,$$

also $\partial h = h\partial$ und $\partial \eta + \eta \partial = hf -$ id. Also ist h eine Kettenabbildung und ein Linkshomotopieinverses von f.

Da f also sowohl Rechts- als auch Linksinverse bis auf Homotopie hat, so ist f eine Kettenäquivalenz. $\square$

(1.6) Satz. *Sei K azyklisch und sei $Z_n \subset K_n$ jeweils ein direkter Summand. Dann ist K kontrahierbar.*

Beweis. Wir haben eine exakte Sequenz

$$0 \to Z_n \to K_n \xrightarrow{\partial} B_{n-1} \to 0,$$

und da K azyklisch ist, gilt $Z_n = B_n$. Ferner gibt es $t_{n-1}\colon B_{n-1} \to K_n$ mit $\partial t_{n-1} =$ id, da Z_n direkter Summand von K_n ist. Wir haben deshalb eine direkte Zerlegung in Untergruppen $K_n = B_n \oplus t_{n-1}B_{n-1}$. Wir definieren $s\colon K_n \to K_{n+1}$ durch $s|B_n = t_n$ und $s_n|t_{n-1}B_{n-1} = 0$. Aus den Definitionen verifiziert man nun getrennt, daß $\partial s + s\partial$ sowohl auf B_n als auch auf $t_{n-1}B_{n-1}$ die Identität ist, das heißt, s ist eine Nullhomotopie der Identität. $\square$

(1.7) Satz. *Sei $f\colon K_\bullet \to L_\bullet$ eine Kettenabbildung zwischen Kettenkomplexen aus freien abelschen Gruppen, die einen Isomorphismus $f_*\colon H_*(K_\bullet) \cong H_*(L_\bullet)$ induziert. Dann ist f eine Kettenäquivalenz.*

Beweis. Aus der exakten Homologiesequenz und der Voraussetzung folgt, daß $Cf_\bullet$ azyklisch ist. Eine Untergruppe einer freien abelschen Gruppe ist frei. Deshalb sind die Randgruppen von $Cf_\bullet$ frei, und folglich zerspaltet die exakte Sequenz $0 \to Z_n \to Cf_n \to B_{n-1} \to 0$. Wir können also (1.6) anwenden, um $Cf_\bullet$ als kontrahierbar nachzuweisen, und dann (1.5), um f als Kettenäquivalenz zu erkennen. $\square$

Seien $A_\bullet = (A_n)$ und $B_\bullet = (B_n)$ $\mathbb{Z}$-graduierte Moduln. Das Tensorprodukt $A_\bullet \otimes B_\bullet$ ist der Modul mit $\bigoplus_{p+q=n} A_p \otimes B_q$ als Bestandteil vom Grad n. Sind $f\colon A_\bullet \to A'_\bullet$ und $g\colon B_\bullet \to B'_\bullet$ Morphismen von irgendeinem Grad, so wird ihr Tensorprodukt $f \otimes g$ durch die Formel

$$(f \otimes g)(a \otimes b) = (-1)^{|g||a|} f(a) \otimes g(b)$$

definiert. Allgemein bezeichne dabei $|a|$ den Grad von a. Die soeben gegebene Formel folgt der „graduierten Vorzeichenregel": Werden Entitäten vom Grad x und y vertauscht, so erscheint das Vorzeichen $(-1)^{xy}$. Das soeben definierte Tensorprodukt von Morphismen ist assoziativ und mit der Komposition im graduierten Sinne

$$(f \otimes g) \circ (f' \otimes g') = (-1)^{|g||f'|} ff' \otimes gg'$$

verträglich (Vorzeichenregel). Diese Komposition ist, wie es sich für eine Kategorie gehört, assoziativ. Gelegentlich wird der Grad auch als oberer Index gebraucht. In diesem Kontext ist die Vereinbarung $A^k = A_{-k}$ manchmal zweckmäßig.

Eine $\mathbb{Z}$-*graduierte* $\mathbb{K}$-*Algebra* $A^{\bullet}$ besteht aus einem $\mathbb{Z}$-graduierten $\mathbb{K}$-Modul $(A^n \mid n \in \mathbb{Z})$ zusammen mit einer Familie von $\mathbb{K}$-linearen Abbildungen

$$A^i \otimes A^j \to A^{i+j}, \quad x \otimes y \mapsto x \cdot y.$$

Die Algebra heißt *assoziativ*, wenn immer $x \cdot (y \cdot z) = (x \cdot y) \cdot z$ gilt, und *kommutativ*, wenn immer $x \cdot y = (-1)^{|x||y|} y \cdot x$ gilt (Vorzeichenregel). Ein Element $1 \in A^0$ heißt *Einselement* der Algebra, wenn immer $1 \cdot x = x = x \cdot 1$ gilt. Sei $M^{\bullet} = (M^n)$ ein $\mathbb{Z}$-graduierter $\mathbb{K}$-Modul. Eine Familie

$$A^i \otimes M^j \to M^{i+j}, \quad a \otimes x \mapsto a \cdot x$$

von $\mathbb{K}$-linearen Abbildungen heißt *Struktur eines $A^{\bullet}$-Moduls auf $M^{\bullet}$*, wenn immer $a \cdot (b \cdot x) = (a \cdot b) \cdot x$ für $a, b \in A$ und $x \in M$ gilt. Hat A ein Einselement, so heißt die Modulstruktur *unital*, wenn immer $1 \cdot x = x$ gilt. Seien $A^{\bullet}$ und $B^{\bullet}$ $\mathbb{Z}$-graduierte Algebren. Ihr *Tensorprodukt* $A \otimes B$ ist gegeben durch das Tensorprodukt der unterliegenden graduierten Moduln

$$(A \otimes B)^n = \bigoplus_{i+j=n} A^i \otimes B^j$$

und die Multiplikation $(a \otimes b) \cdot (a' \otimes b') = (-1)^{|b||a'|} aa' \otimes bb'$ (Vorzeichenregel). Sind A und B assoziativ, so ist auch $A \otimes B$ assoziativ. Haben beide Einselemente, so ist deren Tensorprodukt ein Einselement für die Tensorproduktalgebra. Sind beide kommutativ, so ist ihr Tensorprodukt ebenfalls kommutativ. Das Tensorprodukt von graduierten Algebren ist assoziativ.

Sind $(A_{\bullet}, d_A)$ und $(B_{\bullet}, d_B)$ Kettenkomplexe, so wird der graduierte Modul $A_{\bullet} \otimes B_{\bullet}$ ein Kettenkomplex mit dem Randoperator $d = d_A \otimes 1 + 1 \otimes d_B$. Hierbei ist die Vereinbarung über das Tensorprodukt von Abbildungen mit einem von Null verschiedenen Grad zu beachten, das heißt es gilt

$$d(a \otimes b) = d_A a \otimes b + (-1)^{|a|} a \otimes d_B b.$$

Mittels der Vorzeichenregel verifiziert man $dd = 0$. Durch Übergang zur Homologie wird eine lineare Abbildung

$$H_p(A_{\bullet}) \otimes H_q(B_{\bullet}) \to H_{p+q}(A_{\bullet} \otimes B_{\bullet}), \quad [a] \otimes [b] \mapsto [a \otimes b]$$

induziert. Wir betrachten den Grundring $\mathbb{K}$ als trivialen Kettenkomplex mit dem Bestandteil $\mathbb{K}$ in der Dimension Null und lauter Nullmoduln sonst. Ist (A_n) ein graduierter $\mathbb{K}$-Modul, so definieren wir den dualen $\mathbb{K}$-Modul durch $A^*_{-n} = \mathrm{Hom}(A_n, \mathbb{K})$. Wir wollen den Randoperator $\delta\colon A^*_{-n} \to A^*_{-n-1}$ so definieren, daß die Auswertung

$$\varepsilon\colon A^*_{\bullet} \otimes A_{\bullet} \to \mathbb{K},$$

die auf $A^*_{-n} \otimes A_n$ durch $\varphi \otimes a \mapsto \varphi(a)$ gegeben ist und sonst die Nullabbildung ist, eine Kettenabbildung wird. Für $\varphi \otimes a \in A^*_{-n-1} \otimes A_n$ muß dann gelten

$$\varepsilon(\partial\varphi \otimes a + (-1)^{|\varphi|}\varphi \otimes \partial a) = \delta\varphi(a) + (-1)^{|\varphi|}\varphi(\partial a) = 0,$$

das heißt, wir müssen definieren $\delta\varphi = (-1)^{|\varphi|+1}\varphi \circ \partial$.

Sind $A_\bullet$ und $B_\bullet$ graduierte Moduln, so sei $\mathrm{Hom}(A_\bullet, B_\bullet)$ der graduierte Modul, der $\prod_{a \in \mathbb{Z}} \mathrm{Hom}(A_a, B_{a+n})$ als Bestandteil der Dimension n hat. Damit die im folgenden aufgezeichneten Regeln gelten, sind wir gezwungen, für Kettenkomplexe den Hom-Modul mit dem Randoperator

$$d(f_i) = (\partial \circ f_i) - ((-1)^n f_i \circ \partial)$$

für $(f_i\colon A_i \to B_{i+n})$ zu definieren. Man verifiziert dann $dd = 0$, wir haben also den Hom-Kettenkomplex. Mit dieser Vereinbarung werden die folgenden kanonischen Abbildungen der linearen Algebra Kettenabbildungen: Die Komposition

$$\mathrm{Hom}(B, C) \otimes \mathrm{Hom}(A, B) \to \mathrm{Hom}(A, B), \quad (f_i) \otimes (g_j) \mapsto (f_{l+|g|} \circ g_l);$$

die Adjunktion

$$\Phi\colon \mathrm{Hom}(A \otimes B, C) \to \mathrm{Hom}(A, \mathrm{Hom}(B, C)), \quad \Phi(f_i)(x)(y) = f_{|x|+|y|}(x \otimes y);$$

die tautologische Abbildung

$$\gamma\colon \mathrm{Hom}(C, C') \otimes \mathrm{Hom}(D, D') \to \mathrm{Hom}(C \otimes D, C' \otimes D')$$

mit $\gamma(f \otimes g)(x \otimes y) = (-1)^{|g||x|} f(x) \otimes g(y)$. Ferner ist auch

$$\lambda\colon A^* \otimes B \to \mathrm{Hom}(A, B), \quad \lambda(\varphi \otimes b)(a) = (-1)^{|a||b|}\varphi(a)b$$

eine Kettenabbbildung.

2 Singuläre Homologie

Wir beginnen in diesem Abschnitt mit der Konstruktion der singulären Homologietheorie. Die gesamte Theorie ist fast vollständig algebraisiert. Der intuitive Ausgangspunkt ist die kombinatorische Topologie der simplizialen Komplexe.

Das von den Einheitsvektoren $e_i \in \mathbb{R}^{n+1}$ aufgespannte n-dimensionale Standardsimplex ist

$$\Delta_n = \left\{(t_0, \dots, t_n) = \sum_{i=0}^{n} t_i e_i \in \mathbb{R}^{n+1} \mid \sum_{i=0}^{n} t_i = 1, t_i \geq 0\right\}.$$

Einen Punkt $\sum_i t_i e_i$ darin bezeichnen wir auch durch seine *baryzentrischen Koordinaten* $(t_0, t_1, \ldots, t_n)$. Wir setzen $[n] = \{0, \ldots, n\}$. Jede schwach monotone Abbildung $\alpha\colon [m] \to [n]$ induziert eine affine Abbildung

$$\Delta(\alpha)\colon \Delta_m \to \Delta_n, \qquad \sum_{i=0}^{m} t_i e_i \mapsto \sum_{i=0}^{m} t_i e_{\alpha(i)}.$$

Sei $\delta_i^n\colon [n-1] \to [n]$ die injektive Abbildung, die den Wert i ausläßt. Dann gilt

(2.1) $$\delta_j^{n+1}\delta_i^n = \delta_i^{n+1}\delta_{j-1}^n, \quad i < j.$$

Wir setzen $d_i^n = \Delta(\delta_i^n)$.

Eine stetige Abbildung $\sigma\colon \Delta_n \to X$ heißt *singuläres n-Simplex* in X. Wir nennen $\sigma \circ d_i^n$ die *i-te Seite* von σ. Wir bezeichnen mit $S_n(X)$ die freie abelsche Gruppe über der Menge der singulären n-Simplexe in X. (Wir setzen $S_n(X) = 0$, wenn $n < 0$ ist; dieser triviale Teil wird aber meistens nicht weiter beachtet.) Ein Element darin heißt *singuläre n-Kette*. Für den *Randoperator*

$$\partial_q\colon S_q(X) \to S_{q-1}(X), \quad \sigma \mapsto \sum_{i=0}^{n} (-1)^i \sigma d_i^q$$

errechnen wir mit Hilfe von (2.1) $\partial_q \partial_{q-1} = 0$. Somit bilden die $(S_q(X), \partial_q)$ einen Kettenkomplex $S_\bullet(X)$, den *singulären Kettenkomplex* von X. Seine Homologie in der Dimension q wird mit $H_q(X) = H_q(X; \mathbb{Z})$ bezeichnet und *singuläre Homologiegruppe* von X (mit Koeffizienten in $\mathbb{Z}$) genannt. Eine stetige Abbildung $f\colon X \to Y$ induziert einen Homomorphismus

$$f_\# = S_q(f)\colon S_q(X) \to S_q(Y), \quad \sigma \mapsto f\sigma.$$

Die $S_q(f)$ liefern eine Kettenabbildung und induzieren deshalb einen Homomorphismus $f_* = H_q(f)\colon H_q(X) \to H_q(Y)$. Damit wird H_q ein Funktor von der Kategorie der topologischen Räume in die Kategorie der abelschen Gruppen. Ist $i\colon A \subset X$, so definieren wir den Kettenkomplex $S_\bullet(X, A)$ als den Kokern von $S_\bullet(i)\colon S_\bullet(A) \to S_\bullet(X)$. Es ist $S_\bullet(\emptyset) = 0$ und also kanonisch $S_\bullet(X) = S_\bullet(X, \emptyset)$. Die Homologiegruppen $H_n(X, A)$ von $S_\bullet(X, A)$ heißen die *relativen singulären Homologiegruppen* des Raumpaares (X, A). Eine stetige Abbildung $f\colon (X, A) \to (Y, B)$ induziert eine Kettenabbildung $f_\#\colon S_\bullet(X, A) \to S_\bullet(Y, B)$ sowie Homomorphismen $f_* = H_q(f)\colon H_q(X, A) \to H_q(Y, B)$. Damit wird H_q ein Funktor auf der Kategorie der Raumpaare. Ist a ein Zykel, so bezeichne $[a]$ seine Homologieklasse. Aus der exakten Sequenz der Kettenkomplexe

(2.2) $$0 \to S_\bullet(A) \to S_\bullet(X) \to S_\bullet(X, A) \to 0$$

erhalten wir nach (1.4) dann die *exakte Homologiesequenz*:

(2.3) Satz. *Für jedes Raumpaar (X, A) ist die Sequenz*

$$\cdots \xrightarrow{\partial} H_n(A) \to H_n(X) \to H_n(X, A) \xrightarrow{\partial} H_{n-1}(A) \to \cdots$$

exakt. Die Sequenz endet mit $H_0(X) \to H_0(X, A) \to 0$. Die unbezeichneten Abbildungen sind durch die Inklusionen $(A, \emptyset) \subset (X, \emptyset)$ und $(X, \emptyset) \subset (X, A)$ induziert.□

Ist (X, A, B) ein Raumtripel, das heißt gilt $X \supset A \supset B$, so haben wir auch eine kanonische exakte Sequenz

$$(2.4) \qquad 0 \to S_\bullet(A, B) \to S_\bullet(X, B) \to S_\bullet(X, A) \to 0,$$

die nach (1.4) zur *exakten Homologiesequenz eines Tripels* führt. Der Randoperator $\partial: H_n(X, A) \to H_{n-1}(A, B)$ darin ist die Verkettung von $\partial: H_n(X, A) \to H_{n-1}(A)$ mit der durch die Inklusion induzierten Abbildung $H_{n-1}(A) \to H_{n-1}(A, B)$. Aus den Definitionen folgt, daß die Randoperatoren als natürliche Transformationen aufgefaßt werden können; das heißt, eine stetige Abbbildung $f: (X, A, B) \to (X', A', B')$ liefert ein kommutatives Diagramm

$$
\begin{array}{ccc}
H_n(X, A) & \xrightarrow{\ \partial\ } & H_{n-1}(A, B) \\
\downarrow{\scriptstyle f_*} & & \downarrow{\scriptstyle f_*} \\
H_n(X', A') & \xrightarrow{\ \partial\ } & H_{n-1}(A', B').
\end{array}
$$

Es leuchtet ein, daß man die Homologiegruppen fast niemals direkt aus ihrer Definition bestimmen kann. Der singuläre Kettenkomplex eines Punktraumes P ist von der Form $S_n(P) \cong \mathbb{Z}$ $(n \geq 0)$, mit dem einzigen singulären Simplex in jeder Dimension $n \geq 0$ als Basiselement. Die Abbildung ∂_q ist für gerades $q > 0$ ein Isomorphismus und für ungerades q die Nullabbildung. Daraus entnimmt man sofort $H_0(P) \cong \mathbb{Z}$ und $H_n(P) = 0$ sonst.

Seien $(X_j \mid j \in \pi_0(X))$ die Wegekomponenten von X und sei $\iota_j: X_j \to X$ die Inklusion. Die induzierten Abbildungen liefern einen Homomorphismus

$$(2.5) \qquad \langle (\iota_j)_* \rangle: \bigoplus_{j \in \pi_0(X)} H_n(X_j) \to H_n(X), \qquad (x_j) \mapsto \sum_j (\iota_j)_*(x_j).$$

Aus den Definitionen entnimmt man unmittelbar, daß diese Abbildung ein Isomorphismus ist. Insbesondere ist $H_0(X)$ die freie abelsche Gruppe über der Menge $\pi_0(X)$ der Wegekomponenten von X. Im relativen Fall lautet der entsprechende Isomorphismus $\bigoplus_j H_n(X_j, A \cap X_j) \cong H_n(X, A)$. Die singuläre Homologietheorie ist also additiv.

Die nächsten Abschnitte dienen zunächst hauptsächlich dem Nachweis der weiteren Axiome von Eilenberg und Steenrod (siehe IV.1). Ferner definieren wir abgeleitete Homologie- und Kohomologietheorien mit Koeffizienten in $\mathbb{K}$-Moduln.

3 Kontrahierbare Räume

Wir werden alsbald zeigen, daß homotope Abbildungen dieselben Homomorphismen zwischen den Homologiegruppen induzieren. Aus beweistechnischen Gründen behandeln wir zunächst den Spezialfall der kontrahierbaren Räume.

(3.1) Satz. *Sei X zusammenziehbar. Dann ist $H_n(X) = 0$ für alle $n \neq 0$.*

Beweis. Sei $h\colon X \times I \to X$ eine Homotopie mit $h(x,0) = x$ und $h(x,1) = x_0$ für alle $x \in X$ und einen Grundpunkt x_0. Wir definieren einen Homomorphismus $K\colon S_{n-1}(X) \to S_n(X)$, indem wir auf die Basiselemente eine sogenannte Kegelkonstruktion anwenden. Ist $\sigma\colon \Delta_{n-1} \to X$ gegeben, so sei $K\sigma\colon \Delta_n \to X$ durch

$$K\sigma(\lambda_0, \ldots, \lambda_n) = h(\sigma(\lambda^{-1}\lambda_1, \ldots, \lambda^{-1}\lambda_n), \lambda_0)$$

erklärt, sofern $\lambda = \sum_{i=1}^n \lambda_i = 1 - \lambda_0 \neq 0$ ist; andernfalls sei $K\sigma(\lambda_0, \ldots, \lambda_n) = x_0$. (Man verifiziert, daß $K\sigma$ stetig ist.) Die Seiten von $K\sigma$ erfüllen $(K\sigma)d_i = K(\sigma d_{i-1})$, wenn $i > 0$ ist, und sonst $(K\sigma)d_0 = \sigma$. Damit berechnen wir für $n > 1$

$$\partial(K\sigma) = (K\sigma)d_0 - \sum_{i=1}^n (-1)^{i-1}(K\sigma)d_i = \sigma - \sum_{j=0}^{n-1}(-1)^j K(\sigma d_{j-1}) = \sigma - K(\partial\sigma).$$

Für $n = 1$ und ein 0-Simplex σ gilt $\partial(K\sigma) = \sigma - \sigma_0$, worin $\sigma_0\colon \Delta_0 \to \{x_0\}$ ist. Definieren wir $\varepsilon\colon \Delta_n(X) \to \Delta_n(X)$ durch $\varepsilon = 0$ für $n \neq 0$ und $\varepsilon(\sum n_\sigma \sigma) = (\sum n_\sigma)\sigma_0$ für $i = 0$, so haben wir $\partial K + K\partial = \mathrm{id} - \varepsilon$. Die Identität ist also zur sogenannten *Augmentation* ε kettenhomotop. Es gilt also $\mathrm{id} = \varepsilon_*$, und ε_* ist die Nullabbildung in von Null verschiedenen Dimensionen.   □

4 Das Kreuzprodukt

Wir vergleichen die singulären Komplexe von X, Y und $X \times Y$. Ist $x \in X$, so bezeichne x auch das singuläre Nullsimplex mit Wert x. Ist $\tau\colon \Delta_q \to Y$ gegeben, so setzen wir $x \times \tau\colon \Delta_q \to X \times Y$, $w \mapsto (x, \tau(w))$; analog bei vertauschten Rollen von X und Y. Aus bezeichnungstechnischen Gründen verwenden wir in diesem Abschnitt das Symbol $f \tilde{\times} g$ für das kartesische Produkt zweier Abbildungen f und g. Ist $a \in S_k$, so schreiben wir dafür $|a| = k$.

(4.1) Satz. *Es gibt bilineare Abbildungen*

$$S_p(X) \times S_q(Y) \to S_{p+q}(X \times Y), \quad (a,b) \mapsto a \times b,$$

genannt Kreuzprodukt, *mit den folgenden Eigenschaften:*

(1) *Für $x \in X$, $y \in Y$, $\sigma\colon \Delta_p \to X$ und $\tau\colon \Delta_q \to Y$ ist $x \times \tau$ und $\sigma \times y$ wie gerade definiert.*

(2) *Sind $f\colon X \to X'$ und $g\colon Y \to Y'$ stetige Abbildungen, so ist*

$$(f \tilde\times g)_\#(a \times b) = f_\#(a) \times g_\#(b).$$

(3) *Es gilt immer $\partial(a \times b) = \partial a \times b + (-1)^{|a|}a \times \partial b$.*

Beweis. Wir zeigen die Existenz durch Induktion nach $p+q$ und beachten, daß wegen (1) die Abbildungen für $p = 0$ und $q = 0$ schon festgelegt sind und die Eigenschaften (2) und (3) haben. Sei deshalb $p > 0$ und $q > 0$. Die identische Abbildung ι_p von Δ_p fassen wir als singuläres p-Simplex auf. Wir definieren zunächst $\iota_p \times \iota_q$; wegen der Natürlichkeitsforderung (2) ist das nämlich das „universelle Modell". Nach Induktionsvoraussetzung ist der nach (3) bestimmte Rand dieses noch nicht definierten Elementes $w = \partial\iota_p \times \iota_q + (-1)^p\iota_p \times \partial\iota_q$ schon definiert. Wegen (3) errechnet sich der Rand von w als Null. Da $\Delta_p \times \Delta_q$ zusammenziehbar ist, gibt es nach (3.1) ein $z \in S_{p+q}(\Delta_p \times \Delta_q)$ mit $\partial z = w$. Wir wählen ein derartiges z aus und definieren es als $\iota_p \times \iota_q$.

Sind $\sigma\colon \Delta \to X$ und $\tau\colon \Delta_q \to Y$ gegeben, so müssen wir nach (2) definieren

$$\sigma \times \tau = \sigma_\#(\iota_p) \times \tau_\#(\iota_q) = (\sigma \tilde\times \tau)_\#(\iota_p \times \iota_q).$$

Mit dieser Definition gilt dann (2) durchgängig in den Dimensionen p, q. Wir verifizieren (3) auf den Basiselementen

$$\begin{aligned}
\partial(\sigma \times \tau) &= \partial((\sigma \tilde\times \tau)_\#(\iota_p \times \iota_q)) = (\sigma \tilde\times \tau)_\#(\partial(\iota_p \times \iota_q)) \\
&= (\sigma \tilde\times \tau)_\#(\partial\iota_p \times \iota_q + (-1)^p\iota_p \times \partial\iota_q) = \sigma_\#\partial\iota_p \times \tau_\#\iota_q + (-1)^p\sigma_\#\iota_p \times \tau_\#\partial\iota_q \\
&= \partial\sigma_\#\iota_p \times \tau_\#\iota_q + (-1)^p\sigma_\#\iota_p \times \partial\tau_\#\iota_q = \partial\sigma \times \tau + (-1)^p\sigma \times \partial\tau.
\end{aligned}$$

Die Gleichheiten sind der Reihe nach: Definition; Kettenabbildung; Konstruktion; Natürlichkeit; Kettenabbildung; Definition. Damit ist auch der Induktionsschritt für (3) gezeigt. □

(4.2) Satz. *Das Kreuzprodukt induziert bilineare Abbildungen*

$$H_p(X, A) \times H_q(Y, B) \to H_{p+q}((X, A) \times (Y, B)), \quad ([a], [b]) \mapsto [a] \times [b] = [a \times b],$$

die ebenfalls als Kreuzprodukt *bezeichnet werden.*

Beweis. Sei $a \in S_p(X)$, $\partial a \in S_{p-1}(A)$, so daß also a einen Zykel in $S_p(X, A)$ repräsentiert, und sei ebenso $b \in S_q(Y)$, $\partial b \in S_{q-1}(B)$. Dann ist

$$\partial(a \times b) = \partial a \times b + (-1)^p a \times \partial b \in S_{p+q-1}(A \times Y \cup X \times B),$$

so daß $a \times b$ einen Zykel in $S_{p+q}((X, A) \times (Y, B))$ repräsentiert. Man verifiziert, daß $[a \times b]$ nur von $[a]$ und $[b]$ abhängt:

$$(a + \partial a') \times b = a \times b + \partial(a' \times b) - (-1)^{p+1} a' \times \partial b;$$

wegen $a' \times \partial b \in S_{p+q}(X \times B)$ sehen wir damit, daß $(a + \partial a') \times b$ und $a \times b$ dieselbe relative Homologieklasse definieren.   □

Wir wenden den vorangehenden Satz an, um die Homotopieinvarianz der Funktoren H_q zu zeigen. Dazu sei $X = I = [0, 1]$. Sei $\tilde{I}$ das affine Simplex $\Delta_1 \to I$, das e_j auf j abbildet. Es ist $\partial \tilde{I} = \varepsilon_1 - \varepsilon_0$, wobei $\varepsilon_j(e_0) = \{j\}$ gesetzt wurde. Mit $a \in S_q(X)$ gilt

$$\partial(\tilde{I} \times a) = \varepsilon_1 \times a - \varepsilon_0 \times a - \tilde{I} \times \partial a.$$

Wir haben den Homomorphismus $H: S_q(X) \to S_{q+1}(I \times X)$, $a \mapsto \tilde{I} \times a$. Er erfüllt nach Konstruktion $(\partial H + H \partial)(a) = \varepsilon_1 \times a - \varepsilon_0 \times a$. Ist $\eta^j: X \to I \times X$, $x \mapsto (j, x)$, so gilt $\eta^j_\#(a) = \varepsilon_j \times a$ und somit $\partial H + H\partial = \eta^1_\# - \eta^0_\#$. Damit folgt jetzt leicht die Homotopieinvarianz:

(4.3) Satz. *Sei* $f: I \times (X, A) \to (Y, B)$ *eine Homotopie von Abbildungen zwischen Raumpaaren von* f^0 *nach* f^1. *Dann sind* $f^0_\#$ *und* $f^1_\#$ *kettenhomotop.*

Beweis. Wir müssen nur die vorhergehenden Rechnungen zusammentun

$$\partial(f_\# \circ H) + (f_\# \circ H)\partial = f_\# \circ (\partial H + H\partial) = f_\# \circ (\eta^1_\# - \eta^0_\#) = f^1_\# - f^0_\#$$

und erhalten das Behauptete.   □

Aus den bilinearen Abbildungen in (4.1) kann man natürlich lineare Abbildungen

(4.4) $$\kappa: S_\bullet(X) \otimes S_\bullet(Y) \to S_\bullet(X \otimes Y)$$

machen. Die Formel (4.1.3) besagt dann nach den Vereinbarungen des ersten Abschnittes, daß κ eine Kettenabbildung ist. Ebenso kann man (4.2) als lineare Abbildung schreiben.

5 Baryzentrische Unterteilung

Seien $v_0, \ldots, v_p \in \Delta_q$. Das affine singuläre Simplex

$$\sigma: \Delta_p \to \Delta_q, \qquad \sum_i \lambda_i e_i \mapsto \sum_i \lambda_i v_i$$

werde mit $\sigma = [v_0, \ldots, v_p]$ bezeichnet. Ist $v \in \Delta_q$ fixiert, so sei der v-Kegel
von σ durch $v\sigma = [v, v_0, \ldots, v_p]$ definiert. Diese Kegelbildung kann linear auf
den Unterkomplex $A_\bullet(\Delta_q) \subset S_\bullet(\Delta_q)$, der von den affinen Simplexen aufgespannt
wird, erweitert werden. Das liefert einen Homomorphismus $A_p(\Delta_q) \to A_{p+1}(\Delta_q)$,
$c \mapsto vc$. Ist $p > 0$, so berechnen wir wie im dritten Abschnitt

(5.1) $\partial[v, v_0, \ldots, v_p] = [v_0, \ldots, v_p] - v(\partial[v_0, \ldots, v_p]).$

Ist $p = 0$, so gilt $\partial(v\sigma) = \sigma - [v]$; das können wir mit der Augmentation
$\varepsilon\colon S_0(X) \to \mathbb{Z}$, $\sum n_\sigma \sigma \mapsto \sum n_\sigma$ auch als $\partial(vc) = c - \varepsilon(c)[v]$ für 0-Ketten c
schreiben.

Der *Schwerpunkt* σ^β von $\sigma = [v_0, \ldots, v_p]$ sei der Punkt $(p+1)^{-1} \sum_{i=0}^{p} v_i$.
Wir definieren den Operator „baryzentrische Unterteilung"

$$\mathcal{B}\colon A_p(\Delta_q) \to A_p(\Delta_q)$$

induktiv auf Basiselementen durch

$$\mathcal{B}(\sigma) = \begin{cases} \sigma^\beta(\mathcal{B}(\partial\sigma)) & p > 0 \\ \sigma & p = 0. \end{cases}$$

(5.2) Lemma. $\mathcal{B}$ *ist eine Kettenabbildung.*

Beweis. Wir zeigen die Gleichung $\mathcal{B}(\partial\sigma) = \partial(\mathcal{B}\sigma)$ durch Induktion nach p für
ein affines p-Simplex σ. Ist $p = 0$, so ist definitionsgemäß $\mathcal{B}(\partial\sigma) = \mathcal{B}(0) = 0$;
andererseits ist $\partial(\mathcal{B}\sigma) = \partial\sigma = 0$, weil das für jede 0-Kette gilt. Ist $p = 1$, so ist
einerseits $\mathcal{B}(\partial\sigma) = \partial\sigma$ und andererseits $\partial(\mathcal{B}\sigma) = \partial(\sigma^\beta(\mathcal{B}(\partial\sigma))) = \partial(\sigma^\beta(\partial\sigma)) = \partial\sigma - \varepsilon(\partial\sigma)[\sigma^\beta] = \partial\sigma$.

Sei nun $p > 1$. Dann haben wir mit (5.1) die Gleichheiten $\partial(\mathcal{B}\sigma) = \partial(\sigma^\beta(\partial\sigma)) = \mathcal{B}(\partial\sigma) - \sigma^\beta(\partial\mathcal{B}\partial\sigma) = \mathcal{B}(\partial\sigma)$, da $\partial\mathcal{B}\partial\sigma = \mathcal{B}\partial\partial\sigma = 0$ nach Induktionsvoraussetzung. $\square$

Es ist interessant, festzuhalten, wie die Kette $\mathcal{B}\sigma$ explizit aussieht. Sei $S(p+1)$
die Permutationsgruppe von $\{0, \ldots, p\}$. Zu $\sigma = [v_0, \ldots, v_p]$ und $\pi \in S(p+1)$
definieren wir $\sigma^\pi = [v_0^\pi, \ldots, v_p^\pi]$, worin $v_r^\pi = [v_{\pi(r)}, \ldots, v_{\pi(p)}]^\beta$ ist. Mit diesen
Bezeichnungen gilt (Beweis durch Induktion):

(5.3) Notiz. $\mathcal{B}\sigma = \sum_{\pi \in S(p+1)} \text{sign}(\pi)\sigma^\pi.$ $\square$

Wir konstruieren nun eine Kettenhomotopie H von $\mathcal{B}$ zur Identität. Das
geschieht induktiv auf Basiselementen durch $H\sigma = \sigma^\beta(\mathcal{B}\sigma - \sigma - H(\partial\sigma))$, falls
$p = \dim \sigma > 0$ ist, und durch $H = 0$, falls $p = 0$ ist. Wir haben zu verifizieren:

(5.4) Lemma. $\partial H + H\partial = \mathcal{B} - \text{id}.$

Beweis. Im Fall $p = 0$ rechnen wir $\partial H\sigma + H\partial\sigma = \partial(\sigma^\beta(\mathscr{B}\sigma - \sigma)) = 0$, weil $\mathscr{B}\sigma = \sigma$ im Fall $p = 0$. Ebenso ist $(\mathscr{B} - \mathrm{id})\sigma = 0$. Im Fall $p > 0$ rechnen wir

$$\partial H\sigma = (\mathscr{B}\sigma - \sigma - H\partial\sigma) - \sigma^\beta(\partial\mathscr{B}\sigma - \partial\sigma - \partial H\partial\sigma).$$

Ferner gilt $\partial H\partial\sigma = (\mathscr{B} - \mathrm{id} - H\partial)(\partial\sigma) = \mathscr{B}\partial\sigma - \partial\sigma$. Setzen wir das ein, so ergibt sich die gewünschte Gleichung. □

Wir erweitern nun die Operatoren $\mathscr{B}$ und H auf $S_\bullet(X)$ durch Natürlichkeit, das heißt, die $\mathscr{B}\colon S_p(X) \to S_p(X)$ und $H\colon S_p(X) \to S_{p+1}(X)$ sollen die folgenden Eigenschaften haben:
   (1) Für stetige Abbildungen f gilt $\mathscr{B}f_\# = f_\#\mathscr{B}$ und $Hf_\# = f_\#H$.
   (2) $\mathscr{B}$ ist eine Kettenabbildung und $\partial H + H\partial = \mathscr{B} - \mathrm{id}$.
   (3) $\mathscr{B}$ und H stimmen auf affinen Simplexen mit den schon definierten Abbildungen überein.
Sei $\sigma\colon \Delta_p \to X$ gegeben. Dann ist $\sigma = \sigma_\#(\iota_p)$ und $\iota_p \in A_p(\Delta_p)$. Wir definieren deshalb

$$\mathscr{B}\sigma = \sigma_\#(\mathscr{B}\iota_p), \qquad H\sigma = \sigma_\#(H\iota_p).$$

Zunächst muß man nachprüfen, daß für affine σ diese Definition mit der vorangehenden übereinstimmt.

Die Natürlichkeit folgt unmittelbar aus den Definitionen. Es bleibt (2) zu zeigen. Die folgende Gleichungskette erweist $\mathscr{B}$ als Kettenabbildung

$$\mathscr{B}\partial\sigma = \mathscr{B}(\partial(\sigma_\#(\iota_p))) = \mathscr{B}(\sigma(\partial\iota_p)) = \sigma_\#(\mathscr{B}(\partial\iota_p))$$
$$= \sigma_\#(\partial(\mathscr{B}\iota_p)) = \partial(\sigma_\#(\mathscr{B}\iota_p)) = \partial(\mathscr{B}\sigma).$$

Die erste Gleichheit ist die Definition von $\sigma_\#$; die zweite gilt, weil $\sigma_\#$ eine Kettenabbildung ist; die dritte wegen Natürlichkeit; die vierte nach (5.2); die fünfte, weil $\sigma_\#$ Kettenabbildung ist; die sechste nach Definition von $\mathscr{B}$.

Zum Beweis der zweiten Behauptung berechnen wir

$$T\partial\sigma = T(\sigma_\#(\partial\iota_p)) = \sigma_\#(T\partial\iota_p), \qquad \partial T\sigma = \partial\sigma_\#(T\iota_p) = \sigma_\#(\partial T\iota_p).$$

Insgesamt ergibt das

$$(T\partial + \partial T)\sigma = \sigma_\#((T\partial + \partial T)\iota_p) = \sigma_\#((\mathscr{B} - \mathrm{id})\iota_p) = (\mathscr{B} - \mathrm{id})\sigma_\#(\iota_p) = \mathscr{B}\sigma - \sigma.$$

Damit ist (2) gezeigt.

6   Kleine Simplexe. Ausschneidung

Die baryzentrische Unterteilung hat einen formal-kombinatorischen Charakter. Geometrisch steckt dahinter natürlich eine wirkliche Zerlegung eines Simplexes in kleinere Simplexe. Für unsere Anwendungen ist es entscheidend, die Größe der Teilsimplexe abzuschätzen. Zunächst notieren wir:

(6.1) Lemma. *Der Durchmesser des affinen Simplexes* $[v_0, \ldots, v_p]$ *ist gleich dem Maximum der* $\|v_i - v_j\|$.   □

(6.2) Lemma. *Ist* $\sigma = [v_0, \ldots, v_p]$ *ein affines Simplex in* Δ_q, *so hat jedes Simplex in der Kette* $\mathcal{B}\sigma$ *als Durchmesser höchstens das* $p/(p+1)$-*fache des Durchmessers von* σ.

Beweis. Wegen (5.3) und (6.1) läuft der Beweis darauf hinaus, eine Ungleichung von folgendem Typ zu beweisen: Seien $w_1, \ldots, w_k \in \mathbb{R}^q$ gegeben und sei $m < k \leq p+1$. Dann gilt

$$\left\| \frac{1}{k} \sum_{i=1}^{k} w_i - \frac{1}{m} \sum_{i=1}^{m} w_i \right\| \leq \frac{p}{p+1} \max \|w_i - w_j\|.$$

Dazu rechnen wir

$$\left\| \frac{1}{m} \sum_{i=1}^{m} w_i - \frac{1}{k} \sum_{i=1}^{k} w_i \right\| = \left\| \frac{1}{m} \sum_{i=1}^{m} w_i - \frac{1}{k} \sum_{i=1}^{m} w_i - \frac{1}{k} \sum_{i=m+1}^{k} w_i \right\|$$

$$= \left\| \frac{k-m}{km} \sum_{i=1}^{m} w_i - \frac{1}{k} \sum_{i=m+1}^{k} w_i \right\| = \frac{k-m}{k} \left\| \frac{1}{m} \sum_{i=1}^{m} w_i - \frac{1}{k-m} \sum_{i=m+1}^{k} w_i \right\|.$$

Nach (6.1) ist der letzte Ausdruck höchstens gleich $((k-m)/k) \max \|w_i - w_j\|$. Mit der Ungleichung $(k-m)/k \leq p/(p+1)$ ist der Beweis beendet.   □

(6.3) Lemma. *Sei* $\mathcal{U} = (U_j \mid j \in J)$ *eine offene Überdeckung von* X. *Sei* σ *ein singuläres p-Simplex in* X. *Dann gibt es ein* $k \in \mathbb{N}$, *so daß jedes Simplex der Kette* $\mathcal{B}^k \sigma$ *ein Bild hat, das ganz in einer der Mengen* U_j *enthalten ist.*

Beweis. Wir betrachten die offene Überdeckung $(\sigma^{-1}(U_j))$ von Δ_p. Nach einem bekannten Satz der mengentheoretischen Topologie gibt es ein $\varepsilon > 0$ (genannt *Lebesguesche Zahl* der Überdeckung), so daß jede Menge mit einem Durchmesser höchstens ε in einer der Mengen $\sigma^{-1}(U_j)$ enthalten ist. Nun wenden wir das vorige Lemma genügend oft an.   □

Sei $\mathcal{U} = (U_j \mid j \in J)$ eine Familie von Teilmengen von X, derart daß die Inneren U_j° eine Überdeckung von X bilden. Wir nennen ein singuläres Simplex $\mathcal{U}$-klein, wenn sein Bild in einem U_j enthalten ist. Die von den $\mathcal{U}$-kleinen Simplexen aufgespannten Untergruppen liefern einen Unterkettenkomplex $S_\bullet^{\mathcal{U}}(X)$ von $S_\bullet(X)$ mit Homologiegruppen $H_n^{\mathcal{U}}(X)$. Die für die Wirksamkeit der algebraischen Topologie unumgänglichen Approximationssätze sind im vorangehenden auf einen minimalen topologischen Anteil zurückgedrängt, und ihre Quintessenz erscheint nur noch in dem nächsten fundamentalen Satz. Er verhüllt die geometrische Wahrheit mit dem Schleier der Algebra.

(6.4) Satz. *Der durch die Inklusion von Kettenkomplexen induzierte Morphismus* $H_*^{\mathcal{U}}(X) \to H_*(X)$ *ist ein Isomorphismus.*

Beweis. Sei $a \in S_n^{\mathcal{U}}(X)$ ein Zykel und gelte $a = \partial b$ mit einem $b \in S_{n+1}(X)$. Nach (6.3) existiert es ein k, so daß $\mathcal{B}^k(b) \in S_{n+1}^{\mathcal{U}}(X)$ und $\mathcal{B}^k(b) - b = T_k(\partial b) + \partial T_k(b) = T_k(a) + \partial T_k(b)$. Also ist $\partial \mathcal{B}^k(b) - \partial b = \partial T_k(a)$ und $a = \partial b = \partial(\mathcal{B}^k b - T_k a) \in \partial S_n^{\mathcal{U}}(X)$. Hierbei haben wir benutzt, daß $T_k(a) \in S_{n+1}^{\mathcal{U}}(X)$ ist, was aus der Natürlichkeit von T_k folgt. Also ist a ein Rand in $S_\bullet^{\mathcal{U}}(X)$. Das zeigt die Injektivität der Abbildung.

Sei $a \in S_n(X)$ ein Zykel. Es gibt ein k, so daß $\mathcal{B}^k a \in S_n^{\mathcal{U}}(X)$. Dann ist $\mathcal{B}^k a - a = T_k(\partial a) + \partial T_k(a) = \partial T_k(a)$. Also ist a homolog zu einem Zykel aus $S_n^{\mathcal{U}}(X)$. Das zeigt die Surjektivität der Abbildung. $\qquad\square$

Wir setzen $\mathcal{U} \cap A = (U_j \cap A \mid j \in J)$ und definieren dazu den Kettenkomplex $S_\bullet^{\mathcal{U}}(X, A) = S_\bullet^{\mathcal{U}}(X)/S_\bullet^{\mathcal{U} \cap A}(A)$ mit den Homologiegruppen $H_*^{\mathcal{U}}(X, A)$. Die Inklusionen von Kettenkomplexen

$$(6.5) \qquad\qquad S_\bullet^{\mathcal{U}}(X, A) \to S(X, A)$$

induzieren einen Isomorphismus

$$(6.6) \qquad\qquad H_*^{\mathcal{U}}(X, A) \cong H_*(X, A).$$

Das folgt mit dem vorigen Satz und dem Fünfer-Lemma, da wir einen durch Inklusionen induzierten Morphismus der exakten Homologiesequenz der $\mathcal{U}$-Gruppen in die der gewöhnlichen Homologiegruppen haben. Da die singulären Kettenkomplexe aus freien abelschen Gruppen bestehen, liefert uns schließlich (1.7) das Ergebnis:

(6.7) Satz. *Die Inklusion (6.5) ist eine Kettenäquivalenz.* $\qquad\square$

(6.8) Ausschneidungssatz. *Sei $B \subset A \subset X$ und gelte $\overline{B} \subset A°$. Dann induziert die Inklusion $(X \setminus B, A \setminus B) \to (X, A)$ eine Isomorphismus $H_*(X \setminus B, A \setminus B) \cong H_*(X, A)$.*

Beweis. Wir verwenden die Überdeckung $\mathcal{U} = (A, X \setminus B)$, die die Voraussetzung von (6.4) erfüllt. Es gilt definitionsgemäß $S_n^{\mathcal{U}}(X) = S_n(A) + S_n(X \setminus B)$ und auch $S_n^{\mathcal{U}}(A \setminus B) = S_n(A) \cap S_n(X \setminus B)$. Die Inklusion $S_\bullet(X \setminus B) \to S_\bullet(X)$ induziert deshalb nach Regeln der elementaren Algebra einen Isomorphismus

$$S_\bullet(X \setminus B)/S_\bullet(A \setminus B) \cong S_\bullet^{\mathcal{U}}(X)/S_\bullet(A).$$

Da nach (6.4) $S_\bullet^{\mathcal{U}}(X)/S_\bullet(A) \to S_\bullet(X)/S_\bullet(A)$ einen Isomorphismus in der Homologie induziert, so induziert auch $S_\bullet(X \setminus B)/S_\bullet(A \setminus B) \to S_\bullet(X)/S_\bullet(A)$ einen, und das war behauptet worden. $\qquad\square$

Damit haben wir die Axiome von Eilenberg und Steenrod für die singuläre Homologie nachgewiesen.

7 Homologie und Kohomologie mit Koeffizienten

Sei $C_\bullet = (C_n, c_n)$ ein Kettenkomplex aus abelschen Gruppen und sei G eine weitere abelsche Gruppe. Dann bilden die Gruppen $C_n \otimes G$ und die Randoperatoren $c_n \otimes G$ wiederum einen Kettenkomplex (Tensorprodukt über $\mathbb{Z}$). Wir bezeichnen ihn mit $C_\bullet \otimes G$. Wenden wir diese Konstruktion auf den singulären Komplex $S_\bullet(X, A)$ an, so erhalten wir den Komplex $S_\bullet(X, A) \otimes G$ der singulären *Ketten mit Koeffizienten* in G. Seine Homologiegruppe in der Dimension n werde mit $H_n(X, A; G)$ bezeichnet. Da die Sequenzen (2.2) und (2.4) nach Tensorieren mit G immer noch exakt sind, so haben wir die exakte Sequenz (2.3)

$$\cdots \to H_n(A; G) \to H_n(X; G) \to H_n(X, A; G) \to H_{n-1}(A; G) \to \cdots$$

und das Analogon für Tripel auch für die jetzt betrachteten Homologiegruppen. Ist $0 \to G' \to G \to G'' \to G$ eine exakte Sequenz abelscher Gruppen, so ist das Tensorprodukt dieser Sequenz mit $S_\bullet(X, A)$ eine exakte Sequenz von Kettenkomplexen, und wir erhalten daher aus (1.4) eine exakte Sequenz der Form

$$\cdots \to H_n(X, A; G') \to H_n(X, A; G) \to H_n(X, A; G'') \to H_{n-1}(X, A; G') \to \cdots .$$

In analoger Weise können wir einen kontravarianten Funktor auf einen Kettenkomplex anwenden. Wir betrachten $\mathrm{Hom}(C_n, G)$. Wir definieren

(7.1) $c^n \colon \mathrm{Hom}(C_n, G) \to \mathrm{Hom}(C_{n+1}, G), \quad \varphi \mapsto (-1)^{n+1} \varphi \circ c_{n+1}.$

(Die Zweckmäßigkeit des hier auftretenden Vorzeichens ergibt sich aus einer formalen Diskussion von Tensorprodukten und Hom-Funktoren in der Kategorie der Kettenkomplexe. Wir haben die einschlägigen Regeln im ersten Abschnitt zusammengestellt. Die Homologiegruppen eines Kettenkomplexes werden durch Vorzeichenänderungen der Randoperatoren nicht beeinflußt.) Da sich die Richtung der Pfeile umkehrt, verwendet man eine angepaßte Terminologie. Ein *Kokettenkomplex* (C^n, d^n) besteht aus einem $\mathbb{Z}$-graduierten Modul $C^\bullet = (C^n \mid n \in \mathbb{Z})$ und Homomorphismen $d^n \colon C^n \to C^{n+1}$, sogenannte *Korandoperatoren*, so daß immer $d^{n+1} d^n = 0$ ist. Wir setzen

$$Z^n = \mathrm{Kern}\, d^n, \qquad B^n = \mathrm{Kokern}\, d^{n-1}, \qquad H^n = Z^n / B^n$$

und nennen Z^n, B^n die Gruppe der *n-Kozyklen*, *n-Koränder* und H^n die *n-te Kohomologiegruppe* des Kokettenkomplexes. Natürlich hat sich algebraisch gegenüber der Kettenkomplexterminologie wenig geändert.

Aus (C_n, c_n) erhalten wir so den Kokettenkomplex $C^n = \operatorname{Hom}(C_n, G)$ und $c^n = (-1)^{n+1} \operatorname{Hom}(c_{n+1}, G)$. Im topologischen Kontext setzen wir $S^n(X, A; G) = \operatorname{Hom}(S_n(X, A), G)$. Die n-te Kohomologiegruppe von $S^\bullet(X, A; G)$ bezeichnen wir mit $H^n(X, A; G)$ und sprechen von der Kohomologiegruppe mit Koeffizienten in G. Die exakte Kohomologiesequenz nimmt hier die Form

$$\cdots \to H^n(X, A; G) \to H^n(X; G) \to H^n(A; G) \xrightarrow{\delta} H^{n+1}(X, A; G) \to \cdots$$

an. Ebenso gibt es die exakte Sequenz für die Abhängigkeit von G in Analogie zur Homologie

Die Nützlichkeit dieser algebraischen Konstruktionen kann man erst einsehen, wenn die Theorie weiterentwickelt worden ist. Zum Beispiel werden Berechnungen und formale Manipulationen einfacher, wenn man für G einen Körper verwendet.

Der Übergang von $C_\bullet$ zu $C_\bullet \otimes G$ und $\operatorname{Hom}(C_\bullet, G)$ ist mit Kettenabbildungen und Kettenhomotopien verträglich. Insbesondere induziert eine Kettenäquivalenz wieder eine. Das liefert die Homotopieinvarianz der jetzt betrachteten Funktoren. Wegen (6.7) gilt für Homologie und Kohomologie mit Koeffizienten der Ausschneidungssatz unter den Voraussetzungen von (6.8). Damit haben wir auch für diese Funktoren die Axiome von Eilenberg und Steenrod nachgewiesen.

Aus (1.7) entnehmen wir:

(7.2) Satz. *Induziert $f \colon (X, A) \to (Y, B)$ einen Isomorphismus $f_* \colon H_*(X, A) \cong H_*(Y, B)$, so auch Isomorphismen $H_*(X, A; G) \cong H_*(Y, B; G)$ und analog für die Kohomologie mit Koeffizienten in G.* □

Mit den Hilfsmitteln der homologischen Algebra leitet man verschiedene Relationen her, die *universelle Koeffizientenformeln* benannt werden. Sie benutzen die Funktoren Tor und Ext für abelsche Gruppen (derivierte Funktoren von $\otimes$ und Hom; siehe dazu zum Beispiel [164]).

(7.3) Satz. *Es gibt exakte Sequenzen*

$$0 \to H_n(X, A) \otimes G \xrightarrow{\alpha} H_n(X, A; G) \to \operatorname{Tor}(H_{n-1}(X, A), G) \to 0$$

$$0 \to \operatorname{Ext}(H_{n-1}(X, A), G) \to H^n(X, A; G) \xrightarrow{\beta} \operatorname{Hom}(H_n(X, A), G) \to 0.$$

Die Sequenzen sind natürlich in (X, A) und G. Sie spalten auf, die Aufspaltung ist natürlich in G aber nicht in (X, A).

Beweis. Im Beweis wird nur verwendet, daß $C_\bullet = S_\bullet(X, A)$ ein Kettenkomplex aus freien abelschen Gruppen ist. Die exakte Sequenz

$$0 \to Z_n \to C_n \to B_{n-1} \to 0$$

spaltet wegen dieser Freiheit auf, und deshalb entsteht daraus durch Tensorprodukt mit G wieder eine aufspaltende exakte Sequenz

$$0 \to Z_n \otimes G \to C_n \otimes G \to B_{n-1} \otimes G \to 0.$$

Die Gesamtheit dieser Sequenzen fassen wir als exakte Sequenz von Kettenkomplexen auf, wobei die Z- und B-Komplexe trivialen Randoperator haben. Mit (1.4) erhalten wir somit eine exakte Sequenz der Form

$$B_n \otimes G \xrightarrow{i \otimes G} Z_n \otimes G \to H_n(C_\bullet \otimes G) \to B_{n-1} \otimes G \xrightarrow{i \otimes G} Z_{n-1} \otimes G,$$

deren verbindender Morphismus die angegebene Form mit $i\colon B_n \subset Z_n$ hat. Wir beachten nun, daß der Kokern von $i \otimes G$ die Gruppen $H_*(X, A) \otimes G$ liefert und (definitionsgemäß) der Kern die genannten Tor-Gruppen. Mit der Kohomologie verfährt man analog.   □

Für elementare Anwendungen des vorstehenden Satzes braucht man einige Informationen über die derivierten Funktoren. Wir stellen ein paar Ergebnisse zusammen. Wie oft üblich kürzen wir ab Tor$(A, B) = A * B$. Wir erinnern daran, daß es die derivierten Funktoren allgemein für Moduln gibt. Wir betrachten hier nur den besonders einfachen Fall der $\mathbb{Z}$-Moduln, alias abelsche Gruppen. In diesem Kontext sind die projektiven Moduln die freien abelschen Gruppen und die injektiven die teilbaren abelschen Gruppen.

Ext ist in der ersten Variablen kontravariant und in der zweiten kovariant. Tor ist in beiden Variablen kovariant, und es gibt einen natürlichen Isomorphismus $A * B \cong B * A$. Ext und Tor sind mit endlichen direkten Summen in beiden Variablen verträglich. Genau dann ist A projektiv, wenn Ext$(A, G) = 0$ ist für alle G; und genau dann injektiv, wenn Ext$(G, A) = 0$ für alle G. Genau dann ist $A * B = 0$ für alle A, wenn B eine torsionsfreie abelsche Gruppe ist.

Der Funktor Ext repariert die Nichtexaktheit des Funktors Hom, der Funktor $*$ die Nichtexaktheit des Funktors $\otimes$; das bedeutet, es bestehen die folgenden beiden exakten Sequenzen. Sei $0 \to A \to B \to C \to 0$ exakt. Dann gibt es exakte Sequenzen

$$0 \quad \to \quad \mathrm{Hom}(C, G) \to \mathrm{Hom}(B, G) \to \mathrm{Hom}(A, G)$$
$$\xrightarrow{(1)} \mathrm{Ext}(C, G) \to \mathrm{Ext}(B, G) \to \mathrm{Ext}(A, G) \to 0$$

und analog für G in der ersten Variablen. Ferner

$$0 \to A * G \to B * G \to C * G \xrightarrow{(1)} A \otimes G \to B \otimes G \to C \otimes G \to 0.$$

In diesen Sequenzen stehen an der Stelle (1) verbindende Morphismen, an den anderen Stellen die durch die Funktoren induzierten Morphismen.

Die Berechnung für endlich erzeugte abelsche Gruppen wird wegen der Verträglichkeit mit Summen durch die Ergebnisse

$$\mathbb{Z}/m * \mathbb{Z}/n \cong \mathbb{Z}/d \cong \operatorname{Ext}(\mathbb{Z}/m, \mathbb{Z}/n)$$

mit dem größten gemeinsamen Teiler $d = (m, n)$ geliefert; ferner ist $A * \mathbb{Z} = 0$, $\operatorname{Ext}(\mathbb{Z}, G) = 0$ und $\operatorname{Ext}(\mathbb{Z}/m, A) \cong A/mA$.

Besonders einfache Verhältnisse liegen vor, wenn man die rationalen Zahlen als Koeffizienten verwendet. Dann liefern die universellen Koeffizientenformeln natürliche Isomorphismen von (Ko)-Homologietheorien

$$H_n(X, A) \otimes \mathbb{Q} \cong H_n(X, A; \mathbb{Q}), \quad H^n(X, A; \mathbb{Q}) \cong \operatorname{Hom}(H_n(X, A), \mathbb{Q}).$$

8 Mayer-Vietoris-Sequenzen

In den axiomatischen Untersuchungen haben wir gezeigt, wie sich aus den Axiomen Mayer-Vietoris-Sequenzen herleiten lassen (IV.8). Im Falle der singulären Theorie ist auch eine direkte Konstruktion über Kettenkomplexe möglich. Sie sagt uns auch, wann in dieser Theorie Paare schnittig sind.

Sei $A, B \subset X$ und gelte $A° \cup B° = X$. Sei $\mathcal{U} = \{A, B\}$. Dann haben wir eine exakte Sequenz von Kettenkomplexen

$$0 \to S_\bullet(A \cap B) \xrightarrow{\alpha} S_\bullet(A) \oplus S_\bullet(B) \xrightarrow{\beta} S_\bullet^{\mathcal{U}}(A \cup B) \to 0.$$

Darin hat α als Komponenten die kanonischen Inklusionen und β ist die Differenz der kanonischen Inklusionen. Anwendung von (1.4) und (6.4) liefert die MVS für die Triade $(X; A, B)$. Sie ist also unter den genannten Voraussetzungen schnittig. Entsprechendes gilt für Homologie und Kohomologie mit Koeffizienten.

Analog hat man eine exakte Sequenz

$$0 \to S_\bullet(X, A \cap B) \to S_\bullet(X, A) \oplus S_\bullet(X, B) \to S_\bullet(X)/(S_\bullet(A) + S_\bullet(B)) \to 0.$$

Falls $S_\bullet(A) + S_\bullet(B) \to S_\bullet(A \cup B)$ eine Kettenäquivalenz ist, so bekommt man daraus die relative MVS.

In der singulären Theorie werden wir ein Paar (A, B) s-schnittig nennen, wenn $S_\bullet(A) + S_\bullet(B) \to S_\bullet(A \cup B)$ eine Kettenäquivalenz ist.

9 Gebiete und ihre Ränder

Die Verwendung homologischer Argumente ist selbst für gewisse Fragen der mengentheoretischen Topologie nützlich, wie wir in der folgenden Untersuchung an einem kleinen Beispiel demonstrieren. Wir betrachten einen zusammenhängenden und lokal wegweise zusammenhängenden Raum X, für den überdies $H_1(X, \mathbb{Z}) = 0$ ist, zum Beispiel einen euklidischen Raum $\mathbb{R}^n$. Eine zusammenhängende offene Teilmenge einer Mannigfaltigkeit M heißt *Gebiet* in M.

(9.1) Satz. *Es seien D_1 und D_2 offene, zusammenhängende Mengen in X. Sei $D_1 \cap D_2 = \emptyset$ und $\mathrm{Rd}(D_1) \subset \mathrm{Rd}(D_2)$. Dann ist $\mathrm{Rd}(D_1)$ zusammenhängend.*

Beweis. Sei $F \subset \mathrm{Rd}(D_1)$ eine echte abgeschlossene Teilmenge. Dann liegen D_1 und D_2 in derselben Wegkomponente von $X \setminus F$. Sei nämlich $x \in \mathrm{Rd}(D_1) \setminus F$. Sei U eine Umgebung von x, die F nicht trifft und V eine darin enthaltene wegzusammenhängende Umgebung von x. Da $x \in \mathrm{Rd}(D_1) \subset \mathrm{Rd}(D_2)$ ist, trifft V sowohl D_1 als auch D_2. Folglich ist $D_1 \cup V \cup D_2$ wegzusammenhängend und in $X \setminus F$ gelegen.

Angenommen nun, $\mathrm{Rd}(D_1) = H_1 \cup H_2$ sei eine Zerlegung. Da $H_1(X) = 0$ ist, liefert die Mayer-Vietoris-Sequenz eine injektive Abbildung

$$H_0(X \setminus \mathrm{Rd}(D_1)) \to H_0(X \setminus H_1) \oplus H_0(X \setminus H_2).$$

Da D_1 und D_2 nach dem ersten Teil des Beweises dasselbe Element in $H_0(X \setminus H_i)$ liefern, so auch in $H_0(X \setminus \mathrm{Rd}(D_1))$, das heißt, sie liegen in derselben Wegkomponente von $X \setminus \mathrm{Rd}(D_1)$. Nach I (2.5) ist aber D_1 eine Wegkomponente von $X \setminus \mathrm{Rd}(D_1)$. Das widerspricht $D_1 \cap D_2 = \emptyset$. $\quad\square$

(9.2) Satz. *Sei D offen und zusammenhängend in X. Dann haben alle Komponenten von $X \setminus \overline{D}$ einen zusammenhängenden Rand.*

Beweis. Sei E eine Komponente von $X \setminus \overline{D}$. Dann ist nach I (2.5) $\mathrm{Rd}(E)$ in $\mathrm{Rd}(X \setminus \overline{D})$ enthalten. Ferner gilt $\mathrm{Rd}(X \setminus \overline{D}) = \mathrm{Rd}(\overline{D}) \subset \mathrm{Rd}(D)$. Die Behauptung folgt nun mit (9.1). $\quad\square$

(9.3) Satz. *Sei F abgeschlossen und zusammenhängend in X. Dann haben alle Komponenten von $X \setminus F$ einen zusammenhängenden Rand.*

Beweis. Sei D eine Komponente von $X \setminus F$. Wir nehmen an, es gebe eine Zerlegung $\mathrm{Rd}(D) = K_1 \cup K_2$.

Die Komponenten von $X \setminus \overline{D}$ haben einen Rand, der in $\mathrm{Rd}(X \setminus \overline{D}) \subset \mathrm{Rd}(D)$ liegt I (2.5). Nach (9.2) haben sie ferner einen zusammenhängenden Rand. Also trifft der Rand einer solchen Komponente nur eine der Mengen K_1 oder K_2. Wir teilen die Komponenten deshalb in zwei Klassen auf, je nachdem ob sie K_1 oder K_2 treffen, und nennen G_1 und G_2 die entsprechende Vereinigung der Komponenten. Die Menge G_i ist offen (9.3).

Wir zeigen nun, daß $G_i \cup H_i$ eine abgeschlossene Menge in X ist. Sei $x \in \mathrm{Rd}(G_1) = \overline{G}_1 \setminus G_1$. Dann liegt x in der abgeschlossenen Hülle $\overline{E}$ einer der Komponenten, die in G_1 versammelt sind. Also ist $x \in \mathrm{Rd}(E) \subset K_1 = \overline{K}_1$. Damit liegt $\overline{G}_1 \setminus G_1$ in K_1, und folglich ist $G_1 \cup K_1 = G_1 \cup \overline{K}_1 = \overline{G}_1 \cup \overline{K}_1$ abgeschlossen.

Die Mengen $G_1 \cup K_1$ und $G_2 \cup K_2$ sind disjunkte abgeschlossene Mengen. Ihre Vereinigung ist

$$G_1 \cup G_2 \cup K_1 \cup K_2 = (X \setminus \overline{D}) \cup \mathrm{Rd}(D) = X \setminus D \supset F.$$

Da K_1 und K_2 nichtleere Teilmengen von F sind (wegen $\mathrm{Rd}(D) \subset F$), liefern $G_1 \cup K_1$ und $G_2 \cup K_2$ eine Zerlegung von F, der Voraussetzung widersprechend.□

Wir versammeln die bisher durchgeführten Überlegungen im Beweis des nächsten Satzes. Die Menge der Komponenten eines Raumes A werde mit $\pi(A)$ bezeichnet. Ist $i \colon A \subset B$ eine Inklusion, so liegt jede Komponente von A in einer von B, und wir haben eine induzierte Abbildung $i_* \colon \pi(A) \to \pi(B)$.

(9.4) Satz. *Sei $U \subset X$ offen und zusammenhängend. Dann induziert die Inklusion $i \colon \mathrm{Rd}(U) \to X \setminus U$ eine Bijektion $i_* \colon \pi(\mathrm{Rd}(U)) \to \pi(X \setminus U)$.*

Beweis. Wir nehmen $\emptyset \neq U \neq X$ an. Zunächst zeigen wir, daß i_* surjektiv ist. Sei C eine Komponente von $X \setminus U$. Dann ist $C = \overline{C}$ und $\mathrm{Rd}(C) = C \setminus C^\circ \neq \emptyset$, da andernfalls X nicht zusammenhängend wäre. Sei $x \in \mathrm{Rd}(C)$. Angenommen: $x \notin \overline{U}$. Dann gäbe es eine zusammenhängende Umgebung W von x, die in $X \setminus \overline{U}$ läge. Es wäre $C \cup W$ zusammenhängend, in $X \setminus U$ gelegen, also gleich C, da C Komponente ist. Das würde $x \in C^\circ$ implizieren, was $x \in \mathrm{Rd}(C)$ widerspricht. Also ist $\mathrm{Rd}(C) \subset \overline{U}$. Es ist aber auch $\mathrm{Rd}(C) \subset C \subset C \setminus U = \overline{X \setminus U}$ und mithin $\mathrm{Rd}(C) \subset \overline{U} \cap \overline{X \setminus U} = \mathrm{Rd}(U)$. Demnach wird C in $\mathrm{Rd}(C)$ von $\mathrm{Rd}(U)$ getroffen, und i_* ist als surjektiv erkannt.

Es gilt $\mathrm{Rd}(U) \cap C = \mathrm{Rd}(C)$. Eine Inklusion zwischen den Mengen haben wir soeben gezeigt. Ist $x \in \mathrm{Rd}(U) \cap C = C \cap (X \setminus U) \setminus C \cap (X \setminus U)^\circ$, so kann dieser Punkt nicht in C° liegen. Also gilt auch $\mathrm{Rd}(U) \cap C \subset \mathrm{Rd}(C)$.

Nach I (2.6) ist $X \setminus C$ zusammenhängend, und nach (9.3) ist $\mathrm{Rd}(X \setminus C) = \mathrm{Rd}(C)$ zusammenhängend. Sind A_1 und A_2 Komponenten von $\mathrm{Rd}(U)$, die in derselben Komponente von $X \setminus U$ liegen, etwa in C, so gilt $A_1 \cup A_2 \subset \mathrm{Rd}(U) \cup C = \mathrm{Rd}(C)$. Sie liegen also in einer zusammenhängenden Menge von $\mathrm{Rd}(U)$, was ihrer Komponentennatur widerspricht. Demnach ist i_* auch injektiv.   □

10 Das Orientierungsbündel einer Mannigfaltigkeit

Sei M eine n-dimensionale topologische Mannigfaltigkeit ohne Rand. Das ist ein Hausdorff-Raum M mit abzählbarer Basis, bei dem jeder Punkt $x \in M$ eine offene Umgebung U hat, die einen Homöomorphismus $\varphi \colon U \to V$ auf eine offene Teilmenge V des $\mathbb{R}^n$ zuläßt. Einen derartigen Homöomorphismus nennen wir eine *Karte* von M um x mit *Kartengebiet* U. Ist $\varphi(x) = 0$, so heißt sie in x *zentriert*. Wir verwenden singuläre Homologie mit Koeffizienten in G. Ist $\varphi \colon U \to \mathbb{R}^n$ eine in $x \in M$

zentrierte Karte, so haben wir mittels Ausschneidung von $M \setminus U$ Isomorphismen

$$\varphi_x \colon H_n(M, M \setminus x; G) \cong H_n(U, U \setminus x; G) \xrightarrow{\varphi_*} H_n(\mathbb{R}^n, \mathbb{R}^n \setminus 0; G).$$

Im Fall $G = \mathbb{Z}$ ist die rechte Gruppe isomorph zu $\mathbb{Z}$. Ein erzeugendes Element von $H_n(M, M \setminus x; \mathbb{Z})$ wird *lokale Orientierung* von M um x genannt. Die Idee ist, eine Mannigfaltigkeit orientierbar zu nennen, wenn es möglich ist, die lokalen Orientierungen in einem geeigneten Sinne in stetiger Abhängigkeit von x zu wählen. Was das heißen soll, werden wir sogleich mit Hilfe des Orientierungsbündels erläutern. Dazu betrachten wir die Familie der lokalen Homologiegruppen $H_n(M, M \setminus x; G)$

$$\omega \colon O(M; G) = \coprod_{x \in M} H_n(M, M \setminus x; G) \to M,$$

worin ω die Menge $H_n(M, M \setminus x; G)$ auf $\{x\}$ abbildet. Wir werden auf $O(M; G)$ eine Topologie definieren (10.2), die ω zu einer Überlagerung macht.

Sind $K \subset L \subset M$ Teilmengen, so bezeichnen wir

$$r_K^L \colon H_n(M, M \setminus L; G) \to H_n(M, M \setminus K; G),$$

induziert durch die Inklusion, als Restriktion. Wir schreiben r_x^L im Fall $K = \{x\}$.

Sei $U \subset M$ offen. Zu $a_U \in H_n(M, M \setminus U; G)$ definieren wir die Menge

$$\langle U, a_U \rangle = \{a_x \in H_n(M, M \setminus x; G) \mid x \in U, r_x^U a_U = a_x\}.$$

(10.1) Lemma. *Jede Umgebung W von x enthält eine offene Umgebung U von x, so daß für alle $y \in U$ die Restriktion r_y^U ein Isomorphismus ist.*

Beweis. Sei $V \subset W$ eine offene Umgebung von x und $\varphi \colon V \to \mathbb{R}^n$ eine in x zentrierte Karte. Sei $U = \varphi^{-1} E(1)$ das Urbild von $E(1) = \{x \in \mathbb{R}^n \mid \|x\| < 1\}$. Wir haben das kommutative Diagramm

$$
\begin{array}{ccc}
H_n(M, M \setminus U) & \xleftarrow{\ \cong\ } & H_n(V, V \setminus U) \\
\downarrow & & \downarrow{\scriptstyle (2)} \\
H_n(M, M \setminus y) & \xleftarrow{\ \cong\ } & H_n(V, V \setminus y),
\end{array}
$$

dessen Morphismen durch Inklusionen induziert sind. Die waagerechten Abbildungen sind Ausschneidungen, und (2) ist ein Isomorphismus, weil $V \setminus U \to V \setminus y$ eine h-Äquivalenz ist. $\qquad\qquad\square$

(10.2) Lemma. *Die Mengen $\langle U, a_U \rangle$ bilden eine Basis für eine Topologie auf $O(M; G)$.*

Beweis. Sei $a_x \in \langle U, a_U \rangle \cap \langle V, a_V \rangle$. Es gibt nach (10.1) eine offene Umgebung W von x in $U \cap V$, so daß r_y^W für $y \in W$ ein Isomorphismus ist. Es gilt deshalb $r_W^U a_U = r_W^V a_V =: a_W$ und somit $\langle W, a_W \rangle \subset \langle U, a_U \rangle \cap \langle V, a_V \rangle$.   □

Sei U eine offene Umgebung von x, so daß für alle $y \in U$ die Restriktion r_y^U ein Isomorphismus ist. Wir definieren

$$\varphi_{x,U} \colon U \times H_n(M, M \setminus x; G) \to \omega^{-1}(U), \quad (y, b) \mapsto r_y^U (r_x^U)^{-1} b \in \omega^{-1}(U).$$

Diese Abbildung ist bijektiv und mit den Projektionen pr_1 und ω auf U verträglich. Trage $H_n(M, M \setminus x; G)$ die diskrete Topologie.

(10.3) Lemma. *$\varphi_{x,U}$ ist ein Homöomorphismus.*

Beweis. Sei $\varphi_{x,U}(y, \delta) = \gamma \in \omega^{-1}(y)$, $y \in U$. Sei $\gamma_U \in H_n(M, M \setminus U; G)$ das eindeutig bestimmte Element mit $r_y^U \gamma_U = \gamma$. Dann ist $\langle U, \gamma_U \rangle$ eine offene Umgebung von γ und $\delta = r_x^U \gamma_U$. Ferner ist $U \times \delta$ eine offene Umgebung von (y, δ) in $U \times H_n(M, M \setminus x; G)$, wegen der diskreten Topologie auf $H_n(M, M \setminus x; G)$.

Sei $(z, \delta) \in U \times \delta$. Es gilt

$$\varphi_{x,U}(z, \delta) = r_z^U (r_x^U)^{-1} \delta = r_z^U \gamma_U \in \langle U, \gamma_U \rangle.$$

Also bildet $\varphi_{x,U}$ die Menge $U \times \delta$ nach $\langle U, \gamma_U \rangle$ ab. Das zeigt die Stetigkeit von $\varphi_{x,U}$ im Punkt (y, δ).

Ist umgekehrt $r_z^U \gamma_U \in \langle U, \gamma_U \rangle$ gegeben, so liegt das Urbild in $U \times \delta$. Deshalb ist auch die Umkehrung von $\varphi_{x,U}$ stetig.   □

In der Terminologie der Überlagerungen ist $\varphi_{x,U}$ eine lokale Trivialisierung von ω über U. Da die Fasern diskret sind, ist ω eine Überlagerung. Sie heiße *Orientierungsbündel*. Wir verweisen auf das erste Kapitel wegen weiterer Begriffsbildungen und Resultate.

Sei $A \subset M$ eine abgeschlossene Teilmenge. Wir bezeichnen mit $\Gamma(A, O(M; G))$ die Menge der stetigen Schnitte von ω über A. Diese bilden mit der punktweisen Addition eine abelsche Gruppe; das folgt mittels (10.3). Ferner sei $\Gamma_c(A, O(M; G))$ die Untergruppe der Schnitte mit kompaktem Träger, das heißt der Schnitte, die außerhalb einer kompakten Menge Null sind.

Eine *Orientierung entlang A* von M ist ein Element $s \in \Gamma(A, O(M; \mathbb{Z}))$, so daß $s(a) \in H_n(M, M \setminus a; \mathbb{Z})$ für alle $a \in A$ ein erzeugendes Element ist. Wir nennen *M entlang A orientierbar*, wenn es eine Orientierung entlang A gibt. Im Fall $A = M$ sprechen wir von einer *Orientierung* von M schlechthin. Eine *Orientierung* von M ist also ein Schnitt $s \in \Gamma(M; O(M; \mathbb{Z}))$, so daß $s(x)$ für alle x ein erzeugendes Element von $H_n(M, M \setminus x; \mathbb{Z})$ ist (eine lokale Orientierung). Sei $\mathrm{Or}(M) \subset O(M; \mathbb{Z})$ die Teilmenge aller erzeugenden Elemente in den Fasern. Dann ist die Einschränkung Or(*M*) → *M* von *ω* eine zweifache Überlagerung von *M*. Sie wird *Orientierungsüberlagerung* von *M* genannt.

(10.4) Satz. *Folgende Aussagen sind äquivalent:*
(1) *M ist orientierbar.*
(2) *M ist orientierbar entlang aller kompakten Teilmengen.*
(3) *Die Orientierungsüberlagerung ist trivial.*
(4) *Das Orientierungsbündel $O(M; \mathbb{Z}) \to M$ ist trivial.*

Beweis. (1) ⇒ (2). Als Spezialfall.

(2) ⇒ (3). Sei *M* zusammenhängend. Genau dann ist Or(*M*) → *M* trivial, wenn Or(*M*) nicht zusammenhängend ist. Ist Or(*M*) zusammenhängend, so gibt es einen Weg in Or(*M*) von einem Punkt einer Faser zu dem anderen. Das Bild *S* dieses Weges in *M* ist kompakt, und die Überlagerung ist über *S* nicht trivial, entgegen der Annahme (2).

(3) ⇒ (4). Wegen (3) hat *ω* einen Schnitt *s*, dessen Werte erzeugende Elemente sind. Durch $M \times \mathbb{Z} \to$ Or($M; \mathbb{Z}$), $(x, n) \mapsto ns(x)$ wird eine Trivialisierung gegeben.

(4) ⇒ (1). Ist das Orientierungsbündel trivial, so hat es einen Schnitt, der eine Orientierung ist.   □

Die Beziehung zwischen $O(M; \mathbb{Z})$ und Or(*M*) sei noch mit der Terminologie der Überlagerungs- und Bündeltheorie beschrieben.

(10.5) Notiz. *Es ist* Or(*M*) → *M eine zweifache Überlagerung mit der Deckbewegungsgruppe $C = \{1, t \mid t^2 = 1\}$. Operiert $t \in C$ auf $\mathbb{Z}$ durch Multiplikation mit* −1, *so haben wir das assoziierte Bündel* Or(*M*) $\times_C \mathbb{Z}$. *Es ist kanonisch isomorph zu* $O(M; \mathbb{Z})$.   □

Sei ω_A die Einschränkung von *ω* auf *A* und ebenso Or(*M*)|*A* die Einschränkung von Or(*M*). Aus der Bündeltheorie entnehmen wir:

(10.6) Notiz. *Die Schnitte $\Gamma(A, O(M; G))$ von ω_A entsprechen den stetigen Abbildungen λ: Or(*M*)|*A* → *G mit $\lambda(tx) = -\lambda(x)$.*   □

11 Die Dimensionen größergleich *n*

Werden in einer klassischen Theorie die Homologiegruppen kombinatorisch aus Zellenkomplexen definiert, so ist klar, daß ein *n*-dimensionaler Komplex keine von Null verschiedenen Homologiegruppen oberhalb der Dimension *n* hat. Wegen der verschwenderischen Definition der singulären Theorie ist diese Beziehung zur Dimension zunächst überhaupt nicht klar und muß aus den formalen Eigenschaften erschlossen werden (11.3). Wir behandeln hier *n*-dimensionale Mannigfaltigkeiten. Später leiten wir entsprechende Resultate für Zellenkomplexe her.

Sei $A \subset M$ abgeschlossen. Wir haben einen Homomorphismus

$$J^A \colon H_n(M, M \setminus A; G) \to \Gamma_c(A, O(M; G)), \quad \alpha \mapsto (x \mapsto r_x^A \alpha)$$

auf Grund der beiden nächsten Lemmata.

(11.1) Lemma. $J^A(\alpha)$ *hat kompakten Träger.*

Beweis. Sei $c \in S_n(M; G)$ eine repräsentierende Kette für α. Dann ist c eine Kette in einer kompakten Teilmenge K von M. Wir zeigen: $J^A(\alpha)(x) = 0$, wenn $x \notin K$ ist. Da $K \subset M \setminus x$ ist, so ist das Bild von c bei

$$S_n(K) \to S_n(M) \to S_n(M, K) \to S_n(M, M \setminus x)$$

gleich Null.   □

(11.2) Lemma. $J^A(\alpha)$ *ist stetig.*

Beweis. Sei wieder α durch die Kette c repräsentiert. Wegen $\alpha \in H_n(M, M \setminus A)$ ist $\partial \alpha \in H_{n-1}(M \setminus A)$. Es gibt also eine kompakte Menge $K \subset M \setminus A$, so daß ∂c eine Kette in K ist. Für jedes $x \in A$ gibt es also eine offene Umgebung U von x, so daß ∂c eine Kette in $M \setminus \overline{U} \supset K$ ist. Demnach wird durch c ein Element $\beta_U \in H_n(M, M \setminus U)$ repräsentiert. Für $y \in U$ ist

$$J^A(\alpha)(y) = r_y^A(\alpha) = r_y^U(\beta_U) \in \langle U, \beta_U \rangle.$$

Und $\langle U, \beta_U \rangle$ ist eine beliebig kleine Umgebung von $r_x^A(\alpha)$.   □

(11.3) Satz. *Sei $A \subset M$ abgeschlossen. Dann gilt:*

(1) $H_i(M, M \setminus A; G) = 0$ *für $i > n$.*

(2) $J^A \colon H_n(M, M \setminus A; G) \to \Gamma_c(A, O(M; G))$ *ist ein Isomorphismus.*

Beweis. Zum Beweis symbolisieren wir mit $D_M(A)$ die Aussage, daß der Satz für die Teilmenge A von M richtig ist. Der Beweis des Satzes wird in mehrere Schritte unterteilt. Er ist eine Art Induktion über die Komplexität von A. Wir benutzen, daß die J^A eine natürliche Transformation zwischen kontravarianten Funktoren auf der Kategorie der abgeschlossenen Teilmengen und deren Inklusionen bilden.

(i) Gilt $D_M(A)$, $D_M(B)$ und $D_M(A \cap B)$, so auch $D_M(A \cup B)$. Zum Beweis verwenden wir die relative Mayer-Vietoris-Sequenz für $(M \setminus A \cap B, M \setminus A, M \setminus B)$.

Damit erhalten wir ein kommutatives Diagramm

$$
\begin{array}{ccc}
H_{n+1}(M, M \setminus (A \cap B)) & \xrightarrow{\;\cong\;} & 0 \\
\downarrow & & \downarrow \\
H_n(M, M \setminus (A \cup B)) & \xrightarrow{\;J^{A \cup B}\;} & \Gamma_c(A \cup B) \\
\downarrow & & \downarrow \\
H_n(M, M \setminus A) \oplus H_n(M, M \setminus B) & \xrightarrow{\;J^A \oplus J^B\;} & \Gamma_c(A) \oplus \Gamma_c(B) \\
\downarrow & & \downarrow \\
H_n(M, M \setminus (A \cap B)) & \xrightarrow{\;J^{A \cap B}\;} & \Gamma_c(A \cap B).
\end{array}
$$

Der Isomorphismus ergibt sich aus den Voraussetzungen und dem Fünfer-Lemma, wenn die rechte senkrechte Sequenz exakt ist. Das ist aber immer so für Schnitte. Im Fall $i > n$ folgt die Behauptung (1) direkt aus der MVS.

(ii) $D_M(A)$ gilt, falls A eine kompakte konvexe Teilmenge in einem Kartenbereich ist. Die Restriktion $H_i(M, M \setminus A; G) \to H_i(M, M \setminus x; G)$ ist ein Isomorphismus. Das zeigt (1). Ein Schnitt von ω über A ist nämlich durch den Wert an einer Stelle bestimmt, da A zusammenhängend ist. Das zeigt (2).

(iii) $D_M(A)$ gilt, wenn A eine Vereinigung $K_1 \cup \cdots \cup K_r$ von Mengen K_j vom Typ (ii) ist. Der Beweis ergibt sich mit (i) und (ii) durch Induktion nach r.

(iv) Es gilt $D_M(K)$, falls K eine kompakte Teilmenge eines euklidischen Kartenbereiches ist. In jeder Umgebung U von K gibt es eine Umgebung V vom Typ (iii), für die also J^V bijektiv ist. Die Restriktionen r_K^V induzieren kanonische Isomorphismen in den Kolimes, gebildet über das System der Umgebungen von K,

$$\mathrm{kolim}_V \, H_i(M, M \setminus V; G) \cong H_i(M, M \setminus K; G)$$

$$\mathrm{kolim}_V \, \Gamma_c(V) \cong \Gamma_c(K).$$

Durch Übergang zum Kolimes erhalten wir einen Isomorphismus J^K.

(v) Es gilt $D_M(K)$ für beliebige kompakte K. Es ist nämlich K eine endliche Vereinigung $K_1 \cup \cdots \cup K_r$ von Mengen (iv). Man wendet jetzt Induktion nach r wie unter (iii) an.

(vi) Sei $K = K_1 \cup K_2 \cup \cdots$ und gebe es paarweise disjunkte Umgebungen der K_i. Dann ist J^K die direkte Summe der J^{K_i}, und wir können das schon Bewiesene verwenden.

(vii) Sei nun A eine beliebige abgeschlossene Teilmenge von M. Da M lokal kompakt mit abzählbarer Basis ist, gibt es eine Ausschöpfung

$$K_1 \subset K_2 \subset \cdots, \qquad M = \cup K_i$$

durch kompakte K_i mit $K_i \subset K_{i+1}^\circ$. Sei $A_i = A \cap (K_i \setminus K_{i-1}^\circ)$, $K_0 = \emptyset$, $B = \bigcup_{i=2n} A_i$, $C = \bigcup_{i=2n+1} A_i$. Nach (vi) gilt dann $D_M(B)$, $D_M(C)$ und $D_M(B \cap C)$ und damit auch $D_M(A)$ wegen $A = B \cup C$. $\qquad \square$

Wenn man nicht mit singulärer Homologie arbeiten möchte sondern in einem axiomatischen Kontext, so kann man als zusätzliches Axiom verlangen, daß die Homologietheorie *kompakte Träger* hat. Das heißt: Zu jedem $x \in h_r(X, A)$ gibt es eine Abbildung $f : (K, L) \to (X, A)$ eines kompakten Paares (K, L), so daß x im Bild der induzierten Abbildung f_* liegt.

Sei $_2G = \{g \in G \mid 2g = 0\}$. Weil ein Schnitt über einer zusammenhängenden Menge durch die Vorgabe eines einzigen Wertes bestimmt ist, so erhalten wir als Konsequenz von (11.3) und (10.6):

(11.4) Satz. *Sei A zusammenhängend. Dann gilt:*
(1) $H_n(M, M \setminus A; G) \cong G$, *wenn M entlang A orientierbar und A kompakt ist.*
(2) $H_n(M, M \setminus A; G) \cong {}_2G$, *wenn M entlang A nicht orientierbar und A kompakt ist.*
(3) $H_n(M, M \setminus A; G) = 0$, *wenn A nicht kompakt ist.*   □

12 Die Fundamentalklasse

In diesem Abschnitt verwenden wir singuläre Homologie mit Koeffizienten in $\mathbb{Z}$.

(12.1) Satz. *Sei M eine kompakte zusammenhängende n-Mannigfaltigkeit. Dann gilt eine der Aussagen (1) oder (2).*
(1) *M ist orientierbar. Es ist $H_n(M) \cong \mathbb{Z}$ und für jedes $x \in M$ ist die Restriktion $H_n(M) \to H_n(M, M \setminus x)$ ein Isomorphismus.*
(2) *M ist nicht orientierbar. Es ist $H_n(M) = 0$.*

Beweis. Wir haben ein kommutatives Diagramm

$$
\begin{array}{ccc}
H_n(M) & \overset{\cong}{\longrightarrow} & \Gamma(M) \\
\big\downarrow{\scriptstyle(1)} & & \big\downarrow{\scriptstyle(2)} \\
H_n(M, M \setminus x) & \overset{\cong}{\longrightarrow} & \Gamma(\{x\}).
\end{array}
$$

Da M zusammenhängend ist, so ist ein Schnitt in $\Gamma(M)$ durch seinen Wert an einer Stelle bestimmt. Also ist (2) injektiv und deshalb $H_n(M)$ entweder Null oder $\mathbb{Z}$.

Ist M orientierbar, so ist eine Orientierung (entlang M) ein Element $z \in H_n(M)$, das bei (1) auf ein erzeugendes Element abgebildet wird. Also ist (1) surjektiv und damit bijektiv.

Sei $H_n(M) \cong \mathbb{Z}$. Dann gibt es also Schnitte λ in $\Gamma(M)$, die nicht gleich dem Nullschnitt sind. Aus der Darstellung $O(M; \mathbb{Z}) \cong \mathrm{Or}(M) \times_C \mathbb{Z}$ folgt, daß Schnitte den stetigen Abbildungen $\lambda \colon \mathrm{Or}(M) \to \mathbb{Z}$ mit $\lambda(tx) = -\lambda(x)$ entsprechen. Wäre M

nicht orientierbar, so wäre $\mathrm{Or}(M)$ zusammenhängend und deshalb λ konstant. Wegen $\lambda(tx) = \lambda(x)$ wäre dann also λ der Nullschnitt. Widerspruch. Also ist M orientierbar.
□

Ist M eine kompakte orientierbare n-Mannigfaltigkeit, so ist jede Komponente orientierbar. Ein Element $[M] \in H_n(M)$, das für jedes $x \in M$ in $H_n(M, M \setminus x)$ eine lokale Orientierung liefert, heißt *Fundamentalklasse* von M. Die Fundamentalklassen entsprechen bijektiv den Orientierungen.

13 Mannigfaltigkeiten mit Rand

Homologie sei weiterhin die singuläre mit Koeffizienten in $\mathbb{Z}$. Ein Hausdorff-Raum M mit abzählbarer Basis heißt *n-dimensionale Mannigfaltigkeit mit Rand*, wenn jeder Punkt eine Umgebung U hat, die homöomorph zu einer offenen Teilmenge des Halbraumes $\mathbb{R}^n_+ = \{(x_1, \ldots, x_n) \in \mathbb{R}^n \mid x_n \geq 0\}$ ist. Es ist $H_n(\mathbb{R}^n_+, \mathbb{R}^n_+ \setminus 0) = 0$, weil beide Räume zusammenziehbar sind. Diese Tatsache erlaubt eine homologische Charakterisierung der Randpunkte und des Inneren. Das *Innere* der n-Mannigfaltigkeit mit Rand M besteht aus den Punkten, für die $H_n(M, M \setminus x) \cong \mathbb{Z}$ ist. Die verbleibenden Punkte bilden den *Rand* ∂M von M. Der Rand ist, wenn er nichtleer ist, eine $(n-1)$-Mannigfaltigkeit. Ein Element $z \in H_n(M, \partial M)$ heiße *Fundamentalklasse*, wenn es für alle $x \in M \setminus \partial M$ bei der Restriktion auf $H_n(M, M \setminus x)$ ein erzeugendes Element liefert. Wir wollen im weiteren benutzen, daß der Rand einen *Kragen* hat. Ein Kragen ist eine offene Umgebung U von ∂M in M, zu der es einen Homöomorphismus $\kappa \colon \partial M \times \mathbb{R}_+ \to U$ mit $\kappa(x, 0) = x$ gibt. Die Existenz wird in [44] gezeigt.

(13.1) Satz. *Sei M eine kompakte zusammenhängende n-Mannigfaltigkeit mit nichtleerem Rand ∂M. Dann gilt eine der Aussagen* (1) *oder* (2).

(1) *Es ist $H_n(M, \partial M) \cong \mathbb{Z}$ und ein erzeugendes Element ist eine Fundamentalklasse. Das Bild einer Fundamentalklasse bei $\partial \colon H_n(M, \partial M) \to H_{n-1}(\partial M)$ ist eine Fundamentalklasse von ∂M. Das Innere $M \setminus \partial M$ ist orientierbar.*

(2) *Es ist $H_n(M, \partial M) = 0$, und $M \setminus \partial M$ ist nicht orientierbar.*

Beweis. Sei U ein Kragen. Wir identifizieren U mit $\partial M \times \mathbb{R}_+$ vermöge κ. Wir haben Isomorphismen

$$H_n(M, \partial M) \cong H_n(M, \partial M \times [0, 1[) \cong H_n(M \setminus \partial M, \partial M \times {]0, 1[}) \cong \Gamma(A)$$

mit $A = M \setminus (\partial M \times (0, 1[)$, wegen h-Äquivalenz, Ausschneidung und (11.3). Da A zusammenhängend ist, so ist $\Gamma(A) \cong \mathbb{Z}, 0$, und $H_n(M, \partial M) \cong \mathbb{Z}$ ist äquivalent zu $\Gamma(A) \cong \mathbb{Z}$.

Ist $\Gamma(A) \cong \mathbb{Z}$, so ist $M \setminus A$ entlang A orientierbar. Es gibt also ein $z \in H_n(M \setminus \partial M, \partial M \times {]}0, 1[)$, das für jedes $x \in A$ auf ein erzeugendes Element in $H_n(M \setminus \partial M, M \setminus \partial M \setminus x)$ abgebildet wird. Dieselbe Aussage gilt dann aber sogar für jedes $x \in M \setminus \partial M$, wie Verschiebung von x innerhalb des Kragens zeigt. Wir haben ein kommutatives Diagramm

$$
\begin{array}{ccc}
H_n(M, \partial M) & \longrightarrow & H_n(M, \partial M \cup A) \\
\Big\downarrow{\scriptstyle\partial} & & \Big\uparrow{\scriptstyle\cong} \\
H_{n-1}(\partial M) & \xrightarrow{\ \sigma_-\ } & H_n(\partial M \times (I, \partial I)).
\end{array}
$$

Aus der Definition einer Fundamentalklasse sehen wir, daß der Weg oben herum als Bild wieder eine Fundamentalklasse hat. Ferner bildet eine Einhängung σ_- Fundamentalklassen wieder auf solche ab; das folgt mittels (12.1), da die Fundamentalklassen durch erzeugende Elemente in jeder Komponente gegeben werden. □

14   Abbildungsgrad

Seien M und N geschlossene, n-dimensionale, orientierbare Mannigfaltigkeiten, sei N zusammenhängend und seien M und N durch Fundamentalklassen z_M und z_N orientiert. Ist $f \colon M \to N$ stetig, so wird durch $f_* z_M = d(f) z_N$ der *Grad* $d(f) \in \mathbb{Z}$ von f definiert. Aus der Definition entnimmt man unmittelbar einige Eigenschaften des Grades. Wird in einer der Mannigfaltigkeiten die Orientierung umgekehrt, das heißt z_M oder z_N durch das Negative ersetzt, so ändert der Grad das Vorzeichen. Es gilt $d(g \circ f) = d(g) d(f)$. Ein Homöomorphismus hat den Grad ± 1. Ist $M = M_1 + M_2$ die disjunkte Vereinigung von geschlossenen Mannigfaltigkeiten M_i, so gilt $d(f) = d(f | M_1) + d(f | M_2)$, wenn

$$
z_M \in H_n(M) \cong H_n(M_1) \oplus H_n(M_2) \ni (z_{M_1}, z_{M_2})
$$

die Entsprechung der Fundamentalklassen ist. Ist M Rand der kompakten, orientierten Mannigfaltigkeit B, gilt $\partial z_B = z_M$ und ist $F \colon B \to N$ eine Erweiterung von f, so ist $d(f) = 0$, denn

$$
f_*(z_M) = f_* \partial z_B = F_* i_* \partial z_B,
$$

und $i_* \partial = 0$ nach der exakten Sequenz des Paares (B, M). Als Verallgemeinerung der Homotopieinvarianz erhält man die Bordismeninvarianz des Grades. Das bedeutet: $f_1 \colon M_1 \to N$ und $f_2 \colon M_2 \to N$ heißen *bordant*, wenn es eine kompakte orientierte Mannigfaltigkeit B mit orientiertem Rand $\partial B = M_1 - M_2$ gibt sowie eine Erweiterung $F \colon B \to N$ von $\langle f_1, f_2 \rangle \colon M_1 + M_2 \to N$. Das Minuszeichen in $M_1 - M_2$ soll besagen: $\partial z_B = z_{M_1} - z_{M_2}$. Unter diesen Voraussetzungen gilt $d(f_1) = d(f_2)$. Ähnlich wir in IV.6 läßt sich der Grad durch lokale Daten berechnen. Weiteres zu diesen Begriffsbildungen im Kapitel über Mannigfaltigkeiten.

15 Simpliziale Objekte

Aus der kombinatorischen Topologie und der singulären Homologietheorie hat man den Begriff eines simplizialen Objekts einer Kategorie $\mathcal{C}$ abstrahiert.

Sei Δ die folgende Kategorie: Die Objekte sind die natürlich geordneten Mengen $[n] = \{0, 1, \ldots, n\}$. Die Morphismen $\alpha\colon [m] \to [n]$ sind die schwach monotonen Abbildungen. Ein *simpliziales Objekt* in $\mathcal{C}$ ist ein kontravarianter Funktor $\Delta \to \mathcal{C}$. Ist $\mathcal{C} = $ MENGEN die Kategorie der Mengen, so heißt $\Delta \to \mathcal{C}$ eine *simpliziale Menge* (früher auch *semi-simplizial* genannt); ist $\mathcal{C} = $ TOP die Kategorie der topologischen Räume, so heißt $\Delta \to \mathcal{C}$ ein *simplizialer Raum*.

Ein topologischer Ursprung für diese Begriffsbildung ist der *singuläre Komplex* $SX\colon \Delta \to$ TOP eines Raumes X. Sei

$$\tilde{\Delta}[n] = \left\{ (t_0, \ldots, t_n) = \sum_{i=0}^{n} t_i e_i \in \mathbb{R}^{n+1} \mid \sum_{i=0}^{n} t_i = 1, \; t_i \geq 0 \right\}$$

wie im zweiten Abschnitt das von den Einheitsvektoren e_i aufgespannte n-dimensionale Standardsimplex. Ein Morphismus $\alpha\colon [m] \to [n]$ induziert eine stückweise lineare Abbildung

$$\tilde{\Delta}(\alpha)\colon \tilde{\Delta}[m] \to \tilde{\Delta}[n], \quad \sum_{i=1}^{m} t_i e_i \mapsto \sum_{i=1}^{m} t_i e_{\alpha(i)}.$$

Damit wird $\tilde{\Delta}\colon \Delta \to$ TOP ein kovarianter Funktor. Wir setzen $SX[n]$ als die Menge der stetigen Abbildungen $\tilde{\Delta}[n] \to X$ fest, und $SX(\alpha)$ wird als Zusammensetzung mit $\tilde{\Delta}(\alpha)$ definiert.

Simpliziale Mengen bilden eine Kategorie. Morphismen sind die natürlichen Transformationen von Funktoren $\Delta \to$ MENGEN. Eine stetige Abbildung $f\colon X \to Y$ induziert einen Morphismus $SX \to SY$, indem $\tilde{\Delta}[n] \to X$ mit f verkettet wird.

Sei $\delta_i^n = \delta_i\colon [n-1] \to [n]$ die injektive Abbildung, die den Wert i ausläßt, und $\epsilon_j^n = \epsilon_j\colon [n+1] \to [n]$ die surjektive Abbildung, die den Wert j zweimal annimmt ($i, j \in \{0, \ldots, n\}$). Jeder Morphismus der Kategorie Δ läßt sich als eine Komposition der Form

$$\delta_{i_s} \ldots \delta_{i_1} \epsilon_{j_t} \ldots \epsilon_{j_1}$$

mit $i_s > \cdots > i_1$ und $j_t < \cdots < j_1$ schreiben. Es gelten die folgenden Relationen.

$$\delta_j^{n+1} \delta_i^n = \delta_i^{n+1} \delta_{j-1}^n \qquad i < j$$

$$\epsilon_j^n \epsilon_i^{n+1} = \epsilon_i^n \epsilon_{j+1}^{n+1} \qquad i \leq j$$

$$\epsilon_j^{n-1} \delta_i^n = \begin{cases} \delta_i^{n-1} \epsilon_{j-1}^{n-2} & i < j \\ \mathrm{id}[n-1] & i = j, \; i = j+1 \\ \delta_{i-1}^{n-1} \epsilon_j^{n-2} & i > j+1 \end{cases}$$

Die Morphismen δ_i heißen *Randmorphismen*, die ϵ_j *Ausartungsmorphismen*. Für ein simpliziales Objekt $\Gamma\colon \Delta \to \mathcal{C}$ setzt man $\Gamma(\delta_i) = d_i$ und $\Gamma(\epsilon_j) = e_j$ und verwendet dieselben Benennungen Rand und Ausartung. Der Funktor $\tilde{\Delta}$ macht klar, warum diese Benennungen gewählt wurden.

Sei $\mathcal{K}$ eine *kleine Kategorie* (das heißt, die Objekte $\mathrm{Ob}(\mathcal{K})$ und die Morphismen $\mathrm{Mor}(\mathcal{K})$ von $\mathcal{K}$ sind Mengen — und nicht allgemeinere Klassen.) Der *Nerv* von $\mathcal{K}$ ist die folgende simpliziale Menge $N\mathcal{K}\colon \Delta \to \mathrm{MENGEN}$:
Wir fassen die geordnete Menge $[n]$ als Kategorie auf und setzen

$$N\mathcal{K}[n] = \mathrm{Fun}([n], \mathcal{K})$$

als die Menge der Funktoren $[n] \to \mathcal{K}$ fest. Eine schwach monotone Abbildung $\alpha\colon [m] \to [n]$ ist ein Funktor, und Zusammensetzung mit α induziert deshalb $N\mathcal{K}(\alpha)$. Die Elemente von $N\mathcal{K}[n]$, $n \geq 1$, sind also Systeme von Morphismen $(f_1, \ldots, f_n)$

$$X_0 \xrightarrow{\ f_1\ } X_1 \longrightarrow \cdots \xrightarrow{\ f_n\ } X_n$$

in $\mathcal{K}$, für die $f_n \circ \cdots \circ f_1$ definiert ist und $N\mathcal{K}[0] = \mathrm{Ob}(\mathcal{K})$. Beispielsweise ist $d_1\colon N\mathcal{K}[2] \to N\mathcal{K}[1]$ durch $(f_1, f_2) \mapsto f_2 \circ f_1$ gegeben. Kleine Kategorien sind also spezielle (!) simpliziale Mengen.

Eine *Partialordnung* auf einer Menge P ist eine binäre Relation $\leq$ auf P, die folgende Axiome erfüllt:
(1) Für jedes $x \in P$ gilt $x \leq x$.
(2) Aus $x \leq y$, $y \leq x$ folgt $x = y$.
(3) Aus $x \leq y$, $y \leq z$ folgt $x \leq z$.

Ein Paar $(P, \leq)$ mit einer Partialordnung $\leq$ auf P heißt *partial geordnete Menge*. Eine partial geordnete Menge ist eine Kategorie mit Objektmenge P und genau einem Morphismus $x \to y$, wenn $x \leq y$ ist. Eine Partialordnung wird *Totalordnung* genannt, wenn für je zwei Elemente $x, y \in P$ mindestens eine der Relationen $x \leq y$ oder $y \leq x$ besteht. Ein simplizialer Komplex (E, S) ist *geordnet*, wenn auf E eine Partialordnung gegeben ist, die auf jedem Simplex eine Totalordnung induziert. Ist $(P, \leq)$ eine partial geordnete Menge, so gehört dazu ein geordneter simplizialer Komplex $K(P, \leq) = (P, S)$, indem jede endliche Teilmenge von P, die durch $\leq$ total geordnet wird, als Simplex von S deklariert wird.

Ist $\mathcal{K} = (P, \leq)$ eine partial geordnete Menge, aufgefaßt als Kategorie, so ist $N\mathcal{K}$ eine simpliziale Menge. Die Elemente von $N\mathcal{K}[n]$, die nicht im Bild einer Ausartungsabbildung liegen, entsprechen den Simplexen des soeben definierten Komplexes $K(P, \leq)$.

Allgemein muß man sich vorstellen, daß die ausgearteten Simplexe (Bilder von Ausartungsabbildungen) geometrisch überflüssig sind, aber für die formale Theorie nützlich. Zum Aufbau der Topologie von diesem Standpunkt siehe [91], [96], [158].

VI Homotopie

Dieses Kapitel ist allgemeinen Konstruktionen und Resultaten der Homotopietheorie gewidmet. Dazu gehören insbesondere Aussagen über Faserungen und Kofaserungen. Grundlegend für die homotopietheoretische Seite der algebraischen Topologie sind die exakten Sequenzen einer Faserung und einer Kofaserung. Es ist ferner bemerkenswert, daß sich jede stetige Abbildung bis auf Homotopie durch eine Faserung oder Kofaserung ersetzen läßt. Zum Zwecke einer übersichtlichen Formulierung der Resultate benutzen wir die Sprache der Kategorientheorie. Wir beschreiben einen allgemeinen, aber technisch anspruchslosen Zugang zu Homologie- und Kohomologietheorien durch Spektren.

1 Angereicherte Homotopiekategorien

Seien K und B topologische Räume. Die Kategorie TOP^K von *Räumen unter K* hat als Objekte die stetigen Abbildungen $i\colon K \to X$. Ein Morphismus von $i\colon K \to X$ nach $j\colon K \to Y$ ist eine stetige Abbildungen $f\colon X \to Y$ mit $fi = j$. Die Kategorie TOP_B von *Räumen über B* hat als Objekte die Abbildungen $p\colon X \to B$. Ein Morphismus von $p\colon X \to B$ nach $q\colon Y \to B$ ist eine Abbildung $f\colon X \to Y$ mit $qf = p$, genannt Abbildung *über B*. In ähnlicher Weise definieren wir die Kategorie TOP_B^K, deren Objekte die Diagramme $K \to X \to B$ sind. Ist $K = \emptyset$, dann ist TOP^K gleich TOP. Ist B ein Punkt, so kann TOP_B mit TOP identifiziert werden, da jeder Raum genau eine Abbildung auf einen Punkt hat.

Wichtig ist im folgenden der Fall, daß $K = \{*\}$ ein Punkt ist. Ein Objekt in TOP^K ist dann ein Raum X zusammen mit einem Punkt darin. Dieser Punkt heißt *Grundpunkt* oder *Basispunkt* von X. Objekte und Morphismen in dieser Kategorie heißen *punktierte Räume* und *punktierte Abbildungen*. Ist $p\colon X \to B$ gegeben, so wird $p^{-1}(b)$ die *Faser* von p über b genannt; in diesem Kontext heißt B die *Basis* und X der *Totalraum*. Ein Morphismus in TOP_B wird *fasernweise* Abbildung genannt. In der Kategorie TOP_B gibt es Produkte; diese werden Faserprodukte oder Pullback genannt. Zu diesen Kategorien siehe [55].

Die Kategorien TOP^K und TOP_B haben einen zugehörigen Homotopiebegriff. Eine gewöhnliche Homotopie h_t ist eine in TOP^K, wenn jede Abbildung h_t ein Morphismus in TOP^K ist. Falls $i\colon K \to X$ eine Inklusion ist, so heißt eine solche Homotopie auch eine *relativ K* oder konstant auf K. Ist K ein Punkt, so sprechen wir von *punktierten* Homotopien. Ebenso verfahren wir bei TOP$_B$. Eine Homotopie in TOP$_B$ heißt *fasernweise*. Die Menge der Homotopieklassen in TOP^K wird mit $[X, Y]^K$ bezeichnet; und mit $[X, Y]^0$ im Falle punktierter Homotopien. Analog $[X, Y]_B$. Wir erhalten so Homotopiekategorien h-TOP^K und h-TOP$_B$.

Die Kategorie TOP(2) hat als Objekte die Raumpaare (X, A) aus X und einem Unterraum A. Ein Morphismus $f: (X, A) \rightarrow (Y, B)$ ist eine stetige Abbildung $f: X \rightarrow Y$ mit $f(A) \subset B$. Eine Homotopie h_t in dieser Kategorie ist wieder eine gewöhnliche Homotopie, die aber zu jedem Parameterwert $t \in I$ ein Morphismus in TOP(2) ist. Wir schreiben $[(X, A), (Y, B)]$ für die Homotopiemengen in dieser Kategorie. In ähnlicher Weise erhalten wir die Kategorie TOP(3) der Tripel (X, A, B) mit $B \subset A \subset X$.

Ist G eine topologische Gruppe, so haben wir die Kategorie G-TOP der G-Räume und G-Abbildungen. Eine Homotopie in dieser Kategorie, eine G-Homotopie, ist eine gewöhnliche Homotopie h_t, die zu jeden Zeitpunkt $t \in I$ eine G-Abbildung ist.

Ist (X, A) ein Raumpaar, so sei X/A der Raum, in dem A zu einem Grundpunkt identifiziert wurde. Eine stetige Abbildunge $f: (X, A) \rightarrow (Y, *)$ induziert eine punktierte Abbildung $\overline{f}: X/A \rightarrow Y$. Weil das Produkt einer Identifizierung mit I wieder eine Identifizierung ist, erkennen wir:

(1.1) Notiz. *Die Zuordnung $f \mapsto \overline{f}$ induziert eine Bijektion $[(X, A), (Y, *)] \rightarrow [X/A, Y]^0$.*   □

Die Summe in der Kategorie TOP^0 der punktierten Räume wird mit $\bigvee_{j \in J} X_j$ bezeichnet. Der Summenraum entsteht aus der topologischen Summe $\coprod_{j \in J} X_j$, indem alle Grundpunkte $*_j \in X_j$ zu einem einzigen Grundpunkt identifiziert werden. Mit den kanonischen Injektionen $i_\nu: X_\nu \rightarrow \bigvee_{j \in J} X_j$ erhalten wir eine wohldefinierte Bijektion

$$[\bigvee_{j \in J} X_j, Z]^0 \rightarrow \prod_{j \in J} [X_j, Z]^0, \quad [f] \mapsto ([f \circ i_j]).$$

Die Worte „Homotopie" und „Isotopie" wurden von Dehn und Heegaard eingeführt [57].

Wir verfeinern die Homotopiekategorie zu einer sogenannten 2-Kategorie, indem wir aus Homotopien weitere Strukturdaten gewinnen. Wir definieren zu je zwei topologischen Räumen X und Y ein Gruppoid $\Pi(X, Y)$. Objekte sind die stetigen Abbildungen von X nach Y. Ein Morphismus von f nach g werde repräsentiert durch eine Homotopie $H: X \times [0, 1] \rightarrow Y$ von $f = H_0$ nach $g = H_1$. Auf der Menge dieser Homotopien betrachten wir eine Äquivalenzrelation, die selbst durch Homotopie definiert ist: Homotopie relativ zu Anfang und Ende (analog zur Homotopie von Wegen).

Eine stetige Abbildung $\Phi: X \times [0, 1] \times [0, 1] \rightarrow Y$ heißt Homotopie relativ $X \times \partial I$, wenn $\Phi(x, 0, t)$ nicht von t abhängt und ebenso $\Phi(x, 1, t)$ nicht von t. Für jedes t ist also

$$\Phi_t \colon X \times [0, 1] \to Y, \quad (x, s) \mapsto \Phi(x, s, t)$$

eine Homotopie zwischen denselben Abbildungen $f(x) = \Phi(x, 0, t)$ und $g(x) = \Phi(x, 1, t)$. Für diese Art relative Homotopie hat man wie vordem Produkte und Inverse (gebildet bezüglich der zweiten I-Variablen), und deshalb ist sie eine Äquivalenzrelation. Damit definieren wir: Ein Morphismus $\sigma \colon f \to g$ in $\Pi(X, Y)$ sei eine Äquivalenzklasse $\sigma = [H]$ von Homotopien relativ $X \times \partial I$ von f nach g. Komposition von Morphismen sei durch $*$ (Produkt von Homotopien) definiert und ebenso bezeichnet

$$\sigma = [H] \colon f \to g, \quad \tau = [K] \colon g \to h, \quad \tau * \sigma = [K * H].$$

Hinweis. In diesem Abschnitt ändern wir die Reihenfolge der Faktoren im Produkt $*$ von Homotopien gegenüber der bisherigen Vereinbarung.

Eine kleine Überlegung zeigt die Unabhängigkeit von den Repräsentanten. Man muß die Axiome einer Kategorie nachweisen. Das geschieht im vorliegenden Fall durch:

(1) Die Verknüpfung $*$ in $\Pi(X, Y)$ ist assoziativ.
(2) Die konstante Homotopie repräsentiert die Identität.
(3) Die inverse Homotopie repräsentiert den inversen Morphismus.

Wegen (3) ist dann $\Pi(X, Y)$ sogar ein Gruppoid. Zum Beweis dieser Behauptungen überlegen wir uns zunächst, daß unterschiedlich parametrisierte Homotopien denselben Morphismus in $\Pi(X, Y)$ repräsentieren.

Sei $\alpha \colon I \to I$ stetig und gelte $\alpha(0) = 0$, $\alpha(1) = 1$. Sei $H \colon X \times I \to Y$ gegeben. Dann sind H und $H \circ (\mathrm{id} \times \alpha)$ homotop relativ $X \times \partial I$: Eine Homotopie wird durch lineare Verbindung in der I-Koordinate gegeben $H(x, (1 - t)\alpha(s) + ts)$. Es folgt die Assoziativität der Komposition, weil sich $H^1 * (H^2 * H^3)$ und $(H^1 * H^2) * H^3$ nur um eine Parametrisierung unterscheiden. Ebenso unterscheiden sich H und $H * K$ nur um eine Parametrisierung, wenn K eine konstante Homotopie ist. Damit sind (1) und (2) nachgewiesen. Aussage (3) folgt, wenn wir gezeigt haben, daß $H * H^-$ relativ homotop zur konstanten Homotopie ist. Durch $H(x, 2s(1 - t))$ für $0 \le s \le 1/2$ und $H(x, 2(1 - s)(1 - t))$ für $1/2 \le s \le 1$ wird eine geeignete Homotopie gegeben.

Ist P ein Punktraum, so entsprechen die Homotopien $P \times I \to Y$ den Wegen $I \to Y$. Wir betrachten also in diesem Fall Homotopieklassen von Wegen relativ zum Anfang und zum Ende. Das Gruppoid $\Pi(P, Y)$ bezeichnen wir mit $\Pi(Y)$; es ist das in II.1 definierte Fundamentalgruppoid von Y. Die Morphismenmenge $\Pi(Y)(y, y)$ darin ist die Fundamentalgruppe $\pi_1(Y, y)$.

Wie hängt das Gruppoid $\Pi(X, Y)$ von X und Y ab? Zur Beantwortung dieser Frage wird die Kategorie $\Pi(X, Y)$ als angereichertes Morphismenobjekt angesehen. Die Komposition der Objekte darin (das heißt der Abbildungen $f \colon X \to Y$) wird erweitert zu einer Komposition der Morphismen darin. Um die verschiedenen Strukturdaten zu unterscheiden, führen wir die folgende Terminologie ein:

(1) Topologische Räume heißen weiterhin Objekte.

(2) Stetige Abbildungen heißen weiterhin Morphismen. Wir haben ihre übliche
     Komposition $(g, f) \mapsto g \circ f$.

(3) Morphismen in $\Pi(X, Y)$ heißen 2-Morphismen. Die Komposition $(\tau, \sigma) \mapsto$
     $\tau * \sigma$ heiße *vertikale Komposition* von 2-Morphismen.

(4) Jedem Paar von 2-Morphismen $\sigma \in \Pi(X, Y)$ und $\tau \in \Pi(Y, Z)$ wird
     sogleich ein 2-Morphismus $\tau \diamond \sigma \in \Pi(X, Z)$ zugeordnet. Wir nennen
     $(\tau, \sigma) \mapsto \tau \diamond \sigma$ die *horizontale Komposition* von 2-Morphismen.

Sei $H\colon X \times I \to Y$ eine Homotopie von f nach f' und $K\colon Y \times I \to Z$ eine
Homotopie von g nach g'. Damit bilden wir die *Doppelhomotopie*

$$K \circ (H \times \mathrm{id})\colon X \times I \times I \to Z, \quad (x, s, t) \mapsto K(H(x, s), t).$$

Schränken wir sie auf die Diagonale in $I \times I$ ein, so erhalten wir in

$$K \diamond H\colon X \times I \to Z, \quad (x, s) \mapsto K(H(x, s), s)$$

die *Diagonalhomotopie* von $g \circ f$ nach $g' \circ f'$. Wir definieren die vertikale Komposition durch

$$[K] \diamond [H] = [K \diamond H].$$

Man hat natürlich zu verifizieren, daß diese Komposition wohldefiniert ist. Anstatt
die Diagonalhomotopie zu verwenden, kann man in der Doppelhomotopie auch an
den Seiten des Quadrates entlanglaufen. Demnach wird $[K] \diamond [H]$ auch durch

(1.2)
$$\begin{array}{ll} (K \circ (f' \times \mathrm{id})) * (g \circ H) & (K \diamond 1_{f'}) * (1_g \diamond H) \\ (g' \circ H) * (K \circ (f \times \mathrm{id})) & (1_{g'} \diamond H) * (K \diamond 1_f) \end{array}$$

gegeben. Die vertikale Komposition erfüllt ebenfalls kategorientheoretische Axiome: Die Komposition $\diamond$ ist assoziativ; die konstante Homotopie der Identität von X
repräsentiert die Identität von X bezüglich $\diamond$. Eine wichtige Eigenschaft schließlich
ist die Verträglichkeit der vertikalen und horizontalen Komposition (1.3). In (1.3) und
in ähnlichen Fällen künftig setzen wir voraus, daß die auftretenden Kompositionen
definiert sind.

(1.3) Satz. $(\tau' * \sigma') \diamond (\tau * \sigma) = (\tau' \diamond \tau) * (\sigma' \diamond \sigma).$ $\square$

Ein Beweis von (1.3) wird erkannt, wenn man die Definitionen beider Seiten mit
Repräsentanten hinschreibt.

Die Eigenschaften der Kategorie TOP mit den Strukturdaten $\circ, *, \diamond$ werden im
Begriff einer 2-Kategorie formalisiert.

Eine *2-Kategorie* K besteht aus einer Klasse K_0 von Objekten, einer Klasse K_1
von Morphismen und einer Klasse K_2 von 2-Morphismen. Es gibt die Zuordnungen

Identität $I\colon K_0 \to K_1$ und $i\colon K_1 \to K_2$; sowie die Zuordnungen Quelle und Ziel $Q, Z\colon K_1 \to K_0$ und $q, z\colon K_2 \to K_1$. Ferner sind drei Sorten von Kompositionen

$$\circ\colon K_1 \times_{K_0} K_1 \to K_1$$
$$*\colon K_2 \times_{K_1} K_2 \to K_2$$
$$\diamond\colon K_2 \times_{K_0} K_2 \to K_2$$

gegeben. Wir nennen $*$ die *vertikale* und $\diamond$ die *horizontale* Komposition. Für die horizontale Komposition nehmen wir Qq als Quelle und Zz als Ziel. Die Faserproduktnotation bedeutet wie üblich, daß das Ziel des ersten Morphismus gleich der Quelle des zweiten sein muß, damit die Komposition definiert ist. Diese Daten sollen die folgenden Axiome erfüllen.

(1) $Qq = Qz$, $Zz = Zq$.
(2) $QI = \mathrm{id}$, $ZI = \mathrm{id}$, $qi = \mathrm{id}$, $zi = \mathrm{id}$.
(3) $Q(g \circ f) = Qf$, $Z(g \circ f) = Z(g)$, $q(\tau * \sigma) = q(\sigma)$, $z(\tau * \sigma) = z(\tau)$, $q(\tau \diamond \sigma) = q(\tau) \circ q(\sigma)$, $z(\tau \diamond \sigma) = z(\tau) \circ z(\sigma)$.
(4) Die drei Kompositionen sind assoziativ.
(5) Die drei Kompositionen sind unital, in Formeln $1_{Zf} \circ f = f = f \circ 1_{Qf}$, $1_{z\tau} * \tau = \tau = \tau * 1_{q\tau}$, $1_{1_{Z\tau}} \diamond \tau = \tau \diamond 1_{1_{Q\tau}}$.
(6) $(\tau' * \sigma') \diamond (\tau * \sigma) = (\tau' \diamond \tau) * (\sigma' \diamond \sigma)$.

Wir entwickeln hier nicht eine Theorie der 2-Kategorien, machen aber einige Bemerkungen, die sich unmittelbar aus den Definitionen ergeben. (Wir diskutieren insbesondere nicht mengentheoretische Probleme über Klassen, Universen etc., weil die Situation in unseren Beispielen klar genug sein dürfte.)

(1.4) Beispiel. Für je zwei Objekte A, B von K erhalten wir eine Kategorie $K(A, B)$, deren Objekte $K_1(A, B)$ sind und deren Morphismen von f nach g durch $K_2(f, g)$ gegeben sind. Die Komposition in dieser Kategorie ist $*$.

Wir haben oben die 2-Kategorie TOP konstruiert. Die soeben definierte Kategorie TOP(X, Y) wurde dort in Angleichung an die übliche Bezeichnung für die Fundamentalgruppe mit $\Pi(X, Y)$ bezeichnet. $\diamond$

(1.5) Beispiel. Ein wichtiges Beispiel einer 2 Kategorie ist die Kategorie KAT der Kategorien. Objekte sind Kategorien, Morphismen sind Funktoren mit der üblichen Komposition. Die 2-Morphismen des Funktors $F\colon A \to B$ in den Funktor $G\colon A \to B$ sind die natürlichen Transformationen $\Phi\colon F \to G$. Die vertikale Komposition $*$ ist die übliche Komposition von natürlichen Transformationen. Die horizontale Komposition $\diamond$ wird in Analogie zur Diagonalhomotopie definiert: Seien

$$\Phi\colon (F\colon A \to B) \to (G\colon A \to B), \quad \Phi'\colon (F'\colon B \to C) \to (G'\colon B \to C)$$

natürliche Transformationen. Dann wird $\Phi' \diamond \Phi\colon GF \to G'F'$ durch

$$(\Phi' \diamond \Phi)_X = \Phi'_{F'(X)} \circ G(\Phi_X) = G'(\Phi_X) \circ \Phi'_{F(X)}$$

für die Objekte X von A definiert.   ◇

Ein 2-*Funktor* zwischen 2-Kategorien besteht aus Zuordnungen von Objekten, Morphismen, 2-Morphismen, die in der üblichen Weise mit den Strukturdaten (Identitäten, Kompositionen) verträglich sind.

(1.6) Beispiel. Ein (kovarianter) Hom-Funktor einer 2-Kategorie K ist ein 2-Funktor $K \mapsto \text{KAT}$. Genauer: Sei X ein festes Objekt aus K. Der zugehörige kovariante Hom-Funktor K^X ordnet einem $Y \in K_0$ das Objekt $K(X, Y)$ aus KAT zu. Jedem $f: Y_1 \to Y_2$ aus K_1 ordnen wir den Funktor $K^X(f): K(X, Y_1) \to K(X, Y_2)$ zu, der g auf $f \circ g$ abbildet und $\sigma: g_1 \to g_2$ auf $1_f \diamond \sigma: fg_1 \to fg_2$. Jedem $\tau: f_1 \to f_2$ wird die natürliche Transformation $K^X(f_1) \to K^X(f_2)$ zugeordnet, die aus den Morphismen $\tau \diamond 1_g$ für $g \in K_1(X, Y_1)$ besteht. Aus den Axiomen einer 2-Kategorie wird verifiziert, daß es sich wirklich um eine natürliche Transformation handelt.

Wenden wir diese Konstruktion auf TOP an, so erhalten wir die funktoriellen Eigenschaften des Gruppoids $\Pi(X, Y)$ in der Variablen Y.   ◇

Für 2-Kategorien hat man neben dem Begriff einer Isomorphie auch den Begriff einer Äquivalenz von Objekten. Im Fall der 2-Kategorie KAT erhält man die übliche Äquivalenz von Kategorien. In der Kategorie TOP erhält man die h-Äquivalenz.

Ein Morphismus $f: X \to Y$ heißt *Äquivalenz*, wenn es einen Morphismus $g: Y \to X$ und 2-Isomorphismen $\sigma: gf \to \text{id}(X)$ und $\tau: gf \to \text{id}(Y)$ gibt.

Ein 2-Funktor überführt eine Äquivalenz in eine Äquivalenz. Eine h-Äquivalenz $f: Y_1 \to Y_2$ induziert also eine Äquivalenz $\Pi(Y_1) \to \Pi(Y_2)$ und insbesondere einen Isomorphismus $f_*: \pi_1(Y_1, y) \to \pi_1(Y_2, f(y))$ von Fundamentalgruppen II (1.4).

2 Kofaserungen

Wir haben in I.4 den Begriff einer Kofaserung eingeführt. Wir erinnern an den Satz I (3.5) über induzierte Kofaserungen.

(2.1) Satz. *Sei*

$$
\begin{array}{ccc}
A & \xrightarrow{\ f\ } & B \\
\downarrow{\scriptstyle j} & & \downarrow{\scriptstyle J} \\
X & \xrightarrow[\ F\ ]{} & Y
\end{array}
$$

ein Pushout-Diagramm. Ist j eine Kofaserung, so auch J.   □

Wir untersuchen zunächst die funktoriellen und homotopietheoretischen Eigenschaften induzierter Kofaserungen. Zu jedem Raum A haben wir die Kategorie

TOP^A der Räume unter A und darin die volle Unterkategorie KOF^A der Kofaserungen $A \to X$ sowie die zugehörige Homotopiekategorie h-KOF^A. Wir setzen $\mathrm{KOF}(A) = $ h-KOF^A. Pushout entlang $f\colon A \to B$ induziert einen Funktor $\mathrm{KOF}(f)\colon \mathrm{KOF}(A) \to \mathrm{KOF}(B)$. Damit wird KOF zu einem Funktor $\mathrm{TOP} \to \mathrm{KAT}$. Wir erweitern KOF zu einem 2-Funktor. In dem Diagramm (2.1) sei $\varphi\colon A \to B$ eine Homotopie mit $\varphi_0 = f$. Es gibt eine Homotopie $\Phi_t\colon X \to Y$ mit $\Phi_t j = J\varphi_t$ und $\Phi_0 = F$. Wegen $J\varphi_1 = \Phi_1 j$ erhalten wir aus dem Pushout

$$
\begin{array}{ccc}
A & \xrightarrow{\;\varphi_1\;} & B \\
{\scriptstyle j}\big\downarrow & & \big\downarrow{\scriptstyle J_1} \\
X & \xrightarrow{\;F_1\;} & Y_1
\end{array}
$$

eine Abbildung $\kappa\colon Y_1 \to Y$, so daß $\kappa J_1 = J$, $\kappa F_1 = \Phi_1$ und $\kappa F_1 \simeq F_0$. Aus Lemma (2.3) sehen wir, daß die Homotopieklasse von κ unter B nicht von der Wahl von Φ abhängt und sich nicht ändert, wenn φ relativ $A \times \partial I$ abgeändert wird. Wir setzen $\tau_\varphi\colon Y_1 \to Y$ als die Homotopieklasse von κ unter B fest. Es gilt (Aufgabe) $\tau_{\psi * \varphi} = \tau_\varphi \tau_\psi$. Um Kovarianz zu erhalten, gehen wir zur inversen Homotopie über und setzen $\mathrm{KOF}(\varphi) = \tau_{\varphi^-}$. Wir erhalten eine natürliche Transformation $\mathrm{KOF}(\varphi)\colon \mathrm{KOF}(\varphi_0) \to \mathrm{KOF}(\varphi_1)$. Für alle diese Daten verifiziert man aus den Definitionen die im folgenden Satz behaupteten Regeln:

(2.2) Satz. KOF *ist ein 2-Funktor* $\mathrm{TOP} \to \mathrm{KAT}$. $\square$

Wir nennen diesen Satz *Homotopiesatz für Kofaserungen*. Er besagt insbesondere, daß homotope Abbildungen $f, g\colon A \to B$ von einer Kofaserung $A \to X$ Kofaserungen induzieren, die unter B h-äquivalent sind.

(2.3) Lemma. *Sei* $i\colon K \to A$ *eine Kofaserung. Seien die folgenden Daten gegeben:*
  (1) *Eine Homotopie* $\varphi\colon K \times I \times I \to Y$.
  (2) *Eine Homotopie* $H\colon A \times I \to Y$ *mit* $H(i(k), s) = \varphi(k, s, 0)$.
  (3) *Homotopien* $f^\varepsilon\colon A \times I \to Y$, *so daß* $H(a, \varepsilon) = f^\varepsilon(a, 0)$ *und* $f^\varepsilon(i(k), t) = \varphi(k, \varepsilon, t)$ *für* $\varepsilon \in \{0, 1\}$.
Dann gibt es eine Homotopie $\Psi\colon A \times I \times I \to Y$, *so daß*

$$
\Psi((i(k), s, t) = \varphi(k, s, t), \quad \Psi(a, \varepsilon, t) = f^\varepsilon(a, t), \quad \Psi(a, s, 0) = H(a, s)
$$

für alle $a \in A$, $k \in K$.

Beweis. Die Abbildungen H und f^ε liefern zusammen eine Abbildung

$$
\alpha\colon A \times (I \times 0 \cup \partial I \times I) \to Y,
$$

definiert durch $\alpha(a, s, 0) = H(a, s)$, $\alpha(a, \varepsilon, t) = f^\varepsilon(a, t)$. Es ist $\alpha \circ (i \times \mathrm{id} \times \mathrm{id})$ die Restriktion von φ auf $K \times (I \times 0 \cup \partial I \times I)$.

Wir verwenden nun den Homöomorphismus k^{-1} von Paaren aus dem Beweis von III (1.11) und transformieren das Existenzproblem für Ψ in ein Existenzproblem, das lösbar ist, weil $K \times I \to A \times I$ eine Kofaserung ist III (3.4). $\square$

(2.4) Bemerkung. Hier ist eine mehr begriffliche Version des vorangehenden. Betrachten wir das Pushout-Diagramm

$$
\begin{array}{ccc}
K \times \partial I & \xrightarrow{\ i \times \mathrm{id}\ } & A \times \partial I \\
\downarrow & & \downarrow \\
K \times I & \xrightarrow{\ i \times \mathrm{id}\ } & Z.
\end{array}
$$

Die Abbildungen $A \times \partial I \to A \times I$ und $K \times I \to A \times I$ liefern, wegen der universellen Eigenschaft des Pushouts, eine Abbildung $j \colon Z \to A \times I$. Dann sagt (2.3), daß j eine Kofaserung ist. Falls $i \colon K \subset A$ eine abgeschlossene Einbettung ist, so ist Z der Unterraum $A \times \partial I \cup K \times I$ von $A \times I$. Insbesondere sind $\partial I \subset I$, und nach Induktion, $\partial I^n \subset I^n$ Kofaserungen. Das Paar D^n, S^{n-1} ist dazu homöomorph. Also ist auch $S^{n-1} \subset D^n$ eine Kofaserung. $\diamond$

Sei $i \colon K \to A$ eine Kofaserung und $\varphi \colon K \times I \to X$ eine Homotopie. Wir definieren eine Abbildung zwischen Homotopieklassen unter K von Abbildungen unter K

$$
\varphi^{\#} \colon [i, \varphi_0]^K = [(A, i), (X, \varphi_0)]^K \to [(A, i), (X, \varphi_1)]^K = [i, \varphi_1]^K,
$$

genannnt *Transport entlang* φ, wie folgt: Sei $f \colon A \to X$ mit $fi = \varphi_0$ gegeben. Wir wählen eine Homotopie $\Phi \colon A \times I \to X$ mit $\Phi_0 = f$ und $\Phi \circ (i \times \mathrm{id}) = \varphi$. Da i eine Kofaserung ist, existiert Φ. Wir setzen $\varphi^{\#}[f] = [\Phi_1]$. Mit (2.3) sehen wir, daß $\varphi^{\#}$ nicht von der Wahl von Φ abhängt und sich nicht ändert, wenn wir φ mittels einer Homotopie relativ $K \times \partial I$ ändern. Aus dieser Konstruktion folgt somit:

(2.5) Satz. *Die Zuordnungen* $f \mapsto [i, f]^K$ *und* $\varphi \mapsto \varphi^{\#}$ *liefern einen Funktor von* $\Pi(K, X)$ *in die Mengen. Insbesondere ist* $\varphi^{\#}$ *immer bijektiv.* $\square$

Wir notieren einige Natürlichkeitseigenschaften dieses *Tranportfunktors*, die sich unmittelbar aus den Definitionen ergeben.

(2.6) Notiz. *Sei* $i \colon K \to A$ *eine Kofaserung,* $g \colon K \to X$ *eine Abbildung und* $\psi \colon X \times I \to Y$ *eine Homotopie. Dann gilt* $(\psi \circ (g \times \mathrm{id}))^{\#} \circ \psi_{0*} = \psi_{1*}$, *sofern wir* $\psi_{i*}[f] = [\psi_i f]$ *setzen.* $\square$

(2.7) Notiz. *Seien* $i \colon K \to A$ *und* $j \colon K \to B$ *Kofaserungen. Seien ferner* $\alpha \colon (B, j) \to (A, i)$ *ein Morphismus unter* K, $\xi \colon X \to Y$ *eine stetige Abbildung und*

$\varphi \colon K \times I \to X$ *eine Homotopie. Dann kommutiert*

$$
\begin{array}{ccc}
[(A,i),(X,\varphi_0)]^K & \xrightarrow{\;\varphi^{\#}\;} & [(A,i),(X,\varphi_1)]^K \\
\Big\downarrow{\scriptstyle [\alpha,\xi]^K} & & \Big\downarrow{\scriptstyle [\alpha,\xi]^K} \\
[(B,j),(Y,\xi\varphi_0)]^K & \xrightarrow{\;(\xi\varphi)^{\#}\;} & [(B,j),(Y,\xi\varphi_1)]^K\,;
\end{array}
$$

darin ist $[\alpha,\xi]^K[f] = [\xi f \alpha]$.   □

(2.8) Satz. *Sei* $f \colon X \to Y$ *eine gewöhnliche h-Äquivalenz und* $i \colon K \to A$ *eine Kofaserung. Dann ist* $f_* \colon [(A,i),(X,g)]^K \to [(A,i),(Y,fg)]^K$ *bijektiv.*

Beweis. Sei g h-invers zu f. Mit (2.6) und (2.7) sehen wir, daß $g_* f_*$ bijektiv ist. Also ist f_* injektiv und g_* surjektiv. Ebenso sehen wir, daß g_* injektiv ist, also bijektiv. Deshalb ist f_* bijektiv.   □

Der Transportfunktor mißt den Unterschied zwischen Homotopie in TOP^K und TOP. Unmittelbar aus den Definitionen folgt nämlich:

(2.9) Satz. *Seien* $f \colon (A,i) \to (X,g)$ *und* $f' \colon (A,i) \to (X,g')$ *Morphismen in* TOP^K. *Dann ist* $[f] = [f']$ *genau dann, wenn ein Morphismus* $\varphi \in \Pi(K,X)$ *von* (X,g) *nach* (X,g') *mit* $[f']^K = \varphi^{\#}[f]^K$ *existiert.*   □

Wir wenden das auf punktierte Homotopiemengen an. Der Transportfunktor liefert insbesondere eine Operation der Fundamentalgruppe

(2.10) $$\pi_1(X,*) \times [A,X]^0 \to [A,X]^0.$$

Sei $v \colon [A,X]^0 \to [A,X]$ die Abbildung, die die Grundpunkte vergißt.

(2.11) Satz. *Die Abbildung* v *induziert eine injektive Abbildung der Orbits der Operation* (2.10) *nach* $[A,X]$. *Diese Abbildung ist bijektiv, sofern* X *wegweise zusammenhängend ist.*   □

Ein Raum wird *A-einfach* genannt, wenn für jeden Weg w der Transport

$$
w^{\#} \colon [A,(X,w(0))]^0 \to [A,(X,w(1))]^0
$$

nur von den Endpunkten von w abhängt. Äquivalent dazu ist: Für jedes $x \in X$ operiert die Fundamentalgruppe $\pi_1(X,x)$ trivial auf $[A,(X,x)]^0$. Ist $A = S^n$, so sprechen wir von *n-einfach* anstatt A-einfach. Wir nennen X *einfach*, wenn der Raum A-einfach ist für alle wohlpunktierten A.

(2.12) Satz. (1) *Seien $i\colon A \to X$ und $j\colon A \to Y$ Kofaserungen und sei $f\colon X \to Y$ eine Homotopieäquivalenz. Es gelte $fi = j$. Dann ist f eine Homotopieäquivalenz unter A.*

(2) *Sei*

$$
\begin{array}{ccc}
A & \xrightarrow{\;f\;} & B \\
\downarrow{\scriptstyle i} & & \downarrow{\scriptstyle j} \\
X & \xrightarrow[F]{} & Y
\end{array}
$$

ein kommutatives Diagramm mit Kofaserungen i, j und Homotopieäquivalenzen f, F. Sei g h-invers zu f. Dann ist $(F, f)\colon (X, A) \to (Y, B)$ eine Homotopieäquivalenz von Paaren, und es gibt ein h-Inverses der Form $(G, g)\colon j \to i$.

Beweis. (1) Nach (2.8) haben wir eine bijektive Abbildung

$$f_*\colon [(Y, j), (X, i)]^A \to [(Y, j), (Y, j)]^A.$$

Also gibt es $[g]$ mit $f_*[g]^A = [fg]^A = [\mathrm{id}]^A$. Da f eine Homotopieäquivalenz ist, so auch g. Da also g_* bijektiv ist, hat g ein h-Rechtsinverses unter A. Also sind g und f Homotopieäquivalenzen unter A.

(2) Sei $G'\colon Y \to X$ ein h-Inverses von F. Es gilt

$$G'jf = G'Fi \simeq i \simeq igf$$

und somit $G'j \simeq ig$, da f eine h-Äquivalenz ist. Wir können deshalb annehmen, daß $G'j = ig$ ist, da j eine Kofaserung ist.

Da i eine Kofaserung ist, gibt es eine Homotoie

$$(G'F, gf) \simeq (H, \mathrm{id})\colon i \to i.$$

Nach Teil (1) hat H ein Inverses H^- unter A. Darum ist $(H^- \circ G', g)$ linksinvers zu (F, f) unter A und $F \circ H^-$ rechtsinvers zu (G', g) unter B. Indem wir die Rollen von F und G vertauschen, sehen wir, daß (F, f) ein Rechtsinverses der Form (H'', g) unter B hat.   □

(2.13) Folgerung. *Sei ein kommutatives Diagramm*

$$
\begin{array}{ccccc}
A_1 & \xleftarrow{\;i_1\;} & A_0 & \xrightarrow{\;i_2\;} & A_2 \\
\downarrow{\scriptstyle f_1} & & \downarrow{\scriptstyle f_0} & & \downarrow{\scriptstyle f_2} \\
B_1 & \xleftarrow[j_1]{} & B_0 & \xrightarrow[j_2]{} & B_2
\end{array}
$$

mit Kofaserugen i_ν, j_ν und h-Äquivalenzen f_μ gegeben. Dann ist die zwischen den Pushouts A der oberen und B der unteren Zeile induzierte Abbildung $f\colon A \to B$ eine h-Äquivalenz.   □

Wir geben nun Charakterisierungen von Kofaserungen an.

(2.14) Satz. *Eine Inklusion $A \subset X$ ist genau dann eine Kofaserung, wenn der Teilraum $A \times I \cup X \times 0$ Retrakt von $X \times I$ ist.*

Beweis. Für abgeschlossene A siehe I(3.3). Der Fall nicht abgeschlossener A ist leider etwas umständlich, und wir verweisen für den Beweis auf die Arbeit [247, 2.Theorem 2] von Strøm.   □

Die Existenz einer Retraktion läßt sich umformulieren. Wegen (2.14) liefert dann (2.15) eine Charakterisierung von Kofaserungen.

(2.15) Satz. *Es gibt eine Retraktion $r\colon X \times I \to A \times I \cup X \times 0$ genau dann, wenn folgendes gilt: Es gibt eine Abbildung $u\colon X \to [0, \infty[$ und eine Homotopie $\varphi\colon X \times I \to X$, so daß:*
  (1) $A \subset u^{-1}(0)$.
  (2) $\varphi(x, 0) = x$ *für* $x \in X$.
  (3) $\varphi(a, t) = a$ *für* $(a, t) \in A \times I$.
  (4) $\varphi(x, t) \in A$ *für* $t > u(x)$.

Beweis. Sei die Retraktion r gegeben. Wir setzen $\varphi(x, t) = \mathrm{pr}_1 \circ r(x, t)$ und $u(x) = \max\{t - \mathrm{pr}_2 \circ r(x, t) \mid t \in I\}$. Die Eigenschaften (1) – (3) folgen unmittelbar aus der Definition. Für den Beweis von (4) bemerken wir: $t > u(x)$, $\mathrm{pr}_2\, r(x, t) > 0$, $r(x, t) \in A \times I$, $\varphi(x, t) \in A$.

Sind umgekehrt u und φ gegeben, so ist

$$r(x, t) = \begin{cases} (\varphi(x, t), 0) & t \le u(x) \\ (\varphi(x, t), t - u(x)) & t \ge u(x) \end{cases}$$

ein Retraktion.   □

(2.16) Bemerkung. Sei $A \subset X$ in (2.15) abgeschlossen. Sei $t_n > u(x)$ eine Folge, die gegen $u(x)$ konvergiert. Dann impliziert (4) $\varphi(x, u(x)) \in A$. Ist $u(x) = 0$, so gilt $x = \varphi(x, 0) = \varphi(x, u(x)) \in A$. Also folgt $A = u^{-1}(0)$.   ◇

Wir wollen (2.15) technisch noch etwas umformulieren.

(2.17) Satz. *Die Inklusion $A \subset X$ ist genau dann eine Kofaserung, wenn es eine stetige Funktion $w\colon X \to [0, \infty]$ und eine Homotopie $\psi\colon w^{-1}[0, 1] \times I \to X$ gibt, so daß:*
  (1) $A \subset w^{-1}(0)$.
  (2) $\psi(x, 0) = x$ *für* $x \in w^{-1}[0, 1]$.
  (3) $\psi(a, t) = a$ *für* $(a, t) \in A \times I$.
  (4) $\psi(x, t) \in A$ *für* $t > w(x)$.

Beweis. Aus (2.15) folgen trivialerweise die Bedingungen des Satzes. Seien also w und ψ gegeben. Wir setzen $u(x) = \min(2w(x), 1)$ und

$$\varphi(x, t) = \begin{cases} \psi(x, t) & \text{für } 2w(x) \leq 1 \\ \psi(x, 2(2 - 2v(x))) & \text{für } 1 \leq 2w(x) \leq 2 \\ x & \text{für } w(x) \geq 1. \end{cases}$$

Die Daten u und φ erfüllen (2.15).   □

(2.18) Satz. *Sei $A \subset X$ eine Kofaserung. Sei $A \subset X$. Es gebe eine stetige Funktion $\tau\colon X \to [0, 1]$, so daß $\overline{A} \cap V \subset \tau^{-1}\,]0, 1] \subset V$. Dann ist auch $A \cap V \to V$ eine Kofaserung.*

Beweis. Wir benutzen u und φ aus (2.15). Damit definieren wir

$$\sigma\colon X \to [0, 1], \quad \sigma(x) = \min\{\tau(\varphi(x, t) \mid t \in I\}.$$

Das ist eine stetige Funktion, die auf A mit τ übereinstimmt, also auch auf $\overline{A}$. Insbesondere ist σ auf $\overline{A} \cap V$ positiv. Ist $v \in V$ und $u(v) = 0$, so ist $\varphi(v, t) \in A$ für $t > 0$, also $v = \varphi(v, 0) \in \overline{A}$, also $v \in \overline{A} \cap V$, also $\sigma(v) > 0$. Die Funktionen u und σ haben also in V keine gemeinsame Nullstelle. Demnach ist

$$w\colon V \to [0, \infty], \quad w(v) = u(v)/\sigma(v)$$

wohldefiniert und stetig, und es gilt $A \cap V \subset w^{-1}(0)$.

Aus $w(v) \leq 1$ folgt $\sigma(v) > 0$, also $\tau\varphi(v, t) > 0$ für alle t. Mithin ist $\varphi(v, t) \in V$ für alle t, und wir können

$$\psi\colon w^{-1}[0, 1] \times I \to V$$

durch $\psi(v, t) = \varphi(v, t)$ definieren. Die Daten w, ψ erfüllen (2.17).   □

(2.19) Satz. *Seien $A \subset X$ und $B \subset Y$ Kofaserungen und sei A in X abgeschlossen. Dann ist die Inklusion $X \times B \cup A \times Y \subset X \times Y$ eine Kofaserung.*

Beweis. Wir wählen Funktionen (u, φ) für $A \subset X$ und (v, ψ) für $B \subset Y$ nach (2.15). Wir definieren stetige Funktionen

$w\colon X \times Y \to \mathbb{R}, \qquad\qquad (x, y) \mapsto \min(u(x), v(y))$

$\chi\colon X \times Y \times I \to X \to X, \quad (x, y, t) \mapsto ((\varphi(x, \min(t, v(y)), \psi(y, \min(t, u(x))).$

Wir verifizieren die Bedingungen (1) – (4) für (w, χ). Sei $C = X \times B \cup A \times Y$.

    (1) $w(c) = 0$ für $c \in C$ folgt sogleich aus der Definition von w.

    (2) $\chi(x, y, 0) = (\varphi(x, 0), \psi(y, 0)) = (x, y)$ für $(x, y) \in X \times Y$.

(3) Sei $(a, y) \in A \times Y$. Dann ist $\chi(a, y, t) = (a, \psi(y, 0)) = (a, y)$. Analog $\chi(x, b, t) = (x, b)$ für $(x, b) \in X \times B$.

(4) Sei $(x, y, t) \in X \times Y \times I$ und $t > w(x, y)$. Wir beginnen mit dem Fall $u(x) \leq v(y)$. Dann ist $u(x) = w(x, y) < t \leq 1$, also $u(x) < 1$ und $u(x) \leq \min(t, v(y))$. Falls $u(x) < \min(t, v(y))$, gilt $\varphi(x, \min(t, v(y)) \in A$ nach (2.15). Falls $u(x) = \min(t, v(y))$, gilt $\varphi(x, \min(t, v(y)) \in A$ nach (2.16). Im Fall $u(x) > v(y)$ schließt man analog auf $\psi(y, \min(t, u(x)) \in B$.   □

Wir nennen (X, A) einen *schwachen Umgebungsdeformationsretrakt* (SUDR), wenn es stetige Funktionen $\psi \colon X \times I \to X$ und $v \colon X \to I$ gibt, so daß:
(1) $A \subset v^{-1}(0)$.
(2) $\psi(x, 0) = x$ für $x \in X$.
(3) $\psi(a, t) = a$ für $(a, t) \in A \times I$.
(4) $\psi(x, 1) \in A$ für $1 > v(x)$.

(2.20) Satz. *Die folgenden Aussagen sind äquivalent:*
(1) (X, A) *ist eine abgeschlossenen Kofaserung.*
(2) (X, A) *ist ein* SUDR, *und es gibt eine stetige Funkion* $w \colon X \to [0, 1]$ *mit* $A = w^{-1}(0)$.

Beweis. (1) $\Rightarrow$ (2). Das folgt aus (2.15) und (2.16).

(1) $\Rightarrow$ (2). Wir haben Daten ψ, v wie in der Definition eines SUDR sowie w. Sei $u(x) = 2 \cdot \max(v(x), w(x))$. Wir definieren

$$q \colon X \times I \to Z = \{(x, t) \mid 0 \leq t \leq u(x)\}, \quad (x, t) \mapsto (x, t u(x)).$$

Man verifiziert, daß q eine Identifizierung ist. Es gibt eine Faktorisierung $\varphi' \circ q = \psi$ mit $\varphi' \colon Z \to X$. Sei $\varphi = \varphi' | \{(x, t) \mid 0 \leq t \leq \min(u(x), 1)\}$. Durch

$$r(x, t) = \begin{cases} (\varphi(x, t), 0) & t \leq u(x) \\ (\varphi(x, u(x), t - u(x)) & t \geq u(x) \end{cases}$$

wird eine Retraktion definiert.   □

(2.21) Satz. *Seien die folgenden Daten gegeben: Eine Teilmenge* $V \subset X$, *eine Funktion* $v_1 \colon X \to I$ *sowie eine Abbildung* $\psi_1 \colon V \times I \to X$. *Es gelte:*
(1) $A \subset v_1^{-1}(0), \; X \setminus V \subset v_1^{-1}(1)$.
(2) $\psi_1(x, 0) = x$ *für* $x \in V$.
(3) $\psi_1(a, t) = a$ *für* $(a, t) \in A \times I$.
(4) $\psi_1(x, 1) \in A$ *für* $1 > v_1(x)$.
Dann ist (X, A) *ein* SUDR.

Beweis. Wir können annehmen, daß V abgeschlossen ist. (Falls dem nicht so ist, ersetzen wir V durch $v_1^{-1}[0, \frac{1}{2}]$ und v_1 durch $\min(2v_1(x), 1)$.) Sei nun $v_2(x) =$

$\min(2 - 2v_1(x), 1)$ und

$$\psi(x, t) = \begin{cases} \psi_1(x, tv_2(x)) & x \in V \\ x & v_1(x) = 1. \end{cases}$$

Dann erfüllen ψ und $v(x) = \min(2v_1(x), 1)$ die Bedingungen (1) – (4) in der Definition eines SUDR.   □

(2.22) Folgerung. *Sei $A \subset V \subset X$. Es gebe eine stetige Funktion $v: X \to I$ mit $X \setminus V \subset v^{-1}(1)$. Ist $A \subset V$ eine Kofaserung, so auch $A \subset X$.*   □

(2.23) Bemerkung. Leider ist die Eigenschaft „Kofaserung" nicht homotopieinvariant in folgendem Sinne: Ist $A \subset X$ eine Kofaserung und $A \subset Y$ h-äquivalent unter A zu $A \subset X$, so ist $A \subset Y$ im allgemeinen keine Kofaserung. Dieses Problem führt zum Begriff eine h-Kofaserung; mehr dazu in [63].   ◇

(2.24) Beispiel. Sind $A \subset X$ und $B \subset X$ abgeschlossene Kofaserungen und ist $A \cap B \subset X$ eine Kofaserung, so ist auch $A \cup B \subset X$ eine Kofaserung [163].   ◇

3   Faserungen

Wir haben in I.2 den Begriff einer Faserung eingeführt. Der nächste Satz wird wie (2.1) bewiesen.

(3.1) Satz. *Sei*

$$\begin{array}{ccc} X & \xrightarrow{\ F\ } & Y \\ {\scriptstyle p}\downarrow & & \downarrow{\scriptstyle q} \\ B & \xrightarrow{\ f\ } & C \end{array}$$

ein Pullback. Hat q die HHE für Z, so auch p. Ist also q eine Faserung, so auch p, genannt die von q durch f induzierte Faserung.   □

Wir untersuchen nun die formalen Eigenschaften induzierter Faserungen. Ähnlich wie bei den Kofaserungen konstruieren wir einen 2-Funktor. Dazu verwenden wir die Kategorie FAS_A der Faserungen über A sowie die zugehörige Homotopiekategorie h-FAS_A. Wir setzen $\mathrm{FAS}(A) =$ h-FAS_A. Das Induzieren von Faserungen entlang $f: A \to B$ liefert zunächst einen Funktor $\mathrm{FAS}(f): \mathrm{FAS}(B) \to \mathrm{FAS}(A)$, und es gilt $\mathrm{FAS}(gf) = \mathrm{FAS}(f)\,\mathrm{FAS}(g)$ (Transitivität des Pullbacks). Damit haben wir einen kontravarianten Funktor $\mathrm{FAS}: \mathrm{TOP} \to \mathrm{KAT}$. Wir erweitern ihn zu einem 2-Funktor. Sei $p: E \to B$ eine Faserung und $\varphi: A \times I \to B$ eine Homotopie. Wir betrachten die durch φ und φ_t induzierten Faserungen

$$
\begin{array}{ccc}
E(t) \longrightarrow E & \qquad & \tilde{E} \longrightarrow E \\
\Big\downarrow{\scriptstyle p_t} \qquad \Big\downarrow{\scriptstyle p} & & \Big\downarrow{\scriptstyle \tilde{p}} \qquad \Big\downarrow{\scriptstyle p} \\
A \xrightarrow{\ \varphi_t\ } B & & A \times I \xrightarrow{\ \varphi\ } B.
\end{array}
$$

Die Einschränkung von $\tilde{p}$ auf $A \times \{t\}$ ist p_t. Wir haben deshalb die Inklusion $i\colon E(0) \to \tilde{E}$. Wir wählen eine Hochhebung τ von $p_0 \times \mathrm{id}(I)$ entlang $\tilde{p}$ mit Anfang i. Dann ist $\tau_1\colon E(0) \to E(1)$, $e \mapsto \tau(e, 1)$ eine Abbildung über A. Mit dem Lemma (3.3) zeigt man, daß die Faserhomotopieklasse dieser Abbildung unabhängig von der Auswahl der Hochhebung τ ist und sich nicht ändert, wenn φ relativ $A \times \partial I$ homotop variiert wird. Die Faserhomotopieklasse von τ_1 schreiben wir

$$
\tau_\varphi\colon E(0) \to E(1).
$$

Sie hat die Funktoreigenschaft $\tau_{\psi * \varphi} = \tau_\psi \circ \tau_\varphi$. Die Morphismen τ_φ zusammen bilden eine natürliche Transformation $\mathrm{FAS}(\varphi)\colon \mathrm{FAS}(\varphi_0) \to \mathrm{FAS}(\varphi_1)$. Die formalen Eigenschaften dieser Daten zusammengenommen liefern:

(3.2) Satz. FAS *ist ein kontravarianter 2-Funktor* TOP $\to$ KAT. *(Durch Übergang zu inversen Homotopien kann man ihn auch noch für die 2-Morphismen kontravariant machen.)*   □

Speziell können wir als A einen Punkt wählen. Dann erhalten wir den Transport von Fasern von p entlang Wegen (vergleiche I.9). Insbesondere sind die Fasern über Punkten in derselben Wegekomponente alle h-äquivalent. Ferner sehen wir, daß homotope Abbildungen faserhomotopieäquivalente Faserungen induzieren. Aus diesem Grunde nennen wir (3.2) *Homotopiesatz für Faserungen*.

(3.3) Lemma. *Gegeben sei eine Faserung* $p\colon E \to B$, *sowie Abbildungen*

$$
H\colon Y \times I \to E, \quad f^\varepsilon\colon Y \times I \to E, \quad \varphi\colon Y \times I \times I \to B
$$

mit den Eigenschaften

$$
pH(y, s) = \varphi(y, s, 0), \quad H(y, \varepsilon) = f^\varepsilon(y, 0), \quad pf^\varepsilon(y, t) = \varphi(y, \varepsilon, t).
$$

Dann gibt es eine Hochhebung $\Psi\colon Y \times I \times I \to E$, *die die Eigenschaften*

$$
p\Psi = \varphi, \quad \Psi(y, \varepsilon, t) = f^\varepsilon(y, t), \quad \Psi(y, s, 0) = H(y, s)
$$

hat.   □

Auch dieser Satz ist analog zu dem entsprechenden Satz (2.3) bei Kofaserungen. Wir benutzen ihn ebenfalls zur Konstruktion eines Transportfunktors. Sei $p\colon E \to B$

eine Faserung, $\varphi: Y \times I \to B$ eine Homotopie und $\Phi: Y \times I \to E$ eine Hochhebung
mit Anfang f. Damit definieren wir

$$\varphi^{\#}: [(Y, \varphi_0), (E, p)]_B \to [(Y, \varphi_1), (E, p)]_B$$

durch $\varphi^{\#}[f] = [\Phi_1]$. Mit dem voranstehenden Satz zeigt man, daß diese Abbildung
wohldefiniert ist und nur von der Homotopieklasse relativ $Y \times \partial I$ abhängt. Ferner
gilt $(\psi * \varphi)^{\#} = \psi^{\#} \circ \varphi^{\#}$, und die konstante Homotopie induziert die Identität.

(3.4) Satz. *Die Zuordnungen $f \mapsto [f, p]_B$, $\varphi \mapsto \varphi^{\#}$ sind ein Funktor von $\Pi(Y, B)$
in die Mengen.* □

Damit beweist man wie in (2.12):

(3.5) Satz. *Seien $p_i: E \to B$ Faserungen und sei $f: E_1 \to E_2$ ein Morphismus
über B, das heißt $p_1 = p_2 f$. Ist f eine h-Äquivalenz, so auch eine h-Äquivalenz
über B. Sei*

$$\begin{array}{ccc} X & \xrightarrow{F} & X \\ \downarrow{p} & & \downarrow{q} \\ B & \xrightarrow{f} & C \end{array}$$

*ein kommutatives Diagramm mit Faserungen p und q und h-Äquivalenzen F und f.
Sei g h-invers zu f. Dann ist (F, f) eine h-Äquivalenz von Paaren, und es gibt ein
h-Inverses der Form (G, g).* □

(3.6) Beispiel. Sei $K \subset L$ eine Kofaserung aus lokal kompakten Räumen. Dann
ist die induzierte Abbildung der Abbildungsräume $X^L \to X^K$ eine Faserung. Insbesondere ist $X^I \to X \times X$, $w \mapsto (w(0), w(1))$ eine Faserung. ◇

(3.7) Beispiel. Sei $A \to X$ eine abgeschlossene Kofaserung und $p: E \to B$ eine
Faserung. Zu jeder Homotopie $h: X \times I \to B$ und jeder Abbildung $a: X \times 0 \cup
A \times I \to E$, deren Zusammensetzung mit p mit der Einschränkung von h überein-
stimmt, gibt es eine Hochhebung $H: X \times E$ von h, die a erweitert [246]. ◇

(3.8) Beispiel. Ist in dem Diagramm (3.1) f eine h-Äquivalenz, so auch F. ◇

Zur lokalen Charakterisierung von Faserungen siehe [67], [63].

4 Exakte Sequenzen

Zu jeder punktierten Abbildung $f: (X, *) \to (Y, *)$ gehören zwei exakte Sequenzen von Homotopiemengen, die Kofasersequenz (*Puppe-Sequenz* [206]) und die

Fasersequenz [194]. Ihre Konstruktionen verlaufen im einem gewissen Sinne dual zueinander, und deshalb entwickeln wir sie hier parallel. (Zu axiomatischen Formalisierungen siehe [19], [143].)

Da wir mit punktierten Abbildungen und Homotopien arbeiten wollen, führen wir angepaßte Bezeichnungen ein. Wir setzen $XI = X \times I / * \times I$. Wir haben die punktierten Inklusionen $i_t \colon X \to XI, x \mapsto (x, t)$ und die punktierte Projektion $\pi \colon XI \to X, (x, t) \mapsto x$. Es gilt $\pi i_t = \mathrm{id}$. Punktierte Homotopien fassen wir als punktierte Abbildungen $XI \to Y$ auf. Die Abbildung $\langle i_0, i_1 \rangle \colon X \vee X \to XI$ ist eine punktierte Kofaserung.

Eine duale Situation benutzt den Wegeraum Y^I mit KO-Topologie. Wir bezeichnen den konstanten Weg mit Wert y durch k_y. Der Grundpunkt von Y^I ist k_*. Wir haben die punktierten Evaluationen $p_t \colon Y^I \to Y, w \mapsto w(t)$ und die punktierte Inklusion $\iota \colon Y \to Y^I, y \mapsto k_y$. Es gilt $p_t \iota = \mathrm{id}$. Punktierte Homotopien fassen wir jetzt als Abbildungen $X \to Y^I$ auf. Die Abbildung $(p_0, p_1) \colon Y^I \to Y \times Y$ ist eine (punktierte) Faserung.

Der (punktierte) *Abbildungszylinder* $Z(f)$ von f wird durch ein Pushout

$$
\begin{array}{ccc}
X \vee X & \xrightarrow{\ f \vee \mathrm{id}\ } & Y \vee X \\
{\scriptstyle \langle i_1, i_0 \rangle} \downarrow & & \downarrow {\scriptstyle \langle i, j \rangle} \\
XI & \xrightarrow{\ f_\# \ } & Z(f)
\end{array}
$$

definiert. Darin sind i, j und $\langle i, j \rangle$ punktierte Kofaserungen, nämlich induziert von den Kofaserungen i_1, i_0 und $\langle i_1, i_0 \rangle$. Wegen der Transitivität der Pushouts erhalten wir $Z(f)$ auch als Pushout von (i_1, f). Wir haben $\kappa \colon Z(f) \to Y$, festgelegt durch $\kappa i = \mathrm{id}(Y)$ und $\kappa f_* = f\pi$. Es gilt $\kappa j = f$. Wir betrachen $Z(f)$ vermöge i als Raum unter Y und ebenso Y durch $\mathrm{id}(Y)$. Dann gilt:

(4.1) Notiz. *Die Abbildungen κ und i sind zueinander inverse punktierte h-Äquivalenzen unter Y.* □

Die Relation $\kappa j = f$ besagt, daß sich jede Abbildung f bis auf die h-Äquivalenz κ durch eine Kofaserung j ersetzen läßt.

Der *Abbildungswegeraum* $W(f)$ von f wird durch ein Pullback

$$
\begin{array}{ccc}
W(f) & \xrightarrow{\ f^\# \ } & Y^I \\
{\scriptstyle (q, p)} \downarrow & & \downarrow {\scriptstyle (p_1, p_0)} \\
Y \times X & \xrightarrow{\ \mathrm{id} \times f \ } & Y \times Y
\end{array}
$$

definiert. Darin sind q, p und (q, p) Faserungen, nämlich induziert von p_1, p_0 und (p_1, p_0). Wir haben ferner $\sigma \colon X \to W(f)$, festgelegt durch $p\sigma = \mathrm{id}(X)$ und

$f^{\#}\sigma = \iota f$. Es gilt $q\sigma = f$. Wir betrachten $W(f)$ vermöge p als Raum über X und ebenso X vermöge $\mathrm{id}(X)$. Dann gilt:

(4.2) Notiz. *Die Abbildungen σ und p sind zueinander inverse punktierte h-Äquivalenzen über X.*   □

Die Relation $q\sigma = f$ besagt, daß sich jede Abbildung f bis auf die h-Äquivalenz σ durch eine Faserung q ersetzen läßt.

Der (punktierte) *Abbildungskegel* $C(f)$ von f wird durch ein Pushout

$$\begin{array}{ccc} X & \xrightarrow{\ j\ } & Z(f) \\ \downarrow & & \downarrow{\scriptstyle q(f)} \\ \{*\} & \longrightarrow & C(f) \end{array}$$

definiert. Die Verkettung $c(f) = q(f) \circ i \colon Y \to C(f)$ ist eine punktierte Kofaserung. Der punktierte *Kegel* $C(X)$ von X wird durch ein Pushout

$$\begin{array}{ccc} X \vee X & \xrightarrow{\ \langle i_0, i_1 \rangle\ } & XI \\ \downarrow & & \downarrow \\ X = \{*\} \vee X & \xrightarrow{\ c\ } & C(X) \end{array}$$

definiert. Darin ist c eine punktierte Kofaserung (Kegelboden). Wir haben ebenfalls ein Pushout

$$\begin{array}{ccc} X & \xrightarrow{\ f\ } & Y \\ \downarrow{\scriptstyle c} & & \downarrow{\scriptstyle c(f)} \\ C(X) & \longrightarrow & C(f). \end{array}$$

Die punktierten Nullhomotopien von $g\colon X \to Z$ entsprechen bijektiv den Erweiterungen $G\colon C(X) \to Z$ mit $Gc = g$. Aus dem zuletzt genannten Pushout sehen wir damit: Ist $h\colon Y \to Z$ punktiert nullhomotop, so gibt es eine Abbildung $H\colon C(f) \to Z$ mit $H \circ c(f) = h$. Das läßt sich so aufschreiben:

(4.3) Notiz. *Für jeden punktierten Raum Z ist die Sequenz von punktierten Mengen*

$$[X, Z]^0 \xleftarrow{\ f^*\ } [Y, Z]^0 \xleftarrow{\ c(f)^*\ } [C(f), Z]^0$$

exakt.   □

Die *Abbildungsfaser* $F(f)$ von f wird durch ein Pullback

$$
\begin{array}{ccc}
F(f) & \longrightarrow & \{*\} \\
\downarrow{\scriptstyle i(f)} & & \downarrow \\
W(f) & \xrightarrow{\ q\ } & Y
\end{array}
$$

definiert. Die Verkettung $a(f) = p \circ i(f) \colon F(f) \to X$ ist eine punktierte Faserung. Der Raum $F(Y)$ wird durch ein Pullback

$$
\begin{array}{ccc}
F(Y) & \xrightarrow{\ a\ } & Y \\
\downarrow & & \downarrow{\scriptstyle (\mathrm{id},\,*)} \\
Y^I & \xrightarrow{(p_0,\,p_1)} & Y \times Y
\end{array}
$$

definiert. Darin ist a eine punktierte Faserung. Wir haben ferner ein Pullback

$$
\begin{array}{ccc}
F(f) & \longrightarrow & F(Y) \\
\downarrow{\scriptstyle a(f)} & & \downarrow{\scriptstyle a} \\
X & \xrightarrow{\ f\ } & Y.
\end{array}
$$

Die punktierten Nullhomotopien von $g \colon Z \to Y$ entsprechen bijektiv den Abbildungen $G \colon Z \to F(Y)$ mit $aG = g$. Analog zu (4.3) gilt:

(4.4) Notiz. *Für jeden punktierten Raum Z ist die Sequenz von punktierten Mengen*

$$
[Z, F(f)]^0 \xrightarrow{\ a(f)_*\ } [Z, X]^0 \xrightarrow{\ f_*\ } [Z, Y]^0
$$

exakt.   □

Der Prozeß, der von f zu $c(f)$ führt, läßt sich auf $c(f)$ anwenden. Durch Iteration erhält man dann aus (4.3) eine nach einer Seite unbegrenzte exakte Sequenz von Homotopiemengen. Die folgenden Überlegungen dienen dazu, die Iteration geometrisch zu analysieren. Wir betrachten dazu das Diagramm:

$$
\begin{array}{ccccc}
X & \xrightarrow{\ f\ } & Y & \xrightarrow{\ p\ } & Y/X \\
\Big\| {\scriptstyle =} & & {\scriptstyle \kappa}\Big\|\Big\downarrow{\scriptstyle i} & \searrow{\scriptstyle c(f)} & \Big\downarrow{\scriptstyle k} \\
X & \xrightarrow{\ j\ } & Z(f) & \xrightarrow{q(f)} & C(f)
\end{array}
$$

mit einer Kofaserung $f\colon X \subset Y$ und der Quotientabbildung p. Es induziert κ eine Abbildung k mit $kq(f) = p\kappa$. Aus dem schon Bewiesenen und dem punktierten Analogon von (2.12) folgt:

(4.5) Satz. *Sei f eine punktierte Kofaserung. Dann ist κ eine Homotopieäquivalenz unter X und k eine punktierte Homotopieäquivalenz.*   □

In der dualen Situation haben wir ein Diagramm

$$
\begin{array}{ccccc}
F(f) & \xrightarrow{\;i(f)\;} & W(f) & \xrightarrow{\;q\;} & Y \\[2pt]
\Big\uparrow{\scriptstyle s} & \searrow{\scriptstyle a(f)} & \Big\uparrow{\scriptstyle \sigma} & & \Big\| \\[2pt]
F & \xrightarrow{\;\;i\;\;} & X & \xrightarrow{\;\;f\;\;} & Y
\end{array}
$$

mit einer punktierten Faserung f und der Inklusion $i\colon F \subset X$ der Faser $F = f^{-1}(*)$. Darin ist s durch σ induziert. Aus dem schon Bewiesenen und dem punktierten Analogon von (3.5) folgt:

(4.6) Satz. *Sei f eine punktierte Faserung. Dann ist σ eine punktierte h-Äquivalenz über Y und s eine punktierte h-Äquivalenz.*   □

Wir haben schon gesehen, daß für jede punktierte Abbildung $f\colon X \to Y$ die zugehörige Abbildung $c(f)\colon Y \to C(f)$ eine punktierte Kofaserung ist.

Sei $(X, *)$ ein punktierter Raum. Wir nennen $\Sigma X = X \times I/(X \times \partial I \cup \{*\} \times I)$ die punktierte *Einhängung*; das Bild von $X \times \partial I \cup \{*\} \times I$ ist der Grundpunkt. Ist $f\colon X \to Y$ eine punktierte Abbildung, so ist $f \times \mathrm{id}(I)$ mit der Quotientbildung zur Definition der Einhängung verträglich und induziert eine punktierte Abbildung $\Sigma f\colon \Sigma X \to \Sigma Y$. Damit wird die Einhängung zu einem Funktor. Er ist mit Homotopien verträglich: Sind f_0 und f_1 punktiert homotop, so auch Σf_0 und Σf_1. Der Funktor „Einhängung" induziert deshalb eine Abbildung

$$\Sigma_*\colon [A, X]^0 \to [\Sigma A, \Sigma X]^0,$$

die ebenfalls Einhängung genannt wird.

Indem wir $c(f)\colon Y \to C(f)$ als Inklusion auffassen und Y zu einem Punkt identifizieren, entsteht ebenfalls die Einhängung $\Sigma(X)$. Sei $p(f)\colon C(f) \to \Sigma X$ die Quotientabbildung. Wir haben

$$c(c(f)) = c^2(f)\colon C(f) \to C(c(f)) = C^2(f).$$

Da $c(f)$ eine punktierte Kofaserung ist, erhalten wir eine punktierte Homotopieäquivalenz $r(f)\colon C^2(f) \to C(f)/Y = \Sigma X$, die $r(f) \circ c^2(f) = p(f)$ erfüllt. Mit $(-1)\colon \Sigma A \to \Sigma A$ bezeichnen wir die Abbildung $(a, t) \mapsto (a, 1-t)$, $(a, t) \in A \times I$.

Wir identifizieren den Quotienten von $C^2(f)$ nach dem Bild von $c^2(f)$ kanonisch mit ΣY. Sei $p^2(f): C^2(f) \to \Sigma(Y)$ die dadurch entstehende Quotientabbildung.

(4.7) Hilfssatz. *Die Abbildungen* $\Sigma(f) \circ r(f)$ *und* $(-1) \circ p^2(f)$ *sind punktiert homotop.*

Beweis. Eine Homotopie φ_t von $\Sigma(f) \circ r(f)$ nach $(-1) \circ p^2(f)$ wird durch

$$\varphi_t(x, s) = (f(x), s(1 - t))$$
$$\varphi_t(y, s) = (y, s(1 - t) + (1 - s))$$

beschrieben. $\square$

Wir behandeln nun natürliche Gruppenstrukturen in punktierten Homotopiemengen. Die Homotopiemengen der Form $[\Sigma X, Y]^0$ und $[X, \Omega Y]^0$ tragen solche Strukturen. Eine Abbildung $h: \Sigma X \to Y$ setzen wir mit der Quotientabbildung $X \times I \to \Sigma X$ zusammen. Die Adjungierte $X \to Y^I$ dazu hat ein in ΩY gelegenes Bild. Dieser Adjunktionsprozeß liefert eine Bijektion

(4.8) $$[\Sigma X, Y]^0 \cong [X, \Omega Y]^0,$$

die in X und Y natürlich ist. In diesem Sinne sind die Funktoren Σ und Ω ein Paar adjungierter Funktoren. Bezüglich der genannten Gruppenstrukturen ist (4.8) ein Isomorphismus. Die Gruppenstruktur in $[X, \Omega Y]^0$, also in einer Hom-Menge in der Kategorie h-TOP^0, wird dadurch induziert, daß ΩY die Struktur eines Gruppenobjektes in der Kategorie h-TOP^0 erhält. Die Multiplikation μ dieses Gruppenobjektes wird durch die (stetige) Abbildung $\Omega Y \times \Omega Y \to \Omega Y, (u, v) \to u * v$ repräsentiert. Man verifiziert, daß μ assoziativ ist und der Übergang zum inversen Weg ein Inverses für μ ist. Zusätzlich zum bisher Betrachteten muß man die Stetigkeit relevanter Abbildungen und Homotopien mittels Eigenschaften der KO-Topologie nachweisen. Nach H. Hopf [129] werden Räume mit einer Monoidstruktur in h-TOP *H-Räume* genannt. Wir haben hier die punktierte Situation betrachtet. Dual dazu trägt die Einhängung ΣX die Struktur eines Kogruppenobjektes in h-TOP^0. Die Komultiplikation von ΣX wird durch die Abbildung $v: \Sigma X \to \Sigma X \vee \Sigma X$ repäsentiert, die durch

$$\mathrm{pr}_1\, v[x, t] = [x, 2t] \quad \mathrm{pr}_2\, v[x, t] = * \qquad \text{für } t \leq 1/2$$
$$\mathrm{pr}_1\, v[x, t] = * \qquad \mathrm{pr}_2\, v[x, t] = [x, 2t - 1] \qquad \text{für } t \geq 1/2$$

definiert ist. Mit der resultierenden Gruppenstruktur in $[\Sigma X, Y]^0$ ist (4.8) ein Isomorphismus.

(4.9) Satz. *In Mengen der Form* $[\Sigma A, \Omega B]^0$ *haben wir nach dem vorangehenden zwei Gruppenstrukturen. Sie stimmen überein und sind kommutativ. Allgemeiner gilt: Sei* (C, γ) *ein Komonoid und* (M, μ) *ein Monoid in* h-TOP^0. *Dann stimmen die* *durch γ und μ in $[C, M]^0$ induzierten Verknüpfungen $+_\gamma$ und $+_\mu$ überein und sind assoziativ und kommutativ.*

Beweis. Wir haben die Projektionen $p_k \colon M \times M \to M$ und die Injektionen $i_l \colon C \to C \vee C$. Für $f \colon C \vee C \to M \times M$ setzen wir $f_{kl} = p_k f i_l$. Es ist $\mu f = p_1 f +_\mu p_2 f$ und $f\gamma = f i_1 +_\gamma f i_2$. Es folgt

$$(f_{11} +_\gamma f_{12}) +_\mu (f_{21} +_\gamma f_{22}) = (\mu f)\gamma = \mu(f\gamma) = (f_{11} +_\mu f_{21}) +_\gamma (f_{12} +_\mu (f_{22}).$$

Setzen wir $f_{12} = f_{21} = 0$ als konstante Abbildung ein, nämlich als neutrales Element für beide Verknüpfungen, so folgt die Gleichheit der Verknüpfungen. Dann folgt die Kommutativität, wenn wir $f_{11} = f_{22} = 0$ einsetzen. Schließlich zeigt $f_{12} = 0$ die Assoziativität. $\square$

Als Folgerung aus den vorangehenden Betrachtungen erhalten wir:

(4.10) Satz. *Für jeden punktierten Raum B ist die Sequenz*

$$[X, B]^0 \xleftarrow{\ f^*\ } [Y, B]^0 \xleftarrow{\ c(f)^*\ } [C(f), B]^0 \xleftarrow{\ r(f)^*\ } [\Sigma X, B]^0 \xleftarrow{\ \Sigma f^*\ } \cdots$$

exakt. Ist $f \colon Y \to X$ eine punktierte Kofaserung, so erhalten wir eine exakte Sequenz

$$[X, B]^0 \leftarrow [Y, B]^0 \leftarrow [Y/X, B]^0 \leftarrow [\Sigma X, B]^0 \leftarrow [\Sigma Y, B]^0 \leftarrow [\Sigma(Y/X), B]^0 \cdots,$$

indem wir nach (4.5) $C(f)$ durch Y/X ersetzen. Von der vierten Stelle an liegen Gruppen und Homomorphismen vor, von der siebenten Stelle an abelsche Gruppen. $\square$

Analoge Sequenzen gibt es im dualen Fall. Der Anfang der nächsten Sequenz ist durch (4.4) gegeben.

(4.11) Satz. *Für jeden punktierten Raum A haben wir eine exakte Sequenz*

$$[A, Y]^0 \leftarrow [A, X]^0 \leftarrow [A, F(f)]^0 \leftarrow [A, \Omega X]^0 \leftarrow [A, \Omega Y]^0 \leftarrow \cdots$$

Ist f eine punktierte Faserung, so können wir darin $F(f)$ durch die Faser $F = f^{-1}(*)$ ersetzen. Ferner können wir adjungieren und $[A, \Omega^n X]^0$ durch $[\Sigma^n A, X]^0$ ersetzen. $\square$

Wir haben in diesem Abschnitt Räume durch Pushout- oder Pullback-Konstruktionen definiert. Wir beschreiben sie nun durch explizite Konstruktionen, deren Gebrauch oft nützlich ist und die wir auch zum Teil schon benutzt haben.

$Z(f)$ ist der Quotientraum von $X \times I + Y$, bei dem $(x, 1)$ mit $f(x)$ identifiziert wird und $* \times I$ zu einem Grundpunkt. (Formal besser wird $X \times I$ durch XI ersetzt.) Die Einschränkung der Quotientabbildung auf Y liefert i und die Einschränkung auf $X = X \times 0$ liefert j. Die Abbildung κ bildet $[x, t]$ auf $f(x)$ und y auf y ab.

$C(f)$ ist der Quotientraum von $X \times I + Y$, bei dem $(x, 1)$ mit $f(x)$ identifiziert wird und $X \times 0 \cup * \times I$ zu einem Grundpunkt. Die Abbildung $c(f)$ ist $y \mapsto y$.

$C(X)$ ist der Quotient von $X \times I$, bei dem $X \times 0 \cup * \times I$ zu einem Grundpunkt identifiziert wird. Die Abbildung c ist $x \mapsto [x, 1]$.

$W(f)$ ist der Unterraum von $X \times Y^I$ der Paare (x, w) mit $f(x) = w(0)$. Die Abbildung p ist die Projektion auf die erste Komponente, und q wirft (x, w) auf $w(0)$.

$F(f)$ ist der Teilraum von $W(f)$ aller Paare (x, w) mit $w(1) = *$ und $f(x) = w(1)$. Damit wird $i(f)\colon F(f) \subset W(f)$. Man nennt $F(f)$ auch die *Homotopiefaser* von f, denn es handelt sich um die Faser von q über dem Grundpunkt, und q ist vermöge der h-Äquivalenz κ ein Ersatz für f.

(4.12) Beispiel. Sei $f\colon X \to Y$ eine punktierte Abbildung und $c\colon A \to CA$ die Inklusion des Kegelbodens. Die Homotopiemenge $[c, f]^0$ ist die Menge der punktierten Paare (G, g), die das Diagramm

$$
\begin{array}{ccc}
A & \xrightarrow{\;g\;} & X \\
\Big\downarrow{c} & & \Big\downarrow{f} \\
CA & \xrightarrow{\;G\;} & Y
\end{array}
$$

kommutativ machen. Wir erhalten eine Bijektion $[c, f]^0 \to [A, F(f)]^0$, indem wir dem Paar (G, g) die Abbildung $\overline{g}\colon A \to F(f)$ mit $\overline{a} = (g(a), v)$, $v(t) = G(a, 1-t)$ zuordnen. $\diamond$

(4.13) Beispiel. Gegeben seien punktierte Abbildungen

$$f\colon X \to Y,\; f'\colon X' \to Y',\; \alpha\colon X \to X',\; \beta\colon Y \to Y'$$

und eine punktierte Homotopie $h\colon X \times I \to Y'$ von $f'\alpha$ nach βf. Durch

$$
\begin{aligned}
B(x, t) &= (\alpha(x), 2t) & t \le 1/2 \\
B(x, t) &= h(x, 2t - 1) & t \ge 1/2 \\
B(y) &= \beta(y)
\end{aligned}
$$

wird eine Abbildung $B\colon Z(f) \to Z(f')$ induziert, die das Diagramm

$$
\begin{array}{ccc}
X & \xrightarrow{\;i\;} & Z(f) \\
\Big\downarrow{\alpha} & & \Big\downarrow{B} \\
X' & \xrightarrow{\;i'\;} & Z(f')
\end{array}
$$

kommutativ macht. Wegen (2.13) ist (B, α) eine Homotopieäquivalenz von Raumpaaren, die eine Homotopieäquivalenz $C(f) \to C(f')$ induziert.

Es gibt eine duale Aussage für den Abbildungswegeraum.   ◇

(4.14) Beispiel. Sei eine Sequenz $f_i\colon X_i \to X_{i+1}$ von punktierten Abbildungen gegeben ($n \geq 1$). Das *Teleskop* $T(X_\bullet, f_\bullet)$ dieser Sequenz entsteht aus der disjunkten Summe $\amalg_i X_i \times [i, i+1]$, indem jeweils $(x_i, i+1)$ mit $(f_i(x_i), i+1)$ für $x_i \in X_i$ identifiziert wird und alle $(*, t)$ zu einem Grundpunkt werden. Es werden also alle Abbildungszylinder der f_i aneinandergereiht. Sei eine zweite Sequenz (X_i', f_i') gegeben, sowie Abbildungen $\alpha_i\colon X_i \to X_i'$ und Homotopien $h_i\colon f_i' \circ \alpha_i \simeq \alpha_{i+1} \circ f_i$. Aus diesen Daten erhält man wie in der vorigen Aufgabe eine Abbildung $B\colon T(X_\bullet, f_\bullet) \to T(X_\bullet', f_\bullet')$. Sind die α_i h-Äquivalenzen, so ist B eine h-Äquivalenz.

Seien die $f_i\colon X_i \to X_{i+1}$ Inklusionen abgeschlossener Kofaserungen und sei X der Kolimes dieser Inklusionen. Wir haben eine kanonische Projektion $p\colon T \to X$ des Teleskops T auf X. Diese Projektion ist eine h-Äquivalenz.   ◇

(4.15) Beispiel. Ist in dem Diagramm (2.1) f eine h-Äquivalenz, so auch F.   ◇

(4.16) Beispiel. In dem Vereinigungssatz für h-Äquivalenzen (2.14) müssen nur i_2 und j_2 als Kofaserungen vorausgesetzt werden. Zum Beweis ersetze man i_1 und j_1 durch ihre Abbildungszylinder und wende den Homotopiesatz für Kofaserungen an.   ◇

(4.17) Beispiel. Manchmal ist es nützlich, den Schleifenraum durch Wege mit unterschiedlichem Parameterintervall zu definieren, damit die Multiplikation streng assoziativ ist. Sei $PX = \{w\colon [0, e_w] \to X \mid 0 \leq e_w < \infty\}$ und $\mathbb{R}^+ = [0, \infty[$. Durch

$$w \mapsto (e_w, \tilde{w}\colon \mathbb{R}^+ \to X), \quad \tilde{w} = w(\min(t, e_w))$$

erhalten wir eine Injektion $PX \to \mathbb{R}^+ \times X^{\mathbb{R}^+}$. Wir versehen PX mit der Teilraumtopologie. Damit haben wir den Unterraum

$$\Omega'X = \{w\colon [0, e_w] \to X \mid w(0) = w(e_w) = *\}.$$

Wir definieren eine Verknüpfung $+$ in $\Omega'X$ durch Aneinanderreihen von Wegen; $u\colon [0, e_u] \to X, v\colon [0, e_v] \to X$ liefert $v + u\colon [0, e_u + e_v] \to X$ mit $(v+u)(t) = v(t)$ für $t \leq e_u$ und $(v + u)(t) = u(t - e_u)$ für $t \geq e_u$. Es gilt: $(\Omega'X, +)$ ist ein topologisches assoziatives Monoid.   ◇

(4.18) Beispiel. Die Inklusion $\Omega X \to \Omega'X$ ist eine topologische Einbettung, und ΩX ist ein Deformationsretrakt von $\Omega'X$. Zum Nachweis verwende man die Homotopie $\varphi\colon \Omega'X \times I \to \Omega'X$

$$e_{\varphi(w,t)} = (1-t)e_w + t$$

$$\varphi(w,t)(s) = w\left(\frac{e_w}{(1-t)e_w+t}, s\right), \quad e_w > 0$$

$$\varphi(k,t)(s) = * \quad k \text{ neutrales Element.}$$

Die Abbildung $\xi\colon \Omega'X \to \Omega X$, $w \mapsto \varphi(w,1)$ ist eine h-Äquivalenz und ein Homomorphismus bis auf Homotopie. $\diamond$

Die h-Kogruppe ΣX kooperiert von links auf $C(f)$ für jedes $f\colon X \to Y$. Die Kooperation $\nu\colon C(f) \to \Sigma X \vee C(f)$ ist definiert durch

$$\nu[x,t] = \begin{cases} [x,2t] \in \Sigma X & t \le 1/2 \\ [x,2t-1] \in C(f) & t \ge 1/2 \end{cases}$$

und $\nu(y) = y$. Es gilt bezüglich der Komultiplikation μ in ΣX die Assoziativität:

$$
\begin{array}{ccc}
C(f) & \xrightarrow{\;\;\nu\;\;} & \Sigma \vee C(f) \\
\downarrow{\scriptstyle \nu} & & \downarrow{\scriptstyle \mu \vee 1} \\
\Sigma X \vee C(f) & \xrightarrow{\;1 \vee \nu\;} & \Sigma X \vee \Sigma X \vee C(f)
\end{array}
$$

ist h-kommutativ. Nach Übergang zu Homotopiemengen induziert ν eine Operation

$$[\Sigma X, Z]^0 \times [C(f), Z]^0 \to [C(f), Z]^0$$

der Gruppe $[\Sigma X, Z]^0$ auf der Menge $[C(f), Z]^0$ im üblichen algebraischen Sinne.

5 Spektren

Die Kofasersequenzen sind eine Grundlage für sogenannte Homologie- und Kohomologietheorien. Wir beschreiben in diesem Abschnitt eine elementare homotopietheoretische Konstruktion solcher Theorien durch Spektren. Dabei verwenden wir aber nur einen, vom heutigen Standpunkt, naiven Begriff von Spektrum. Wir bezeichnen mit $\mathbb{K}$-Mod die Kategorie der Moduln über dem kommutativen Ring $\mathbb{K}$. Zunächst eine Variante der Axiomatik aus IV.1.

(5.1) Definition. Eine *Homologietheorie für punktierte Räume* besteht aus einer Sequenz $(\tilde h_n \mid n \in \mathbb{Z})$ von kovarianten Funktoren

$$\tilde h_n\colon \mathrm{TOP}^0 \to \mathbb{K}\text{-}\mathrm{Mod}$$

und einer Sequenz $(\sigma_{(n)} \mid n \in \mathbb{Z})$ von natürlichen Einhängungsisomorphismen

$$\sigma = \sigma_{(n)} \colon \tilde{h}_n \to \tilde{h}_{n+1} \circ \Sigma.$$

Darin ist Σ wieder der Einhängungsfunktor auf punktierten Räumen. Diese Daten sollen die folgenden Axiome erfüllen.

(1) *Homotopieinvarianz.* Für jede punktierte Homotopie f_t gilt $\tilde{h}_n(f_0) = \tilde{h}_n(f_1)$.

(2) *Exaktheit.* Für jede punktierte Abbildung $f \colon X \to Y$ ist die induzierte Sequenz

$$\tilde{h}_n(X) \xrightarrow{\ f_* \ } \tilde{h}_n(Y) \xrightarrow{\ c(f)_* \ } \tilde{h}_n(C(f))$$

exakt.

Die Theorie heißt *additiv*, wenn IV(10.3) immer ein Isomorphismus ist. $\Diamond$

(5.2) Variante. Die Einhängungsisomorphismen $\sigma_{(n)}$, die Exaktheit (5.1.2) und die Additivität werden nur für wohlpunktierte Räume verlangt. $\Diamond$

(5.3) Definition. Eine *Kohomologietheorie für punktierte Räume* besteht aus einer Familie von kontravarianten Funktoren

$$\tilde{h}^n \colon \mathrm{TOP}^0 \to \mathbb{K}\text{-}\mathrm{Mod}$$

und natürlichen Einhängungsisomorphismen

$$\sigma = \sigma^{(n)} \colon \tilde{h}^n \to \tilde{h}^{n+1} \circ \Sigma,$$

so daß die zu (1) und (2) in (5.1) analogen Axiome gelten.

Die Theorie heißt *additiv*, wenn IV(10.4) immer ein Isomorphismus ist. Ebenso kann man die Variante (5.2) betrachten. $\Diamond$

Die *Koeffizientengruppen* dieser Theorien werden durch die Werte auf den punktierten Punkten P^+ gegeben. Es ist $P^+ \cong S^0$ ein Raum aus zwei Punkten. Wir sprechen von *gewöhnlichen Theorien* oder *klassischen*, wenn die Koeffizientengruppen für $n \neq 0$ trivial sind.

Ein *Spektrum* besteht aus einer Familie $(Z_n \mid n \in \mathbb{Z})$ von punktierten Räumen zusammen mit einer Familie $(e_n \colon \Sigma Z_n \to Z_{n+1} \mid n \in \mathbb{Z})$ von punktierten Abbildungen. (Eigentlich sollte man diese Objekte *Präspektren* nennen; da wir aber nur diese verwenden, bleiben wir bei der kürzeren Bezeichnung.) Ein Spektrum heißt Ω-*Spektrum*, wenn die zu den e_n adjungierten Abbildungen $\varepsilon_n \colon Z_n \to \Omega Z_{n+1}$ sämtlich punktierte Homotopieäquivalenzen sind.

Sei $Z = (Z_n, \varepsilon_n)$ ein Ω-Spektrum. Wir setzen für einen punktierten Raum X

$$Z^n(X) = [X, Z_n]^0.$$

Da Z_n bis auf Homotopie ein zweifacher Schleifenraum ist ($\simeq \Omega^2 Z_{n+2}$), so ist $Z^n(X)$ eine abelsche Gruppe und Z^n ein kontravarianter Funktor $\mathrm{TOP}^0 \to \mathbb{Z}$-Mod. Wir definieren $\sigma\colon Z^n(X) \cong Z^{n+1}(\Sigma X)$ durch

$$[X, Z_n]^0 \xrightarrow{\;(\varepsilon_n)_*\;} [X, \Omega Z_{n+1}]^0 \cong [\Sigma X, Z_{n+1}]^0.$$

In den Z^n und σ haben wir die Daten einer Kohomologietheorie. Die Axiome (5.3) einer additiven Theorie sind offenbar erfüllt.

Wir zeigen nun, wie ein beliebiges Spektrum zu einer Kohomologietheorie führt. Sei dafür $Z = (Z_n, e_n)$ ein Spektrum. Für $k \geq 0$ haben wir Morphismen

$$b_n^k\colon [\Sigma^k X, Z_{n+k}]^0 \xrightarrow{\;\Sigma\;} [\Sigma(\Sigma^k X), \Sigma Z_{n+k}]^0 \xrightarrow{\;(e_{n+k})_*\;} [\Sigma^{k+1} X, Z_{n+k+1}]^0.$$

Sei $Z^n(X)$ der direkte Limes über diese Sequenz von Homomorphismen. Die b_n^k sind offenbar mit punktierten Abbildungen $f\colon X \to Y$ verträglich und induzieren deshalb einen Homomorphismus in den Kolimesgruppen. Somit betrachten wir Z^n als einen homotopieinvarianten kontravarianten Funktor $\mathrm{TOP}^0 \to \mathbb{Z}$-Mod. (Für $k \geq 2$ ist b_n^k ein Homomorphismus zwischen abelschen Gruppen.) Die exakte Kohomologie-Sequenz folgt direkt aus der Kofasersequenz, wenn man bedenkt, daß ein direkter Limes von exakten Sequenzen wieder exakt ist. Der Einhängungsisomorphismus entsteht aus der Identität

$$[\Sigma^{k+1} X, Z_{n+k+1}]^0 \cong [\Sigma^k(\Sigma X), Z_{n+k+1}]^0$$

und liefert im Kolimes $Z^n(X) \cong Z^{n+1}(\Sigma X)$. Damit haben wir also Daten und Axiome einer Kohomologietheorie auf punktierten Räumen. Ist das Spektrum ein Omega-Spektrum, so ergibt sich durch diesen Prozeß nichts Neues, die kanonischen Abbildungen $[X, Z_n]^0 \to Z^n(X)$ sind ein natürlicher Isomorphismus von Kohomologietheorien. Wegen der Kolimesbildung brauchen wir die Räume Z_k nur für $k \geq k_0$. Das machen wir uns im folgenden zunutze. (Eigentlich braucht man sogar nur eine kofinale Teilmenge; das führen wir hier nicht aus.)

(5.4) Sphärenspektrum. Es besteht aus dem Grundpunkt für $n < 0$. Ansonsten ist $Z_n = S^n$ und $e_n\colon \Sigma S^n \cong S^{n+1}$ mit einem kanonischen Homöomorphismus. Wir setzen

$$\pi^k(X) = \mathrm{kolim}_n [\Sigma^n X, S^{n+k}]^0$$

und nennen diese Gruppe die k-te stabile *Kohomotopiegruppe* von X. $\diamond$

(5.5) **Einhängungsspektrum.** Analog zum vorherigen können wir für einen beliebigen punktierten Raum Y ein Spektrum mit den Räumen $\Sigma^n Y$ und e_n: $\Sigma(\Sigma^n Y) \cong \Sigma^{n+1} Y$ bilden. $\Diamond$

(5.6) Sei $Z = (Z_n, e_n)$ ein Spektrum und Y ein punktierter Raum. Das Spektrum $Z \wedge Y$ besteht aus den Räumen $Z_n \wedge Y$ und den Abbildungen

$$e_n \wedge \mathrm{id}: \Sigma(Z_n \wedge Y) \cong (\Sigma Z_n) \wedge Y \to Z_{n+1} \wedge Y.$$

(Falls die Assoziativität des $\wedge$-Produktes gebraucht wird, muß man geeignete topologische Vorkehrungen treffen, zum Beispiel mit kompakt erzeugten Räumen arbeiten.) Wir schreiben in diesem Fall auch

$$Z^k(X; Y) = \mathrm{kolim}_n [\Sigma^n X, Z_{n+k} \wedge Y]^0.$$

Die Funktoren $Z^k(-; Y)$ hängen kovariant von Y ab, das heißt, eine punktierte Abbildung $f: Y_1 \to Y_2$ induziert eine natürliche Transformation von Kohomologietheorien

$$Z^k(-; Y_1) \to Z^k(-; Y_2),$$

und diese Transformationen hängen funktoriell von f ab.

Wir zeigen sogleich, daß diese Funktoren in der Variablen Y sogar eine Homologietheorie bilden. Die exakte Sequenz ist in diesem Fall aber nicht so offensichtlich und beruht wirklich auf der Kolimesbildung. $\Diamond$

Für allgemeine Räume ist die Definition der Kohomologietheorien $Z^*(-)$ noch verbesserungsbedürftig, sie sind nämlich nicht ohne weiteres additiv. Das liegt daran, daß direkte Limites nicht immer mit Produkten verträglich sind. Man erhält eine gute Version, wenn man nicht den Kolimes über die Gruppen bildet sondern in geeigneter Weise über die Räume, etwa um ein Ω-Spektrum zu erhalten.

Wir konstruieren nun eine Homologietheorie zu einem Spektrum $E = (E_n, e_n : S^1 \wedge E_n \to E_{n+1} \mid n \in \mathbb{Z})$. Wie verwenden dabei die Sphären als punktierte Räume. Dazu dient das Modell der Einpunktkompaktifizierung

$$S^n = \mathbb{R}^n \cup \{\infty\}.$$

Ist V ein Vektorraum, so wird oft $S^V = V \cup \{\infty\}$ mit dem Grundpunkt ∞ als Bezeichnung gewählt. Es gilt dann kanonisch $S^V \wedge S^W \cong S^{V \oplus W}$, das ist die Identität außerhalb des Grundpunktes. Ein linearer Isomorphismus $f: V \to W$ induziert eine punktierte Abbildung $S^f: S^V \to S^W$. Wir verwenden im folgenden immer ein assoziatives $\wedge$-Produkt.

Die Homologiegruppen $E_k(X)$ eines punktierten Raumes X werden als Kolimes über die folgenden Abbildungen definiert:

$$b: [S^{n+k}, E_n \wedge X]^0 \to [S^1 \wedge S^{n+k}, S^1 \wedge E_n \wedge X]^0 \to [S^{n+k+1}, E_{n+1} \wedge X]^0.$$

Die erste Abbildung ist $S^1 \wedge -$ und die zweite wird durch $e_n \wedge \mathrm{id}$ induziert. Ist $n + k \geq 2$, so ist b ein Homomorphismus zwischen abelschen Gruppen. Aus der Definition ist ersichtlich, wie $E_k(-)$ als Funktor auf TOP^0 aufzufassen ist. Um diese Funktoren zu einer Homologietheorie zu machen, brauchen wir Einhängungsisomorphismen ($l = $ links)

$$\sigma_l = \sigma \colon E_k(Z) \to E_{k+1}(S^1 \wedge Z).$$

Wir definieren stattdessen zunächst Rechtseinhängungen

$$\sigma_r \colon E_k(Z) \to E_{k+1}(Z \wedge S^1)$$

und setzen dann $\sigma_l = (-1)^k \sigma_r$. Die Einhängungen

$$[S^{n+k}, E_n \wedge Z]^0 \xrightarrow{\ \wedge S^1\ } [S^{n+k} \wedge S^1, E_n \wedge Z \wedge S^1]^0$$

sind mit der Kolimesbildung verträglich und induzieren σ_r.

(5.7) Lemma. *σ_r ist ein Isomorphismus.*

Beweis. Sei $x \in E_k(Z)$ im Kern von σ_r enthalten. Es gibt dann einen Repräsentaten $[f]$ von x in $[S^{n+k}, E_n \wedge Z]^0$ für geeignetes n, so daß $f \wedge S^1$ nullhomotop ist (eine Grundeigenschaft des Kolimes). Wir bilden mit f das Diagramm

$$
\begin{array}{ccc}
S^{n+k} \wedge S^1 & \xrightarrow{\ f \wedge \mathrm{id}\ } & E_n \wedge Z \wedge S^1 \\[2pt]
\Big\uparrow{\scriptstyle \tau_1} & & \Big\downarrow{\scriptstyle \tau_2} \\[2pt]
S^1 \wedge S^{n+k} & \xrightarrow{\ \mathrm{id} \wedge f\ } & S^1 \wedge E_n \wedge Z \\[2pt]
& & \Big\downarrow{\scriptstyle e \wedge \mathrm{id}} \\[2pt]
& & E_{n+1} \wedge Z.
\end{array}
$$

Darin sind die τ_j Vertauschungen der Faktoren. Da $f \wedge \mathrm{id}$ nullhomotop ist, so auch der Repräsentant $(e \wedge \mathrm{id}) \circ (\mathrm{id} \wedge f)$ von x. Also ist σ_r injektiv.

Sei $x \in E_{k+1}(Z \wedge S^1)$ durch $g \colon S^{n+k+1} \to E_n \wedge Z \wedge S^1$ repräsentiert. Dann repräsentiert die Komposition $f = (e \wedge \mathrm{id}(Z)) \circ \tau \circ g$ mit der Vertauschung τ ein Element $y \in E_k(Z)$. Wir behaupten $\sigma(y) = \pm x$. Ein Repräsentant von $\sigma_r(y)$ ist $f \wedge S^1$. Wir vergleichen dieses Element mit dem Repräsentanten

$$S^1 \wedge S^{n+k+1} \xrightarrow{\ S^1 \wedge g\ } S^1 \wedge E_n \wedge Z \wedge S^1$$

von x. Wenn man diesen Repräsentanten mit der Vertauschung $S^1 \wedge S^{n+k+1} \to S^{n+k+1} \wedge S^1$ zusammensetzt, so unterscheidet sich das Resultat vom Repräsentanten $f \wedge S^1$ von $\sigma_r(y)$ durch Vertauschung der beiden S^1-Faktoren in $S^1 \wedge E_n \wedge Z \wedge S^1$.

Da nicht unmittelbar klar ist, welche Wirkung diese Vertauschung in den Homotopiegruppen hat, führen wir eine analoge Überlegung für die zweifache Einhängung σ_r^2 durch. Wir starten mit einem $x \in E_{k+2}(Z \wedge S^2)$, repräsentieren es durch ein g, bilden damit $f \colon S^{n+k+2} \to E_{k+2} \wedge Z$ und zeigen $\sigma_r^2(y) = x$. Der Unterschied besteht jetzt darin, daß wir zwei S^2-Faktoren vertauschen müssen, und diese Vertauschung ist homotop zur Identität. Also ist σ_r^2 surjektiv und injektiv, also ein Isomorphismus. Dann ist aber auch das zweite σ_r in σ_r^2 surjektiv und injektiv und damit auch das erste.   □

(5.8) Satz. *Für jede punktierte Abbildung* $f \colon Y \to Z$ *ist*

$$E_k(Y) \xrightarrow{\ f_* \ } E_k(Z) \xrightarrow{\ c(f)_* \ } E_k(C(f))$$

exakt.

Beweis. Da $c(f) \circ f \simeq 0$ ist, so ist $c(f)_* \circ f_* = 0$. Liege $x \in E_k(Z)$ im Kern von $c(f)_*$. Sei x durch $h \colon S^{n+k} \to E_n \wedge Z$ repräsentiert. Dann wird $c(f)_*(x)$ durch $\tilde{h} = (1 \wedge c(f)) \circ h$ repräsentiert. Da das zugehörige Element Null ist, gibt es ein $m \geq 0$ derart, daß

$$S^{m+n+k} = S^m \wedge S^{n+k} \xrightarrow{\ 1 \wedge \tilde{h} \ } S^m \wedge E_n \wedge C(f) \xrightarrow{\ e \wedge 1 \ } E_{m+n} \wedge C(f)$$

nullhomotop ist. (Darin ist e eine iterierte Strukturabbildung des Spektrums.)

Daraus sehen wir: Es gibt einen Repräsentanten h von x, so daß $\tilde{h}$ schon nullhomotop ist.

In dem folgenden Diagramm vergleichen wir nun die Kofaserfolgen von $\mathrm{id} \colon S^{n+k} \to S^{n+k}$ und $f' = 1 \wedge f \colon E_n \wedge Y \to E_n \wedge Z$.

Da $\tilde{h} = (1 \wedge c(f))h$ nullhomotop ist, gibt es α, so daß (1) kommutativ ist. Die Abbildung β entsteht daraus durch Quotientbildung, so daß (2) kommutativ ist. Nach einer allgemeinen Eigenschaft der Kofaserfolge ist (3) h-kommutativ. Es ist $(e \wedge 1) \circ (1 \wedge h)$ ebenfalls ein Repräsentant von x. Der Teil (3) – (4) des Diagrammes zeigt, daß $(e \wedge 1) \circ \beta$ ein Urbild von x bei f_* repräsentiert.   □

Nun, als Nachtrag, die angesprochenen Eigenschaft der Kofaserfolge. Wir betrachten zwei Kofaserfolgen von $f\colon A \to B$ und $f'\colon A' \to B'$ und damit das folgende Diagramm mit dem kommutativen Teil (1).

$$
\begin{array}{ccccccccc}
A & \xrightarrow{\;f\;} & B & \xrightarrow{\;c(f)\;} & C(f) & \xrightarrow{\;c^2(f)\;} & C^2(f) & \longrightarrow & \cdots \\
& & \Big\downarrow{h} & (1) & \Big\downarrow{h^1} & (2) & \Big\downarrow{h^2} & & \\
A' & \xrightarrow{\;f'\;} & B' & \xrightarrow{\;c(f')\;} & C(f') & \xrightarrow{\;c^2(f')\;} & C^2(f') & \longrightarrow & \cdots
\end{array}
$$

Da, mit B und B' angefangen, ebenfalls Kofaserfolgen vorliegen, wird h^2 (und weiteres) durch kanonische Fortsetzung definiert. Insbesondere ist damit (2) kommutativ.

Wir ersetzen nun die Kofaserfolge von der vierten Stelle an durch

worin r^1 kanonische h-Äquivalenzen sind und β und h^2 durch Quotientbildung entstehen. Die Trapeze sind kommutativ. Die Dreiecke sind nach einer allgemeinen Eigenschaft der Kofaserfolge (-1)-h-kommutativ. Also ist das äußere Quadrat kommutativ. Das haben wir im Beweis des letzten Satzes benutzt.

(5.9) Bemerkung. Im ersten Diagramm des Beweises haben wir benutzt: Für jede Abbildung $f\colon Y \to Z$ und jeden Raum X gibt es ein kommutatives Diagramm

$$
\begin{array}{ccc}
X \wedge Z & \xrightarrow{\;1 \wedge c(f)\;} & X \wedge C(f) \\
\Big\downarrow{=} & & \Big\downarrow{\varphi} \\
X \wedge Z & \xrightarrow{\;c(1 \wedge f)\;} & C(1 \wedge f)
\end{array}
$$

mit einem Homöomorphismus φ. Das geht im allgemeinen nur gut, wenn man kompakt erzeugte Räume verwendet. Zu den Problemen an dieser Stelle siehe auch [206]. $\diamond$

6 Anhang: Kompakt erzeugte Räume

Wir bezeichnen mit KH die Kategorie der kompakten Hausdorff-Räume. Einen KH-Raum nennen wir *Testraum* und eine stetige Abbildung $f\colon C \to X$ eines Testraumes C eine *Testabbildung* oder *testend*. Analoge Bezeichnungen sind *Testumgebung* und *Testteilraum*. Damit definieren wir:

Ein topologischer Raum X heißt *k-Raum* oder *kompakt hausdorffsch erzeugt*, wenn folgendes gilt: Eine Menge $A \subset X$ ist genau dann abgeschlossen, wenn für jede Testabbildung $f\colon C \to X$ die Menge $f^{-1}(A)$ in C abgeschlossen ist. Durch mengentheoretische Dualität können wir „abgeschlossen" durch „offen" ersetzen.

(6.1) Satz. *Jede der folgenden Bedingungen ist hinreichend dafür, daß X ein k-Raum ist:*

(1) *X ist metrisierbar.*

(2) *Jeder Punkt von X hat eine abzählbare Umgebungsbasis.*

(3) *Jeder Punkt von X hat eine Umgebung, die kompakt und hausdorffsch ist.*

(4) *Zu jedem $Q \subset X$ und jedem Berührpunkt x von Q gibt es einen Testteilraum K von X, so daß x Berührpunkt von $Q \cap K$ in K ist.*

(5) *Für alle $Q \subset X$ gilt: Aus $Q \cap K$ offen (abgeschlossen) in K für alle Testteilräume $K \subset X$ folgt, daß Q offen (abgeschlossen) in X ist.*

Beweis. (1) ist ein Spezialfall von (2).

(2) Sei $Q \subset X$ und sei $f^{-1}(Q)$ abgeschlossen für alle testenden $f\colon C \to X$. Wir haben zu zeigen, daß Q abgeschlossen ist. Sei also a Berührpunkt von Q und sei $(U_n \mid n \in \mathbb{N})$ eine Umgebungsbasis von a. Für jedes n wählen wir ein $a_n \in Q \cap U_1 \cap \cdots \cap U_n$. Dann konvergiert die Folge (a_n) gegen a. Der Teilraum $K = \{0, 1, 2^{-1}, 3^{-1}, \dots\}$ von $\mathbb{R}$ ist kompakt. Die Abbildung $f\colon K \to X$, $f(0) = a$, $f(n^{-1}) = a_n$ ist stetig. Es ist $n^{-1} \in f^{-1}(Q)$. Da nach Voraussetzung $f^{-1}(Q)$ in K abgeschlossen ist, so ist $0 \in f^{-1}(Q)$, also $a = f(0) \in Q$. Also enthält Q alle seine Berührpunkte.

(3) $\Rightarrow$ (4). Sei $Q \subset X$ und a Berührpunkt von Q. Wir wählen eine Testumgebung K von a und zeigen, daß a Berührpunkt von $Q \cap K$ in K ist. Sei dazu U eine Umgebung von a in K. Dann gibt es eine Umgebung U' von a in X mit $U' \cap K \subset U$. Da $U' \cap K$ Umgebung von a in X ist und a Berührpunkt von Q, folgt

$$U \cap (Q \cap K) \supset (U' \cap K) \cap (Q \cap K) = (U' \cap K) \cap Q \neq \emptyset.$$

Also ist a Berührpunkt von $Q \cap K$ in K.

(4) $\Rightarrow$ (5). Sei $Q \cap K$ abgeschlossen in K für alle Testteilräume $K \subset X$. Sei a Berührpunkt von Q. Nach (4) gibt es einen Testteilraum K_0 von X, so daß a Berührpunkt von $Q \cap K_0$ in K_0 ist. Nach Voraussetzung von (5) ist $Q \cap K_0$ abgeschlossen. Demnach ist $a \in Q \cap K_0 \subset Q$.

(5) Sei $f^{-1}(Q)$ abgeschlossen in K für alle testenden $f\colon K \to X$. Insbesondere ist dann für Testteilräume $L \subset X$ die Menge $Q \cap L$ in L abgeschlossen. Nach (5) ist dann Q in X abgeschlossen. Also ist X ein k-Raum.   □

(6.2) Satz. *Sei X ein Hausdorff-Raum und ein k-Raum. Dann gilt die Aussage (5) des vorigen Satzes.*

Beweis. Sei also Q ein Teilmenge von X, so daß $Q \cap L$ für alle kompakten $L \subset X$ in L abgeschlossen ist. Wir müssen nun zeigen, daß Q abgeschlossen ist. Sei $f\colon K \to X$ testend. Dann ist $L = f(K)$ kompakt in X; und abgeschlossen, weil X ein Hausdorff-Raum ist. Es ist also nach Voraussetzung $Q \cap f(K)$ in $f(K)$, also auch in X abgeschlossen. Also ist $f^{-1}(Q) = f^{-1}(Q \cap f(K))$ in K abgeschlossen. Jetzt benutzen wir, daß X ein k-Raum ist.   □

Im weiteren definieren wir auf jedem topologischen Raum $(X, \mathcal{T})$ eine neue Topologie $k\mathcal{T}$, die ihn zu einem k-Raum macht. Und zwar sei $U \in k\mathcal{T}$ genau dann, wenn für jede Testabbildung $f\colon C \to (X, \mathcal{T})$ die Menge $f^{-1}(U)$ offen in C ist. Aus der Definition verifiziert man:

(6.3) Lemma. *$k\mathcal{T}$ ist eine Topologie auf X, die feiner als $\mathcal{T}$ ist. Die identische Abbildung $\iota_X = \iota\colon (X, k\mathcal{T}) \to (X, \mathcal{T})$ auf den zugrunde liegenden Mengen ist also stetig. X ist genau dann ein k-Raum, wenn $k(X) = X$ ist.*   □

Wir üblich bezeichnen wir den topologischen Raum $(X, \mathcal{T})$ nur mit X; den neu entstandenen Raum $(X, k\mathcal{T})$ bezeichnen wir mit kX oder $k(X)$.

(6.4) Satz. (1) *Ist $\iota_X = \iota\colon k(X) \to X$ die identische Abbildungen auf den zugrunde liegenden Mengen, so wird für jeden k-Raum Y durch $f \mapsto \iota \circ f$ eine bijektive Abbildung*

$$\mathrm{TOP}(Y, k(X)) \to \mathrm{TOP}(Y, X)$$

induziert.

(2) *Für jede stetige Abbildung $f\colon X \to Y$ ist dieselbe Mengenabbildung $k(f) = f\colon k(X) \to k(Y)$ stetig.*

(3) *X ist genau dann ein k-Raum, wenn gilt: Eine Mengenabbildung $h\colon X \to Z$ in einen beliebigen Raum Z ist genau dann stetig, wenn für alle Testabbildungen $f\colon C \to X$ die Abbildung hf stetig ist.*

Beweis. (1) Wegen $k\mathcal{T} \supset \mathcal{T}$ ist $\iota\colon k(X) \to X$ immer stetig, und wir erhalten eine injektive Abbildung

$$\iota_*\colon \mathrm{TOP}(Y, k(X)) \to \mathrm{TOP}(Y, X), \quad f \mapsto \iota f$$

für jeden Raum Y.

Ist Y ein k-Raum und $f\colon Y \to X$ stetig, so ist nach (4) $k(f)$ stetig und nach (2) $k(Y) = Y$. Wegen $\iota \circ k(f) = f$ ist somit in diesem Fall ι_* bijektiv.

(2) Sei $B \subset K(Y)$ abgeschlossen und sei $g\colon C \to k(X)$ testend. Dann ist $(k(f) \circ g)^{-1}(B)$ in C abgeschlossen, da Y ein k-Raum ist. Diese Menge ist gleich $g^{-1}(k(f))^{-1}(B)$. Also ist $(k(F))^{-1}(B)$ abgeschlossen, da $k(X)$ ein k-Raum ist.

(3) Sei X ein k-Raum. Sei h gegeben. Sei $A \subset Z$ abgeschlossen. Dann ist $f^{-1}(h^{-1}(A))$ abgeschlossen, da hf stetig ist. Also ist $h^{-1}(A)$ abgeschlossen, da X ein k-Raum ist; also ist h stetig.

Sei $A \subset X$ gegeben. Sei $h\colon X \to k(X)$ die Identität auf den zugrunde liegenden Mengen. Sei $f\colon C \to X$ stetig. Dann ist auch $hf\colon C \to k(X)$ stetig (siehe den Beweis von (1)); also ist h stetig mit Inversem ι. Deshalb ist ι ein Homöomorphismus und X mithin ein k-Raum.   □

Sei k-TOP die Kategorie der k-Räume und stetigen Abbildungen. Die Zuordnungen $X \mapsto k(X)$ und $f \mapsto k(f)$ definieren einen Funktor $k\colon \text{TOP} \to k\text{-TOP}$, der auf der Unterkategorie k-TOP die Identität ist.

(6.5) Satz. *Sei $p\colon X \to Y$ eine Identifizierung und X ein k-Raum. Dann ist auch Y ein k-Raum.*

Beweis. Sei $B \subset Y$ so, daß für alle testenden $f\colon C \to Y$ die Menge $f^{-1}(B)$ in C abgeschlossen ist. Wir haben zu zeigen, daß B abgeschlossen ist, also, da p eine Identifizierung ist, daß $p^{-1}(B)$ abgeschlossen ist. Sei $g\colon D \to X$ eine Testabbildung. Dann ist $g^{-1}(p^{-1}(B))$ nach der Annahme über B abgeschlossen in D. Da X ein k-Raum ist, so ist also $p^{-1}(B)$ abgeschlossen in X.   □

(6.6) Satz. *Ein abgeschlossener (oder offener) Unterraum eines k-Raumes ist ein k-Raum.*

Beweis. Sei A abgeschlossen und $B \subset A$ eine Teilmenge, so daß $f^{-1}(B)$ abgeschlossen in C ist für alle Testabbildungen $f\colon C \to A$. Zu zeigen ist: B ist abgeschlossen in A oder, dazu äquivalent, in X.

Ist $g\colon D \to X$ testend, so ist $g^{-1}(A)$ in D abgeschlossen und folglich kompakt, da D kompakt ist. Durch Einschränkung von g erhalten wir eine stetige Abbildung $h\colon g^{-1}(A) \to A$. Es ist $h^{-1}(B) = g^{-1}(B)$ abgeschlossen in $g^{-1}(A)$ und folglich in D, und mithin ist B abgeschlossen in X.

Im Falle eines offenen Teilraumes A verwendet man, daß ein offener Teil eines Testraumes die Bedingung (3) von Satz (6.1) erfüllt.   □

Im allgemeinen ist ein Unterraum eines k-Raumes kein k-Raum. Sei X ein k-Raum und $i\colon A \subset X$ die Inklusion. Dann ist $k(i)\colon k(A) \to X = k(X)$ stetig. Der folgende Satz zeigt, daß $k(i)$ in der Kategorie k-TOP die formale Eigenschaft eines Teilraums hat.

(6.7) Satz. *Eine Abbildung* $h\colon Z \to k(A)$ *eine k-Raumes Z nach* $k(A)$ *ist genau dann stetig, wenn* $k(i) \circ h$ *stetig ist.*

Beweis. Mit h ist auch $k(i)h$ stetig. Sei, umgekehrt, $k(i)h$ stetig. Es ist $k(i) = i \circ \iota_A$. Da i die Inklusion eines Unterraums ist, so ist $\iota \circ h$ stetig. Nach Satz (6.4) ist also h stetig.   □

(6.8) Satz. *Sei X ein k-Raum und Y ein lokal kompakter Hausdorff-Raum. Dann ist das topologische Produkt* $X \times Y$ *ein k-Raum.*

Beweis. Sei $h\colon X \times Y \to Z$ eine Mengenabbildung und hf stetig für alle testenden $f\colon C \to X \times Y$. Da Y lokal kompakt ist, so ist h genau dann stetig, wenn für alle kompakten K in Y die Einschränkung auf $X \times K$ stetig ist. Es genügt also, kompakte Y zu betrachten. Wählen wir dann $Y = C$ und für f die Abbildung $f(c) = (x, c)$ mit $x \in X$, so sehen wir, daß $c \mapsto h(x, c)$ stetig ist, also in dem Abbildungsraum Z^Y liegt. Nach den Sätzen über Abbildungsräume ist

$$C \xrightarrow{\ \mathrm{pr}_1 \circ f\ } X \xrightarrow{\ \overline{h}\ } Z^Y$$

stetig, wobei $\overline{h}$ die zu h adjungierte Abbildung ist. Nun durchläuft aber $\mathrm{pr}_1 \circ f$ alle stetigen Abbildung $C \to X$. Da X ein k-Raum ist, folgt nach Satz (6.4) die Stetigkeit von $\overline{h}$; und weil C kompakt hausdorffsch ist (aus den Sätzen über Abbildungsräume) die Stetigkeit von h.   □

Im allgemeinen ist das topologische Produkt zweier k-Räume kein k-Raum. Deshalb sucht man nach einem kategorientheoretischen Produkt in der Kategorie k-TOP. Sei $(X_j \mid j \in J)$ eine Familie von k-Räumen. Sei $\prod_j X_j$ ihr gewöhnliches topologisches Produkt (das ist ein Produkt in der Kategorie TOP). Wir haben stetige Abbildungen

$$p_j = k(\mathrm{pr}_j)\colon k\Big(\prod_j X_j\Big) \to k(X_j) = X_j.$$

(6.9) Satz. $(p_j\colon k(\prod_j X_j) \to X_j \mid j \in J)$ *ist ein Produkt der* $(X_j \mid j \in J)$ *in der Kategorie k-TOP.*

Beweis. Wir benutzen Satz (6.4) und die universelle Eigenschaft des topologischen Produktes und erhalten, in Kurzform geschrieben, für einen k-Raum B die kanonischen Bijektionen

$$k\text{-}\mathrm{TOP}\Big(B, k\Big(\prod X_j\Big)\Big) = \mathrm{TOP}\Big(B, \prod X_j\Big)$$

$$\cong \prod \mathrm{TOP}(B, X_j) = \prod k\text{-}\mathrm{TOP}(B, X_j),$$

und das ist die Behauptung.   □

Für zwei Faktoren wollen wir das soeben definierte Produkt in k-TOP auch durch $X \times_k Y$ bezeichnen.

Sind X und Y topologische Räume, so bezeichnen wir den Abbildungsraum X^Y mit der KO-Topologie auch mit $T(X, Y)$.

(6.10) Satz. *Seien X und Y k-Räume und sei $f: X \times_k Y \to Z$ stetig. Die adjungierte Abbildung $f^\wedge: X \to kT(Y, Z)$, die als Mengenabbildung existiert, ist stetig.*

Beweis. Die Abbildung $f^\wedge: X \to kT(Y, Z)$ ist genau dann stetig, wenn für alle Testabbildungen $t: C \to X$ die Verkettung $f^\wedge t$ stetig ist. Es ist $f^\wedge \circ t = (f \circ (t \times \mathrm{id}_Y))^\wedge$. Also genügt es, X als KH-Raum anzunehmen. Dann ist aber $X \times_k Y = X \times Y$ und deshalb $f^\wedge: X \to T(Y, Z)$ stetig (nach den Eigenschaften der KO-Topologie) und folglich nach (6.4) auch $f^\wedge: X \to kT(Y, Z)$ stetig.   □

(6.11) Satz. *Sei Y ein k-Raum. Die Auswertungsabbildung*

$$e_{Y,Z}: kT(Y, Z) \times_k Y \to Z, \quad (f, y) \mapsto f(y)$$

ist stetig.

Beweis. Sei $t: C \to kT(Y, Z) \times_k Y$ eine Testabbildung. Sie besteht aus zwei stetigen Abbildungen $t_1^\wedge: C \to T(Y, Z)$ und $t_2: C \to Y$. Da Y ein k-Raum ist, so ist die adjungierte Abbildung $t_1: C \times Y \to Z$ stetig, weil das äquivalent zur Stetigkeit der anderen adjungierten Abbildung $t_1^\vee: Y \to T(C, Z)$ ist, und eine Zusammensetzung davon mit einer Testabbildung $s: D \to Y$ ist eine Zusammensetzung von $t_1^\wedge$ mit $T(s, Z): T(Y, Z) \to T(D, Z)$. Es ist $e_{Y,Z} \circ t$ die Komposition $c \mapsto t_1(c, t_2(c))$.   □

Die Auswertungsabbildung $e_{Y,Z}$ hat die folgende universelle Eigenschaft: Zu jeder stetigen Abbildung $f: X \times_k Y \to Z$ für k-Räume X und Y gibt es genau eine Mengenabbildung $g: X \to kT(Y, Z)$, so daß $e_{Y,Z} \circ (g \times \mathrm{id}) = f$ ist; g ist gleich $f^\wedge$ und nach Satz (6.10) stetig.

(6.12) Satz. *Seien X, Y und Z k-Räume. Da $e_{Y,Z}$ stetig ist, wird eine Mengenabbildung*

$$\lambda: kT(X, kT(Y, Z)) \to kT(X \times_k Y, Z), \quad f \mapsto e_{Y,Z} \circ (f \times \mathrm{id})$$

induziert. Die Abbildung λ ist ein Homöomorphismus.

Beweis. Wir betrachten das folgende kommutative Diagramm

$$kT(X, kT(Y, Z)) \times_k X \times_k Y \xrightarrow{\quad e_1 \times \mathrm{id} \quad} kT(Y, Z) \times_k Y$$

$$\downarrow \lambda \times \mathrm{id} \times \mathrm{id} \qquad\qquad\qquad\qquad \downarrow e_2$$

$$kT(X \times_k Y, Z) \times_k X \times_k Y \xrightarrow{\quad e_3 \quad} Z$$

mit $e_1 = e_{X, kT(Y,Z)}$, $e_2 = e_{Y,Z}$ und $e_3 = e_{X \times_k Y, Z}$. Da $e_1 \times \mathrm{id}$ und e_2 stetig sind, folgt aus der universellen Eigenschaft von e_2, daß λ stetig ist. Wegen der universellen Eigenschaft von e_1 gibt es genau eine stetige Abbildung

$$\mu\colon kT(X \times_k Y, Z) \to kT(X, kT(Y, Z)),$$

so daß $e_1 \circ (\mu \times \mathrm{id}(X)) = e_3^{\wedge}$ ist. Da λ und μ zueinander inverse Mengenabbildungen sind, handelt es sich um Homöomorphismen. $\qquad\qquad\qquad\qquad\qquad\qquad \square$

(6.13) Satz. *Seien X und Y k-Räume. Seien $f\colon X \to X'$ und $g\colon Y \to Y'$ Identifizierungen. Dann ist auch $f \times g\colon X \times_k Y \to X' \times_k Y'$ eine Identifizierung.*

Beweis. Mittels (6.12) weist man die universelle Eigenschaft einer Identifizierung nach. $\qquad\qquad\qquad\qquad\qquad\qquad\qquad\qquad\qquad\qquad\qquad\qquad\qquad\qquad \square$

Sei $(X_j \mid j \in J)$ eine Familie von k-Räumen. Dann ist die topologische Summe $\sum_{j \in J} X_j$ ein k-Raum.

Für die Zwecke der Homotopietheorie betrachten wir nun noch punktierte Räume. Sei $(X_j \mid j \in J)$ eine Familie von punktierten k-Räumen. Sei $\prod_j X_j$ deren Produkt in k-TOP. Sei $W_J X_j$ die Teilmenge der Punkte des Produktes, für die wenigstens eine Koordinate gleich dem Grundpunkt ist. Das *Smash-Produkt* $\bigwedge_j X_j$ ist der Quotientraum $\prod_j X_j / W_J X_j$. Ist $J = \{1, \ldots, n\}$, so schreiben wir dafür $X_1 \wedge \cdots \wedge X_n$. Eine Familie von punktierten Abbildungen $f_j\colon X_j \to Y_j$ induziert eine punktierte Abbildung $\bigwedge_j\colon \bigwedge_j X_j \to \bigwedge_j Y_j$.

Seien X und Y punktierte k-Räume. Sei $T^0(X, Y) \subset TX, Y)$ der Teilraum der punktierten Abbildungen. Die Auswertung $e_{X,Y}$ induziert eine Abbildung $e_{X,Y}^0$, die das folgende Diagramm kommutativ macht.

$$kT^0(X, Y) \times_k X \xrightarrow{\quad k(i) \times \mathrm{id} \quad} kT(X, Y) \times_k X$$

$$\downarrow p \qquad\qquad\qquad\qquad\qquad\qquad \downarrow e_{X,Y}$$

$$kT^0(X, Y) \wedge X \xrightarrow{\quad e_{X,Y}^0 \quad} Y$$

Darin ist i die Inklusion und p die Quotientabbildung. Aus der Stetigkeit von $k(i)$ und $e_{X,Y}$ folgt die Stetigkeit von $e_{X,Y}^0$. Die Abbildung $e_{X,Y}^0$ hat wieder eine universelle Eigenschaft: Zu jedem Morphismus $f\colon Z \wedge X \to Y$ in k-TOP^0 gibt es genau eine

Mengenabbildung $g\colon Z \to kT^0(X, Y)$, die punktiert ist und $e^0_{X,Y} \circ (g^\wedge \operatorname{id}(X)) = f$ erfüllt; g ist stetig und stimmt mit der folgenden Abbildung $f^\wedge$ überein: Die Komposition fp besitzt eine Adjungierte $f^\wedge\colon Z \to kT(X, Y)$, die stetig ist und über $k(i)\colon kT^0(X, Y) \to kT(X, Y)$ faktorisiert. Die entstehende Abbildung $f^\wedge\colon Z \to kT^0(X, Y)$ ist stetig. Die Abbildung $e^0_{X,Y}$ induziert eine Abbildung

$$\lambda^0\colon kT^0(Z, kT^0(X, Y)) \to kT^0(Z \wedge X, Y)$$

und ähnlich wie Satz (6.12) beweist man:

(6.14) Satz. λ^0 *ist ein Homöomorphismus.*   □

Der letzte Satz liefert einen Homöomorphismus

$$kT^0(X \wedge \Sigma^1, Y) \cong kT^0(X, kT^0(\Sigma^1, Y)).$$

Darin ist $kT^0(\Sigma^1, Y)$ gleich dem Schleifenraum $\Omega(Y)$, nur retopologisiert als k-Raum. Die übliche H-Raumstruktur liefert eine H-Raumstruktur

$$\mu\colon \Omega Y \times_k \Omega Y \to \Omega Y,$$

mit dem retopologisierten Raum. In der Kategorie k-TOP haben also H-Räume eine etwas andere Bedeutung als in TOP, weil mit einem anderen Produkt gearbeitet wird. Aus dem letzten Satz erhält man durch Übergang zu den Homotopieklassen eine Bijektion

$$[X \wedge Y, Z]^0 \cong [X, kT^0(Y, Z)]^0,$$

und insbesondere $[\Sigma(X), Z]^0 \cong [X, \Omega Z]^0$.

Ein k-Raum X heißt *schwach hausdorffsch*, wenn die Diagonale D_X des Produktes $X \times_k X$ abgeschlossen ist.

(6.15) Beispiel. Wir geben jetzt ein Beispiel für die nachstehenden Aussagen an.

(1)   Das Produkt von Identifizierungen ist im allgemeinen keine Identifizierung.

(2)   Das Produkt von kompakt erzeugten Räumen ist im allgemeinen nicht kompakt erzeugt.

(3)   Ein Teilraum eines kompakt erzeugten Raumes ist im allgemeinen nicht kompakt erzeugt.

Der Raum $\mathbb{R}/\mathbb{Z}$ entstehe aus $\mathbb{R}$, indem der Teilraum $\mathbb{Z}$ zu einem Punkt identifiziert wird (also keine Faktorgruppe!). Sei $p\colon \mathbb{R} \to \mathbb{R}/\mathbb{Z}$ die kanonische Projektion.

Wir zeigen zunächst: Ist $K \subset \mathbb{R}/\mathbb{Z}$ kompakt, so gibt es ein $l \in \mathbb{N}$, so daß $K \subset p[-l, l]$ ist. Zum Beweis sei angenommen, das sei nicht so. Dann gibt es zu jedem $l \in \mathbb{N}$ ein $x_l \in \mathbb{R} \setminus \mathbb{Z}$ mit $|x_l| > l$ und $p(x_l) \in K$. Die Folge der $p(x_l)$ hat dann keinen Häufungspunkt in K, im Widerspruch zur Kompaktheit von K.

Wir zeigen, daß die Abbildung

$$p \times \mathrm{id} : \mathbb{R} \times \mathbb{Q} \to \mathbb{R}/\mathbb{Z} \times \mathbb{Q}$$

nicht identifizierend ist. Aus dem Beweis werden sich auch die anderen beiden Aussagen ergeben.

Sei dazu $(r_n \mid n \in \mathbb{N})$ eine streng monoton fallende Folge rationaler Zahlen mit dem Grenzwert $\sqrt{2}$. Sei

$$F = \left\{ \left(m + \frac{1}{2n}, \frac{r_n}{m} \right) \mid n, m \in \mathbb{N} \right\} \subset \mathbb{R} \times \mathbb{Q}.$$

Wir weisen die folgenden Eigenschaften nach.

(1) F ist abgeschlossen in $\mathbb{R} \times \mathbb{Q}$.
(2) F ist saturiert bezüglich $p \times \mathrm{id}$.
(3) $G = (p \times \mathrm{id})(F)$ ist nicht abgeschlossen in $\mathbb{R}/\mathbb{Z} \times \mathbb{Q}$.

Zu (1). Die einzigen Berührpunkte von F in $\mathbb{R} \times \mathbb{R}$, die nicht zu F gehören, bilden die diskrete Menge $\{(m, m^{-1}\sqrt{2} \mid m \in \mathbb{N}\}$. Demnach gehören alle Berührpunkte von F in $\mathbb{R} \times \mathbb{Q}$ schon zu F. Also ist F in $\mathbb{R} \times \mathbb{Q}$ abgeschlossen.

Zu (2). Das wird leicht nachgeprüft.

Zu (3). Zunächst einmal ist $(p(0), 0) \notin G$. Wir zeigen, daß $z = (p(0), 0)$ Berührpunkt von G ist. Sei U eine Umgebung von z. Dann gibt es eine Umgebung V von $p(0)$ in $\mathbb{R}/\mathbb{Z}$ und ein $\varepsilon > 0$, so daß $V \times (]-\varepsilon, \varepsilon[\cap \mathbb{Q}) \subset U$ ist. Sei $m^{-1}\sqrt{2} < 2^{-1}\varepsilon$. Es ist $p^{-1}(V)$ eine Umgebung von m in $\mathbb{R}$, denn $m \in p^{-1}p(0) \subset p^{-1}(V)$. Demnach gibt es ein $\delta > 0$ mit $]m - \delta, m + \delta[\subset p^{-1}(V)$. Sei

$$\frac{1}{2n} < \delta \quad \text{und} \quad r_n - \sqrt{2} < m\frac{\varepsilon}{2}.$$

Dann gilt

$$(p \times \mathrm{id})(m + \frac{1}{2n}, \frac{r_n}{m}) \in V \times (]-\varepsilon, \varepsilon[\cap \mathbb{Q}) \subset U,$$

denn

$$m + \frac{1}{2n} \in]m - \delta, m + \delta[\subset p^{-1}(V)$$

$$0 < \frac{r_n}{m} = \frac{\sqrt{2}}{m} + \frac{r_n - \sqrt{2}}{m} < \frac{\varepsilon}{2} + \frac{\varepsilon}{2} = \varepsilon.$$

Also ist $U \cap G \neq \emptyset$ und demnach z Berührpunkt von G.

Wir sehen jetzt, daß $p \times \mathrm{id}$ keine Identifizierung ist, weil es eine gesättigte abgeschlossene Menge F gibt, deren Urbild nicht abgeschlossen ist.

Der Raum $\mathbb{R}/\mathbb{Z} \times \mathbb{Q}$ ist nicht kompakt erzeugt. Zum Nachweis sei $s : K \to \mathbb{R}/\mathbb{Z} \times \mathbb{Q}$ eine Testabbildung. Wir zeigen, daß $s^{-1}(G)$ in K abgeschlossen ist, obgleich G nicht abgeschlossen ist. Die beiden Projektionen $\mathrm{pr}_i\, s(K)$ sind als kompakte

Teilräume in Hausdorff-Räumen kompakt und hausdorffsch. Es gibt also ein $l \in \mathbb{N}$, so daß $\mathrm{pr}_1\, s(K) \subset p[-l, l]$ ist. Wegen

$$s(K) \subset \mathrm{pr}_1(K) \times \mathrm{pr}_2\, s(K) \subset p[-l - l] \times \mathrm{pr}_2\, s(K)$$

folgt $s^{-1}(G) = s^{-1}(G \cap p[-l, l] \times \mathrm{pr}_2\, s(K))$. Die Menge $G \cap p[-l, l] \times \mathrm{pr}_2\, s(K)$ ist aber endlich. Nach Konstruktion ist nämlich F abgeschlossener diskreter Teilraum von $\mathbb{R} \times \mathbb{Q}$. Ferner ist $F \cap [-l, l] \times \mathrm{pr}_2\, s(K)$ endlich als abgeschlossener diskreter Teilraum des kompakten Raumes $[-l, l] \times \mathrm{pr}_2\, s(K)$. Damit ist auch

$$(p \times \mathrm{id})(F \cap [-l, l] \times \mathrm{pr}_2\, s(K)) = G \cap p[-l, l] \times \mathrm{pr}_2\, s(K)$$

endlich. Eine endliche Menge in einem Hausdorff-Raum ist aber abgeschlossen und damit $s^{-1}(G)$ als Urbild einer abgeschlossenen Menge abgeschlossen.

Das Produkt $\mathbb{R}/\mathbb{Z} \times \mathbb{R}$ ist nach (6.8) kompakt erzeugt. Der Teilraum $\mathbb{R}/\mathbb{Z} \times \mathbb{Q}$ trägt die Produkttopologie und ist, wie wir gesehen haben, nicht kompakt erzeugt.$\diamond$

VII Komplexe

Eine *Zelle* ist eine offene Vollkugel in einem euklidischen Raum. Ein Raum, der in geeigneter topologischer Weise in Zellen zerlegt ist, heißt Zellenkomplex. Von J. H. C. Whitehead wurde eine beweistechnisch sehr bequeme Klasse von Zellen-komplexen vorgeschlagen, die von ihm CW-Komplexe genannt wurden [265]. In jeden Raum läßt sich ein CW-Komplex so abbilden, daß ein Isomorphismus der Homotopiegruppen induziert wird. Wir benutzen die Homotopietheorie der CW-Komplexe, um Räume mit einer einzigen nichttrivialen Homotopiegruppe zu kon-struieren (Eilenberg-MacLane-Räume). Sie sind die repräsentierenden Räume für die klassische Kohomologietheorie. Eine gewöhnliche Homologietheorie ist auf CW-Komplexen durch die Axiome bestimmt. Die Homologiegruppen lassen sich kom-binatorisch durch den Zellenkettenkomplex bestimmen.

1 CW-Komplexe

Wir verwenden die Standardräume S^{n-1} und D^n und vereinbaren, daß S^{-1} leer und D^0 ein Punktraum ist. Außerdem setzen wir $E^n = D^n \setminus S^{n-1}$. Sei

$$
\begin{array}{ccc}
S^{n-1} & \xrightarrow{\ \varphi\ } & A \\
\Big\downarrow{\cap} & & \Big\downarrow{i} \\
D^n & \xrightarrow{\ \Phi\ } & X
\end{array}
$$

ein Pushout. Wir sagen in dieser Situation: X wird aus A durch *Anheften einer n-Zelle* erhalten. Wir nennen $\Phi(D^n)$ bzw. $\Phi(E^n)$ die *abgeschlossene* bzw. *offe-ne n-Zelle* und $\varphi(S^{n-1})$ den (kombinatorischen) *Rand* von $\Phi(D^n)$. Die Abbildung $(\Phi, \varphi): (D^n, S^{n-1}) \to (X, A)$ heißt *charakteristische Abbildung* der n-Zelle und φ die *anheftende Abbildung*.

Häufig werden simultan mehrere n-Zellen angeheftet. Das geschieht durch ein Pushout

$$\begin{CD}
\coprod_{j \in J} \{j\} \times S^{n-1} @>\varphi>> A \\
@VVV @VViV \\
\coprod_{j \in J} \{j\} \times D^n @>\Phi>> X
\end{CD}$$

(1.1)

mit einer Indexmenge J, die dazu dient, die einzelnen Zellexemplare zu unterscheiden. Wir betrachten i als Inklusion einer abgeschlossenen Teilmenge, da ein Pushout
eine abgeschlossene Einbettung wieder in eine solche transportiert. Der Raum $X \setminus A$
ist homöomorph zu $\coprod_{j \in J} \{j\} \times E^n$, also eine topologische Summe von offenen n-
Zellen. Die offenen n-Zellen sind als Komponenten von $X \setminus A$ eindeutig bestimmt.
Ihre Dimension ist nach dem Satz von der Dimensionsinvarianz ebenfalls eindeutig
festgelegt.

Sei X ein topologischer Raum und $A \subset X$ ein Unterraum. Eine *CW-Zerlegung*
von (X, A) besteht aus einer Folge

$$A = X^{-1} \subset X^0 \subset X^1 \subset \cdots \subset X$$

von Unterräumen X^n mit den folgenden Eigenschaften:

(1) $X = \bigcup_{n \geq 0} X^n$.

(2) Für jedes $n \geq 0$ entsteht X^n aus X^{n-1} durch simultanes Anheften von
n-Zellen. (Die Gleichheit $X^{n-1} = X^n$ ist erlaubt.)

(3) X trägt die Kolimes-Topologie bezüglich der Filtrierung (X^n), das heißt
$B \subset X$ ist genau dann abgeschlossen, wenn $B \cap X^n$ immer in X^n abgeschlossen ist.

Ist $(X^n \mid n \geq -1)$ eine CW-Zerlegung von (X, A), so heißt (X, A) zusammen mit
dieser Zerlegung ein *relativer CW-Komplex*; ist $A = \emptyset$, so sprechen wir kürzer vom
CW-Komplex X. Der Raum X^n wird n-*Gerüst* oder n-*Skelett* von (X, A) genannt und
die Folge $(X^n \mid n \geq -1)$ *Gerüst-Filtrierung* von (X, A). Die Zellen von (X^n, X^{n-1})
sind die n-*Zellen* von (X, A). Wir nennen (X, A) endlich (abzählbar etc.), wenn
$X \setminus A$ aus endlich vielen (abzählbar vielen etc.) Zellen besteht. Ist $X = X^n$ aber
$X \neq X^{n-1}$, so ist n die *zelluläre Dimension* $\dim(X, A)$ von (X, A). Für leeres A wird
natürlich A in den Bezeichnungen unterdrückt. Häufig ist nicht die Zellzerlegung
selbst, sondern nur die Existenz einer Zellenzerlegung wichtig. Wir nennen deshalb
X einen *CW-Raum*, wenn es eine CW-Zerlegung $X^0 \subset X^1 \subset \cdots$ von X gibt.

(1.2) Satz. *Sei (X, A) ein relativer CW-Komplex mit einem Hausdorff-Raum A.*
Dann gilt:

(1) *X ist ein Hausdorff-Raum.*

(2) *X^n ist in X abgeschlossen.*

(3) $C \subset X$ *ist genau dann abgeschlossen, wenn für jede abgeschlossene Zelle*
     D *von* (X, A) *die Menge* $C \cap D$ *in* D *abgeschlossen ist und wenn außerdem*
     $C \cap A$ *in* A *abgeschlossen ist.*
(4) *Eine kompakte Teilmenge von* X *trifft nur endlich viele Zellen von* (X, A).

Beweis. (2) folgt aus der Definition der Kolimes-Topologie, da $X^n \subset X^{n+1}$ immer abgeschlossen ist.

(1) Durch Anheften von n-Zellen an einen hausdorffschen Raum entsteht wieder ein solcher. Also sind die X^n hausdorffsch. Disjunkte offene Mengen U_1 und U_2 von X^n lassen sich zu disjunkten offenen Mengen U_1' und U_2' von X^{n+1} erweitern ($X^n \cap U_i' = U_i$); durch Induktion und Benutzung der Kolimes-Topologie folgt, daß sich U_1 und U_2 auch zu disjunkten offenen Mengen in X erweitern lassen.

(3) Sei $C \subset X$ abgeschlossen. Dann ist zunächst $C \cap A$ in $A = X^{-1}$ definitionsgemäß abgeschlossen. Sei $\Phi : D^n \to X^n$ die charakteristische Abbildung einer n-Zelle. Dann ist $C \cap X^n$ abgeschlossen, also $\Phi^{-1}(C \cap X^n)$ abgeschlossen und kompakt und folglich $C \cap \Phi(D^n) = \Phi(\Phi^{-1}(C \cap X^n))$ kompakt und in dem Hausdorff-Raum X abgeschlossen.

Erfülle umgekehrt C die in (3) genannte Bedingung. Wir zeigen induktiv, daß $C \cap X^n$ in X^n abgeschlossen ist. Für $n = -1$ ist es vorausgesetzt. Der Induktionsschritt ergibt sich daraus, daß X^n als Quotientraum der Summe $X^{n-1} + \coprod\{j\} \times D^n$ entsteht.

(4) Sei $K \subset X$ kompakt. Da die X^n hausdorffsch sind, so ist zunächst nach einer Grundeigenschaft der Kolimes-Topologie K in einem X^m enthalten. Sei $B \subset K$ eine Menge, die aus jeder von K getroffenen offenen Zelle genau einen Punkt enthält. Aus (3) folgt, daß jede Teilmenge von $B \cap (X^n \setminus X^{n-1}) = B_n$ abgeschlossen ist. Deshalb ist B_n diskret und als Teilmenge des kompakten Raumes K endlich. $\square$

Ist A ein T_4-Raum, so auch X. Ebenso für die Eigenschaft T_1. Insbesondere sind CW-Komplexe normal. Sei (X, A) ein relativer CW-Komplex mit hausdorffschem A und $(\Phi_\lambda : D_\lambda \to X \mid \lambda \in \Lambda)$ eine Familie von charakteristischen Abbildungen, eine für jede Zelle. Dann ist $\Phi_\lambda : D_\lambda \to \Phi(D_\lambda)$ eine Identifizierung. Eine leichte Umformulierung von (1.2) besagt, daß die aus $A \subset X$ und den Φ_λ entstehende Abbildung

$$\Phi : A + \coprod_{\lambda \in \Lambda} D_\lambda \to X$$

eine Identifizierung ist. Insbesondere ist eine Abbildung $f : X \to Y$ genau dann stetig, wenn $f|A$ stetig ist und ferner entweder alle $f \circ \Phi_\lambda$ oder alle $f|\Phi(D_\lambda)$ stetig sind. Die abgeschlossene Hülle von $\Phi(D_\lambda \setminus \partial D_\lambda)$ ist gleich $\Phi(D_\lambda)$. Aus (1.2) folgt durch Induktion nach der Zelldimension, daß $\Phi(D_\lambda)$ in der Vereinigung von A mit endlich vielen abgeschlossenen Zellen enthalten ist.

Aus dem vorangehenden folgt:

(1.3) Notiz. *Ein CW-Komplex X hat die folgenden Eigenschaften:*

(1) *X ist ein Hausdorff-Raum.*

(2) *X ist disjunkte Vereinigung von Zellen ($e_\lambda \mid \lambda \in \Lambda$), das heißt $X = \bigcup e_\lambda$, und die e_λ sind als Teilräume von X homöomorph zu einer Zelle.*

(3) *Zu jeder n-dimensionalen Zelle e_λ gibt es eine charakteristische Abbildung $\Phi_\lambda : D^n = D^n_\lambda \to X$, die E^n homöomorph auf e_λ abbildet und S^{n-1} in die Vereinigung der höchstens $(n-1)$-dimensionalen Zellen.*

(4) *Die abgeschlossene Hülle $\bar{e}_\lambda$ jeder Zelle trifft nur endlich viele Zellen.*

(5) *$C \subset X$ ist genau dann abgeschlossen, wenn $\bar{e}_\lambda \cap C$ in $\bar{e}_\lambda$ für alle $\lambda \in \Lambda$ abgeschlossen ist.*   □

Diese fünf Eigenschaften können dazu dienen, CW-Komplexe zu charakterisieren. Es gilt nämlich:

(1.4) Satz. *Ist ein Raum X disjunkte Vereinigung von zu Zellen homöomorphen Teilräumen ($e_\lambda \mid \lambda \in \Lambda$), für die die in (1.3) genannten Aussagen (1) – (5) gelten, so ist X ein CW-Komplex, dessen n-Gerüst X^n die Vereinigung der höchstens n-dimensionalen Zellen ist.*

Beweis. Man zeigt zunächst, daß X^0 diskret ist und dann, daß X^n aus X^{n-1} durch Anheften von n-Zellen entsteht.   □

Die Bezeichnung CW-Komplex hat folgenden Ursprung: Die Kolimes-Topologie wurde von Whitehead als schwache (weak) Topologie bezeichnet; daher das W. Weil eine abgeschlossene Zelle nur endlich viele andere Zellen trifft, nannte Whitehead den Komplex closure finite; daher das C.

(1.5) Beispiel. Die Sphäre S^n hat eine CW-Zerlegung mit einer 0-Zelle und einer n-Zelle. Das folgt, weil D^n/S^{n-1} zu S^n homöomorph ist. Eine anheftende Abbildung ist also konstant. Für D^n ergibt sich eine Zellenzerlegung aus einer 0-, einer $(n-1)$- und einer n-Zelle. Eine andere Zellenzerlegung von S^n entsteht induktiv aus den beiden abgeschlossenen n-Zellen

$$D^n_+ = \{(x_i) \in S^n \mid x_{n+1} \geq 0\} \qquad D^n_- = \{(x_i) \in S^n \mid x_{n+1} \leq 0\}$$

mit dem Durchschnitt $S^{n-1} = S^{n-1} \times 0$. Es resultiert eine Zerlegung mit zwei i-Zellen für jedes $i \in \{0, 1, \ldots, n\}$. Diese Zellenzerlegung hat den Vorteil, daß sie mit der antipodischen Involution „verträglich" ist und dadurch eine Zellenzerlegung von $\mathbb{R}P^n$ induziert, die auch im nächsten Beispiel erscheint.   ◇

(1.6) Beispiel. Zu projektiven Räumen siehe auch das Kapitel über Mannigfaltigkeiten. Der projektive Raum $\mathbb{R}P^n$ besitzt eine CW-Zerlegung

$$\mathbb{R}P^0 \subset \mathbb{R}P^1 \subset \cdots \subset \mathbb{R}P^n$$

mit einer i-Zelle für jedes $i \in \{0, \dots, n\}$. Der projektive Raum $\mathbb{C}P^n$ besitzt eine CW-Zerlegung

$$\mathbb{C}P^0 \subset \mathbb{C}P^1 \subset \cdots \subset \mathbb{C}P^n$$

mit einer $2i$-Zelle für jedes $i \in \{0, \dots, n\}$. Um die letzte Behauptung zu zeigen, verifiziert man, daß $(\Phi, \varphi)\colon (D^{2n}, S^{2n-1}) \to (\mathbb{C}P^n, \mathbb{C}P^{n-1})$ mit $\varphi(z_1, \dots, z_n) = [z_1, \dots, z_n]$ und $\Phi(tz_1, \dots, tz_n) = [tz_1, \dots, tz_n, 1 - t]$ eine charakteristische Abbildung ist; $t \in [0, 1]$, $(z_1, \dots, z_n) \in S^{2n-1}$. Der reelle Fall ist analog. $\diamond$

Sei (Y, B) ein relativer CW-Komplex. Ein *Unterkomplex* ist ein Paar (X, A) mit den folgenden Eigenschaften:
(1) X ist ein Unterraum von Y.
(2) A ist ein abgeschlossener Unterraum von B.
(3) X ist Vereinigung von A und von gewissen offenen Zellen von Y, deren Ränder alle in X liegen.

(1.7) Satz. *Ist (X, A) ein Unterkomplex von (Y, B), so ist (X, A) ein relativer CW-Komplex mit Gerüst-Filtrierung $X^n = X \cap Y^n$.* $\square$

(1.8) Beispiel. Sei (X, A) ein relativer CW-Komplex. Dann sind (X, X^n) und (X^n, A) relative CW-Komplexe und (X^n, A) ist ein Unterkomplex von (X, A). $\diamond$

(1.9) Beispiel. Sei $((X(j), A(j)) \mid j \in J)$ eine Familie von Unterkomplexen von (X, A). Dann ist $\left(\bigcap_j X(j), \bigcap_j A(j) \right)$ ein Unterkomplex. Ist $\bigcup_j A(j)$ in X abgeschlossen, so ist $\left(\bigcup_j X(j), \bigcup_j A(j) \right)$ ein Unterkomplex. $\diamond$

(1.10) Satz. *Sei ein CW-Komplex X wie in (1.4) durch eine Zellenzerlegung gegeben. Für eine Vereinigung A von Zellen sind folgende Aussagen äquivalent:*
(1)   *A ist ein CW-Komplex (das heißt die in A liegenden Zellen erfüllen (1)–(5) aus (1.4)).*
(2)   *A ist in X abgeschlossen.*
(3)   *Die abgeschlossene Hülle jeder Zelle aus A liegt in A.*
Ist eine dieser drei Aussagen erfüllt, so ist A ein Unterkomplex von X. $\square$

Durch Anheften von Zellen an einen CW-Komplex entsteht unter vernünftigen Voraussetzungen wieder ein CW-Komplex. Es gilt nämlich:

(1.11) Satz. *Sei A ein CW-Komplex. Es entstehe X aus A durch Anheften von n-Zellen vermöge einer anheftenden Abbildung $\varphi\colon \coprod\{j\} \times S^{n-1} \to A^{n-1}$. Dann ist X ein CW-Komplex und A ein Unterkomplex von X.*

Beweis. Sei $E = X \setminus A$ die Vereinigung der offenen Zellen, die hinzugefügt wurden. Die Gerüst-Filtrierung von X soll natürlich durch $X^j = A^j$ für $j < n$ und

$X^j = A^j \cup (X \setminus A)$ für $j \geq n$ gegeben sein. Daß X^j aus X^{j-1} durch Anheften von j-Zellen entsteht, ist für $j \leq n$ unmittelbar klar. Für $j > n$ benutzt man, daß in einem Diagramm

$$
\begin{array}{ccccc}
\coprod \{k\} \times S^{j-1} & \longrightarrow & A^{j-1} & \longrightarrow & X^{j-1} \\
\downarrow & & \downarrow & & \downarrow \\
\coprod \{k\} \times D^j & \longrightarrow & A^j & \longrightarrow & X^j
\end{array}
$$

mit Pushout-Quadraten auch das äußere Rechteck ein Pushout ist. (Transitivität des Pushout.)   □

Der Begriff des CW-Komplexes erlaubt es, Beweise durch Induktion über die Gerüste und Betrachtung einzelner Zellen zu führen.

Seien X und Y CW-Komplexe. Da ein Produkt von Zellen wieder eine Zelle ist, so hat $X \times Y$ eine Zellenzerlegung durch die Produkte der Zellen von X und Y. Es fragt sich, ob $X \times Y$ damit ein CW-Komplex ist, ob also die Aussagen (1) – (5) aus (1.5) erfüllt sind. Das einzige Problem ist die Eigenschaft (5), die leider nicht immer erfüllt ist, wohl aber in vielen praktisch bedeutsamen Fällen, wie der nächste Satz belegt.

(1.12) Satz. *Seien* $(\Phi_\lambda \colon D_\lambda \to X \mid \lambda \in \Lambda)$ *und* $(\Psi_\mu \colon E_\mu \to Y \mid \mu \in M)$ *charakteristische Abbildungen für die Zellen von X und Y. Sei Y lokal kompakt. Dann ist die Abbildung*

$$
\Phi \times \Psi = (\Phi_\lambda \times \Psi_\mu) \colon \left(\coprod_\lambda D_\lambda \right) \times \left(\coprod_\mu E_\mu \right) \to X \times Y
$$

eine Identifizierung.

Beweis. Wir wenden zweimal die Tatsache an, daß das Produkt einer Identifizierung mit einem lokalkompakten Raum wieder eine Identifizierung ist. Da $\coprod D_\lambda = D$ lokal kompakt ist, so ist $\mathrm{id}(D) \times \Psi$ eine Identifizierung und da Y lokal kompakt ist, so auch $\Phi \times \mathrm{id}(Y)$. Folglich ist auch die Zusammensetzung $\Phi \times \Psi$ dieser beiden Abbildungen eine Identifizierung.   □

(1.13) Folgerung. *Sind X und Y CW-Komplexe und ist Y lokal kompakt, so ist $X \times Y$ ein CW-Komplex mit Gerüsten $(X \times Y)^n = \bigcup_{i=0}^n X^i \times Y^{n-i}$. Die Zellen von $X \times Y$ sind Produkte der Zellen von X und Y.*   □

Aus dem Homotopiesatz für Kofaserungen folgt:

(1.14) Satz. *Seien $\varphi_0, \varphi_1 \colon \coprod_j S_j^{n-1} \to A$ homotope anheftende Abbildungen. Entstehe $X(j)$ aus A durch Anheften von n-Zellen vermöge φ_j. Dann sind $X(0)$ und $X(1)$ unter A h-äquivalent.*   □

(1.15) Beispiel. Ein *CW*-Komplex heißt *lokal endlich*, wenn jeder Punkt einen endlichen Unterkomplex als Umgebung besitzt. Ein *CW*-Komplex ist genau dann lokal kompakt, wenn er lokal endlich ist [88, p. 44]. Vergleiche III (2.4).   ◇

(1.16) Beispiel. Sei X ein *CW*-Komplex und A ein Unterkomplex. Dann ist X/A ein *CW*-Komplex mit Gerüstfiltrierung X^n/A^n. Ist (X, A) ein relativer *CW*-Komplex, so ist $A \subset X$ eine Kofaserung (induzierte Kofaserung, Kolimes von Kofaserungen ist eine Kofaserung). Ist A ein Unterkomplex von X, so ist (X, A) ein relativer *CW*-Komplex.   ◇

(1.17) Beispiel. *CW*-Komplexe haben gute lokale Eigenschaften, die man unmittelbar aus der induktiven Definition durch Zellenanheften beweist:

Sei $V \subset X^{n+1}$ der Raum, der entsteht, wenn man aus jeder offenen $(n + 1)$-Zelle einen Punkt herausnimmt. Dann ist $X^n \subset V$ ein starker Deformationsretrakt. Eine Retraktion $r: V \to X^n$ kann so gewählt werden, daß für jede offene oder abgeschlossene Teilmenge $B \subset X^n$ die Einschränkung $r: r^{-1}(B) \to B$ ebenfalls ein starker Deformationsretrakt ist. Induktiv über die Gerüste zeigt man damit, daß jeder Unterkomplex A eines *CW*-Komplexes ein starker Deformationsretrakt ist. Jeder Punkt eines *CW*-Komplexes hat eine zusammenziehbare Umgebung.   ◇

2 Homotopietheorie von *CW*-Komplexen

Ein Raumpaar (Y, B) heißt *n-zusammenhängend*, wenn für jeden relativen *CW*-Komplex (X, A) der zellulären Dimension höchstens n jede Abbildung $f: (X, A) \to (Y, B)$ relativ A homotop zu einer Abbildung $g: X \to B \subset Y$ ist. Ein (punktierter) Raum X heißt *n-zusammenhängend*, wenn $(X, \{*\})$ *n*-zusammenhängend ist.

(2.1) Satz. *Sei $n \geq 0$ gegeben. Die folgenden Aussagen über (Y, B) sind äquivalent:*

(1) *(Y, B) ist n-zusammenhängend.*

(2) *Jede Abbildung $f: (D^q, S^{q-1}) \to (Y, B)$ für $q \in \{0, \dots, n\}$ ist relativ S^{q-1} zu einer Abbildung $g: D^q \to B$ homotop.*

(3) *Die Inklusion $j: B \subset Y$ induziert für jeden Grundpunkt $b \in B$ eine Bijektion $j_*: \pi_q(B, b) \to \pi_q(Y, b)$ für $q < n$ und eine Surjektion für $q = n$.*

(4) *(Y, B) ist 0-zusammenhängend, und für $q \in \{1, \dots, n\}$ und $b \in B$ ist $\pi_q(Y, B, b) = 0$.*

Beweis. (1) $\Rightarrow$ (2) gilt, weil (2) ein Spezialfall von (1) ist.

(2) $\Rightarrow$ (3). Sei $f: (I^q, \partial I^q) \to (Y, b)$ gegeben. Nach (2) ist f relativ ∂I^q homotop zu einer Abbildung $g: I^q \to B$, und deshalb ist $j_*[g] = [f]$ und j_* surjektiv. Sei $g: (I^q, \partial I^q) \to (B, b)$ gegeben und jg vermöge $H: (I^q \times I, \partial I^q \times I) \to (Y, b)$ nullhomotop. Es ist $H(\partial(I^q \times I)) \subset B$ und deshalb H für $q + 1 \leq n$ relativ

$\partial(I^q \times I)$ homotop zu einer Abbildung $K\colon I^q \times I \to B$, die dann als Nullhomotopie von g angesehen werden kann.

(3) $\Rightarrow$ (4) folgt aus der exakten Homotopiesequenz des Raumpaares (Y, B).

(4) $\Rightarrow$ (2) folgt aus III (2.2).

(2) $\Rightarrow$ (1). Es entstehe X aus A durch Anheften von q-Zellen vermöge der Abbildung $\varphi\colon \coprod\{k\} \times S^{q-1} \to A$. Wir betrachten ein kommutatives Diagramm

$$
\begin{array}{ccccc}
\coprod\{k\} \times S^{q-1} & \xrightarrow{\ \varphi\ } & A & \xrightarrow{\ f\ } & B \\
\downarrow & & \downarrow{\scriptstyle \alpha} & & \downarrow{\scriptstyle j} \\
\coprod\{k\} \times D^q & \xrightarrow{\ \Phi\ } & X & \xrightarrow{\ F\ } & Y.
\end{array}
$$

Nach (2) ist $F\Phi$ relativ $\coprod\{k\} \times S^{q-1}$ homotop zu einer Abbildung nach B. Eine derartige Homotopie liefert mit der universellen Eigenschaft des Pushout eine Homotopie von F relativ A. Für beliebiges (X, A) mit $\dim(X, A) \leq n$ wendet man diesen Schluß induktiv gerüstweise an. Hat man nämlich eine Abbildung von X^{k+1} relativ X^k homotop abgeändert, so benutzt man, daß $X^{k+1} \subset X$ eine Kofaserung ist, um die abgeänderte Homotopie auf X fortzusetzen. □

Sei $h\colon B \to Y$ eine stetige Abbildung und $b\colon B \to Z(h)$ die schon öfter verwendete Einbettung in den (unpunktierten) Abbildungszylinder von h. Wir sagen, h sei *n-zusammenhängend*, wenn das Raumpaar (Z_h, B) n-zusammenhängend ist. Eine ∞-zusammenhängende Abbildung sei n-zusammenhängend für jedes n; man nennt sie auch *schwache Homotopieäquivalenz*. Statt „h ist n-zusammenhängend", sagen wir auch „h ist eine n-Äquivalenz". Man überzeuge sich davon, daß sich für eine Inklusion $h\colon B \to Y$ kein anderer Begriff von n-zusammenhängend ergibt.

(2.2) Satz. *Für jeden relativen CW-Komplex (X, A) ist (X, X^n) n-zusammenhängend.*

Beweis. Wir zeigen zunächst, daß (X^{n+1}, X^n) n-zusammenhängend ist. Sei $U \subset X^{n+1}$ die Vereinigung der offenen $(n + 1)$-Zellen von (X, A). Sei $V \subset X^{n+1}$ der Raum, der aus X^{n+1} entsteht, indem aus jeder offenen $(n + 1)$-Zelle ein Punkt entfernt wird. Dann ist (U, V) eine offene Überdeckung von X^{n+1}. Es ist $(U, U \cap V)$ homöomorph zu einer disjunkten Vereinigung von Raumpaaren $(E^{n+1}, E^{n+1} \setminus 0)$. Diese Raumpaare sind zu (D^{n+1}, S^n) homotopieäquivalent. Deshalb ist nach III.3 $\pi_i(U, U \cap V) = 0$ für $1 \leq i \leq n$. Da die Inklusion $X^n \subset V$ eine Homotopieäquivalenz ist, so folgt nun die Behauptung über (X^{n+1}, X^n) für $n \geq 1$. Ein direktes Argument erledigt den Fall $n = 0$. Mit (C, B) und (B, A) ist auch (C, A) n-zusammenhängend. Also sind alle (X^{n+k}, X^n) für $k \geq 1$ n-zusammenhängend. Ein Kolimes-Argument („Kompaktes liegt im Endlichen") beendet den Beweis. □

Seien X und Y CW-Komplexe. Eine Abbildung $f\colon X \to Y$ heißt *zellulär*, wenn für alle n die Inklusion $f(X^n) \subset Y^n$ besteht.

(2.3) Satz. *Jede stetige Abbildung $f\colon X \to Y$ zwischen CW-Komplexen ist zu einer zellulären Abbildung $g\colon X \to Y$ homotop. Ist $B \subset X$ ein Unterkomplex und $f|B$ zellulär, so kann $f \simeq g$ rel B gewählt werden.*

Beweis. Wir zeigen induktiv, daß es Homotopien $H^n\colon X \times I \to Y$ mit den folgenden Eigenschaften gibt: $H_0^0 = f$, $H_1^{n-1} = H_0^n$ für $n \geq 1$, $H_1^n(X^i) \subset Y^i$ für $i \leq n$, H^n konstant auf $X^{n-1} \cup B$. Die gewünschte Homotopie wird dann durch

$$H(x, t) = \begin{cases} H^i(x, 2^{i+1}(t - 1 + 2^{-i})) & \text{für} \quad 1 - 2^{-i} \leq t \leq 1 - 2^{-i-1} \\ H^i(x, 1) & \text{für} \quad x \in X^i,\ t = 1 \end{cases}$$

gegeben. Für den Induktionsschritt sei $f(X^i) \subset Y^i$ für $i < n$ angenommen. Sei $\Phi\colon (D^n, S^{n-1}) \to (X^n, X^{n-1})$ charakteristische Abbildung einer n-Zelle, die nicht in B liegt. Die Abbildung $f \circ \Phi$ ist wegen (2.2) relativ zu S^{n-1} homotop zu einer Abbildung nach Y^n. Eine zugehörige Homotopie wird dazu benutzt, die Homotopie von f auf einer abgeschlossenen n-Zelle zu definieren. □

(2.4) Satz. *Sei $f\colon Y \to Z$ eine n-Äquivalenz und X ein CW-Komplex. Die induzierte Abbildung $f_*\colon [X, Y] \to [X, Z]$ ist surjektiv (bijektiv), falls $\dim X \leq n$ $(\dim X < n)$ ist.*

Beweis. Indem man Z durch den Abbildungszylinder von f ersetzt, kann man das Problem auf den Fall einer Inklusion $Y \subset Z$ zurückführen. Dann folgt die Surjektivität, indem man die Definition des n-fachen Zusammenhangs auf das Paar $(X, \emptyset)$ anwendet. Für den Beweis der Injektivität verwendet man analog das Raumpaar $(X \times I, X \times \partial I)$. □

(2.5) Satz von Whitehead. *Eine Abbildung $f\colon Y \to Z$ zwischen CW-Komplexen ist genau dann eine Homotopieäquivalenz, wenn für alle $b \in Y$ und alle q die induzierte Abbildung $f_*\colon \pi_q(Y, b) \to \pi_q(Z, f(b))$ bijektiv ist. Sind Y und Z höchstens k-dimensional, so ist f eine Homotopieäquivalenz, wenn f_* für $q \leq k$ bijektiv ist.*

Beweis. Ist f_* immer bijektiv, so ist f eine ∞-Äquivalenz, also $[X, Y] \to [X, Z]$ für alle CW-Komplexe X bijektiv und damit bekanntlich f ein Isomorphismus in der Homotopiekategorie. Unter der eingeschränkten Voraussetzung ist jedenfalls $[Z, Y] \to [Z, Z]$ surjektiv. Also gibt es $g\colon Z \to Y$, so daß $f \circ g \simeq \mathrm{id}(Z)$ ist. Dann ist auch $g_*\colon \pi_q(Z) \to \pi_q(Y)$ für $q \leq k$ bijektiv. Folglich gibt es $h\colon Y \to Z$ mit $g \circ h \simeq \mathrm{id}(Y)$. Damit ist g als eine Homotopieäquivalenz erkannt. □

Mit den vorstehenden Ergebnissen verallgemeinern wir den Einhängungssatz.

(2.6) Satz. *Sei* $\pi_i(Y) = 0$ *für* $0 \le i \le n$. *Dann ist* $\Sigma\colon [X, Y]^0 \to [\Sigma X, \Sigma Y]^0$
bijektiv (bzw. surjektiv), wenn X ein C-Komplex ist und $\dim X \le 2n$ *(bzw.* $\dim X \le 2n + 1$*).*

Beweis. Wir wenden auf $[\Sigma X, \Sigma Y]^0$ Adjunktion an. Wir sehen, daß dann Σ durch eine Abbildung $\sigma\colon Y \to \Omega\Sigma Y$ induziert wird; dabei ist $\sigma(y)$ die Schleife $t \mapsto [y, t]$ in ΣY. Nach dem Einhängungssatz ist σ unter der Voraussetzung des Satzes $(2n+1)$-zusammenhängend. Die Behauptung folgt nun aus (2.4). $\qquad\square$

Wir besprechen nun Überlagerungen von CW-Komplexen. Sei zunächst (Φ, φ) : $\amalg_j(D_j^n, S_j^{n-1}) \to (X, A)$ eine charakteristische Abbildung für das Anheften von n-Zellen. Sei $p\colon E \to X$ eine Überlagerung mit typischer Faser F und $p_A\colon E_A \to A$ ihre Einschränkung auf A. Da jede Überlagerung von D^n trivial ist, haben wir ein Pullback von Überlagerungen der Form

$$
\begin{array}{ccc}
\amalg_j D_j^n \times F & \xrightarrow{\ \Psi\ } & E \\
\Big\downarrow{\scriptstyle\mathrm{pr}} & & \Big\downarrow{\scriptstyle p} \\
\amalg_j D_j^n & \xrightarrow{\ \Phi\ } & X
\end{array}
$$

und durch Einschränkung ein kommutatives Diagramm

$$
\begin{array}{ccc}
\amalg_j S_j^{n-1} \times F & \xrightarrow{\ \psi\ } & E_A \\
\Big\downarrow{\scriptstyle i} & & \Big\downarrow{} \\
\amalg_j D^n \times F & \xrightarrow{\ \Psi\ } & E
\end{array}
$$

über dem Pushout (Φ, φ). Man verifiziert, daß die kanonische Abildung des Pushouts von (i, ψ) nach E ein Homöomorphismus ist. Also ist das letzte Diagramm eine Anheftung von n-Zellen. Ist p ein G-Prinzipalbündel mit einer diskreten Gruppe G, so können wir $F = G$ wählen und alle Abbildungen in diesem Diagramm als G-äquivariant annehmen. Damit zeigt man:

(2.7) Satz. *Ist X ein CW-Komplex und $p\colon E \to X$ eine Überlagerung, so sind $(E^n = p^{-1}(X^n))$ die Gerüste einer CW-Zerlegung, deren charakteristische Abbildungen vermöge p in charakteristische Abbildungen der CW-Zerlegung von X überführt werden. Ist p ein G-Prinzipalbündel, so können die charakteristischen Abbildungen von E über einer von X als äquivariante Abbildung $(D^n, S^{n-1}) \times G \to (E^n, E^{n-1})$ gewählt werden.* $\qquad\square$

(2.8) Beispiel. Der Kolimes S^∞ der Folge $S^0 \subset S^1 \subset S^2 \subset \cdots$ ist zusammenziehbar. $\qquad\diamond$

(2.9) Beispiel. Ein CW-Komplex ist genau dann zusammenhängend, wenn er wegweise zusammenhängend ist. Er ist die topologische Summe seiner Komponenten. Ein eindimensionaler CW-Komplex ist genau dann zusammenziehbar, wenn er einfach zusammenhängend ist (2.4). Ein einfach zusammenhängender eindimensionaler Unterkomplex T von X heißt *Baum* in X. Sind $T_0 \subset T_1 \subset T_2 \subset \cdots$ Bäume in X, so ist auch ihre Vereinigung einer. Mit dem Zornschen Lemma schließt man, daß jeder Baum in einem maximalen enthalten ist. Ein Baum in einem zusammenhängenden CW-Komplex ist genau dann maximal, wenn er alle Nullzellen enthält. Sei X ein zusammenhängender CW-Komplex und $T \subset X$ ein maximaler Baum. Die Quotientabbildung $X \to X/T$ ist eine Homotopieäquivalenz und $X/T = Y$ ist ein Komplex mit genau einer Nullzelle. Das 1-Gerüst Y^1 ist eine punktierte Summe von 1-Sphären und deshalb $\pi_1(Y^1)$ eine freie Gruppe mit einem Erzeugenden für jede 1-Zelle. Die Inklusion $Y^1 \to Y^2$ induziert eine Surjektion und $Y^2 \to Y$ eine Bijektion der Fundamentalgruppen. $\Diamond$

3 CW-Approximation

Wir wollen Räume systematisch durch Zellenanheftung verändern. Um uns den Zellen anzupassen, verwenden wir D^n statt I^n bei der Behandlung der Homotopiegruppen. Die typische Situation wird durch das kommutative Diagramm

$$
\begin{array}{ccccc}
S^n & \xrightarrow{\;\varphi\;} & A & \xrightarrow{\;f\;} & Y \\
\cap \downarrow & & \cap \downarrow & & \;\downarrow = \\
D^{n+1} & \xrightarrow{\;\Phi\;} & X & \xrightarrow{\;F\;} & Y
\end{array}
$$

umrissen. Das linke Quadrat ist ein Pushout, das heißt, X entsteht aus A durch Anheften einer $(n+1)$-Zelle. Die Abbildung $f \circ \varphi$ ist nullhomotop, weil sie sich auf D^{n+1} erweitern läßt. Die Erweiterungen von f zu F entsprechen genau den Nullhomotopien von $f \circ \varphi$, das heißt, den Erweiterungen von $f \circ \varphi$ auf D^{n+1} (universelle Eigenschaft des Pushouts). Die Homotopieklasse von $f \circ \varphi$ nennt man deshalb ein *Hindernis* für die Erweiterung von f auf X.

Das rechte Quadrat induziert nach Wahl eines Grundpunktes in A ein kommutatives Diagramm zwischen den exakten Homotopiesequenzen von f und F, wie es nachstehend angedeutet ist.

$$
\begin{array}{ccccccc}
\cdots \longrightarrow & \pi_j(f) & \xrightarrow{\;\partial\;} & \pi_{j-1}(A) & \longrightarrow & \pi_{j-1}(Y) & \longrightarrow \cdots \\
& \downarrow \iota & & \downarrow \iota_1 & & \downarrow = & \\
\cdots \longrightarrow & \pi_j(F) & \xrightarrow{\;\partial\;} & \pi_{j-1}(X) & \longrightarrow & \pi_{j-1}(Y) & \longrightarrow \cdots
\end{array}
$$

Wir benutzen das Diagramm im nächsten Satz.

(3.1) Satz. *Sei $n > 0$. Die Abbildung ι des letzten Diagrammes ist bijektiv für $j \leq n$ und surjektiv für $j = n + 1$. Der Kern von ι für $j = n + 1$ ist ein Normalteiler, der den durch $x = [F \circ \Phi, \varphi] \in \pi_{n+1}(f)$ erzeugten $\pi_1(A)$-Modul enthält.*

Beweis. Wir wissen, daß $\pi_{n+1}(f)$ ein $\pi_1(A)$-Modul ist und $\pi_{n+1}(F)$ ein $\pi_1(X)$-Modul. Die Abbildung ι ist mit diesen Modulstrukturen über den Homomorphismus $\iota_1 \colon \pi_1(A) \to \pi_1(X)$ verträglich: $\iota(u \cdot x) = \iota_1(u) \cdot \iota(x)$. Für die zweite Aussage des Satzes genügt es also, $\iota(x) = 0$ zu zeigen. Da aber $\iota(x)$ den Repräsentanten

$$
\begin{array}{ccc}
S^n & \longrightarrow & X \\
\downarrow & \nearrow & \downarrow \\
D^{n+1} & \underset{F \circ \Phi}{\longrightarrow} & Y
\end{array}
$$

hat, ist dieser Repräsentant nullhomotop.

Da (X, A) n-zusammenhängend ist, schließt man aus dem obigen Diagramm und dem Fünfer-Lemma der Algebra, daß ι im angegebenen Bereich injektiv (surjektiv) ist. Das Fünfer-Lemma läßt sich allerdings nur anwenden, wenn man es mit Gruppen und Homomorphismen zu tun hat, also nur im Fall $j - 1 \geq 1$. Im Fall $j = 1$ weise man die Behauptung direkt nach.   □

Unser nächstes Ziel wird es sein, beliebige Räume durch CW-Komplexe anzunähern. Dazu dient der folgende Satz.

(3.2) Satz. *Sei $f \colon A \to Y$ eine stetige Abbildung und sei $n \in \mathbb{N}_0$. Es gibt einen relativen CW-Komplex (X, A) der Dimension $\dim(X, A) \leq n$ und eine Erweiterung $F \colon X \to Y$ von f, die n-zusammenhängend ist.*

Beweis. Wir beweisen die Existenz von (X, A) und F durch Induktion nach n. Im Fall $n = 0$ bedeutet das Anheften von Nullzellen an A, daß eine disjunkte Vereinigung $A + \coprod \{j\} \times D^0 = X$ gebildet wird. Es ist F genau dann 0-zusammenhängend, wenn $F_* \colon \pi_0(X) \to \pi_0(Y)$ surjektiv ist. Wir heften also für jede Wegekomponente c von Y, die nicht im Bild von $f_* \colon \pi_0(A) \to \pi_0(Y)$ liegt, eine Nullzelle $\{c\} \times D^0$ an A an und definieren F dadurch, daß $\{c\} \times D^0$ nach c abgebildet wird.

Sei $f \colon A \to Y$ 0-zusammenhängend. Dann ist also $f_* \colon \pi_0(A) \to \pi_0(Y)$ surjektiv. Seien c_{-1}, c_1 Wegekomponenten von A, die bei f_* dasselbe Bild haben. Wir wählen eine anheftende Abbildung $\varphi \colon S^0 \to A$ mit $\varphi(\pm 1) \in c_{\pm 1}$. Dann läßt sich f über die angeheftete 1-Zelle fortsetzen und $\pi_0(A) \to \pi_0(A \cup_\varphi D^1)$ ist eine Surjektion, die genau die Wegekomponenten c_{-1} und c_1 zusammenwirft. Indem wir so alle Paare von Wegekomponenten mit gleichem Bild in $\pi_0(Y)$ behandeln, erhalten wir einen eindimensionalen relativen Komplex (X', A) und eine Erweiterung $F': X' \to Y$ von f, die eine Bijektion $\pi_0(X') \to \pi_0(Y)$ induziert.

Um eine 1-zusammenhängende Abbildung herzustellen, müssen wir ferner erreichen, daß die Fundamentalgruppe surjektiv abgebildet wird. Nach dem vorangehenden können wir schon X' und Y als wegzusammenhängend annehmen. Sei $\{x_j \in \pi_j(Y) \mid j \in J\}$ eine Menge von Elementen, die zusammen mit dem Bild von $\pi_1(X')$ die Gruppe $\pi_1(Y)$ erzeugt. Wir heften für jedes $j \in J$ an X' eine 1-Zelle mit einer konstanten Abbildung $\varphi_j: S^0 \to \{*\} \subset X'$ an und definieren F auf der zugehörigen 1-Zelle (die nach Konstruktion eine „Schleife" ist) so, daß ein Repräsentant von x_j entsteht. Auf diese Weise erweitern wir X' zu X und F' zu einer 1-zusammenhängenden Abbildung $F: X \to Y$.

Sei nun $n \geq 2$ und $f: A \to Y$ $(n-1)$-zusammenhängend. Wir wählen eine Familie kommutativer Diagramme

$$
\begin{array}{ccc}
S^{n-1} & \xrightarrow{\ \varphi_j\ } & A \\
\downarrow & & \downarrow{f} \\
D^n & \xrightarrow[\ \Phi_j\ ]{} & Y,
\end{array}
$$

so daß die Elemente $x_j = [\Phi_j, \varphi_j] \in \pi_n(f)$ diesen $\pi_1(A)$-Modul erzeugen. Wir heften mittels der φ_j n-Zellen an A an und erhalten einen Raum X, auf den sich f zu F erweitern läßt. Nach (3.1) ist $\pi_j(F) = 0$ für $j \leq n$, also F n-zusammenhängend.□

Aus dem Beweis von (3.2) entnimmt man die folgende Aussage.

(3.3) Zusatz. *Ist unter den Voraussetzungen von (3.2) f k-zusammenhängend für ein $k \leq n$, so läßt sich X aus A durch Anheften von j-Zellen erhalten, wobei $j \in \{k+1, \ldots, n\}$ ist.* □

(3.4) Satz. *Ist Y ein CW-Komplex und gilt $\pi_i(Y) = 0$ für $i \in \{0, \ldots, k\}$, so gibt es einen zu Y homotopieäquivalenten CW-Komplex X, dessen k-Gerüst aus einem Punkt besteht.*

Beweis. Man wende (3.3) auf die Inklusion $f: A = \{*\} \to Y$ eines Punktes an und stelle eine ∞-zusammenhängende Abbildung $F: X \to Y$ her. Da f k-zusammenhängend ist, kann $X^k = A$ gewählt werden. □

Der Beweis von (3.2) liefert ferner, indem man sukzessiv durch Anheften von Zellen Elemente in Homotopiegruppen zu Null macht, die folgende Aussage.

(3.5) Satz. *Sei A ein beliebiger Raum und $k \in \mathbb{N}_0$. Es gibt einen relativen CW-Komplex (X, A), der nur Zellen einer Dimension größer als $k+1$ hat, so daß*

$\pi_j(X) = 0$ *ist für $j > k$ und die induzierte Abbildung $\pi_j(A) \to \pi_j(X)$ für $j \le k$
ein Isomorphismus.*   □

(3.6) Satz. *Sei $\pi_j(Y) = 0$ für $i > n$. Entstehe X aus A durch Anheften von Zellen
einer Dimension größer als $n + 1$. Dann induziert die Inklusion $A \subset X$ eine Bijektion
$[X, Y] \to [A, Y]$.*

Beweis. Wird eine $(k + 1)$-Zelle, $k > n$, mittels $\varphi\colon S^k \to X^k$ angeheftet und ist
$F^k\colon X^k \to Y$ eine Erweiterung, so ist $F^k\varphi$ nullhomotop und läßt sich deshalb über
die mittels φ angeheftete Zelle fortsetzen. So erweitert man induktiv über die Gerüste
und sieht, daß die fragliche Abbildung surjektiv ist. Um die Injektivität zu zeigen,
wendet man dasselbe Argument auf $(X \times I, X \times \partial I \cup A \times I)$ an.   □

Als Folgerung erhält man, daß ein Paar (X, A) mit den Eigenschaften von (3.5)
bis auf eindeutige h-Äquivalenz unter A bestimmt ist.

Aus (3.2) folgt, daß es zu jedem topologischen Raum Y eine schwache Homotopieäquivalenz $f\colon X \to Y$ mit einem CW-Komplex X gibt. Man nennt X eine
CW-*Approximation* an Y.

(3.7) Satz. *Sei $g\colon Y_1 \to Y_2$ eine stetige Abbildung und seien $f_j\colon X_j \to Y_j$ CW-
Approximationen. Dann gibt es eine bis auf Homotopie eindeutig bestimmte Abbil-
dung $C_g\colon X_1 \to X_2$, so daß $f_2 \circ C_g \simeq g \circ f_1$ ist. Ist $h\colon Y_2 \to Y_3$ und C_h analog
definiert, so ist $C_{hg} \simeq C_h \circ C_g$.*

Beweis. Da f_2 eine ∞-Äquivalenz ist, so ist $f_{2*}\colon [X_1, X_2] \to [X_1, Y_2]$ bijektiv. Es
gibt deshalb genau eine Homotopieklasse $[C_g]$ mit $f_{2*}[C_g] = [gf_1]$.   □

Aus dem letzten Satz folgt, daß CW-Approximationen bis auf h-Äquivalenz
eindeutig sind. Ferner folgt daraus:

(3.8) Satz. *Sei F ein homotopieinvarianter Funktor von der Kategorie der CW-
Komplexe in eine andere Kategorie. Dann hat F eine bis auf Äquivalenz eindeutige
homotopieinvariante Erweiterung auf die Kategorie der topologischen Räume, so
daß schwache h-Äquivalenzen Isomorphismen induzieren.*   □

Um die algebraische Topologie der CW-Komplexe für Mannigfaltigkeiten nutz-
bar zu machen, benötigt man den

(3.9) Satz. *Eine topologische Mannigfaltigkeit hat den Homotopietyp eines CW-
Komplexes.*

Zum Beweis mittels (3.11) wird die folgende Aussage verwendet [106].

(3.10) Satz. *Eine zusammenhängende Mannigfaltigkeit M ist homöomorph zu einer abgeschlossenen Teilmenge eines $\mathbb{R}^n$. Es gibt eine Umgebung U von M in $\mathbb{R}^n$, die sich auf M retrahieren läßt.*   □

Eine *Domination* eines Raumes X durch einen Raum K besteht aus Abbildungen $i: K \to X$, $p: X \to K$ und einer Homotopie $\varphi: pi \simeq \mathrm{id}(K)$. Ist $r: U \to M$ eine Retraktion einer offenen Umgebung U auf M, so läßt sich U triangulieren und ist daher ein CW-Raum. Mithin wird M von einem CW-Raum dominiert. Damit folgt die obige Aussage über den Homotopietyp einer Mannigfaltigkeit aus dem folgenden Satz.

(3.11) Satz. *Wird ein Raum M von einem CW-Komplex X dominiert, so hat M den Homotopietyp eines CW-Komplexes.*

Beweis. Seien $i: M \to X$ und $r: X \to M$ Abbildungen, so daß ri homotop zur Identität ist. Wir finden einen CW-Komplex $Y \supset X$ und eine Erweiterung $R: Y \to M$ von r, die einen Isomorphismus der Homotopiegruppen induziert. Sei $j: M \xrightarrow{i} X \subset Y$. Wegen $Rj = ri \simeq \mathrm{id}$ induziert Rj ebenfalls einen Isomorphismus der Homotopiegruppen, also auch R. Folglich ist jR eine Abbildung, die auf den Homotopiegruppen die Identität induziert, also nach (2.5) eine Homotopieäquivalenz. Ist k homotopieinvers zu jR, so ist $j(Rk) \simeq \mathrm{id}$. Also hat j Rechts- und Linksinverse und ist demnach eine Homotopieäquivalenz.   □

Weitere Information über Räume vom CW-Typ entnimmt man [174], [88, 5.3]. Unter anderem wird dort gezeigt, daß der Schleifenraum eines CW-Komplexes wieder den Homotopietyp eines CW-Komplexes hat.

(3.12) Satz. *Sei $f: X \to Y$ eine stetige Abbildung. Seien $(U_j \mid j \in J)$ und $(V_j \mid j \in J)$ offene Überdeckungen von X und Y, die durch f respektiert werden: $f(U_j) \subset V_j$. Für jede endliche Menge $E \in J$ sei die durch f induzierte Abbildung*

$$f_E: \bigcap_{j \in E} U_j \to \bigcap_{j \in E} V_j$$

eine schwache Homotopieäquivalenz. Dann ist f eine schwache Homotopieäquivalenz.

Beweis. Durch Übergang zum Abbildungszylinder kann man annehmen, daß f eine Inklusion ist. Sei $h: (I^n, \partial I^n) \to (Y, X)$ gegeben. Nach (2.1) hat man h relativ zu ∂I^n nach X zu deformieren. Wegen der Kompaktheit von I^n genügt es, endliche J zu betrachten. Mit einer Induktion reduziert man auf den Fall $J = \{0, 1\}$. Man unterteile den Würfel I^n durch achsenparallele Schnitte so fein in Teilwürfel W, daß jeder Teilwürfel von ∂I^n in eine der Mengen U_j abgebildet wird und jeder Teilwürfel von I^n in eine der Mengen V_k. Die Deformation von f geschieht induktiv über die Gerüste X^k des unterteilten Würfels. Wir nehmen induktiv an, daß f relativ ∂I^n homotop so abgeändert wurde, daß für einen Teilwürfel D der Dimension kleiner als k aus $f(D) \subset V_i$ auch $f(D) \subset U_i$ folgt. Sei W ein k-dimensionaler Teilwürfel mit $f(W) \subset V_0 \cap V_1$. Dann gilt nach Induktionsvoraussetzung $f(\partial W) \subset U_0 \cap U_1$, und es gibt nach Voraussetzung eine Homotopie $f_t \colon W \to V_0 \cap V_1$ rel $\partial W \cup (W \cap \partial I^n)$ mit $f_1(W) \subset U_0 \cap U_1$. Falls $f(W) \subset V_i$ aber $f(W) \not\subset V_{1-i}$, so gibt es analog eine Homotopie $f_t \colon W \to V_i$. Die so gewonnenen Homotopien der k-dimensionalen Teilwürfel schließen sich zu einer Homotopie von $\partial I^n \cup X^k$ zusammen, die man irgendwie rel ∂I^n auf I^n erweitere. Damit ist der Induktionsschritt getan. □

(3.13) Bemerkung. Es gibt funktorielle Konstruktionen von CW-Approximationen, als Funktor von der Kategorie der topologischen Räume und stetigen Abbildungen betrachtet. Die geometrische Realisierung $\|X\|$ des singulären Komplexes von X hat eine kanonische Abbildung $\varepsilon \colon \|X\| \to X$, und diese ist eine schwache h-Äquivalenz. [208] [93]   ◇

4 Homologie und Kohomologie von CW-Komplexen

Wir zeigen in diesem Abschnitt unter anderem, daß sich die gewöhnlichen Homologiegruppen eines CW-Komplexes aus kombinatorisch-geometrischen Daten des Komplexes und der Koeffizientengruppe berechnen lassen. Das ist eine Rechtfertigung der Axiome.

Wir legen eine additive Homologietheorie h_* zugrunde. Das Additivitätsaxiom wird im folgenden nicht gebraucht, wenn wir es nur mit endlichen CW-Komplexen zu tun haben. Sei X ein CW-Komplex. Die Komposition der Randoperatoren

$$h_{m+1}(X^{n+1}, X^n) \xrightarrow{\ \partial\ } h_m(X^n, X^{n-1}) \xrightarrow{\ \partial\ } h_{m-1}(X^{n-1}, X^{n-2})$$

ist Null, weil $h_m(X^n) \to h_m(X^n, X^{n-1}) \to h_{m-1}(X^{n-1})$, ein Teilstück aus der Sequenz des Paares (X^n, X^{n-1}), in $\partial \circ \partial$ „enthalten" ist. Wir setzen $h_{n,k}(X) = h_{n+k}(X^n, X^{n-1})$. Für jedes $k \in \mathbb{Z}$ bilden also die Gruppen $(h_{n,k}(X) \mid n \in \mathbb{Z})$ zusammen mit den eben betrachteten Randoperatoren einen Kettenkomplex $h_{\bullet,k}(X)$. Derartige Kettenkomplexe nennen wir *Zellenkettenkomplex*. Eine zelluläre Abbildung $f \colon X \to Y$ induziert Homomorphismen

$$h_{n,k}(f) \colon h_{n,k}(X) \to h_{n,k}(Y),$$

und wegen der Natürlichkeit des Randoperators bilden sie eine Kettenabbildung.

(4.1) Notiz. *Sind die zellulären Abbildungen f_0 und f_1 homotop, so sind die Kettenabbildungen $h_{\bullet,k}(f_0)$ und $h_{\bullet,k}(f_1)$ kettenhomotop.*

Beweis. Sei $f\colon X \times I \to Y$ eine Homotopie von f_0 nach f_1. Nach dem Satz über die zelluläre Approximation können wir $f(X^n \times I) \subset Y^{n+1}$ annehmen. Die Komponenten der Kettenhomotopie werden durch

$$s_n\colon h_{n+k}(X^n, X^{n-1}) \xrightarrow{\ \sigma\ } h_{n+k+1}((X^n, X^{n-1}) \times (I, \partial I)) \xrightarrow{\ f_*\ } h_{n+k+1}(Y^{n+1}, Y^n)$$

definiert. Wir haben die Relation

$$\partial s_n + s_{n-1}\partial = h_{n,k}(f_1) - h_{n,k} f_0$$

nachzuweisen. Dazu verwenden wir IV(9.8). Wir wenden auf die dort hergeleitete Zerlegung f_* an und benutzen die Natürlichkeit des Randoperators. $\square$

Es erhebt sich die Frage nach der algebraischen Homologie des Kettenkomplexes $h_{\bullet,k}(X)$. Sei

$$(\Phi, \varphi)\colon \coprod_{j \in J} (D_j^n, S_j^{n-1}) \to (X^n, X^{n-1})$$

die charakteristische Abbildung der n-Zellen. Die j-Komponente von (Φ, φ) werde durch einen Index j bezeichnet. Wir fügen gegebenenfalls n als oberen Index hinzu. Aus IV(10.1) folgt:

(4.2) Satz. *Die anheftende Abbildung (Φ, φ) der n-Zellen induziert einen Isomorphismus $\Phi_*\colon h_m\big(\coprod_j (D_j^n, S_j^{n-1})\big) \cong h_m(X^n, X^{n-1})$.* $\square$

Wir benutzen in (4.2) die Additivität und die Einhängung und erhalten

$$h_m\big(\coprod (D_j^n, S_j^{n-1})\big) \cong \bigoplus_j h_m(D_j^n, S_j^{n-1}) \cong \bigoplus_j h_{m-n}(P_j)$$

mit einem Punktraum P_j. Wir kürzen ab und setzen $h_k(P) = h_k$. Die letzte direkte Summe hängt nur von der Indexmenge J, also der Menge der n-Zellen, sowie der Koeffizientengruppe h_{m-n} ab. Wir schreiben sie deshalb in einer anderen algebraischen Form auf.

Sei $C_n(X)$ die freie abelsche Gruppe über der Menge der n-Zellen $(e_j \mid j \in J)$. Ein Element in $C_n(X)$ heißt n-*dimensionale Zellenkette* von X. Das Tensorprodukt über $\mathbb{Z}$

$$C_n(X) \otimes h_{m-n}$$

kann kanonisch mit $\bigoplus_j h_{m-n}(P_j)$ identifiziert werden: Jedes Element im Tensorprodukt $C_n(X) \otimes h_k$ läßt sich nämlich eindeutig in der Form $\sum_j e_j \otimes u_j$ mit $u_j \in h_k$ schreiben (nur endlich viele u_j sind ungleich Null), und dazu gehöre dann $(u_j \mid j \in J) \in \bigoplus_j h_k(P_j)$.

Aus (4.2) und den Bemerkungen danach erhalten wir also insgesamt einen Isomorphismus

(4.3) $\Phi_\# = \Phi_\#^n: C_n(X) \otimes h_{m-n} \cong h_m(X^n, X^{n-1}).$

Es sei allerdings betont, daß der Isomorphismus (4.3) von der Wahl von (Φ, φ) abhängt. Durch Übergang zu Quotienträumen können wir diesem Isomorphismus auch eine etwas andere Form geben. Wir haben nämlich ein kommutatives Diagramm aus Isomorphismen

$$
\begin{array}{ccc}
h_m\left(\coprod_j (D_j^n, S_j^{n-1})\right) & \xrightarrow{\ \Phi_*\ } & h_m(X^n, X^{n-1}) \\
\big\downarrow & & \big\downarrow \\
\tilde{h}_m\left(\bigvee_j D_j^n / S_j^{n-1}\right) & \xrightarrow{\ \Phi_*\ } & \tilde{h}_m(X^n / X^{n-1}).
\end{array}
$$

Analoge Überlegungen lassen sich mit einer additiven Kohomologietheorie h^* durchführen. Wir erhalten dann zunächst einen Isomorphismus

$$h^m(X^n, X^{n-1}) \cong \prod_j h^{m-n}(P_j).$$

Letztere Gruppe schreiben wir dann algebraisch in der Form $\mathrm{Hom}(C_n(X), h^{m-n})$ und erhalten insgesamt einen Isomorphismus

(4.4) $\Phi_n^\#: \mathrm{Hom}(C_n(X), h^{m-n}) \cong h^m(X^n, X^{n-1}).$

(Die Hom-Gruppen bestehen aus den Homomorphismen abelscher Gruppen.)

(4.5) Satz. *Sei $\varphi_*: h_*(-) \to k_*(-)$ eine natürliche Transformation zwischen additiven Homologietheorien. Auf den Koeffizientengruppen werde durch φ_* ein Isomorphismus induziert. Dann induziert φ_* für jeden CW-Komplex einen Isomorphismus. Analog für Kohomologie.*

Beweis. Das folgt mittels (4.2), den exakten Sequenzen für (X^n, X^{n-1}) und dem Fünfer-Lemma durch Induktion nach n für alle X^n. Die Verträglichkeit mit dem (direkten oder inversen) Limes liefert das Resultat für beliebige X. $\square$

Wir wollen nun den Randoperator des Tripels (X^n, X^{n-1}, X^{n-2}) bestimmen. Einem CW-Komplex X wird eine Familie $(M(n) \mid n \in \mathbb{N})$ von *Inzidenzmatrizen* zugeordnet. Wir indizieren die n-Zellen durch die Menge $J(n)$. Es ist $M(n)$ eine $J(n-1) \times J(n)$-Matrix mit Einträgen aus $\mathbb{Z}$. Wir schreiben

$$M(n) = (d(k, j) \mid k \in J(n-1), j \in J(n)).$$

Sei

$$p_k: X^n / X^{n-1} \xrightarrow{\ \Phi^{-1}\ } \bigvee_{j \in J} D_j^n / S_j^{n-1} \longrightarrow D_k^n / S_k^{n-1}$$

die Projektion auf den k-ten Summanden. Wir definieren $d(k, j)$ als den Grad der Abbildung

$$\iota_{k,j} \colon S_j^{n-1} \xrightarrow{\varphi_j^n} X^{n-1}/X^{n-2} \xrightarrow{p_k^{n-1}} D_k^{n-1}/S_k^{n-2}.$$

Da das Bild von φ_j nur endlich viele Zellen trifft, stehen in jeder Zeile von $M(n)$ nur endlich viele von Null verschiedene Einträge. Die Inzidenzmatrix bestimmt eine $\mathbb{Z}$-lineare Abbildung

$$M(n) \colon C_n(X) \to C_{n-1}(X), \quad e_j^n \mapsto \sum_{k \in J(n-1)} d(k, j) e_k^{n-1}.$$

Die Inzidenzmatrix hängt von der Wahl der charakteristischen Abbildungen ab. Die $d(k, j)$ sind aber bis auf das Vorzeichen unabhängig von den charakteristischen Abbildungen.

(4.6) Satz. *Das Diagramm*

$$
\begin{array}{ccc}
h_m(X^n, X^{n-1}) & \xrightarrow{\ \partial\ } & h_{m-1}(X^{n-1}, X^{n-2}) \\[4pt]
\Big\uparrow{\scriptstyle \Phi_\#^n} & & \Big\uparrow{\scriptstyle \Phi_\#^{n-1}} \\[4pt]
C_n(X) \otimes h_{m-n} & \xrightarrow{\ M(n) \otimes \mathrm{id}\ } & C_{n-1}(X) \otimes h_{m-n}
\end{array}
$$

ist kommutativ.

Beweis. Das folgt aus dem kommutativen Diagramm

$$
\begin{array}{ccccc}
h_m(X^n, X^{n-1}) & \xrightarrow{\ \partial\ } & h_{m-1}(X^{n-1}) & \xrightarrow{\ i\ } & h_{m-1}(X^{n-1}, X^{n-2}) \\[4pt]
\cong\Big\downarrow & & \Big\uparrow & & \Big\downarrow\cong \\[4pt]
\tilde{h}_m(X^n/X^{n-1}) & \xrightarrow{\ \partial\ } & \tilde{h}_{m-1}(X^{n-1}) & \xrightarrow{\quad} & \tilde{h}_{m-1}(X^{n-1}/X^{n-2}) \\[4pt]
\Big\uparrow{\scriptstyle (\Phi_j^n)_*} & & \Big\uparrow{\scriptstyle (\varphi_j^n)_*} & & \Big\downarrow{\scriptstyle (p_k)_*} \\[4pt]
\tilde{h}_m(D_j^n/S_j^{n-1}) & \xrightarrow[\cong]{\quad} & \tilde{h}_{m-1}(S_j^{n-1}) & \xrightarrow{\ (\iota_{k,j})_*\ } & \tilde{h}_{m-1}(D_k^{n-1}/S_k^{n-2})
\end{array}
$$

und der Definition von $\Phi_\#$.   □

(4.7) Bemerkung. Indem man den voranstehenden Satz auf irgendeine Homologietheorie mit $h_{m-n} \cong \mathbb{Z}$ anwendet, erkennt man, daß das Produkt $M(n-1)M(n)$ zweier aufeinanderfolgender Inzidenzmatrizen Null ist. Das ist natürlich eine homotopietheoretische Aussage über CW-Komplexe, die zunächst mit Homologie nichts zu tun hat. Es ist deshalb eine nützliche und lehrreiche Aufgabe, diese Aussage direkt homotopietheoretisch zu beweisen. $\diamond$

Die Isomorphismen $\Phi_\#^n$ sind mit zellularen Abbildungen zwischen CW-Komplexen verträglich. Sei $f\colon X \to Y$ eine zellulare Abbildung. Sie induziert eine Abbildung

$$f(n)\colon X^n/X^{n-1} \to Y^n/Y^{n-1}.$$

Daraus erhalten wir die Matrix der Grade $(d(f_{k,j})) = D_n(f)$ der Abbildungen

$$
\begin{array}{ccc}
X^n/X^{n-1} & \xrightarrow{\ f(n)\ } & Y^n/Y^{n-1} \\
\varphi_j \uparrow & & \downarrow p_k \\
D_j^n/S_j^{n-1} & \xrightarrow{\ f_{k,j}\ } & D_k^n/S_k^{n-1}.
\end{array}
$$

Aus den Definitionen entnimmt man, daß das Diagramm

$$
\begin{array}{ccc}
h_m(X^n, X^{n-1}) & \xrightarrow{\ f_*\ } & h_m(Y^n, Y^{n-1}) \\
\cong \uparrow & & \uparrow \cong \\
C_n(X) \otimes h_{m-n} & \xrightarrow{\ D_n(f) \otimes \mathrm{id}\ } & C_n(Y) \otimes h_{m-n}
\end{array}
$$

kommutativ ist.

Analoge Überlegungen in der Kohomologie führen zu der nächsten Aussage.

(4.8) Satz. *Das Diagramm*

$$
\begin{array}{ccc}
h^{m-1}(X^{n-1}, X^{n-2}) & \xrightarrow{\ \delta\ } & h^m(X^n, X^{n-1}) \\
\Phi_n^\# \uparrow & & \uparrow \Phi_{n-1}^\# \\
\mathrm{Hom}(C_{n-1}(X), h^{m-n}) & \xrightarrow{\ \mathrm{Hom}(M(n), h^{m-n})\ } & \mathrm{Hom}(C_n(X), h^{m-n})
\end{array}
$$

ist kommutativ. $\square$

Die $\Phi_n^\#$ sind mit zellularen Abbildungen verträglich.

Wir sind nun in der Lage, die Sonderrolle der klassischen Homologietheorien aufzuzeigen und gleichzeitig die Wahl der Eilenberg-Steenrod-Axiome zu rechtfertigen.

(4.9) Satz. *Sei h_* eine additive gewöhnliche Homologietheorie. Dann sind für einen CW-Komplex X die Gruppen $h_n(X)$ natürlich isomorph zu den algebraischen Homologiegruppen des Kettenkomplexes $h_{\bullet,0}(X)$.*

Beweis. Sei X ein CW-Komplex. Aus (4.2) folgt $h_k(X^n, X^{n-1}) = 0$ für $k \neq n$. Aus der exakten Sequenz

$$h_k(X^{n+t}, X^n) \to h_k(X^{n+t+1}, X^n) \to h_k(X^{n+t+1}, X^{n+t})$$

entnimmt man durch Induktion nach t, daß $h_k(X^{n+t}, X^n) = 0$ ist für $t \geq 0$, $k \leq n$. Aus IV(11.1) folgt $h_k(X, X^n) = 0$ für $k \leq n$. Mit der exakten Sequenz $h_k(X^{n-1}) \to h_k(X^n) \to h_k(X^n, X^{n-1})$ beweist man durch Induktion nach n, daß $h_k(X^n) = 0$ ist für $k > n$. Der behauptete Isomorphismus wird durch die Korrespondenz $h_n(X^n, X^{n-1}) \leftarrow h_n(X^n) \to h_n(X)$ induziert, wie wir sogleich nachweisen.

Da $h_n(X^{n-1}) = 0$ und $h_{n-1}(X^{n-2}) = 0$ ist, gilt zunächst einmal

$$Z_n = \text{Kern}(\partial\colon h_n(X^n, X^{n-1}) \to h_{n-1}(X^{n-1})).$$

Deshalb liefert in der exakten Sequenz

$$0 \to h_n(X^n) \xrightarrow{\ (1)\ } h_n(X^n, X^{n-1}) \xrightarrow{\ \partial\ } h_{n-1}(X^{n-1})$$

die Abbildung (1) einen Isomorphismus $h_n(X^n) \cong Z_n$. Da (1) injektiv ist, induziert diese Abbildung auch einen Isomorphismus

$$\text{Bild}(\partial\colon h_{n+1}(X^{n+1}, X^n) \to h_n(X^n)) \cong B_n.$$

Folglich können wir die algebraische Homologiegruppe des Zellenkettenkomplexes mit dem Kokern von $\partial\colon h_{n-1}(X^{n+1}, X^n) \to h_n(X^n)$ identifizieren. Das Diagramm

$$h_{n+1}(X^{n+1}, X^n) \xrightarrow{\ \partial\ } h_n(X^n) \longrightarrow h_n(X^{n+1}) \longrightarrow 0$$
$$\text{(2)}$$
$$h_n(X)$$

mit exakter Zeile und dem Isomorphismus (2) induziert schließlich einen Isomorphismus des Kokerns mit $h_n(X)$. $\qquad\square$

Ist (X, A) ein relativer CW-Komplex, so wird der Zellenkettenkomplex $hC_\bullet(X, A)$ ebenfalls durch $hC_n(X, A) = h_n(X^n, X^{n-1})$ mittels der relativen Gerüste definiert und der Randoperator ∂_n wie oben. Man erhält dann mit demselben Beweis einen Isomorphismus von $h_n(X, A)$ zur n-ten algebraischen Homologiegruppe dieses Kettenkomplexes.

(4.10) Notiz. *Der Beweis von (4.9) liefert bei genauerer Inspektion:*
(1) *Ist $h_n = 0$ für alle $n < 0$, so gilt $h_n(X) = 0$ für $n < 0$.*

(2) *Ist außerdem $h_n = 0$ für $0 < n < t$, so gilt $h_n(X) \cong H_n(X; G)$ mit $G = h_0$
     für $n < t$.*   □

Wir behandeln nun in analoger Weise eine additive Kohomologietheorie h^*. Die
Komposition der Korandoperatoren

$$h^{m-1}(X^{n-1}, X^{n-2}) \xrightarrow{\;\;\delta\;\;} h^m(X^n, X^{n-1}) \xrightarrow{\;\;\delta\;\;} h^{m+1}(X^{n+1}, X^n)$$

ist Null. Damit erhalten wir aus den Gruppen $(h^{n+k}(X^n, X^{n-1}) \mid n \in \mathbb{Z})$ einen Kokettenkomplex, den wir mir $h^{\bullet,k}(X)$ bezeichnen. Wir bezeichnen ihn als *zellulären
Kokettenkomplex*. Die Gruppe der Koketten und die Berechnung der Korandoperatoren durch Inzidenzmatrizen haben wir ebenfalls im vorigen Abschnitt beschrieben.
Ein analoger Beweis wie für (4.1) liefert:

(4.11) Satz. *Sei h^* eine additive gewöhnliche Kohomologietheorie. Dann sind für
einen CW-Komplex X die Gruppen $h^n(X)$ natürlich isomorph zu den Kohomologiegruppen des Kokettenkomplexes $h^{\bullet,0}(X)$.*   □

5 Einfache Anwendungen

Sei im folgenden $H_*(-; G)$ eine gewöhnliche Homologietheorie mit Koeffizientengruppe G und $H^*(-; G)$ eine ebensolche Kohomologietheorie.

(5.1) Nullte Homologie. Sei X ein zusammenhängender CW-Komplex. Dann ist
X homotopieäquivalent zu einem Komplex Y mit einer Nullzelle. Die Inklusion
induziert eine injektive Abbildung $H_0(Y^0) \to H_0(Y)$. Sie ist auch surjektiv, da
$H_0(Y, Y^0) = 0$ ist. Enthält allgemein $X(0)$ aus jeder Wegekomponente des Komplexes X genau einen Punkt, so ist deshalb $H_0(X(0)) \cong H_0(X)$. Für die Kohomologie
gilt analog $H^0(X) \cong H^0(X(0))$. Induzieren schwache Homotopieäquivalenzen Isomorphismen, wie zum Beispiel in der singulären (Ko-)Homologie, so lassen sich
analog für beliebige Räume H_0 und H^0 durch die Wegekomponenten berechnen. Im
Falle der Eilenberg-MacLane-Kohomologie ist dagegen $H^0(X; G) = [X, K(G, 0)]$
die Gruppe der stetigen (= lokal konstanten) Funktionen $X \to G$ in die diskrete
Gruppe G.   ◇

(5.2) Eindimensionale CW-Komplexe. Wir betrachten den Zellenkettenkomplex
eines eindimensionalen CW-Komplexes X. Das Nullgerüst X^0 ist die diskrete Menge
der Nullzellen. Also ist $C_0(X)$ die freie abelsche Gruppe über dieser Menge. Ist e^1
eine 1-Zelle mit anheftender Abbildung $\varphi \colon S^0 \to X^0$, so bildet der Randoperator
des Zellenkettenkomplexes das Basiselement $e^1 \in C_1(X)$ auf $\varphi(1) - \varphi(-1) \in$
$C_0(X)$ ab. Hier sieht man deutlich, wie der Randoperator von der Orientierung (der
Durchlaufrichtung) der 1-Zelle abhängt.   ◇

(5.3) Der Kreis. Nach dem Einhängungssatz ist $H_1(S^1; \mathbb{Z}) \cong \mathbb{Z}$. Es hat S^1 eine Zellenzerlegung mit den 0-Zellen $\{x_j = \exp 2\pi i j/m \mid 0 \le j < m\}$ und den dazwischenliegenden Bögen z_j von x_j nach x_{j+1} als 1-Zellen. Der Randoperator des Zellenkettenkomplexes ist nach dem vorigen Beispiel

$$\mathbb{Z}\{z_0, \ldots, z_{m-1}\} \to \mathbb{Z}\{x_0, \ldots, x_{m-1}\}, \quad z_j \mapsto x_{j+1} - x_j$$

(Index modulo m genommen; freie $\mathbb{Z}$-Moduln mit der notierten Basis). Die Summe $z = \sum_{j=0}^{m-1} z_j$ ist ein 1-Zykel (daher das Wort!), und seine Homologieklasse erzeugt $H_1(S^1)$. Die Abbildung $f\colon S^1 \to S^1$, $z \mapsto z^k$ hat den Grad k und ist eine zellulare Abbildung. Die induzierte Kettenabbildung hat für $k > 0$ die Gestalt

$$f_0\colon C_0 \to C_0, \quad x_i \mapsto x_{ki}$$
$$f_1\colon C_1 \to C_1, \quad z_j \mapsto z_{jk} + z_{jk+1} + \cdots + z_{jk+k-1}.$$

Eine kleine Rechnung zeigt, daß f in $H_1(S^1)$ die Multiplikation mit k induziert, denn der Zykel z wird auf sein k-faches abgebildet. $\diamond$

(5.4) Der komplexe projektive Raum. $\mathbb{C}P^n$ hat eine Zellenzerlegung mit einer Zelle in jeder Dimension $2j$, $0 \le j \le n$, und dem $2j$-Gerüst $\mathbb{C}P^{2j}$. Deshalb ist der Zellenkettenkomplex in jeder ungeraden Dimension gleich Null, und alle Randoperatoren sind aus diesem Grund Null. Wir erhalten somit für eine beliebige Koeffizientengruppe $H_{2j}(\mathbb{C}P^n; G) \cong G$ für $0 \le j \le n$ und $H_j(\mathbb{C}P^n; G) = 0$ sonst. Ebenso ist $H^{2j}(\mathbb{C}P^n; G) \cong G$ für $0 \le j \le n$ und $H^j(\mathbb{C}P^n; G) = 0$ sonst. Ebenso kann man mit dem unendlichen projektiven Raum $\mathbb{C}P^\infty$ verfahren. $\diamond$

(5.5) Der reelle projektive Raum. $\mathbb{R}P^n$ hat eine Zellenzerlegung mit einer Zelle in jeder Dimension j, $0 \le j \le n$, und dem j-Gerüst $\mathbb{R}P^j$. Die anheftende Abbildung für die $(j+1)$-Zelle ist die zweifache Überlagerung $S^j \to \mathbb{R}P^j$. Um die Inzidenzzahlen zu bestimmen, müssen wir den Grad der Abbildung

$$S^j \to \mathbb{R}P^j \to \mathbb{R}P^j/\mathbb{R}P^{j-1} \cong \mathbb{R}^j \cup \{\infty\}$$

$$(x_1, \ldots, x_{j+1}) \mapsto \left(\frac{x_1}{x_{j+1}}, \ldots, \frac{x_j}{x_{j+1}}\right), \quad (x_1, \ldots, 0) \mapsto \infty$$

bestimmen. Wir benutzen eine lokale Rechnung, wie sie im Kapitel über Mannigfaltigkeiten erläutert wird. Der Nullpunkt des $\mathbb{R}^j$ ist ein regulärer Wert mit den Urbildern $(0, \ldots, 0, \pm 1) = e_\pm$. Das Orientierungsverhalten in den Punkten e_+ und e_- ist 1 und $(-1)^{j+1}$. Folglich hat die fragliche Abbildung den Grad $1 + (-1)^{j+1}$. Der Zellenkettenkomplex von $\mathbb{R}P^n$ ist deshalb isomorph zu dem Komplex

$$\cdots \to \mathbb{Z} \xrightarrow{\ 2\ } \mathbb{Z} \xrightarrow{\ 0\ } \mathbb{Z} \xrightarrow{\ 2\ } \mathbb{Z} \xrightarrow{\ 0\ } \mathbb{Z} \to 0,$$

wobei abwechselnd die Multiplikation mit Null oder Zwei steht. Um daraus die (Ko-)Homologiegruppen mit Koeffizienten in G zu bestimmen, benutzen wir die kanonischen Identifizierungen $\mathbb{Z} \otimes G \cong G$ und $\mathrm{Hom}(\mathbb{Z}, G) \cong G$. Dann sieht der Zellenkettenkomplex mit Koeffizienten in G genauso aus, nur $\mathbb{Z}$ wird durch G ersetzt, und der Kokettenkomplex entsteht daraus durch Umkehrung der Pfeile. Sei $_2G = \{g \in G \mid 2g = 0\}$. Dann erhalten wir für die Homologiegruppen

$$H_j(\mathbb{R}P^n; G) \cong \begin{cases} G & j = 0 \\ G/2G & 0 < j = 2k - 1 < n \\ _2G & 0 < j = 2k \leq n \\ G & n = 2k - 1. \end{cases}$$

Die Kohomologie nimmt folgende Werte an:

$$H^j(\mathbb{R}P^n; G) \cong \begin{cases} G & j = 0 \\ _2G & 0 < j = 2k - 1 < n \\ G/2G & 0 < j = 2k \leq n \\ G & n = 2k - 1. \end{cases}$$

Analog für $\mathbb{R}P^\infty$. $\diamond$

(5.6) Die Sphäre. Die Sphäre S^n, $n \geq 1$, hat eine Zellenzerlegung mit einer Nullzelle und einer n-Zelle. Aus dem Zellenkettenkomplex erhält man deshalb noch einmal das Resultat, das auch aus dem Einhängungssatz folgt: $H_i(S^n; \mathbb{Z}) \cong \mathbb{Z}$ für $i = 0, n$ und $\cong 0$ sonst.

Die Sphäre S^n hat eine andere Zellenzerlegung mit zwei i-Zellen $e^i(\pm)$ für jedes $i \in \{0, \ldots, n\}$ und mit dem i-Gerüst S^i. Es ist $e^i(\pm) = \{(x_0, \ldots, x_i) \mid \pm x_i > 0\}$. Der Zellenkettenkomplex besteht also aus den Gruppen der i-Ketten $C(i) = \mathbb{Z}e^i(+) \oplus \mathbb{Z}e^i(-)$. Der Randoperator wird durch die folgenden Formeln gegeben:

$$\partial(e^i(+)) = e^{i-1}(+) + (-1)^i e^{i-1}(-), \quad \partial(e^i(-)) = -\partial e^i(+).$$

Dabei wird S^i durch die Rand-Orientierung von D^{i+1} bezüglich der Standard-Orientierung des $\mathbb{R}^{i+1}$ orientiert, und die $e^i(\pm) \subset S^i$ tragen die Orientierungen als Untermannigfaltigkeiten.

Dieser Kettenkomplex läßt sich unter Benutzung der antipodischen Symmetrie folgendermaßen schreiben. Sei $A = \{1, t \mid t^2 = 1\}$ die Gruppe mit zwei Elementen und $\mathbb{Z}A$ der Gruppenring von A mit Koeffizienten in $\mathbb{Z}$. Sei $C(j)$ der folgende $\mathbb{Z}A$-Modul: Additiv ist $C(j) = \mathbb{Z}\{1, t\}$ die freie abelsche Gruppe mit Basis $1, t$; die Skalarmultiplikation mit $t \in A$ ist durch $t^a \mapsto (-1)^{j+1} t^{a+1}$ gegeben. Der fragliche Kettenkomplex ist ein zweiperiodischer Komplex von $\mathbb{Z}G$-Moduln

$$C(n) \xrightarrow{} \cdots \xrightarrow{1-t} C(2) \xrightarrow{1+t} C(1) \xrightarrow{1-t} C(0).$$

Dabei bedeutet $1 \pm t$ die formale Multiplikation mit diesem Element. $\diamond$

6 Die Euler-Charakteristik

Sei X ein endlicher CW-Komplex und $f_i(K)$ die Anzahl seiner i-Zellen. Die *kombinatorische Euler-Charakteristik* von X ist die Wechselsumme

$$(6.1) \qquad \chi(X) = \sum_{i \geq 0} (-1)^i f_i(K).$$

Die fundamentale Erkenntnis über diese Größe besagt, daß sie nur von dem Raum X und nicht von seiner Zellenzerlegung abhängt, ja sogar eine Homotopieinvariante ist. Der Ursprung ist die berühmte *Eulersche Polyederformel* — eines der ersten Ergebnisse der Topologie (aus heutiger Sicht): Sie besagt, daß im Fall $X = S^2$ der Wert $\chi(X)$ immer gleich 2 ist ([81], [82], [83]). Wir haben die kombinatorische Euler-Charakteristik schon im zweiten Kapitel kennengelernt.

Die entscheidende topologische Eigenschaft der Euler-Charakteristik geht auf Poincaré ([199], [201]) zurück und besagt, daß $\chi(X)$ nur von der Homologie von X abhängt. Die i-te *Betti-Zahl*, so genannt nach Enrico Betti [21], $b_i(X)$ von X ist der Rang der Homologiegruppe $H_i(X; \mathbb{Z})$, also die Mächtigkeit einer Basis des frei-abelschen Anteils oder (äquivalent) die Dimension des $\mathbb{Q}$-Vektorraums $H_i(X; \mathbb{Z}) \otimes \mathbb{Q} \cong H_i(X; \mathbb{Q})$. Der angesprochene Satz von Poincaré besagt nun:

(6.2) Satz. $\chi(X) = \sum_{i=0}^{\infty} (-1)^i b_i(X)$.

Der Beweis des Satzes beruht auf der algebraischen Manipulation von Kettenkomplexen und exakten Sequenzen. Wir wollen die formale Struktur herausarbeiten und definieren dazu:

Sei $\mathcal{M}$ eine Kategorie von Moduln über einem Ring R. Eine *additive Invariante* für $\mathcal{M}$ mit Werten in der abelschen Gruppe A ist eine Vorschrift, die jedem Modul M aus $\mathcal{M}$ ein Element $\lambda(M) \in A$ so zuordnet, daß für exakte Sequenzen $0 \to M_0 \to M_1 \to M_2 \to 0$ in $\mathcal{M}$ immer

$$(6.3) \qquad \lambda(M_0) - \lambda(M_1) + \lambda(M_2) = 0$$

gilt.

Für den Nullmodul M ergibt sich $\lambda(M) = 0$, weil es für ihn eine exakte Sequenz $0 \to M \to M \to M \to 0$ gibt.

Wir wollen zunächst nur Kategorien betrachten, die mit einem Modul auch alle Unter- und Faktormoduln umfassen, sowie alle in dieser Kategorie bildbaren exakten Sequenzen. Ist

$$C_*: 0 \xrightarrow{\partial_{k+1}} C_k \xrightarrow{\partial_k} C_{k-1} \to \cdots \to C_1 \xrightarrow{\partial_1} C_0 \xrightarrow{\partial_0} 0$$

ein Kettenkomplex in dieser Kategorie, so liegen die Homologiegruppen $H_i(C_*)$ ebenfalls in dieser Kategorie.

Die fundamentale algebraische Tatsache über die Euler-Charakteristik ist der folgende Satz.

(6.4) Satz. *Sei λ eine additive Invariante für $\mathcal{M}$. Dann gilt für jeden Kettenkomplex C_* in $\mathcal{M}$ wie oben*

$$\sum_{i=0}^{k}(-1)^i\lambda(C_i) = \sum_{i=0}^{k}(-1)^i\lambda(H_i(C_*)).$$

Beweis. Induktion nach der Länge k von C_* durch formales Manipulieren von exakten Sequenzen. Wir schreiben $H_i = H_i(C_*)$, $B_i = $ Bild ∂_{i+1}, $Z_i = $ Kern ∂_i. Für $k = 1$ gibt es nach Definition der Homologiegruppen exakte Sequenzen

$$0 \to B_0 \to C_0 \to H_0 \to 0, \quad 0 \to H_1 \to C_1 \to B_0 \to 0.$$

Auf beide wenden wir (6.3) an und erkennen die Gleichheit $\lambda(H_0) - \lambda(H_1) = \lambda(C_0) - \lambda(C_1)$. Für den Induktionsschritt betrachten wir die Sequenzen

$$C_*': 0 \to C_{k-1} \to \cdots \to C_0 \to 0,$$
$$0 \to H_k \to C_k \to B_{k-1} \to 0,$$
$$0 \to B_{k-1} \to Z_{k-1} \to H_{k-1} \to 0,$$

von denen die letzten beiden exakt sind und die erste ein Kettenkomplex ist. Die Homologiegruppen des Kettenkomplexes sind für $k \geq 2$ durch

$$H_i(C_*') = H_i(C_*), \quad 0 \leq i \leq k-2, \quad H_{k-1}(C_*') = Z_{k-1}$$

gegeben. Wir wenden die Induktionsvoraussetzung auf C_*' an und die Additivitätseigenschaft auf die beiden letzten Sequenzen und erhalten durch Elimination von $\lambda(B_{k-1})$ und $\lambda(Z_{k-1})$ die gewünschte Aussage. $\square$

Beweis von (6.2). Für endlich erzeugte abelsche Gruppen ist $A \mapsto$ Rang A eine additive Invariante. Wir wenden (6.4) auf den Zellenkettenkomplex $C(X)$ von X an und bemerken, daß Rang $C_i(X) = f_i(X)$ ist. $\square$

Ist λ eine additive Invariante für $\mathcal{M}$ und C_* ein Kettenkomplex endlicher Länge in $\mathcal{M}$, so heißt

$$\chi(C_*) = \sum_{i \geq 0}(-1)^i\lambda(C_i) = \sum_{i \geq 0}(-1)^i\lambda(H_i(C_*))$$

die *Euler-Charakteristik* von C_* bezüglich λ. Die rechte Summe nennen wir zur Verdeutlichung auch die homologische Euler-Charakteristik von C_*.

Die folgende Konsequenz aus (6.4) wird sich als nützlich erweisen.

(6.5) Satz. *Sei* $0 \leftarrow H_0' \leftarrow H_0 \leftarrow H_0'' \leftarrow H_1' \leftarrow H_1 \leftarrow H_1'' \leftarrow H_2' \leftarrow H_2 \leftarrow \cdots$
eine exakte Sequenz von Moduln in $\mathcal{M}$, *die schließlich aus lauter Nullen besteht. Sei*
$\chi(H_*) = \sum_{i \geq 0} (-1)^i \lambda(H_i)$ *und entsprechend für* H' *und* H''. *Dann gilt*

$$\chi(H_0') - \chi(H_0) + \chi(H_0'') = 0.$$

Beweis. Man wendet (6.4) auf die gegebene exakte Sequenz (aufgefaßt als Kettenkomplex) an und ordnet die Terme nach H, H' und H''. $\qquad\square$

Ist A ein Unterraum von X, so definieren wir die relative homologische Euler-Charakteristik durch

$$\chi(X, A) = \sum_{i=0}^{\infty} (-1)^i b_i(X, A)$$

mit $b_i(X, A) = \operatorname{Rang} H_i(X, A; \mathbb{Z})$, sofern diese Ringe endlich sind. Durch Anwendung von (6.5) auf die exakte Sequenz von (X, A) oder auf die Mayer-Vietoris-Sequenz von (A_0, A_1) sowie durch die Künneth-Formel für $X \times Y$ erhalten wir:

(6.6) Satz. *Ist A Unterraum von X, so gilt:* $\chi(A) + \chi(X, A) = \chi(X)$. *Sind A_0, A_1 Unterräume von X mit* MVS, *so gilt:* $\chi(A_0) + \chi(A_1) = \chi(A_0 \cup A_1) + \chi(A_0 \cap A_1)$. *Sind X und Y Räume mit Euler-Charakteristik, so gilt $\chi(X \times Y) = \chi(X)\chi(Y)$.* $\qquad\square$

Wir betrachten punktierte CW-Komplexe und subtrahieren -1 von der Euler-Charakteristik (reduzierte Charakteristik) $\chi^0(X) = \chi(X) - 1$.

Sei $\mathcal{E}^0$ die Kategorie der endlichen punktierten CW-Komplexe. Eine *additive Invariante* für diese Komplexe mit Werten in der abelschen Gruppe G ordnet jedem $X \in \mathcal{E}^0$ ein Element $a(X) \in G$ so zu, daß die folgenden Axiome gelten:
  (1) Sind X_1 und X_2 (punktiert) h-äquivalent, so ist $a(X_1) = a(X_2)$.
  (2) Ist A ein Unterkomplex von X, so gilt $a(A) - a(X) + a(X/A) = 0$.

Wir ziehen einige Folgerungen aus den Axiomen. Ist $X = P$ ein Punkt, so wenden wir (2) auf $A = P$ und $X/A = P$ an und erhalten $a(P) = 0$. Es gilt $(X \vee Y)/X \cong Y$ und deshalb nach (2) $a(X \vee Y) = a(X) + a(Y)$. Der Kegel über A ist zusammenziehbar, und somit folgt mittels (1) und dem Punktwert Null $a(CA) = 0$. Daraus erhalten wir wegen $CA/A = \Sigma A$ für die Einhängung $a(A) = -a(\Sigma A)$.

(6.7) Satz. *Der Komplex X habe $n(j)$ Zellen der Dimension j (ohne den Grundpunkt). Dann gilt $a(X) = \left(\sum_{j \geq 0} (-1)^j n(j) \right) a(S^0)$.*

Beweis. Wir haben eine Sequenz der Form $X^{n-1} \to X^n \to X^n/X^{n-1} \cong \bigvee_{t=1}^{n(j)} S_t^n$. Die Behauptung folgt somit durch Induktion nach der Dimension und der Anzahl der Zellen mittels der schon hergeleiteten Eigenschaften. $\qquad\square$

Eine additive Invariante (U, u) heißt *universell*, wenn es zu jeder additiven Invarianten (G, a) genau einen Homomorphismus $\varphi\colon U \to G$ mit $a(A) = \varphi u(A)$ gibt.

Es gibt eine universelle additive Invariante. Um sie zu konstruieren, beginnen wir mit der freien abelschen Gruppe F über der Menge der Homotopietypen endlicher punktierter Komplexe. Sei $[X] \in F$ das zum Komplex X gehörende Basiselement. Sei $N \subset F$ die von allen Summen der Form $[A] - [X] + [X/A]$ erzeugte Untergruppe. Wir setzen $U = F/N$, und $u(X) \in U$ sei das durch X repräsentierte Element. Nach Konstruktion ist die Invariante additiv und universell.

Wir zeigen, daß es eine additive Invariante mit den Daten $A = \mathbb{Z}$ und $a(S^0) = 1$ gibt. Nach (6.7) folgt dann:

(6.8) Satz. *Die universelle additive Invariante für endliche punktierte Komplexe ist durch $(\mathbb{Z}, \chi^0)$ gegeben.*

Wir haben die (reduzierten) Betti-Zahlen $b_i(X) = \dim_{\mathbb{Q}} h_i(X)$, gebildet mit $h(-) = \tilde{H}(-; \mathbb{Q})$. Damit definieren wir $b(X) = \sum_{j \geq 0} (-1)^j b_j(X)$. Satz (6.8) ist bewiesen, wenn wir gezeigt haben:

(6.9) Satz. $(\mathbb{Z}, b)$ *ist eine additive Invariante.*

Beweis. Das Axiom (1) gilt nach Konstruktion. Das Axiom (2) folgt wegen (6.5) aus der exakten Homologie-Sequenz

$$0 \to h_0(X/A) \to h_0(X) \to h_0(A) \to h_1(X/A) \to h_1(X) \to \cdots.$$

Schließlich ist $b(S^0) = 1$ auch direkt aus der Konstruktion nachzuweisen.   □

Der Begriff einer additiven Invariante läßt sich natürlich auch für die Kategorie $\mathcal{E}$ der endlichen CW-Komplexe formulieren. In diesem Fall sind die Axiome:

(1)   Sind X und Y h-äquivalent, so ist $a(X) = a(Y)$.
(2)   Sind A und B Unterkomplexe von X, so gilt

$$a(A) + a(B) = a(A \cap B) + a(A \cup B).$$

(3) $a(\emptyset) = 0$.

In diesem Fall ist die universelle Invariante die Euler-Charakteristik.

7   Der Satz von Hurewicz

Der Satz von Hurewicz verbindet Homotopie- und Homologiegruppen eines Raumes. In diesem Abschnitt sei H_* eine additive gewöhnliche Homologietheorie mit Koeffizientengruppe $\mathbb{Z}$.

Wir definieren zunächst den Hurewicz-Homomorphismus

(7.1) $h_X = h\colon \pi_n(X) \to H_n(X)$

für $n \geq 1$ und einen punktierten Raum X. Sei $f\colon (I^n, \partial I^n) \to (X, *)$ Repräsentant von $x \in \pi_n(X)$. Wir haben den Einhängungsisomorphismus $H_n(I^n, \partial I^n) \cong H_0(\text{Punkt}) \cong \mathbb{Z}$. Das Bild der $1 \in \mathbb{Z}$ in $H_n(I^n, \partial I^n)$ dabei sei e_n. Wir setzen $h(x) = f_*(e_n)$. Nach IV(10.11) wird dadurch (7.1) zu einem Homomorphismus. Die Homomorphismen h bilden eine natürliche Transformation von Funktoren: Ist $f\colon X \to Y$ punktiert, so gilt $f_* h_X = h_Y f_*$. Der Hurewicz-Homomorphismus ist mit der Einhängung vertauschbar, das heißt $\sigma h = h\Sigma$.

Sei B eine Gruppe. Die *Kommutatorgruppe* $[B, B]$ von B ist die von allen Kommutatoren $bcb^{-1}c^{-1}$ erzeugte Untergruppe. Sie ist ein Normalteiler. Die Faktorgruppe $B^{ab} = B/[B, B]$ heißt die *abelsch gemachte* Gruppe B. Jeder Homomorphismus von B in eine abelsche Gruppe faktorisiert eindeutig über B^{ab}. Ist $B^{ab} = \{e\}$, so heißt B *perfekt*. Ist B abelsch, so ist natürlich $B = B^{ab}$. Der nächste Satz wird *Satz von Hurewicz* genannt. Für $n = 1$ geht der Satz auf Poincaré zurück. Für höhere Homotopiegruppen wurde eine Version des Satzes zuerst von Hurewicz bewiesen [134].

(7.2) Satz. *Sei X ein $(n-1)$-zusammenhängender CW-Komplex. Im Fall $n = 1$ induziert h_X einen Isomorphismus $\pi_1(X)^{ab} \cong H_1(X)$. Im Fall $n > 1$ induziert h_X einen Isomorphismus $\pi_n(X) \cong H_n(X)$.*

Beweis. Wir können bis auf Homotopie annehmen, daß X genau eine Nullzelle und keine i-Zellen für $1 \leq i \leq n-1$ hat. Die Inklusion $X^{n+1} \subset X$ induziert Isomorphismen $\pi_n(X)^{ab} \cong \pi_n(X^{n+1})^{ab}$ und $H_n(X) \cong H_n(X^{n+1})$. Da h eine natürliche Transformation von Funktoren ist, genügt es deshalb, den Satz für $(n+1)$-dimensionale Komplexe zu beweisen. Dann ist X homotopieäquivalent zum Abbildungskegel einer Abbildung der Form $\varphi\colon A = \bigvee S_j^n \to B = \bigvee S_k^n$.

Sei zunächst $n = 1$. Dann haben wir nach dem Satz von Seifert und van Kampen ein Pushout

$$
\begin{array}{ccc}
\pi_1(A) & \to & \pi_1(B) \\
\downarrow & & \downarrow \\
\{e\} & \to & \pi_1(X).
\end{array}
$$

Es induziert ein Pushout für die abelsch gemachten Gruppen; das besagt aber gerade, daß in dem Diagramm

$$
\begin{array}{ccccccc}
\pi_1(A)^{ab} & \to & \pi_1(B)^{ab} & \to & \pi_1(X)^{ab} & \to & 0 \\
\downarrow & & \downarrow & & \downarrow & & \\
H_1(A) & \to & H_1(B) & \to & H_1(X) & \to & 0
\end{array}
$$

die obere Zeile exakt ist. Nach dem Fünfer-Lemma genügt es deshalb, die Behauptung für Räume vom Typ A zu beweisen. Dann folgt sie aber daraus, daß $\pi_1(A)$ eine freie Gruppe über Elementen, die durch die Inklusionen der Summanden repräsentiert werden, ist und $H_1(A)$ eine freie abelsche Gruppe über den Bildern dieser Erzeugenden.

Sei $n > 1$. Der Beweis verläuft genauso. Für $X = S^n$ ist der Satz zum Beispiel nach IV(10.12) richtig. Wegen der Additivität und wegen der Natürlichkeit von h folgt der Satz für punktierte Summen $\bigvee S_j^n$. Wir haben wieder das vorstehende Diagramm (mit π_n statt π_1 etc.). Die obere Zeile ist jetzt nach einer Konsequenz des Ausschneidungssatzes der Homotopietheorie exakt.   □

(7.3) Folgerung. *Sei X einfach zusammenhängend und gelte $H_i(X) = 0$ für $i < n$. Dann ist $\pi_i(X) = 0$ für $i < n$ und $\pi_n(X) \cong H_n(X)$.*

Beweis. (7.2) besagt, anders gelesen, daß $h: \pi_j(X) \cong H_j(X)$ für das kleinste j mit $\pi_k(X) = 0$ für alle $1 \le k < j$.   □

Vom Hurewicz-Homomorphismus gibt es eine relative Version

(7.4) $h: \pi_n(X, A) \to H_n(X, A), \quad n \ge 2.$

Zu seiner Definition wendet man wiederum Homologie auf Repräsentanten an. Auch (7.4) ist ein Homomorphismus und ferner eine natürliche Transformation, die mit dem Randoperator verträglich ist. Letzteres heißt: Das Diagramm

$$
\begin{array}{ccc}
\pi_n(X, A) & \xrightarrow{\; h \;} & H_n(X, A) \\
\downarrow{\scriptstyle \partial} & & \downarrow{\scriptstyle \partial} \\
\pi_{n-1}(A) & \xrightarrow{\; h \;} & H_{n-1}(A)
\end{array}
$$

ist kommutativ. Eine relative Version des Satzes von Hurewicz lautet:

(7.5) Satz. *Sei (X, A) ein CW-Paar und seien A und X einfach zusammenhängend. Ist $H_i(X, A) = 0$ für $i < n$, $n \ge 2$, so ist auch $\pi_i(X, A) = 0$ für $i < n$ und $h: \pi_n(X, A) \to H_n(X, A)$ ein Isomorphismus.*

Beweis. Aus dem Satz von Seifert und van Kampen folgt $\pi_1(X/A) = \{e\}$. Wegen $H_i(X, A) = \tilde{H}_i(X/A)$ und (7.3) ist folglich $\pi_i(X/A) = 0$ für $i < n$. Wegen $\pi_1(A) = \{e\}$ und $\pi_1(X, A) = \{e\}$ und $\pi(X/A) = 0$ für $i < n$ folgt mit III(3.5) durch Induktion nach i, daß $\pi_i(X, A) = 0$ ist für $i < n$ und $\pi_n(X, A) \cong \pi_n(X/A)$. Die Natürlichkeit von h liefert jetzt die Behauptung.   □

(7.6) Satz. *Sei $f\colon X \to Y$ eine Abbildung zwischen einfach zusammenhängenden CW-Komplexen, deren induzierte Abbildung $f_*\colon H_i(X) \to H_i(Y)$ für $i < n$ bijektiv und für $i = n$ surjektiv ist ($n \geq 2$). Dann ist $f_*\colon \pi_i(X) \to \pi_i(Y)$ für $i < n$ bijektiv und für $i = n$ surjektiv.*

Beweis. Durch Übergang zum Abbildungszylinder können wir ohne wesentliche Einschränkung $f\colon X \subset Y$ als Inklusion eines Unterkomplexes annehmen. Die Voraussetzung ist äquivalent zu $H_i(Y, X) = 0$ und die Behauptung äquivalent zu $\pi_i(Y, X) = 0$ für $i < n$. Nun wende man (7.5) an.   □

Wir erinnern an den Satz von Whitehead. Er besagt, daß eine Abbildung $f\colon X \to Y$ zwischen CW-Komplexen genau dann eine Homotopieäquivalenz ist, wenn $f_*\colon \pi_i(X) \cong \pi_i(Y)$ für alle i ist. Dieser Satz liefert jetzt zusammen mit (7.6) eine homologische Version des Satzes von Whitehead (2.5):

(7.7) Satz. *Sei $f\colon X \to Y$ eine Abbildung zwischen einfach zusammenhängenden CW-Komplexen, die einen Isomorphismus der Homologiegruppen induziert. Dann ist f eine Homotopieäquivalenz.*   □

Im voranstehenden Satz kann man nicht darauf verzichten, daß die Räume einfach zusammenhängend sind. Es gibt zum Beispiel sogenannte *azyklische* Komplexe X, deren reduzierte Homologiegruppen sämtlich gleich Null sind, die aber nicht-verschwindende Fundamentalgruppe haben und folglich nicht zusammenziehbar sind. Man kann also (7.7) in diesem Fall nicht anwenden, wenn man für Y einen Punktraum nimmt. Es ist ferner in (7.7) wichtig, daß der Isomorphismus durch eine Abbildung induziert wird und die Gruppen nicht etwa nur abstrakt-algebraisch isomorph sind (siehe (7.9)). Nach einer Grundeigenschaft der singulären Homologie gilt (7.2) für beliebige Räume und singuläre Homologie, weil schwache Homotopieäquivalenzen in der singulären Homologie einen Isomorphismus induzieren.

(7.8) Notiz. *Sei X ein einfach zusammenhängender CW-Komplex mit der Homologie einer Sphäre, das heißt $H_*(X) \cong H_*(S^n)$, $n \geq 2$. Dann ist X zu S^n homotopieäquivalent.*

Beweis. Nach (7.3) ist $\pi_n(X) \cong H_n(X)$, und diese Gruppe ist nach Voraussetzung isomorph zu $\mathbb{Z}$. Sei $f\colon S^n \to X$ Repräsentant eines erzeugenden Elementes. Dann ist $f_*\colon \pi_n(S^n) \to \pi_n(X)$ ein Isomorphismus und ebenso $f_*\colon H_n(S^n) \to H_n(X)$. Die Behauptung folgt nun aus (7.7).   □

Der vorstehende Satz hat wichtige geometrische Anwendungen. Man weiß, daß für $n \geq 4$ eine geschlossene n-Mannigfaltigkeit vom Homotopietyp einer n-Sphäre sogar homöomorph zu einer n-Sphäre ist. Man hat also eine Charakterisierung dieser Sphären durch Invarianten der algebraischen Topologie.

(7.9) Beispiel. Die Räume $S^n \vee S^n \vee S^{2n}$ und $S^n \times S^n$ sind für $n \geq 2$ einfach zusammenhängend und haben isomorphe Homologiegruppen. Unter Verwendung der multiplikativen Struktur der Kohomologie kann man zeigen, daß sie nicht homotopieäquivalent sind. $\diamondsuit$

Der homologische Satz von Whitehead (7.7) gilt nicht mehr, wenn die Räume nicht einfach zusammenhängend sind, selbst dann nicht, wenn auf der Fundamentalgruppe ein Isomorphismus induziert wird. Es genügt aber, die universelle Überlagerung zu betrachten, wie der nächste Satz lehrt.

(7.10) Satz. *Sei $f\colon X \to Y$ eine Abbildung zwischen zusammenhängenden CW-Komplexen, die einen Isomorphismus $f_*\colon \pi_1(X) \to \pi_1(Y)$ der Fundamentalgruppen induziert. Sind $p\colon \tilde{X} \to X$ und $q\colon \tilde{Y} \to Y$ universelle Überlagerungen, so gibt es eine Hochhebung $F\colon \tilde{X} \to \tilde{Y}$ von f, es gilt also $qF = fp$. Dann gilt: Induziert F einen Isomorphismus der Homologiegruppen mit ganzzahligen Koeffizienten, so ist f eine Homotopieäquivalenz.*

Beweis. Wir wählen Isomorphismen $\pi_1(X) \cong G \cong \pi_1(Y)$, so daß f_* in die Identität von G übergeht. Sodann betrachten wir p und q als G-Prinzipalbündel mit Linksoperation und $F\colon \tilde{X} \to \tilde{Y}$ als eine G-Abbildung. Mit dem universellen G-Prinzipalbündel (siehe das Kapitel über Bündel) erhalten wir aus F einen Morphismus von assoziierten Faserbündeln.

(7.11)
$$
\begin{array}{ccccc}
\tilde{X} & \longrightarrow & EG \times_G \tilde{X} & \longrightarrow & BG \\
\big\downarrow{\scriptstyle F} & & \big\downarrow{\scriptstyle EG \times_G F} & & \big\| \\
\tilde{Y} & \longrightarrow & EG \times_G \tilde{Y} & \longrightarrow & BG
\end{array}
$$

Nach Voraussetzung und (7.3) ist F eine Homotopieäquivalenz. Aus der exakten Sequenz der Homotopiegruppen und dem Fünfer-Lemma schließt man, daß $EG \times_G F$ einen Isomorphismus der Homotopiegruppen induziert.

Wir betrachten nun die zweite assoziierte Faserung $P\colon EG \times_G \tilde{X} \to X$ und $Q\colon EG \times_G \tilde{Y} \to Y$. Ein Schnitt s von P entsteht aus einer Abbildung $\sigma\colon \tilde{X} \to EG$, die $\sigma(gx) = \sigma(x)g^{-1}$ für $x \in X$ und $g \in G$ erfüllt. Eine derartige Abbildung ist im wesentlichen dasselbe wie eine klassifizierende Abbildung von p. Sie existiert, falls man weiß, daß p numerierbar ist. Diese Tatsache folgt, wenn man benutzt, daß CW-Komplexe parakompakt sind. Diese Kenntnis ist aber nicht nötig, denn induktiv über die Gerüste läßt sich eine G-Abbildung $\sigma\colon \tilde{X} \to EG$ konstruieren, da EG zusammenziehbar ist. Ist $\varphi\colon \coprod_j G \times S_j^{n-1} \to \tilde{X}^{n-1}$ eine anheftende Abbildung für die äquivarianten n-Zellen und $\sigma\colon \tilde{X}^{n-1} \to EG$ eine G-Abbildung, so ist $\sigma \circ \varphi$ auf $\{e\} \times S_j^{n-1}$ nullhomotop und läßt sich deshalb äquivariant auf $G \times D_j^n$ fortsetzen.

Da die Faser von P zusammenziehbar ist, induziert P einen Isomorphismus der Homotopiegruppen. Folglich gilt dasselbe für einen Schnitt s von P. Insgesamt sieht man, daß

$$f = Q \circ (EG \times_G F) \circ s \colon X \to Y$$

einen Isomorphismus der Homotopiegruppen induziert und mithin eine Homotopieäquivalenz ist.   □

(7.12) Folgerung. *In der Situation von (7.10) ist F eine G-Homotopieäquivalenz, das heißt, es gibt eine G-Abbildung $F' \colon \tilde{Y} \to \tilde{X}$, so daß FF' und $F'F$ jeweils als G-Abbildungen homotop zur Identität sind.*

Beweis. Sei $h \colon Y \to X$ homotopieinvers zu f und $H \colon \tilde{Y} \to \tilde{X}$ eine Hochhebung von H, die eine G-Abbildung ist. Eine Homotopie von hf zur Identität läßt sich zu einer G-Homotopie von HF hochheben. Das Ende dieser Homotopie ist ein Bündelautomorphismus.   □

Es gibt auch im relativen Fall eine Version von (7.5), die (7.2) entspricht und diesen Satz als Spezialfall enthält. Wir erinnern daran, daß $\pi_1(A)$ auf der Gruppe $\pi_n(X, A)$ wirkt. (Für $n \geq 2$; $\pi_2(X, A)$ ist eventuell nicht abelsch, wird aber von uns additiv notiert.) Die von allen Elementen der Form $x - a \cdot x, x \in \pi_n(X, A), a \in \pi_1(A)$ erzeugte Untergruppe ist ein Normalteiler. Der Quotient danach ist abelsch und werde mit $\pi_n(X, A)^\sharp$ bezeichnet. Das ist für $n \geq 3$ klar, da dann π_n abelsch ist. Für $n = 2$ ist $y + x - y - x = \partial y \cdot x - x$, also liegen alle Kommutatoren in besagter Untergruppe. Da die Fundamentalgruppe auf der Homologie trivial wirkt, faktorisiert der Hurewicz-Homomorphismus über diesen Quotienten und liefert einen Homomorphismus

$$(7.13) \qquad\qquad h^\sharp \colon \pi_n^\sharp(X, A) \to H_n(X, A).$$

Sei G eine diskrete Gruppe, die auf dem Raumpaar (Y, B) operiert. Durch die induzierten Abbildungen der Linkstranslationen operiert G auf $H_n(Y, B)$ durch Homomorphismen, das heißt $H_n(Y, B)$ wird ein $\mathbb{Z}G$-Modul.

Der Komplex X entstehe aus dem Komplex A durch Anheften von n-Zellen ($n \geq 3$). Sei $p \colon Y \to X$ eine universelle Überlagerung und $B = p^{-1}(A)$. Dann entsteht Y aus B durch Anheften von n-Zellen. Die Gruppe $\pi = \pi_1(X)$ der Decktransformationen operiert auf der Menge der n-Zellen in $Y \setminus B$ frei. Deshalb ist $H_n(Y, B)$ ein freier $\mathbb{Z}\pi$-Modul, wobei die Basiselemente bijektiv den n-Zellen von $X \setminus A$ entsprechen. Aus dem Satz von Hurewicz folgt nun:

(7.14) Satz. *Sei X ein zusammenhängender CW-Komplex und sei $n \geq 3$. Dann ist $\pi_n(X^n, X^{n-1})$ ein freier $\pi_1(X^{n-1})$-Modul. Eine Basis des Moduls wird durch die charakteristischen Abbildungen der n-Zellen gegeben. Die Abbildung $h^\sharp$ ist ein Isomorphismus.*   □

Die exakte Sequenz

$$\pi_{n+1}(X^{n+1}, X^n) \to \pi_n(X^n, X^{n-1}) \to \pi_n(X^{n+1}, X^{n-1}) \to 0$$

ist für $n \geq 3$ eine Sequenz von $\pi_1(X^{n-1}) \cong \pi_1(X^n)$-Moduln. Wegen der Isomorphie $\pi_n(X, X^{n-1}) \cong \pi_n(X^{n+1}, X^{n-1})$ liefert diese Sequenz eine Präsentation des $\pi_1(X^{n-1})$-Moduls $\pi_n(X, X^{n-1})$. Die induzierte Sequenz der $\sharp$-Gruppen ist ebenfalls exakt und hat über die $h^\sharp$ einen Morphismus in die analoge Homologiesequenz. Das beweist den folgenden Satz für $n \geq 3$. Für $n = 2$ siehe [122].

(7.15) Satz. *Sei (X, A) ein CW-Paar mit zusammenhängenden X und A. Sei (X, A) $(n-1)$-zusammenhängend $(n \geq 2)$. Dann induziert der Hurewicz-Homomorphismus einen Isomorphismus $\pi_n(X, A)^\sharp \cong H_n(X, A)$.* □

8 Homotopieklassifikation

In günstigen Fällen können Homotopiegruppen dazu dienen, Homotopieklassen von Abbildungen zu bestimmen. Satz (8.2) ist dafür ein typisches und wichtiges Beispiel.

Sei S^n der Zellenkomplex mit einer Nullzelle (Grundpunkt) $*$ und einer n-Zelle. Dann ist das Produkt $\prod_{j=1}^k S_j^n$ von k Exemplaren $S^n = S_j^n$ ein CW-Komplex mit n-Gerüst $\bigvee_{j=1}^n S_j^n$. Alle weiteren Zellen haben mindestens die Dimension $2n$. Folglich ist für einen höchstens $(2n-2)$-dimensionalen Komplex X die durch die Inklusion induzierte Abbildung $[X, \bigvee S_j^n] \to [X, \prod S_j^n]$ bijektiv. Sei $i_k \colon S_k^n \to \bigvee S_j^n$ die Inklusion auf den k-ten Summanden. Für $n \geq 2$ haben wir eine Abbildung

$$\sigma \colon \bigoplus_{j \in J} \pi_n(S_j^n) \to \pi_n\left(\bigvee_{j \in J} S_j^n\right), \qquad (x_j) \mapsto \sum_{j \in J}(i_j)_* x_j.$$

(8.1) Satz. *Die vorstehende Abbildung σ ist ein Isomorphismus $(n \geq 2, J$ beliebig$)$.*

Beweis. Für endliches J folgt die Behauptung aus der eben genannten Bijektion, da sie belegt, daß die Zusammensetzung von σ mit $\pi_n(\bigvee S_j^n) \to \pi_n(\prod S_j^n)$ bijektiv ist. (Die betreffenden Räume sind einfach zusammenhängend, so daß Grundpunkte keine Rolle spielen.) Für beliebiges J benutzt man, daß eine stetige Abbildung $S^n \to \bigvee S_j^n$ nur endlich viele Summanden außerhalb des Grundpunktes trifft.   □

Es sei daran erinnert, daß für $n = 1$ eine analoge Aussage gilt, nur muß die (direkte) Summe durch das freie Produkt ersetzt werden; das folgt aus dem Satz von Seifert und van Kampen.

(8.2) Satz. *Sei X ein $(n-1)$-zusammenhängender punktierter CW-Komplex und Y ein punktierter Raum mit $\pi_i(Y) = 0$ für $i > n \geq 2$. Jeder Abbildung $[f] \in [X, Y]^0$*

ordnen wir den induzierten Homomorphismus $f_*: \pi_n(X) \to \pi_n(Y)$ *zu und erhalten dadurch eine Abbildung*

$$h_X = h: [X, Y]^0 \to \mathrm{Hom}(\pi_n(X), \pi_n(Y)).$$

Diese Abbildung ist bijektiv.

Beweis. Nach (3.4) können wir annehmen, daß $X^{n-1} = \{*\}$ ist. Wir zeigen zunächst, daß die durch $X^{n+1} \subset X$ induzierte Restriktionsabbildung

$$r: [X, Y]^0 \to [X^{n+1}, Y]^0$$

bijektiv ist. Da auch $\pi_n(X^{n+1}) \to \pi_n(X)$ bijektiv ist, genügt es danach, den Satz für X^{n+1} zu beweisen. (Die h_X bilden eine natürliche Transformation in der Variablen X.) Sei $f^{n+1}: X^{n+1} \to Y$ gegeben. Wir erweitern diese Abbildung induktiv zu $f^{n+k}: X^{n+k} \to Y$. Das ist möglich, weil eine anheftende Abbildung einer m-Zelle mit f^{m-1} zusammengesetzt nach der über Y gemachten Voraussetzung null-homotop ist. Um die Injektivität von r zu zeigen, muß man analog eine Abbildung $X \times \partial I \cup X^{n+1} \times I \to Y$ auf $X \times I$ erweitern, was aus demselben Grund möglich ist.

Sei also jetzt X ein Raum, der außer dem Grundpunkt nur n- und $(n+1)$-Zellen hat. Ohne den Homotopietyp von X zu ändern, können wir annehmen, daß die anheftenden Abbildungen der $(n+1)$-Zellen punktiert sind. In diesem Fall ist aber X der Abbildungskegel einer punktierten Abbildung

$$f: A = \bigvee_{k \in K} S_k^n \to \bigvee_{j \in J} S_j^n = B.$$

Wir erhalten deshalb eine exakte Puppe-Sequenz

$$[A, Y]^0 \xleftarrow{f^*} [B, Y]^0 \leftarrow [X, Y]^0 \leftarrow [\Sigma A, Y]^0$$

von Gruppen und Homomorphismen, weil A, B, X und f (wegen $n \geq 2$) Einhängungen sind. Nach Voraussetzung über Y ist $[\Sigma A, Y]^0 = 0$. Wir wenden die natürliche Transformation h an und erhalten ein kommutatives Diagramm

$$
\begin{array}{ccccccc}
[A, Y]^0 & \leftarrow & [B, Y]^0 & \leftarrow & [X, Y]^0 & \leftarrow & 0 \\
\downarrow h_A & & \downarrow h_B & & \downarrow h_X & & \\
\mathrm{Hom}(\pi_n A, \pi_n Y) & \leftarrow & \mathrm{Hom}(\pi_n B, \pi_n Y) & \leftarrow & \mathrm{Hom}(\pi_n X, \pi_n Y) & \leftarrow & 0.
\end{array}
$$

Die Sequenz $\pi_n A \to \pi_n B \to \pi_n X \to 0$ ist exakt. Das folgt aus der exakten Sequenz des Raumpaares (Z_f, A) und der Isomorphie $\pi_n(Z_f, A) \to \pi_n(Z_f/A) = \pi_n(X)$, siehe III (3.5). Folglich ist in dem Diagramm die untere Zeile exakt und deshalb h_X ein Isomorphismus, falls h_A und h_B Isomorphismen sind. Für $C = S^n$ ist h_C offenbar ein Isomorphismus. Dann folgt mittels (8.1), daß h_A für Räume der Form $A = \bigvee S_k^n$ bijektiv ist (Verträglichkeit von h_A mit Summen).   □

9 Eilenberg-MacLane-Räume

Sei π eine abelsche Gruppe. Ein Raum, der nur in der Dimension n eine von Null verschiedene, zu π isomorphe Homotopiegruppe hat, heißt *Eilenberg-MacLane-Raum* vom Typ $K(\pi, n)$. Wir werden gleich sehen, daß ein CW-Komplex dieser Art durch (π, n) bis auf h-Äquivalenz bestimmt ist.

(9.1) Satz. *Sei π eine abelsche Gruppe. Für jedes $n \geq 1$ gibt es einen Eilenberg-MacLane-Raum vom Typ $K(\pi, n)$.*

Beweis. Sei $n \geq 2$. Es gibt eine exakte Sequenz

$$0 \longrightarrow F_1 \xrightarrow{\ \alpha\ } F_0 \xrightarrow{\ \beta\ } \pi \longrightarrow 0$$

mit freien abelschen Gruppen F_0 und F_1. Bezüglich einer Basis $(a_k \mid k \in K)$ von F_1 und $(b_j \mid j \in J)$ von F_0 habe α die durch $\alpha(a_k) = \sum n(j, k) b_j$ bestimmte Matrix. Nach (8.2) gibt es genau eine Homotopieklasse

$$f \colon \bigvee_{k \in K} S_k^n \to \bigvee_{j \in J} S_j^n,$$

so daß die Zusammensetzungen mit den kanonischen Inklusionen und Projektionen

$$S_k^n \longrightarrow \bigvee S_k^n \xrightarrow{\ f\ } \bigvee S_j^n \longrightarrow S_j^n$$

den Grad $n(j, k)$ haben. Bezüglich der kanonischen Isomorphismen

$$F_1 \cong \pi_n\left(\bigvee S_k^n\right) \quad \text{und} \quad F_0 \cong \pi_n\left(\bigvee S_j^n\right)$$

wird α in die Abbildung f_* transportiert. Mit dem Abbildungskegel X von f und der exakten Sequenz

$$\pi_n\left(\bigvee S_k^n\right) \xrightarrow{\ f_*\ } \pi_n\left(\bigvee S_j^n\right) \longrightarrow \pi_n(X) \longrightarrow 0$$

erkennen wir, daß $\pi_n(X)$ zu π isomorph ist. Nach Konstruktion ist $\pi_i(X) = 0$ für $i < n$. Wir wenden (3.5) an und erhalten einen Eilenberg-MacLane-Komplex $X \subset K(\pi, n)$.

Im Fall $n = 1$ hat der Schleifenraum $\Omega K(\pi, 2)$ die richtigen Homotopiegruppen für einen $K(\pi, 1)$, siehe III.1. Falls man nicht investieren möchte, daß der Schleifenraum den Homotopietyp eines CW-Komplexes hat, kann man eine CW-Approximation verwenden.   □

Seien $K = K(\pi, n)$ und $L = K(\rho, n)$ Eilenberg-MacLane-Komplexe. Nach (8.2) erhalten wir eine Bijektion $[K, L]^0 \cong \mathrm{Hom}(\pi_n K, \pi_n L)$. Sind $\pi_n K$ und $\pi_n L$ isomorph, so induziert die zu einem Isomorphismus gehörende Abbildung $K \to L$ Isomorphismen aller Homotopiegruppen und ist deshalb nach (2.5) eine Homotopieäquivalenz. Damit ist gezeigt, daß die Daten (π, n) den Homotopietyp eines Eilenberg-MacLane-Komplexes bestimmen. Wir setzen übrigens $K(\pi, 0) = \pi$ mit der diskreten Topologie auf π fest.

(9.2) Beispiel. Die exakte Sequenz der Überlagerung $p\colon S^n \to \mathbb{R}P^n$ sowie $\pi_i(S^n) = 0$ für $i < n$ zeigen:

$$\pi_i(\mathbb{R}P^n) = 0, \quad 1 < i < n \quad \text{und} \quad \pi_1(\mathbb{R}P^n) \cong \mathbb{Z}/2, \quad n > 1.$$

Die Einbettung $S^n \to S^{n+1}$, $(x_0, \dots, x_n) \mapsto (x_0, \dots, x_n, 0)$ induziert eine Einbettung $\mathbb{R}P^n \to \mathbb{R}P^{n+1}$, die wir als Inklusion betrachten. Sei in diesem Sinne $\mathbb{R}P^\infty = \bigcup_{i=1}^\infty \mathbb{R}P^n$ versehen mit der Kolimestopologie. Durch Übergang zum Kolimes folgt: $\pi_j(\mathbb{R}P^\infty) = 0$ für $j > 1$ und $\pi_1(\mathbb{R}P^\infty) \cong \mathbb{Z}/2$. Also können wir schreiben $\mathbb{R}P^\infty = K(\mathbb{Z}/2, 1)$.   ◇

(9.3) Beispiel. Analog zum reellen projektiven Raum kann man $\mathbb{C}P^\infty = \bigcup \mathbb{C}P^n$ mit der Kolimestopologie bilden. Man erhält $\pi_i(\mathbb{C}P^\infty) = 0$ für $i > 2$; ferner induziert die Inklusion $\mathbb{C}P^n \subset \mathbb{C}P^\infty$ für $n > 1$ Isomorphismen

$$\mathbb{Z} \cong \pi_2(\mathbb{C}P^1) \cong \pi_2(\mathbb{C}P^n) \cong \pi_2(\mathbb{C}P^\infty).$$

Deshalb gilt also $\mathbb{C}P^\infty = K(\mathbb{Z}, 2)$. Das Beispiel III (1.14) zeigt: $S^1 = K(\mathbb{Z}, 1)$. ◇

10 Hopf-Räume

Wir nennen den Raum $K(\pi, n)$ *polarisiert*, wenn wir einen Isomorphismus $\alpha(\pi)\colon \pi_n(K(\pi, n)) \to \pi$ fixiert haben. Sind $(K(\pi_j, n), \alpha(\pi_j))$ polarisierte Komplexe, so wird das Produkt $K(\pi_1, n) \times K(\pi_2, n)$ durch

$$\pi_n(K(\pi_1, n)) \times \pi_n(K(\pi_2, n)) \xrightarrow{\ \alpha(\pi_1) \times \alpha(\pi_2)\ } \pi_1 \times \pi_2$$

polarisiert. Ferner liefern die Polarisierungen zusammen mit (8.2) Isomorphismen

(10.1) $$[K(\pi_1, n), K(\pi_2, n)] \cong \mathrm{Hom}(\pi_1, \pi_2).$$

(10.2) Satz. *Sei π eine abelsche Gruppe. Dann ist ein Eilenberg-MacLane-Komplex $K(\pi, n)$ ein kommutatives Gruppenobjekt in* h- TOP.

Beweis. Sei $K = K(\pi, n)$, $\alpha(\pi) = \alpha$, ein polarisierter Komplex. Für abelsches π ist die Multiplikation $\mu\colon \pi \times \pi \to \pi$, $(g, h) \mapsto gh$ ein Homomorphismus. Es gibt deshalb nach (8.2) bis auf Homotopie genau eine Abbildung $m\colon K \times K \to K$, die μ entspricht. Ebenso ist $\iota\colon \pi \to \pi$, $g \mapsto g^{-1}$ ein Homomorphismus und liefert bis auf Homotopie eindeutig eine Abbildung $i\colon K \to K$. Wir behaupten, daß (K, m, i) eine kommutative H-Gruppe ist. Die Abbildungen $m \circ (m \times \mathrm{id})$ und $m \circ (\mathrm{id} \times m)$ induzieren denselben Homomorphismus nach Anwendung von π_n; also sind sie nach (8.2) homotop. Ebenso sieht man, daß $x \mapsto m(x, e)$ homotop zur Identität ist. Da $K \vee K \subset K \times K$ eine Kofaserung ist, kann man m homotop so abändern, daß $m(x, e) = m(e, x) = x$ gilt. Schreibt man $x \mapsto m(x, i(x))$ als Zusammensetzung

$$K \xrightarrow{\;\;d\;\;} K \times K \xrightarrow{\;\;\mathrm{id} \times i\;\;} K \times K \xrightarrow{\;\;m\;\;} K$$

und wendet π_n an, so ergibt sich der konstante Homomorphismus. Also ist die fragliche Abbildung nullhomotop. Die Kommutativität schließlich testet man ebenfalls durch Anwendung von π_n. $\square$

Die H-Gruppen $K(\pi, n)$, $n \geq 0$, sind von grundsätzlicher Bedeutung für die Topologie. Sie liefern nämlich durch die Definition

$$H^n(X; \pi) = [X, K(\pi, n)]$$

die sogenannten *Kohomologiegruppen* des Raumes X mit *Koeffizientengruppe* π, wie wir im Abschnitt über Spektren erläutert haben.

Seien $(K(G, m), \alpha)$, $(K(H, n), \beta)$ und $(K(G \otimes H, m+n), \gamma)$ polarisierte Eilenberg-MacLane-Komplexe. Mit $G \otimes H$ ist das Tensorprodukt der abelschen Gruppen G und H über $\mathbb{Z}$ gemeint. Unter einem *Produkt* wird hier eine Abbildung der Form

$$\gamma_{m,n}\colon K(G, m) \wedge K(H, n) \to K(G \otimes H, m + n)$$

verstanden, so daß

$$
\begin{array}{ccc}
\pi_m(K(G, m)) \otimes \pi_n(K(H, n)) & \xrightarrow{\;\;\wedge\;\;} & \pi_{m+n}(K(G, m) \wedge K(H, n)) \\[2mm]
\Big\uparrow{\scriptstyle \alpha \otimes \beta} & & \Big\downarrow{\scriptstyle (\gamma_{m,n})_*} \\[2mm]
G \otimes H & \xrightarrow{\;\;\gamma\;\;} & \pi_{m+n}(K(G \otimes H, m + n))
\end{array}
$$

kommutativ ist. Darin haben wir das $\wedge$-Produkt aus III.1 benutzt.

(10.3) Satz. *Es gibt ein bis auf Homotopie eindeutig bestimmtes Produkt.*

Zum Beweis benutzen wir den folgenden Satz über das $\wedge$-Produkt.

(10.4) Satz. *Sei A ein $(m-1)$-zusammenhängender und B ein $(n-1)$-zusammenhängender CW-Komplex. Dann ist $A \wedge B$ $(m+n-1)$-zusammenhängend und*

$$\pi_m(A) \otimes \pi_n(B) \to \pi_{m+n}(A \wedge B)$$

ein Isomorphismus $(m, n \geq 2)$. Ist m oder n gleich 1, so hat man die abelsch gemachten Gruppen zu verwenden.

Beweis. Der behauptete Zusammenhang von $A \wedge B$ folgt aus (3.4) und der aus (1.13) resultierenden Zellenstruktur von $A \wedge B$. Die behauptete Isomorphie folgt zunächst für $A = \bigvee S^m$ und beliebige B aus dem Einhängungssatz. Sodann schließt man wie im Beweis von (8.2). $\quad\square$

Beweis von (10.3). Seien G und H abelsche Gruppen. Dann ist die erste nicht-triviale Homotopiegruppe von $K(G, m) \wedge K(H, n)$ nach (10.4) gleich $G \otimes H$. Nach (3.5) gibt es deshalb eine Inklusion

$$\gamma_{m,n}\colon K(G, m) \wedge K(H, n) \to K(G \otimes H, m+n),$$

wobei die Polarisierung γ so festgelegt wird, daß das oben verzeichnete Diagramm kommutativ wird. $\quad\square$

Die Produkte (10.3) sind assoziativ, daß heißt es gilt immer

$$\gamma_{m+n,p} \circ (\gamma_{m,n} \times \mathrm{id}) \simeq \gamma_{m,n+p} \circ (\mathrm{id} \times \gamma_{n,p}).$$

Die Produkte sind in folgendem Sinne graduiert-kommutativ:

$$K(\tau, m+n) \circ \gamma_{m,n} \simeq (-1)^{mn}\tau' \circ \gamma_{n,m}$$

mit den Vertauschungen $\tau'\colon K(m, G) \wedge K(n, H) \to K(n, H) \wedge K(m, G)$ und $\tau\colon G \otimes H \to H \otimes G$.

Sei R ein kommutativer Ring mit Eins. Die Multiplikation ist eine lineare Abbildung $\mu\colon R \otimes R \to R$ von abelschen Gruppen. Jeder Homomorphismus von Gruppen induziert eine Homotopieklasse von Abbildungen zwischen den zugehörigen Eilenberg-MacLane-Räumen. Durch μ erhalten wir $K(R \otimes R, m) \to K(R, m)$. Wir setzen $\gamma_{m,n}$ mit μ zusammen und erhalten Produktabbildungen

$$m_{k,l}\colon K(k, R) \wedge K(l, R) \to K(k+l, R).$$

Diese Produkte sind assoziativ und graduiert-kommutativ. In den zugehörigen Homotopiemengen $H^k(X; R) = [X^+, K(k, R)]^0$ erhalten wir durch $(f, g) \mapsto m_{k,l}(f \wedge g)$ Produkte

$$H^k(X; R) \otimes H^l(Y; R) \to H^{k+l}(X \times Y; R),$$

die ebenfalls assoziativ und graduiert-kommutativ sind.

Analog können wir mit der Struktur $R \otimes M \to M$ eines R-Moduls M verfahren.

VIII Mannigfaltigkeiten

Mannigfaltigkeiten nehmen in Geometrie und Algebra eine zentrale Stellung ein. Ein großer Teil der geometrischen Topologie ist der Untersuchung von Mannigfaltigkeiten gewidmet. Mannigfaltigkeiten dienen aber auch als Hilfsmittel zur Untersuchung allgemeiner Räume. Durch die Verwendung differenzierbarer Mannigfaltigkeiten werden die Hilfsmittel der Analysis für die Topologie verfügbar. Wir demonstrieren diesen Gesichtspunkt an einer analytischen Theorie des Abbildungsgrades sowie am Beweis des Satzes von Hopf über die Homotopieklassifikation von Abbildungen einer n-Mannigfaltigkeit in die n-Sphäre. Mit den Methoden der Differentialtopologie konstruieren wir die intuitiv leicht zugängliche Bordismen-Homologietheorie. Die fundamentale Bedeutung des Bordismusbegriffes wird durch den Satz von Pontrjagin-Thom erkannt, durch den Homotopietheorie und Mannigfaltigkeitstheorie in eine enge Beziehung gesetzt werden.

1 Differenzierbare Mannigfaltigkeiten

Ehe wir auf die topologischen Anwendungen der Mannigfaltigkeiten eingehen, stellen wir Grundbegriffe und elementare Tatsachen zusammen, die aus der Analysis bekannt sein dürften.

Ein topologischer Raum X heißt n-dimensional *lokal euklidisch*, wenn jeder Punkt $x \in X$ eine offene Umgebung U besitzt, die zu einer offenen Teilmenge V des euklidischen Raumes $\mathbb{R}^n$ homöomorph ist. Ein Homöomorphismus $h\colon U \to V$ heißt *Karte* oder *lokales Koordinatensystem* von X um x mit *Kartengebiet* U. Die Umkehrung $h^{-1}\colon V \to U$ wird *lokale Parametrisierung* von X um x genannt. Ist $h(x) = 0$, so sagen wir, h und h^{-1} seien in x *zentriert*.

Ein Raum M heißt n-*dimensionale Mannigfaltigkeit*, wenn er n-dimensional lokal euklidisch ist, eine abzählbare Basis hat und das hausdorffsche Trennungsaxiom erfüllt. Sei M eine n-dimensionale Mannigfaltigkeit. Eine Menge von Karten von M heißt *Atlas*, wenn ihre Kartengebiete M überdecken. Seien (U_1, h_1, V_1) und (U_2, h_2, V_2) Karten von M. Sie unterscheiden sich um eine *Koordinatentransformation* (um einen *Kartenwechsel*)

$$h_2 h_1^{-1}\colon h_1(U_1 \cap U_2) \to h_2(U_1 \cap U_2).$$

Sind die Kartenwechsel $h_2 h_1^{-1}$ und $h_1 h_2^{-1}$ beide C^k-Abbildungen (k-mal stetig differenzierbar), so heißen die Karten (U_1, h_1, V_1) und (U_2, h_2, V_2) C^k-*verbunden*. Ein Atlas ist ein C^k-Atlas, wenn je zwei seiner Karten C^k-verbunden sind. Wir wollen künftig nur C^∞-Abbildungen betrachten. Wenn nichts anderes gesagt wird, soll differenzierbar (synonym: glatt) für C^∞-differenzierbar stehen. Ein differenzierbarer (oder glatter) Atlas ist somit einer vom Typ C^∞. Eine *differenzierbare Struktur* auf einer n-dimensionalen Mannigfaltigkeit M ist ein maximaler C^∞-Atlas $\mathcal{D}$ auf M. Das Paar $(M, \mathcal{D})$ heißt dann n-dimensionale *differenzierbare* (oder *glatte*) *Mannigfaltigkeit*. Der Begriff „maximaler Atlas" dient nur der theoretischen Festlegung der Begriffe. Man verwendet oft einen Atlas $\mathcal{A}$ mit weniger Karten; er erzeugt dann den maximalen Atlas $D(\mathcal{A})$ der mit $\mathcal{A}$ glatt verbundenen Karten. Kompakte Mannigfaltigkeiten heißen auch *geschlossen*.

Eine Abbildung $f\colon M \to N$ zwischen glatten Mannigfaltigkeiten ist *differenzierbar im Punkt $x \in M$*, wenn f im Punkt x stetig ist und wenn für eine (und damit für jede) Karte (U, h, U') um x und (V, k, V') um $f(x)$ die Abbildung kfh^{-1} im Punkt $h(x)$ differenzierbar ist. Wir nennen kfh^{-1} eine *Darstellung von f in lokalen Koordinaten*; und f heißt *differenzierbar*, wenn f in jedem Punkt von M differenzierbar ist. Eine glatte Abbildung $f\colon M \to N$ heißt *Diffeomorphismus*, wenn sie eine glatte Umkehrabbildung hat; und M und N heißen *diffeomorph*, wenn es einen Diffeomorphismus $f\colon M \to N$ gibt.

Sind M und N glatte Mannigfaltigkeiten, so wird eine differenzierbare Struktur auf $M \times N$ durch alle Karten der Form $(U \times V, f \times g, U' \times V')$ für Karten (U, f, U') von M und (V, g, V') von N gegeben. Die damit definierte glatte Mannigfaltigkeit ist das *Produkt* von M und N.

Sei M eine n-Mannigfaltigkeit und $(U_j \mid j \in J)$ eine offene Überdeckung von M. Dann gibt es einen Atlas $(V_k, h_k, B_k \mid k \in \mathbb{N})$ von M mit den folgenden Eigenschaften:

(1) Jede Menge V_k ist in einer Menge U_j enthalten.
(2) $B_k = B(3) = \{x \in \mathbb{R}^n \mid \|x\| < 3\}$.
(3) Die $h_k^{-1} B(1)$ überdecken M.
(4) Jeder Punkt von M liegt nur in endlich vielen Kartenbereichen V_k.

Insbesondere sind Mannigfaltigkeiten parakompakt. Ist M glatt, so kann der Atlas aus der differenzierbaren Struktur von M gewählt werden. Es gibt dann ferner eine glatte Partition der Eins $(\sigma_k \mid k \in \mathbb{N})$, so daß der Träger von σ_k in $h_k^{-1} B(2)$ enthalten ist. Es gibt überdies eine glatte Partition der Eins $(\alpha_j \mid j \in J)$, so daß der Träger von α_j in U_j enthalten ist.

Mit Hilfe einer glatten Partition der Eins zeigt man: Seien C_0 und C_1 disjunkte abgeschlossene Mengen einer glatten Mannigfaltigkeit M; dann gibt es eine glatte Funktion $f\colon M \to [0, 1]$, so daß $f(C_j) \subset \{j\}$.

2 Untermannigfaltigkeiten

Seien $U \subset \mathbb{R}^m$ und $V \subset \mathbb{R}^n$ offen. Eine glatte Abbildung $f \colon U \to V$ hat ein Differential $Df(x) \colon \mathbb{R}^m \to \mathbb{R}^n$ an der Stelle $x \in U$. Das ist eine lineare Abbildung, die in Standardkoordinaten durch die Jacobi-Matrix beschrieben wird. Der Rang von $Df(x)$ wird *Rang von f an der Stelle x* genannt. Hat $Df(x)$ maximalen Rang m oder n, so gibt es eine Umgebung C von x, so daß Df auf C konstanten Rang hat. Ist $f \colon M \to N$ differenzierbar und $\varphi = kfh^{-1}$ eine Darstellung von f in lokalen Koordinaten um $x \in M$, so ist der Rang von $D\varphi$ im Punkt $h(x)$ nur von f abhängig und heißt der *Rang von f* im Punkt x. Ist der Rang von f immer gleich der Dimension von M, so heißt f eine *Immersion*. Eine Immersion heißt *Einbettung*, wenn sie außerdem ein Homöomorphismus auf ihr Bild ist. Eine injektive Immersion einer kompakten Mannigfaltigkeit ist eine Einbettung. Ist der Rang immer gleich der Dimension von N, so heißt f eine *Submersion*.

Eine Teilmenge N einer n-Mannigfaltigkeit M heißt *k-dimensionale* oder auch *$(n - k)$-kodimensionale Untermannigfaltigkeit* von M, wenn gilt: Zu jedem Punkt $x \in N$ gibt es eine Karte $h \colon U \to U'$ von M um x, so daß $h(U \cap N) = U' \cap (\mathbb{R}^k \times 0)$ ist. Eine Karte von M mit dieser Eigenschaft heißt N *angepaßt*. Identifizieren wir $\mathbb{R}^k \times 0$ mit $\mathbb{R}^k$, so ist $(U \cap N, h, U' \cap \mathbb{R}^k)$ eine Karte von N. Ist M differenzierbar, so heißt N *differenzierbare Untermannigfaltigkeit* von M, wenn es um jeden Punkt angepaßte Karten aus der differenzierbaren Struktur von M gibt. Die Gesamtheit der Karten $(U \cap N, h, U' \cap \mathbb{R}^k)$, die aus angepaßten Karten von M hervorgehen, ist dann ein differenzierbarer Atlas von N. Damit wird N selbst zu einer differenzierbaren Mannigfaltigkeit, und die Inklusion $N \subset M$ ist eine differenzierbare Abbildung.

Sei $f \colon M \to N$ eine Immersion und eine topologische Einbettung. Dann ist das Bild von f eine glatte Untermannigfaltigkeit und f ein Diffeomorphismus auf dieses Bild. Eine differenzierbare Abbildung $f \colon N \to M$ zwischen differenzierbaren Mannigfaltigkeiten ist genau dann eine Einbettung, wenn $f(N) \subset M$ eine differenzierbare Untermannigfaltigkeit und $f \colon N \to f(N)$ ein Diffeomorphismus ist. Sind $a \colon M \to N$ und $b \colon N \to M$ glatte Abbildungen und gilt $ba = \mathrm{id}$, so ist a eine glatte Einbettung. Insbesondere ist der Graph einer glatten Abbildung $f \colon M \to N$ eine glatte Untermannigfaltigkeit von $M \times N$.

Sei M eine glatte m-Mannigfaltigkeit und $N \subset M$ eine Teilmenge. Folgende Aussagen sind äquivalent:

(1) N ist eine k-dimensionale glatte Untermannigfaltigkeit von M.

(2) Zu jedem $a \in N$ gibt es eine Umgebung U von a in M und eine glatte Abbildung $f \colon U \to \mathbb{R}^{m-k}$, die in U den Rang $m - k$ hat und für die $U \cap N = f^{-1}(0)$ ist.

Jede Mannigfaltigkeit ist Untermannigfaltigkeit eines euklidischen Raumes. Whitney hat 1936 bewiesen, daß jede glatte n-Mannigfaltigkeit diffeomorph zu einer glatten Untermannigfaltigkeit des $\mathbb{R}^{2n+1}$ ist [270]. 1944 zeigte Whitney, daß es sogar immer Einbettungen einer n-Mannigfaltigkeit in den $\mathbb{R}^{2n}$ gibt [272]. Im allgemeinen ist es schwer zu entscheiden, welches der kleinste euklidische Raum ist, in den sich eine gegebene Mannigfaltigkeit einbetten läßt (siehe Abschnitt 18).

3   Mannigfaltigkeiten mit Rand

Für eine von Null verschiedene lineare Abbildung $\lambda\colon \mathbb{R}^n \to \mathbb{R}$ bezeichne $H(\lambda)$ den *Halbraum* $\{x \in \mathbb{R}^n \mid \lambda(x) \geq 0\}$. Wir nennen $\partial H(\lambda) = \text{Kern } \lambda$ seinen *Rand*. Typische Halbräume sind

$$\mathbb{R}^n_+ = \{x_1, \ldots, x_n) \in \mathbb{R}^n \mid x_1 \geq 0\}, \quad \mathbb{R}^n_- = \{(x_1, \ldots, x_n) \in \mathbb{R}^n \mid x_1 \leq 0\}.$$

Ist $A \subset \mathbb{R}^m$, so heiße $f\colon A \to \mathbb{R}^n$ *differenzierbar*, wenn es zu jedem $a \in A$ eine offene Umgebung U von a in $\mathbb{R}^m$ und eine differenzierbare Abbildung $F\colon U \to \mathbb{R}^n$ gibt, die auf $U \cap A$ mit f übereinstimmt. Für pathologische A ist diese Vereinbarung problematisch, nicht aber für Halbräume.

Eine n-dimensionale *Mannigfaltigkeit mit Rand* ist ein Hausdorff-Raum M mit abzählbarer Basis, bei dem jeder Punkt eine offene Umgebung U hat, die zu einer offenen Teilmenge eines Halbraumes von $\mathbb{R}^n$ homöomorph ist. Ein Homöomorphismus $h\colon U \to V$, $U \subset M$ und $V \subset H(\lambda)$ offen, heißt *Karte um* $x \in U$ mit *Kartengebiet* U. Mit diesem Kartenbegriff können wir schon bekannte Begriffe übertragen: C^k-verbunden, Atlas, differenzierbare Struktur. Statt Mannigfaltigkeit mit Rand sagen wir auch *∂-Mannigfaltigkeit*. Eine Abbildung $f\colon M \to N$ zwischen Mannigfaltigkeiten mit Rand heißt *differenzierbar* oder *glatt*, wenn sie stetig ist und in lokalen Koordinaten glatt.

Ist M eine glatte Mannigfaltigkeit mit Rand, so ist der *Rand* ∂M die Teilmenge der Punkte, die bei wenigstens einer Karte auf den Rand des entsprechenden Halbraumes abgebildet werden. Das Komplement $M \setminus \partial M$ ist das *Innere* von M. Falls x bei einer Karte auf den Rand eines Halbraumes abgebildet wird, so auch bei jeder anderen.

Sei M eine n-dimensionale glatte Mannigfaltigkeit mit Rand. Dann ist entweder $\partial M = \emptyset$ oder ∂M eine $(n-1)$-dimensionale glatte Mannigfaltigkeit. Es ist $M \setminus \partial M$ eine n-dimensionale glatte Mannigfaltigkeit mit leerem Rand.

Der Begriff einer Untermannigfaltigkeit läßt bei Mannigfaltigkeiten mit Rand verschiedene Deutungen zu. Wir behandeln zwei Fälle, in denen sich der Rand der Untermannigfaltigkeit in übersichtlicher Lage zum Rand der umfassenden Mannigfaltigkeit befindet.

Sei M eine glatte n-dimensionale Mannigfaltigkeit mit Rand. Eine Teilmenge $N \subset M$ heißt k-*dimensionale* glatte *Untermannigfaltigkeit* (vom Typ 1) von M, wenn gilt: Zu jedem $x \in N$ gibt es eine Karte (U, h, V), $V \subset \mathbb{R}^n_+$ offen, von M um x mit der Eigenschaft $h(U \cap N) = V \cap (\mathbb{R}^k \times 0)$. Solche Karten von M heißen N *angepaßt*. Es ist $V \cap (\mathbb{R}^k \times 0) \subset \mathbb{R}^k_+ \times 0 = \mathbb{R}^k_+$ offen in $\mathbb{R}^k_+$. Ein Diffeomorphismus auf eine Untermannigfaltigkeit vom Typ 1 heißt *Einbettung vom Typ 1*. Sei $N \subset M$

eine Untermannigfaltigkeit vom Typ 1 von M. Die Einschränkungen $h: U \cap N \to h(U \cap N)$ der an N angepaßten Karten bilden einen differenzierbaren Atlas für N, der N zu einer differenzierbaren Mannigfaltigkeit mit Rand macht. Sei $N \subset M$ Untermannigfaltigkeit vom Typ 1 von M. Dann ist $N \cap \partial M = \partial N$, und ∂N ist Untermannigfaltigkeit von ∂M.

Sei M eine n-dimensionale glatte Mannigfaltigkeit ohne Rand. Eine Teilmenge $N \subset M$ ist eine k-dimensionale glatte *Untermannigfaltigkeit* (vom Typ 2) von M, wenn gilt: Zu jedem $x \in N$ gibt es eine Karte (U, h, V) von M um x mit der Eigenschaft $h(U \cap N) = V \cap (\mathbb{R}_+^k \times 0)$. Solche Karten heißen N *angepaßt*. Ein Diffeomorphismus auf eine Untermannigfaltigkeit vom Typ 2 heißt *Einbettung vom Typ 2*. Auch hier bilden die angepaßten Karten einen glatten Atlas für N, und ∂N ist eine glatte Untermannigfaltigkeit von M.

Sei M eine Mannigfaltigkeit mit Rand und N eine ohne Rand. Durch Produktbildung von Karten wird $M \times N$ eine Mannigfaltigkeit mit Rand. Es gilt $\partial(M \times N) = \partial M \times N$.

Ein *Kragen* für eine glatte Mannigfaltigkeit M ist eine glatte Abbildung $k: \partial M \times [0, \infty[\to M$, die ein Diffeomorphismus auf eine offene Umgebung von ∂M in M ist und $(x, 0)$ auf x abbildet. (Analog für topologische Mannigfaltigkeiten; dann wird k nur als Homöomorphismus vorausgesetzt. Siehe dazu [44] und [27, V.1].) Eine glatte Mannigfaltigkeit besitzt einen glatten Kragen.

4 Einige Beispiele

(4.1) *Sphären.* Die Abbildung $f: \mathbb{R}^{n+1} \to \mathbb{R}$, $x \mapsto \|x\|^2$ hat außerhalb des Nullpunktes ein von Null verschiedenes Differential. Deshalb ist die n-Sphäre $f^{-1}(c^2) = S^n(c)$ vom Radius c eine differenzierbare Untermannigfaltigkeit des $\mathbb{R}^{n+1}$. Wenn wir von der n-Sphäre als differenzierbarer Mannigfaltigkeit sprechen, so meinen wir $S^n = S^n(1)$. Die $S^n(c)$ sind alle untereinander diffeomorph (radiale Projektion). Das Komplement eines Punktes in S^n ist diffeomorph zu $\mathbb{R}^n$ (stereographische Projektion). $\diamond$

(4.2) *Der Torus.* Die Fläche $S^1 \times S^1$ heißt Torus. Sie läßt sich durch eine Ringfläche als glatte Untermannigfaltigkeit des $\mathbb{R}^3$ realisieren: Sei $0 < b < a$. Durch Rotation um die z-Achse des Kreises vom Radius b um $(a, 0)$ in der (x, z)-Ebene entsteht eine zu $S^1 \times S^1$ diffeomorphe Untermannigfaltigkeit.

Seien r und s positive Zahlen, die der Gleichung $r^2 + s^2 = 1$ genügen. Dann wird $S^1 \times S^1$ durch $(\lambda, \mu) \mapsto (r\lambda, s\mu)$ in die Einheitssphäre $S^3 \subset \mathbb{C}^2$ als glatte Untermannigfaltigkeit $\{(z, w) \mid |z| = r, |w| = s\}$ eingebettet.

Sei $p > 1$ eine natürliche Zahl. Dann ist $\{(z_0, z_1) \mid z_0^p = z_1^p, |z_0|^2 + |z_1|^2 = 1\}$ eine Untermannigfaltigkeit von S^3. $\diamond$

(4.3) *Torus-Knoten.* Wir betrachten im $\mathbb{C}^2$ die Teilmenge $T(p,q)$ der (z,w), die den beiden Gleichungen $z^p - w^q = 0$ und $|z|^2 + |w|^2 = 1$ genügen. Weiterhin seien p und q teilerfremde natürliche Zahlen und größer als 1. Setzen wir z und w in Polarkoordinaten an, $z = r\exp(i\phi)$, $w = s\exp(i\psi)$, so sind r und s als positive Zahlen für alle $(z,w) \in T(p,q)$ gleich. Demnach liegt $T(p,q)$ in dem Torus $T = \{(z,w) \mid |z| = r, |w| = s\}$ und wird durch $\{(re^{iqt}, se^{ipt}) \mid 0 \le t < 2\pi\}$ parametrisiert. Läuft t von 0 nach 2π, so läuft der zugehörige Kurvenpunkt q-mal um den einen und p-mal um den anderen Faktor des Torus. Wird der Torus als Ringfläche im $\mathbb{R}^3$ realisiert (4.2), so sind derartige Kurven verknotet und heißen deshalb (p,q)-*Torusknoten.* $\diamond$

(4.4) *Brieskorn-Mannigfaltigkeiten.* Wir betrachten im $\mathbb{C}^{n+1}$ die Teilmenge $W^{2n-1}(d)$ der $(z_0, \ldots, z_n)$, die den beiden Gleichungen

$$z_0^d + z_1^2 + \cdots + z_n^2 = 0, \qquad |z_0|^2 + \cdots + |z_n|^2 = 2$$

genügen ($d \ge 1$). Dadurch wird eine glatte Untermannigfaltigkeit bestimmt. Allgemeiner gilt: Seien $a(1), \ldots, a(n) \in \mathbb{N}$. Dann wird durch die $(z_1, \ldots, z_n) \in \mathbb{C}^n$, die den Gleichungen

$$z_1^{a(1)} + \cdots + z_n^{a(n)} = 0, \qquad |z_1|^2 + \cdots + |z_n|^2 = 1$$

genügen, eine glatte Untermannigfaltigkeit definiert [29] [119].

Die $W^{2n-1}(d)$ haben bemerkenswerte Eigenschaften. Sind d und n ungerade, so sind sie zu S^{2n-1} homöomorph, aber im allgemeinen nicht diffeomorph. Milnor zeigte 1956, daß es auf der 7-Sphäre nicht-diffeomorphe differenzierbare Strukturen gibt [172]. Derartige differenzierbare Mannigfaltigkeiten werden *exotische Sphären* genannt. Diese Entdeckung war die Geburtsstunde der Differentialtopologie, die sich im anschließenden Jahrzehnt stürmisch entwickelte. Die Arbeit von Kervaire und Milnor [147], in der das Problem der differenzierbaren Strukturen auf Sphären weitgehend geklärt wurde, ist ein Höhepunkt der Topologie. Zum gegenwärtigen Zeitpunkt sind allein die differenzierbaren Strukturen auf der 4-Sphäre ein Mysterium. Die Beispiele $W^{2n-1}(d)$ wurden von Brieskorn [29] gefunden (siehe dazu auch [117] und [118, Werke II, p. 70]). Die Brieskornschen Beispiele haben wesentlich die geometrische Untersuchung der Singularitäten von Polynomen angeregt [181]. Auf den grundlegenden Arbeiten von Freedman [85] und Donaldson [70] aufbauend kann man zeigen, daß es überabzählbar viele differenzierbare Strukturen auf der topologischen Mannigfaltigkeit $\mathbb{R}^4$ gibt ([249]; auch [149] für weitere Bemerkungen dazu.) Systematische Darstellungen der neueren Theorie der 4-Mannigfaltigkeiten findet man in [86], [71] und [97]. $\diamond$

(4.5) Beispiel. $\{(x,y,z) \in \mathbb{R}^3 \mid z^2x^3 + 3zx^2 + 3x - zy^2 - 2y = 1\}$ ist eine zu $\mathbb{R}^2$ diffeomorphe glatte Untermannigfaltigkeit. Betrachtet man die $(x,y,z) \in \mathbb{C}^3$, die derselben Gleichung genügen, so erhält man eine glatte komplexe Untermannigfaltigkeit von $\mathbb{C}^3$, die nicht zu $\mathbb{C}^2$ homöomorph ist, wohl aber zusammenziehbar [64]. ◇

(4.6) Beispiel. Sei $M(m, n)$ der Vektorraum der reellen (m, n)-Matrizen und $M(m, n; k)$ für $0 \leq k \leq \min(m, n)$ die Teilmenge der Matrizen vom Rang k. Dann ist $M(m, n; k)$ eine glatte Untermannigfaltigkeit von $M(m, n)$ der Dimension $k(m + n - k)$. Die Menge

$$S_k(\mathbb{R}^n) = \{(x_1, \ldots, x_k) \mid x_i \in \mathbb{R}^n; x_1, \ldots, x_k \text{ linear unabhängig}\}$$

wird *Stiefel-Mannigfaltigkeit* der k-Beine im $\mathbb{R}^n$ genannt [243]. Sie kann mit $M(k, n; k)$ identifiziert werden. ◇

5 Tangentialraum und Differential

Jedem Punkt p einer m-dimensionalen glatten Mannigfaltigkeit M wird ein m-dimensionaler Vektorraum $T_p M$, der *Tangentialraum* von M in p, zugeordnet. Die Elemente von $T_p M$ heißen *Tangentialvektoren* von M in p. Jeder glatten Abbildung $f: M \to N$ wird eine lineare Abbildung $T_p f: T_p(M) \to T_{f(p)}(N)$, das *Differential* von f in p, zugeordnet, so daß die Eigenschaften eines Funktors gelten (*Kettenregel*) $T_p(gf) = T_{f(p)}(g) \circ T_p(f)$, $T_p(\mathrm{id}) = \mathrm{id}$.

Wir betrachten die Menge der Paare $((U, h, V), v)$, worin (U, h, V) eine Karte aus einem Atlas von M um p ist und $v \in \mathbb{R}^m$. Zwei solche Paare $((U_i, h_i, V_i), v_i)$ heißen *verbunden*, wenn das Differential $D(h_2 h_1^{-1})$ des Kartenwechsels im Punkt $h_1(p)$ den Vektor v_1 auf v_2 abbildet. „Verbunden" ist eine Äquivalenzrelation. Sei $T_p(M)$ die Menge der Äquivalenzklassen. Für jede Karte $k = (U, h, V)$ wird durch $i(k): \mathbb{R}^m \to T_p(M)$, $v \mapsto \mathrm{Klasse}(k, v) = [k, v]$, eine Bijektion geliefert, und für zwei Karten k_1 und k_2 ist $i(k_2)^{-1} i(k_1)$ das Differential des Kartenwechsels. Wir können deshalb $T_p(M)$ eindeutig mit der Struktur eines Vektorraumes versehen, indem wir $i(k)$ als Vektorraumisomorphismus postulieren. Dieser Vektorraum sei $T_p(M)$.

Sei $f: M \to N$ eine glatte Abbildung. Wir wählen Karten $k = (U, \varphi, U')$ um $p \in M$ und $l = (V, \psi, V')$ um $f(p) \in N$. Dann gibt es genau eine lineare Abbildung, das *Differential* von f in p, $T_p f: T_p M \to T_{f(p)} N$, die das Diagramm

$$
\begin{array}{ccc}
T_p M & \xrightarrow{\;\;T_p f\;\;} & T_{f(p)} N \\[1mm]
\uparrow{\scriptstyle i(k)} & & \uparrow{\scriptstyle i(l)} \\[1mm]
\mathbb{R}^m & \xrightarrow{\;D(\psi f \varphi^{-1})\;} & \mathbb{R}^n
\end{array}
$$

kommutativ macht; unten steht dabei das Differential von $\psi f \varphi^{-1}$ an der Stelle $\varphi(p)$. Wegen der Kettenregel ist $T_p f$ unabhängig von der Wahl von k und l.

Die Differentiale der Projektionen auf die Faktoren liefern einen kanonischen Isomorphismus $T_{(x,y)}(M \times N) \cong T_x M \oplus T_y N$.

Man nennt $f: M \to N$ eine *Immersion* (*Submersion*), wenn $T_x f$ für alle $x \in M$ injektiv (surjektiv) ist. Die Definitionen sind äquivalent zu den im ersten Abschnitt gegebenen.

Ein Punkt $x \in M$ heißt *regulärer Punkt* von f, wenn $T_x f$ surjektiv ist. Ein Punkt $y \in N$ heißt *regulärer Wert* von f, wenn alle $x \in f^{-1}(y)$ reguläre Punkte von f sind. (Ist $f^{-1}(y) = \emptyset$, so ist y regulärer Wert.) Ist $x \in M$ nicht regulär, so heißt x *singulärer Punkt* oder *Singularität* von f. Singuläre Werte sind selten. Es gilt nämlich der grundlegende Satz von Sard [224]. Siehe auch [41] [186] [269]. Für einen Beweis siehe etwa [177].

Eine Teilmenge $A \subset N$ einer glatten Mannigfaltigkeit N heißt *Lebesguesche Nullmenge*, wenn für jede Karte (U, h, V) von N die Teilmenge $h(U \cap A)$ eine Nullmenge in $\mathbb{R}^n$ ist; $n = \dim N$. Für unsere Anwendungen sind wir hauptsächlich an einer topologischen Eigenschaft von Nullmengen interessiert: Das Komplement $N \setminus C$ einer Nullmenge C ist dicht in N. Die regulären Werte einer glatten Abbildung $f: N \to M$ liegen dicht in M.

(5.1) Satz von Sard. *Die Menge der singulären Werte einer glatten Abbildung $f: M \to N$ ist eine Nullmenge.* $\square$

(5.2) Satz. (1) *Sei $f: M \to N$ glatt und y ein regulärer Wert im Bild von f. Dann ist $P = f^{-1}(y)$ eine glatte Untermannigfaltigkeit von M. Für jedes $x \in P$ ist $T_x P$ der Kern von $T_x f$.*

(2) *Sei M eine glatte n-Mannigfaltigkeit ohne Rand. Sei $f: M \to \mathbb{R}$ glatt und $0 \in \mathbb{R}$ regulärer Wert von f. Dann ist $f^{-1}[0, \infty[$ glatte Untermannigfaltigkeit von M mit Rand $f^{-1}(0)$ vom Typ 2.*

(3) *Sei $f: M \to N$ glatt und $y \in \operatorname{Bild} f \cap (N \setminus \partial N)$ ein regulärer Wert für f und $f | \partial M$. Dann ist $P = f^{-1}(y) \subset M$ eine glatte Untermannigfaltigkeit vom Typ 1 von M.* $\square$

6 Transversalität

Sind A und B Teilmengen von M, so ist $A \cap B$ das Urbild von B bei der Inklusion $i: A \to M$. Sind $f: A \to M$ und $g: B \to M$ Abbildungen, so ist die Menge der Koinzidenzpunkte $\{(a, b) \in A \times B \mid f(a) = g(b)\}$ das Urbild der Diagonale von $M \times M$ bei $f \times g: A \times B \to M \times M$. Diese und ähnliche Fälle legen es nahe, nach Urbildern von Untermannigfaltigkeiten bei glatten Abbildungen zu fragen.

Dazu verwenden wir den von Thom [250] eingeführten Begriff der *Transversalität*. Seien M und N glatte Mannigfaltigkeiten und sei $Z \subset N$ eine glatte Untermannigfaltigkeit. Eine glatte Abbildung $f\colon M \to N$ heißt *transvers* zu Z im Punkt $x \in f^{-1}(Z)$, wenn die *Transversalitätsbedingung*

$$T_{f(x)}N = \text{Bild}\, T_x f + T_{f(x)}Z$$

erfüllt ist. Ist f in jedem Punkt $x \in f^{-1}(Z)$ transvers zu Z, so heißt f *transvers zu Z*.

In Grenzfällen bedeutet diese Definition folgendes. Es ist f transvers zu Z, falls $f^{-1}(Z) = \emptyset$ ist. Ist $\dim M + \dim Z < \dim N$, so ist f genau dann transvers zu Z, wenn $f^{-1}(Z) = \emptyset$ ist. Besteht Z nur aus einem Punkt y, so ist f genau dann transvers zu Z, wenn y regulärer Wert von f ist.

Seien $f_i\colon M_i \to N$ glatte Abbildungen. Sie heißen zueinander *transvers*, wenn $f_1 \times f_2$ transvers zur Diagonale D von $N \times N$ ist. Sind die f_i Inklusionen von Untermannigfaltigkeiten, so sagen wir stattdessen, M_1 und M_2 seien *transvers zueinander*, oder M_1 und M_2 *schneiden sich transvers*. Letzteres ist genau dann der Fall, wenn für alle $a \in M_1 \cap M_2$ gilt $T_a M_1 + T_a M_2 = T_a N$. (6.1) zeigt: Ein transverser Schnitt $M_1 \cap M_2$ ist eine glatte Untermannigfaltigkeit von M_1, M_2 und N. Ferner gilt in diesem Fall $T_a(M_1 \cap M_2) = T_a M_1 \cap T_a M_2$.

Wir verwenden eine Bemerkung aus der linearen Algebra: Sei $a\colon A \to B$ eine lineare Abbildung und $C \subset B$ ein Unterraum; genau dann gilt $a(A) + C = B$, wenn die Zusammensetzung von a mit der kanonischen Projektion $p\colon B \to B/C$ surjektiv ist. Damit führen wir Transversalität auf Regularität zurück.

Sei $y = f(x) \in Z$. In einer geeigneten offenen Umgebung V von y können wir Z als Urbild $p^{-1}(0)$ einer glatten Abbildung $p\colon V \to \mathbb{R}^k$ mit regulärem Wert 0 beschreiben. Sei $U = f^{-1}(V)$. Dann ist f genau dann transvers zu Z in x, wenn x regulärer Punkt von $p \circ f$ ist. Das liefert:

(6.1) Satz. *Seien $f\colon M \to N$ und $f|\partial M$ transvers zur Untermannigfaltigkeit Z der Kodimension k von N. Seien Z und N randlos. Dann ist $Y = f^{-1}(Z)$ leer oder eine Untermannigfaltigkeit vom Typ 1 von M der Kodimension k. Es gilt $T_x Y = (T_x f)^{-1}(T_{f(x)} Z)$.*   □

Sei $F\colon M \times S \to N$ glatt und $Z \subset N$ eine glatte Untermannigfaltigkeit. Seien S, Z und N randlos. Für $s \in S$ setzen wir $F_s\colon M \to N$, $x \mapsto F(x, s)$. Wir betrachten F als eine parametrisierte Familie von Abbildungen F_s.

(6.2) Satz. *Seien $F\colon M \times S \to N$ und $\partial F = F|(\partial M \times S)$ transvers zu Z. Dann sind für alle $s \in S$ bis auf eine Nullmenge die Abbildungen F_s und ∂F_s beide transvers zu Z.*

Beweis. Nach (6.1) ist $W = F^{-1}(Z)$ eine Untermannigfaltigkeit von $M \times S$ mit Rand $\partial W = W \cap \partial(M \times S)$. Sei $\pi\colon M \times S \to S$ die Projektion. Die Aussage des Satzes folgt mit dem Satz von Sard, wenn wir folgendes zeigen: Ist $s \in S$ regulärer Wert von

$\pi\colon W \to S$, so ist F_s transvers zu Z, und ist $s \in S$ regulärer Wert von $\partial\pi\colon \partial W \to S$, so ist ∂F_s transvers zu Z. Diese Aussage wird sich aus der Transversalitätsbedingung durch Umschreiben mittels linearer Algebra ergeben.

Sei $F(x, s) = z \in Z$. Da F zu Z transvers ist, gilt

$$T_{(x,s)}F(T_{(x,s)}(X \times S)) + T_z Z = T_z N. \tag{1}$$

Wir verwenden die Identifizierung $T_{(x,s)}(X \times S) = T_x X \times T_s S$. Wir wollen zeigen:

$$T_x F_s(T_x X) + T_z Z = T_z N, \tag{2}$$

sofern s regulärer Wert von $\pi\colon W \to S$ ist. Die Gleichung (1) besagt: Zu $a \in T_z N$ existiert $b = (c, d) \in T_x X \times Z_s S$ mit

$$T_{(x,s)}F(b) - a \in T_z Z. \tag{3}$$

Da $T_{(x,s)}\pi\colon T_x X \times T_s S \to T_s S$ die Projektion auf den zweiten Faktor ist, besagt die Regularitätsvoraussetzung über π, daß es einen Vektor der Form $b' = (c', d) \in T_{(x,s)}W$ gibt. Es gilt dann

$$T_x F_s(c - c') - a = T_{(x,s)}F(c - c', 0) - a = T_{(x,s)}F(b) - T_{(x,s)}F(b') - a. \tag{4}$$

Wegen (3) und $T_{(x,s)}F(b') \in T_z Z$ ist also der Vektor (4) in $T_z Z$ enthalten und damit folgt (2), da a beliebig war. □

(6.3) Satz. *Sei $f\colon M \to N$ eine glatte Abbildung und $Z \subset N$ eine Untermannigfaltigkeit. Es seien Z und N randlos. Sei $C \subset M$ abgeschlossen und f bzw. ∂f transvers zu Z in allen Punkten von C bzw. $\partial M \cap C$. Dann gibt es eine glatte Abbildung $g\colon M \to N$, die zu f homotop ist, auf C mit f übereinstimmt und auf M und ∂M transvers zu Z ist.*

Beweis. Wir führen den Beweis nur für kompakte M und N durch. Sei zunächst C leer. Wir benutzen folgendes: N ist diffeomorph zu einer Untermannigfaltigkeit eines $\mathbb{R}^k$ für genügend großes k. Es gibt eine offene Umgebung U von N in $\mathbb{R}^k$ und eine Submersion $r\colon U \to N$ mit $r|N = \mathrm{id}$ (siehe die Abschnitte 12 und 16). Sei $S = E^k \in \mathbb{R}^k$ die offene Einheitskugel und

$$F\colon M \times S \to N, \quad (x, s) \mapsto r(f(x) + \varepsilon s).$$

Die Zahl ε werde dabei so klein gewählt, daß diese Vorschrift sinnvoll ist. Dann ist $F(x, 0) = f(x)$. Wir behaupten: F und ∂F sind Submersionen. Zum Beweis betrachte man für festes x die Abbildung

$$S \to U_\varepsilon(f(x)), \quad s \mapsto f(x) + \varepsilon s,$$

die als Einschränkung eines affinen Automorphismus von $\mathbb{R}^k$ sicherlich eine Submersion ist. Die Zusammensetzung mit r ist dann ebenfalls eine Submersion. Folglich sind F und ∂F Submersionen, da sogar die Einschränkungen auf alle $\{x\} \times S$ Submersionen sind.

Nach (6.2) sind also für fast alle $s \in S$ die Abbildungen F_s und ∂F_s transvers zu Z. Durch $M \times I \to N$, $(x, t) \mapsto F(x, st)$ wird eine Homotopie von F_s nach f gegeben.

Sei nun C beliebig. Es gibt eine offene Umgebung W von C in M, so daß f auf W und ∂f auf $W \cap \partial M$ zu Z transvers sind (Offenheit der Transversalität). Wir wählen eine Menge V, die $C \subset V^\circ \subset V \subset W^\circ$ erfüllt, sowie eine glatte Funktion $\tau\colon M \to [0, 1]$ mit $M \setminus W \subset \tau^{-1}(1)$, $V \subset \tau^{-1}(0)$. Ferner setzen wir $\sigma = \tau^2$. Dann ist $T_x\sigma = 0$, sofern $\tau(x) = 0$ ist. Die Abbildung F aus dem Anfang des Beweises modifizieren wir jetzt zu

$$G\colon M \times S \to N, \quad (x, s) \mapsto F(x, \sigma(x)s)$$

und behaupten: G ist transvers zu Z. Zum Beweis wählen wir ein $(x, s) \in G^{-1}(Z)$. Sei zunächst $\sigma(x) \neq 0$. Dann ist $S \to N$, $t \mapsto G(x, t)$ als Zusammensetzung des Diffeomorphismus $t \mapsto \sigma(x)t$ mit der Submersion $t \mapsto F(x, t)$ selbst eine Submersion und folglich G bei (x, s) regulär und also transvers zu Z.

Sei jetzt $\sigma(x) = 0$. Wir berechnen den Wert von $T_{(x,s)}G$ an der Stelle $(v, w) \in T_xM \times T_sS = T_xX \times \mathbb{R}^m$ wie folgt. Sei

$$m\colon M \times S \to M \times S, \quad (x, s) \mapsto (x, \sigma(x)s).$$

Dann ist

$$T_{(x,s)}m(v, w) = (v, \sigma(x)w + T_x\sigma(v)s).$$

Die Kettenregel, angewendet auf $G = F \circ m$, liefert

$$T_{(x,s)}G(v, w) = T_{m(x,s)}F \circ T_{(x,s)}m(v, w) = T_{(x,0)}F(v, 0) = T_xf(v),$$

da $\sigma(x) = 0$, $T_x\sigma = 0$ und $F(x, 0) = f(x)$ ist. Da $\sigma(x) = 0$ ist, so ist nach Wahl von W und τ zunächst f in x zu Z transvers, also — da $T_{(x,s)}G$ und T_xf dasselbe Bild haben — auch G in (x, s) transvers zu Z. Analog schließt man für ∂G und beendet den Beweis wie im Fall $C = \emptyset$. $\square$

Sei $s\colon M \to E$ ein glatter Schnitt einer glatten Abbildung $f\colon E \to M$. Dann gibt es beliebig nahe bei s einen Schnitt t, so daß s und t transvers sind. Zum Beweis beachte man, daß f in Punkten von $s(M)$ eine Submersion ist, lokal in geeigneten Koordinaten also wie eine Projektion $p\colon \mathbb{R}^n \times \mathbb{R}^m \to \mathbb{R}^n$ aussieht. Zwei Schnitte $s_i\colon x \mapsto (x, \sigma_i(x))$ sind genau dann transvers in x, wenn $\sigma_1 - \sigma_2$ in x zu $0 \in \mathbb{R}^m$ transvers ist. Lokal läßt sich also (6.3) anwenden.

Es ist $f\colon \mathbb{R}^n \to \mathbb{R}^m$ genau dann transvers zu $Y \subset \mathbb{R}^m$, wenn Graph(f) und $\mathbb{R}^n \times Y$ in $\mathbb{R}^n \times \mathbb{R}^m$ transvers sind.

Seien A und B glatte Untermannigfaltigkeiten von M mit transversem Schnitt. Zu jedem Punkt $x \in A \cap B$ gibt es eine in x zentrierte Karte $(U, \phi, \mathbb{R}^n)$, so daß die Bilder von $A \cap U$ und $B \cap U$ bei ϕ lineare Unterräume sind.

Sind A und B glatte Untermannigfaltigkeiten des $\mathbb{R}^n$, so sind sie genau dann transvers, wenn $A \times B \to \mathbb{R}^n$, $(x, y) \mapsto x - y$ den Nullpunkt als regulären Wert hat.

7 Isotopie

Seien $h_0, h_1\colon M \to N$ glatte Einbettungen. Eine *Isotopie* von h_0 nach h_1 ist eine glatte Abbildung $H\colon M \times \mathbb{R} \to N$ mit den Eigenschaften:

(1) $h_0(x) = H(x, 0)$, $h_1(x) = H(x, 1)$ für alle $x \in M$.

(2) Für jedes $t \in \mathbb{R}$ ist $H_t\colon M \to N$, $x \mapsto H(x, t)$ eine glatte Einbettung.

(3) Es gibt ein $\varepsilon > 0$, so daß $H_t = H_0$ für $t < \varepsilon$ und $H_t = H_1$ für $t > 1 - \varepsilon$.

Gibt es eine derartige Isotopie, so heißen h_0 und h_1 *isotop*. Ist H eine Isotopie von h_0 nach h_1 und K eine Isotopie von h_1 nach h_2, so ist die durch

$$L(x, t) = \begin{cases} H(x, 2t) & t \le 1/2 \\ K(x, 2t - 1) & t \ge 1/2 \end{cases}$$

erklärte Abbildung glatt und deshalb eine Isotopie von h_0 nach h_2. Das liefert die Transitivität für die Aussage: „Isotop" ist eine Äquivalenzrelation auf der Menge der glatten Einbettungen $M \to N$.

Die Definition einer Isotopie wurde technisch so gefaßt, daß die Glattheit der soeben verwendeten Abbildung L klar ist. In Analogie zum Homotopiebegriff würde man vielleicht erwarten, eine Isotopie von h_0 nach h_1 als eine glatte Abbildung $h\colon M \times [0, 1] \to N$ zu definieren, die für jedes t eine Einbettung h_t liefert. Ist aber h eine glatte Abbildung dieser Art und $\varphi\colon \mathbb{R} \to [0, 1]$ eine glatte Funktion, die für $t < \varepsilon$ Null und für $t > 1 - \varepsilon$ Eins ist, so ist $(x, t) \mapsto h(x, \varphi(t))$ eine Isotopie im Sinne der Definition. Ebenso können wir mit jeder Abbildung $M \times J \to N$, $[0, 1] \subset J$ verfahren. Wir verwenden diese Bemerkung im weiteren meist ohne besonderen Hinweis.

Eine *Diffeotopie* der glatten Mannigfaltigkeit N ist eine glatte Abbildung $D\colon N \times \mathbb{R} \to N$, so daß $D_0 = \mathrm{id}(N)$ und D_t für alle t ein Diffeomorphismus ist.

Seien $h_0, h_1\colon M \to N$ glatte Einbettungen. Eine Diffeotopie D von N heißt *ambiente Isotopie* von h_0 nach h_1, wenn

$$h\colon M \times \mathbb{R} \to N, \quad (x, t) \mapsto D(h_0(x), t)$$

eine Isotopie von h_0 nach h_1 ist. Wir sagen in diesem Fall auch, die *Isotopie h werde durch die Diffeotopie D mitgeführt*. Auch hier kommt es nur auf die Einschränkung

$D|N \times [0, 1]$ an. „Ambient isotop" ist eine Äquivalenzrelation auf der Menge der Einbettungen.

(7.1) Beispiel. Sei $f: \mathbb{R}^n \to \mathbb{R}^n$ eine glatte Einbettung, die den Nullpunkt erhält. Dann ist f isotop zum Differential $Df(0)$. Zum Beweis schreiben wir $f(x) = \sum_{i=1}^n x_i g_i(x)$ mit glatten Funktionen $g_i: \mathbb{R}^n \to \mathbb{R}^n$. Dabei ist $Df(0): v \mapsto \sum_{i=1}^n v_i g_i(0)$. Eine Isotopie wird durch

$$(x, t) \mapsto \sum_{i=1}^n x_i g_i(tx) = \begin{cases} t^{-1}f(tx) & t > 0 \\ Df(0) & t = 0 \end{cases}$$

definiert.

Sind h_0 und h_1 ambient isotop und ist $h_0(M) \subset N$ abgeschlossen, so ist auch $h_1(M) \subset N$ abgeschlossen. Daraus erkennt man leicht, daß nicht jede der soeben konstruierten Isotopien durch eine Diffeotopie mitgeführt wird. $\diamond$

Einbettungen werden als geometrisch gleichwertig angesehen, wenn sie ambient isotop sind. Eine glatte Einbettung $f: S^1 \to \mathbb{R}^3$ heißt *Knoten* im $\mathbb{R}^3$. Die zugehörige ambiente Isotopieklasse heißt der *Knotentyp* von f. Das Komplement des Bildes ist der *Knotenaußenraum* und seine Fundamentalgruppe heißt die *Knotengruppe*. Die Knotentheorie ist die Untersuchung der Knotentypen. Isotope Knoten sind immer ambient isotop. Die Frage nach der Bestimmung der ambienten Isotopieklassen von Einbettungen $M \to N$ könnte man das allgemeine Knotenproblem nennen ([48], [220]).

Wir beweisen einen elementaren Isotopiesatz, der für die Behandlung des Abbildungsgrades ausreicht. Zu Isotopien allgemein siehe Abschnitt 15.

(7.2) Satz. *Sei M eine zusammenhängende Mannigfaltigkeit ohne Rand einer Dimension größer als 1. Seien $\{y_1, \ldots, y_n\}$ und $\{z_1, \ldots, z_n\}$ Teilmengen von M. Dann gibt es einen zur Identität diffeotopen Diffeomorphismus $h: M \to M$ mit $h(y_i) = z_i$ für $1 \le i \le n$. Die Diffeotopie läßt sich außerhalb einer kompakten Menge als konstant annehmen.*

Beweis. Sei $n = 1$, $y_1 = y$, $z_1 = z$. Die Möglichkeit, y und z vermöge eines h zu verbinden, definiert eine Äquivalenzrelation auf M. Wenn wir zeigen, daß die Äquivalenzklassen offen sind, so folgt die Behauptung in diesem Fall wegen des Zusammenhangs von M. Um dieses aber zu zeigen, genügt es, eine lokale Situation zu betrachten. Wir zeigen, daß es zu jedem $\varepsilon > 0$ ein $\delta > 0$ und für jedes $z \in \mathbb{R}$ mit $\|z\| < \delta$ eine Diffeotopie h_t gibt, die $h_1(0) = z$ erfüllt und für $\|y\| \ge \varepsilon$ konstant ist. Für $k = 1$ konstruieren wir eine solche Isotopie in der Form $h_t(x) = x + t\rho(x)z$ mit glattem $\rho: \mathbb{R} \to \mathbb{R}$ mit $\rho(0) = 1$ und Träger in $[-\epsilon, \epsilon]$. Die Ableitung von h_t ist positiv, sofern $|t\rho'(tx)z| < 1$ ist für $|z| < \delta$.

Für $k > 1$ kann man zunächst durch Rotation annehmen, daß z die Form $z = (z_1, 0) \in \mathbb{R} \times \mathbb{R}^{k-1}$ hat. Sei $\sigma \colon \mathbb{R}^{k-1} \to \mathbb{R}$ eine glatte Funktion mit $\sigma(0) = 1$ und Träger in $D_\delta(0)$. Für $(x, y) \in \mathbb{R}^1 \times \mathbb{R}^{k-1}$ setzen wir $h_t(x, y) = (x + t\sigma(y)\rho(x)z_1, y)$. Wegen des Falls $k = 1$ ist h_t ein Diffeomorphismus von $\mathbb{R} \times \{y\}$ für jedes y. Durch Betrachtung der Funktionalmatrix sieht man dann, daß h_t ein Diffeomorphismus ist.

Für $n > 1$ führen wir den Beweis durch Induktion nach n. Es gibt eine Diffeotopie k_t von $N = M \setminus \{y_n, z_n\}$ mit $k_1(y_i) = z_i$ für $i < n$ und $k_0 = \mathrm{id}$, weil wegen $\dim M > 1$ auch N zusammenhängend ist. Da k_t außerhalb einer kompakten Menge stationär ist, so sind alle k_t in einer Umgebung von y_n und z_n die Identität. Deshalb kann k_t zu einer Isotopie k_t von M mit $k_0 = \mathrm{id}$ erweitert werden. Analog gibt es eine Diffeotopie l_t von $M \setminus \{y_1, \ldots, y_{n-1}, z_1, \ldots, z_{n-1}\}$ mit $l_0 = \mathrm{id}$, $l_1(y_n) = z_n$, die in einer Umgebung von y_i und z_i für $i < n$ die Identität ist. Die Diffeotopie $l_t \circ k_t$ leistet das Gewünschte. $\square$

8 Orientierung

Sei M eine differenzierbare Mannigfaltigkeit mit Rand. Ein differenzierbarer Atlas heißt *orientierend*, wenn je zwei Karten orientiert verbunden sind; sie heißen *orientiert verbunden*, wenn die Jacobi-Matrix des Kartenwechsels überall positive Determinante hat. Gibt es einen orientierenden Atlas für M, so wird M *orientierbar* genannt. Eine *Orientierung* von M wird festgelegt, indem ein orientierender Atlas ausgewählt wird. Die zugehörigen Karten (und alle damit orientiert verbundenen) mögen *positiv* bezüglich der Orientierung heißen. Ist ein orientierender Atlas gegeben und (U, φ, V) mit offenem $V \subset \mathbb{R}^n_-$ eine Karte daraus, so wird durch den Diffeomorphismus

$$T_u\varphi \colon T_u M = T_u U \to T_{\varphi(u)} V = \mathbb{R}^n$$

und die Standardbasis des $\mathbb{R}^n$ der Tangentialraum $T_u U$ eindeutig orientiert, indem $T_u\varphi$ als orientierungstreu postuliert wird. Zwei orientierende Atlanten definieren genau dann dieselbe Orientierung von M, wenn sie alle $T_u M$ gleichartig orientieren, wenn ihre Vereinigung also ein orientierender Atlas ist. Mit diesen Vereinbarungen können nur für Mannigfaltigkeiten positiver Dimension Orientierungen definiert werden. Eine Orientierung einer nulldimensionalen Mannigfaltigkeit M ist eine Funktion $\epsilon \colon M \to \{\pm 1\}$. Dieser Begriff der Orientierbarkeit stimmt mit dem homologischen überein.

Seien M und N orientiert. Ein Diffeomorphismus $f \colon M \to N$ ist *orientierungstreu*, wenn $T_x f$ für alle x die Orientierung erhält. Ist M zusammenhängend und $T_x f$ orientierungstreu für ein x so für alle.

(8.1) Notiz. *Sei $D_t \colon M \to M$ eine Diffeotopie. Dann sind alle D_t orientierungstreu.*

Beweis. Der Diffeomorphismus $D: M \times \mathbb{R} \to M \times \mathbb{R}$, $(x, t) \mapsto (D_t(x), t)$ ist orientierungstreu. Wir berechnen sein Differential und entnehmen daraus die Behauptung. $\qquad\square$

Für das Produkt gilt kanonisch $T_{(x,y)}(M \times N) \cong T_x M \oplus T_y N$. Damit wird die *Produkt-Orientierung* festgelegt. Produkte orientierungstreuer (= positiver) Karten sind orientierungstreu. Ist N ein Punkt, so ist die Projektion $M \times N \cong M$ orientierungstreu, wenn $\epsilon(N) = 1$ ist, sonst nicht.

Sei M eine orientierte Mannigfaltigkeit mit Rand. Ist $x \in \partial M$, so gibt es eine direkte Zerlegung $T_x M = N_x \oplus T_x(\partial M)$. Sei $n_x \in N_x$ ein nach außen weisender Vektor. Die *Rand-Orientierung* von $T_x(\partial M)$ wird durch eine Basis $v_1, \ldots, v_{n-1}$ definiert, für die $n_x, v_1, \ldots, v_{n-1}$ die gegebene Orientierung von M ist. Mit der Rand-Orientierung von ∂M, der Standard-Orientierung von $\mathbb{R}_-$ und der Produkt-Orientierung von $\mathbb{R}_- \times \partial M$ ist ein Kragen $k \colon \mathbb{R}_- \times \partial M \to M$ orientierungstreu.

(8.2) Beispiel. In $\mathbb{R}^n_-$ erhält $\partial \mathbb{R}^n_- = 0 \times \mathbb{R}^{n-1}$ die durch $e_2, \ldots, e_n$ gegebene Standard-Orientierung. Orientierungstreue Karten werden deshalb mit $\mathbb{R}^n_-$ gebildet.$\diamond$

(8.3) Beispiel. Wird $S^1 \subset \mathbb{R}^2$ als Rand von D^2 aufgefaßt und trägt D^2 die Standard-Orientierung des $\mathbb{R}^2$, so ist ein orientierender Vektor von $T_x S^1$ in der Rand-Orientierung Geschwindigkeitsvektor einer gegen den Uhrzeiger laufenden Bewegung auf S^1, und diesen Drehsinn bezeichnet man üblicherweise als den positiven. Für eine Untermannigfaltigkeit mit Rand $M \subset \mathbb{R}^2$, orientiert durch die Standard-Orientierung des $\mathbb{R}^2$, wird eine Randkomponente durch die Rand-Orientierung so mit einem Durchlaufsinn versehen, daß M „zur linken Seite" liegt. Ist $B \subset \mathbb{R}^3$ eine glatte 3-dimensionale Untermannigfaltigkeit mit Rand und bestimmt v_1, v_2 die Rand-Orientierung, so weist das Vektorprodukt $v_1 \times v_2$ nach außen. $\qquad\diamond$

(8.4) Beispiel. Sei M eine orientierte Mannigfaltigkeit mit Rand und N eine ohne Rand. Die Formeln

$$o(\partial(M \times N)) = o(\partial M \times N), \quad o(\partial(N \times M)) = (-1)^{\dim N} o(N \times \partial M)$$

zeigen, wie Rand- und Produkt-Orientierungen zusammenhängen. Hier bezeichnet o eine Orientierung und $-o$ die dazu entgegengesetzte Orientierung. $\qquad\diamond$

(8.5) Beispiel. Das Einheitsintervall $I = [0, 1]$ wird mit der Standard-Orientierung des $\mathbb{R}^1$ versehen. Da der nach außen weisende Vektor im Punkt 0 die negative Orientierung liefert, ist deshalb die Orientierung von ∂I durch $\epsilon(0) = -1$, $\epsilon(1) = 1$ festzulegen. Analog verfährt man bei einer beliebigen eindimensionalen Mannigfaltigkeit.

Es ist $\partial(I \times M) = 0 \times M \cup 1 \times M$. Die Rand-Orientierung ist also auf $0 \times M \cong M$ die negative und auf $1 \times M \cong M$ die ursprüngliche, wenn $I \times M$ die Produkt-Orientierung erhält. $\qquad\diamond$

Ist M orientiert, so bezeichnen wir die entgegengesetzt orientierte Mannigfaltigkeit mit $-M$. Das führt zu der suggestiven Formel $\partial(I \times M) = 1 \times M - 0 \times M$.

9 Der analytische Abbildungsgrad

Sei M eine orientierte glatte n-Mannigfaltigkeit ohne Rand. Wir bezeichnen mit $\Omega_c^k(M)$ den Vektorraum der C^∞-Differentialformen vom Grad k auf M mit kompaktem Träger. Die äußere Ableitung von Formen liefert eine lineare Abbildung $d^k = d\colon \Omega_c^k(M) \to \Omega_c^{k+1}(M)$. Bekanntlich gilt $d^{k+1} \circ d^k = 0$, und deshalb ist der Vektorraum $H_c^k(M) = \operatorname{Kern} d^k / \operatorname{Bild} d^{k-1}$ definiert. Er wird k-te Kohomologiegruppe von M im Sinne von de Rham genannt. Trotz der analytischen Definition sind diese Gruppen topologische Invarianten von M. Die Übereinstimmung mit topologisch definierten Kohomologiegruppen wurde von de Rham [216] gezeigt.

Die Integration von n-Formen liefert eine lineare Abbildung $\int\colon \Omega_c^n(M) \to \mathbb{R}$, $\alpha \mapsto \int_M \alpha$. Nach dem Satz von Stokes ist für eine $(n-1)$-Form β das Integral $\int_M d\beta = 0$. Folglich induziert $\int$ eine lineare Abbildung $\int\colon H_c^n(M) \to \mathbb{R}$. Aus der Integralrechnung zitieren wir [62, II (10.5)]:

(9.1) Satz. *Ist M eine zusammenhängende, orientierte, glatte n-Mannigfaltigkeit, so ist $\int\colon H_c^n(M) \to \mathbb{R}$ ein Isomorphismus.*   □

Sei $f\colon M \to N$ eine eigentliche glatte Abbildung zwischen orientierten n-Mannigfaltigkeiten. (Wie erinnerlich: f heißt eigentlich, wenn kompakte Mengen kompakte Urbilder haben.) Das Zurückholen von Formen induziert eine lineare Abbildung $f^*\colon H_c^n(N) \to H_c^n(M)$, $[\omega] \mapsto [f^*\omega]$, weil das Zurückholen mit der äußeren Ableitung vertauschbar ist. Ist N zusätzlich zusammenhängend, so gibt es nach (9.1) eine reelle Zahl $D(f)$, mit der die Gleichung

$$(9.2) \qquad\qquad \int_M f^*\omega = D(f) \int_N \omega$$

für alle $\omega \in \Omega_c^n(N)$ gilt. Tatsächlich ist $D(f)$ eine ganze Zahl, wie (9.3) belegt. Wir nennen $D(f)$ den *analytischen Grad* der eigentlichen glatten Abbildung f.

Sei $y \in N$ ein regulärer Wert von f. Ist $f(x) = y$, so setzen wir $d(f, x, y) = 1$, wenn das Differential $T_x f$ die Orientierung erhält, andernfalls sei $d(f, x, y) = -1$. Wir nennen diese Zahl das Orientierungsverhalten von f bei x. Da f eigentlich ist, ist $P = f^{-1}(y)$ kompakt. Da y ein regulärer Wert ist, ist P diskret. Also ist P endlich und die Summe $d(f, y) = \sum_{x \in P} d(f, x, y) \in \mathbb{Z}$ sinnvoll definiert. Damit gilt:

(9.3) Satz. *Es ist $D(f) = d(f, y)$.*

Beweis. Nach dem Umkehrsatz der Differentialrechnung gibt es paarweise disjunkte offene Kartenbereiche $U(x)$ um die Punkte $x \in f^{-1}(y) = P$, die bei f diffeomorph auf einen Kartenbereich V um y abgebildet werden. Wir setzen ferner voraus, daß V diffeomorph zu $\mathbb{R}^n$ ist und wählen positive Karten $\varphi_x : U(x) \to \mathbb{R}^n$ und $\psi : V \to \mathbb{R}^n$. Sei ω eine Form mit kompaktem Träger in V und $\int_V \omega \neq 0$. Es gilt

$$\int_M f^* \omega = \sum_{x \in P} \int_{U(x)} f^* \omega, \qquad \int_N \omega = \int_V \omega.$$

Nach Definition des Integrals ist

$$\int_{U(x)} f^* \omega = \int_{\mathbb{R}^n} (\varphi_x^{-1})^* f^* \omega = \int_{\mathbb{R}^n} (f\varphi_x^{-1})^* \omega, \qquad \int_V \omega = \int_{\mathbb{R}^n} (\psi^{-1})^* \omega.$$

Diese beiden Integrale über $\mathbb{R}^n$ unterscheiden sich um den Diffeomorphismus $\psi f \varphi_x^{-1}$. Dessen Funktionaldeterminante ist genau dann überall positiv (bzw. negativ), wenn $d(f, x, y) = 1$ (bzw. $d(f, x, y) = -1$) ist. Nach dem Transformationssatz für Integrale ist deshalb

$$\int_{\mathbb{R}^n} (f\varphi_x^{-1})^* \omega = d(f, x, y) \int_{\mathbb{R}^n} (\psi^{-1})^* \omega.$$

Damit folgt die Behauptung.   □

Aus dem vorstehenden Satz und der früheren lokalen Berechnung des homologischen Grades folgt, daß dieser mit dem analytischen Grad übereinstimmt.

(9.4) Satz. *Sei B eine orientierte glatte $(n + 1)$-Mannigfaltigkeit mit Rand. Sei $F : B \to N$ eigentlich und glatt und sei $f = F|\partial B$. Dann ist $D(f) = 0$.*

Beweis. Sei $\omega \in \Omega_c^n(N)$. Dann ist $d\omega = 0$. Nach dem Satz von Stokes gilt

$$D(f) \int_N \omega = \int_{\partial B} f^* \omega = \int_B df^* \omega = \int_B f^*(d\omega) = 0.$$

Es gibt ω mit $\int_N \omega \neq 0$. Damit folgt $D(f) = 0$.   □

Aus dem vorstehenden Satz erhält man insbesondere, daß der Grad bei eigentlichen glatten Homotopien invariant ist, indem man $B = M \times [0, 1]$ verwendet und bedenkt, daß $\partial B = M \times \{1\} - M \times \{0\}$ aus zwei Exemplaren M mit entgegengesetzter Orientierung besteht. (Eine eigentliche Homotopie ist eine eigentliche Abbildung $h : M \times [0, 1] \to N$.)

Wir wiederholen die Umlaufzahl. Sei M eine zusammenhängende geschlossene orientierte n-Mannigfaltigkeit. Sei $f : M \to \mathbb{R}^{n+1}$ stetig und $a \notin \text{Bild} f$. Die *Umlaufzahl* $\text{Um}(f, a)$ von f bezüglich a wird als Grad der Abbildung

$$p_{f,a} = p_a : M \to S^n, \qquad x \mapsto N(f(x) - a)$$

definiert, worin N die Normierungsabbildung $\mathbb{R}^{n+1} \setminus \{0\} \to S^n, x \mapsto \|x\|^{-1}x$ ist.
Ist f_t eine Homotopie mit $a \notin \text{Bild} f_t$ für alle t, so gilt $\text{Um}(f_t, a) = \text{Um}(f_0, a)$. Die
Abbildung $f: S^n \to \mathbb{R}^{n+1} \setminus 0, \ x \mapsto Ax$ hat für alle $A \in GL(n+1, \mathbb{R})$ als $\text{Um}(f, 0)$
das Vorzeichen von $\det A$.

(9.5) Satz. *Sei M orientierter Rand der kompakten Mannigfaltigkeit B. Sei
$F: B \to \mathbb{R}^{n+1}$ glatt und habe 0 als regulären Wert. Sei $f = F|M$ und liege 0
nicht im Bild von f. Dann ist*

$$\text{Um}(f, 0) = \sum_{x \in P} \epsilon(F, x), \quad P = F^{-1}(0),$$

*wobei $\epsilon(F, x) \in \{\pm 1\}$ das Orientierungsverhalten des Differentials $T_x F: T_x B \to
T_0 \mathbb{R}^{n+1}$ bezeichnet, das heißt, $\epsilon(F, x) = 1$ genau dann, wenn das Differential ori-
entierungstreu ist.*

Beweis. Es seien $D(x) \subset B \setminus \partial B$, $x \in P$, kleine disjunkte Vollkugeln um x in lokalen
Koordinaten. Dann ist $G(x) = NF(x)$ auf $C = B \setminus \bigcup_{x \in P} D(x)$ definiert, und es gilt
nach (9.4) und V.14 $d(G|\partial B) = \sum_{x \in P} d(G|\partial D(x))$. Es genügt also, $d(G|\partial D(x)) =
\epsilon(F, x)$ zu zeigen. Nach Einführen lokaler Koordinaten mittels einer positiven Karte
um x kann man annehmen, daß $D(x) = D^{n+1} \subset \mathbb{R}^{n+1}$ die Einheitszelle ist und
$F: D^{n+1} \to \mathbb{R}^{n+1}$ glatt mit $F^{-1}(0) = \{0\}$ und 0 als regulärem Wert. Durch

$$H(x, t) = \begin{cases} t^{-1} F(tx) & \text{für } t > 0 \\ DF(0)(x) & \text{für } t = 0 \end{cases}$$

wird eine glatte Homotopie $H: S^n \times I \to \mathbb{R}^{n+1} \setminus 0$ definiert. Also ist $\text{Um}(F|S^n, 0) =
\text{Um}(DF(0)|S^n, 0)$, und das ist gleich dem Vorzeichen von $\det DF(0)$. $\quad\square$

Seien A, B orientierte, geschlossene, glatte, disjunkte Untermannigfaltigkeiten
von $\mathbb{R}^{k+1}$ der Dimension a, b. Ferner sei $a + b = k$. Der Grad der Abbildung

$$f_{A,B} = f: A \times B \to S^k, \quad (x, y) \mapsto N(x - y),$$

heißt (eventuell auch mit anderen Vorzeichenvereinbarungen) *Verschlingungszahl*
$v(A, B)$ des Paares (A, B) in $\mathbb{R}^{k+1}$. Hierbei trägt $A \times B$ die Produkt-Orientierung
und S^k die Standard-Orientierung. Sind allgemeiner $\alpha: A \to \mathbb{R}^{k+1}$ und
$\beta: B \to \mathbb{R}^{k+1}$ stetige Abbildungen mit disjunkten Bildern, so heißt der Grad von
$(x, y) \mapsto N(\alpha(x) - \beta(y))$ die *Verschlingungszahl* von (α, β).

Mit der Standard-Determinantenform det auf $\mathbb{R}^n$ wird durch

$$\omega: T_x S^{n-1} \to \mathbb{R}, \quad (v_1, \ldots, v_{n-1}) \mapsto \det(x, v_1, \ldots, x_{n-1})$$

eine Volumenform auf S^{n-1} definiert. Sie liefert ein erzeugendes Element der de Rham Gruppe $H^{n-1}(S^{n-1})$. Die Form auf $\mathbb{R}^n$

$$\tilde{\omega} = \sum_{i=1}^{n} (-1)^{i-1} x_i \, dx_1 \wedge \cdots \wedge \widehat{dx_i} \wedge \cdots \wedge dx_n$$

liefert durch Einschränkung auf S^{n-1} die Form ω. Das Integral von ω über S^{n-1} ist das übliche Volumen von S^{n-1}, also die Bogenlänge 2π im Fall $n = 2$ und der Flächeninhalt 4π im Fall $n = 3$. Sind $f, g \colon S^1 \to \mathbb{R}^3$ glatte Kurven mit disjunkten Bildern und ist $c \colon S^1 \times S^1 \to S^2$, $(x, y) \mapsto N(f(x) - g(y))$, so erhält man in

$$\frac{1}{4\pi} \int\limits_{S^1 \times S^1} c^*(\omega)$$

eine Integralformel für die Verschlingungszahl. Eine solche Formel war schon Gauß 1833 bekannt [92, Werke V, p.605], der sie ohne Beweis mitteilt. Er schreibt dazu:

> Eine Hauptaufgabe aus dem Grenzgebiet der Geometria Situs und der Geometria Magnitudinis wird sein, die Umschlingung zweier geschlossener oder unendlicher Linien zu zählen.

10   Der Satz von Hopf

(10.1) Satz. *Sei M der orientierte Rand der kompakten, orientierten, zusammenhängenden Mannigfaltigkeit B. Habe $f \colon M \to S^n$ den Grad Null. Dann besitzt f eine Erweiterung auf B.*

Beweis. Die Inklusion $M \to B$ ist eine Kofaserung. Falls wir f erweitern können, so auch jede homotope Abbildung. Deshalb nehmen wir f als glatt an. Wir können $f \colon M \to S^n \subset \mathbb{R}^{n+1}$ zu einer glatten Abbildung $\phi \colon B \to \mathbb{R}^{n+1}$ erweitern (Erweiterung nach Tietze-Urysohn und glatte Approximation). Nach dem Isotopiesatz (7.2) können wir annehmen, daß 0 ein regulärer Wert von ϕ ist und $\phi^{-1}(0)$ in einer offenen Menge $U \subset B \setminus \partial B$ enthalten ist, die diffeomorph zu $\mathbb{R}^{n+1}$ ist. Sei $B_r \subset U$ der Teil, der zur Kugel $D_r \subset \mathbb{R}^{n+1}$ vom Radius r um den Nullpunkt diffeomorph ist; wir wählen r so, daß $\phi^{-1}(0) \subset B_r \setminus \partial B_r$ ist. Wegen Bordismeninvarianz des Grades haben f und $\phi | \partial B_r$ dieselbe Umlaufzahl, und diese ist nach Voraussetzung Null. Deshalb ist $\phi | \partial B_r$ nullhomotop und hat somit eine Erweiterung auf B_r. Wir benutzen diese Erweiterung, kombinieren sie mit $\phi | (B \setminus B_r^\circ)$ und erhalten eine Erweiterung von f. $\square$

Der folgende Satz geht in seiner kombinatorischen Form auf Hopf [124] zurück.

(10.2) Satz. *Sei M eine zusammenhängende orientierte geschlossene n-Mannigfal-tigkeit. Dann liefert der Abbildungsgrad eine Bijektion* $d\colon [M, S^n] \to \mathbb{Z}$.

Beweis. Seien $f_0, f_1\colon M \to S^n$ Abbildungen mit demselben Grad. Sie liefern zusammen eine Abbildung $M + (-M) \to S^n$ vom Grad Null. Nach dem letzten Satz hat diese Abbildung eine Erweiterung auf $M \times [0, 1]$. Das zeigt die Injektivität von d. Um die Surjektivität zu zeigen, muß man Abbildungen mit vorgeschriebenem Grad konstruieren. Eine Abbildung vom Grad 1 erhält man wie folgt. Man wähle eine Einbettung $\psi\colon \mathbb{R}^n \to M$. Man bilde $\psi(D^n)$ vermöge ψ^{-1} und eines Homöomorphismus $D^n/S^{n-1} \cong S^n$ nach S^n ab und das Komplement von $\psi(D^n)$ auf den Grundpunkt $\{S^{n-1}\}$. Dann hat $0 \in D^n/S^{n-1}$ genau einen Urbildpunkt und ist ein regulärer Wert. Bei richtiger Wahl der Orientierungen hat f den Grad 1. Indem man mehrere disjunkte Zellen herausgreift und analog abbildet, kann man jeden Grad realisieren. Damit ist der Satz von Hopf bewiesen. (Die konstruierten Abbildungen sind nur auf dem Urbild einer Nullumgebung glatt; trotzdem kann der Grad durch (9.3) berechnet werden, was auch durch die Übereinstimmung mit dem homologischen Grad erhellt wird.)   □

Sind M und N nicht notwendig orientierbare glatte geschlossene Mannigfaltig-keiten und ist $f\colon M \to N$ eine glatte Abbildung, so wird der Grad modulo 2, in Zeichen $d_2(f) \in \mathbb{Z}/2$, als die Anzahl modulo 2 der Menge $f^{-1}(y)$ für einen regulären Wert y definiert. Sind f_0 und f_1 (glatt) homotop, so gilt $d_2(f_0) = d_2(f_1)$. Deshalb läßt sich eine Invariante $d_2\colon [M, N] \to \mathbb{Z}/2$ definieren. Der Satz von Hopf lautet in diesem Fall: Ist M nichtorientierbar, zusammenhängend, geschlossen und n-dimensional, so ist $d_2\colon [M, S^n] \to \mathbb{Z}/2$ eine Bijektion. Ist B eine kompakte, unorientierbare, glatte, zusammenhängende ∂-Mannigfaltigkeit der Dimension $n + 1$, so läßt sich eine stetige Abbildung $f\colon \partial B \to S^n$ genau dann auf B erweitern, wenn $d_2(f) = 0$ ist.

(10.3) Beispiel. Seien $p, q \in \mathbb{C}[z]$ teilerfremde komplexe Polynome vom Grad m, n. Die rationale Funktion $f\colon z \mapsto p(z)/q(z)$ kann als eine glatte (sogar holomorphe) Abbildung $f\colon \mathbb{C}P^1 \to \mathbb{C}P^1$ angesehen werden (siehe Abschnitt 18). Ist $a = \max(m, n)$, so läßt sie sich in homogenen Koordinaten genauer als

$$[z, w] \mapsto [w^a p(z/w), w^a q(z/w)]$$

schreiben, denn $w^a p(z/w)$ ist nach Ausmultiplizieren ein homogenes Polynom vom Grad a. Ist $c \in \mathbb{C}$ so gewählt, daß $z \mapsto p(z) - cq(z)$ ein Polynom vom Grad a ist, so ist $[c, 1] \in \mathbb{C}P^1$ ein regulärer Wert von f. Da eine komplex-lineare Abbildung orientierungserhaltend ist, so hat folglich f den Grad a. Insbesondere hat ein Polynom vom Grad m als Abbildung von $\mathbb{C}P^1 \cong S^2$ auch den Grad m.   ◇

11 Randverheftungen

Kragen werden dazu benutzt, um Mannigfaltigkeiten entlang gemeinsamer Randteile zu verheften und das Resultat mit einer differenzierbaren Struktur zu versehen. Ferner kann mit Hilfe von Kragen dem Produkt zweier Mannigfaltigkeiten mit Rand wieder eine differenzierbare Struktur gegeben werden ("Glätten der Kanten oder Ecken").

(11.1) Randverheftung. Seien M_1 und M_2 Mannigfaltigkeiten mit Rand. Gegeben seien Teilmengen $N_i \subset \partial M_i$, die jeweils offen und abgeschlosssen in ∂M_i sind (also Vereinigung von Zusammenhangskomponenten des Randes). Sei $\varphi\colon N_1 \to N_2$ ein Diffeomorphismus. Wir bezeichnen mit $M = M_1 \cup_\varphi M_2$ den topologischen Raum, der aus der disjunkten Summe $M_1 + M_2$ durch Identifikation von $x \in N_1$ mit $\varphi(x) \in N_2$ entsteht. Wir bezeichnen das Bild von M_i in M wieder mit M_i. Dann ist $M_i \subset M$ abgeschlosssen und $M_i \setminus N_i \subset M$ offen. Wir wollen M mit der Struktur einer glatten Mannigfaltigkeit versehen.

Wir wählen Kragen (für die Teile N_i) $k_i\colon \mathbb{R}_- \times N_i \to M_i$ mit offenem Bild $U_i \subset M_i$. Die Abbildung

$$k\colon \mathbb{R} \times N_1 \to M, \quad (t, x) \mapsto \begin{cases} k_1(t, x) & t \le 0 \\ k_2(-t, \varphi(x)) & t \ge 0 \end{cases}$$

ist eine Einbettung mit dem in M offenen Bild $U = U_1 \cup_\varphi U_2$. Wir definieren eine differenzierbare Struktur $\mathcal{D}_k$ (abhängig von der Wahl der Kragen k_i) durch die Forderung, daß $M_i \setminus N_i \to M$ und k glatte Einbettungen sein sollen. Das ist möglich, weil dadurch auf den Schnitten $(M_i \setminus N_i) \cap U$ die Struktur eindeutig festgelegt ist. Dieselbe Struktur ergibt sich, wenn statt k die Einschränkung k_ε von k auf $]-\varepsilon, \varepsilon[\times N_1$ (oder auf irgendeine andere offene Umgebung von $0 \times N_1$ in $\mathbb{R} \times N$) verwendet wird. Die differenzierbare Struktur im engeren Sinne hängt von der Wahl der Kragen ab. ◇

(11.2) Produkte. Seien M_1 und M_2 glatte ∂-Mannigfaltigkeiten. Dann ist $M_1 \times M_2 \setminus (\partial M_1 \times \partial M_2)$ in kanonischer Weise eine glatte Mannigfaltigkeit, indem man Produkte von Karten für M_i als neue Karten verwendet. Mit Kragen $k_i\colon \partial M_i \times [0, \infty[\to M_i$ betrachten wir die zusammengesetzte Abbildung λ

$$
\begin{array}{ccc}
\partial M_1 \times \partial M_2 \times \mathbb{R}_+^2 & \xrightarrow{\ \mathrm{id} \times \pi\ } & \partial M_1 \times \partial M_2 \times \mathbb{R}_+^1 \times \mathbb{R}_+^1 \\[2pt]
\Big\downarrow{\lambda} & & \Big\downarrow{(1)} \\[2pt]
M_1 \times M_2 & \xleftarrow{\ k_1 \times k_2\ } & (\partial M_1 \times \mathbb{R}_+^1) \times (\partial M_2 \times \mathbb{R}_+^1).
\end{array}
$$

Darin ist $\pi\colon \mathbb{R}_+^2 \to \mathbb{R}_+^1 \times \mathbb{R}_+^1$, $(r, \varphi) \mapsto (r, \frac{1}{2}\varphi)$, geschrieben in Polarkoordinaten (r, φ), und die Abbildung (1) ist die Vertauschung des 2. und 3. Faktors. Es gibt genau eine differenzierbare Struktur auf $M_1 \times M_2$, bezüglich der $M_1 \times M_2 \setminus (\partial M_1 \times \partial M_2) \subset M_1 \times M_2$ und λ Diffeomorphismen auf offene Teile von $M_1 \times M_2$ sind. Wiederum führt eine andere Wahl der Kragen zu diffeomorphen Mannigfaltigkeiten. $\diamond$

(11.3) Randteile. Oft sind Mannigfaltigkeiten an gemeinsamen Randstücken zu identifizieren. Die differenzierbare Struktur wird dabei folgendermaßen definiert. Seien B und C glatte n-Mannigfaltigkeiten mit Rand. Sei M eine glatte $(n-1)$-Mannigfaltigkeit mit Rand, und seien

$$\varphi_B: \ : M \to \partial B, \qquad \varphi_C : M \to \partial C$$

glatte Einbettungen. Wir identifizieren in $B + C$ jeweils $\varphi_B(m)$ mit $\varphi_C(m)$ für alle $m \in M$. Das Resultat D erhält eine differenzierbare Struktur mit den folgenden Eigenschaften:

(1) $B \setminus \varphi_B(M) \subset D$ ist glatte Untermannigfaltigkeit.
(2) $C \setminus \varphi_C(M) \subset D$ ist glatte Untermannigfaltigkeit.
(3) $\iota: M \to D$, $m \mapsto \varphi_B(m) \sim \varphi_C(m)$ ist eine glatte Einbettung als eine Untermannigfaltigkeit vom Typ 1.
(4) Der Rand von D ist diffeomorph zur Verheftung von $\partial B \setminus \varphi_B(M)^\circ$ mit $\partial C \setminus \varphi_C(M)^\circ$ vermöge $\varphi_B(m) \sim \varphi_C(m)$, $m \in \partial M$.

Natürlich sind (1) und (2) bezüglich der kanonischen Einbettungen $B \subset D \supset C$ zu lesen. Karten sind um die Punkte von $\iota(M)$ zu definieren, da die Forderungen (1) und (2) festlegen, was in den anderen Punkten zu geschehen hat. Für die Punkte von $\iota(M \setminus \partial M)$ verwendet man Kragen von B und C wie beim Verheften von Mannigfaltigkeit mit Rand. Für $\iota(\partial M)$ verfahren wir wie folgt.

Wir wählen Kragen $\kappa_B: \partial B \times \mathbb{R}_+ \to B$ und $\kappa: \partial M \times \mathbb{R}_+ \to M$ sowie eine Einbettung $\tau_B: \partial M \times \mathbb{R} \to \partial B$, so daß folgendes Diagramm kommutativ ist.

$$
\begin{array}{ccc}
\partial M \times \mathbb{R} & \xrightarrow{\ \ \tau_B\ \ } & \partial B \\
\Big\uparrow{\scriptstyle \cup} & & \Big\downarrow{\scriptstyle \varphi_B} \\
\partial M \times \mathbb{R}_+ & \xrightarrow{\ \ \kappa\ \ } & M
\end{array}
$$

Damit bilden wir

$$\Phi_B: \partial M \times \mathbb{R} \times \mathbb{R}_+ \xrightarrow{\ \tau_B \times \mathrm{id}\ } \partial B \times \mathbb{R}_+ \xrightarrow{\ \kappa_B\ } B.$$

Für C wählen wir entsprechend κ_C und τ_C. Jetzt soll aber $\varphi_C \circ \kappa^- = \tau_C$ gelten, wobei $\kappa^-(m, t) = \kappa(m, -t)$ gesetzt wird. Wir bilden analog Φ_C aus κ_C und τ_C. Die differenzierbare Struktur in einer Umgebung von $\iota(\partial M)$ wird dadurch festgelegt, daß die folgende Abbildung $\alpha: \partial M \times \mathbb{R} \times \mathbb{R}_+ \to D$ als glatte Einbettung postuliert wird. Wir setzen

$$
\alpha(m, r, \psi) = \begin{cases} \Phi_B(m, r, 2\psi - \pi), & \frac{\pi}{2} \le \psi \le \pi \\ \Phi_C(m, r, 2\psi), & 0 \le \psi \le \frac{\pi}{2} \end{cases}
$$

mit den üblichen Polarkoordinaten (r, ψ) in $\mathbb{R} \times \mathbb{R}_+$.   ◇

Eine allgemeine Methode, Mannigfaltigkeiten zu konstruieren, besteht darin, sie aus Mannigfaltigkeiten mit Rand durch Randverheftung zusammenzusetzen. Wir geben einige Beispiele.

(11.4) Verbundene Summe. Seien M_1 und M_2 n-Mannigfaltigkeiten. Wir wählen glatte Einbettungen $s_i \colon D^n \to M_i$, die etwa vorhandene Ränder nicht treffen. In $M_1 \setminus s_1(E^n) + M_2 \setminus s_2(E^n)$ werde $s_1(x)$ mit $s_2(x)$ für alle $x \in S^{n-1}$ identifiziert. Das Resultat ist nach (11.1) eine glatte Mannigfaltigkeit, genannt die *verbundene Summe* $M_1 \# M_2$ von M_1 und M_2. Bis auf Diffeomorphie ist die verbundene Summe im wesentlichen von der Wahl der Einbettungen unabhängig: Sind M_1, M_2 orientierte zusammenhängende Mannigfaltigkeiten, so muß man die Einbettung s_1 als orientierungstreu, die Einbettung s_2 dagegen als untreu voraussetzen; dann trägt $M_1 \# M_2$ eine Orientierung, die $M_i \setminus s_i(E^n)$ als orientierte Teile besitzt, und der orientierte Diffeomorphietyp ist von der Wahl der s_i unabhängig. Ändert man die Orientierung einer Mannigfaltigkeit, so kann sich durchaus ein anderes Resultat ergeben.   ◇

Für geschlossene 3-Mannigfaltigkeiten gibt es einen Existenz- und Eindeutigkeitssatz über die Zerlegung bezüglich # in unzerlegbare Summanden, der auf H. Kneser [152] und Milnor [176] zurückgeht (siehe auch [109]).

(11.5) Henkel. Sei M eine n-Mannigfaltigkeit mit Rand. Wir wählen eine Einbettung $s \colon S^{k-1} \times D^{n-k} \to \partial M$ und benutzen sie dazu, in $M + D^k \times D^{n-k}$ Punkte $s(x)$ und x zu identifizieren. Das Resultat, nach (11.3) mit einer glatten Struktur versehen, wird Anheften eines k-Henkels an M genannt. Ist M eine 3-Mannigfaltigkeit, vorgestellt als Körper im Raum, so entspricht dem Anheften eines 1-Henkels auch anschaulich das Anheften eines Henkels. Das Resultat der Anheftung hängt, auch bis auf Diffeomorphie, von der Wahl der Einbettung s ab. Ist etwa $M = D^n + D^n$, so kann man die beiden Kopien von D^n durch einen 1-Henkel verbinden oder nur an einen Summanden einen Henkel anheften.

Anheften eines Nullhenkels bedeutet die disjunkte Summe mit D^n. Anheften eines n-Henkels bedeutet, daß ein „Loch" mit dem Rand S^{n-1} geschlossen wird.

Es ist eine fundamentale Tatsache, daß sich jede (glatte) Mannigfaltigkeit durch sukzessives Anheften von Henkeln aus der leeren Mannigfaltigkeit gewinnen läßt. Ein Beweis kann mit der nach Marston Morse benannten Morse-Theorie geführt werden (siehe etwa [177], [180]).   ◇

(11.6) Elementare Chirurgie. Entsteht M' aus M durch Anheften eines k-Henkels, so wird $\partial M'$ aus ∂M durch einen Prozeß gewonnen, der *elementare Chirurgie* genannt wird. Es handelt sich um die folgende Konstruktion. Sei $h\colon S^{k-1} \times D^{n-k} \to X$ eine Einbettung in eine $(n-1)$-Mannigfaltigkeit mit Bild U. Dann hat $X \setminus U^\circ$ ein Randstück, das vermöge h zu $S^{k-1} \times S^{n-k-1}$ diffeomorph ist. Dieses fassen wir als Rand von $D^k \times S^{n-k-1}$ auf und verheften die Randteile mittels h; symbolisch

$$X' = (X \setminus U^\circ) \cup_h D^k \times S^{n-k-1}.$$

Der auf diese Weise hergestellte Übergang von X nach X' wird *elementare Chirurgie vom Index k an X* vermöge h genannt. Als *Chirurgie* an X bezeichnet man eine mehrmals angewendete elementare Chirurgie. Die Methode der Chirurgie ist äußerst flexibel und wirkungsvoll, um Mannigfaltigkeiten mit vorgegebenen topologischen Eigenschaften zu konstruieren.

In der Flächentheorie bezeichnet man die elementare Chirurgie vom Index 1 auch als Ansetzen eines Henkels an die Fläche. $\diamond$

(11.7) Dehn-Chirurgie. Eine auf Dehn [56] zurückgehende Methode zur Konstruktion dreidimensionaler Mannigfaltigkeiten besteht darin, einen Volltorus herauszubohren und ihn auf neue Art wieder einzusetzen. Sei $t\colon D^2 \times S^1 \to M$ eine glatte Einbettung in eine 3-Mannigfaltigkeit mit dem Bild $U = t(E^2 \times S^1)$. Man hefte $S^1 \times D^2$ an $M \setminus U$ an, indem $(z, w) \in S^1 \times S^1 \subset S^1 \times D^2$ mit $t(z^a w^b, z^c w^d)$ identifiziert wird. Hierbei sei $ad - bc = 1$ vorausgesetzt; dann ist die Verheftungsabbildung ein Diffeomorphismus. Das Resultat der Verheftung sei M'. Bei gegebenem t bezeichnen wir den Übergang von M nach M' als Dehn-Chirurgie mittels $\begin{pmatrix} a & b \\ c & d \end{pmatrix}$ oder als $-\frac{b}{d}$-*Dehn-Chirurgie*. Im Falle $d = 0$ ist unter $\frac{b}{d}$ das Symbol ∞ zu verstehen.

Ist M orientiert, so sei t als orientierungstreu vorausgesetzt. Es trage S^1 und D^2 die Standard-Orientierung und $S^1 \times S^1$ in der obigen Konstruktion jeweils die Rand-Orientierung von $S^1 \times D^2$ oder $D^2 \times S^1$.

Ist $M = S^3$, so soll man sich das Bild von t als eine Verdickung des Knotens $t(0 \times S^1)$ vorstellen. Es läßt sich Dehn-Chirurgie simultan an mehreren solchen disjunkten Einbettungen durchführen. Die verwendeten Knoten können dann noch miteinander verschlungen sein. Jede orientierbare 3-Mannigfaltigkeit läßt sich auf diese Weise aus S^3 durch Dehn-Chirurgie erzeugen ([261], [160]). Natürlich gibt es sehr viele verschiedene Prozesse, die zu derselben 3-Mannigfaltigkeit führen. Trotzdem kann diese Methode zu einem effektiven Werkzeug ausgebaut werden, wie Kirby [148] gezeigt hat, weshalb man auch vom *Kirby-Kalkül* spricht.

(11.8) Beispiel. Für die Teilmengen

$$D_1 = \{(x, y) \mid \|x\|^2 \geq 1/2,\ \|y\|^2 \leq 1/2\}, \quad D_2 = \{(x, y) \mid \|x\|^2 \leq 1/2,\ \|y\|^2 \geq 1/2\}$$

von $S^{m+n+1} \subset \mathbb{R}^{m+1} \times \mathbb{R}^{n+1}$ gibt es Diffeomorphismen $D_1 \cong S^m \times D^{n+1}$, $D_2 \cong D^{m+1} \times S^n$. Die Unterräume D_i sind glatte Untermannigfaltigkeiten mit Rand von

S^{m+n+1}. Deshalb läßt sich S^{m+n+1} also aus $S^m \times D^{n+1}$ und $D^{m+1} \times S^n$ erhalten, indem entlang des gemeinsamen Randes $S^m \times S^n$ mit der Identität verheftet wird. Ein Diffeomorphismus $D_1 \to S^m \times D^{n+1}$ wird durch $(z, w) \mapsto (\|z\|^{-1}z, \sqrt{2}w)$ gegeben. $\diamond$

(11.9) Beispiel. Ist M eine Mannigfaltigkeit mit nichtleerem Rand, so kann man zwei Exemplare des Randes durch die Identität des Randes verheften: Es entsteht das *Doppel $D(M)$* von M. Hat man nach dem Whitneyschen Einbettungssatz $D(M)$ eingebettet, so auch M. Ist M kompakt, so ist $D(M)$ selbst Rand einer Mannigfaltigkeit B. Topologisch läßt sich B durch $M \times I$ angeben. Eine andere Vorstellung von B: Man lasse M um ∂M um 180° rotieren. $\diamond$

Das Resultat einer Dehn-Chirurgie mittels $\begin{pmatrix} a & b \\ c & d \end{pmatrix}$ hängt nur von der rationalen Zahl $\frac{b}{d}$ (oder ∞) ab. Um das einzusehen beachte man: Wird eine Mannigfaltigkeit B mittels Diffeomorphismen $f_1, f_2 \colon \partial B \to \partial M$ angeheftet und gibt es einen Diffeomorphismus $f \colon B \to B$, der $f_1 f = f_2$ erfüllt, so liefern beide Anheftungen diffeomorphe Ergebnisse. Der Diffeomorphismus

$$S^1 \times S^1 \to S^1 \times S^1, \quad (z, w) \mapsto (z^k w^l, z^m w^n)$$

läßt sich durch dieselbe Formel zu einen Diffeomorphismus von $S^1 \times D^2$ erweitern, sofern $l = 0$ ist. Deshalb kann man auch Dehn-Chirurgie mittels

$$\begin{pmatrix} a + kb & b \\ c + kd & d \end{pmatrix} \quad \text{oder} \quad \begin{pmatrix} -a + kb & -b \\ -c + kd & -d \end{pmatrix}$$

durchführen, um dasselbe Ergebnis zu erhalten. Da b und d teilerfremd sind, sind mit einer Lösung (a, c) von $ad - bc = 1$ alle anderen durch $(a + bk, c + dk), k \in \mathbb{Z}$ gegeben. $\diamond$

Ein dreidimensionaler *Henkelkörper H* entsteht aus D^3 durch Anheften von 1-Henkeln. Ist $f \colon \partial H \to \partial H$ ein Diffeomorphismus, so entsteht aus zwei Exemplaren H durch Identifikation mittels f eine geschlossene 3-Mannigfaltigkeit. Die Daten (H, f) nennt man eine *Heegaard-Zerlegung*, nach der Dissertation von Heegaard 1898, die 1916 in französischer Übersetzung erschien [108]. Jede geschlossene 3-Mannigfaltigkeit besitzt eine Heegaard-Zerlegung [109]. $\diamond$

12   Einbettungen

Wir werden zeigen: Eine kompakte glatte Mannigfaltigkeit M besitzt eine glatte Einbettung in einen euklidischen Raum. Dazu beschreiben wir zuerst eine Konstruktion, die eine gegebene glatte Abbildung in einen euklidischen Raum zu einer partiellen Einbettung verbessert.

Sei $f\colon M \to \mathbb{R}^t$ eine glatte Abbildung einer n-Mannigfaltigkeit M. Seien endlich viele Karten $(U_j, \phi_j, B(3))$ gegeben $(j \in \{1, \dots, k\})$. Wir wählen glatte Funktionen $\tau_j\colon \mathbb{R}^n \to [0, \infty[$, so daß $\tau_j(x) = 0$ falls $\|x\| > 2$ und $\tau_j(x) = 1$ falls $\|x\| < 1$ ist. Dann ist $\sigma_j\colon M \to \mathbb{R}$, definiert durch $\sigma_j(x) = 0$ falls $x \notin U_j$ und $\sigma_j(x) = \tau_j\phi_j(x)$ falls $x \in U_j$, eine glatte Funktion auf M.

Damit definieren wir eine glatte Abbildung

$$\Phi\colon M \to \mathbb{R}^t \times (\mathbb{R} \oplus \mathbb{R}^n) \times \cdots \times (\mathbb{R} \oplus \mathbb{R}^n) = \mathbb{R}^t \times \mathbb{R}^N$$

(k Faktoren $\mathbb{R} \oplus \mathbb{R}^n$) durch

$$\Phi(x) = (f(x); \sigma_1(x), \sigma_1(x)\phi_1(x); \dots; \sigma_k(x), \sigma_k(x)\phi_k(x)),$$

wobei $\sigma_j(x)\phi_j(x)$ als Null zu lesen ist, wenn $\phi_j(x)$ nicht definiert ist. Ihr Differential hat auf $W_j = \phi_j^{-1}(B(1))$ den Rang n, denn Φ hat auf W_j ein in $V_j = \{(z; a_1, x_1; \dots; a_k, x_k) \mid a_j \neq 0\}$ gelegenes Bild, und die Zusammensetzung von $\Phi|W_j$ mit $V_j \to \mathbb{R}^n$, $(z; a_1, x_1; \dots) \mapsto a_j^{-1}x_j$ ist ϕ_j. Nach Konstruktion ist Φ auf $W = \bigcup_{j=1}^r W_j$ injektiv, denn aus $\Phi(a) = \Phi(b)$ folgt zunächst für alle j die Gleichheit $\sigma_j(a) = \sigma_j(b)$, und dann folgt $\phi_i(a) = \phi_i(b)$ für ein i und damit $a = b$. Ferner ist Φ auf dem Komplement aller $\phi_j^{-1}B(2)$ gleich f zusammengesetzt mit der Inklusion $\mathbb{R}^t \subset \mathbb{R}^t \times \mathbb{R}^N$. Ist also f auf der offenen Menge U eine (injektive) Immersion, so ist Φ auf $U \cup W$ eine (injektive) Immersion. Ist speziell M kompakt, so können wir die vorstehenden Betrachtungen auf ein beliebiges f anwenden und $M = W$ erreichen. Das liefert:

(12.1) Satz. *Eine kompakte glatte Mannigfaltigkeit besitzt eine glatte Einbettung in einen euklidischen Raum.* $\qquad\square$

Der Beweis von (12.1) sagt nichts über die für eine Einbettung nötige Dimension des euklidischen Raumes aus. Wir werden zeigen, daß man immer mit der Dimension $2n + 1$ auskommt, wenn die Mannigfaltigkeit die Dimension n hat.

Ist einmal eine Einbettung in irgendeinen euklidischen Raum gewonnen, so läßt sich daraus manchmal durch eine Parallelprojektion eine Einbettung in kleinere euklidische Räume erhalten.

Sei $\mathbb{R}^{q-1} = \mathbb{R}^{q-1} \times 0 \subset \mathbb{R}^q$. Für $v \in \mathbb{R}^q \setminus \mathbb{R}^{q-1}$ betrachten wir die Projektion $p_v\colon \mathbb{R}^q \to \mathbb{R}^{q-1}$ in Richtung v, das heißt, für $x = x_0 + \lambda v$ mit $x_0 \in \mathbb{R}^{q-1}$ und $\lambda \in \mathbb{R}$ sei $p_v(x) = x_0$. Es genügt offenbar, im folgenden nur Einheitsvektoren $v \in S^{q-1}$ zu verwenden. Sei $M \subset \mathbb{R}^q$. Mit der Diagonale D betrachten wir $\sigma\colon M \times M \setminus D \to S^{q-1}$, $(x, y) \mapsto N(x - y)$.

(12.2) Notiz. *Genau dann ist $\varphi_v = p_v|M$ injektiv, wenn v nicht im Bild von σ liegt.*

Beweis. Aus $\varphi_v(x) = \varphi_v(y)$, $x \neq y$ und $x = x_0 + \lambda v$, $y = y_0 + \mu v$ folgt $x - y = (\lambda - \mu)v \neq 0$, also $v = \pm N(x - y)$. Es gilt $\sigma(x, y) = -\sigma(y, x)$. $\qquad\square$

Sei nun M eine glatte n-dimensionale Untermannigfaltigkeit von $\mathbb{R}^q$. Wir verwenden

$$STM = \{(x, v) \mid v \in T_x M, \|v\| = 1\} \subset M \times S^{q-1}$$

und die Abbildung $\tau \colon STM \subset M \times S^{q-1} \xrightarrow{\text{pr}} S^{q-1}$.

(12.3) Notiz. *Genau dann ist φ_v eine Immersion, wenn v nicht im Bild von τ liegt.*

Beweis. Genau dann ist φ_v eine Immersion, wenn für alle $x \in M$ der Kern von $T_x p_v$ mit $T_x M$ den Schnitt Null hat. Das Differential von p_v ist wiederum p_v. Also ist $0 \neq z = p_v(z) + \lambda v \in T_x M$ genau dann im Kern von $T_x p_v$, wenn $z = \lambda v$ und damit v ein Einheitsvektor in $T_x M$ ist.   □

(12.4) Lemma. *Sei $M \subset \mathbb{R}^q$ eine glatte n-dimensionale Untermannigfaltigkeit. Dann ist*

$$TM = \{(x, v) \mid x \in M, \ v \in T_x M\} \subset \mathbb{R}^q \times \mathbb{R}^q$$

eine $2n$-dimensionale glatte Untermannigfaltigkeit, STM eine glatte Untermannigfaltigkeit von TM und τ eine glatte Abbildung.

Beweis. Zum Beweis der ersten Aussage schreibe man M lokal als $h^{-1}(0)$ mit einer Abbildung $h \colon U \to \mathbb{R}^{q-n}$, deren Differential überall den Rang $q - n$ hat. Dann ist lokal TM durch das Urbild der Null von

$$U \times \mathbb{R}^q \to \mathbb{R}^{q-n} \times \mathbb{R}^{q-n}, \quad (u, v) \mapsto (h(u), Dh(u)(v))$$

beschrieben, und diese Abbildung hat überall den Rang $2(q - n)$, was man am besten durch Betrachtung der Einschränkungen auf $U \times 0$ und $u \times \mathbb{R}^q$ erkennt.

Auf $TM \subset \mathbb{R}^q \times \mathbb{R}^q$ betrachte man nun die Funktion $(x, v) \mapsto \|v\|^2$. Dann ist 1 ein regulärer Wert mit Urbild STM.   □

(12.5) Satz. *Sei M eine glatte kompakte n-Mannigfaltigkeit. Sei $f \colon M \to \mathbb{R}^{2n+1}$ eine glatte Abbildung, die auf einer Umgebung der kompakten Teilmenge $A \subset M$ eine Einbettung ist. Dann gibt es zu jedem $\varepsilon > 0$ eine Einbettung $g \colon M \to \mathbb{R}^{2n+1}$, die auf A mit f übereinstimmt und $\|f(x) - g(x)\| < \varepsilon$ für $x \in M$ erfüllt.*

Beweis. Sei f auf der offenen Umgebung U von A eine Einbettung und sei $V \subset U$ eine kompakte Umgebung von A. Die Konstruktion aus dem Anfang des Abschnittes wird mit Kartenbereichen U_j, die $M \setminus U$ überdecken und in $M \setminus V$ enthalten sind, durchgeführt. Dann wird Φ auf einer Umgebung von $M \setminus U$ eine Einbettung und

$$\Phi \colon M \to \mathbb{R}^{2n+1} \oplus \mathbb{R}^N = \mathbb{R}^q, \quad x \mapsto (f(x), \Psi(x))$$

eine Einbettung, die auf V mit f übereinstimmt (bis auf die anschließende Inklusion $\mathbb{R}^{2n+1} \subset \mathbb{R}^q$). Für $2n < q - 1$ hat σ ein nirgends dichtes Bild und für $2n - 1 < q - 1$

gilt dasselbe für τ, denn man bildet dann jeweils eine Mannigfaltigkeit kleinerer Dimension ab. Es gibt deshalb in jeder Umgebung von $w \in S^{q-1}$ Vektoren v, so daß $p_v \circ h = \psi_v$ eine injektive Immersion, wegen der Kompaktheit von M also eine Einbettung ist. Nach Konstruktion stimmt ψ_v auf V mit f überein. Indem wir Φ eventuell durch $t\Phi$ (mit kleinem t) ersetzen, können wir $\| f(x) - h(x) \| < \varepsilon$ erreichen. Es läßt sich f als Zusammensetzung von h mit Projektionen $\mathbb{R}^q \to \mathbb{R}^{q-1} \to \cdots \to \mathbb{R}^{2n+1}$ entlang der Einheitsvektoren $(0, \ldots, 1)$ schreiben. Durch beliebig geringe Veränderung dieser Projektionen erhalten wir eine Einbettung mit den gewünschten Eigenschaften. □

Aus den voranstehenden Überlegungen entnimmt man, daß für Immersionen eine Dimension weniger benötigt wird. Wir notieren:

(12.6) Satz. *Sei $f \colon M \to \mathbb{R}^{2n}$ eine glatte Abbildung einer kompakten Mannigfaltigkeit. Dann gibt es zu jedem $\varepsilon > 0$ eine Immersion $h \colon M \to \mathbb{R}^{2n}$, die $\| h(x) - f(x) \| < \varepsilon$ für alle $x \in M$ erfüllt. Ist $f \colon M \to \mathbb{R}^{2n+1}$ eine glatte Einbettung, so liegen die Vektoren $v \in S^{2n}$, für die die Projektion $p_v \circ f \colon M \to \mathbb{R}^{2n}$ eine Immersion ist, dicht in S^{2n}.* □

13 Die Homologietheorie der Bordismen

Der intuitive Sinn einer Homologietheorie läßt sich wohl am einfachsten mit Hilfe von differenzierbaren Mannigfaltigkeiten und der Bordismus-Relation erläutern. Dieser Abschnitt ist der Definition von Bordismus-Homologietheorien gewidmet.

Die Beziehung zwischen Mannigfaltigkeiten und ihren Rändern ist für die Topologie von grundsätzlicher Bedeutung. Formalisiert wird diese Beziehung im Begriff des Bordismus. Obgleich in den ersten Arbeiten von Poincaré [200] zur algebraischen Topologie der Bordismusbegriff implizit in der Definition der Homologie vorkommt, wird erst durch Thom [250] die Bordismustheorie etabliert. Thom spricht von „co-bordism". Er war nur an den Mannigfaltigkeiten an sich interessiert. Später haben Conner und Floyd [54] mit Hilfe der Thomschen cobordism-Relation eine Homologietheorie definiert und auch die zugehörige Kohomologietheorie betrachtet. Um die Terminologie an die Homologietheorie anzugleichen, ist dann die Vorsilbe "co" weggelassen worden.

Mannigfaltigkeiten seien im folgenden immer glatt. Sei X ein topologischer Raum. Eine n-dimensionale *singuläre Mannigfaltigkeit* in X ist ein Paar (B, F), das aus einer kompakten n-dimensionalen Mannigfaltigkeit B und einer stetigen Abbildung $F \colon B \to X$ besteht. Die singuläre Mannigfaltigkeit $\partial(B, F) = (\partial B, F|\partial B)$ heißt *Rand* von (B, F). Ist $\partial B = \emptyset$, so heißt (B, F) *geschlossen*.

Ein *Nullbordismus* der geschlossenen singulären Mannigfaltigkeit (M, f) in X ist ein Tripel (B, F, φ), das aus einer singulären Mannigfaltigkeit (B, F) in X und

einem Diffeomorphismus $\varphi\colon M \to \partial B$ besteht, so daß $(F|\partial B)\circ\varphi = f$ ist. Gibt es
einen Nullbordismus von (M, f), so heißt (M, f) *nullbordant*.

Sind (M_1, f_1) und (M_2, f_2) singuläre Mannigfaltigkeiten in X gleicher Dimension, so bezeichnen wir mit $(M_1, f_1) + (M_2, f_2)$ die singuläre Mannigfaltigkeit $(f_1, f_2)\colon M_1 + M_2 \to X$, wobei $(f_1, f_2)|M_i = f_i$ ist. Mit „Plus" ist hier die disjunkte Summe gemeint. Wir nennen (M_1, f_1) und (M_2, f_2) *bordant*, wenn $(M_1, f_1) + (M_2, f_2)$ nullbordant ist. Ein Nullbordismus von $(M_1, f_1) + (M_2, f_2)$ wird *Bordismus* zwischen (M_1, f_1) und (M_2, f_2) genannt. Der Rand ∂B eines Bordismus (B, F, φ) zwischen (M_1, f_1) und (M_2, f_2) besteht also aus einer disjunkten Summe $\partial_1 B + \partial_2 B$, und φ zerfällt in zwei Diffeomorphismen $\varphi_i\colon M_i \to \partial_i B$.

(13.1) Satz. *„Bordant" ist eine Äquivalenzrelation.*

Beweis. Ist (M, f) gegeben, so setzen wir $B = M \times I$ und $F = f \circ \mathrm{pr}\colon M \times I \to M \to X$. Dann ist $\partial B = M \times 0 + M \times 1$ kanonisch diffeomorph zu $M + M$, und (B, F) ist ein Bordismus zwischen (M, f) und (M, f). Die Symmetrie der Relation folgt unmittelbar aus der Definition. Sei $(B, F, \varphi_i\colon M_i \to \partial_i B)$ ein Bordismus zwischen (M_1, f_1) und (M_2, f_2) und $(C, G, \psi_i\colon M_i \to \partial_i C)$ einer zwischen (M_2, f_2) und (M_3, f_3). Es werde in $B + C$ das Stück $\partial_2 B$ mit $\partial_2 C$ vermöge $x \sim \psi_2 \varphi_2^{-1}(x)$ für $x \in \partial_2 B$ identifiziert. Das Resultat D trägt eine glatte Struktur, bezüglich der die kanonischen Abbildungen $B \to D \leftarrow C$ Einbettungen sind (11.1). Die Abbildung $(F, G)\colon B + C \to X$ läßt sich wegen

$$(F|\partial_2 B)\circ\varphi_2 = f_2 = (G|\partial_2 C)\circ\psi_2$$

über die Quotientabbildung $B + C \to D$ mittels H faktorisieren. Demnach ist $(D, H, (\varphi_1, \psi_3))$ ein Bordismus von (M_1, f_1) nach (M_3, f_3).   □

Sei $[M, f]$ die Bordismenklasse von (M, f) und $N_n(X)$ die Menge der Bordismenklassen n-dimensionaler geschlossener singulärer Mannigfaltigkeiten in X. In der Menge $N_n(X)$ definieren wir eine assoziative und kommutative Verknüpfung durch $[M, f] + [N, g] = [M + N, (f, g)]$. Die Wohldefiniertheit ist leicht einzusehen.

(13.2) Satz. $(N_n(X), +)$ *ist eine abelsche Gruppe. Jedes Element hat die Ordnung höchstens 2.*

Beweis. Die Klasse einer nullbordanten Mannigfaltigkeit dient als Nullelement, zum Beispiel die konstante Abbildung $S^n \to X$. (Es ist an dieser Stelle zweckmäßig, auch die leere Menge als n-dimensionale Mannigfaltigkeit zuzulassen!) Für jedes (M, f) ist $(M + M, (f, f))$ nullbordant, also gilt $[M, f] + [M, f] = 0$.   □

Eine stetige Abbildung $f\colon X \to Y$ induziert einen Homomorphismus

$$N_n(f) = f_*\colon N_n(X) \to N_n(Y), \quad [M, g] \mapsto [M, fg].$$

Damit wird $N_n(-)$ ein Funktor von der Kategorie der topologischen Räume in die Kategorie der abelschen Gruppen. Der Funktor ist homotopieinvariant: Sind f und g homotop, so ist $N_n(f) = N_n(g)$. Ist nämlich $F \colon X \times I \to Y$ eine Homotopie von f nach g, so ist $(M \times I, F \circ (h \times \mathrm{id}))$ ein Bordismus zwischen $[M, fh]$ und $[M, gh]$. Falls X leer ist, betrachten wir $N_n(X)$ als die Nullgruppe.

(13.3) Beispiel. Eine nulldimensionale kompakte Mannigfaltigkeit M ist eine endliche Menge von Punkten. Also läßt sich ein nulldimensionales (M, f) als eine Familie $(x_1, \ldots, x_r)$ von Punkten aus X auffassen. Punkte $x, y \in X$ sind genau dann bordant, wenn sie in derselben Wegekomponente liegen. Also ist $N_0(X)$ isomorph zum $\mathbb{Z}/2$-Vektorraum über der Menge $\pi_0(X)$. $\diamond$

(13.4) Beispiel. Sei $h \colon K \to L$ ein Diffeomorphismus. Dann gilt $[L, g] = [K, gh]$.

Beweis. Man betrachtet den Bordismus $g \circ \mathrm{pr} \colon L \times I \to X$; auf dem Randteil $L \times 1$ verwenden wir den kanonischen Diffeomorphismus zu L, auf dem Randteil $L \times 0$ setzen wir den kanonischen Diffeomorphismus zu L mit h zusammen. Dieses Beispiel erlaubt es uns meist, statt mit einer zu ∂B diffeomorphen Mannigfaltigkeit mit ∂B selbst zu arbeiten. $\square$

Sei X Vereinigung der offenen Teilmengen X_0 und X_1. Wir konstruieren einen Homomorphismus $\partial \colon N_n(X) \to N_{n-1}(X_0 \cap X_1)$. Sei $[M, f] \in N_n(X)$. Die Mengen $M_i = f^{-1}(X \setminus X_i)$ sind dann disjunkte abgeschlossene Teilmengen von M. Dafür gilt:

(13.5) Lemma. *Es gibt eine differenzierbare Funktion $\alpha \colon M \to [0, 1]$, die auf M_i den Wert i annimmt und $1/2$ als regulären Wert hat.*

Beweis. Da M ein kompakter metrischer Raum ist, gibt es eine stetige Funktion $\gamma \colon M \to [0, 1]$, so daß $\gamma^{-1}(j)$ eine Umgebung von M_j ist. Da γ in einer Umgebung von $M_0 \cup M_1$ differenzierbar ist, gibt es auch eine differenzierbare Abbildung α, die (1) erfüllt. Sie hat in beliebiger Umgebung von $\frac{1}{2}$ reguläre Werte. Indem man einen geeigneten Diffeomorphismus $I \to I$ nachschaltet, kann $\frac{1}{2}$ als regulärer Wert erzwungen werden. $\square$

Wir nennen eine Abbildung α mit den in (13.5) genannten Eigenschaften eine *trennende Funktion* für (M, f). Ist α eine trennende Funktion, so ist $M_\alpha = \alpha^{-1}\left(\frac{1}{2}\right)$ eine geschlossene Untermannigfaltigkeit von M der Dimension $n - 1$ (oder leer), und f induziert durch Einschränkung $f_\alpha \colon M_\alpha \to X_0 \cap X_1$.

Ist $t \neq 0, 1$ irgendein anderer regulärer Wert von α, so sind $\alpha^{-1}(t)$ und $\alpha^{-1}\left(\frac{1}{2}\right)$ vermöge $\alpha^{-1}\left[\frac{1}{2}, t\right]$ bordant. Die Auswahl des Wertes $\frac{1}{2}$ ist also unwesentlich. Unter $[M_\alpha, f_\alpha]$ verstehen wir deshalb ein mit irgendeinem regulären Wert t von α gebildetes $M_\alpha = \alpha^{-1}(t)$.

(13.6) Lemma. *Sei* $[K, f] = [L, g] \in N_n(X)$ *und seien* α, β *trennende Funktionen für* (K, f), (L, g). *Dann ist* $[K_\alpha, f_\alpha] = [L_\beta, g_\beta]$.

Beweis. Sei (B, F) ein Bordismus zwischen (K, f) und (L, g). Es gibt eine differenzierbare Funktion $\gamma\colon B \to [0, 1]$ mit den Eigenschaften:

$$\gamma|K = \alpha, \quad \gamma|L = \beta, \quad F^{-1}(X \setminus X_j) \subset \gamma^{-1}(j).$$

Wir wählen einen regulären Wert t für γ und $\gamma|\partial B$ und erhalten in $\gamma^{-1}(t)$ einen Bordismus zwischen einem K_α und einem L_β.   □

Mit Lemma (13.6) erhalten wir eine wohldefinierte Abbildung

(13.7) $\partial\colon N_n(X) \to N_{n-1}(X_0 \cap X_1), \quad [M, f] \mapsto [M_\alpha, f_\alpha].$

Sie ist offenbar ein Homomorphismus. Wir bezeichnen mit $j^\nu\colon X_0 \cap X_1 \to X_\nu$ und $k^\nu\colon X_\nu \to X$ die Inklusionen. Dann gilt:

(13.8) Satz. *Die folgende Sequenz ist exakt.*

$$\cdots \xrightarrow{\ \partial\ } N_n(X_0 \cap X_1) \xrightarrow{\ j\ } N_n(X_0) \oplus N_n(X_1) \xrightarrow{\ k\ } N_n(X) \xrightarrow{\ \partial\ } \cdots$$

Darin ist $j(x) = (j_*^0(x), j_*^1(x))$ *und* $k(y, z) = k_*^0 y - k_*^1 z$. *Die Sequenz endet mit*
$\xrightarrow{\ k\ } N_0(X) \longrightarrow 0$.

Beweis. (1) Exaktheit an der Stelle $N_{n-1}(X_0 \cap X_1)$. Sei $[M, f] \in N_n(X)$ gegeben. Dann wird M durch M_α in die Teile $B_0 = \alpha^{-1}[0, \frac{1}{2}]$ und $B_1 = \alpha^{-1}[\frac{1}{2}, 1]$ mit gemeinsamem Rand M_α zerlegt. Durch f wird B_0 nach X_1 abgebildet, so daß $j_*^1 \partial[M, f]$ durch B_0 in $N_{n-1}(X_1)$ als Nullelement erkannt wird. Damit ist $j \circ \partial = 0$ gezeigt.

Ist umgekehrt $j(K, f) = 0$, so gibt es singuläre Mannigfaltigkeiten (B_i, F_i) in X_i mit $\partial B_0 = K = \partial B_1$ und $F_0|K = f = F_1|K$. Man identifiziert B_0 und B_1 längs K zu M; die Abbildungen F_0 und F_1 schließen sich dann zu $F\colon M \to X$ zusammen. Auf M gibt es eine trennende Funktion α mit $M_\alpha = K$; mit Kragen von K in B_0 und B_1 erhält man eine Einbettung $K \times [0, 1] \subset M$, die $K \times \{\frac{1}{2}\}$ identisch auf $K \subset M$ abbildet; und dann wählt man α so, daß $\alpha(k, t) = t$ ist für $k \in K$, $\frac{1}{4} \le t \le \frac{3}{4}$. Nach Konstruktion ist $\partial[M, F] = [K, f]$.

(2) Exaktheit an der Stelle $N_n(X_0) \oplus N_n(X_1)$. Nach Definition ist $k \circ j = 0$. Sei $x_i = [M_i, f_i] \in N_n(X_i)$ gegeben. Ist $k(x_0, x_1) = 0$, so gibt es einen Bordismus (B, F) zwischen $(M_0, k^0 f_0)$ und $(M_1, k^1 f_1)$. Wir wählen eine differenzierbare Funktion $\psi\colon B \to [0, 1]$ mit den Eigenschaften:
  (1) $F^{-1}(X \setminus X_i) \cup M_i \subset \psi^{-1}(i)$ für $i = 0, 1$.
  (2) ψ hat den regulären Wert $\frac{1}{2}$.

Sei $(N, f) = \big(\psi^{-1}(\tfrac{1}{2}), F|\psi^{-1}(\tfrac{1}{2})\big)$. Dann ist $\big(\psi^{-1}[0, \tfrac{1}{2}], F|\psi^{-1}[0, \tfrac{1}{2}]\big)$ ein Bordismus zwischen (N, f) und (M_1, f_1) in X_1; entsprechendes gilt für (M_0, f_0). Daraus sieht man $j[N, f] = (x_0, x_1)$.

(3) Exaktheit an der Stelle $N_n(X)$. Es gilt $\partial \circ k = 0$, weil man zu $(M_0, k^0 f_0) + (M_1, k^1 f_1)$ eine trennende Funktion $\alpha \colon M_0 + M_1 \to [0, 1]$ finden kann, für die $\alpha^{-1}(\tfrac{1}{2})$ leer ist.

Sei umgekehrt α eine trennende Funktion für (M, f) in X und (B, f) ein Nullbordismus von (M_α, f_α) in $X_0 \cap X_1$. Wir zerteilen M längs M_α in die beiden Mannigfaltigkeiten $B_1 = \alpha^{-1}[0, \tfrac{1}{2}]$ und $B_0 = \alpha^{-1}[\tfrac{1}{2}, 1]$ mit $\partial B_1 = M_\alpha = \partial B_0$. Sodann identifizieren wir B und B_0 bzw. B und B_1 längs $M_\alpha = K$ und erhalten

$$(M_i, f_i) = (B_i \cup_K B, (f|B_i) \cup F) \text{ in } X_i.$$

Wenn wir zeigen, daß in $N_n(X)$ die Gleichung $[M_0, f_0] + [M_1, f_1] = [M, f]$ gilt, so ist damit die Exaktheit gezeigt. Zum Beweis der Gleichheit identifizieren wir in $M_0 \times I + M_1 \times I$ jeweils in $M_0 \times 1$ und $M_1 \times 1$ die Teile $B \times 1$. Die resultierende Mannigfaltigkeit $L = (M_0 \times I) \cup_{B \times 1} (M_1 \times I)$ hat den Rand $(M_0 + M_1) + M$. Eine geeignete Abbildung $F \colon L \to X$ wird durch $(f_0, f_1) \circ \mathrm{pr}_1 \colon (M_0 + M_1) \times I \to X$ induziert. Für die differenzierbare Struktur auf L siehe den elften Abschnitt.   □

Wir definieren nun relative Bordismengruppen $N_n(X, A)$ für Raumpaare (X, A). Elemente von $N_n(X, A)$ werden durch Abbildungen $f \colon (M, \partial M) \to (X, A)$ einer kompakten n-Mannigfaltigkeit M repräsentiert. Wir nennen wiederum $(M, \partial M; f)$ eine singuläre Mannigfaltigkeit in (X, A). Die Bordismenrelation ist in diesem Fall etwas komplizierter. Ein *Bordismus* zwischen $(M_0, \partial M_0, f_0)$ und $(M_1, \partial M_1, f_1)$ ist ein Paar (B, F) mit den folgenden Eigenschaften:

(1) B ist eine kompakte $(n + 1)$-Mannigfaltigkeit mit Rand.

(2) ∂B ist Vereinigung dreier Untermannigfaltigkeiten mit Rand M_0, M_1 und M', wobei $\partial M' = \partial M_0 + \partial M_1$, $M_i \cap M' = \partial M_i$.

(3) $F|M_i = f_i$.

(4) $F(M') \subset A$.

Wir nennen (M_0, f_0) und (M_1, f_1) *bordant*, wenn es einen Bordismus zwischen ihnen gibt. Die Summe wird wieder durch disjunkte Vereinigung induziert. Jedes Element in $N_n(X, A)$ hat höchstens die Ordnung 2. Eine stetige Abbildung $f \colon (X, A) \to (Y, B)$, das heißt $f \colon X \to Y$ mit $f(A) \subset B$, induziert einen Homomorphismus $N_n(f) = f_* \colon N_n(X, A) \to N_n(Y, B)$ wie im absoluten Fall durch Nachschalten. Sind f_0 und f_1 als Abbildungen von Raumpaaren homotop, so gilt $N_n(f_0) = N_n(f_1)$. Die Zuordnung $[M, f] \mapsto [\partial M, f|\partial M]$ induziert einen Homomorphismus $\partial \colon N_n(X, A) \to N_{n-1}(A)$. Ist $A = \emptyset$, so ist $N_n(X, \emptyset) = N_n(X)$.

(13.9) *Seien* $i\colon A \subset X$ *und* $j\colon X = (X, \emptyset) \to (X, A)$ *die Inklusionen. Dann ist*

$$\cdots \to N_n(A) \xrightarrow{\quad i_* \quad} N_n(X) \xrightarrow{\quad j_* \quad} N_n(X, A) \xrightarrow{\quad \partial \quad} N_{n-1}(A) \to \cdots$$

eine exakte Sequenz.

(13.10) Lemma. *Sei M eine geschlossene n-Mannigfaltigkeit und $V \subset M$ eine n-dimensionale Untermannigfaltigkeit mit Rand. Ist $f\colon M \to X$ eine Abbildung, die $M \setminus V$ nach A abbildet, so gilt $[M, f] = [V, f|V]$ in $N_n(X, A)$.*

Beweis. Wir betrachten $F\colon M \times I \to X$, $(x, t) \mapsto f(x)$. Dann ist $\partial(M \times I) = M \times \partial I$ und $V \times 1 \cup M \times 0$ eine Untermannigfaltigkeit von $\partial(M \times I)$, deren Komplement bei F nach A abgebildet wird. Die Definition der Bordismenrelation liefert die Behauptung.   □

Beweis von (13.9). (1) Exaktheit bei $N_n(A)$. Unmittelbar aus den Definitionen folgt $i_* \circ \partial = 0$. Sei (B, F) in X ein Nullbordismus von $f\colon M \to A$. Dann gilt $\partial[B, F] = [M, f]$.

(2) Exaktheit bei $N_n(X)$. Sei $[M, f] \in N_n(A)$ gegeben. Wählen wir $V = \emptyset$ in (13.10), so folgt $[M, f] = 0$ in $N_n(X, A)$. Damit ist $j_* i_* = 0$ gezeigt.

Sei $j_*[M, f] = 0$. Ein Nullbordismus von $[M, f]$ in (X, A) ist ein Bordismus von (M, f) in X zu (K, g) mit $g(K) \subset A$. Ein solcher Bordismus zeigt $i_*[K, g] = [M, f]$.

(3) Exaktheit bei $N_n(X, A)$. Unmittelbar aus den Definitionen folgt $\partial \circ i_* = 0$. Sei $\partial[M, f] = 0$. Sei $[B, F]$ ein Nullbordismus von $(\partial M, f|\partial M)$. Wir identifizieren (M, f) und (B, f) längs ∂M und erhalten (C, g). Lemma (13.10) zeigt $j_*[C, g] = [M, f]$.   □

Eine grundlegende Eigenschaft der relativen Gruppen ist der *Ausschneidungssatz*. Ein Beweis mittels singulärer Mannigfaltigkeiten ist möglich.

(13.11) Satz. *Die Inklusion $i\colon (X \setminus U, A \setminus U) \to (X, A)$ induziert einen Isomorphismus $i_*\colon N_n(X \setminus U, A \setminus U) \cong N_n(X, A)$, sofern $\overline{U} \subset A^\circ$.*   □

Der Bordismus-Begriff läßt sich auf Mannigfaltigkeiten mit zusätzlicher Struktur erweitern. Wichtig sind insbesondere orientierte Mannigfaltigkeiten.

Seien M_0 und M_1 geschlossene glatte orientierte n-Mannigfaltigkeiten. Ein *orientierter Bordismus* zwischen M_0, M_1 ist eine glatte kompakte orientierte $(n + 1)$-Mannigfaltigkeit B mit orientiertem Rand ∂B zusammen mit einem orientierungstreuen Diffeomorphismus $\varphi\colon M_1 - M_0 \to \partial B$. Mit $M_1 - M_0$ ist die disjunkte Summe der Mannigfaltigkeiten M_1 und M_0 gemeint, wobei M_1 die ursprüngliche und $-M_0$ die entgegengesetzte Orientierung trägt. Mit diesen Konventionen bestätigt man wie für (13.1), daß „orientiert bordant" eine Äquivalenzrelation ist. Analog behandelt

man singuläre orientierte Mannigfaltigkeiten und definiert damit eine Bordismengruppe $\Omega_n(X)$. Natürlich hat jetzt nicht mehr jedes Element die Ordnung 2. Für
einen Punkt P gilt $\Omega_0(P) = \mathbb{Z}$, $\Omega_i(P) = 0$ für $1 \leq i \leq 3$. Die Aussage über Ω_1
folgt, weil S^1 ein orientierter Rand ist; die bekannte Klassifikation der orientierten
Flächen als Sphäre mit Henkeln zeigt, daß orientierte Flächen orientierte Ränder
sind. Es ist eine bemerkenswerte Tatsache, daß auch $\Omega_3(P) = 0$ ist: Jede orientierte
geschlossene 3-Mannigfaltigkeit ist ein orientierter Rand; für einen Beweis dieses
Satzes von Rohlin siehe [103]; er folgt auch aus [261] und [160].

Die exakten Sequenzen (13.8) und (13.9) sowie Satz (13.11) gelten entsprechend
für die Ω-Gruppen. In der Definition des Randoperators $\partial\colon \Omega_n(X, A) \to \Omega_{n-1}(A)$
verwendet man die Rand-Orientierung.

14   Vektorfelder

Ein *Vektorfeld X* auf einer glatten Mannigfaltigkeit M ist eine Zuordnung, die jedem
Punkt $p \in M$ einen Tangentialvektor $X_p \in T_pM$ zuweist, also ein Schnitt $X\colon M \to$
TM des Tangentialbündels $TM \to M$ (siehe IX.3). Das Vektorfeld X heißt *glatt*,
wenn der Schnitt X eine glatte Abbildung ist. Die Glattheit läßt verschiedene andere
Formulierungen zu. Ist $f\colon U \to \mathbb{R}$ eine glatte Funktion auf einer offenen Menge
$U \subset M$, so liefert ein Vektorfeld X die Funktion der Richtungsableitungen $Xf\colon p \mapsto$
X_pf auf U. Das Vektorfeld X ist glatt, wenn alle derartigen Funktionen glatt sind.
Eine *Integralkurve* mit *Anfangsbedingung* $p \in M$ eines glatten Vektorfeldes X auf
M ist eine glatte Abbildung $\alpha\colon J \to M$ eines offenen Intervalles $0 \in J \subset \mathbb{R}$,
so daß $\alpha(0) = p$ und für alle $t \in J$ die Gleichung $\dot{\alpha}(t) = X(\alpha(t))$ gilt. Hierbei
haben wir den Geschwindigkeitsvektor von α durch $\dot{\alpha}(t)$ bezeichnet. Der nächste
Satz ist die globale Form des Existenz- und Eindeutigkeitssatzes für gewöhnliche
Differentialgleichungen. Er wird durch Übertragung der lokalen Sätze [32] mittels
Karten bewiesen.

(14.1) Satz. *Sei X ein glattes Vektorfeld auf M. Es gibt eine offene Menge $D(X) \subset$
$\mathbb{R} \times M$ und eine glatte Abbildung $\Phi\colon D(X) \to M$ mit den folgenden Eigenschaften:*
   (1) *$0 \times M \subset D(X)$.*
   (2) *Für jedes $p \in M$ ist $t \mapsto \Phi(t, p)$ eine Integralkurve von X mit Anfang p.*
   (3) *Ist $\alpha\colon J \to M$ eine Integralkurve mit Anfang p, so ist $J \subset D(X) \cap (\mathbb{R} \times p)$
       und $\alpha(t) = \Phi(t, p)$ für $t \in J$.*
   (4) *Es gilt $\Phi(s, \Phi(t, x)) = \Phi(s + t, x)$, sofern beide Seiten definiert sind.*
   (5) *Ist M kompakt, so ist $D(X) = \mathbb{R} \times M$. Allgemeiner gilt dies, wenn X
       kompakten Träger hat.*   □

Die Abbildung Φ des letzten Satzes heißt der *Fluß* des Vektorfeldes X. Ist
$D(X) = \mathbb{R} \times M$, so sagen wir, das Vektorfeld sei *global integrierbar*. Der Fluß
$\Phi\colon \mathbb{R} \times M \to M$ hat dann die Eigenschaften $\Phi(s, \Phi(t, x)) = \Phi(s + t, x)$ und

$\Phi(0, x) = x$. Es handelt sich also um eine glatte Operation der additiven Gruppe $\mathbb{R}$ auf M.

(14.2) Satz. *Sei M eine glatte Untermannigfaltigkeit von N und $A \subset M$ eine in N abgeschlossene Teilmenge. Dann gibt es zu einem glatten Vektorfeld X auf M ein glattes Vektorfeld Y auf N, so daß $Y|A = X|A$ ist und Y im Komplement einer Umgebung von A in N Null ist.*

Beweis. Durch Verwendung angepaßter Karten sieht man zunächst, daß sich X lokal um jeden Punkt von M auf eine Umgebung in N erweitern läßt. Ist $(U_j \mid j \in J)$ eine offene Überdeckung von N, Y^j eine Erweiterung von $X|N \cap U_j$ auf U_j und (τ_j) eine (U_j) untergeordnete glatte Partition der Eins, so ist durch $Y_p = \sum_j \tau(p) Y_p^j$ eine Erweiterung von X gegeben. Wir wenden das auf eine Überdeckung an, die aus $N \setminus A$ und einer offenen Überdeckung von A besteht. $\qquad\square$

(14.3) Satz. *Es gibt glatte Vektorfelder X auf M, so daß für jedes $p \in \partial M$ der Vektor X_p nach innen weist.*

Beweis. Aus der Definition einer Mannigfaltigkeit mit Rand entnimmt man leicht, daß zu jedem $p \in \partial M$ eine offene Umgebung $U(p)$ von p in M und ein glattes Vektorfeld $X(p)$ existiert, das entlang $U(p) \cap \partial M$ nach innen weist. Zu der Überdeckung $(U(p) \mid p \in \partial M)$, $U(0) = M \setminus \partial M$ wählen wir eine glatte Partition der Eins $(\tau(p))$. Dann hat $X = \sum_p \tau(p) X(p)$ die verlangten Eigenschaften. $\qquad\square$

In Analogie zu (14.1) gilt: Sei X ein glattes Vektorfeld auf M, das entlang ∂M nach innen weist. Durch jeden Punkt $x \in \partial M$ gibt es eine maximale Integralkurve $k_x: [0, b_x[\to M$ mit Anfang x. Die Menge $d(X) = \{(x, t) \mid t \in [0, b_x[\}$ ist offen in $\partial M \times [0, \infty[$ und $\kappa: d(X) \to M$, $(x, t) \mapsto k_x(t)$ glatt. Die Abbildung κ hat in allen Punkten von $\partial M \times 0$ maximalen Rang. Es gibt eine offene Umgebung U von $\partial M \times 0$ in $d(X)$, die durch κ auf eine offene Umgebung V von ∂M in M diffeomorph abgebildet wird.

Mit diesem Resultat kann man ebenfalls die Existenz eines Kragens zeigen. Sei $\kappa: U \to V$ ein Diffeomorphismus der eben genannten Art. Ist ∂M kompakt, so gibt es $\varepsilon > 0$, so daß $\partial M \times [0, \varepsilon[\subset U$ ist. Durch $k(x, t) = \kappa(x, \varepsilon t)$ wird dann ein Kragen gegeben. Im allgemeinen Fall gibt es wenigstens eine glatte positive Funktion $\varepsilon: \partial M \to \mathbb{R}$, so daß $\{(x, t) \mid 0 < t < \varepsilon(x)\} \subset U$ ist. Der Kragen wird dann durch $k(x, t) = \kappa(x, \varepsilon(x)t)$ gegeben.

15 Isotopien

Wir werden im folgenden Diffeotopien durch Integration geeigneter Vektorfelder erhalten. Dazu ist es zweckmäßig, Isotopien als „Film" zu betrachten. Sei eine glatte

Abbildung $h: M \times \mathbb{R} \to N$ gegeben. Der *Film* von h ist die glatte Abbildung

$$h^{\#}: M \times \mathbb{R} \to N \times \mathbb{R}, \quad (x, t) \mapsto (h_t(x), t).$$

Da $h^{\#}(M \times t) \subset N \times t$ ist, nennen wir $h^{\#}$ *höhenerhaltend*. Ist h eine Isotopie, so ist $h^{\#}$ jedenfalls eine höhenerhaltende injektive Immersion. Wir nennen h *strikt*, wenn $h^{\#}$ sogar eine Einbettung ist.

(15.1) Beispiel. Sei $D: N \times \mathbb{R} \to N$ eine Diffeotopie. Dann ist der Film $D^{\#}$ ein Diffeomorphismus (da jedenfalls eine bijektive Immersion). Ist umgekehrt ein höhenerhaltender Diffeomorphismus dieses Typs gegeben und ist $D_0 = \mathrm{id}(N)$, so ist $\mathrm{pr}_1 \circ D^{\#} = D$ eine Diffeotopie von N. $\Diamond$

(15.2) Notiz. *Eine Isotopie $h: M \times \mathbb{R} \to N$, die außerhalb einer kompakten Menge K von M konstant ist, ist strikt.*

Beweis. Wir haben zu zeigen, daß $h^{\#}$ einen Homöomorphismus auf sein Bild P liefert. Konvergiere die Folge $(h(x_\nu, t_\nu), t_\nu) \in P$ gegen $(h(x, t), t)$. Dann ist zunächst $\lim t_\nu = t$. Wir haben $\lim x_\nu = x$ zu zeigen. Ist $t \notin [0, 1]$, so ist $h(x_\nu, t_\nu) = h(x_\nu, t)$ für fast alle ν. Da h_t eine Einbettung ist, konvergiert x_ν gegen x. Sei $t \in {]0, 1[}$. Ist (x_μ) eine Teilfolge, die nicht in K liegt, so ist wiederum $h(x_\mu, t_\mu) = h(x_\mu, t)$. Ist (x_μ) dagegen eine Teilfolge in K, so benutzen wir, daß $h^{\#}$ auf $K \times [0, 1]$ eine Einbettung ist, um auf $\lim x_\mu = x$ zu schließen. $\square$

Die Projektionen auf die Faktoren liefern einen kanonischen Isomorphismus

$$T_{(p,t)}(M \times \mathbb{R}) \cong T_p(M) \oplus T_t(\mathbb{R}).$$

Ein Vektorfeld X auf $M \times \mathbb{R}$ können wir demnach in seine beiden Komponenten bezüglich dieser direkten Zerlegung zerspalten. Wir erhalten dann aus X zwei Vektorfelder auf $M \times \mathbb{R}$, die wir in naheliegender Weise als die M- und die $\mathbb{R}$-Komponente von X bezeichnen. (Analog für beliebige Produkte $M_1 \times M_2$.) Insbesondere haben wir auf $M \times \mathbb{R}$ das konstante Vektorfeld, dessen M-Komponente Null ist und dessen $\mathbb{R}$-Komponente $\frac{\partial}{\partial t}$.

(15.3) Notiz. *Sei Z ein glattes Vektorfeld auf $N \times \mathbb{R}$, dessen $\mathbb{R}$-Komponente gleich $\frac{\partial}{\partial t}$ ist.*

   (1) *Sei Z global integrierbar. Dann gilt für den zugehörigen Fluß Φ*

$$\Phi_t(N \times \{s\}) \subset N \times \{s + t\}, \qquad s, t \in \mathbb{R}$$

und

$$D: N \times \mathbb{R} \to N, \quad (x, t) \mapsto \mathrm{pr}_1 \circ \Phi_t(x, 0) = D_t(x)$$

ist eine Diffeotopie von N.

(2) Hat Z außerhalb einer kompakten Menge C = K × [a, b] die N-Komponente Null, so ist Z global integrierbar und D außerhalb einer kompakten Menge konstant.

Beweis. (1) Sei $\alpha\colon \mathbb{R} \to N \times \mathbb{R}$ die Integralkurve durch (y, s). Dann ist $\beta = \mathrm{pr}_2 \circ \alpha$ die Integralkurve von $\frac{\partial}{\partial t}$ durch s, und deshalb gilt $\beta(t) = s + t$. Das zeigt die erste Inklusion.

Jedenfalls ist D glatt und $D(y, 0) = \mathrm{pr}_1 \circ \Phi_0(y, 0) = \mathrm{pr}_1(y, 0) = y$. Ferner ist D_t ein Diffeomorphismus; ein glattes Inverses wird durch $y \mapsto \mathrm{pr}_1 \circ \Phi_{-t}(y, t)$ gegeben.

(2) Sei $\alpha\colon\ ]a, b[\ \to N \times \mathbb{R}$ eine Integralkurve. Ist $b < \infty$, so gibt es ein $t_0 \in\ ]a, b[$, so daß für $t \geq t_0$ gilt $\alpha(t) \notin C$. Solange eine Integralkurve nicht in C verläuft, hat sie aber die Form $t \mapsto (x_0, s_0 + t)$. Daraus entnimmt man einen Widerspruch zu $b < \infty$. □

(15.4) Satz. *Sei $h\colon M \times \mathbb{R} \to N$ eine Isotopie, die außerhalb einer kompakten Menge $K \subset M$ konstant ist. Dann gibt es eine Isotopie D von N, die h mitführt und die außerhalb einer kompakten Menge konstant ist.*

Beweis. Wir erhalten D nach der Methode von (15.3). Nach (15.2) ist h strikt und deshalb $P = h^{\#}(M \times \mathbb{R})$ eine Untermannigfaltigkeit. Das Vektorfeld $\frac{\partial}{\partial t}$ wird durch den Diffeomorphismus $h^{\#}$ zu einem Vektorfeld X auf P transportiert. Die Menge $B = h^{\#}(K \times [0, 1])$ ist kompakt in P. Da P eine Untermannigfaltigkeit ist, gibt es ein glattes Vektorfeld Y auf $N \times \mathbb{R}$, das auf B mit X übereinstimmt und außerhalb einer kompakten Umgebung C von B in $N \times \mathbb{R}$ Null ist (14.2). Sei Z das Vektorfeld auf $N \times \mathbb{R}$, dessen N-Komponente diejenige von Y ist und dessen $\mathbb{R}$-Komponente $\frac{\partial}{\partial t}$. Nach Konstruktion ist dann $Z|B = X|B$. Nach (15.3) liefert Z eine Diffeotopie D, die außerhalb einer kompakten Menge konstant ist. Es bleibt zu zeigen, daß D die Isotopie mitführt. Das folgt aber, weil

$$t \mapsto (D_t(h_0(t)), t) \quad \text{und} \quad t \mapsto (h_t(x), t)$$

beides Integralkurven von Z mit Anfang $(h_0(t), 0)$ sind (wegen $Z|B = X|B$). □

(15.5) Satz. *Seien k_0 und k_1 Kragen von M. Sei ∂M kompakt und K eine kompakte Umgebung von ∂M in M. Dann gibt es ein $\varepsilon > 0$ und eine Diffeotopie D von M, die auf $\partial M \cup (M \setminus K)$ konstant ist und $D_1 k_0(x, s) = k_1(x, s)$ für $0 \leq s < \varepsilon$ erfüllt.*

Beweis. Das Vektorfeld $\partial/\partial t$ auf $\partial M \times [0, 1[$ wird durch k_0 und k_1 in Vektorfelder transportiert, die auf einer Umgebung von ∂M in M erklärt sind und auf dem Durchschnitt U dieser Umgebungen X_0 und X_1 heißen mögen. Damit definieren wir auf U die Felder $X_\lambda = (1 - \lambda)X_0 + \lambda X_1$, die entlang ∂M sämtlich nach innen weisen. Nach dem letzten Absatz von 14 erhalten wir aus X_λ Kragen λ. Es gibt ein $\varepsilon > 0$, so daß die Kragen k_λ, $\lambda \in [0, 1]$ auf $\partial M \times [0, 2\varepsilon]$ definiert sind und

$$k\colon (\partial M \times [0, 2\varepsilon]) \times [0, 1] \to M, \quad (x, s, \lambda) \mapsto k_\lambda(x, s)$$

eine glatte Isotopie (der Einschränkungen) von k_0 nach k_1 ist und ein Bild in K° hat.

Es gibt eine Diffeotopie von K°, die $k|(\partial M \times [0, \varepsilon]) \times [0, 1]$ mitführt und außerhalb einer kompakten Menge von K° konstant ist. Wir können sie außerhalb von K° konstant zu einer Diffeotopie von M fortsetzen. Letztere hat die gewünschten Eigenschaften.   □

16   Tubulare Umgebungen

Wir verwenden Begriffsbildungen aus der Bündeltheorie, siehe dazu das Kapitel über Bündel. Sei M eine glatte Untermannigfaltigkeit von N (beide ohne Rand). Dann haben wir das Normalenbündel $\nu\colon E(\nu) \to M$ von M in N zur Verfügung. Wir werden zeigen, daß eine Umgebung von M existiert, die zu $E(\nu)$ diffeomorph ist.

Jedes Bündel $E \to M$ hat den Nullschnitt $s\colon M \to E$, der jedem x den Nullvektor zuordnet. Er ist eine Einbettung. Oft betrachten wir damit M als Teilraum (Untermannigfaltigkeit) von E und nennen diesen Teilraum ebenfalls Nullschnitt.

Eine *tubulare Umgebung* von M in N ist eine glatte Einbettung $f\colon E(\nu) \to N$ auf eine offene Umgebung von M, die mit dem Nullschnitt $s\colon M \to E(\nu)$ zusammengesetzt die Inklusion von M in N ist. Die Abbildung f heißt *Tubenabbildung*. Manchmal wird auch das Bild von f als tubulare Umgebung bezeichnet. Jedoch ist dann zu bedenken, daß das Bild durch ν mit der Struktur eines Vektorraumbündels versehen wird, die Umgebung wird „gefasert".

Eine *partielle* tubulare Umgebung besteht aus einer offenen Umgebung $U \subset E(\nu)$ des Nullschnittes, sowie einer Einbettung $f\colon U \to N$ auf eine offene Umgebung von M in N, die auf dem Nullschnitt die Inklusion ist.

(16.1) Schrumpfung. Ist eine partielle tubulare Umgebung gegeben, so erhält man daraus durch „Schrumpfung" eine tubulare Umgebung. Es gibt eine positive glatte Funktion $\varepsilon\colon M \to \mathbb{R}$, so daß $E(\nu, \varepsilon) = \{y \in E(\nu)_x \mid \|y\| < \varepsilon(x)\} \subset U$ ist. Sei $\lambda_\varepsilon(t) = \varepsilon t \cdot (\varepsilon^2 + t^2)^{-1/2}$. Dann ist $\lambda_\varepsilon\colon [0, \infty[\to [0, \varepsilon[$ ein Diffeomorphismus, der bei $t = 0$ die Ableitung 1 hat. Damit bilden wir die Einbettung

$$h\colon E \to E, \quad y \mapsto \lambda_{\varepsilon(x)}(\|y\|)\|y\|^{-1}y,$$

für $y \in E(\nu)_x$. Dann ist $g = fh$ eine Tubenabbildung.   ◇

Ist ξ ein Vektorraumbündel mit Riemannscher Metrik $\langle -, - \rangle$, so bezeichnen wir $D(\xi) = \{v \in E(\xi) \mid \langle v, v \rangle \leq 1\}$ zusammen mit der Projektion auf M als *Zellenbündel* von ξ und $S(\xi) = \{v \in E(\xi) \mid \langle v, v \rangle = 1\}$ als *Sphärenbündel* von ξ. Die Einschränkung einer tubularen Abbildung auf $D(\xi)$ liefert dann eine *abgeschlossene tubulare Umgebung*. Entsprechend hat man für jede positive Funktion ε die Teilbündel $D(\xi, \varepsilon)$, $S(\xi, \varepsilon)$ und $E(\xi, \varepsilon) = D(\xi, \varepsilon) \setminus S(\xi, \varepsilon)$.

(16.2) Beispiel. Das Normalenbündel von S^n in $\mathbb{R}^{n+1}$ ist trivial. Die Abbildung $f\colon S^n \times {]-1, 1[} \to \mathbb{R}^{n+1}$, $(x, t) \mapsto x + tx$ ist eine partielle Tubenabbildung. $\diamond$

Wir wollen zeigen, daß es tubulare Umgebungen gibt. Dazu behandeln wir zunächst den Fall einer glatten m-dimensionalen Untermannigfaltigkeit $M \subset \mathbb{R}^n$ der Kodimension k. Wir setzen

$$N(M) = \{(x, v) \mid x \in M, v \perp T_x M\} \subset M \times \mathbb{R}^n.$$

Zusammen mit der Projektion auf M ist $N(M)$ ein Modell für das Normalenbündel von M in $\mathbb{R}^n$. Seine Mannigfaltigkeitsstruktur erhellt sich auch aus der nächsten Notiz.

(16.3) Notiz. *$N(M)$ ist eine glatte Untermannigfaltigkeit von $M \times \mathbb{R}^n$.*

Beweis. Ist $A\colon \mathbb{R}^n \to \mathbb{R}^k$ eine lineare Abbildung, so ist die Transponierte A^t bezüglich des üblichen Skalarproduktes durch $\langle Av, w \rangle = \langle v, A^t w \rangle$ definiert. Es gilt: Ist A surjektiv, so ist A^t injektiv, und es gilt $\text{Bild}\,(A^t) = (\text{Kern}\,A)^\perp$ sowie $A \cdot A^t \in GL(k, \mathbb{R})$.

Wir definieren M lokal durch Gleichungen. Sei also $U \subset \mathbb{R}^n$ offen, $\varphi\colon U \to \mathbb{R}^k$ eine Submersion und $\varphi^{-1}(0) = U \cap M = W$. Wir setzen $N(M) \cap (W \times \mathbb{R}^n) = N(W)$. Für die glatten Abbildungen

$$\Phi\colon W \times \mathbb{R}^n \to W \times \mathbb{R}^k, \quad (x, v) \mapsto (x, T_x\varphi(v))$$

$$\Psi\colon W \times \mathbb{R}^k \to W \times \mathbb{R}^n, \quad (x, v) \mapsto (x, (T_x\varphi)^t(v))$$

erkennt man mit dem Zitat aus der linearen Algebra

$$N(W) = \text{Bild}\,\Psi, \qquad T(W) = \text{Kern}\,\Phi,$$

und die Zusammensetzung $\Phi\Psi$ ist ein Diffeomorphismus. Deshalb ist Ψ eine Einbettung.

Es induzieren Φ und Ψ (durch Einschränkung) zueinander inverse Diffeomorphismen von $N(W)$ mit $W \times \mathbb{R}^k$, die Bündelkarten für die Projektion $N(M) \to M$ sind und diese als ein glattes Vektorraumbündel ausweisen. $\qquad\square$

Wir betrachten die *abtragende Abbildung* $a\colon N(M) \to \mathbb{R}^n$, $(x, v) \mapsto x + v$.

(16.4) Notiz. *Die abtragende Abbildung hat ein bijektives Differential in allen Punkten $(x, 0) \in N(M)$.*

Beweis. Sei $N_x(M) = T_x(M)^\perp$. Dann gilt mit unseren Vereinbarungen

$$T_{(x,0)}N(M) = T_x M \times N_x M \subset T_{(x,0)}(M \times \mathbb{R}^n) = T_x M \times \mathbb{R}^n.$$

Das Differential $T_{(x,0)}a$ ist auf den Unterräumen $T_x M$ und $N_x M$ die Identität. Somit können wir dieses Differential als die Abbildung $(u, v) \mapsto u + v$, also im wesentlichen als die Identität ansehen. □

Auf das Resultat der letzten Notiz wenden wir die Notiz (16.5) an. Sie liefert für kompakte M, daß es eine Umgebung U von $M = M \times 0 \subset N(M)$ gibt, die bei a auf eine offene Menge eingebettet wird. Wegen der Kompaktheit von M können wir ein $\varepsilon > 0$ so finden, daß

$$N(M, \varepsilon) = \{(x, v) \in N(M) \mid \varepsilon > \|v\|\} \subset U$$

ist. Die Einschränkung von a auf $N(M, \varepsilon)$ ist eine partielle tubulare Umgebung von M in $\mathbb{R}^n$. Die Projektion $N(M) \to M$ ist eine Submersion, die auf $M \subset N(M)$ die Identität ist, also insbesondere eine glatte Retraktion. Deshalb gibt es auch eine glatte Retraktion r der offenene Umgebung $a(N(M, \varepsilon))$ auf M.

(16.5) Notiz. *Sei $\Phi: M \to N$ eine glatte Abbildung und sei $A \subset M$ kompakt. Dann sind äquivalent:*
  (1) *$\Phi|A$ ist injektiv und $T_a\Phi$ ist für alle $a \in A$ injektiv.*
  (2) *Es gibt eine offene Umgebung U von A in M, so daß Φ eine Einbettung von U induziert.*

Beweis. Sei (1) erfüllt. Durch eventuelle Einschränkung von Φ auf eine Umgebung von A können wir annehmen, daß Φ eine Immersion ist, weil die Injektivität von $T_x\Phi$ eine offene Bedingung ist. In dem Fall ist die Diagonale D von $M \times M$ offen in der Koinzidenzmenge $K = \{(x, y) \in M \times M \mid \Phi(x) = \Phi(y)\}$. Da K auch abgeschlossen in $M \times M$ ist, so ist $W = M \times M \setminus (K \setminus D)$ offen in $M \times M$, und nach Voraussetzung ist $A \times A$ in W enthalten. Da $A \times A$ kompakt ist, gibt es eine kompakte Umgebung V von A, so daß $V \times V$ in W enthalten und folglich $\Phi: V \to \Phi(V)$ ein Homöomorphismus ist. Die Umkehrung ist klar. □

Mit etwas mehr Mühe beweist man, daß es immer eine offene Umgebung von M in $N(M)$ gibt, die bei a auf eine offene Menge eingebettet wird.
  Sei $p: E \to M$ ein glattes Vektorraumbündel. Dann ist E selbst eine glatte Mannigfaltigkeit, und wir fragen nach ihrem Tangentialbündel.

(16.6) Satz. *Es gibt eine kanonische exakte Sequenz*

$$0 \to p^*E \xrightarrow{\alpha} TE \xrightarrow{\beta} p^*TM \to 0$$

von Vektorraumbündeln.

Beweis. Das Differential von p ist ein Bündelmorphismus $Tp: TE \to TM$ und induziert deshalb einen Bündelmorphismus $\beta: TE \to p^*TM$. Er ist fasernweise surjektiv, weil p eine Submersion ist. Wir fassen $p^*E \to E$ als $E \oplus E \to B$ auf, wobei die Projektion auf den ersten Summanden die Bündelprojektion sein soll. Sei $(x, v) \in E_x \oplus E_x$. Dann definieren wir $\alpha(x, v)$ als die Ableitung der Kurve $t \mapsto x+tv$ im Punkt $t = 0$. Der damit gewonnene Bündelmorphismus hat sicherlich ein Bild im Kern von β, ist fasernweise injektiv und füllt aus Dimensionsgründen den Kern von β aus.   □

Betrachten wir die Situation des letzten Satzes nur über dem Nullschnitt, so erhalten wir sogar einen kanonischen Isomorphismus $TE|M \cong E \oplus TM$. Die Einschränkung dieses Isomorphismus auf E ist eine tubulare Umgebung von $M \subset TE$. Insbesondere ist das Normalenbündel von M in E gleich E.

(16.7) Satz. *Jede geschlossene Untermannigfaltigkeit $M \subset N$ hat eine tubulare Umgebung.*

Beweis. Wir führen einen Beweis für kompakte M. Wir betrachten N als Untermannigfaltigkeit eines $\mathbb{R}^n$. Nach (16.4) und (16.5) gibt es eine offene Umgebung W von V in $\mathbb{R}^n$ und eine glatte Retraktion $r: W \to V$. Das übliche Skalarprodukt auf $\mathbb{R}^n$ induziert auf TN eine Riemannsche Metrik. Als Normalenbündel von M in N wählen wir das Modell

$$E = \{(x, v) \in M \times \mathbb{R}^n \mid v \in (T_x M)^\perp \cap T_x V\}.$$

Wir betrachten die abtragende Abbildung $f: E \to \mathbb{R}^n$, $(x, v) \mapsto x + v$ und setzen $U = f^{-1}(W)$. Dann ist U eine offene Umgebung des Nullschnittes von E. Wir setzen $g = rf: U \to N$. Dann ist g auf dem Nullschnitt die Inklusion. Wir behaupten, daß das Differential von g in Punkten des Nullschnitts die Identität ist, wenn wir die Identifizierungen $T_{(x,0)}E = T_x M \oplus E_x = T_x N$ verwenden. Auf dem Summanden $T_x M$ ist $T_{(x,0)}g$ sicherlich die Inklusion $T_x M \subset T_x V$. Ist $(x, v) \in E_x$ gegeben, so ist $t \mapsto (x, tv)$ eine Kurve in E, deren Tangentialvektor bei $t = 0$ gleich (x, v) ist. Man hat deshalb den Tangentialvektor von $t \mapsto r(x + tv)$ bei $t = 0$ zu betrachten. Das Differential von r bei $(x, 0)$ ist die orthogonale Projektion $\mathbb{R}^n \to T_x N$; so wurde nämlich r im Anschluß an (16.4) konstruiert. Deshalb ist nach der Kettenregel der Tangentialvektor von $t \mapsto r(x + tv)$ bei $t = 0$ ebenfalls v.

Aus dieser Betrachtung über das Differential folgt, daß g in einer Umgebung des Nullschnitts ein Diffeomorphismus ist (16.5) und deshalb eine partielle tubulare Abbildung.   □

Für Fragen der Eindeutigkeit einer tubularen Umgebung ist es nötig, die Möglichkeit von Bündelautomorphismen auszuschließen. Unter einer *strengen tubularen Umgebung* von M in N verstehen wir eine tubulare Umgebung mit Tubenabbildung f, die folgende weitere Eigenschaft hat: Das Differential von f am Nullschnitt induziert die Identität $E(v)) \to E(v)$. Wir erläutern diese Bedingung. Es ist kanonisch

$TE(v)|M \cong TM \oplus E(v)$. Das Differential von f, eingeschränkt auf $TE(v)|M$, ist ein Bündelmorphismus

$$TE(v)|M \xrightarrow{\ \ Tf\ \ } TN|M.$$

Diesen können wir mit der Inklusion

$$E(v) \to TM \oplus E(v) \cong TE(v)|M$$

und der Projektion

$$TN|M \to E(v) = (TN|M)/TM$$

zusammensetzen — und diese Zusammensetzung sei die Identität. Analog für partielle tubulare Umgebungen.

Die in (16.7) aus der abtragenden Abbildung konstruierte tubulare Umgebung ist streng. Der Schrumpfungsprozeß (16.2) ändert diese Eigenschaft nicht. Eine strenge Isotopie von tubularen Abbildungen ist eine Isotopie f_t, die zu jedem Zeitpunkt t eine strenge Tubenabbildung ist.

(16.8) Satz. *Je zwei strenge Tubenabbildungen sind streng isotop als Tubenabbildungen.*

Beweis. (1) Seien f_0 und f_1 Tubenabbildungen. Wir setzten zunächst voraus: Zu jedem $p \in M$ gibt es Kartenbereiche U und V von M um p, über denen $E(v)$ trivial ist, derart daß $f_0(E(v)|U) \subset f_1(E(v)|V)$ erfüllt ist. Dann sind f_0 und f_1 streng isotop.

Wegen der Voraussetzung ist $f_0(E(v)) \subset f_1(E(v))$. Wir betrachten deshalb $\varphi = f_1^{-1} f_0 \colon E(v) \to E(v)$ und zeigen, daß φ streng isotop zur Identität ist. Die Isotopie ψ_t, $t \in [0, 1]$ wird für $t > 0$ durch $\psi_t(v) = t^{-1}\varphi(tv)$ gegeben, und ψ_0 ist natürlich die Identität. Für jedes t ist ψ_t eine glatte Einbettung auf eine offene Umgebung, die den Nullschnitt festläßt. Wir zeigen, daß ψ_t streng ist und ψ glatt. Wegen der Voraussetzung können wir ψ in geeigneten lokalen Koordinaten nämlich als Abbildung

$$\psi \colon \mathbb{R}^m \times \mathbb{R}^{n-m} \to \mathbb{R}^m \times \mathbb{R}^{n-m}, \quad (x, y) \mapsto (f(x, y), g(x, y))$$

mit $f(x, 0) = x$, $g(x, 0) = 0$ schreiben. Es gibt eine Darstellung

$$g(x, y) = \sum_{i=1}^{k} y_i g_i(x, y)$$

mit glatten Funktionen $g_i \colon \mathbb{R}^m \times \mathbb{R}^{n-m} \to \mathbb{R}^{n-k}$, die überdies $g_i(x, 0) = \frac{\partial g}{\partial y_i}(x, 0)$ erfüllen. Damit ist

$$(x, y, t) \mapsto \psi_t(x, y) = \left(f(x, ty), \sum_i y_i g_i(x, ty) \right)$$

glatt in x, y, t. Die Ableitung am Nullschnitt erfüllt

$$\frac{\partial \psi_t}{\partial y_i}(x, 0) = g_i(x, 0).$$

Daß f_0 und f_1 streng sind, ist äquivalent dazu, daß die Matrix mit den Zeilen $g_i(x, 0)$ die Einheitsmatrix ist. Also ist auch ψ_t streng.

(2) Wir zeigen nun, daß man die Zusatzvorausetzung aus (1) erfüllen kann. Sei $E(\nu)$ über dem Kartenbereich V um p trivial. Dann ist $f_1(E(\nu|V)$ eine offene Umgebung von $V \subset M \subset N$ in N. Sei $W \subset E(\nu)$ eine offene Umgebung von $p \in M$, so daß $f_0(W) \subset f_1(E(\nu)|V)$. In W wählen wir eine Menge der Form $E(\nu, \eta)|U$, $\eta > 0$ mit einem Kartenbereich U, über dem $E(\nu)$ trivial ist. Mit einer glatten Partition der Eins verschafft man sich nun eine positive glatte Funktion $\varepsilon: M \to \mathbb{R}$, so daß für alle (U, η) wie eben $\varepsilon(x) < \eta$ für $x \in U$. Aus $E(\nu, \varepsilon)$ erhalten wir durch Schrumpfung von f_0 eine geeignete Tubenabbildung. Das Argument unter (1) zeigt, daß Schrumpfung nicht die strenge Isotopieklasse verändert.

Im allgemeinen sind jedoch zwei Tubenabbildungen nicht ambient isotop. Wir brauchen dazu eine Kompaktheitsvoraussetzung. Aus dem allgemeinen Isotopie-mitführungssatz (15.4) erhalten wir:

(16.9) Satz. *Seien f_0 und f_1 strenge tubulare Umgebungen einer kompakten Man-nigfaltigkeit M. Dann gibt es eine Diffeotopie D_t von N, die auf M und außerhalb ei-ner kompakten Umgebung von M konstant ist und so daß $D_1 f_0 = f_1: E(\nu, \varepsilon) \to N$ ist ($\varepsilon > 0$ fest vorgegeben). Ferner ist das Differential von D_t in Punkten von M die Identität.* □

Wir behandeln nun Mannigfaltigkeiten mit Rand.

(16.10) Satz. *Sei M eine glatte kompakte Untermannigfaltigkeit von N vom Typ 1. Dann gibt es eine strenge Tubenabbildung von $f: E(\nu) \to N$, die durch Ein-schränkung eine strenge Tubenabbildung $E(\nu)|\partial M \to \partial N$ induziert.*

Beweis. Wir verwenden den früheren Existenzbeweis in einer Situation, die an den Rändern besonders übersichtlich ist. Dazu wählen wir einen Kragen von ∂N, der einen Kragen von ∂M induziert. Sodann wählen wir eine Einbettung $j: \partial N \subset \mathbb{R}^q$ und erweitern sie zu einer Einbettung von N derart, daß, zusammengesetzt mit dem Kragen, die Einbettung $j \times \mathrm{id}: \partial N \times [0, 1[\to \mathbb{R}^q \times [0, 1[$ herauskommt. In einer solchen Situation liefert der Beweis von (16.7) das Verlangte, wovon man sich überzeugen möge. □

Als eine Anwendung zeigen wir, daß sich stetige Abbildungen zwischen (kom-pakten) Mannigfaltigkeiten durch differenzierbare approximieren lassen.

(16.11) Satz. *Sei $f\colon M \to N$ eine stetige Abbildung zwischen glatten kompakten Mannigfaltigkeiten, die auf der abgeschlossenen Menge $C \subset M$ glatt ist. Trage N eine Metrik d, die durch eine Einbettung $N \subset \mathbb{R}^n$ gegeben ist. Zu jedem $\varepsilon > 0$ gibt es eine differenzierbare Abbildung $g\colon M \to N$, die auf C mit f übereinstimmt und für alle $x \in M$ die Ungleichung $d(f(x), g(x)) < \varepsilon$ erfüllt.*

Beweis. Sei $r\colon U \to N$ eine glatte Retraktion einer tubularen Umgebung U mit kompaktem Abschluß. Es gibt ein $\delta > 0$, so daß aus $x, y \in U$ und $\|x - y\| < \delta$ die Relationen $\|r(x) - r(y)\| < \varepsilon$ sowie $U_\delta(N) \subset U$ folgen. Nach dem Approximationssatz von Stone-Weierstraß gibt es eine differenzierbare Abbildung $h\colon M \to U$, so daß $\|f(x) - h(x)\| < \delta$ ist. (Ist $M \subset \mathbb{R}^m$, so kann h als polynomiale Abbildung gewählt werden.) Die Abbildung $g = rh$ leistet das Verlangte, falls C leer ist.

Im allgemeinen Fall sei W eine Umgebung von C, so daß f auf W glatt ist. Sei $\tau\colon M \to [0, 1]$ eine glatte Funktion, die auf C gleich 0 und auf $M \setminus W$ gleich 1 ist. Wir betrachten dann statt h die Abbildung $(1 - \tau(x))f(x) + \tau(x)h(x)$. $\qquad\square$

(16.12) Bemerkung. Je zwei abgeschlossene Tubenabbildungen einer kompakten Mannigfaltigkeit, die mit irgendwelchen Riemannschen Metriken gebildet werden, sind als strenge Tubenabbildungen ambient isotop. $\qquad\diamond$

(16.13) Beispiel. Sei M eine kompakte glatte Untermannigfaltigkeit von N vom Typ 1. Sei $f\colon E(v)|\partial M \to \partial N$ eine strenge Tubenabbildung. Dann gibt es eine Erweiterung der dadurch auf $E(v, \varepsilon)|\partial M$ bestimmten partiellen Tubenabbildung zu einer Tubenabbildung $E(v, \varepsilon) \to N$ von M in N. Zum Beweis verwendet man den Existenzsatz (16.7), sowie den Isotopiesatz (16.10) auf einer Kragenumgebung. $\diamond$

17 Der Satz von Pontrjagin und Thom

In diesem Abschnitt leiten wir einen fundamentalen Zusammenhang zwischen Mannigfaltigkeiten und Homotopiemengen her (17.6).

Seien M und N glatte Mannigfaltigkeiten und sei $B \subset N$ eine glatte Untermannigfaltigkeit. Seien B und N randlos und M kompakt. Wir setzen voraus, daß f und $f|\partial M$ transvers zu B sind. Dann ist $A = f^{-1}(B)$ eine Untermannigfaltigkeit vom Typ 1 in M. Wir wählen Tubenabbildungen $t_\xi\colon E(\xi) \to M$ für A in M mit Bild U und $t_\eta\colon E(\eta) \to N$ für B in N mit Bild V. Wir versehen ξ mit einer Riemannschen Metrik und setzten $D(\xi, \varepsilon)$ für das Bündel der ε-Zellen und $\overline{U}_\varepsilon$ für das Bild von $D(\xi, \varepsilon)$ bei t_ξ. Wir wählen $\varepsilon > 0$ so klein, daß $f(\overline{U}_\varepsilon) \subset V$ ist. Unter allen diesen Voraussetzungen gilt:

(17.1) Satz. *Es gibt eine Homotopie f_t von $f = f_1$ nach $h = f_0$ und ein $\varepsilon > 0$ mit den folgenden Eigenschaften:*

(1) $h|\overline{U}_\varepsilon$ entspricht vermöge der Tubenabbildungen t_ξ und t_η der Einschränkung auf $D(\xi, \varepsilon)$ einer Bündelabbildung $E(\xi) \rightarrow E(\eta)$ über $f: A \rightarrow B$.

(2) Die Homotopie ist auf A und auf $M \setminus U$ konstant.

(3) Für alle $t \in I$ gilt $f_t^{-1}(N \setminus B) = M \setminus A$.

Beweis. Wir setzen $\varphi = t_\eta \circ f \circ t_\xi^{-1}: D(\xi, \varepsilon) \rightarrow E(\eta)$. Wir haben die kanonische Homotopie von φ zu einer Bündelabbildung Φ, der Ableitung in Richtung der Fasern, gegeben durch

$$\varphi_t(x) = \begin{cases} t^{-1}\varphi(tx) & x \in D(\xi, \varepsilon),\ t > 0 \\ \Phi(x) & t = 0. \end{cases}$$

Wegen der vorausgesetzten Transversalität von f gilt für genügend kleine ε und das ε-Sphärenbündel immer $\varphi_t(S(\xi, \varepsilon)) \subset E(\eta) \setminus B$. Mit $\delta > \varepsilon$ bilden wir $L = t_\xi(D(\xi, \delta) \setminus D(\xi, \varepsilon)^\circ)$. Wir betrachten die durch

$$g_t = \begin{cases} t_\eta \circ \varphi_t \circ t_\xi^{-1} & \text{auf } t_\xi S(\xi, \varepsilon) \\ f & \text{auf } t_\xi S(\xi, \delta) \end{cases}$$

definierte Homotopie $g_t: t_\xi S(\xi, \varepsilon) + t_\xi S(\xi, \delta) \rightarrow N \setminus B$ für genügend kleines δ. Diese Homotopie läßt sich zu einer Homotopie $g_t: L \rightarrow N \setminus B$ von f erweitern, da $t_\xi S(\xi, \varepsilon) + t_\xi S(\xi, \delta) \subset L$ eine Kofaserung ist. Da g_t auf $t_\xi S(\xi, \delta)$ konstant ist, kann g_t zu einer konstanten Homotopie auf dem Komplement von U_δ in M erweitert werden. Die resultierende Homotopie f_t hat die gewünschten Eigenschaften. $\square$

Sei $\xi: E \rightarrow B$ ein glattes Vektorraumbündel über der geschlossenen Mannigfaltigkeit B. Dann ist E ein lokal kompakter Hausdorff-Raum. Seine Einpunkt-Kompaktifizierung werde mit $M(\xi) = E \cup \{\infty\}$ bezeichnet und Thom-Raum von ξ genannt. Der Nullschnitt $B \rightarrow E$ liefert auch eine Einbettung $B \rightarrow M(\xi)$.

(17.2) Lemma. *Der Raum $M(\xi) \setminus B$ ist auf den Grundpunkt ∞ zusammenziehbar.*

Beweis. Der Raum $M(\xi)$ ist punktiert h-äquivalent zu $D(\xi)/S(\xi)$. In diesem Modell wird eine Kontraktion durch $(x, t) \mapsto (1 - t)x + t\|x\|^{-1}x$ gegeben. $\square$

(17.3) Lemma. *Sei Y eine abgeschlossene Untermannigfaltigkeit der Mannigfaltigkeit Q. Je zwei Abbildungen $f_0, f_1: Q \rightarrow M(\xi) \setminus B$, die auf Y übereinstimmen, sind homotop relativ Y.*

Beweis. Aus der Voraussetzung erhalten wir eine Abbildung $h: Q \times \partial I \cup Y \times I \rightarrow M(\xi) \setminus B$. Wir müssen h auf $Q \times I$ erweitern. Da der Bildraum zusammenziehbar ist, so ist h homotop zur konstanten Abbildung, die offenbar erweitert werden kann. Wir benutzen nun, daß $Q \times \partial I \cup Y \times I \subset Q \times I$ eine Kofaserung ist. $\square$

Sei Q eine kompakte Mannigfaltigkeit. Wir sagen, die glatte Abbildung $g: Q \rightarrow M(\xi)$ habe *Normalform*, wenn gilt:

(1) Es gibt eine Untermannigfaltigkeit $M \subset Q$ und dazu eine strenge Tubenabbildung t mit $t(E(v)) = U$ des Normalenbündels $v \colon E(v) \to M$ mit dem in Q offenen Bild U.

(2) Es ist $U = g^{-1}E$ und $M = g^{-1}B$.

(3) Die Verkettung $(g|U)f \colon E(v) \to U \to E$ ist eine Bündelabbildung über g.

Unter diesen Bedingungen ist $g(Q \setminus U) = \{\infty\}$ und g transvers zu B.

(17.4) Satz. *Jede stetige Abbildung $f \colon Q \to M(\xi)$ ist homotop zu einer Abbildung in Normalform.*

Beweis. Wir ändern zunächst f so homotop zu g ab, daß g und $g|\partial Q$ transvers zu $B \subset M(\xi)$ sind.

Wir haben dann die glatte Untermannigfaltigkeit $M = g^{-1}(B) \subset Q$. Wir betrachten $W = g^{-1}(E)$ als Untermannigfaltigkeit und wählen eine strenge Tubenabbildung $t \colon E(v) \to W$ mit Bild U. Nach (17.1) können wir nach einer weiteren Homotopie annehmen, daß g auf dem Bild $D \subset U$ eines Zellenbündels $D(v, \varepsilon)$ einer Bündelabbildung

$$\Phi = gt \colon E(v) \to E(\xi)$$

entspricht. Wir definieren damit $h \colon Q \to M(\xi)$ durch Φt^{-1} auf U und als konstante Abbildung mit Wert ∞ sonst. Dann ist h eine stetige Abbildung in Normalform.

Die Abbildungen g und h stimmen auf D überein. Sie bilden beide $Q \setminus D^\circ$ nach $M(\xi) \setminus B$ ab und stimmen auf dem Sphärenbündelrand S von D überein. Nach (17.3) sind sie also homotop. $\square$

Wir geben eine etwas andere Beschreibung der Abbildungen in Normalform. Man bildet die Quotientabbildung $Q \to Q/(Q \setminus U)$. Das Bild $Q/(Q \setminus U)$ ist eine Einpunkt-Kompaktifizierung U^c von U. Die Tubenabbildung t liefert einen Homöomorphismus $t^{-1} \colon U^c \to E(v)^c = M(v)$. Die Bündelabbildung $\Phi \colon E(v) \to E(\xi)$ liefert $M(\Phi) \colon M(v) \to M(\xi)$. Insgesamt erhalten wir also

$$Q \to Q/(Q \setminus U) = U^c \to M(v) \to M(\xi).$$

Eine Konstruktion dieser Art heißt *Pontrjagin-Thom-Konstruktion*.

Mit Hilfe der Pontrjagin-Thom-Konstruktion erhalten wir eine Beschreibung der Homotopiemenge $[Q, M(\xi)]$ durch geeignete Bordismenklassen von Mannigfaltigkeiten.

Sei weiterhin $E(\xi) \to B$ ein glattes Vektorraumbündel über der geschlossenen Mannigfaltigkeit B. Sei ferner Q ebenfalls eine geschlossene Mannigfaltigkeit. Eine ξ-*Struktur* auf einer Untermannigfaltigkeit M von Q ist eine Bündelabbildung $f \colon v \to \xi$ des Normalenbündels v von M in Q nach ξ. Das Paar (M, f) heißt dann ξ-*Untermannigfaltigkeit* von Q. Zwei ξ-Untermannigfaltigkeiten

(M_0, f_0) und (M_1, f_1) heißen ξ-*bordant*, wenn es eine ξ-Untermannigfaltigkeit (W, F) von $Q \times [0, 1]$ vom Typ 1 mit Rand

$$V_0 \times 0 \cup V_1 \times 1 = W \cap (Q \times \{0, 1\})$$

gibt, deren ξ-Struktur f_0 und f_1 erweitert. Wir sagen dann, (W, F) sei ein ξ-*Bordismus* zwischen (M_0, f_0) und (M_1, f_1). Zum letzteren bemerken wir, daß $\nu(W, Q \times [0, 1]) | M_i$ kanonisch mit $\nu(M_i, Q)$ identifiziert werden kann.

(17.5) Notiz. ξ-*bordant ist eine Äquivalenzrelation auf der Menge der ξ-Untermannigfaltigkeiten von Q.*   □

Wir bezeichnen die Menge der ξ-Bordismenklassen mit $L_n(Q, \xi)$. Der Hauptsatz dieses Abschnittes bestimmt diese Menge als die Homotopiemenge $[Q, M(\xi)]$. Wir konstruieren zueinander inverse Abbildungen zwischen diesen Mengen. Sei $h: Q \to M(\xi)$ eine stetige Abbildung. In der Homotopieklasse von h gibt es eine zu B transverse Abbildung g; sei $M_g = g^{-1}(B)$. Das Differential von g liefert eine Bündelabbildung $\alpha_g: \nu \to \xi$, und (M_g, α_g) ist damit eine ξ-Untermannigfaltigkeit. Sind g_0 und g_1 zwei homotope und zu B transverse Abbildungen, so gibt es nach dem Transversalitätssatz eine zu B transverse Homotopie g_t zwischen ihnen. Deren Urbild liefert dann einen ξ-Bordismus zwischen den aus g_i konstruierten ξ-Untermannigfaltigkeiten. Somit erhalten wir eine wohldefinierte Abbildung $\pi: L(Q, \xi) \to [Q, M(\xi)]$.

(17.6) Satz von Pontrjagin-Thom. *Die vorstehend konstruierte Abbildung π ist eine Bijektion.*

Beweis. Wir konstruieren eine Umkehrabbildung ρ. Sei $\alpha: \nu \to \xi$ eine glatte Bündelabbildung. Nach Wahl einer tubularen Umgebung $t: E(\nu) \to Q$ konstruieren wir daraus eine Pontrjagin-Thom-Abbildung $h_{M,\alpha}$, wie weiter oben beschrieben. Wir wollen $\rho[M, \alpha] = [h_{M,\alpha}]$ setzen und müssen dazu nachweisen, daß die Vorschrift wohldefiniert ist. Zu diesem Zweck wenden wir die Pontrjagin-Thom-Konstruktion auf einen ξ-Bordismus an und erhalten eine Homotopie zwischen den Pontrjagin-Thom-Abbildungen, die sich aus den beiden Randteilen des Bordismus ergeben. Es ist $\pi\rho = \mathrm{id}$. Das folgt direkt aus den Definitionen, da $h_{M,\alpha}$ eine zu B transverse Abbildung ist, deren Differential genau α induziert. Deshalb ist also ρ injektiv. Die Surjektivität folgt daraus, daß eine Abbildung in Normalform im Bild von ρ liegt. □

Sei M eine geschlossene zusammenhängende $(n + k)$-dimensionale Mannigfaltigkeit. Der Satz von Pontrjagin-Thom läßt sich auf die Homotopiemenge $[M, S^n]$ anwenden, wenn man $S^n \cong \mathbb{R}^n \cup \{\infty\}$ als Thom-Raum des Bündels über einem Punkt ansieht. Man hat in diesem Falle Untermannigfaltigkeiten $A \subset M$ der Kodimension n zusammen mit einer Trivialisierung $\varphi: \nu(A, M) \to n\varepsilon$ des Normalenbündels zu betrachten sowie Bordismenklassen von solchen. Eine Trivialisierung eines Bündels wird auch *Rahmung* genannt. Wird ein Normalenbündel gerahmt, so sprechen wir von *Normalen-Rahmung*.

(17.7) Beispiel. Der Fall $k = 0$ liefert einen neuen Zugang zum Satz von Hopf. Eine 0-Mannigfaltigkeit $A \subset M$ ist eine endliche Menge. Ist $P \in M$, so identifizieren wir $\nu(P, M)$ kanonisch mit dem Tangentialraum $T_P M$. Eine Rahmung ist in diesem Fall also nichts anderes als ein Isomorphismus $T_P M \to \mathbb{R}^n$. Sei M orientiert. Für $\varphi : T_P M \to \mathbb{R}^n$ setzen wir $\varepsilon(\varphi) = +1$, wenn φ orientierungstreu ist, sonst $\varepsilon(\varphi) = -1$. Eine Untermannigfaltigkeit A mit Rahmung $\varphi = \{\varphi_a \mid a \in A\}$ erhält die Invariante $\varepsilon(A, \varphi) = \sum_{a \in A} \varepsilon(\varphi_a) \in \mathbb{Z}$. Der Satz von Hopf ist dann in diesem Fall eine Konsequenz der Aussage: Zwei normalen-gerahmte Untermannigfaltigkeiten (A, φ) und (B, ψ) sind genau dann normalen-gerahmt bordant, wenn $\varepsilon(A, \varphi) = \varepsilon(B, \psi)$. In einer nicht-orientierbaren Mannigfaltigkeit M sind sie dagegen genau dann normalen-gerahmt bordant, wenn $|A| \equiv |B| \bmod 2$ ist. $\Diamond$

(17.8) Beispiel. Der Satz von Pontrjagin-Thom erlaubt eine geometrische Interpretation der Homotopiegruppen $\pi_{n+k}(S^n)$ und insbesondere des Freudenthalschen Einhängungssatzes. Nach (17.6) haben wir zunächst eine Bijektion $L(\mathbb{R}^{n+k}, k\varepsilon) \cong \pi_{n+k}(S^n)$. Sei $M \subset \mathbb{R}^{n+k}$ eine n-dimensionale Untermannigfaltigkeit mit Rahmung $\varphi_\nu : \nu(M, \mathbb{R}^{n+k}) \to k\varepsilon$ des Normalenbündels. Da wir einen kanonischen Isomorphismus $T(M) \oplus \nu(M) \to (n + k)\varepsilon$ haben, erhalten wir eine Rahmung

$$\varphi_\tau : TM \oplus k\varepsilon \to TM \oplus \mu M \to (n + k)\varepsilon.$$

Sei $\omega_n(k)$ die Bordismenmenge von geschlossenen n-Mannigfaltigkeiten mit Rahmung $TM \oplus k\varepsilon \to (n + k)\varepsilon$. Die Bordismenrelation ist darin wie folgt definiert: Sei W ein Bordismus zwischen M_0 und M_1 und sei $\Phi: TW \oplus (k - 1)\varepsilon$ eine Rahmung. Es ist $\iota_0 : TW|M_0 \cong TM_0 \oplus \varepsilon$, wobei die „positive Seite" von ε dem nach innen gerichteten Normalenvektor entspricht. Analog erhalten wir $\iota_1 : TW|M_1 \cong TM_1 \oplus \varepsilon$, wobei die „positive Seite " jetzt nach außen weist. Wir erhalten dann Rahmungen

$$\varphi_i : TM_i \oplus \varepsilon \oplus (k - 1)\varepsilon \to TW|M_i \oplus (k - 1)\varepsilon \xrightarrow{\Phi} (n + k)\varepsilon$$

von M_i. Wir sagen in diesem Fall: (W, Φ) ist ein gerahmter Bordismus zwischen (M_0, φ_0) und (M_1, φ_1).

(17.9) Satz. *Die Zuordnung* $[M, \varphi_\nu] \mapsto [M, \varphi_\tau]$ *ist eine wohldefinierte Abbildung* $L(\mathbb{R}^{n+k}, k\varepsilon) \to \omega_n(k)$. *Sie ist für* $k > n + 1$ *bijektiv.* $\Box$

Die linke Seite geht von eingebetteten Mannigfaltigkeiten aus, während die rechte mit abstrakten Mannigfaltigkeiten arbeitet. Der Beweis der Bijektivität benutzt daher wesentlich den Whitneyschen Einbettungssatz. Der Freudenthalsche Einhängungssatz beruht in diesem Kontext auf dem nächsten Satz.

(17.10) Satz. *Durch Addition eines trivialen Bündels wird eine Abbildung* $\omega_n(k) \to$
$\omega_n(k+1)$ *induziert, die für* $k \geq 2$ *surjektiv und für* $k \geq 3$ *bijektiv ist.*   □

Wir benutzen $\omega_1(k)$, um den Isomorphismus $\pi_{k+1}(S^k) \cong \mathbb{Z}/2$ für $k \geq 3$ zu
beschreiben. Sei (A, φ) Repräsentant eines Elementes aus $\omega_1(k)$. Darin zerfällt A in
die disjunkte Summe von zu S^1 diffeomorphen Teilen A_j. Sei φ_j die durch φ auf A_j
gegebene Rahmung. Wir ordnen (A_j, φ) folgendermaßen ein Element $d(A_j, \varphi_j) \in$
$\mathbb{Z}/2$ zu. Sei A diffeomorph zu S^1. Sei $h: A \to S^1$ ein Diffeomorphismus. Indem wir
S^1 als Rand von D^2 auffassen und $D^2 \subset \mathbb{R}^2$ mit der Standardrahmung versehen,
erhalten wir eine Standardrahmung σ von $TS^1 \oplus \varepsilon$, worin $1 \in \varepsilon$ nach außen weist.
Damit erhalten wir eine Rahmung

$$\gamma: TA \oplus k\varepsilon \xrightarrow{\ Th \oplus \mathrm{id}\ } TS^1 \oplus \varepsilon \xrightarrow{\ \sigma \oplus \mathrm{id}\ } (k+1)\varepsilon.$$

Ist A durch φ gerahmt, so wird durch $\varphi: TA \oplus k\varepsilon \to (k+1)\varepsilon$ das Bündel TA
orientiert. Wir wählen den Diffeomorphismus h so, daß die Komposition γ orientierungserhaltend ist. Die Homotopieklasse von γ ist unabhängig vom gewählten
h. Die gegebene Rahmung φ unterscheidet sich von der Standardrahmung um eine
Abbildung

$$A \to GL^+(k+1, \mathbb{R}) \simeq SO(k+1, \mathbb{R}),$$

die mit der bis auf Homotopie eindeutigen Abbildung h^{-1} zusammengesetzt ein
Element in

$$[S^1, SO(k+1, \mathbb{R})] \cong \pi_1 SO(k+1, \mathbb{R}) \cong \mathbb{Z}/2, \qquad k \geq 2$$

liefert, das mit $d(A, \varphi) \in \mathbb{Z}/2$ bezeichnet werde. Besteht nun A aus mehreren Komponenten $(A_{.} \mid j \in J)$, so sei $d(A, \varphi)$ die Summe der $d(A_j, \varphi_j)$.

(17.11) Satz. *Durch* $(A, \varphi) \mapsto d(A, \varphi)$ *wird für* $k \geq 2$ *ein wohldefinierter Isomorphismus* $d: \omega_1(k) \to \mathbb{Z}/2$ *induziert.*   □

18 Projektive Räume

Viele wichtige Räume in der Geometrie sind homogene Räume. Wir behandeln als
Beispiel die projektiven Räume.

Sei $P(\mathbb{R}^{n+1}) = \mathbb{R}P^n$ die Menge der eindimensionalen Unterräume des Vektor-
raums $\mathbb{R}^{n+1}$. Ein eindimensionaler Unterraum V wird durch $x \in V \setminus 0$ aufgespannt.
Genau dann spannen x und y denselben Unterraum auf, wenn für ein $\lambda \in \mathbb{R}^* = \mathbb{R} \setminus 0$
die Gleichung $x = \lambda y$ gilt. Wir betrachten deshalb auf $\mathbb{R}^{n+1} \setminus 0$ die Äquivalenzrelation: $x \sim y \Leftrightarrow$ es gibt $\lambda \in \mathbb{R}^*$, so daß $x = \lambda y$. Wir sehen $P(\mathbb{R}^{n+1})$ als Menge der
Äquivalenzklassen an. Mit anderen Worten: $P(\mathbb{R}^{n+1})$ ist der Orbitraum der Opera-
tion

$$\mathbb{R}^* \times (\mathbb{R}^{n+1} \setminus 0) \to \mathbb{R}^{n+1} \setminus 0, \quad (\lambda, x) \mapsto \lambda x.$$

Die Quotientabbildung $p\colon \mathbb{R}^{n+1} \setminus 0 \to P(\mathbb{R}^{n+1})$ benutzen wir dazu, $P(\mathbb{R}^{n+1})$ mit der Quotienttopologie zu versehen. Wir setzen $p(x_0, \ldots, x_n) = [x_0, \ldots, x_n]$ und nennen $x_0, \ldots, x_n$ die *homogenen Koordinaten* des Punktes $[x_0, \ldots, x_n]$. Wir nennen $\mathbb{R}P^n$ den n-dimensionalen reellen *projektiven Raum*.

In analoger Weise wird die Menge $P(\mathbb{C}^{n+1}) = \mathbb{C}P^n$ der eindimensionalen komplexen Unterräume des $\mathbb{C}^{n+1}$ als Orbitraum der Operation

$$\mathbb{C}^* \times (\mathbb{C}^{n+1} \setminus 0) \to \mathbb{C}^{n+1} \setminus 0, \quad (\lambda, z) \mapsto \lambda z$$

angesehen. Wir nennen $\mathbb{C}P^n$ den n-dimensionalen komplexen projektiven Raum. Wir haben wiederum eine Quotientabbildung

$$p\colon \mathbb{C}^{n+1} \setminus 0 \to P(\mathbb{C}^{n+1}), \quad (z_0, \ldots, z_n) \mapsto [z_0, \ldots, z_n].$$

Wir beschreiben die projektiven Räume noch in anderer Weise als Orbiträume. Die Untergruppe $G = \{\pm 1\} \subset \mathbb{R}^*$ operiert auf $S^n \subset \mathbb{R}^{n+1}$ durch $(\lambda, x) \mapsto \lambda x$ (*antipodische Involution* genannt). Die Inklusion $i\colon S^n \to \mathbb{R}^{n+1}$ induziert eine stetige Abbildung $\iota\colon S^n/G \to (\mathbb{R}^{n+1} \setminus 0)/\mathbb{R}^*$ der Orbiträume, die nach Konstruktion bijektiv ist. Die Abbildung $j\colon \mathbb{R}^{n+1} \setminus 0 \to S^n$, $x \mapsto \|x\|^{-1}x$ induziert eine stetige Umkehrabbildung. Der Quotient S^n/G ist kompakt, weil S^n kompakt ist. Der Quotient ist ein Hausdorff-Raum. Der $\mathbb{C}P^n$ wird analog behandelt. Allerdings muß hier die Operation $S^1 \times S^{2n+1} \to S^{2n+1}$, $(\lambda, z) \mapsto \lambda z$ von S^1 auf der Einheitssphäre $S^{2n+1} \subset \mathbb{C}^{n+1} \setminus 0$ verwendet werden.

Projektive Räume lassen sich als homogene Räume auffassen. Wir betrachten die Operation von $O(n+1)$ auf $\mathbb{R}^{n+1}$ durch Matrizenmultiplikation. Ist $V \in P(\mathbb{R}^{n+1})$ ein eindimensionaler Unterrraum und $A \in O(n+1)$, so ist $AV \in P(\mathbb{R}^{n+1})$. Dadurch erhalten wir eine Operation $O(n+1) \times P(\mathbb{R}^{n+1}) \to P(\mathbb{R}^{n+1})$. Die Operation ist transitiv. Die Standgruppe des von $(1, 0, \ldots, 0) = e_1$ erzeugten Unterraums E_1 ist $O(1) \times O(n)$. Durch $A \mapsto Ae_1$ wird ein $O(n+1)$-äquivarianter Homöomorphismus

$$b\colon O(n+1)/O(1) \times O(n) \cong P(\mathbb{R}^{n+1})$$

induziert. Die Operation von $O(n+1)$ auf $P(\mathbb{R}^{n+1})$ ist stetig, was aus der Stetigkeit der Operation $O(n+1) \times (\mathbb{R}^{n+1} \setminus 0) \to \mathbb{R}^{n+1} \setminus 0$ und der Definition der Quotienttopologie leicht folgt. Also ist b eine bijektive stetige Abbildung eines kompakten Raumes in einen hausdorffschen Raum. In gleicher Weise wird ein $U(n+1)$-äquivarianter Homöomorphismus $U(n+1)/U(1) \times U(n) \cong P(\mathbb{C}^{n+1})$ gewonnen.

Es gibt umfangreiche Untersuchungen darüber, welches der kleinste euklidische Raum ist, in den sich ein gegebener projektiver Raum einbetten oder immergieren läßt, siehe etwa [94], [137]. Es folgt eine Tabelle über die kleinste Immersionsdimension.

$\mathbb{R}P^?$	1	2	3	4	5	6	7	8	9	10	11
$\mathbb{R}^?$	2	3	4	7	7	7	8	15	15	16	16
$\mathbb{R}P^?$	12	13	14	15	16	17	18	19	20	21	22
$\mathbb{R}^?$	18	22	22	22	31	31	32	32	34	38	38

Der $\mathbb{R}P^n$, $n = 2^k$, läßt sich nicht in den $\mathbb{R}^{2n-1}$ einbetten und ist deshalb besonders sperrig. Durch Vergleich mit der Tabelle erkennt man auch einen Unterschied zwischen kleinster Immersions- und Einbettungsdimension.

R. L. Cohen [52] hat, aufbauend insbesondere auf Arbeiten von E. H. Brown und F. Peterson, ein endgültiges Ergebnis über die Immersionen von Mannigfaltigkeiten in euklidische Räume erzielt:

(18.1) Satz. *Eine kompakte n-dimensionale glatte Mannigfaltigkeit besitzt für n >* 1 *eine Immersion in den* $\mathbb{R}^{2n-\alpha(n)}$. *Dabei ist* $\alpha(n)$ *die Anzahl der Einsen in einer* 2-adischen Darstellung von n, das heißt, ist $n = 2^{i(1)} + \cdots + 2^{i(l)}$, $i(1) < \cdots < i(l)$, so ist $\alpha(n) = l$. □

Das Produkt der reellen projektiven Räume der Dimensionen $2^{i(1)}, \ldots, 2^{i(l)}$ besitzt keine Immersion in einen kleineren euklidischen Raum als durch den Satz von Cohen angegeben.

In gewissen Dimensionsbereichen hat Haefliger [104] das Einbettungsproblem auf ein homotopietheoretisches Problem zurückgeführt:

(18.2) Satz. *Sei* $2n \geq 3(m+1)$. *Ist* $f \colon M \to N$ *eine stetige Abbildung einer glatten kompakten m-Mannigfaltigkeit M in eine glatte n-Mannigfaltigkeit N, zu der eine stetige Abbildung* $\varphi \colon M \times M \to N \times N$ *mit den Eigenschaften*
   (1) $\varphi(x, x) = (f(x), f(x))$
   (2) $T\varphi(x, y) = \varphi T(x, y)$, *T Vertauschung der Koordinaten*
   (3) $\varphi^{-1}(\Delta_N) \subset \Delta_M$, Δ *Diagonale*
existiert, so ist f homotop zu einer glatten Einbettung $g \colon M \to N$. *Ist sogar* $2n > 3(m+1)$, *so sind je zwei derartige Einbettungen isotop.* □

(18.3) Beispiel. Die Menge $\{(z, w) \in \mathbb{R}P^m \times \mathbb{R}P^n \mid \sum_{i=0}^m z_i w_i = 0\}$ für $m \leq n$, $z = [z_0, \ldots, z_m]$, $w = [w_0, \ldots, w_n]$ ist eine glatte Untermannigfaltigkeit von $\mathbb{R}P^m \times \mathbb{R}P^n$ (Milnor-Mannigfaltigkeit). ◇

(18.4) Beispiel. Sei $G_k(\mathbb{R}^n)$ die Menge der k-dimensionalen Unterräume des $\mathbb{R}^n$. Die Standardoperation von $O(n)$ auf $\mathbb{R}^n$ induziert eine transitive Operation von $O(n)$ auf dieser Menge. Deshalb ist $G_k(\mathbb{R}^n)$ als $O(n)$-Menge isomorph zu

$O(n)/O(k) \times O(n-k)$, wobei $O(k) \times O(n-k)$ vermöge Blockmatrizen als Untergruppe von $O(n)$ aufgefaßt wird. Sei $\Lambda^k(\mathbb{R}^n)$ die k-te äußere Potenz von $\mathbb{R}^n$. Die Operation von $O(n)$ auf $\mathbb{R}^n$ induziert eine Operation auf $\Lambda^k(\mathbb{R}^n)$, die eine glatte Darstellung ist. Indem jeder Basis $x(1), \ldots, x(k)$ eines k-dimensionalen Unterraumes das Element $x(1) \wedge \cdots \wedge x(k) \in \Lambda^k(\mathbb{R}^n)$ zugeordet wird, erhält man eine wohldefinierte Abbildung $j\colon G_k(\mathbb{R}^n) \to P(\Lambda^k\mathbb{R}^n)$, die injektiv ist (Plücker-Koordinaten) und $O(n)$-äquivariant. Das Bild von j ist eine glatte Untermannigfaltgkeit von $P(\Lambda^k\mathbb{R}^n)$. Die Menge $G_k(\mathbb{R}^n)$ mit der so definierten Struktur einer glatten Mannigfaltigkeit heißt Graßmannsche Mannigfaltigkeit. Sie hat die Dimension $k(n-k)$.   ◇

(18.5) Beispiel. Die Segre-Einbettung ist die glatte Einbettung

$$\mathbb{R}P^m \times \mathbb{R}P^n \to \mathbb{R}P^{(m+1)(n+1)-1}, \quad ([x_i], [y_j]) \mapsto [x_i y_j].$$

Für $m = n = 1$ ist das Bild die Quadrik $\{[s_0, s_1, s_2, s_3] \mid s_0 s_3 - s_1 s_2 = 0\}$. Analoges gilt für die komplexen Räume.   ◇

(18.6) Beispiel. Sei $h\colon \mathbb{R}^{n+1} \times \mathbb{R}^{n+1} \to \mathbb{R}^{n+k+1}$ eine symmetrische Bilinearform, so daß aus $x \neq 0$ und $y \neq 0$ immer $h(x, y) \neq 0$ folgt. Sei $g\colon S^n \to S^{n+k}$, $x \mapsto h(x, x)/|h(x, x)|$. Ist $g(x) = g(y)$, also $h(x, x) = t^2 h(y, y)$ mit einem $t \in \mathbb{R}$, so folgt $h(x + ty, x - ty) = 0$ und deshalb $x + ty = 0$ oder $x - ty = 0$. Folglich induziert g eine glatte Einbettung $\mathbb{R}P^n \to S^{n+k}$. Die Bilinearform $h(x_0, \ldots, x_n, y_0, \ldots, y_n) = (z_0, \ldots, z_{2n})$ mit $z_k = \sum_{i+j=k} x_i y_j$ liefert insbesondere eine Einbettung $\mathbb{R}P^n \to S^{2n}$ [127] [137].   ◇

(18.7) Beispiel. $\mathbb{R}P^2 \to \mathbb{R}P^5$, $[x_0, x_1, x_2] \mapsto [x_0^2, x_1^2, x_2^2, x_1 x_2, x_0 x_2, x_0 x_1]$ wird eine glatte Einbettung definiert, deren Bild *Veronese-Fläche* heißt. Diese Fläche liegt in der Quadrik

$$S = \{[U, V, W, R, S, T] \mid U^2 + V^2 + W^2 + 2(R^2 + S^2 + T^2) = (U + V + W)^2\}.$$

Die Quadrik S ist diffeomorph zur Sphäre S^4. Damit ist eine Einbettung $\mathbb{R}P^2 \to S^4$ gewonnen.   ◇

19   Eigentliche Abbildungen

In den beiden folgenden Abschnitten stellen wir noch weitere Resultate aus der mengentheoretischen Topologie bereit, die zur Untersuchung von Transformationsgruppen dienen. Eine stetige Abbildung $f\colon X \to Y$ heißt *eigentlich*, wenn sie abgeschlossen ist und die Urbilder von Punkten $f^{-1}(y)$ kompakt sind.

(19.1) Satz. *Ist $f\colon X \to Y$ eigentlich und $K \subset Y$ kompakt, so ist $f^{-1}(K)$ kompakt.*

Beweis. Sei $(U_j \mid j \in J)$ eine offene Überdeckung von $f^{-1}(K)$. Für jedes $c \in K$ gibt es ein endliches $J_c \subset J$, so daß $f^{-1}(c)$ in der Vereinigung U_c der U_j, $j \in J_c$, enthalten ist. Die Menge $V_c = Y \setminus f(X \setminus U_c)$ ist offen, da f abgeschlossen ist. Es ist $c \in V_c$, $f^{-1}(V_c) \subset U_c$, und K wird von endlich vielen V_c, etwa $V_{c(1)}, \dots, V_{c(n)}$, überdeckt. Es folgt, daß $f^{-1}(K)$ in $U_{c(1)} \cup \cdots \cup U_{c(n)}$ enthalten ist.   □

(19.2) Satz. *Seien $f\colon X \to X'$ und $g\colon X' \to X''$ stetig. Dann gilt:*
   (1) *Sind f und g eigentlich, so ist $g \circ f$ eigentlich.*
   (2) *Ist $g \circ f$ eigentlich und f surjektiv, so ist g eigentlich.*
   (3) *Ist $g \circ f$ eigentlich und g injektiv, so ist f eigentlich.*

Beweis. Eine Komposition abgeschlossener Abbildungen ist abgeschlossen. Es ist $(gf)^{-1}(y)$ nach (19.1) kompakt, wenn f und g eigentlich sind. Das beweist (1). Die Aussagen (2) und (3) folgen leicht aus den Definitionen.   □

(19.3) Satz. *Sei $f\colon X \to Y$ stetig und injektiv. Dann sind äquivalent:*
   (1) *f ist eigentlich.*
   (2) *f ist abgeschlossen.*
   (3) *f ist ein Homöomorphismus auf einen abgeschlossenen Unterraum.*   □

(19.4) Satz. *Sei $f\colon X \to Y$ stetig.*
   (1) *Ist f eigentlich, so ist für jedes $B \subset Y$ auch die Einschränkung $f = f_B\colon$ $f^{-1}(B) \to B$ eigentlich.*
   (2) *Sei $(U_j \mid j \in J)$ eine Überdeckung von Y, so daß die kanonische Abbildung $p\colon \coprod_{j \in J} U_j \to Y$ eine Identifizierung ist. Ist jede Einschränkung $f_j\colon f^{-1}(U_j) \to U_j$ eigentlich, so auch f.*

Beweis. (1) Ist f abgeschlossen, so auch f_B: Sei nämlich $C \subset f^{-1}(B)$ abgeschlossen, also $C = f^{-1}(B) \cap A$ mit abgeschlossenem $A \subset X$. Es folgt $f(C) = B \cap f(A)$, und diese Menge ist in B abgeschlossen, da f abgeschlossen ist.

(2) Sei $C \subset X$ abgeschlossen. Dann ist $C \cap f^{-1}(U_j)$ in $f^{-1}(U_j)$ abgeschlossen und folglich $f_j(C \cap f^{-1}(U_j)) = f(C) \cap U_j$ in U_j abgeschlossen. Da p eine Identifizierung ist, so ist $f(C)$ in Y abgeschlossen.   □

(19.5) Satz. *Sei f eine stetige Abbildung eines Hausdorff-Raumes X in einen lokal kompakten Hausdorff-Raum Y. Dann ist f genau dann eigentlich, wenn für jede kompakte Menge $K \subset Y$ das Urbild kompakt ist. Ist f eigentlich, so ist X lokal kompakt.*

Beweis. Ist f eigentlich, so wissen wir schon, daß Urbilder kompakter Mengen kompakt sind. Sei umgekehrt (U_j) eine Überdeckung von Y durch relativ kompakte offene Mengen. Dann ist $f^{-1}(\overline{U}_j)$ kompakt und f eingeschränkt auf diese Menge eigentlich. Nach dem vorigen Satz ist f also eigentlich.   □

Eine eigentliche Abbildung zwischen lokal kompakten Hausdorff-Räumen induziert eine stetige Abbildung zwischen ihren Einpunkt-Kompaktifizierungen.

(19.6) Satz. *Sei K kompakt. Dann ist die Projektion* $\mathrm{pr}: K \times Y \to Y$ *eigentlich.*

Beweis. Wir haben zu zeigen, daß pr abgeschlossen ist. Sei $C \subset K \times Y$ abgeschlossen. Wir zeigen, daß $Y \setminus \mathrm{pr}(C)$ offen ist. Sei $y \notin \mathrm{pr}(C)$, das heißt $K \times y \subset K \times Y \setminus C$. Dann gibt es aber eine offene Umgebung U von y in Y, so daß $K \times U \subset K \times Y \setminus C$. Also ist $U \subset Y \setminus \mathrm{pr}(C)$. □

Aus [25] entnimmt man tieferliegende Sätze über eigentliche Abbildungen:

(19.7) Satz. *Eine stetige Abbildung* $f: X \to Y$ *ist genau dann eigentlich, wenn für jeden topologischen Raum Z das Produkt* $f \times \mathrm{id}: X \times Z \to Y \times Z$ *abgeschlossen ist.* □

(19.8) Satz. *Ein beliebiges Produkt eigentlicher Abbildungen* $f_j: X_j \to Y_j$ *ist eigentlich.* □

20 Eigentliche Operationen

Eine Operation $\rho: G \times X \to X$ heißt *eigentlich*, wenn die zugehörige Abbildung

$$(20.1) \qquad \theta = \theta_\rho: G \times X \to X \times X, \quad (g, x) \mapsto (x, gx)$$

eigentlich im Sinne des letzten Abschnittes ist. Diese Definition ist beweistechnisch bequem. Ihre geometrische Bedeutung wird durch die folgenden Ergebnisse klar werden.

(20.2) Satz. *Operiert G eigentlich auf X, so gilt:*
  (1) *X/G ist hausdorffsch.*
  (2) *Ist G hausdorffsch, so auch X.*

Beweis. (1) Da θ eigentlich ist, so ist $R = \mathrm{Bild}\,\theta$ in $X \times X$ abgeschlossen, und die Behauptung folgt, weil in einer surjektiven, stetigen, offenenen Abbildung $f: X \to Y$ genau dann Y hausdorffsch ist, wenn das Urbild R der Diagonale bei $f \times f$ abgeschlossen ist.
  (2) Da $\{e\} \subset G$ abgeschlossen ist, so ist $i: X \to G \times X$, $s \mapsto (e, x)$ ein Homöomorphismus auf eine abgeschlossene Teilmenge. Nach (19.2) ist $\theta \circ i$ eigentlich; das Bild ist die Diagonale von X, die also abgeschlossen ist. □

(20.3) Satz. *Operiert G eigentlich auf X, so gilt:*
  (1) *$\omega: G \to X$, $g \mapsto gx$ ist eigentlich.*
  (2) *G_x ist für alle $x \in X$ kompakt.*

(3) *Die kanonische Abbildung $\omega'\colon G/G_x \to Gx$ ist ein Homöomorphismus.*
(4) *Gx ist in X abgeschlossen.*

Beweis. (1) Es ist $\theta^{-1}(\{x\} \times X) = G \times \{x\}$. Nach (19.4) ist deshalb

$$G \times \{x\} \to \{x\} \times X, \quad (g,x) \mapsto (x,gx)$$

eigentlich.
   (2) $G_x = \omega^{-1}(x)$ ist kompakt.
   (3) folgt mit (19.2) und (19.3).
   (4) Es ist Gx als Bild der eigentlichen Abbildung ω abgeschlossen.   □

(20.4) Satz. *Es operiere G frei auf X. Dann sind äquivalent:*
   (1) *G operiert eigentlich.*
   (2) *$R = \mathrm{Bild}\,\theta \subset X \times X$ ist abgeschlossen und $\varphi\colon C \to G$, $(x,gx) \mapsto g$ ist stetig.*

Beweis. Da G frei operiert, ist θ injektiv und φ wohldefiniert. Die stetige Abbildung $\theta'\colon G \times X \to R$, $(g,x) \mapsto (x,gx)$ hat $\psi'\colon R \to G \times X$, $(x,y) \mapsto (\varphi(x,y),x)$ als mengentheoretisches Inverses. Es ist ψ' genau dann stetig, wenn φ stetig ist. Es ist deshalb θ' genau dann ein Homöomorphismus, wenn φ stetig ist.
   (1) $\Rightarrow$ (2). Nach (19.3) ist R abgeschlossen und θ' ein Homöomorphismus, also φ stetig.
   (2) $\Rightarrow$ (1). Da φ stetig ist, so ist θ' ein Homöomorphismus. Da R auch abgeschlossen ist, so ist θ nach (19.3) eigentlich.   □

(20.5) Folgerung. *Jede Gruppe operiert eigentlich auf sich selbst durch Linkstranslation.*   □

(20.6) Satz. *Sei $G \times X \to X$ eine eigentliche Operation, $H \subset G$ eine abgeschlossene Untergruppe, $A \subset X$ eine G-stabile Teilmenge. Dann gilt:*
   (1) *Die Einschränkung $H \times X \to X$ ist eigentlich.*
   (2) *Die Einschränkung $G \times A \to A$ ist eigentlich.*

Beweis. (1) folgt aus (19.2) und (19.3) und (2) folgt aus (19.4).   □

(20.7) Wir sagen, eine Operation $G \times X \to X$ habe *kompakte Wiederkehr*, wenn die folgende Aussage erfüllt ist: Zu jedem Paar $(x,y) \in X \times X$ gibt es offene Umgebungen V_x und V_y von x und y, so daß $\{g \in G \mid gV_x \cap V_y \neq \emptyset\}$ in einer kompakten Teilmenge $K \subset G$ liegt.   ◇

(20.8) Satz. *Eine Operation $G \times X \to X$ mit kompakter Wiederkehr auf einem Hausdorff-Raum ist eigentlich.*

Beweis. Sei $A \subset G \times X$ abgeschlossen. Um $\theta(A)$ als abgeschlossen nachzuweisen, müssen wir für jedes in $X \times X$ konvergente Netz (x_j, y_j) von Punkten aus $\theta(A)$ zeigen, daß der Grenzwert in $\theta(A)$ liegt. Sei $(x, y) = \lim(x_j, y_j)$ und $y_j = g_j x_j$ mit $(g_j, x_j) \in A$. Wir wählen Umgebungen V_x und V_y von x und y und eine kompakte Menge K nach (20.7). Wir können $x_j \in V_x$ und $y_j \in V_y$ annehmen. Dann liegt g_j in K, und da K kompakt ist, gibt es ein in K konvergentes Teilnetz, wiederum (g_j) genannt. Ist $g = \lim g_j$, so gilt $(g, x) \in A$, da A abgeschlossen ist, und aus der Stetigkeit von θ folgt $(x, y) = \theta(g, x)$. Also ist $\theta(A)$ abgeschlossen

Das Urbild $\theta^{-1}(x, y) = D \times \{x\}$, mit $D = \{g \in G \mid gx = y\} \subset K$, ist homöomorph zu einer Nebenklasse der Standgruppe G_x, also homöomorph zu G_x. Hat X (also auch $X \times X$) abgeschlossene Punkte, so ist $\theta^{-1}(x, y)$ abgeschlossen im kompakten Raum K, also kompakt. $\qquad\square$

(20.9) Notiz. *Sei X/G hausdorffsch. Dann hat die Operation genau dann kompakte Wiederkehr, wenn jeder Punkt $x \in X$ eine Umgebung V_x besitzt, so daß $\{g \in G \mid gV_x \cap V_x \neq \emptyset\}$ in einer kompakten Menge K liegt.*

Beweis. Da X/G hausdorffsch ist, also $R = \text{Bild}\,\theta$ abgeschlossen, gibt es für Punkte x und y, die nicht in derselben Bahn liegen, offene Umgebungen V_x und V_y, so daß $(V_x \times V_y) \cap R = \emptyset$ ist. Dann ist auch $\{g \in G \mid gV_x \cap V_y \neq \emptyset\}$ leer. Ist $\{g \in G \mid gV_x \cap V_x \neq \emptyset\} \subset K$ und ist $y = hx$, $h \in G$, so folgt die Inklusion $\{g \in G \mid gV_x \cap hV_x \neq \emptyset\} \subset hK$. $\qquad\square$

(20.10) Satz. *Operiere G eigentlich auf dem Hausdorff-Raum X. Sei G lokal kompakt. Dann hat die Operation kompakte Wiederkehr.*

Beweis. Sei $U \subset G$ eine beliebige Teilmenge, die in einer kompakten Teilmenge K von G enthalten ist. Angenommen, die Operation habe keine kompakte Wiederkehr. Nach (20.9) gibt es deshalb zu jeder Umgebung V von x ein $g_V \notin U$ und ein $x_V \in V$, so daß $g_V x_V \in V$ ist. Da X hausdorffsch ist, können wir ein Netz $(g_j, x_j)_{j \in J}$ so wählen, daß (x_j) und $(g_j x_j)$ gegen x konvergieren und $g_j \notin U$ ist. Die Menge $\{(x_j, g_j x_j) \mid j \in J\} \cup \{(x, x)\} = C$ in $R = \text{Bild}\,\theta$ ist kompakt und folglich auch $\theta^{-1}(C)$. Da $(g_j, x_j) \in \theta^{-1}(C)$ ist, gibt es ein konvergentes Teilnetz, das wieder genauso bezeichnet werde.

Der Limes hat wegen der Stetigkeit von θ die Form (g, x) mit $g \in G_x$. Da G_x kompakt ist (20.3), wird G_x von endlich vielen Mengen hW überdeckt, wobei W eine offene Umgebung von e ist, die in einer kompakten Menge L enthalten ist. Wir können deshalb die noch nicht spezifizierte Menge U als offene Umgebung von G_x wählen. Es folgt der Widerspruch $g \in G_x$, $g \notin U$. $\qquad\square$

(20.11) Satz. *Die diskrete Gruppe G operiere mit kompakter Wiederkehr auf dem Hausdorff-Raum X. Dann sind die Isotropiegruppen G_x endlich. Ferner gilt: Jeder Punkt $x \in X$ hat eine G_x-stabile offene Umgebung U mit den Eigenschaften:*

(1) *Für $g \notin G_x$ ist $U \cap gU = \emptyset$.*

(2) *Die durch die Inklusion $U \subset X$ induzierte Abbildung $U/G_x \to X/G$ ist ein Homöomorphismus auf eine offene Teilmenge.*

Beweis. Da G diskret ist, sind kompakte Mengen in G endlich. Zu jedem Paar $x, y \in X$ gibt es deshalb offene Umgebungen V_x, V_y, so daß $\{g \in G \mid gV_x \cap V_y \neq \emptyset\}$ endlich ist. Insbesondere ist $G_x \subset \{g \in G \mid gV_x \cap V_x \neq \emptyset\}$ endlich.

Sei U_0 eine offene Umgebung von x, so daß $K = \{g \in G \mid gU_0 \cap U_0 \neq \emptyset\}$ endlich ist. Seien $g_1, \ldots, g_n$ die Elemente von $K \setminus G_x$. Die Punkte $x_i = g_i x$ sind dann von x verschieden. Da X hausdorffsch ist, gibt es offene Umgebungen V_i von x und V_i' von x_i, die disjunkt sind. Sei $U_i = V_i \cap g_i^{-1} V_i'$. Das ist eine offene Umgebung von x, und es gilt $U_i \cap g_i U_i \subset V_i \cap V_i' = \emptyset$. Sei $U' = U_0 \cap U_1 \cap \cdots \cap U_n$. Das ist eine offene Umgebung von x mit $U' \cap gU' = \emptyset$ für $g \notin G_x$. Die offene Umgebung

$$U = \bigcap_{g \in G_x} gU'$$

von x ist G_x-stabil und erfüllt $U \cap gU = \emptyset$ für $g \notin G_x$. Nach Konstruktion ist $U/G_x \to X/G$ injektiv, stetig und offen. $\square$

Nach (20.8) ist die Operation im voranstehenden Satz eigentlich, der Orbitraum also auch hausdorffsch. Nach (20.10) läßt sich der letzte Satz auf jede eigentliche Operation einer diskreten Gruppe anwenden.

(20.12) Satz. *Es sei $\rho\colon G \times X \to X$ eine eigentliche Linksoperation. Ferner sei $X \times K \to X$ eine damit vertauschbare Rechtsoperation einer kompakten Gruppe K. Sei $p\colon X \to X/K$ die Orbitabbildung und $\bar{\rho}\colon G \times X/K \to X/K$ die induzierte Operation, die p G-äquivariant macht. Dann ist $\bar{\rho}$ eigentlich. Insbesondere ist die Operation von G auf G/K eigentlich.*

Beweis. Wir haben ein kommutatives Diagramm

$$
\begin{array}{ccc}
G \times X & \xrightarrow{\;\theta_\rho\;} & X \times X \\[2pt]
\Big\downarrow{\scriptstyle \mathrm{id} \times p} & & \Big\downarrow{\scriptstyle p \times p} \\[2pt]
G \times X/K & \xrightarrow{\;\theta_{\bar{\rho}}\;} & X/K \times X/K.
\end{array}
$$

Die senkrechten Pfeile sind Orbitabbildungen kompakter Gruppen und deshalb eigentlich. Nach (19.2) ist $\theta_{\bar{\rho}}$ eigentlich. Wegen (20.4) operiert jede Gruppe eigentlich auf sich selbst durch Linkstranslationen. $\square$

(20.13) Satz. *Die topologische Gruppe G sei hausdorffsch, lokal kompakt und habe eine abzählbare Basis. Sei X ein lokal kompakter Hausdorff-Raum und $G \times X \to X$*

eine transitive Operation. Dann ist für jedes $x \in X$ die Abbildung $b \colon G \to X$, $g \mapsto gx$ offen und die induzierte Abbildung $\bar{b} \colon G/G_x \to X$ ein Homöomorphismus.

Beweis. Ist b offen, so folgt, daß $\bar{b}$ ein Homöomorphismus ist.

Sei W eine Umgebung von e, $(B_i \mid i \in \mathbb{N})$ eine abzählbare Basis und $g_i^{-1} \in B_i$. Ist $g \in G$, so gibt es ein j mit $B_j \subset Wg^{-1}$. Es folgt $g \in g_j W$. Also überdecken die $g_j W$ die Gruppe.

Sei $V \subset G$ offen, $g \in V$. Es gibt eine kompakte Umgebung W von e, so daß $W = W^{-1}$ und $gW^2 \subset V$. Es ist G Vereinigung der $g_j W$. Da die Operation transitiv ist, gilt $X = \bigcup g_j W x$. Da W kompakt ist und b stetig, so ist $g_j W x$ kompakt und deshalb abgeschlossen in X. Nun gilt: Ist der lokal kompakte Hausdorff-Raum abzählbare Vereinigung abgeschlossener Mengen M_n, $n \in \mathbb{N}$, so enthält mindestens eine der Mengen M_n innere Punkte. Deshalb enthält ein $g_j W x$ einen inneren Punkt und folglich enthält Wx einen inneren Punkt wx. Dann ist x innerer Punkt von $w^{-1}Wx \subset W^2 x$ und somit $gx = p(g)$ ein innerer Punkt von $gW^2 x \subset Vx = p(V)$. Mithin ist p offen. □

Wir betrachten nun allgemeiner Operationen der lokal kompakten, hausdorffschen Gruppe G mit abzählbarer Basis auf dem lokal kompakten Hausdorffraum X. Dann ist ein Orbit genau dann lokal kompakt, wenn er lokal abgeschlossen ist. Ist er lokal abgeschlossen, so ist er also ein homogener Raum nach der Standgruppe eines seiner Punkte. Da andererseits G_x abgeschlossen ist, so ist G/G_x immer lokal kompakt und hausdorffsch. Deshalb sind also nur in diesen Fällen die Bahnen homogene Räume.

(20.14) Folgerung. *Sei $\varphi \colon G \to H$ ein stetiger surjektiver Homomorphismus zwischen lokal kompakten, hausdorffschen Gruppen. Hat G eine abzählbare Basis, so ist φ offen und induziert einen Homöomorphismus $G/\mathrm{Kern}\, \varphi \cong H$.* □

21 Glatte Operationen. Quotienten

Eine *Liesche Gruppe* ist ein Tripel $(M, \mathfrak{D}, m)$, das aus einer differenzierbaren Mannigfaltigkeit $(M, \mathfrak{D})$ und einer Gruppenstruktur m auf M besteht, derart daß $m \colon M \times M \to M$ und der Übergang zum Inversen $i \colon M \to M$ differenzierbar sind ([161], [162]). Eine Liesche Gruppe hat eine zugrundeliegende topologische Gruppe.

Standardbeispiele sind die allgemeinen linearen Gruppen $GL(n, \mathbb{R})$ und $GL(n, \mathbb{C})$ sowie die klassischen Untergruppen $O(n)$ und $U(n)$. Man kann zeigen, daß eine abgeschlossene Untergruppe einer Lieschen Gruppe eine Untermannigfaltigkeit ist und mit der induzierten Struktur eine Liesche Gruppe [34, p. 28].

Ist G eine Liesche Gruppe und M eine glatte Mannigfaltigkeit, so nennen wir eine Operation $r \colon G \times M \to M$ *glatt*, wenn r eine glatte Abbildung ist. Die Linkstranslationen einer glatten Operation sind Diffeomorphismen.

(21.1) Satz. *Sei $G \times M \to M$ eine glatte Operation der kompakten Lieschen Gruppe. Sei $x \in M$, $H = G_x$ und $\beta\colon G \to M$, $g \mapsto gx$. Dann ist die Bahn Gx durch x eine glatte Untermannigfaltigkeit von M und $\beta\colon G \to Gx$ eine Submersion. Es gibt genau eine differenzierbare Struktur auf G/H, so daß die Quotientabbildung $G \to G/H$ eine Submersion ist. Damit induziert β einen Diffeomorphismus $G/H \cong Gx$.*

Beweis. Die Abbildung β hat konstanten Rang; das folgt aus der Äquivarianz. Seien nämlich $L_g\colon G \to G$ und $l_g\colon M \to M$ die Linkstranslationen mit g. Dann gilt $l_g \circ \beta = \beta \circ L_g$. Da L_g und l_g Diffeomorphismen sind, zeigt die Kettenregel, daß $T_e\beta$ und $T_g\beta$ denselben Rang haben. Nach dem Rangsatz gibt es Karten (U, ϕ, U') und (V, ψ, V') um g und gx, so daß $\beta(U) \subset V$ und $\psi\beta\phi^{-1}$ eine lineare Standardprojektion ist; $\beta(U)$ ist dann eine Untermannigfaltigkeit von M. Sei $V_0 \subset V$ eine offene Umgebung von gx, für die $\beta(U) \cap V_0 = \beta(G) \cap V_0$ gilt. Sie existiert, weil β eine offene Abbildung auf den Unterraum $\beta(G)$ ist. Dann ist $\beta(G) \cap V_0$ eine glatte Untermannigfaltigkeit von V_0. Also ist $\beta(G)$ eine glatte Untermannigfaltigkeit von M und $\beta\colon G \to \beta(G)$ eine Submersion. Durch Transport der Struktur erhalten wir eine glatte Struktur auf G/H. Die Eindeutigkeit einer durch eine Submersion definierten Struktur folgt mittels der Existenz von glatten lokalen Schnitten.   □

(21.2) Satz. *Sei M eine glatte G-Mannigfaltigkeit. Dann gilt:*

(1) *Eine Bahn $C \subset M$ ist genau dann eine glatte Untermannigfaltigkeit, wenn C als Teilraum lokal abgeschlossen ist.*

(2) *Ist die Bahn C lokal abgeschlossen und $x \in C$, so gibt es auf G/G_x genau eine glatte Struktur, so daß die Orbitabbildung $G \to G/G_x$ eine Submersion ist. Die kanonische Abbildung $G/G_x \to C$ ist ein Diffeomorphismus und die G-Operation auf G/G_x glatt.*

(3) *Ist die Operation eigentlich, so gelten die voranstehenden Aussagen für jede Bahn.*

Beweis. Wie im Beweis von (21.1) folgt, daß $\beta\colon G \to M$, $g \mapsto gx$ konstanten Rang hat. Es gibt deshalb nach dem Rangsatz eine offene Umgebung U von e, so daß $\beta(U)$ eine Untermannigfaltigkeit von M ist. Da C lokal abgeschlossen ist, so ist C lokal kompakt und deshalb $\beta\colon G \to C$ nach (20.13) offen. Es gibt deshalb eine offene Menge W in M, so daß $C \cap W = \beta(U)$ ist. Folglich ist C eine Untermannigfaltigkeit in einer Umgebung von x und wegen Äquivarianz deshalb auch global.

Die weiteren Aussagen folgen wie für (21.1), wenn man noch (20.3 (4)) bedenkt.□

Wir beschreiben nun die lokale Struktur einer glatten G-Mannigfaltigkeit. Durch das Differential der Linkstranslation operiert G_x auf dem Tangentialraum $T_x M$

$$G_x \times T_x M \to T_x M, \quad (g, v) \mapsto T_x L_g(v).$$

Diese Operation heißt *tangentiale Darstellung* im Punkt x. Ist die Bahn durch x eine Untermannigfaltigkeit, so ist G_x nach (21.2) eine abgeschlossene Untermannigfaltigkeit von G und deshalb mit den Unterstrukturen eine Liesche Gruppe.

(21.3) Satz. *Sei M eine glatte G-Mannigfaltigkeit und G_x eine kompakte Standgruppe. Dann gibt es einen G_x-stabilen Kartenbereich und eine G_x-äquivariante Karte $(U, \psi, T_x M)$, die in x zentriert ist.*

Beweis. Wir starten mit einer beliebigen in x zentrierten Karte $(W, \varphi, T_x M)$, deren Differential im Punkt x die Identität ist. Die Abbildung φ wird durch Mittelung äquivariant gemacht. Dazu benötigen wir das invariante normierte Integral auf $G_x = H$. Die durch

$$\psi(x) = \int_H T L_h^{-1} \varphi(hx)\, dh$$

definierte Abbildung $\psi \colon W \to T_x M$ ist wegen der Linearität und Linksinvarianz des Integrals eine H-äquivariante Abbildung. Da φ im Punkt x die Identität als Differential hat, so auch ψ (Differentiation unter dem Integral, Kettenregel). Folglich ist ψ ein lokaler Diffeomorphismus. Da eine Darstellung einer kompakten Gruppe ein invariantes Skalarprodukt hat, so auch beliebig kleine stabile Umgebungen des Nullpunktes. ☐

Als Folgerung aus (21.3) erhalten wir, daß die Fixpunktmenge M^G einer glatten G-Mannigfaltigkeit M für kompaktes G eine glatte Untermannigfaltigkeit ist, denn die Fixpunktmenge einer Darstellung ist ein linearer Unterraum.

Wir können nun zeigen, daß die Bahnen in glatten eigentlichen Transformationsgruppen besonders wohlgeformte Umgebungen haben. Sei also $G \times M \to M$ eine glatte eigentliche Operation. Dann ist $H = G_x$ kompakt, und wir wählen eine in x zentrierte H-äquivariante Karte $\varphi \colon U \to T_x M$ mit Umkehrung ψ. Die Bahn C durch x ist eine Untermannigfaltigkeit. Es ist $T_x C \subset T_x M$ ein H-stabiler Unterraum. Sei $V \subset T_x M$ ein H-stabiles Komplement. Wir nennen V die *Scheibendarstellung* der G-Mannigfaltigkeit M im Punkt x. Wir wählen auf V ein H-invariantes Skalarprodukt und setzen $V(\epsilon) = \{v \in V \mid \langle v, v \rangle < \epsilon^2\}$. Die G-Abbildung $\bar{\tau} \colon G \times V \to M$, $(g, v) \mapsto g\psi(v)$ faktorisiert über den Orbitraum $G \times_H V$ und liefert eine G-Abbildung, genannt *Tubenabbildung* $\tau \colon G \times_H V \to M$.

(21.4) Satz. *Es trägt $G \times_H V$ eine glatte Struktur, so daß die Orbitabbildung $G \times V \to G \times_H V$ eine Submersion ist. Es gibt ein $\epsilon > 0$, so daß die Tubenabbildung τ eine Einbettung $G \times_H V(\epsilon) \to M$ induziert.*

Beweis. Wir wissen aus (21.2), daß $p \colon G \to G/H$ eine Submersion ist. Deshalb ist $p \colon G \to G/H$ ein glattes H-Prinzipalbündel. Das bedeutet: Jeder Punkt von

G/H hat eine offene Umgebung, so daß $p^{-1}(U) \to U$ zu pr: $U \times H \to U$ H-diffeomorph ist. Also ist $G \times_H V \to G/H$, $(g, v) \mapsto gH$ über U zur Projektion $U \times V \to U$ diffeomorph. Es folgt die Aussage über die glatte Struktur auf $G \times_H V$.

Die Abbildung τ hat in allen Punkten $(g, 0)$ ein bijektives Differential. Das folgt daraus, daß die Relationen

$$T_{(e,0)}\tilde{\tau}(T_e G \times \{0\}) = T_x C, \quad T_{(e,0)}\tilde{\tau}(\{e\} \times V) = V$$

bestehen und τ eine G-Abbildung zwischen gleichdimensionalen Mannigfaltigkeiten ist. Deshalb gibt es zu jeder kompakten Menge $L \subset G/H$ ein $\epsilon > 0$, so daß τ die Teilmenge $p^{-1}(L) \times_H V(\epsilon)$ einbettet. Da die Operation eigentlich ist, gibt es ein $\eta > 0$, so daß

$$\{g \in G \mid g\psi(V(\eta)) \cap \psi(V(\eta)) \neq \emptyset\}$$

in einer kompakten Teilmenge K liegt. Wir wählen eine offene Umgebung W von eH in G/H mit kompaktem Abschluß und ϵ mit $0 < \epsilon < \eta$, so daß $p^{-1}(W) \supset KH$ ist und $p^{-1}(W) \times_H V(\epsilon)$ bei τ eingebettet wird. Wir behaupten, daß dann sogar $G \times_H V(\epsilon)$ eingebettet wird. Wegen der Äquivarianz hat nämlich τ überall bijektives Differential, ist also eine offene Abbildung. Es genügt deshalb, die Injektivität von τ zu zeigen. Aus $g_1\psi(v_1) = g_2\psi(v_2)$ folgt aber $g_2^{-1}g_1\psi(v_1) = \psi(v_2)$, also $k = g_2^{-1}g_1 \in K$. Die Punkte (k, v_1) und (e, v_2) liegen in $p^{-1}(W) \times V(\epsilon)$. Es folgt $k \in H$ und $kv_1 = v_2$, und deshalb repräsentieren (g_1, v_1) und (g_2, v_2) in $G \times_H V(\epsilon)$ dasselbe Element.   □

(21.5) Satz. *Der Orbitraum M/G einer freien, eigentlichen, glatten Operation trägt genau eine Struktur einer glatten Mannigfaltigkeit, für die die Quotientabbildung eine Submersion ist.*

Beweis. Nach dem voranstehenden Satz gibt es zu jedem Orbit eine offene Umgebung U und einen G-Diffeomorphismus $\tau: G \times \mathbb{R}^k \to U$, mit trivialer Operation auf $\mathbb{R}^k$. Übergang zu den Orbiträumen liefert einen Homöomorphismus $\bar{\tau}: \mathbb{R}^k \to U/G$. Wir wählen die U/G dieser Art als Kartenbereiche und die $\bar{\tau}^{-1}$ als Karten. Es bleibt zu zeigen, daß je zwei derartige Karten glatt verbunden sind. Für den Kartenwechsel betrachten wir das Diagramm

$$G \times U' \xrightarrow{\ \tau\ } U \cap V \xleftarrow{\ \sigma\ } G \times V'$$

von G-Diffeomorphismen σ und τ und offenen Teilmengen U', V' von $\mathbb{R}^k$. Dann hat wegen der Äquivarianz $\sigma^{-1}\tau$ die Form $(g, u) \mapsto (g\alpha_1(u), \alpha_2(u))$. Analoges gilt für $\tau^{-1}\sigma$ mit β statt α, und man rechnet nach, daß α_2 und β_2 zueinander invers sind.

Da die Operation eigentlich ist, wissen wir auch, daß M/G hausdorffsch ist.   □

Wir geben nun ganz allgemein Bedingungen an, unter denen der Quotientraum einer Mannigfaltigkeit in natürlicher Weise eine glatte Struktur trägt. Das liefert einen weiteren Beweis von (21.4).

(21.6) Satz. *Sei M eine glatte n-Mannigfaltigkeit. Sei $C \subset M \times M$ der Graph einer Äquivalenzrelation R auf M, das heißt $C = \{(x, y) \mid x \sim y\}$. Folgende Aussagen sind äquivalent:*

(1) *Die Menge der Äquivalenzklassen $N = M/R$ besitzt die Struktur einer glatten Mannigfaltigkeit derart, daß die Quotientabbildung $p: M \to M/R$ eine Submersion ist.*

(2) *C ist abgeschlossene Untermannigfaltigkeit von $M \times M$ und $\mathrm{pr}_1 : C \to M$ ist eine Submersion.*

(3) (a) *Zu jedem $x \in M$ gibt es eine in x zentrierte Karte $(U, h, \mathbb{R}^n)$, $h = (h_1, h_2): U \to \mathbb{R}^k \times \mathbb{R}^{n-k}$, derart daß für $u, v \in U$ gilt: $u \sim v \Leftrightarrow h_1(u) = h_1(v)$.*
(b) *Zu jedem Punkt $(x, y) \in C$ gibt es eine offene Umgebung U von x in M und eine glatte Abbildung $s: U \to M$ mit $s(x) = y$ und: $u \in U \Rightarrow u \sim s(u)$.*
(c) *$C \subset M \times M$ ist abgeschlossen.*

Beweis. (1) $\Rightarrow$ (2). Da N hausdorffsch ist, so ist die Diagonale $D \subset N \times N$ eine abgeschlossene Untermannigfaltigkeit. Da $p \times p$ mit p ebenfalls eine Submersion ist, so ist $(p \times p)^{-1}(D) = C$ eine abgeschlossene Untermannigfaltigkeit.

Sei $(x, y) \in C$. Sei V eine offene Umgebung von $p(x)$ in N und $s: V \to M$ ein lokaler Schnitt von p mit $sp(x) = y$. Dann ist $\tau: p^{-1}(V) \to C,\ z \mapsto (z, sp(z))$ eine glatte Abbildung mit den Eigenschaften $\tau(x) = (x, y)$ und $\mathrm{pr}_1 \circ \sigma = \mathrm{id}$. Also ist pr_1 in einer Umgebung von (x, y) eine Submersion.

(3) $\Rightarrow$ (1). Sei $(U, h, \mathbb{R}^n)$ eine Karte nach (3a). Die dort genannten Eigenschaften besagen: Wir haben ein kommutatives Diagramm

$$
\begin{array}{ccc}
U & \xrightarrow{\ h\ } & \mathbb{R}^k \times \mathbb{R}^{n-k} \\
\Big\downarrow{\scriptstyle p} & & \Big\downarrow{\scriptstyle \mathrm{pr}_1} \\
p(U) & \xrightarrow{\ h_1\ } & \mathbb{R}^k
\end{array}
$$

mit bijektivem h_1. Wir verwenden $(p(U), h_1, \mathbb{R}^k)$ als Karte auf der Menge $p(U)$. Wir zeigen, daß je zwei Karten dieser Form glatt verbunden sind.

Sei $(p(V), k_1, \mathbb{R}^k)$ eine weitere Karte dieser Form. Sei

$$x = p(u) = p(v) \in p(U) \cap p(V), \qquad u \in U, v \in V.$$

Nach (3b) gibt es eine offene Umgebung $U_0 \subset U$ von u und $V_0 \subset V$ von v und eine glatte Abbildung $s: U_0 \to V_0$ mit $s(u) = v$ und $s(u) \sim u$ für alle $u \in U_0$. Daraus folgt

$$p(U_0) \subset p(V_0) \subset p(U) \cap p(V).$$

Es ist $h_1(U_0)$ eine in $h_1(p(U) \cap p(V))$ enthaltene offene Umgebung von $h_1(x)$, da h ein Diffeomorphismus und pr_1 offen ist. Also ist $h_1(p(U) \cap p(V))$ offen in $\mathbb{R}^k$. Wir zeigen, daß $k_1 h_1^{-1}$ glatt ist. Sei $U_0^* = h_1(U_0)$. Da $h_1 \colon U_0 \to U_0^*$ eine Submersion ist, gibt es (nach eventueller Verkleinerung von U_0) einen glatten Schnitt $t \colon U_0^* \to U_0$ dieser Abbildung, und $k_1 h_1^{-1} | U_0^* = k_1 s t$ ist glatt.

Damit haben wir einen Atlas für N gewonnen, der dann übrigens auch die Quotienttopologie auf N liefert. Das (h, h_1)-Diagramm oben zeigt außerdem, daß p eine Submersion ist.

Da p eine offene Abbildung ist, so folgt aus der Abgeschlossenheit von C, daß N hausdorffsch ist.

(2) $\Rightarrow$ (3). Nach Voraussetzung gilt (3c).

Beweis von (3b). Sei $(x, y) \in C$. Da $\mathrm{pr}_1 \colon C \to M$ eine Submersion ist, gibt es eine offene Umgebung U von x in M und eine glatte Abbildung $\sigma \colon U \to C$ mit $\sigma(x) = (x, y)$ und $\mathrm{pr}_1 \circ \sigma = \mathrm{id}(U)$. Mit $s = \mathrm{pr}_2 \circ \sigma$ gilt (3b).

Wir beweisen (3a) mit Hilfe des folgenden Lemmas.

(21.7) Lemma. *Zu jedem $x \in M$ gibt es eine offene Umgebung U von x in M, eine Untermannigfaltigkeit S von U mit $x \in S$ und eine Submersion $q \colon U \to S$ derart, daß $q(z)$ für $z \in U$ der einzige Punkt in S ist mit $(y, z) \in C$; das heißt, jede Äquivalenzklasse, geschnitten mit U, trifft S in genau einem Punkt.*

Wir nehmen dieses Lemma an. Durch Verkleinerung von U können wir annehmen, daß es eine S angepaßte Karte $(U, h, \mathbb{R}^n)$ gibt. Dann gilt:

$$(z, z') \in C \cap (U \times U) \Leftrightarrow q(z) = q(z') \Leftrightarrow hq(z) = hq(z') \Leftrightarrow h_1(z) = h_1(z').$$

Beweis von (21.7). Wir unterteilen den Beweis in mehrere Schritte.

(i) Da C die Diagonale von $M \times M$ enthält, hat C die Dimension $m + n$, $0 \leq m \leq n$. Da C eine Untermannigfaltigkeit von $M \times M$ der Kodimension $n - m$ ist, gibt es eine offfene Umgebung U_0 von x in M und eine Submersion $f \colon U_0 \times U_0 \to \mathbb{R}^{n-m}$ derart, daß

$$C \cap (U_0 \times U_0) = \{(z, z') \in U_0 \times U_0 \mid f(z, z') = 0\}$$

ist.

(ii) Die Abbildung $f_x \colon U_0 \to \mathbb{R}^{n-m}$, $z \mapsto f(x, z)$ ist im Punkt x eine Submersion. Denn die Diagonale Δ_x von $T_x U_0 \times T_x U_0$ liegt im Kern von $T_{(x,x)} f$. Also induziert $T_{(x,x)} f$, da f eine Submersion ist, eine surjektive Abbildung

$$T_x f_x \colon T_x U_0 \cong (T_x(U_0) \times T_x(U_0))/\Delta_x \to \mathbb{R}^{n-m}.$$

Ebenso ist auch $z \mapsto f(z, x)$ im Punkt x eine Submersion.

(iii) Wegen (ii) können wir nach Verkleinerung von U_0 annehmen, daß es eine Submersion $g \colon U_0 \to \mathbb{R}^m$ so gibt, daß

$$U_0 \to \mathbb{R}^{n-m} \times \mathbb{R}^m, \quad z \mapsto (f(x, z), g(z))$$

im Punkt x eine Submersion ist.

(iv) Wir betrachten nun mit einem g aus (iii) die Abbildung

$$u \colon U_0 \times U_0 \to \mathbb{R}^{n-m} \times \mathbb{R}^m, \quad (z, z') \mapsto (f(z, z'), g(z')).$$

Die partielle Abbildung $u(x, ?)\colon z' \mapsto u(x, z')$ hat nach (iii) im Punkt x ein bijektives Differential. Nach dem Satz über implizite Funktonen gibt es offene Umgebungen U_1 und U_2 von x in U_0 und eine glatte Abbildung $v \colon U_1 \to U_2$, derart, daß für jedes $z \in U_1$ die einzige Lösung $z' \in U_2$ von $f(z, z') = 0$, $g(z') = 0$ das Element $z' = v(z)$ ist.

Aus $u(z, v(z)) = 0$ folgt durch Differentiation

$$T_x v = -T_x u(x, ?)^{-1} \circ T_x u(?, x).$$

Da $u(?, x)$ im Punkt x eine Submersion ist, so auch v. Sei $R = g^{-1}(0)$, nach Wahl von g in (iii). Das ist eine Untermannigfaltigkeit von U_0. Nach Verkleinerung von U_1 können wir annehmen, daß v eine Submersion ist, also $v \colon U_1 \to U_2 \cap R$. Also ist $S = v(U_1)$ offen in R. Mit $U = U_1$, $q = v$ ist $q \colon U \to S$ eine Submersion mit den im Lemma verlangten Eigenschaften, denn $u \in U_1$, $z' \in S \in R$ und $(z, z') \in C$ implizieren $f(z, z') = 0$ und $g(z') = 0$, also $v(z) = z'$.   □

(21.8) Beispiel. Die zyklische Gruppe $G = \mathbb{Z}/m \subset S^1$ operiere auf $\mathbb{C}^n$ durch

$$\mathbb{Z}/m \times \mathbb{C}^n \to \mathbb{C}^n, \quad (\zeta, (z_1, \ldots, z_n)) \mapsto (\zeta^{r_1} z_1, \ldots, \zeta^{r_n} z_n).$$

Seien $r_1, \ldots, r_n$ teilerfremd zu m. Die Einheitssphäre wird dann ein G-Raum $S(r_1, \ldots, r_n)$, und der Orbitraum $L(r_1, \ldots, r_n)$ heißt *Linsenraum*. Zwei Linsenräume $L(r_i)$ und $L(s_i)$ sind genau dann h-äquivalent, wenn $\prod r_i \equiv u^n \prod s_i$ mod m mit einer Einheit u mod m [61, p. 128]. Die Klassifikation bis auf Homöomorphie ist ein interessantes und schwieriges Problem; Information dazu entnimmt man [51].   ◇

IX Bündel

1 Prinzipalbündel. Faserbündel

In I.11 haben wir Prinzipalbündel definiert. Wir wiederholen die Definition und machen einige weitere Bemerkungen zu diesem Begriff.

Sei G eine topologische Gruppe, $r\colon E \times G \to E$, $(x, g) \mapsto xg$ eine stetige Rechtsoperation und $p\colon E \to B$ eine stetige Abbildung. Das Paar (p, r) ist ein *G-Prinzipalbündel*, wenn gilt:

(1) Für $x \in E$ und $g \in G$ gilt $p(xg) = p(x)$.

(2) Zu jedem $b \in B$ gibt es eine offene Umgebung U und einen G-Homöomorphismus $\varphi\colon p^{-1}(U) \to U \times G$, der eine lokale Trivialisierung von p über U mit typischer Faser G ist. Dabei operiert G auf $p^{-1}(U)$ durch Einschränkung der Operation auf E und auf $U \times G$ durch Rechtstranslation $((u, x), g) \mapsto (u, xg)$ auf dem zweiten Faktor.

Im Gegensatz zu einer beliebigen lokal trivialen Abbildung sind also bei einem Prinzipalbündel die Bündelkarten noch zusätzlich mit der Gruppenoperation verträglich. Wie üblich wird die Gruppenoperation auf E meist unterstellt, und wir sagen dann einfach, $p\colon E \to B$ ist ein G-Prinzipalbündel. Wegen (1) induziert p eine Abbildung $\bar{p}\colon E/G \to B$. Aus (2) folgt, daß G auf E frei operiert und $\bar{p}$ ein Homöomorphismus ist, denn eine lokal triviale Abbildung ist eine Identifizierung. Ein Bündel $p\colon E \to B$ heißt *trivial*, wenn es eine Bündelkarte (eine Trivialisierung) über B gibt. Prinzipalbündel lassen sich genauso mit Linksoperationen definieren; man spricht zur Unterscheidung auch von Rechts- und Linksprinzipalbündeln.

(1.1) Satz. *Seien $p\colon X \to B$ und $q\colon Y \to B$ G-Prinzipalbündel und $f\colon X \to B$ eine G-Abbildung mit $qf = p$. Dann ist f ein Homöomorphismus.*

Beweis. Offenbar ist f bijektiv. Da die Stetigkeit von f^{-1} lokal nachgewiesen werden kann, genügt es, triviale Bündel zu betrachten. Dann hat f die Form

$$f\colon B \times G \to B \times G, \quad f(b, g) = (f, \varphi(b, g)) = (b, \varphi(b, e)g)$$

und $B \to G$, $b \mapsto \varphi(b, e)$ ist stetig. Durch $(b, g) \mapsto (b, \varphi(b, e)^{-1}g)$ wird eine Umkehrung von f geliefert. $\qquad \square$

Sei $p: X \to B$ ein G-Prinzipalbündel und $f: C \to B$ eine stetige Abbildung. Wir erhalten ein kommutatives Diagramm

(1.2)
$$
\begin{array}{ccc}
Y & \xrightarrow{\ F\ } & X \\
\downarrow{\scriptstyle q} & & \downarrow{\scriptstyle p} \\
C & \xrightarrow[\ f\ ]{} & B,
\end{array}
$$

in dem $Y = \{(c, x) \mid f(c) = p(x)\} \subset C \times X$ ist und q und F Einschränkungen der Projektionen auf die Faktoren sind. Das Diagramm ist ein Pullback in der Kategorie der topologischen Räume. Die G-Operation auf X induziert eine auf $C \times X$, nämlich $(c, x)g = (c, xg)$ und eine auf der G-stabilen Teilmenge Y. Ist p trivial über $V \subset B$, so ist q trivial über $f^{-1}(V)$. Deshalb ist q ein G-Prinzipalbündel, genannt das von p durch f *induzierte Bündel*.

Sei umgekehrt ein kommutatives Diagramm (1.2) mit G-Prinzipalbündeln p und q und einer G-Abbildung F gegeben. Dann wird F eine *Bündelabbildung* über f genannt. Sei $q^*: X^* \to C$ das von p durch f induzierte Bündel, mit der zugehörigen Bündelabbildung $f^*: X^* \to X$. Es gibt genau eine G-Abbildung $h: Y \to X^*$ mit $hq^* = q$ und $F^* \circ h = F$. Nach (1.1) ist h ein G-Homöomorphismus. Deshalb ist bei einer Bündelabbildung (1.2) $q: Y \to C$ kanonisch isomorph zum induzierten Bündel, und das Diagramm (1.2) ist dann ein Pullback. Ein *Bündelisomorphismus* von G-Prinzipalbündeln $q_i: Y \to C$ ist eine G-Abbildung $h: Y_1 \to Y_2$ mit $q_2 h = q_1$; sie ist nach (1.1) umkehrbar stetig.

Wir betrachten nun Prinzipalbündel von einem weiteren Gesichtspunkt. Ein rechter G-Raum U heißt *trivial*, wenn es eine stetige G-Abbildung $f: U \to G$ in den G-Raum G mit der Operation durch Rechtstranslation gibt.

(1.3) Notiz. *Ein G-Raum U ist genau dann trivial, wenn $U \to U/G$ isomorph zum trivialen G-Prinzipalbündel* $\mathrm{pr}: U/G \times G \to U/G$ *ist.*

Beweis. Sei $f: U \to G$ gegeben und sei $p: U \to U/G$ die Quotientabbildung. Dann ist $(p, f): U \to U/G \times G$ eine bijektive stetige G-Abbildung über U/G. Ferner faktorisiert $U \to U, u \mapsto u \cdot f^{-1}(u)$ über p und induziert deshalb eine stetige Abbildung $s: U/G \to U$. Man verifiziert: $U/G \times G \to U, (x, g) \mapsto s(x)g$ ist invers zu (p, f). □

Ein rechter G-Raum wird *lokal trivial* genannt, wenn er eine offene Überdeckung durch triviale G-Räume hat. In dieser Terminologie gilt dann:

(1.4) Satz. *Der Totalraum E eines G-Prinzipalbündels ist lokal trivial. Ist E lokal trivial, so ist $E \to E/G$ ein G-Prinzipalbündel.* □

(1.5) Satz. *Sei G eine topologische Gruppe und H eine Untergruppe. Die Quoti-*

entabbildung $q\colon G \to G/H$ *ist genau dann ein* H-*Prinzipalbündel, wenn sie einen lokalen Schnitt hat, das heißt, wenn es eine offene Umgebung* U *von* eH *in* G/H *und eine stetige Abbildung* $s\colon U \to G$ *mit* $qs(x) = x$ *für* $x \in U$ *gibt.*

Beweis. Eine lokal triviale Abbildung hat offenbar immer lokale Schnitte. Sei also, umgekehrt, $s\colon U \to G$ ein lokaler Schnitt von q. Ist s ein Schnitt über U, so ist $x \mapsto gs(g^{-1}x)$ ein Schnitt über gU. Es sind $s(q(g))$ und g in derselben H-Restklasse enthalten. Die H-äquivarianten Abbildungen der Form

$$kq^{-1}(U) \to H, \quad kg \mapsto s(q(g))^{-1}g$$

zeigen, daß G ein lokal trivialer H-Raum ist.   □

Aus G-Prinzipalbündeln erhält man assoziierte Faserbündel mit typischer Faser F. Sei $p\colon E \to B$ ein G-Prinzipalbündel und F ein topologischer Raum mit Linksoperation von G. Die Projektion $E \times F \to E$ induziert nach Übergang zu den Orbiträumen eine lokal triviale Abbildung $q\colon E \times_G F \to B$, die man als das *zu* p *assoziierte Faserbündel* mit typischer Faser F bezeichnet (siehe I.10). Man nennt G die *Strukturgruppe* des Faserbündels. Die Strukturgruppe enthält eine zusätzliche Information: Die lokalen Trivialisierungen haben nämlich die Eigenschaft, daß über ihren gemeinsamen Definitionsbereichen die Kartenwechsel durch solche Homöomorphismen der Faser gegeben werden, die aus der Operation eines Gruppenelementes hervorgehen.

(1.6) Satz. *Sei* $f\colon E \to F$ *eine stetige Abbildung eines* G-*Prinzipalbündels* $E \to B$, *die* $f(gx) = g^{-1}f(x)$ *für* $x \in E$ *und* $g \in G$ *erfüllt. Dann wird durch* $E \to E \times F$, $x \mapsto (x, f(x))$ *nach Übergang zu den Orbiträumen ein Schnitt* $s_f\colon B \to E \times_G F$ *von* $q\colon E \times_G F \to B$ *induziert. Jeder stetige Schnitt von* q *entsteht auf diese Weise aus genau einer Abbildung* f *der genannten Art.*

Beweis. Wir denken uns B als E/G gegeben. Es ist klar, daß s_f ein stetiger Schnitt ist. Sei umgekehrt $s\colon B \to E \times_G F$ ein stetiger Schnitt. Das kanonische Diagramm

$$
\begin{array}{ccc}
E \times F & \xrightarrow{\ \mathrm{pr}_1\ } & E \\
\downarrow{\scriptstyle P} & & \downarrow{\scriptstyle p} \\
E \times_G F & \xrightarrow{\ q\ } & E/G
\end{array}
$$

ist ein Pullback, wie aus (1.1) und den daran anschließenden Betrachtungen über induzierte Bündel folgt. Zu dem Schnitt s gibt es deshalb einen induzierten Schnitt t von pr_1, der aufgrund der universellen Eigenschaft eines Pullbacks durch die Bedingungen $\mathrm{pr}_1 \circ t = \mathrm{id}$, $P \circ t = s \circ p$ eindeutig bestimmt ist. Sei $f = \mathrm{pr}_2 \circ t\colon E \to F$. Es gilt $\mathrm{pr}_1\, t(gx) = gx = \mathrm{pr}_1(gt(x))$, weil t ein Schnitt und pr_1 eine G-Abbildung ist.

Es gilt $Pt(gx) = sp(gx) = sp(x) = Pt(x) = P(gt(x))$, weil t induzierter Schnitt und P eine Orbitabbildung ist. Da $t(gx)$ und $gt(x)$ dasselbe Bild bei P und pr_1 haben, sind diese Elemente gleich. Es folgt für f die Relation $f(gx) = g^{-1}f(x)$. $\Box$

Sei $E \to B$ ein G-Prinzipalbündel und $H \subset G$ eine Untergruppe. Dann ist

$$E \times_G G/H \to E/H, \quad (x, gH) \mapsto xgH$$

eine bijektive stetige Abbildung, und

$$E \to E \times_G G/H, \quad x \mapsto (x, eH)$$

induziert eine stetige Umkehrabbildung. Die kanonische Abbildung $E/H \to E/G$, $xH \mapsto xG$ ist daher isomorph zu dem assoziierten Faserbündel $E \times_G G/H \to E/G$ mit Faser G/H. Sind insbesondere Untergruppen $K \subset H \subset G$ gegeben, so ist $G/K \to G/H$ ein Bündel mit Strukturgruppe H und Faser H/K, sofern $G \to G/H$ lokale Schnitte hat.

Ist X ein G-Raum und H ein Normalteiler in G, so operiert die topologische Gruppe G/H auf dem Orbitraum X/H kanonisch durch $(xH, gH) \mapsto xgH$. Die Quotientabbildung $X/H \to X/G$ induziert dann einen Homöomorphismus $(X/H)/(G/H) \cong X/G$. Insbesondere wird $E/H \to E/G$ auf diese Weise ein G/H-Prinzipalbündel.

(1.7) Beispiel. Sei $V_k(\mathbb{R}^n)$ die Menge der orthonormierten k-Beine $x_1, \ldots, x_k$ von Vektoren $x_i \in \mathbb{R}^n$. Sei $\langle x_1, \ldots, x_k \rangle$ der von $x_1, \ldots, x_k$ aufgespannte Unterraum. Sei $G_k(\mathbb{R}^n)$ die Menge der k-dimensionalen Unterräume des $\mathbb{R}^n$. Wir haben die Abbildung

$$p\colon V_k(\mathbb{R}^n) \to G_k(\mathbb{R}^n), \quad (x_1, \ldots, x_k) \mapsto \langle x_1, \ldots, x_k \rangle.$$

Die Gruppe $O(n)$ operiert auf $V_k(\mathbb{R}^n)$ und $G_k(\mathbb{R}^n)$ durch

$$(A, (x_1, \ldots, x_k)) \mapsto (Ax_1, \ldots, Ax_k).$$

Dadurch wird p eine $O(n)$-äquivariante Abbildung. Die Standgruppe der Standardbasis $(e_1, \ldots, e_k)$ ist $I \times O(n-k)$ mit der Einheitsmatrix I, und die Standgruppe von $\langle e_1, \ldots, e_k \rangle$ ist $O(k) \times O(n-k)$. Die Operation von $O(n)$ auf $V_k(\mathbb{R}^n)$ und $G_k(\mathbb{R}^n)$ ist transitiv. Deshalb können wir p mit der kanonischen Abbildung

$$p\colon O(n)/O(n-k) \to O(n)/O(k) \times O(n-k)$$

identifizieren, wobei wir die Standgruppen in der Bezeichnung durch die dazu isomorphen Gruppen ersetzt haben, die aber in der angegebenen Weise als Untergruppen von $O(n)$ zu interpretieren sind. Da die eine Standgruppe in der anderen Normalteiler ist, erhalten wir außerdem p als ein $O(k)$-Prinzipalbündel. Man nennt $V_k(\mathbb{R}^n)$ die *Stiefelschen* und $G_k(\mathbb{R}^n)$ die *Graßmannschen Mannigfaltigkeiten*. Siehe auch VIII (4.6) und (18.4). $\diamond$

2 Vektorraumbündel

Eine n-dimensionale reelle *Vektorraumschar* über B besteht aus einer stetigen Abbildung $p\colon E \to B$ zusammen mit der Struktur eines n-dimensionalen reellen Vektorraumes auf jeder Faser $p^{-1}(b) = E_b$. Eine *Bündelkarte* (U, φ) über dem *Basisgebiet* U für eine derartige Schar besteht aus einer offenen Menge $U \subset B$ und einem Homöomorphismus $\varphi\colon p^{-1}(U) \to U \times \mathbb{R}^n$ der Form $e \mapsto (p(e), \varphi_2(e))$, so daß die Faserabbildungen $p^{-1}(b) \to \mathbb{R}^n$, $e \mapsto \varphi_2(e)$ für alle $b \in U$ lineare Isomorphismen sind. Das Diagramm

$$
\begin{array}{ccc}
p^{-1}(U) & \xrightarrow{\ \varphi\ } & U \times \mathbb{R}^n \\[4pt]
\Big\downarrow{\scriptstyle p} & & \Big\downarrow{\scriptstyle \mathrm{pr}_1} \\[4pt]
U & \xrightarrow[\ \mathrm{id}\ ]{} & U
\end{array}
$$

ist also kommutativ, und φ ist fasernweise ein Isomorphismus. Eine Menge von Bündelkarten heißt *Bündelatlas*, wenn die zugehörigen Basisgebiete B überdecken. Ein n-dimensionales reelles *Vektorraumbündel* über B mit *Totalraum* E ist eine n-dimensionale reelle Vektorraumschar $p\colon E \to B$ über B, die einen Bündelatlas besitzt. Analog werden komplexe Vektorraumbündel definiert. Das *triviale n-dimensionale Bündel* über B ist $\mathrm{pr}_1\colon B \times \mathbb{R}^n \to B$. Eine Bündelkarte mit Basisgebiet U wird auch *(lokale) Trivialisierung* des Bündels über U genannt.

Sind (U, φ) und (V, ψ) Bündelkarten von $p\colon E \to B$, so haben wir den *Kartenwechsel*

$$
\psi \varphi^{-1}\colon (U \cap V) \times \mathbb{R}^n \to (U \cap V) \times \mathbb{R}^n, \quad (x, v) \mapsto (x, g_x(v)).
$$

Darin ist $g_x \in GL(n, \mathbb{R})$, und $g\colon U \cap V \to GL(n, \mathbb{R})$, $x \mapsto g_x$ ist stetig.

Ein Bündelatlas heißt *orientierend*, wenn alle g_x positive Determinante haben. Gibt es einen solchen Atlas, so heißt das Bündel *orientierbar*. Eine *Orientierung* eines Vektorraumbündels $p\colon E \to B$ besteht in einer Vektorraumorientierung jeder Faser $p^{-1}(b)$ mit der Eigenschaft: Zu jedem $x \in B$ existiert eine Bündelkarte (U, φ) um x, so daß φ für jedes $b \in U$ die gegebene Orientierung von $p^{-1}(b)$ in die Standard-Orientierung des $\mathbb{R}^n$ überführt. Eine solche Karte nennen wir *positiv* bezüglich der Orientierung. Die positiven Karten bilden einen orientierenden Atlas, und zu jedem orientierenden Atlas gibt es genau eine Orientierung, so daß seine Karten positiv bezüglich der Orientierung sind.

Ist $p\colon E \to B$ ein Vektorraumbündel, so heißt eine Abbildung $s\colon U \to E$ mit $p \circ s = \mathrm{id}(U)$ ein *Schnitt* von p über U. Ein n-dimensionales Vektorraumbündel ist genau dann trivial, wenn es n überall linear unabhängige Schnitte hat.

Jedes n-dimensionale reelle Vektorraumbündel ist zu einem $GL(n, \mathbb{R})$-Prinzipalbündel assoziiert. Ist $p\colon E \to B$ das Vektorraumbündel, so wird als Faser eines

Prinzipalbündels $q\colon X \to B$ über x der Raum $\mathrm{Iso}(\mathbb{R}^n, p^{-1}(x))$ der linearen Isomorphismen $\mathbb{R}^n \to p^{-1}(x)$ definiert. Lokale Trivialisierungen von p induzieren solche von q. Damit wird auf der Menge $X = \bigcup_{x \in B} \mathrm{Iso}(\mathbb{R}^n, p^{-1}(x))$ eine Topologie definiert. Es operiert $GL(n, \mathbb{R}) = \mathrm{Iso}(\mathbb{R}^n, \mathbb{R}^n)$ auf X durch Komposition linearer Abbildungen von rechts. Durch

$$\mathrm{Iso}(\mathbb{R}^n, p^{-1}(x)) \times \mathbb{R}^n \to p^{-1}(x), \quad (f, u) \mapsto f(u)$$

wird ein Isomorphismus $X \times_{GL(n,\mathbb{R})} \mathbb{R}^n \cong E$ von Vektorraumbündeln induziert.

(2.1) Das Möbiusband. Das einfachste nichttriviale Bündel ist ein Geradenbündel über S^1, das man sich als das berühmte Möbiusband vorstellen kann [183, Werke II, p. 484]. Formal kann es definiert werden als $E = S^1 \times_G \mathbb{R}$, wobei $G = \mathbb{Z}/2 = \{\pm 1\}$ auf S^1 und $\mathbb{R}$ durch $(\lambda, z) \mapsto \lambda z$ operiert. Es ist also assoziiert zu dem $\mathbb{Z}/2$-Prinzipalbündel $q\colon S^1 \to S^1$, $z \mapsto z^2$ ($S^1 \subset \mathbb{C}$ betrachtet). Wäre das Bündel trivial, so gäbe es einen Schnitt $s\colon S^1 \to E$, der nirgendwo der Nullvektor ist, also nach (1.6) eine Abbildung $\sigma\colon S^1 \to \mathbb{R} \setminus \{0\}$, die $\sigma(-z) = -\sigma(z)$ erfüllt. Letzteres führt aber mit dem Zwischenwertsatz der Analysis leicht zu einem Widerspruch.

In analoger Weise stellt man für alle $n \geq 1$ ein nichttriviales Geradenbündel $S^n \times_G \mathbb{R}^1 \to \mathbb{R}P^n = S^n/G$ her.   ◇

(2.2) Tautologische Bündel. Ein Vektorraumbündel ist eine stetige Familie von Vektorräumen. Das wird besonders deutlich durch das sogenannte *tautologische Bündel* über einer Graßmannschen Mannigfaltigkeit belegt. Sei V ein n-dimensionaler reeller Vektorraum und $G_k(V)$ die Graßmannsche Mannigfaltigkeit der k-dimensionalen Unterräume von V. Wir setzen

$$E(\gamma_k) = \{(x, v) \mid x \in G_k(V), v \in x\} \subset G_k(V) \times V.$$

Wir haben die Projektion $\gamma_k\colon E(\gamma_k) \to G_k(V)$, und die Faser über dem Element $x \in G_k(V)$ ist der Unterraum x — deshalb: tautologisch. Es bleibt zu zeigen, daß γ_k lokal trivial ist. Zu diesem Zweck erinnern wir an das $O(k)$-Bündel $p\colon V_k(\mathbb{R}^n) \to G_k(\mathbb{R}^n)$ aus (1.7). Die Abbildung

$$V_k(\mathbb{R}^n) \times_{O(k)} \mathbb{R}^k \to E(\gamma_k), \quad (v_1, \ldots, v_k), (\lambda_1, \ldots, \lambda_k) \mapsto \left(\langle v_1, \ldots, v_k \rangle, \sum \lambda_j v_j\right)$$

ist ein auf den Fasern linearer Homöomorphismus. Damit ist das tautologische Bündel als ein assoziiertes Faserbündel geschrieben.

Über den komplexen Graßmann-Mannigfaltigkeiten gibt es ebenso ein komplexes tautologisches Bündel.   ◇

(2.3) Beispiel. Über dem komplexen projektiven Raum hat man die folgenden komplexen Geradenbündel. Sei $H\colon S^{2n+1} \to \mathbb{C}P^n$ das Hopfsche S^1-Prinzipalbündel,

nämlich die definierende Abbildung von $\mathbb{C}P^n$ als Orbitraum der S^1-Standardopera-
tion $S^1 \times S^{2n+1} \to S^{2n+1}$, $(\lambda, z) \mapsto \lambda z$, wobei $S^{2n+1} \subset \mathbb{C}^{n+1}$. Sei $\mathbb{C}(-k)$ der
Vektorraum $\mathbb{C}$ zusammen mit der S^1-Operation $S^1 \times \mathbb{C} \to \mathbb{C}$, $(\lambda, z) \mapsto \lambda^{-k} z$. Daraus erhält man ein assoziiertes komplexes Geradenbündel

$$H(k) = S^{2n+1} \times_{S^1} \mathbb{C}(-k) \to \mathbb{C}P^n.$$

Der Raum $H(k)$ entsteht also aus $S^{2n+1} \times \mathbb{C}$ durch die Äquivalenzrelation $(x, z) \sim$
$(x\lambda, \lambda^k z)$. Das tautologische Bündel über $\mathbb{C}P^n = G_1(\mathbb{C}^{n+1})$ ist $H(-1)$. Durch

$$S^{2n+1} \times_{S^1} \mathbb{C}(1) \to E(\gamma_1), \quad (x, u) \mapsto ([x], ux)$$

wird ein Isomorphismus gegeben.

Der komplex-analytischen Situation besser angepaßt, läßt sich $H(k)$ auch als
$\mathbb{C}^{n+1} \setminus 0 \times_{\mathbb{C}^*} \mathbb{C}(-k)$ beschreiben. $\diamond$

Ist $p\colon E \to B$ ein reelles (oder komplexes) Vektorraumbündel, so gehört dazu
ein *projektives Bündel* $q\colon P(E) \to B$. Die Faser von q über $b \in B$ ist der projektive
Raum zum Vektorraum $p^{-1}(b)$. Die projektiven Bündel sind ebenfalls zu $GL(n, \mathbb{R})$-
oder $GL(n, \mathbb{C})$-Bündeln assoziiert.

Seien $\xi\colon E(\xi) \to B$ und $\eta\colon E(\eta) \to C$ reelle Vektorraumbündel. Ein *Bündelmorphismus* $\xi \to \eta$ ist ein kommutatives Diagramm

$$
\begin{array}{ccc}
E(\xi) & \overset{\Phi}{\longrightarrow} & E(\eta) \\
\Big\downarrow{\xi} & & \Big\downarrow{\eta} \\
B & \underset{\varphi}{\longrightarrow} & C
\end{array}
$$

mit einer Abbildung Φ, die Fasern linear in Fasern abbildet. Wir sagen, der Morphismus liegt *über* φ; falls $\varphi = \mathrm{id}(B)$ ist, so sprechen wir von einem Morphismus
(einer Abbildung) *über* B. Bildet Φ Fasern bijektiv ab, so heißt der Morphismus
Bündelabbildung. Eine Bündelabbildung über B ist ein Isomorphismus von Vektorraumbündeln, das heißt, die Umkehrabbildung ist wiederum eine Bündelabbildung,
wie mit Hilfe lokaler Trivialisierungen gezeigt wird.

Ein Bündelmorphismus $J\colon \xi \to \xi$ eines reellen Vektorraumbündels mit $J^2(x) =$
$-x$ für alle $x \in E(\xi)$ heißt *komplexe Struktur* auf ξ. Definiert man in jeder Faser die
Multiplikation mit $i \in \mathbb{C}$ durch J, so wird ξ ein komplexes Vektorraumbündel.

Eine Sequenz $\xi_1 \to \xi_2 \to \xi_3$ von Bündelmorphismen über B heißt *exakt* an
der Stelle ξ_2, wenn über jedem Punkt von B eine exakte Sequenz von Vektorräumen
(nämlich Fasern) vorliegt. Ein Bündelmorphismus $\alpha\colon \xi_1 \to \xi_2$ hat über jedem Punkt
der Basis B einen Rang: den Rang der zugehörigen Faserabbildung. Die Redeweise
„$\alpha\colon \xi_1 \to \xi_2$ hat konstanten Rang" ist damit klar.

Eine Teilmenge $E' \subset E$ eines Bündels $p\colon E \to B$ heißt *Unterbündel* von p, wenn es einen Atlas aus Bündelkarten $\varphi\colon p^{-1}(U) \to U \times \mathbb{R}^n$ (genannt *angepaßte Bündelkarten*) so gibt, daß $\varphi(E' \cap p^{-1}(U)) = U \times (\mathbb{R}^k \times 0)$ ist.

(2.4) Satz. *Sei $\alpha\colon \xi_1 \to \xi_2$ ein Bündelmorphismus über B von konstantem Rang. Dann gelten die folgenden Aussagen:*

(1) $\operatorname{Kern} \alpha = \bigcup_{b \in B} \operatorname{Kern} \alpha_b \subset E(\xi_1)$ *ist zusammen mit der Projektion auf B ein Unterbündel.*

(2) $\operatorname{Bild} \alpha = \bigcup_{b \in B} \operatorname{Bild}(\alpha_b) \subset E(\xi_2)$ *ist zusammen mit der Projektion auf B ein Unterbündel.*

(3) *Es werde $\operatorname{Kokern} \alpha = \bigcup_{b \in B} E(\xi_2)_b/\operatorname{Bild} \alpha_b$ mit der Quotienttopologie von $E(\xi_2)$ aus versehen. Mit der kanonischen Projektion auf B ist $\operatorname{Kokern} \alpha$ ein Vektorraumbündel.*

Beweis. Fraglich ist in allen drei Fällen nur die Existenz der Bündelkarten. Um diese nachzuweisen, genügt es, Morphismen α zwischen trivialen Bündeln $\alpha\colon B \times \mathbb{R}^m \to B \times \mathbb{R}^n$ zu betrachten.

Zu (1). Wir fixieren $b \in B$, setzen $K = \operatorname{Kern} \alpha_b$, $L = \operatorname{Bild} \alpha_b$ und wählen Projektionsoperatoren $q\colon \mathbb{R}^m \to K$ und $p\colon \mathbb{R}^n \to L$. Die Abbildung

$$\gamma_x = (p\alpha_x, q)\colon \mathbb{R}^m \to L \oplus K$$

ist für $x = b$ ein Isomorphismus. Weil α_x konstanten Rang hat, gibt es eine Umgebung U von b, so daß für $x \in U$ sowohl γ_x ein Isomorphismus ist als auch γ_x den Kern von α_x isomorph auf K abbildet. Da der Übergang zum Inversen bei linearen Abbildungen stetig ist, haben wir einen Homöomorphismus

$$U \times \mathbb{R}^m \to U \times (L \oplus K), \quad (x, v) \mapsto (x, \gamma_x(v)),$$

der den Unterraum $\bigcup_{x \in U} \operatorname{Kern} \alpha_b$ homöomorph auf $U \times K$ abbildet.

Zu (2). Sei $i\colon L \to \mathbb{R}^m$ eine Inklusion, so daß $\alpha_b i$ die Inklusion von L ist und sei $j\colon J \to \mathbb{R}^m$ die Inklusion eines Komplementes von L. Dann argumentieren wir wie unter (1) mit $\langle \alpha_x i, j \rangle\colon L \oplus J \to \mathbb{R}^n$.

Zu (3). Aus (2) erhalten wir lokal einen Bündelmorphismus $U \times \mathbb{R}^n \to U \times J$ mit dem Kern $\operatorname{Bild} \alpha$. Er induziert einen Isomorphismus des Kokerns mit dem trivialen Bündel $U \times J \to U$.   □

Ist speziell $E(\xi_1) \subset E(\xi_2)$ ein Unterbündel, so haben wir nach (2.4 (3)) das *Quotientbündel* ξ_2/ξ_1 zur Verfügung.

Zu einem Bündel $\xi\colon E(\xi) \to B$ und einer stetigen Abbildung $f\colon C \to B$ gibt es das durch f von ξ *induzierte Bündel* $f^*\xi$ über C. Es ist

$$E(f^*\xi) = \{(c, e) \in C \times E(\xi) \mid f(c) = \xi(e)\},$$

und die Projektionen von $E(f^*\xi)$ auf die Faktoren liefern eine Bündelabbildung

(2.5)
$$
\begin{array}{ccc}
E(f^*\xi) & \xrightarrow{\ \ F\ \ } & E(\xi) \\
\downarrow & & \downarrow{\scriptstyle \xi} \\
C & \xrightarrow[\ \ f\ \ ]{} & B.
\end{array}
$$

Das Diagramm (2.5) ist ein Pullback in der Kategorie der topologischen Räume. Ist $f\colon C \subset B$, so kann $E(f^*\xi)$ als die *Einschränkung* $\xi|C = (\xi\colon \xi^{-1}(C) \to C)$ gewonnen werden. Weil eine Bündelabbildung über der Identität ein Isomorphismus ist, gilt:

(2.6) Satz. *Eine Bündelabbildung* $(\Phi, \varphi)\colon \xi \to \eta$ *induziert einen kanonischen Isomorphismus von Bündeln* $\xi \cong \varphi^*\eta$. □

Sind $\xi\colon E(\xi) \to B$ und $\eta\colon E(\eta) \to C$ Vektorraumbündel, so ist das kartesische Produkt $\xi \times \eta\colon E(\xi) \times E(\eta) \to B \times C$ ein Vektorraumbündel, das *Produktbündel*. Ist $B = C$ und $d\colon B \to B \times B$, $b \mapsto (b, b)$ die Diagonale, so heißt $d^*(\xi \times \eta) = \xi \oplus \eta$ die *Whitney-Summe* von ξ und η. Die Faser von $\xi \oplus \eta$ über b ist die direkte Summe der Fasern $\xi_b \oplus \eta_b$. Ist ξ gegeben, so heißt η ein *Inverses* von ξ, falls $\xi \oplus \eta$ isomorph zu einem trivialen Bündel ist. Seien ξ und η Vektorraumbündel über B. Eine Orientierung von ξ und η induziert eine Orientierung von $\xi \oplus \eta$, indem fasernweise die Summenorientierung von Vektorräumen verwendet wird. Sind zwei der Bündel ξ, η und $\xi \oplus \eta$ orientierbar, so ist auch das dritte orientierbar.

Eine *Riemannsche Metrik* auf einem Vektorraumbündel ξ ist eine stetige Abbildung $b\colon E(\xi \oplus \xi) \to \mathbb{R}$, die auf jeder Faser ein Skalarprodukt $b(x)$ auf $E(\xi)_b$ ist. Hat ξ eine Riemannsche Metrik und ist $\alpha\colon \eta \to \xi$ ein fasernweise injektiver Bündelmorphismus über B, so kann man als Kokern(α) das fasernweise gebildete orthogonale Komplement ζ von Bild α nehmen. Man hat deshalb einen Isomorphismus $\xi \cong \eta \oplus \zeta$.

Ein Bündel $\xi\colon E(\xi) \to B$ heißt *numerierbar*, wenn es eine offene Überdeckung $(U_j \mid j \in J)$ von B gibt, so daß ξ über U_j trivial ist, und zu $(U_j \mid j \in J)$ eine untergeordnete Partition der Eins $(\tau_j \mid j \in J)$, eine *Numerierung der Überdeckung*, existiert, wenn also ξ über den Mengen einer numerierbaren Überdeckung trivialisiert werden kann.

(2.7) Satz. *Jedes numerierbare Bündel hat eine Riemannsche Metrik.*

Beweis. Ein triviales Bündel hat eine Riemannsche Metrik; sei etwa b_j eine auf $\xi \mid U_j$. Dann ist $\sum_j \tau_j b_j$ eine Riemannsche Metrik auf ξ. Die Summe steht dabei abkürzend für das Skalarprodukt $\sum \tau_j(x) b_j(x)$ auf der Faser über x, mit der Vereinbarung „Null mal Undefiniert = Null". Man beachte, daß die Menge der Skalarprodukte eine konvexe Teilmenge im Vektorraum aller Bilinearformen ist. □

Sei $p: E \to B$ ein n-dimensionales Bündel mit Riemannscher Metrik. Dann gibt es einen Bündelatlas, dessen Kartenwechselfunktionen alle ein Bild in der orthogonalen Gruppe $O(n)$ haben. Ist das Bündel außerdem orientierbar, so kann das Bild in $SO(n)$ gewählt werden. Man drückt den Sachverhalt des letzten Satzes so aus: Die Strukturgruppe des Bündels ist auf $O(n)$ reduzierbar.

Ein Bündel hat *endlichen Typ*, wenn es eine lokale Trivialisierung über einer endlichen offenen Überdeckung gibt.

(2.8) Satz. *Ein Bündel ξ hat genau dann ein Inverses, wenn es numerierbar von endlichem Typ ist.*

Beweis. Sei $\xi: E(\xi) \to B$ gegeben. Sei $\varphi_j: \xi^{-1}(U_j) \to U_j \times \mathbb{R}^n$ eine lokale Trivialisierung. Sei (τ_j) eine (U_j) untergeordnete Partition der Eins ($j \in J$, J endlich). Man erhält durch

$$\alpha: E(\xi) \to B \times \bigoplus_{j \in J} \mathbb{R}^n, \quad x \mapsto (\xi(x); \tau_j(\xi(x)) \operatorname{pr}_2 \varphi_j(x) \mid j \in J))$$

einen Bündelmonomorphismus. Das orthogonale Komplement von Bild α ist ein Inverses zu ξ.

Um die umgekehrte Implikation zu beweisen, verwenden wir das tautologische Bündel $\gamma_k: E(\gamma_k) \to G_k(\mathbb{R}^n)$ über der Graßmannschen Mannigfaltigkeit (2.2). Ist ξ ein k-dimensionales Bündel und $f: E(\xi) \to \mathbb{R}^n$ eine stetige Abbildung, die auf jeder Faser linear und injektiv ist, so erhält man daraus eine Bündelabbildung $\xi \to \gamma_k$, indem $x \in \xi_b$ auf $(f(\xi_b), f(x)) \in E(\gamma_k) \subset G_k(\mathbb{R}^n) \times \mathbb{R}^n$ abgebildet wird. Sie heißt *Gauß-Abbildung* oder *klassifizierende Abbildung* von ξ. Da γ_k als Bündel über einem kompakten Raum numerierbar ist, so auch ξ als induziertes Bündel. Ist also ξ ein Bündel mit Inversem η, das heißt gilt $E(\xi \oplus \eta) \cong B \times \mathbb{R}^n$, so erhalten wir daraus eine Abbildung $f: E(\xi) \to \mathbb{R}^n$ vom eben verwendeten Typ, weshalb ξ numerierbar von endlichem Typ ist. $\square$

Die Standardkonstruktionen der linearen Algebra lassen sich auf Vektorraumbündel übertragen, indem man sie fasernweise anwendet. Beispiele solcher Konstruktionen sind:

V^*	Dualraum von V	ξ^*	Dualbündel zu ξ
$V \oplus W$	direkte Summe	$\xi \oplus \eta$	Whitney-Summe
$V \otimes W$	Tensorprodukt	$\xi \otimes \eta$	Tensorprodukt
$\Lambda^i V$	i-te äußere Potenz	$\Lambda^i \xi$	i-te äußere Potenz
$\operatorname{Hom}(V, W)$	Homomorphismen	$\operatorname{Hom}(\xi, \eta)$	Homomorphismenbündel

Kanonische Isomorphismen zwischen algebraischen Konstruktionen liefern kanonische Isomorphismen für die entsprechenden Vektorraumbündel. Zum Beispiel:

$$(\xi \oplus \eta) \otimes \zeta \cong (\xi \otimes \zeta) \oplus (\eta \otimes \zeta)$$

$$\mathrm{Hom}(\xi, \eta) \cong \xi^* \otimes \eta$$

$$\Lambda^k(\xi \oplus \eta) \cong \bigoplus_{i+j=k} (\Lambda^i \xi \otimes \Lambda^j \eta).$$

Um diese Aussagen zu beweisen, muß man benutzen, daß die Konstruktionen der linearen Algebra in geeignetem Sinne stetig sind. Es genügt, ein Beispiel zu besprechen, etwa das Tensorprodukt. Seien $\xi\colon E(\xi) \to B$ und $\eta\colon E(\eta) \to B$ reelle Bündel. Der Totalraum von $\xi \otimes \eta$ hat die zugrundeliegende Menge

$$\bigcup_{b \in B} (\xi_b \otimes \eta_b) = E(\xi \otimes \eta),$$

die disjunkte Vereinigung des Tensorprodukts der Fasern. Sei $(U_j \mid j \in J)$ eine offene Überdeckung von B derart, daß es lokale Trivialisierungen $\varphi_j\colon \xi^{-1}(U_j) \to U_j \times \mathbb{R}^m$ von ξ und $\psi_j\colon \eta^{-1}(U_j) \to U_j \times \mathbb{R}^n$ von η gibt. Als Bündelkarte für $\xi \otimes \eta$ über U_j soll die Abbildung

$$\gamma_j\colon \bigcup_{b \in U_j} (\xi_b \otimes \eta_b) \to U_j \times (\mathbb{R}^m \otimes \mathbb{R}^n)$$

gelten, die eine Faser $\xi_b \otimes \eta_b$ durch das Tensorprodukt der linearen Abbildungen von φ_j über b und ψ_j über b abbildet. An dieser Stelle ist es nun wichtig zu bemerken, daß die Kartenwechsel

$$\gamma_j \gamma_i^{-1}\colon (U_i \cap U_j) \times (\mathbb{R}^m \otimes \mathbb{R}^n) \to (U_i \cap U_j) \times (\mathbb{R}^m \otimes \mathbb{R}^n)$$

Homöomorphismen sind. Es gibt deshalb auf $E(\xi \otimes \eta)$ genau eine Topologie, in der die Definitionsbereiche der γ_i offen sind und die γ_j Homöomorphismen. Damit sind alle Daten des Bündels $\xi \otimes \eta$ gewonnen.

Bei reellen Vektorraumbündeln hat man natürlich das reelle Tensorprodukt zu nehmen und bei komplexen Bündeln das komplexe Tensorprodukt. Zur Verdeutlichung kann man Schreibweisen wie $\xi \otimes_{\mathbb{C}} \eta$ verwenden.

(2.9) Beispiel. Sind ξ und η komplexe Geradenbündel über B, so ist auch $\xi \otimes_{\mathbb{C}} \eta$ ein Geradenbündel. Das Bündel $\xi \otimes_{\mathbb{C}} \xi^*$ ist trivial; durch $\xi_b \otimes \xi_b^* \to \mathbb{C}$, $(x, \lambda) \mapsto \lambda(x)$ wird ein Isomorphismus zum trivialen Bündel geliefert. Die Isomorphieklassen komplexer Geradenbündel bilden eine abelsche Gruppe mit dem Tensorprodukt als Verknüpfung. Für die in (2.3) definierten Bündel $H(k)$ über $\mathbb{C}P^n$ gilt $H(k) \otimes_{\mathbb{C}} H(l) \cong H(k + l)$, wie man aus ihrer Definition unmittelbar entnimmt. $\diamond$

(2.10) Satz. *Sei X ein normaler Raum und $Y \subset X$ abgeschlossen. Ein Schnitt $s: Y \to E|Y$ über Y eines numerierbaren Vektorraumbündels $\xi: E \to X$ läßt sich zu einem Schnitt über X fortsetzen.*

Beweis. Sei $(U_\alpha \mid \alpha \in A)$ eine numerierbare Überdeckung von X durch normale Teilräume, so daß ξ über U_α trivial ist. Vermöge einer lokalen Trivialisierung entsprechen lokal die Schnitte vektorwertigen Funktionen. Nach dem Erweiterungssatz von Tietze-Urysohn gibt es deshalb Schnitte t_α über U_α, die $s \mid U_\alpha \cap Y$ fortsetzen. Mit einer Numerierung $(\tau_\alpha \mid \alpha \in A)$ von (U_α) erhält man in $\sum \tau_\alpha t_\alpha$ eine Erweiterung von s.   □

(2.11) Satz. *Seien $p: E \to X$ und $q: F \to X$ Vektorraumbündel. Die Bündelmorphismen $f: E \to F$ entsprechen umkehrbar eindeutig den Schnitten des Vektorraumbündels $\mathrm{Hom}(E, F) \to X$.*

Beweis. Sei f gegeben. Damit werde $s_f: X \to \mathrm{Hom}(E, F)$ durch $s_f(x) = f_x: E_x \to F_x \in \mathrm{Hom}(E_x, F_x)$ definiert. Unter Verwendung lokaler Trivialisierungen weist man nach, daß s_f stetig ist. Analog verfährt man, wenn ein Schnitt s gegeben ist.   □

(2.12) Satz. *Seien $p: E \to X$ und $q: F \to X$ numerierbare Vektorraumbündel über dem normalen Raum X. Ist $f: E|Y \to F|Y$ ein Isomorphismus über der abgeschlossenen Teilmenge Y, so gibt es eine offene Umgebung U von Y und einen Isomorphismus $f: E|U \to F|U$, der f über Y erweitert.*

Beweis. Sei $s_f: Y \to \mathrm{Hom}(E|Y, F|Y) \cong \mathrm{Hom}(E, F) \mid Y$ der nach (2.11) zu f gehörende Schnitt und sei s eine Erweiterung nach (2.10). Ist U die Menge der Punkte, über denen s ein Isomorphismus ist, so ist U eine offene Umgebung von Y.   □

(2.13) Satz. *Sei Y ein kompakter Hausdorff-Raum, $p: E \to X$ ein Vektorraumbündel und $f_t: Y \to X$ eine Homotopie. Dann sind die induzierten Bündel $f_0^* E$ und $f_1^* E$ isomorph.*

Beweis. Mit der Homotopie $f: Y \times I \to X$ und der Projektion $\pi: Y \times I \to Y$ sind die Bündel $f^* E$ und $\pi^* f_t^* E$ über $Y \times t$ isomorph, nämlich beide gleich $f_t^* E$. Da Y kompakt ist, gibt es nach (2.12) eine Umgebung U_t von t, so daß sie auch über $Y \times U_t$ isomorph sind. Die Isomorphieklasse von $f_t^* E$ ist also lokal konstant und damit (wegen des Zusammenhangs von I) überhaupt konstant.   □

Der Homotopiesatz gilt für beliebige Y und numerierbare Bündel p oder falls nur das durch die Homotopie $Y \times I \to X$ induzierte Bündel numerierbar ist. Einen Beweis in dieser Allgemeinheit geben wir im nächsten Abschnitt für Prinzipalbündel.

Die Bildungen $\oplus$ und $\otimes$ induzieren auf der Menge $\mathrm{Vek}(X)$ der komplexen Vektorraumbündel über X zwei kommutative und assoziative Verknüpfungen „Addition" und „Multiplikation". Die Verknüpfungen haben neutrale Elemente: das triviale 0-dimensionale (1-dimensionale) Bündel für die Addition (Multiplikation). Ferner gilt das Distributivgesetz. Durch formale algebraische Konstruktionen kann man aus diesen Daten einen kommutativen Ring $K(X)$ herstellen, der *Grothendieck-Ring* der komplexen Vektorraumbündel über X genannt wird. Der Ring $K(X)$ ist durch die folgende universelle Eigenschaft bestimmt: Es ist ein Homomorphismus $\sigma\colon \mathrm{Vek}(X) \to K(X)$ bezüglich Addition und Multiplikation gegeben, so daß für jeden solchen Homomorphismus $\varphi\colon \mathrm{Vek}(X) \to R$ in einen kommutativen Ring R genau ein Ringhomomorphismus $\Phi\colon K(X) \to R$ existiert, der $\varphi = \Phi \circ \sigma$ erfüllt. Wir erinnern an die Algebra: Um $K(X)$ aus $\mathrm{Vek}(X)$ zu konstruieren, definiert man zunächst die additive Gruppe $K(X)$ als universelle Gruppe zur additiven Halbgruppe von $\mathrm{Vek}(X)$. Ist A eine kommutative Halbgruppe, so wird die universelle Gruppe $\tilde{A}$ dazu aus der Menge aller Paare $A \times A$ nach der Äquivalenzrelation

$$(a_1, b_1) \sim (a_2, b_2) \quad \Leftrightarrow \quad \exists c \text{ mit } c + a_1 + b_2 = c + a_2 + b_1$$

definiert. (Die Addition geschieht komponentenweise, und $A \to \tilde{A}$, $a \mapsto (a, 0)$ ist der universelle Homomorphismus.) Hat man sich auf diese Weise die additive Gruppe von $K(X)$ verschafft, so verifiziert man (mittels universeller Eigenschaft), daß sich die Multiplikation von $\mathrm{Vek}(X)$ zu einer Multiplikation auf $K(X)$ erweitern läßt. Jedes Element von $K(X)$ ist eine formale Differenz $[\xi] - [\eta]$ zweier Bündel-isomorphieklassen (auch *virtuelles Bündel* genannt). Zwei Bündel ξ, η liefern genau dann dasselbe Element in $K(X)$, wenn sie *stabil äquivalent* sind, das heißt, wenn mit einem geeigneten Bündel ζ eine Isomorphie $\xi \oplus \zeta \cong \eta \oplus \zeta$ besteht.

Analog kann man mit reellen Bündeln verfahren und einen Ring $KO(X)$ erhalten. (Dabei soll O an orthogonal erinnern. Zur Betonung verwendet man auch Bezeichnungen wie $K(X) = KU(X) = K_{\mathbb{C}}(X)$, $KO(X) = K_{\mathbb{R}}(X)$ und Ähnliches.)

Das Induzieren ist mit der Summen- und Produktbildung verträglich. Eine stetige Abbildung $f\colon X \to Y$ liefert deshalb einen Ringhomomorphismus

$$K(f) = f^*\colon K(Y) \to K(X).$$

Damit wird K zu einem kontravarianten Funktor von Räumen zu kommutativen Ringen. Wegen (2.13) sehen wir, daß homotope Abbildungen dieselben Ringhomomorphismen induzieren.

Die Beschäftigung mit Funktoren der Art K heißt K-Theorie. Die vorstehenden Formalien wären der Rede nicht wert, wenn es nicht eine berühmte und wichtige Entdeckung über diese Objekte gäbe, den Bottschen Periodizitätssatz. Um ihn zu formulieren, bemerken wir, daß Tensorproduktbildung von Bündeln zu einem Ringhomomorphismus

$$K(X) \otimes_{\mathbb{Z}} K(Y) \to K(X \times Y)$$

führt. Dabei ist das äußere Tensorprodukt zu verwenden, dessen Faser über (x, y) das Tensorprodukt der Fasern über x und y ist.

(2.14) Periodizitätssatz von Bott. *Für einen kompakten Raum X liefert die Tensorproduktbildung Isomorphismen*

$$K(X) \otimes K(S^2) \cong K(X \times S^2) \quad \text{und} \quad KO(X) \otimes KO(S^8) \cong KO(X \times S^8).$$

Die Isomorphismen sind in der Tat im wesentlichen zu der in III.3 erwähnten Periodizität der Homotopiegruppen der unendlichen unitären und orthogonalen Gruppen äquivalent und präzisieren sie gleichzeitig. Die in (2.14) gegebene Formulierung wurde in der grundlegenden Arbeit [16] von Atiyah und Hirzebruch vorgestellt und dazu benutzt, die K-Funktoren als Teil einer Kohomologietheorie darzustellen. Durch den kohomologischen Formalismus werden die Gruppen $K(X)$ Berechnungen zugänglich. Die Bottsche Periodizität ist eine der bedeutendsten Entdeckungen der algebraischen Topologie. Sie ist eng mit den vielfältigen Beziehungen zwischen Topologie und Analysis verbunden (Indexsatz von Atiyah und Singer [17]). Für Beweise des Bottschen Satzes sei auf [14], [11], [12], [144] verwiesen.

3 Tangentialbündel und Normalenbündel

Die Gesamtheit der Tangentialräume einer differenzierbaren (= glatten) Mannigfaltigkeit wird zu einer neuen Mannigfaltigkeit, dem sogenannten Tangentialbündel, zusammengefaßt. Das Tangentialbündel enthält wesentliche globale Information über die Mannigfaltigkeit.

Sei M eine glatte Mannigfaltigkeit. Sei TM die disjunkte Vereinigung der Tangentialräume $T_p(M)$ für $p \in M$. Einen Punkt in $T_p(M) \subset TM$ schreiben wir der Deutlichkeit halber in der Form (p, v) mit $v \in T_p(M)$. Wir haben dann die Projektion

$$\pi_M \colon TM \to M, \quad (p, v) \mapsto p.$$

Zu jeder Karte $k = (U, h, V)$ der n-Mannigfaltigkeit M definieren wir

$$\varphi_k \colon TU = \bigcup_{p \in U} T_p(M) \to U \times \mathbb{R}^n, \quad (p, v) \mapsto (p, Dh(p)(v)).$$

Das ist eine bijektive, fasernweise lineare Abbildung, in der $Dh(p)$ das Differential von h an der Stelle p ist. Das durch den nächsten Satz gewonnene Bündel heißt *Tangentialbündel* von M.

(3.1) Satz. *Es gibt genau eine Struktur eines glatten n-dimensionalen Vektorraumbündels auf $\pi_M \colon TM \to M$, für die alle Abbildungen φ_k glatte Bündelkarten sind. Insbesondere ist damit TM eine glatte $2n$-Mannigfaltigkeit und π_M eine Submersion.*

$\square$

Eine glatte Abbildung $f: M \to N$ induziert eine glatte, fasernweise lineare Abbildung $Tf: TM \to TN$ über f, das heißt es gilt $\pi_N \circ Tf = \pi_M \circ f$, und Tf ist auf $T_p(M)$ das Differential $T_p f$. Damit haben wir den *Tangentialbündelfunktor* von der Kategorie der glatten Mannigfaltigkeiten in die Kategorie der glatten Vektorraumbündel. Ein glattes Vektorfeld auf M ist dasselbe wie ein glatter Schnitt von $\pi_M: TM \to M$.

Eine Mannigfaltigkeit mit trivialem Tangentialbündel heißt *parallelisierbar*. Ein Isomorphismus zum trivialen Bündel heißt *Parallelisierung*. Man kann zeigen, daß S^n nur für $n = 0, 1, 3, 7$ parallelisierbar ist [72]. Allgemeiner gilt der *Satz von Adams* [2].

(3.2) Satz. *Sei $n = 2m - 1$, $2m = (2c + 1)2^{4a+b}$, $0 \le b \le 3$. Die Maximalzahl überall linear unabhängiger Vektorfelder auf S^n ist $2^b + 8a - 1$.* $\qquad\square$

Sei $f: M \to N$ eine Immersion von glatten Mannigfaltigkeiten. Das Differential $Tf: TM \to TN$ läßt sich über einen fasernweise injektiven Bündelmorphismus $i: TM \to f^*TN$ und die kanonische Abbildung $f^*TN \to N$ faktorisieren. Das Quotientbündel, das heißt der Kokern von i, heißt *Normalenbündel* der Immersion. Ist $M \subset N$ speziell eine Untermannigfaltigkeit, so können wir TM als Unterbündel der Einschränkung $TN|M$ auffassen und das Normalenbündel als Quotientbündel erhalten. Statt eines Quotientbündels kann man auch das orthogonale Komplement nehmen.

4   Universelle Bündel

Es ist eine bemerkenswerte und wichtige Tatsache, daß sich im wesentlichen alle G-Prinzipalbündel von einem festen Bündel induzieren lassen. Ein Bündel $p: E \to B$ heiße *numerierbar*, wenn es eine numerierbare Überdeckung von B gibt, so daß p über den Mengen dieser Überdeckung trivial ist.

Ein G-Prinzipalbündel $p: EG \to BG$ heißt *universell*, wenn es numerierbar ist und wenn jedes andere numerierbare G-Prinzipalbündel $q: E \to B$ bis auf Homotopie genau eine Bündelabbildung nach p besitzt.

Zwei Bündelabbildungen $\alpha_0, \alpha_1: E \to EG$ heißen homotop, wenn es eine stetige Abbildung $\alpha: E \times [0, 1] \to EG$ gibt, so daß $\alpha_t: E \to EG$, $x \mapsto \alpha(x, t)$ für jedes $t \in I$ eine Bündelabbildung ist, wenn also α äquivariant bezüglich der G-Operation $g \cdot (x, t) = (gx, t)$ auf $E \times [0, 1]$ ist. Die Abbildung α heißt G-Homotopie von α_0 nach α_1.

Ist $p': E'G \to B'G$ ein weiteres universelles Bündel, so gibt es bis auf Homotopie eindeutige Bündelabbildungen $\beta: EG \to E'G$, $\gamma: E'G \to EG$. Die Zusammensetzungen $\beta\gamma$ und $\gamma\beta$ müssen als Bündelabbildungen homotop zur Identität sein. Insbesondere sind die Räume BG und $B'G$ homotopieäquivalent. Wegen dieser Eindeutigkeit spricht man von *dem* universellen Bündel $EG \to BG$. Der Raum BG heißt *klassifizierender Raum* zur Gruppe G.

(4.1) Satz. *Zu jeder topologischen Gruppe G gibt es ein universelles G-Prinzipalbündel.*

Der Beweis wird durch eine Konstruktion geführt, die von Milnor stammt [173]. Sie benutzt den *Verbund* (engl. Join) von topologischen Räumen.

Sei $(X_j \mid j \in J)$ eine Familie topologischer Räume X_j. Der Verbund

$$X = *_{j \in J} X_j$$

ist der folgendermaßen definierte Raum. Die Elemente von X werden durch J-Tupel

$$(t_j x_j \mid j \in J), \quad t_j \in [0, 1], \; x_j \in X_j, \; \Sigma t_j = 1$$

repräsentiert, in denen nur endlich viele t_j von Null verschieden sind. Die Tupel $(t_j x_j)$ und $(u_j y_j)$ definieren genau dann dasselbe Element von X, wenn gilt:
(1) Für alle $j \in J$ ist $t_j = u_j$.
(2) Für alle $j \in J$ gilt: $t_j \neq 0$ impliziert $x_j = y_j$.
Demnach gibt es Koordinatenabbildungen

$$t_j \colon X \to [0, 1], \; (t_i x_i) \mapsto t_j, \qquad p_j \colon t_j^{-1}]0, 1] \to X_j, \; (t_i x_i) \mapsto x_j.$$

Die Topologie auf X sei die gröbste Topologie, für die alle t_j und p_j stetig sind. Diese Topologie wird durch die folgende Eigenschaft charakterisiert: Eine Abbildung $f \colon Y \to X$ eines topologischen Raumes Y ist genau dann stetig, wenn die Abbildungen $t_j f \colon Y \to [0, 1]$ und $p_j f \colon f^{-1} t_j^{-1}]0, 1] \to X_j$ stetig sind.

Sind insbesondere die X_j G-Räume, so wird durch $(g, (t_j x_j)) \mapsto (t_j g x_j)$ eine stetige G-Operation auf X definiert. Der Milnorsche Raum wird als

$$EG = G * G * G * \cdots,$$

das heißt als Verbund von abzählbar vielen Exemplaren des Raumes G mit der Linksoperation von G, definiert. Wir schreiben $BG = EG/G$ für den Orbitraum und $p \colon EG \to BG$ für die Orbitabbildung.

Ein Teil der universellen Eigenschaft von EG wird durch den folgenden Satz geliefert.

(4.2) Satz. *Sei E ein G-Raum. Je zwei G-Abbildungen $f, g \colon E \to EG$ sind G-homotop.*

Beweis. [58] Wir betrachten Koordinatendarstellungen von $f(x)$ und $g(x)$

$$(t_1(x) f_1(x), t_2(x) f_2(x), \dots) \quad \text{und} \quad (u_1(x) g_1(x), u_2(x) g_2(x), \dots)$$

und zeigen, daß f und g G-homotop zu Abbildungen mit den Koordinatendarstellungen

$$(t_1(x)f_1(x), 0, t_2(x)f_2(x), 0, \ldots) \quad \text{und} \quad (0, u_1(x)g_1(x), 0, u_2(x)g_2(x), \ldots)$$

sind, worin 0 ein Element der Form $0 \cdot y$ bezeichnet. Um dieses, etwa für f, zu erreichen, wird eine Homotopie in unendlich vielen Schritten definiert. Der erste Schritt wird, mit dem Homotopieparameter t, durch

$$(t_1 f_1, t t_2 f_2, (1-t)t_2 f_2, t t_3 f_3, (1-t)t_3 f_3, \ldots)$$

beschrieben. Er beseitigt die erste Null in dem oben genannten Endergebnis. Nun iteriere man sinngemäß diese Prozedur. Man erhält eine geeignete Homotopie, indem man auf $\left[0, \frac{1}{2}\right]$ die des ersten Schrittes, auf $\left[\frac{1}{2}, \frac{3}{4}\right]$ die des zweiten Schrittes usw. verwendet. Die gesamte Homotopie ist stetig, weil an jeder Stelle in den Tupeln nur endlich viele Schritte wirksam sind.

Sind die beiden oben genannten Gestalten erreicht, so werden sie durch

$$((1-t)t_1 f_1, t u_1 g_1, (1-t)t_2 f_2, t u_2 g_2, \ldots)$$

homotop miteinander verbunden.   □

Für Verallgemeinerungen ist es nützlich zu beobachten, daß der voranstehende Beweis nur formale Eigenschaften benutzt: Man kann mit einem abzählbaren Verbund irgendeines Raumes arbeiten.

Der weitere Beweis von (4.1) verlangt, Partitionen der Eins genauer zu betrachten. Die Milnor-Konstruktion des Verbundes ist so eingerichtet, daß mit den Koordinatenfunktionen t_j schon eine Partition der Eins vorliegt. Sie ist noch nicht lokal endlich, jedoch ist für jeden Punkt $x \in X$ die Menge $\{j \in J \mid t_j(x) \neq 0\}$ endlich. Diese *punktendliche* Partition der Eins $(t_j \mid j \in J)$ ist der offenen Überdeckung $(V_j = t_j^{-1}]0, 1])$ des Verbundes untergeordnet. Das Bündel $p: EG \to BG$ ist lokal trivial, denn man hat eine G-Abbildung $p_j: V_j \to G$ (die Koordinatenabbildung des Verbundes), und deshalb ist nach (1.4) p über V_j/G trivial.

Die Definition des Verbundes ist so eingerichtet, daß sich folgender Satz unmittelbar ergibt:

(4.3) Satz. *Sei E ein G-Raum. Es sei $(U_n \mid n \in \mathbb{N})$ eine offene G-stabile Überdeckung durch G-triviale Mengen. Es gebe eine punktendliche Partition der Eins $(v_n \mid n \in \mathbb{N})$ durch G-invariante Funktionen, die (U_n) untergeordnet ist. Dann besitzt E eine G-Abbildung $\varphi: E \to EG$.*

Beweis. Daß U_n G-trivial ist, besagt definitionsgemäß, daß es eine G-Abbildung $\varphi_j: U_j \to G$ gibt. Wir setzen $\varphi(x) = (v_1(z)\varphi_1(z), v_2(z)\varphi_2(z), \ldots)$.   □

Wir müssen nun noch beliebige Partitionen der Eins auf abzählbare reduzieren. Sei also $(U_c \mid c \in C)$ eine offene Überdeckung des Raumes Z mit untergeordneter Zerlegung der Eins $(t_c \mid c \in C)$. Für jede endliche Menge $S \subset C$ sei

$$U(S) = \{z \in Z \mid i \in S, j \in C \setminus S \Rightarrow t_i(z) > t_j(z)\}.$$

Ist $|S| = |T| = n$ und $U(S) \cap U(T) \neq \emptyset$, so folgt $S = T$. Wir setzen $U_n = \coprod_{|S|=n} U(S)$.

(4.4) Hilfssatz. $(U_n \mid n > 0)$ *ist eine numerierbare Überdeckung von Z.*

Beweis. Auf $U(S)$ haben wir die Funktion

$$q_S(z) = \max(0, \min_{i \in S} t_i(z) - \max_{j \in C \setminus S} t_j(z)).$$

Ist (U_c) lokal endlich, so ist q_S stetig. Wir definieren $q_n\colon U_n \to [0, \infty[$ durch $q_n \mid U(S) = q_S$. Schließlich setzen wir $v_n = q_n / \sum_{j=1}^{\infty} q_i$ und erhalten damit eine Numerierung von $(U_n \mid n \in \mathbb{N})$.   □

Es bleibt noch zu zeigen, daß $EG \to BG$ auch numerierbar mit einer lokal endlichen Partition der Eins ist. Das folgt nach dem schon Gezeigten aus dem nächsten Lemma. Eine Familie stetiger Abbildungen $(t_j\colon X \to [0,1] \mid j \in J)$ heißt *verallgemeinerte Partition der Eins*, wenn für jedes $x \in X$ die Familie $(t_j(x) \mid j \in J)$ summierbar mit Summe 1 ist.

(4.5) Lemma. *Ist $(t_j \mid j \in J)$ eine verallgemeinerte Partition der Eins, so ist die Familie $(t_j^{-1}]0, 1] \mid j \in J)$ eine numerierbare Überdeckung.*

Beweis. Die Summierbarkeit von $(t_j(a))$ bedeutet: Zu jedem $\varepsilon > 0$ gibt es eine endliche Menge $E \subset J$, so daß für alle endlichen $F \supset E$ die Ungleichung

$$\sum_{j \in F} t_j(a) > 1 - \varepsilon$$

gilt. In diesem Fall ist

$$V = \{x \mid \sum_{j \in E} t_j(x) > 1 - \varepsilon\}$$

eine offene Umgebung von a. Ist $k \notin E$, $x \in V$ und $t_k(x) > \varepsilon$, so folgt

$$t_k(x) + \sum_{j \in E} t_j(x) > 1.$$

Das ist unmöglich. Also gibt es zu jedem $a \in X$ eine offene Umgebung $V(a)$, so daß nur endlich viele Funktionen t_j auf $V(a)$ Werte größer als ε haben. Sei

$$s_{j,n}(x) = \max \left(t_j(x) - \tfrac{1}{n}, 0 \right)$$

für $j \in J$ und $n \in \mathbb{N}$. Nach dem eben Gezeigten bilden die $s_{j,n}$ für festes n eine lokal endliche Familie. Die Behauptung folgt jetzt durch eine Anwendung des nächsten Lemmas. $\square$

(4.6) Lemma. *Sei X ein topologischer Raum und $\mathcal{U} = (U_j | j \in J)$ eine Überdeckung von X. Folgende Aussagen sind äquivalent:*

(1) *$\mathcal{U}$ ist numerierbar.*

(2) *Es gibt eine Familie*

$$(s_{a,n} \colon X \to [0, \infty[\mid a \in A, \ n \in \mathbb{N}) = S$$

von stetigen Funktionen $s_{a,n}$ mit den folgenden Eigenschaften:

(a) *S, das heißt $(s_{a,n}^{-1}] 0, \infty [)$, verfeinert $\mathcal{U}$.*

(b) *Für jedes n ist $(s_{a,n}^{-1}]0, \infty[\mid a \in A)$ lokal endlich.*

(c) *Zu jedem $x \in X$ gibt es ein (a, n), so daß $s_{a,n}(x) > 0$ ist.*

Beweis. (1) $\Rightarrow$ (2) ist klar.

(2) $\Rightarrow$ (1). $(s_{a,n})$ ist nach Voraussetzung eine abzählbare Vereinigung lokal endlicher Familien. Wir konstruieren daraus zunächst eine lokal endliche Familie. Indem wir $s_{a,n}$ durch $s_{a,n}/(1 + s_{a,n})$ ersetzen, können wir annehmen, daß $s_{a,n}$ ein in $[0, 1]$ enthaltenes Bild hat. Sei

$$q_r(x) = \sum_{a \in A, \, i < r} s_{a,i}(x), \quad r \geq 1$$

und $q_r(x) = 0$ für $r = 0$. (Die Summe ist für jedes $x \in X$ endlich.) Dann sind q_r und

$$p_{a,r}(x) = \max(0, s_{a,r}(x) - r q_r(x))$$

stetig. Sei $x \in X$; es gibt dann $s_{a,k}$ mit $s_{a,k}(x) \neq 0$; wir wählen eine derartige Funktion mit minimalem k; für diese ist $q_k(x) = 0$, $p_{a,k}(x) = s_{a,k}(x)$. Also überdecken die Mengen $p_{a,k}^{-1}]0, 1]$ ebenfalls X. Sei $N \in \mathbb{N}$ so gewählt, daß $N > k$ und $s_{a,k}(x) > \tfrac{1}{N}$ ist. Dann ist $q_N(x) > \tfrac{1}{N}$ und folglich $N q_N(y) > 1$ für alle y in einer geeigneten Umgebung von x. In dieser Umgebung verschwinden alle $p_{a,r}$ mit $r \geq N$. Also ist $(p_{a,n}^{-1}]0, 1] \mid a \in A, \ n \in \mathbb{N})$ eine lokal endliche Überdeckung von X, die $\mathcal{U}$ verfeinert. Wir beenden den Beweis mit (4.7). $\square$

(4.7) Lemma. *Sei* $(f_j\colon X \to [0, \infty[\mid j \in J)$ *eine Familie stetiger Funktionen, so daß* $U = (f^{-1}]0, \infty[\mid j \in J)$ *eine lokal endliche Überdeckung von X ist. Dann ist U numerierbar.*

Beweis. Da U lokal endlich ist, so ist $f\colon x \mapsto \max(f_j(x) \mid j \in J)$ stetig und überall von Null verschieden. Wir setzen $g_j(x) = f_j(x)f(x)^{-1}$. Dann ist

$$t_j\colon X \to [0, 1], \quad x \mapsto \max(2g_j(x) - 1, 0)$$

stetig. Es ist

$$t_j(x) > 0 \qquad \Leftrightarrow \qquad g_j(x) > 1/2.$$

Folglich bestehen die Inklusionen

$$\mathrm{Tr}(t_j) \subset g_j^{-1}[1/4, \infty[\subset f^{-1}]0, \infty[.$$

Für ein $x \in X$ und ein $i \in J$ mit $f_i(x) = \max(f_j(x))$ ist $t_i(x) = 1$. Also bilden die Träger der t_j eine lokal endliche Überdeckung von X, und die Funktionen

$$x \mapsto \frac{t_i(x)}{\sum_{j \in J} t_j(x)}$$

sind eine Numerierung von U. $\square$

(4.8) Satz. *Sei* $p\colon E \to B \times I$ *ein numerierbares G-Prinzipalbündel Dann gibt es eine Bündelabbildung* $q\colon E \to E$ *über* $r\colon B \times I \to B \times I$, $(b, t) \mapsto (b, 1)$, *die auf $E|B \times 1$ die Identität ist.*

(4.9) Hilfssatz. *Es gibt eine numerierbare Überdeckung* $(U_j \mid j \in J)$, *so daß p über $U_j \times I$ trivial ist.*

Beweis. Ist ein Bündel E über $U \times [a, b]$ und $U \times [b, c]$ trivial, so auch über $U \times [a, c]$, denn zwei Trivialisierungen über $U \times b$ unterscheiden sich um einen Automorphismus, der sich zu einem Automorphismus über $U \times [b, c]$ erweitern läßt. Um diesen ändere man die Trivialisierung über $U \times [b, c]$ ab und setze die beiden Trivialisierungen über $U \times [a, b]$ und $U \times [b, c]$ zusammen. Nun wende man das nächste Lemma an. $\square$

(4.10) Lemma. *Sei* $(U_j \mid j \in J)$ *eine numerierbare Überdeckung von $B \times [0, 1]$. Es gibt eine numerierbare Überdeckung* $(V_k \mid k \in K)$ *von B und eine Familie* $(\epsilon(k) \mid k \in K)$ *von positiven reellen Zahlen, so daß für $t_1, t_2 \in [0, 1]$, $t_1 < t_2$ und $|t_1 - t_2| < \epsilon(k)$ ein $j \in J$ mit $V_k \times [t_1, t_2] \subset U_j$ existiert.*

Beweis. Sei $(t_j \mid j \in J)$ eine Numerierung von (U_j). Für jedes r-Tupel $k = (j_1, \ldots, j_r) \in J^r$ definieren wir eine stetige Abbildung

$$v_k \colon B \to I, \quad x \mapsto \prod_{i=1}^{r} \min \left(t_{j_i}(x, s) \mid s \in \left[\frac{i-1}{r+1}, \frac{i+1}{r+1} \right] \right).$$

Sei $K = \bigcup_{r=1}^{\infty} J^r$. Wir zeigen, daß mit $V_k = v_k^{-1}]0, 1]$ und $\epsilon(k) = \frac{1}{2r}$ für $k = (j_1, \ldots, j_r)$ die Forderungen des Satzes erfüllt sind. Ist nämlich $|t_1 - t_2| < \frac{1}{2r}$, so gibt es ein i mit $[t_1, t_2] \subset \left[\frac{i-1}{r+1}, \frac{i+1}{r+1} \right]$ und folglich $V_k \times [t_1, t_2] \subset U_{j_i}$.

Ferner ist (V_k) eine Überdeckung. Sei $x \in B$ gegeben. Jeder Punkt (x, t) hat eine offene Produktumgebung $U(x, t) \times V(x, t)$, die in einer geeigneten Menge $W(i) = t_i^{-1}]0, 1]$ enthalten ist und nur endlich viele $W(j)$ trifft. Es überdecke $V(x, t_1), \ldots, V(x, t_n)$ das Intervall $I = [0, 1]$, und $\frac{2}{r+1}$ sei eine Lebesguesche Zahl dieser Überdeckung. Wir setzen $U = U(x, t_1) \cap \cdots \cap U(x, t_n)$. Jede Menge der Form $U \times \left[\frac{i-1}{r+1}, \frac{i+1}{r+1} \right]$ ist dann in einem geeigneten $W(j_i)$ enthalten. Also liegt x in $V_k, k = (j_1, \ldots, j_r)$.

Es gibt nur endlich viele $j \in J$, für die $W(j) \cap (U \times I) \neq \emptyset$ ist. Da $v_k(x) \neq 0$ die Relation $W(j_i) \cap \{x\} \times I \neq \emptyset$ impliziert, ist $(V_k \mid k \in J^r)$ für festes r lokal endlich. Die Numerierbarkeit von $(V_k \mid k \in K)$ folgt somit aus (4.6).   □

Beweis von (4.8) [177]. Sei $(U_j \mid j \in J)$ eine Überdeckung nach (4.9) und $(\tau_j \mid j \in J)$ eine untergeordnete lokal-endliche Partition der Eins. Sei $\tau(x) = \max\{\tau_j(x) \mid j \in J\}$ und $u_j(x) = \tau_j(x)/\tau(x)$. Dann ist die abgeschlossene Hülle von $u_j^{-1}]0, 1]$ in U_j enthalten, und es gilt $\max\{u_j(x) \mid j \in J\} = 1$. Sei

$$r_j \colon B \times I \to B \times I, \quad (x, t) \mapsto (x, \max(u_j(x), t)).$$

Über r_j definieren wir eine Bündelabbildung $q_j \colon E \to E$ dadurch, daß wir sie im Komplement von $p^{-1}(U_j \times I)$ als die Identität ansehen, und über $U_j \times I$ soll sie vermöge einer Trivialisierung $U_j \times I \times G \to E \mid U_j \times I$ in die Abbildung

$$(x, t, g) \mapsto (x, \max(u_j(x), t), g)$$

übergehen. Dann ist q_j auf $E \mid B \times 1$ die Identität. Die gewünschte Bündelabbildung q ist die Komposition aller q_j in einer bestimmten Reihenfolge. Dazu wird die Menge J wohlgeordnet, und die q_j werden in der dadurch gegebenen Reihenfolge verkettet; dazu beachte man, daß für jedes $e \in E$ nur endlich viele $q_j(e)$ von e verschieden sind. Wegen $\max\{u_j(x) \mid j \in J\} = 1$ liegt q über r. (Wenn man will, kann man wegen (4.4) auch J als abzählbar annehmen.)   □

Sei $p \colon E \to B \times I$ ein numerierbares G-Prinzipalbündel und $p_1 \colon E_1 \to B \times 1 \cong B$ seine Einschränkung auf $B \times 1$. Das durch r aus (4.8) von p induzierte Bündel ist isomorph zum Produktbündel $p_1 \times \mathrm{id} : E_1 \times I \to B \times I$. Aus (4.8) folgt, daß es einen Isomorphismus $E \cong E_1 \times I$ von G-Prinzipalbündeln gibt, der über $B \times 1$ die Identität ist. Wir notieren zwei Folgerungen:

(4.11) Folgerung. *Unter den Voraussetzungen von Satz (4.8) sind die eingeschränkten Bündel $E|B \times 0$ und $E|B \times 1$ isomorph.*   □

(4.12) Homotopiesatz. *Sei $q \colon E \to C$ ein numerierbares G-Prinzipalbündel und $H \colon B \times I \to C$ eine Homotopie. Dann sind die induzierten Bündel $H_0^*(q)$ und $H_1^*(q)$ isomorph.*   □

Wie schon im zweiten Abschnitt erwähnt, liefert dieselbe Beweismethode auch den Homotopiesatz für numerierbare Vektorraumbündel.

Sei $q \colon E \to B$ ein numerierbares G-Prinzipalbündel. Die bis auf Homotopie eindeutig bestimmte Abbildung $k \colon B \to BG$, die q vom universellen Bündel induziert, heißt *klassifizierende Abbildung* von q.

Wir bezeichnen mit $\mathcal{B}(G, B)$ die Menge der Isomorphieklassen von numerierbaren G-Prinzipalbündeln über B. Indem wir jeder Isomorphieklasse eines Bündels die Homotopieklasse der klassifizierenden Abbildung zuordnen, erhalten wir $\kappa \colon \mathcal{B}(G, B) \to [B, BG]$. Eine Umkehrabbildung wird dadurch gegeben, daß jedem $k \colon B \to BG$ das durch k induzierte Bündel zugeordnet wird. Nach dem Homotopiesatz (4.12) ist die Umkehrabbildung wohldefiniert. Also ist κ bijektiv. Damit ist die Klassifikation der Bündel auf ein Problem der Homotopietheorie zurückgeführt.

(4.13) Satz. *Ein numerierbares G-Prinzipalbündel $q \colon E \to B$ ist genau dann universell, wenn E (als Raum ohne Gruppenoperation) zusammenziehbar ist.*

Beweis. Die Beweismethode von Satz (4.2) zeigt unmittelbar, daß EG aus der Milnor-Konstruktion zusammenziehbar ist. Sei umgekehrt $q \colon E \to B$ numerierbar und E zusammenziehbar. Das assoziierte Faserbündel $E \times_G EG \to B$ hat eine zusammenziehbare Faser EG. Eine solche Faserung besitzt einen Schnitt (4.22). Nach (1.6) gehört zu diesem Schnitt eine Bündelabbildung $\alpha \colon E \to EG$. Ebenso erhält man eine Bündelabbildung $\beta \colon EG \to E$. Wir wissen schon, daß $\alpha\beta$ als Bündelabbildung homotop zur Identität ist. Um $\beta\alpha$ als homotop zu $\mathrm{id}(E)$ nachzuweisen, verwenden wir, daß sich ein Schnitt von $(E \times I) \times_G E \to B \times I$ über $B \times \partial I$ zu einem Schnitt erweitern läßt (4.21).   □

Der Verbund $S^m * S^n$ ist homöomorph zu S^{m+n+1}. Der Verbund von k Exemplaren S^1 ist homöomorph zu S^{2k-1}. Fassen wir S^1 als Gruppe auf, so kann der Homöomorphismus $S^1 * \cdots * S^1 \cong S^{2k-1}$ so gewählt werden, daß er die S^1-Operation respektiert, wenn wir S^{2k-1} als Einheitssphäre im $\mathbb{C}^k$ mit der Standard-Operation $(\lambda, v) \mapsto \lambda v$ ansehen. Die Milnorsche Konstruktion liefert also in diesem Fall das Hopfbündel $S^{2k+1} \to \mathbb{C}P^k$. Durch Übergang zum Limes erhalten wir $S^\infty \to \mathbb{C}P^\infty$

als universelles S^1-Prinzipalbündel. Es ist allerdings zunächst fraglich, ob die Topologie auf der Milnorschen Konstruktion von ES^1 gleich der Limestopologie von S^∞
ist. Wir haben aber schon früher homotopietheoretisch eingesehen, daß S^∞ zusammenziehbar ist. Da jedenfalls das Hopfbündel numerierbar ist, kann man induktiv
S^1-Abbildungen $S^{2k-1} \to ES^1$ zu S^1-Abbildungen $S^{2k+1} \to ES^1$ erweitern und
damit eine S^1-Abbildung $S^\infty \to ES^1$ konstruieren. Das zeigt, daß S^∞ numerierbar
ist und deshalb nach (4.13) universell. Wir bemerken $BS^1 = \mathbb{C}P^\infty = K(\mathbb{Z}, 2)$.
Ebenso erhält man $B(\mathbb{Z}/2) = \mathbb{R}P^\infty = K(\mathbb{Z}/2, 1)$.

Prinzipalbündel mit diskreter Strukturgruppe G sind Überlagerungen; insbesondere auch das universelle Bündel $EG \to BG$. Da EG als zusammenziehbarer Raum
auch einfach zusammenhängend ist, so ist EG universelle Überlagerung von BG.
(Hier treffen sich also zwei verschiedene Bedeutungen von „universell".) Für die
diskrete Gruppe G läßt sich übrigens BG als CW-Komplex herstellen; der Raum
ist in diesem Fall also lokal zusammenziehbar, eine Eigenschaft, die in der Überlagerungstheorie wünschenswert war. Da EG zusammenziehbar ist, liefert die exakte
Homotopiefolge der Faserung $EG \to BG$ allgemein kanonische Isomorphismen
$\pi_n(BG) \cong \pi_{n-1}(G)$ und für diskrete G das folgende Resultat.

(4.14) Satz. *Für eine diskrete Gruppe G ist BG ein Eilenberg-MacLane-Raum*
$K(G, 1)$.   □

Der Isomorphismus $\pi_n(BG) \cong \pi_{n-1}(G)$ läßt sich folgendermaßen interpretieren. Sei $p: E \to S^n$ ein G-Prinzipalbündel. Wir schreiben $S^n = D_+ \cup D_-$ mit zwei
Zellen D_+ und D_- mit $D_+ \cap D_- = S^{n-1}$. Dann sind $p|D_+$ und $p|D_-$ trivial. Man
wähle Trivialisierungen $t_\pm: p^{-1}(D_\pm) \to D_\pm \times G$. Über S^{n-1} unterscheiden sich
t_+ und t_- um einen Automorphismus

$$S^{n-1} \times G \to S^{n-1} \times G, \quad (x, g) \mapsto (x, \alpha_x(g))$$

von Prinzipalbündeln. Deshalb gilt $\alpha_x(g) = \alpha_x(e)g$, und $x \mapsto \alpha_x(e)$ repräsentiert ein
Element von $\pi_{n-1}(G)$, das bei dem genannten Isomorphismus der klassifizierenden
Abbildung von p entspricht.

Verwendet man die Festsetzung $H^n(X; \pi) = [X, K(\pi, n)]$ als Definition der Kohomologiegruppen, so erkennt man unmittelbar aus $H^2(X; \mathbb{Z}) = [X, BS^1]$, daß ein
S^1-Prinzipalbündel ξ über X durch seine klassifizierende Abbildung $X \to BS^1$, also
durch ein Element $c_1(\xi)$ in $H^2(X; \mathbb{Z})$ vollständig bestimmt ist. Das Kohomologie-
Element $c_1(\xi)$ nennt man auch die *charakteristische Klasse* von ξ. Ebenso kann man
mit komplexen Geradenbündeln ξ verfahren.

Wir vergleichen nun klassifizierende Räume verschiedener Gruppen. Sei
$\rho: H \to G$ ein stetiger Homomorphismus zwischen topologischen Gruppen. Ist
$E \to B$ ein numerierbares H-Prinzipalbündel, so stellen wir daraus ein numerierbares G-Prinzipalbündel mit dem Totalraum

$$E \times_H G = (E \times G)/\sim, \quad (e, g) \sim (eh, \rho(h)^{-1}g)$$

her. Wenden wir das auf $EH \to BH$ an, so erhalten wir eine klassifizierende Abbildung $B\rho: BH \to BG$ von $EH \times_H G$. Ist $\sigma: G \to L$ ein weiterer Homomorphismus, so gilt $B(\sigma \circ \rho) \simeq B(\sigma) \circ B(\rho)$. Deshalb wird durch $H \mapsto BH$, $\rho \mapsto B\rho$ jedenfalls ein Funktor von der Kategorie der topologischen Gruppen in die Homotopiekategorie definiert.

Sei $i: H \subset G$ die Inklusion einer Untergruppe H von G. Durch Einschränkung der G-Operation auf H erhalten wir aus EG einen freien, zusammenziehbaren H-Raum $\operatorname{res}_H EG$. Ist $G \to G/H$ ein numerierbares H-Prinzipalbündel, so erkennt man mittels (1.4), daß $\operatorname{res}_H EG$ als H-Raum numerierbar und in diesem Fall also $\operatorname{res}_H EG \to (\operatorname{res}_H EG)/H$ wegen (4.13) ein Modell für $EH \to BH$. Wir erhalten dann wegen $EG \times_G H \cong EG/H$ eine Abbildung

$$Bi: BH = (EG)/H \to (EG)/G = BG,$$

die ein Faserbündel mit Faser G/H ist. Ist G/H als Raum zusammenziehbar, so ist Bi als numerierbare Faserung mit zusammenziehbarer Faser eine Homotopieäquivalenz. Dieser Fall tritt bei den Inklusionen $O(n) \to GL(n, \mathbb{R})$ und $U(n) \to GL(n, \mathbb{C})$ auf. Wir notieren deshalb:

(4.15) Satz. *Die durch die Inklusion von Untergruppen induzierten Abbildungen*

$$BO(n) \to BGL(n, \mathbb{R}), \quad BU(n) \to BGL(n, \mathbb{C})$$

sind Homotopieäquivalenzen.   □

Sei H ein Normalteiler von G. Dann ist $E(G/H) \times E(G)$ ein numerierbarer freier G-Raum und deshalb $(E(G/H) \times EG)/G$ ein Modell für BG. Mit diesem Modell und der Orbitabbildung der Projektion $E(G/H) \times EG \to E(G/H)$ erhält man eine Abbildung $p: BG \to B(G/H)$, die ein Faserbündel mit Strukturgruppe G/H und Faser BH ist. Dabei ist $BH = EG/H$ mit der induzierten G/H-Operation. Sowohl p als auch die Inklusion $i: BH \to BG$ einer Faser sind induzierte Abbildungen vom Typ $B\rho$ für die Fälle $\rho: H \subset G$ und $\rho: G \to G/H$.

Ist allgemeiner $\rho: K \to L$ ein Homomorphismus, so operiert K auf $E(L)$ vermöge ρ. Es ist $(E(K) \times E(L))/K$ ein Modell für BK. Die Projektion auf $E(L)$ induziert eine Abbildung $B\rho: B(K) \to B(L)$. Sind K und L diskret, so kann der induzierte Homomorphismus $\pi_1(B\rho): \pi_1(BK) \to \pi_1(BL)$ mit ρ identifiziert werden (4.14).

Sei G eine diskrete Gruppe. Ein G-Prinzipalbündel ist auch eine Überlagerung. Wir haben Bündel und Überlagerungen klassifiziert. Wie hängen beide Klassifikationen zusammen?

Wir legen einen wegweise und lokal wegweise zusammenhängenden Raum B mit universeller Überlagerung $p: E \to B$ zugrunde. Sei $\pi = \pi_1(B)$. Wir betrachten

$p\colon E \to B$ als π-Prinzipalbündel mit Rechtsoperation. Ist $\varphi\colon \pi \to G$ ein Homomorphismus, so erhalten wir daraus eine π-Menge $G(\varphi)$ durch

$$\pi \times G \to G, \quad (x, y) \mapsto \varphi(x) \cdot y.$$

Das assoziierte Bündel $E \times_\pi G(\varphi)$ wollen wir auch mit $E \times_\varphi G$ bezeichnen. Die Rechtstranslationen in G induzieren eine freie G-Operation auf $E \times_\varphi G$. Die Projektion $E \times_\varphi G \to B$ ist ein G-Prinzipalbündel. Sind φ und ψ konjugiert, das heißt, gibt es ein $g \in G$, so daß für alle $a \in \pi$ die Gleichung $g\varphi(a)g^{-1} = \psi(a)$ gilt, so ist

$$E \times_\varphi G \to E \times_\psi G, \quad (x, h) \mapsto (x, gh)$$

ein Isomorphismus von G-Prinzipalbündeln. Wir erhalten durch $\varphi \mapsto E \times_\varphi G$ eine Abbildung

$$\alpha\colon \mathrm{Hom}(\pi, G)_k \to \mathcal{B}(G, B)$$

von der Menge der Konjugationsklassen (das bedeutet der Index k) von Homomorphismen $\pi \to G$ in die Menge der G-Prinzipalbündel über B.

(4.16) Satz. *Die soeben definierte Abbildung α ist eine Bijektion.*

Beweis. Sei $q\colon X \to B$ ein G-Prinzipalbündel. Als Überlagerung ist q nach dem Klassifikationssatz von der Form $r\colon E \times_\pi F \to X$ mit einer π-Menge F. Da q ein G-Prinzipalbündel ist, trägt F eine freie transitive G-Operation von rechts. Da die Rechtstranslationen mit Elementen aus G Bündelautomorphismen sind und die Automorphismengruppe von π gleich $\mathrm{Aut}_\pi(F, F)$ ist, so sind die π- und G-Operation auf F vertauschbar. Wir fixieren $f_0 \in F$. Zu jedem $a \in \pi$ gibt es genau ein $\varphi(a) \in G$ mit $af_0 = f_0\varphi(a)$. Man verifiziert, daß φ ein Homomorphismus $\pi \to G$ ist und r isomorph zu $E \times_\varphi G$. Also ist α surjektiv.

Sind umgekehrt $E \times_\varphi G$ und $E \times_\psi G$ isomorph, so sind die Mengen $G(\varphi)$ und $G(\psi)$ mit π-Links- und G-Rechtsoperationen isomorph, woraus folgt, daß φ und ψ konjugiert sind.   □

(4.17) Folgerung. *Sei G diskret und abelsch. Dann sind konjugierte Homomorphismen gleich. Sind alle Überlagerungen von B numerierbar (etwa B parakompakt), so ist $\mathcal{B}(B, G) = [B, BG]$. Eine Bijektion*

$$\alpha\colon \mathrm{Hom}(\pi, G) \cong [B, BG] = H^1(B; G)$$

erhalten wir mittels (4.14) *und* (4.16).   □

Die abelsch gemachte Gruppe $\pi_1(B)$ wird in der Homologietheorie gleich $H_1(B; \mathbb{Z})$. Deshalb läßt sich (4.17) auch als

$$\alpha\colon \mathrm{Hom}(H_1(B), G) \cong H^1(B; G)$$

schreiben. (Isomorphismen dieser Art erscheinen andernorts unter dem Stichwort „universelle Koeffizientenformeln".) Die klassifizierende Abbildung $f: B \to BG$ eines G-Prinzipalbündels $q: X \to B$ induziert Homomorphismen $f_*: \pi_1(X) \to \pi_1(B)$ und $f_*: H_1(B) \to H_1(BG)$. Ist G abelsch und diskret, so ist $G \cong \pi_1(BG) \cong H_1(BG)$. Wir erhalten damit eine Abbildung

$$\beta: [B, BG] \to \mathrm{Hom}(H_1(B), G).$$

Unter den Voraussetzungen von (4.17) ist β invers zu α.

(4.18) Beispiel. Die sehr allgemeinen topologischen Ergebnisse über die Bündel-klassifikation sollen nicht darüber hinwegtäuschen, daß es auch interessante nicht-numerierbare Bündel gibt. Wir geben ein Beispiel.

Die Gleichung $xz + y^2 = 1$ beschreibt im $\mathbb{R}^3$ ein einschaliges Hyperboloid Q. Die Operation der additiven Gruppe $\mathbb{R}$ auf $\mathbb{R}^3$, gegeben durch

$$c \cdot (x, y, z) = (x, y + cx, z - 2cy - c^2 x),$$

ist auf Q frei und macht Q zu einem $\mathbb{R}$-Prinzipalbündel. Numerierbare $\mathbb{R}$-Prinzipal-bündel sind trivial, da $\mathbb{R}$ zusammenziehbar ist. Das Bündel Q ist nicht trivial. Der Orbitraum ist die nicht-hausdorffsche Gerade mit zwei Nullpunkten. Wäre das Bündel trivial, so hätte es einen Schnitt, und der Orbitraum wäre Unterraum des Hausdorff-Raumes Q, was absurd ist. $\diamond$

Sei $f: E \to B$ eine stetige Abbildung. Eine stetige Abbildung $s: U \to E$ von einer Teilmenge $U \subset B$ heißt *Schnitt* von p über U, wenn für alle $x \in U$ die Relation $ps(x) = x$ gilt. Ist $U = B$, so sprechen wir kurz von einem Schnitt von p. Ein Schnitt ist immer eine Einbettung. Für viele Zwecke der Topologie ist die Existenz von Schnitten wichtig. Wir beweisen in diesem Abschnitt einen allgemeinen Satz über die Erweiterung von Schnitten.

Wir sagen, eine stetige Abbildung $p: E \to B$ hat die *Schnitterweiterungsei-genschaft* (= SEE), wenn gilt: Zu jedem $A \subset B$ und jedem Schnitt s über A, der sich auf einen Hof V um A in B erweitern läßt, gibt es einen Schnitt von p, der s erweitert. Insbesondere hat dann p einen Schnitt; man wende die Definition auf $A = V = \emptyset$ an. Ein *Hof V* von A ist eine Menge der Form $V = \tau^{-1}[0, 1[$ für eine stetige *Hoffunktion* $\tau: B \to [0, 1]$ mit $A = \tau^{-1}(0)$.

Wir erwähnen einige elementare Eigenschaften der SEE. Eine Abbildung $p: E \to B$ heißt *schrumpfbar*, wenn sie über B h-äquivalent zu id: $B \to B$ ist. Wir sagen, p wird von $p': E' \to B$ *dominiert*, wenn es Morphismen $f: E \to E'$ und $g: E' \to E$ gibt, deren Komposition gf über B homotop zur Identität ist.

(4.19) Satz. *Wird $p: E \to B$ von $p': E \to B$ dominiert und hat p die SEE, so auch p'.*

Beweis. Sei φ: $\mathrm{id}(E) \simeq_B gf$ eine Homotopie über B. Sei $A \subset B$, s ein Schnitt von p über A und s_V ein Schnitt über einem Hof V von A, der $s|A$ erweitert. Dann ist fs_V ein Schnitt von p' über V. Sei $U \subset V$ ein abgeschlossener Hof von A derart, daß V ein Hof von U ist. Da p' die SEE hat, existiert ein Schnitt S': $B \to E'$ von p', der fs_V auf U erweitert. Wir wählen eine Hoffunktion u von U und definieren S: $B \to E$ durch

$$S(b) = \begin{cases} gS'(b) & b \in u^{-1}(1) \\ \varphi(s_V(b), u(b)) & b \in U. \end{cases}$$

Das ist ein Schnitt, der s erweitert.   □

(4.20) Folgerung. *Ist p: $E \to B$ schrumpfbar, so hat p die SEE.*   □

(4.21) Satz. *Sei p: $E \to B$ eine stetige Abbildung. Es gebe eine numerierbare Überdeckung $(V_j \mid j \in J)$ von B, so daß p die SEE über jeder offenen Teilmenge von V_j hat. Dann hat p die SEE.*

Beweis. Sei $A \subset B$, s_A ein Schnitt von p über A und s_V eine Erweiterung von s_A auf einen Hof V von A mit Hoffunktion u. Sei $(v_j \mid j \in J)$ eine Numerierung von (V_j). Sei $0 \notin J$ und $K = J \cup \{0\}$. Durch $u_0 = 1 - u$ und $u_j = u \cdot v_j$ für $j \in J$ wird eine Zerlegung der Eins $(u_k \mid k \in K)$ definiert. Für $L \subset K$ setzen wir

$$u_L = \sum_{l \in L} u_l \colon B \to I \quad \text{und} \quad U_L = u_L^{-1}]0, 1].$$

Es sei dabei $u_\emptyset = 0$ und $U_\emptyset = \emptyset$. Die Abbildung u_L ist stetig, und A liegt in U_L, sofern $0 \in L$ ist. Wir betrachten die Menge der Paare

$$\mathscr{S} = \{(L, s) \mid 0 \in L \subset K, s \text{ Schnitt über } U_L, s|A = s_A\}.$$

Diese Menge ist nicht leer, da sie $(\{0\}, s_V|U_{\{0\}})$ enthält. Wir definieren auf $\mathscr{S}$ eine Partialordnung

$$(L, s) \leq (L', s') \quad \Leftrightarrow \quad \begin{cases} (1) & L \subset L' \\ (2) & s(b) \neq s'(b) \Rightarrow b \in U_{L' \setminus L}. \end{cases}$$

Wir wollen auf $(\mathscr{S}, \leq)$ das Zornsche Lemma anwenden und zeigen dazu, daß jede Kette eine obere Schranke hat. Sei $\mathscr{T} \subset \mathscr{S}$ eine nichtleere Kette. Wir setzen $M = \bigcup_{(L,s) \in \mathscr{T}} L$. Zu definieren ist ein Schnitt über U_M. Sei $b \in U_M$. Wir wählen eine Umgebung W von b, so daß

$$P_W = \{k \in K \mid W \cap u_k^{-1}]0, 1] \neq \emptyset\}$$

endlich ist. Die Menge

$$\mathscr{T}_W = \{(L, s) \in \mathscr{T} \mid (M \setminus L) \cap P_W = \emptyset\}$$

ist nicht leer, da P_W endlich ist und $\mathcal{T}$ eine Kette ist. Für $(L, s) \in \mathcal{T}$ ist $b \in U_M \cap W \subset U_L$; und wegen Bedingung (2) in der Definition der Ordnung $\leq$ ist für $(L, s), (L', s') \in \mathcal{T}_W$

$$s(c) = s'(c), \quad c \in U_M \cap W.$$

Durch $t(b) = s(b)$ für $(L, s) \in \mathcal{T}_W$ ist deshalb $t(b)$ eindeutig definiert, und wegen $t|U_M \cap W = s|U_M \cap W$ ist t auf U_M auch stetig. Also liegt (M, t) in $\mathcal{S}$. Wir behaupten: Für $(L, s) \in \mathcal{T}$ ist $(L, s) \leq (M, t)$. Die Inklusion $L \subset M$ ist klar; und aus $s(b) \neq t(b)$ folgt $(M \setminus K) \cap P_W \neq \emptyset$, das heißt, es gibt ein $j \in M \setminus L$ mit $u_j(b) > 0$, also $b \in U_{M \setminus L}$.

Damit haben wir gezeigt, daß eine Kette eine obere Schranke hat und sich der Satz von Zorn anwenden läßt. Sei demnach (L, s) maximal in $(\mathcal{S}, \leq)$. Wir zeigen $L = K$; dann ist $U_L = U_K = B$ und s ein Schnitt über B, der s_A erweitert, was zu zeigen war.

Angenommen, $L \neq K$. Wir wählen $j \in K \setminus L$. Die stetige Funktion

$$w: u_j^{-1}\,]0, 1] \to I, \quad b \mapsto \min\left(1, \frac{u_L(b)}{u_j(b)}\right)$$

liefert einen Hof von $w^{-1}(1)$. Es ist $w^{-1}(1) \subset U_L$ und $s|w^{-1}(1)$ hat eine Erweiterung s' über $u_j^{-1}\,]0, 1]$, da p nach Voraussetzung die SEE über $u_j^{-1}\,]0, 1] \subset V_j$ hat und $s|w^{-1}(1)$ sich auf $w^{-1}\,]0, 1]$ durch s erweitern läßt. Sei $t: U_L \cup U_{\{j\}} \to E$ definiert durch

$$t(b) = \begin{cases} s(b) & \text{für} \quad u_j(b) \leq u_L(b) \\ s'(b) & \text{für} \quad u_j(b) \geq u_L(b). \end{cases}$$

Dann ist $(L, s) \leq (L \cup \{j\}, t)$ im Widerspruch zur Maximalität von (L, s).   □

(4.22) **Folgerung.** *Sei* $p: E \to B$ *numerierbar lokal trivial mit zusammenziehbarer Faser. Dann hat* p *die* SEE *und insbesondere einen Schnitt.*

Beweis. Eine Projektion $\mathrm{pr}: V \times F \to V$ mit zusammenziehbarer Faser F ist schrumpfbar. Nun wende man (4.20) und (4.21) an.   □

(4.23) **Satz.** *Es gibt eine kanonische h-Äquivalenz* $j: BG \times BH \to B(G \times H)$.

Beweis. Es ist $EG \times EH$ ein zusammenziehbarer $G \times H$-Raum. Die bis auf Homotopie eindeutig bestimmte $G \times H$-Abbildung nach $E(G \times H)$ induziert j.   □

5   Lokale Beschreibung von Bündeln

Ist $p: P \to X$ ein G-Prinzipalbündel und $g: P \times_G F \to X$ ein assoziiertes Faserbündel, so ist ein Schnitt von q die invariante globale Formulierung eines Objekts, das aus lokal definierten Funktionen $X \supset U \to F$ besteht, die bei Kartenwechsel

ein bestimmtes Transformationsverhalten zeigen. Diese Beziehung zwischen lokal
und global definierten Objekten ist für viele Anwendungen entscheidend und soll
deshalb hier dargestellt werden.

Sei $\mathcal{U} = (U_j \mid j \in J)$ eine offene Überdeckung von X und $\varphi_j : U_j \times G \to P \mid U_j$
ein System von Bündelkarten. Ein Kartenwechsel hat die Form

$$\varphi_j^{-1}\varphi_i : (U_i \cap U_j) \times G \to (U_i \cup U_j) \times G, \ (u, g) \mapsto (u, g_{ij}(u)g)$$

mit stetigen Funktionen $g_{ij} : U_i \cap U_j \to G$. Die g_{ji} erfüllen die sogenannte *Kozy-
kelbedingung*:

(5.1) $g_{ii}(u) = e$ für $u \in U_i$, $\ g_{kj}(u)g_{ji}(u) = g_{ki}(u)$ für $u \in U_i \cap U_j \cap U_k$.

Jedes System $(g_{ij} : U_i \cap U_j \to G)$ stetiger Funktionen mit den Eigenschaften (5.1)
heißt *G-Kozykel* zur Überdeckung $\mathcal{U}$.

Ist $\psi_j : U_j \times G \to P \mid U_j$ ein weiteres System von Trivialisierungen, so gilt

$$\psi_j^{-1}\varphi_j : U_j \times G \to U_j \times G, \ (u, g) \mapsto (u, h_j(u)g)$$

mit stetigen Funktionen $h_j : U_j \to G$. Ist $(k_{ij} : U_i \cap U_j \to G)$ der Kozykel zu den
ψ_j, so gilt:

(5.2) $k_{ij}(u) = h_j(u)g_{ij}(u)h_i^{-1}(u), \ u \in U_i \cap U_j.$

Ist umgekehrt (g_{ij}) irgendein Kozykel und $(h_i : U_i \to G)$ eine Familie stetiger
Funktionen, so wird durch (5.2) ein Kozykel (k_{ij}) definiert. Wir nennen zwei Kozykel
(k_{ij}) und (g_{ij}) *kohomolog*, wenn sie in der Beziehung (5.2) stehen. Dadurch wird
eine Äquivalenzrelation auf der Menge $Z^1(\mathcal{U}; G)$ aller G-Kozykel zu $\mathcal{U}$ definiert.
Die Menge der Kohomologieklassen werde mit $\check{H}^1(\mathcal{U}; G)$ bezeichnet.

Ist ein Kozykel (g_{ij}) gegeben, so kann man ein G-Prinzipalbündel dazu wie
folgt konstruieren: In $\coprod_{j \in J} U_j \times G$ betrachte man die Äquivalenzrelation: $(x, g) \in$
$U_i \times G$ werde mit $(x, g_{ji}(x)g) \in U_j \times G$ identifiziert. Sei P der Quotientraum.
Die G-Operation durch Multiplikation von rechts im zweiten Faktor der $U_j \times G$
induziert eine freie G-Operation in P. Die Projektionen $U_j \times G \to U_j$ induzieren
eine Projektion $p : P \to X$. Mit diesen Daten wird p ein G-Prinzipalbündel. Aus
den Inklusionen $U_i \times G \to \coprod_{j \in J} U_j \times G$ entsteht eine Bündelkarte über U_i. Der
zu p gehörende Kozykel ist nach Konstruktion (g_{ij}).

Die eben beschriebene Konstruktion liefert eine Bijektion zwischen Isomorphieklassen von Bündeln, die über den Mengen von $\mathcal{U}$ trivial sind, und der Menge
$\check{H}^1(\mathcal{U}; G)$.

Um Bündel zu vergleichen, die über verschiedenen Überdeckungen trivialisiert
werden können, genügt es, von einer Überdeckung zu einer Verfeinerung überzuge-
hen. Sei $\mathcal{V} = (V_k \mid k \in K)$ eine Verfeinerung von $\mathcal{U}$. Wir wählen zu jedem $k \in K$

ein $\sigma(k) \in J$ mit $V_k \subset U_{\sigma(k)}$. Dann erhalten wir aus einem Kozykel (g_{ij}) für $\mathcal{U}$ durch Einschränkung

$$h_{kl}^{\sigma}: V_k \cap V_l \xrightarrow{} U_{\sigma(k)} \cap U_{\sigma(l)} \xrightarrow{g_{\sigma(k)\sigma(l)}} G$$

einen Kozykel für $\mathcal{V}$. Benutzt man statt σ eine andere Auswahl τ mit $V_k \subset U_{\tau(k)}$, so sind (h_{kl}^{σ}) und (h_{kl}^{τ}) kohomolog. Insgesamt erhält man also durch diesen Prozeß eine wohldefinierte Abbildung (Restriktion)

$$r(\mathcal{V}, \mathcal{U}): \check{H}^1(\mathcal{U}; G) \to \check{H}^1(\mathcal{V}; G).$$

Die zu (g_{ij}) und (h_{kl}^{σ}) konstruierten Prinzipalbündel sind offenbar isomorph. Zwei Elemente $x_{\nu} \in \check{H}^1(\mathcal{U}_{\nu}; G)$ heißen äquivalent, wenn sie bei einer gemeinsamen Verfeinerung $\mathcal{V}$ von $\mathcal{U}_1$ und $\mathcal{U}_2$ durch Restriktion gleich werden ($\nu = 1, 2$). Betrachten wir nun statt indizierter Überdeckungen *Mengen* $\mathcal{U}$ von offenen Teilmengen von X, die X als Vereinigung haben (um die Menge aller Indexmengen zu vermeiden!), so liefern die Äquivalenzklassen von Elementen aus zugehörigen $\check{H}^1(\mathcal{U}; G)$ eine Menge, die mit $\check{H}^1(X; G)$ bezeichnet werde. Die eben beschriebene Zuordnung von Bündeln zu Kohomologieklassen induziert eine Bijektion

(5.3) $\check{H}^1(X; G) \cong \mathcal{B}(X; G)$

zur Menge $\mathcal{B}(X; G)$ der Isomorphieklassen von G-Prinzipalbündeln. Will man nur numerierbare Bündel haben, so darf man nur Kozykel zu numerierbaren Überdeckungen verwenden.

Sei nun wieder P ein über $\mathcal{U}$ durch (φ_j) trivialisiertes G-Prinzipalbündel mit Kozykel (g_{ij}). Sei ferner F ein G-Raum mit Linksoperation. Wir betrachten Familien $(s_j: U_j \to F)$ stetiger Abbildungen s_j mit der Transformationseigenschaft

(5.4) $g_{ij}(u)s_i(u) = s_j(u), \qquad u \in U_i \cap U_j.$

Daraus erhalten wir einen Schnitt $s: X \to P \times_G F$ des assoziierten Prinzipalbündels $p: P \times_G F \to X$, indem wir für $u \in U_j$ setzen

$$s(u) = [\varphi_j(u, e), s_j(u)] \in P \times_G F.$$

Die Eigenschaft (5.4) sichert die Wohldefiniertheit von s. Umgekehrt wird jeder Schnitt von p durch eine Familie (s_j) mit der Eigenschaft (5.4) gegeben.

Ist X eine differenzierbare Mannigfaltigkeit, G eine Liesche Gruppe und sind die g_{ij} differenzierbar, so erhält man Kozykelbeschreibungen für glatte Prinzipalbündel. Analog kann man bei komplexen Mannigfaltigkeiten, komplexen Liegruppen und holomorphen g_{ij} verfahren und erhält holomorphe Prinzipalbündel.

Typischerweise treten lokale Beschreibungen in der Geometrie von Mannigfaltigkeiten auf. Ist X eine glatte n-Mannigfaltigkeit und $((U_j, h_j, V_j) \mid j \in J)$ ein

Atlas der differenzierbaren Struktur, so bilden die Jacobi-Matrizen der Kartenwechsel einen glatten Kozykel

$$U_i \cap U_j \to GL(n, \mathbb{R}), \quad u \mapsto D(h_j h_i^{-1})(u).$$

Das zugehörige Prinzipalbündel ist der Prototyp eines Prinzipalbündels. Das assoziierte $\mathbb{R}^n$-Faserbündel bezüglich der Matrizenmultiplikation $GL(n, \mathbb{R}) \times \mathbb{R}^n \to \mathbb{R}^n$ ist das Tangentialbündel.

Jedes n-dimensionale reelle Vektorraumbündel ist assoziiertes Faserbündel zu einem $GL(n, \mathbb{R})$-Prinzipalbündel. Kartenwechsel in einem Vektorraumbündel haben nämlich die Form

$$(U_i \cap U_j) \times \mathbb{R}^n \to (U_i \cap U_j) \times \mathbb{R}^n, \quad (x, v) \mapsto (x, g_{ij}(x)v)$$

mit $g_{ij}(x) \in GL(n, \mathbb{R})$ stetig von x abhängend. Damit ist ein relevanter Kozykel gewonnen. Vektorraumbündel sind genau dann isomorph, wenn die zugehörigen Prinzipalbündel isomorph sind.

Die im zweiten Abschnitt angegebenen Konstruktionen mit Vektorraumbündeln lassen sich über Prinzipalbündel auch leicht verstehen. Gehört etwa das Vektorraumbündel ξ zum $GL(n, \mathbb{R})$-Prinzipalbündel P, so erhält man die k-te äußere Potenz als assoziiertes Bündel

$$\Lambda^k(\xi) = P \times_{GL(n, \mathbb{R})} \Lambda^k(\mathbb{R}^n),$$

wobei $\Lambda^k(\mathbb{R}^n)$ die $GL(n, \mathbb{R})$-Darstellung ist, die jedem linearen Automorphismus von $\mathbb{R}^n$ seine k-te äußere Potenz zuordnet.

Ist G eine kommutative topologische Gruppe, so lassen sich Kozykel (g_{ij}) und (h_{ij}) zur Überdeckung $\mathcal{U}$ multiplizieren: $u \mapsto h_{ij}(u)g_{ij}(u)$. Die Kozykel der Form $u \mapsto h_j(u)h_i^{-1}(u)$, gebildet aus Familien $(h_j \colon U_j \to G)$, bilden eine Untergruppe, und (5.2) geht in die Nebenklassenbildung bezüglich dieser Untergruppe über. Damit erhalten $\check{H}^1(\mathcal{U}, G)$ und $\check{H}^1(X; G)$ eine induzierte Struktur einer kommutativen Gruppe.

Ist G diskret und abelsch, so haben wir im letzten Abschnitt schon gesehen, daß $BG = K(G, 1)$ ist. In diesem Fall haben wir das Symbol $H^1(X, G)$ als die Homotopiemenge $[X, K(G, 1)]$ erklärt. Da unser neues Symbol $\check{H}^1(X; G)$ ebenfalls G-Prinzipalbündel klassifiziert, scheint ein überflüssiges Symbol eingeführt zu sein. Der Unterschied besteht in der Betrachtung beliebiger Bündel hier und numerierbarer Bündel dort. Für viele praktisch vorkommende Räume ist dieser Unterschied belanglos.

Die beiden Definitionen sind in Wahrheit eine Erscheinungsform für zwei unterschiedliche Definitionen von Kohomologiegruppen. Die Konstruktion mittels Überdeckungen führt zu den sogenannten Čechschen Kohomologiegruppen. Aus diesem Grund haben wir auch oben Begiffe wie Kozykel und kohomolog verwendet.

(5.5) Beispiel. Die Menge der komplexen Geradenbündel wird hiernach durch $\check{H}^1(X; \mathbb{C}^*)$ beschrieben, mit der multiplikativen Gruppe $\mathbb{C}^* = \mathbb{C} \setminus 0$. Die Gruppenverknüpfung in $\check{H}^1(X; \mathbb{C}^*)$ entspricht dem Tensorprodukt von Geradenbündeln. $\Diamond$

Wir haben oben schon bemerkt, daß die Klassifikation reeller Vektorraumbündel auf die Klassifikation von $GL(n, \mathbb{R})$-Prinzipalbündeln hinausläuft. Demnach nennt man das assoziierte Vektorraumbündel $EG \times_G \mathbb{R}^n \to BG$ für $G = GL(n, \mathbb{R})$ auch universelles n-dimensionales Vektorraumbündel. Wegen der Homotopieäquivalenz $BO(n) \simeq BGL(n, \mathbb{R})$, bezeichnet man häufig auch $BO(n)$ als klassifizierenden Raum für diese Vektorraumbündel. Diese Tatsache ist ein anderer Ausdruck dafür, daß numerierbare Vektorraumbündel immer eine Riemannsche Metrik besitzen; diese kann dazu benutzt werden, um Kartenwechsel mit orthogonalen Vergleichsabbildungen zu erzwingen. Analoges gilt für komplexe Bündel und Hermitesche Metriken.

Für Vektorraumbündel gibt es andere Modelle der universellen Bündel: Die unendlichdimensionalen Versionen der tautologischen Bündel. Ist $\mathbb{R}^\infty$ der Vektorraum aller Folgen reeller Zahlen $(x_1, x_2, x_3, \dots)$, die schließlich Null sind, so kann man den Graßmann-Raum $G_n(\mathbb{R}^\infty)$ der n-dimensionalen Unterräume in $\mathbb{R}^\infty$ und das zugehörige tautologische Bündel $\gamma_n \colon E(\gamma_n) \to G_n(\mathbb{R}^\infty)$ bilden. Wir haben schon im zweiten Abschnitt gesehen, daß jedes n-dimensionale Bündel von endlichem Typ eine Bündelabbildung nach γ_n besitzt. In Analogie zu den Überlegungen für Prinzipalbündel kann man γ_n als universelles Bündel nachweisen. Für Einzelheiten sei auf [182] verwiesen.

6 Bestimmung von Tangentialbündeln

In diesem Abschnitt beschreiben wir, wie sich Tangentialbündel wichtiger Mannigfaltigkeiten konstruieren lassen.

Zunächst betrachten wir Orbiträume glatter, freier, eigentlicher Operationen $G \times M \to M$ einer Lieschen Gruppe G auf der Mannigfaltigkeit M. Dann hat M/G genau eine differenzierbare Struktur, so daß die Orbitabbildung $p \colon M \to M/G$ eine Submersion ist.

Ist M irgendeine glatte G-Mannigfaltigkeit, so erhält man über das Differential der Linkstranslationen eine Operation auf dem Tangentialbündel

$$G \times TM \to TM, \quad (g, v) \mapsto (Tl_g)v.$$

Diese Operation ist glatt und die Bündelprojektion äquivariant. Mit dieser Operation wird $TM \to M$ ein glattes G-Vektorraumbündel; darunter verstehen wir allgemein ein glattes Vektorraumbündel $\xi \colon E \to M$ mit differenzierbaren Operationen von G auf E und M, so daß ξ äquivariant ist und jede Linkstranslation $l_g \colon E \to E$ Fasern linear in Fasern abbildet.

(6.1) Satz. *Sei $\xi\colon E \to M$ ein glattes G-Vektorraumbündel. Die Operation von G auf M sei frei und eigentlich. Dann ist die Abbildung der Orbiträume $\xi/G\colon E/G \to M/G$ ein glattes Vektorraumbündel.*

Beweis. Die Operation auf E ist frei. Hat M die Form $G \times U$ mit der trivialen Operation von G auf dem Faktor U und ist $\xi_0\colon E_0 \to U$ die Einschränkung des Bündels ξ auf $\{e\} \times U$, so ist $\mathrm{id} \times \xi_0\colon G \times E_0 \to G \times U$ ein G-Vektorraumbündel und $G \times E_0 \to E$, $(g, x) \mapsto gx$ ein Bündelisomorphismus. Folglich ist in diesem Fall $E/G \to M/G$ diffeomorph zu $E_0 \to U$, also ein Vektorraumbündel. Im allgemeinen Fall wird M von offenen G-Mengen überdeckt, die G-diffeomorph zu Mengen der Form $G \times U$ sind. Es folgt, daß ξ/G lokal trivial ist.   □

Die Orbitabbildung von Basis und Totalraum liefern eine Bündelabbildung $\xi \to \xi/G$. Wir kehren zum Tangentialbündel zurück. Das Differential von p ist ein Morphismus $Tp\colon TM \to T(M/G)$, der über die Orbitabbildung $TM \to (TM)/G$ faktorisiert und einen Morphismus $q\colon (TM)/G \to T(M/G)$ über M/G induziert. In jedem Fall ist q fasernweise surjektiv. Ist G diskret, so haben M und M/G dieselbe Dimension. Deshalb ist q ein Isomorphismus.

(6.2) Satz. *Operiert die diskrete Gruppe G frei und eigentlich auf M, so induziert die Orbitabbildung $M \to M/G$ einen Bündelisomorphismus von $(TM)/G$ mit $T(M/G)$.*   □

Mit dem letzten Satz ist zum Beispiel gesagt, wie das Tangentialbündel des projektiven Raumes $\mathbb{R}P^n$ aus dem von S^n entsteht. Wir haben einen kanonischen Isomorphismus $TS^n \oplus \varepsilon \cong (n+1)\varepsilon$. Er entsteht in dem Standardmodell dadurch, daß ε durch die nach außen weisenden Normalenvektoren von $S^n \subset \mathbb{R}^{n+1}$ gegeben wird. Operiert $\mathbb{Z}/2$ auf $TS^n \oplus \varepsilon$ durch das Differential der antipodischen Abbildung auf TS^n und trivial auf ε, so geht diese Operation bei dem genannten Isomorphismus in $S^n \times \mathbb{R}^{n+1} \to S^n \times \mathbb{R}^{n+1}$, $(x, v) \mapsto (-x, -v)$ über. Wir betrachten die Orbiträume und erhalten

$$(6.3) \qquad\qquad T(\mathbb{R}P^n) \oplus \varepsilon \cong (n+1)\gamma$$

mit dem tautologischen Geradenbündel γ über $\mathbb{R}P^n$. Damit haben wir das stabile Tangentialbündel von $\mathbb{R}P^n$ bestimmt. Analog verfährt man im Komplexen und erhält für das komplexe Tangentialbündel die Relation

$$(6.4) \qquad\qquad T(\mathbb{C}P^n) \oplus \varepsilon_{\mathbb{C}} \cong (n+1)\gamma^*$$

mit dem komplexen trivialen Bündel $\varepsilon_{\mathbb{C}}$ und dem tautologischen Bündel γ.

Im allgemeinen hat $q\colon (TM)/G \to T(M/G)$ einen Kern, der nach der allgemeinen Bündeltheorie ein Bündel $K \to M/G$ mit Faserdimension $\dim G$ ist. Wir werden sehen, daß das Kernbündel zum Prinzipalbündel $M \to M/G$ assoziiert ist. Zu seiner Beschreibung benötigen wir die *adjungierte Darstellung* einer Lieschen Gruppe. Sei $L(G) = T_e(G)$ der Tangentialraum im neutralen Element. Die Operation durch Konjugation

$$c\colon G \times G \to G, \quad (g,x) \mapsto gxg^{-1} = c_g(x)$$

hat $e \in G$ als Fixpunkt und liefert über das Differential eine Operation

$$\mathrm{Ad}\colon G \times L(G) \to L(G), \quad (g,v) \mapsto (Tc_g)v.$$

Damit ist eine Darstellung von G gegeben, die adjungierte Darstellung von G genannt wird. Sie enthält weitreichende infinitesimale Information über die Gruppenmultiplikation und spielt eine wesentliche Rolle in der Strukturtheorie der Lieschen Gruppen.

(6.5) Satz. *Das Kernbündel $K \to M/G$ von $q\colon (TM)/G \to T(M/G)$ ist isomorph zu dem assoziierten Bündel $M \times_G L(G) \to M/G$.*

Beweis. Damit die Formulierung des Satzes mit früheren Bezeichnungen im Einklang ist, gehen wir von einer Rechtsoperation von G auf M aus. Wir konstruieren eine Abbildung $k\colon TM \to M \times L(G)$ wie folgt. Sei $\varphi = (\varphi_1, \varphi_2)\colon p^{-1}(U) \to U \times G$ ein G-Diffeomorphismus über der in M/G offenen Menge U (eine Bündelkarte des Prinzipalbündels). Sei $x \in p^{-1}(U)$, $v \in T_x M$ und $\varphi(x) = (u, g)$. Wir setzen

$$k(v) = (x, Tl_g^{-1} \circ T\varphi_2(v)).$$

Man bestätigt, daß k wohldefiniert ist und mit der G-Operation verträglich ist. Deshalb wird ein Bündelmorphismus

$$\kappa\colon (TM)/G \to M \times_G L(G)$$

induziert. Die beiden Abbildungen q und κ zusammen liefern einen Isomorphismus

$$(TM)/G \to T(M/G) \oplus (M \times_G L(G)),$$

wie man fasernweise nachrechnet. Deutlicher: Eine Umkehrabbildung $j\colon M \times L(G) \to TM$ von k wird folgendermaßen gegeben. Sei $\mu\colon M \times G \to M$ die Operation. Dann sei $j(x,v) := T_{(x,e)}\mu(0,v)$ für $(0,v) \in T_{(x,e)}(M \times G) = T_x M \times L(G)$. Das Bild von j ist im Kern von $T(p)\colon TM \to T(M/G)$ enthalten. $\qquad\square$

Wir können den letzten Satz auch so formulieren: Es gibt eine exakte Sequenz von Bündeln

$$0 \to M \times_G L(G) \to (TM)/G \to T(M/G) \to 0.$$

Für TM selbst erhält man die darüberliegende exakte Sequenz

$$0 \to M \times L(G) \xrightarrow{\quad j \quad} TM \to p^* T(M/G) \to 0.$$

Wir betrachten speziell eine Liesche Gruppe G und eine abgeschlossene Untergruppe H. Die adjungierte Darstellung $L(G)$ hat dann den H-invarianten Unterraum $L(H)$. Deshalb steht uns die H-Darstellung $L(G)/L(H)$ zur Verfügung.

(6.6) Satz. *Es gibt einen kanonischen Diffeomorphismus von G-Vektorraumbündeln $T(G/H) \cong G \times_H (L(G)/L(H))$.*

Beweis. Wir haben den Bündelisomorphismus $\lambda \colon G \times L(G) \to T(G)$, $(g, v) \mapsto Tl_g(v)$ von Räumen mit Linksoperation von G. Das Differential der Rechtstranslation Tr_h wird durch λ in die Abbildung $(g, v) \mapsto (gh, \mathrm{Ad}(h^{-1})v)$ transportiert. Deshalb induziert λ einen Isomorphismus $\Lambda \colon G \times_H L(G) \to T(G)/H$, wobei $L(G)$ durch Restriktion als H-Darstellung gewertet wird. Setzen wir Λ mit der kanonischen Abbildung $q \colon T(G)/H \to T(G/H)$ zusammen, so wird $G \times_H L(H)$ auf Null abgebildet. Aus Dimensionsgründen erhalten wir eine exakte Sequenz

$$0 \to G \times_H L(H) \xrightarrow{\quad j \quad} G \times_H L(G) \xrightarrow{\quad q \circ \Lambda \quad} T(G/H) \to 0,$$

und es ist klar, daß der Kokern von j zu $G \times_H (L(G)/L(H))$ isomorph ist. □

(6.7) Beispiel. (Graßmannsche Mannigfaltigkeiten) Wir können den Tangentialraum von $GL(n, \mathbb{R})$ im neutralen Element mit dem Vektorraum $M_n(\mathbb{R})$ aller $(n \times n)$-Matrizen identifizieren. Die adjungierte Darstellung wird dann durch

$$GL(n, \mathbb{R}) \times M_n(\mathbb{R}) \to M_n(\mathbb{R}), \quad (A, X) \mapsto AXA^{-1}$$

beschrieben. Die orthogonale Gruppe $O(n)$ hat als $T_E O(n) = LO(n)$ den Unterraum aller schiefsymmetrischen (n, n)-Matrizen. Um das Tangentialbündel der Graßmannschen Mannigfaltigkeit

$$G_k(\mathbb{R}^{n+k}) \cong O(n+k)/O(k) \times O(n)$$

mittels (6.6) zu bestimmen, müssen wir $LO(n+k)/LO(k) \times LO(n)$ als $O(k) \times O(n)$-Darstellung beschreiben. Der Unterraum aller Matrizen der Form

$$\begin{pmatrix} O & A \\ -A^t & O \end{pmatrix}, \qquad A \in M(n, k)$$

wird isomorph auf $LO(n+k)/LO(k) \times LO(n)$ abgebildet. Die Operation von $(C, D) \in O(k) \times O(n)$ auf einer Matrix dieser Form wird durch Ersetzen von A durch CAD^{-1} gegeben. Begrifflich läßt sich diese Darstellung durch den Vektorraum

$\mathrm{Hom}(\mathbb{R}^n, \mathbb{R}^k)$ beschreiben, auf dem $\mathrm{Aut}(\mathbb{R}^n) \times \mathrm{Aut}(\mathbb{R}^k)$ durch $((f, g), h) \mapsto fhg^{-1}$ operiert.   ◇

Indem man jedem Unterraum sein orthogonales Komplement zuordnet, erhält man einen Diffeomorphismus $G_k(\mathbb{R}^{n+k}) \cong G_n(\mathbb{R}^{k+n})$. Deshalb kann man die tautologischen Bündel γ_k und γ_n beide als Bündel über $G_k(\mathbb{R}^{k+n})$ ansehen. In der Version $O(n+k)/O(k) \times O(n)$ sind diese Bündel assoziiert zu den $O(k)$- bzw. $O(n)$-Prinzipalbündeln, die der Projektion der zugehörigen Stiefel-Mannigfaltigkeiten assoziiert sind. Indem wir die voranstehende Diskussion des Tangentialbündels übersetzen, erhalten wir die folgende Aussage.

(6.8) Satz. *Seien γ_k und γ_n die tautologischen Bündel über $G_k(\mathbb{R}^{n+k})$. Dann ist das Tangentialbündel $T G_k(\mathbb{R}^{n+k})$ kanonisch isomorph zum Bündel $\mathrm{Hom}(\gamma_n, \gamma_k)$. Der Isomorphismus ist mit der Operation von $O(n+k)$ (und sogar $GL(n+k, \mathbb{R})$) verträglich. Analoges gilt für komplexe Graßmannsche Mannigfaltigkeiten.*   □

Wir verbinden die Ergebnisse (6.3) und (6.8). Das Bündel $\gamma_n \oplus \gamma_1$ ist trivial, also gilt $\gamma_n^* \oplus \gamma_1^* \cong (n+1)\varepsilon$. Wir bilden das Tensorprodukt mit γ_1 und erhalten wegen $\gamma_1^* \otimes \gamma_1 \cong \varepsilon$ und $\mathrm{Hom}(\xi, \eta) \cong \xi^* \otimes \eta$ einen Isomorphismus $\mathrm{Hom}(\gamma_n, \gamma_1) \oplus \varepsilon \cong (n+1)\gamma_1$.

Der Totalraum eines glatten Vektorraumbündels $\xi \colon E \to M$ ist eine differenzierbare Mannigfaltigkeit. Wie sieht TE aus? Über E gibt es zwei kanonische Bündel:

(1) $\xi^* TM$, das induzierte Tangentialbündel.

(2) $\xi^* E$, das von sich selbst induzierte Bündel.

(6.9) Satz. *Das Tangentialbündel TE ist isomorph zu $\xi^* TM \oplus \xi^* E$.*

Beweis. Da $\xi \colon E \to M$ eine Homotopieäquivalenz ist, mit dem Nullschnitt $s \colon M \to E$ als Inversem, genügt es nach dem Homotopiesatz für Bündel zu zeigen, daß $TE|M$ zu $TM \oplus E$ isomorph ist. Dieser Isomorphismus ist sogar kanonisch. Da $\xi s = \mathrm{id}$ ist, so ist $Ts \colon TM \to TE|M$ ein Bündelmonomorphismus. Eine Einbettung $j \colon E \to TE|M$ beruht darauf, daß sich der Tangentialraum des Vektorraums $E_x = \xi^{-1}(x)$ mit E_x kanonisch identifizieren läßt. Ist $v \in E_x$ und $\alpha_v \colon \mathbb{R} \to E$, $t \mapsto tv$, so ist $j(v) = \dot{\alpha}_v(0)$, der Geschwindigkeitsvektor der Kurve α_v zur Zeit $t = 0$.

Statt α_v kann man auch $\alpha_{u,v} \colon t \mapsto u + tv$ für $u, v \in E_x$ betrachten und mittels $(u, v) \mapsto \dot{\alpha}_{u,v}(0)$ eine kanonische Einbettung von $\xi^* E$ nach TE erhalten. Der Summand $\xi^* TM$ läßt sich dagegen nicht kanonisch nach TE einbetten.   □

Insbesondere kann man das Tangentialbündel $T(TM)$, das *doppelte Tangentialbündel* von M, betrachten. Die Einschränkung auf den Nullschnitt ist dann $TM \oplus TM$, wobei etwa der erste Summand die Tangentialvektoren der Basis und der zweite die der Fasern umfaßt. Da ein Bündel $\xi \oplus \xi$ immer orientierbar ist (und sogar eine komplexe Struktur besitzt), ist TM eine orientierbare Mannigfaltigkeit.

(6.10) Beispiel. Sei $p\colon E \to G/H$ ein G-Vektorraumbündel über dem homogenen Raum G/H. Dann ist $V = p^{-1}(eH)$, die Faser über eH, eine H-Darstellung, weil es sich um einen H-invarianten Teilraum von E handelt. Hat $G \to G/H$ lokale Schnitte, so ist p isomorph zu dem assoziierten Bündel $G \times_H V \to G/H$. Ein G-Isomorphismus ist $G \times_H V \to E$, $(g, v) \mapsto gv$. $\diamond$

X Dualität. Produkte

1 Paarungen

Für viele Anwendungen ist es wichtig, Homologie- und Kohomologietheorien durch geeignete Paarungen miteinander zu verbinden. Wir wählen als Grundlage des Vergleichs die sogenannten Cap-Produkte. Wir gehen von einer Homologietheorie h_* und einer Kohomologietheorie h^* mit Werten in $\mathbb{K}$-Mod aus.

(1.1) Definition. Eine *Paarung* zwischen den gegebenen Theorien besteht aus $\mathbb{K}$-linearen Abbildungen (genannt *Cap-Produkt*)

$$h^i(X, A) \otimes h_n(X, A \cup B) \to h_{n-i}(X, B), \quad x \otimes y \mapsto x \frown y.$$

Diese Abbildungen sind für gewisse Paare (A, B) von Teilmengen definiert; zumindest für schnittige Paare (A, B). Die Abbildungen sollen die folgenden Eigenschaften haben:

(1) *Natürlichkeit.* Ist $f \colon (X, A, B) \to (X', A', B')$ stetig und $x' \in h^i(X', A')$, $u \in h_n(X, A \cap B)$, so gilt $f_*(f^*x' \frown u) = x' \frown f_*u$.

(2) *Stabilität.* Sei $x \in h^i(X, A)$ und $y \in h_n(X, A \cup B)$. Dann gilt

$$\partial(x \frown y) = (-1)^i j^* x \frown \partial' y.$$

Darin ist $j^* \colon h^i(X, A) \to h^i(B, A \cap B)$ durch die Inklusion induziert; und ∂' ist die Komposition $h_n(X, A \cup B) \xrightarrow{\partial} h_{n-1}(A \cup B, A) \cong h_{n-1}(B, A \cap B)$.

(3) *Stabilität.* Sei $x \in h^i(A)$ und $y \in h_n(X, A \cup B)$. Dann gilt

$$\delta x \frown y + (-1)^i j_*(x \frown \partial' y) = 0.$$

Darin ist ∂' wie eben, aber mit vertauschten Rollen von A und B, definiert und $j_* \colon h_{n-1-i}(A, A \cap B) \to h_{n-1-i}(X, B)$ durch die Inklusion induziert. $\diamond$

Wir leiten nun aus diesen Grundeigenschaften weitere technische Aussagen her. Zunächst die Verträglichkeit mit Einhängungen.

(1.2) Notiz. *Sei* $x \in h^k(X \times I, A \times I)$ *und* $z \in h_n(X \times I, A \times I)$. *Wir schreiben die Einhängung in der Form*

$$\sigma: h_n(X \times I, (A \cup B) \times I) \to h_{n+1}(X \times I, (A \cup B) \times I \cup X \times \partial I).$$

Dann gilt $x \frown \sigma z = (-1)^k \sigma(x \frown z)$.

(1.3) Notiz. *Sei* $x \in h^k(X \times I, A \times I)$ *und* $y \in h_n(X \times I, (A \cup B) \times I)$. *Dann gilt* $\sigma x \frown \sigma y = (-1)^{k+1} x \frown y$.

Beweis. Beide Notizen erhält man durch direktes Umschreiben mit den Axiomen (1.1).   □

Im folgenden setzen wir der Einfachheit halber voraus, daß die Paare (A, B) schnittig sind, wenn A und B eine offene Überdeckung von $A \cup B$ bilden. Das ist immer der Fall, wenn die Überdeckung numerierbar ist.

(1.4) Satz. *Es seien* (U, V) *und* (U', V') *offene Raumpaare in einem Raum* $X = U \cup U'$. *Sei* $\xi \in h_n(U \cup U', V \cup V')$. *Daraus erhalten wir Elemente* α *und* β *vermöge*

$$\xi \in h_n(X, V \cup V') \to h_n(X, V \cup U') \xleftarrow{\cong} h_n(U, V \cup (U \cap U')) \ni \alpha$$

$$\xi \in h_n(X, V \cup V') \to h_n(X, U \cup V') \xleftarrow{\cong} h_n(U', V' \cup (U \cap U')) \ni \beta.$$

Mit diesen Bezeichnungen ist das Diagramm

$$
\begin{array}{ccccc}
h^{k-1}(U, V) & \xrightarrow{\;\;\delta\;\;} & h^k(X, U) & \longrightarrow & h^k(U', U \cap U') \\
\Big\downarrow {\scriptstyle \frown \alpha} & & & & \Big\downarrow {\scriptstyle \frown \beta} \\
h_{n-k+1}(U, U \cap U') & \longrightarrow & h_{n-k+1}(X, U') & \xrightarrow{\;\;\partial\;\;} & h_{n-k}(U', V')
\end{array}
$$

kommutativ.

Beweis. Wir verwenden Abkürzungen wie $U \cap U' = UU'$ für den Schnitt zweier Mengen. Mittels Natürlichkeit und Stabilität folgt, daß der Weg unten herum $(-1)^k$ mal der Abbildung

$$h^{k-1}(U, V) \to h^{k-1}(UU', V \cap V') \xrightarrow{\;\frown \beta_1\;} h_{n-k}(UU', UV') \to h_{n-k}(U', V')$$

ist und der Weg oben herum $(-1)^{k-1}$ mal der analogen Abbildung, in der β_1 durch α_1 ersetzt wurde. Dabei entstehen α_1 und β_1 aus ξ durch die folgenden Morphismen aus α und β:

$$\alpha \quad \in \quad h_n(U, V \cup UU') \xrightarrow{\;\partial\;} h_{n-1}(V \cup UU') \xleftarrow{\cong} h_{n-1}(UU', VV')$$
$$\to h_{n-1}(UU', (UV') \cup (VU')) \ni \alpha_1$$

und analog durch Vertauschung der gestrichenen und ungestrichenen Größen für β. Es bleibt zu zeigen, daß $\alpha_1 = -\beta_1$ ist. Das geschieht durch eine Anwendung des Sechseck-Lemmas IV(3.8). Der eine äußere Weg des Sechsecks ist

$$
\begin{aligned}
h_n(U \cup U', V \cup V') &\longrightarrow\ h_n(U \cup U', U \cup V') \\
&\overset{\cong}{\longleftarrow}\ h_n(U \cup V', (V \cup U')(U \cup V')) \\
&\overset{\partial}{\longrightarrow}\ h_{n-1}((U \cup V')(V \cup U'), V \cup V')
\end{aligned}
$$

und der andere entsteht daraus wieder durch Vertauschung der gestrichenen und ungestrichenen Größen. In das Zentrum des Sechsecks setzen wir die Gruppe $h_n(U \cup U', (U \cup V')(V \cup U'))$. Verketten wir die beiden äußeren Wege des Sechsecks noch mit der Ausschneidung

$$
h_{n-1}(UU', UV' \cup VU') \to h_{n-1}((U \cup V')(V \cup U'), V \cup V'),
$$

so entstehen aus ξ die beiden Elemente α_1 und β_1; das ergibt sich aus der ursprünglichen Definition durch Natürlichkeit. □

Sei $L \subset K \subset M$. Seien $V \subset U$ offene Mengen in M und gelte $L \subset V$ sowie $K \subset U$. Sei $z \in h_n(M, M \setminus K)$ gegeben. Daraus erhalten wir das Element

$$
\begin{array}{ccc}
z \in\ h_n(M, M \setminus K) & \longrightarrow & h_n(M, (M \setminus K) \cup V \\
\Big\uparrow{\scriptstyle\cong} & & \Big\uparrow{\scriptstyle\cong} \\
h_n(U, U \setminus K) & \longrightarrow & h_n(U \setminus L, (U \setminus K) \cup (V \setminus L))\ \ni z_{KL}^{UV}.
\end{array}
$$

Damit bilden wir den Homomorphismus D_{KL}^{UV} als die folgende Komposition

$$
h^k(U, V) \to h^k(U \setminus L, V \setminus L) \overset{(1)}{\to} h_{n-k}(U \setminus L, U \setminus K) \cong h_{n-k}(M \setminus L, M \setminus K).
$$

Darin ist (1) das Cap-Produkt mit z_{KL}^{UV}. Mit diesen Daten und Bezeichnungen gilt:

(1.5) Notiz. *Sei $(K, L) \subset (U', V') \subset (U, V)$. Dann gilt*

$$
D_{KL}^{UV} = D_{KL}^{U'V'} \circ j,
$$

worin j durch die Inklusion $(U', V') \to (U, V)$ induziert ist. □

(1.6) Notiz. *Sei $(K', L') \subset (K, L) \subset (U, V)$. Dann gilt*

$$
j \circ D_{KL}^{UV} = D_{K'L'}^{UV},
$$

worin j durch die Inklusion $(M \setminus L, M \setminus K) \to (M \setminus L', M \setminus K')$ induziert ist. □

Die vorstehenden Notizen folgen aus der Natürlichkeit des Cap-Produktes. Für den Beweis der nächsten wird (1.4) gebraucht.

(1.7) Notiz. *Das Diagramm*

$$
\begin{array}{ccc}
h^{k-1}(V) & \xrightarrow{\ \delta\ } & h^k(U, V) \\[4pt]
\Big\downarrow{\scriptstyle D_{L\emptyset}^{V\emptyset}} & & \Big\downarrow{\scriptstyle D_{KL}^{UV}} \\[4pt]
h_{n-k+1}(M, M \setminus L) & \xrightarrow{\ \partial\ } & h_{n-k}(M \setminus L, M \setminus K)
\end{array}
$$

ist kommutativ.

Beweis. Wir wenden (1.4) in der folgenden Situation an: Die Mengen U, V, U', V' werden durch $V, \emptyset, U \setminus L, U \setminus K$ ersetzt. Dem Element α entspricht $z_{L\emptyset}^{V\emptyset}$ und dem Element β entspricht z_{KL}^{UV}. Wir müssen dann noch die Ausschneidungen

$$
h_{n-k+1}(V, V \setminus L) \cong h_{n-k+1}(M, M \setminus L)
$$
$$
h_{n-k}(U \setminus L, U \setminus K) \cong h_{n-k}(M \setminus L, M \setminus K)
$$

hinzunehmen.   □

2 Dualität

Die Cap-Produkte sind eines der Hilfsmittel, um die Dualitätssätze von Poincaré, Alexander und Lefschetz zu beweisen. Wir brauchen ein weiteres Axiom. Sei P der Punktraum. Eine Cap-Produkt-Paarung wie im letzten Abschnitt zusammen mit einem *Einselement* $1 \in h_0(P)$ heißt *Dualitätspaarung*, wenn

(2.1) $h^k(P) \to h_{-k}(P), \quad x \mapsto x \frown 1$

immer ein Isomorphismus ist. Eine derartige Paarung sei im folgenden fixiert.

(2.2) Notiz. *Sei $e_n \in h_n(\mathbb{R}^n, \mathbb{R}^n \setminus 0)$ das Bild von $1 \in h_0(P)$ bei dem iterierten Einhängungsisomorphismus. Dann gilt: Für alle $k \in \mathbb{Z}$ und $n \geq 1$ ist*

$$
h^k(\mathbb{R}^n) \to h_{n-k}(\mathbb{R}^n, \mathbb{R}^n \setminus 0), \quad x \mapsto x \frown e_n
$$

ein Isomorphismus.   □

Sei nun M eine n-dimensionale Mannigfaltigkeit. Ist U eine offene Umgebung von $x \in M$, so haben wir die Ausschneidung $h_k(U, U \setminus x) \cong h_k(M, M \setminus x)$, und eine in x zentrierte Karte φ induziert einen Isomorphismus $h_k(U, U \setminus x) \cong h_k(\mathbb{R}^n, \mathbb{R}^n \setminus 0)$. Sei $\varphi_x\colon h_*(M, M \setminus x) \to h_*(\mathbb{R}^n, \mathbb{R}^n \setminus 0)$ der resultierende Isomorphismus.

Sei $K \subset L \subset M$. Wir haben die durch die Inklusion induzierten Homomorphismen

$$r_K^L: h_*(M, M \setminus L) \to h_*(M, M \setminus K).$$

Im Fall $K = \{x\}$ schreiben wir dafür r_x^L. Ein Elemente $o_L \in h_n(M, M \setminus L)$ heiße *(homologische) Orientierung von M entlang L*, wenn für alle $y \in L$ und eine in y zentrierte Karte φ gilt $\varphi_y r_y^L(o_L) = \pm e_n$. Eine Familie $(o_K \mid K \text{ kompakt})$ heiße *kohärent*, wenn für alle kompakten $K \subset L$ die Restriktionsformel $r_K^L o_L = o_K$ gilt. Eine kohärente Familie heiße *(homologische) Orientierung* von M.

Wir definieren nun aus h_* und h^* zwei „Kohomologietheorien", die nur auf (geeigneten) kompakten Raumpaaren in M (und Inklusionen als Morphismen) definiert sind. Der Hauptsatz über die Dualität wird dann besagen, daß diese beiden Kohomologietheorien natürlich isomorph sind, wobei der Isomorphismus durch eine homologische Orientierung induziert wird.

Die erste Theorie ordnet (K, L) die Gruppen $h_*(M \setminus L, M \setminus K)$ zu. Da die Komplementbildung kontravariant ist, erhalten wir auf diese Weise in der Tat kontravariante Funktoren. Wir haben dafür exakte Sequenzen, Mayer-Vietoris-Sequenzen und dergleichen. Die zweite Theorie ordnet dem Paar (K, L) im Prinzip die Gruppen $h^*(K, L)$ zu. „Im Prinzip" bedeutet, daß man Zusatzvoraussetzungen braucht, die entweder von der Theorie h^* verlangt werden müssen oder nur für eine eingeschränkte Klasse von Paaren (K, L) gelten. Es handelt sich um Stetigkeitseigenschaften, wie wir sogleich erläutern werden.

Wir verwenden die im letzten Abschnitt eingeführten Dualitätshomomorphismen D_{KL}^{UV}; dabei wird das Element z durch die Orientierung o_K ersetzt. Wegen der Natürlichkeit (1.5) liefern diese zusammengenommen einen Homomorphismus aus dem direkten Limes

$$D_{KL}: \operatorname{kolim}_{U,V} h^k(U, V) \to h_{n-k}(M \setminus L, M \setminus K).$$

Der Kolimes wird über das gerichtete System der offenen Umgebungen (U, V) von (K, L) gebildet. Die Inklusionen $(K, L) \subset (U, V)$ induzieren außerdem einen Morphismus

$$\operatorname{kolim}_{U,V} h^k(U, V) \to h^k(K, L).$$

Wir kürzen den Kolimes mit $\check{h}^k(K, L)$ ab. Wir nennen das Paar (K, L) *zahm*, wenn der letzte Morphismus (für alle $k \in \mathbb{Z}$) ein Isomorphismus ist. Diese Definition hängt natürlich von der Theorie h^* ab. In einer bestmöglichen Theorie sind alle kompakten Paare zahm. Wir kommen auf diese Problematik zurück und arbeiten vorerst hauptsächlich mit zahmen Paaren. Da der direkte Limes exakte Sequenzen respektiert, ist (K, L) zahm, wenn $(K, \emptyset)$ und $(L, \emptyset)$ zahm sind.

(2.3) Dualitätssatz. *Sei M eine n-dimensionale Mannigfaltigkeit zusammen mit einer homologischen Orientierung. Dann ist der Dualitätshomomorphismus*

$$D_{KL} \colon \check{h}^k(K, L) \to h_{n-k}(M \setminus L, M \setminus K)$$

für alle kompakten Paare (K, L) ein Isomorphismus.

Beweis. Der Beweis beruht darauf, daß die Dualitätshomomorphismen als eine natürliche Transformation von Kohomologietheorien auf der Kategorie der kompakten Paare angesehen werden. Man beachte, daß für die Kolimesgruppen weiterhin exakte Sequenzen von Raumpaaren und Mayer-Vietoris-Sequenzen zur Verfügung stehen; sie gehen aus den vorhandenen Sequenzen durch Kolimesbildung hervor. Diese Sachverhalte erlauben uns eine Art „Induktion" über die „Komplexität der Räume" (K, L). Zunächst einmal sind die D_{KL} wegen (1.6) und (1.7) mit exakten Sequenzen für Raumpaare verträglich, und deshalb genügt es nach dem Fünfer-Lemma, absolute Gruppen $h^k(K)$ zu betrachten. Aus der Verträglichkeit (1.7) mit dem Randoperator folgt auch die Verträglichkeit mit den Mayer-Vietoris-Sequenzen, da deren Randoperatoren sich aus den anderen und induzierten Abbildungen zusammensetzen. Ist $D(K)$ die Aussage „D_K ist ein Isomorphismus", so können wir also sagen:

(1) Gelten $D(K)$, $D(L)$, $D(K \cap L)$, so gilt auch $D(K \cup L)$.

(2) Wegen der Natürlichkeit, der Definition einer Orientierung und (2.2) gilt $D(P)$ für jeden Punkt P in M.

(3) Sei K eine Menge, die in einem Kartenbereich liegt und bei einer Karte φ auf eine kompakte konvexe Teilmenge in $\mathbb{R}^n$ abgebildet wird. Wir behaupten, daß dann $D(K)$ gilt. Eine derartige Menge ist zahm, weil sie beliebig kleine zusammenziehbare Umgebungen hat. Das kommutative Diagramm

$$
\begin{array}{ccc}
h^k(K) & \xrightarrow{\ D_K\ } & h_{n-k}(M, M \setminus K) \\
\cong \Big\downarrow & & \Big\downarrow \cong \\
h^k(P) & \xrightarrow{\ D_P\ } & h_{n-k}(M, M \setminus P)
\end{array}
$$

liefert wegen (2) die Behauptung.

(4) Liege $K = K_1 \cup \cdots \cup K_r$ in einem Kartenbereich und seien bezüglich einer festen Karte die K_j Mengen vom Typ (3). Wir zeigen $D(K)$ durch Induktion nach r. (3) ist der Anfang. Sei $L = K_1 \cup \cdots \cup K_{r-1}$. Nach Induktionsvoraussetzung gilt dann sowohl $D(L)$ als auch $D(L \cap K_r)$. Wegen (1) gilt $D(K)$.

(5) Ist K eine beliebige kompakte Menge in einem Kartenbereich, so gibt es in jeder Umgebung von K eine kompakte Menge L vom Typ (4). Wir können $\check{h}^k(K)$ als Kolimes über solche $h^k(L)$ bilden. Demnach ist D_K ein Isomorphismus.

(6) Jede kompakte Menge in M ist eine endliche Vereinigung von Mengen der Form (5). Nun wenden wir wieder Induktion wie in (4) an.   □

3 Euklidische Räume

Wir wenden den Dualitätssatz an, um klassische topologische Aussagen über Teilmengen euklidischer Räume zu beweisen, die zum Teil auf Brouwer zurückgehen ([35], [36], [37], [38]). Wir erläutern hier das Beweisprinzip. Dabei erkennen wir dann, welche weiteren technischen Hilfsmittel bereitgestellt werden müssen.

Wir gehen von einer Dualitätspaarung zwischen gewöhnlichen Homologie- und Kohomologietheorien mit Koeffizienten in $\mathbb{Z}$ aus. Sie wird alsbald zum Beispiel für die singuläre Theorie konstruiert. Zunächst bemerken wir, daß die Mannigfaltigkeit $\mathbb{R}^n$ immer eine kanonische homologische Orientierung besitzt. Der Dualitätssatz wird in diesem Fall nach Alexander benannt. Sei nämlich $K \subset \mathbb{R}^n$ kompakt. Wir wählen eine kompakte Kugel D um den Nullpunkt, die K enthält. Die Inklusion induziert einen Isomorphismus $H_n(\mathbb{R}^n, \mathbb{R}^n \setminus D) \cong H_n(\mathbb{R}^n, \mathbb{R}^n \setminus 0)$. Sei z_D das Element, das dabei dem Einhängungselement e_n entspricht. Sei $r_K^D z_D = z_K \in H_n(\mathbb{R}^n, \mathbb{R}^n \setminus K)$. Die so definierten z_K bilden eine kohärente Familie von Orientierungen. (Diese Argumentation gilt für jede Homologietheorie.)

Der Dualitätssatz liefert uns einen Isomorphismus $\check{H}^{n-1}(K) \cong H_1(\mathbb{R}^n, \mathbb{R}^n \setminus K)$, und die exakte Sequenz des Paares $(\mathbb{R}^n, \mathbb{R}^n \setminus K)$ zeigt $\partial \colon H_1(\mathbb{R}^n, \mathbb{R}^n \setminus K) \cong \tilde{H}_0(\mathbb{R}^n \setminus K)$. Wir haben in VII (5.1) aus den Axiomen gefolgert, daß für eine offene Teilmenge U des $\mathbb{R}^n$ und eine additive Homologietheorie die Gruppe $H_0(U)$ kanonisch isomorph zur freien abelschen Gruppe über der Menge der Wegekomponenten von U ist. Außerdem gilt diese Aussage für die singuläre Homologie. Wir werden nach (3.7) zeigen, daß die Gruppen $\check{H}^*(K)$ topologische Invarianten von K sind, obgleich sie zunächst mit Hilfe der Einbettung $K \subset \mathbb{R}^n$ durch Kolimesbildung über Umgebungen definiert wurden und so scheinbar von der Einbettung abhängen. Für zahme K ist die topologische Invarianz natürlich klar. Unter allen diesen Gegebenheiten liefert dann der Dualitätssatz die nur qualitativ formulierte Aussage:

(3.1) Satz. *Seien A und B homöomorphe kompakte Teilmengen des $\mathbb{R}^n$. Dann haben die Komplemente $\mathbb{R}^n \setminus A$ und $\mathbb{R}^n \setminus B$ dieselbe Anzahl von Komponenten.*   □

Zu diesem Satz muß man bedenken, daß die Komplemente im allgemeinen keinesfalls homöomorph sind. Berühmt sind in diesem Kontext die „gehörnten Sphären" von Alexander [5]; das sind zu S^2 homöomorphe Teilmengen $A \subset \mathbb{R}^3$, die andere Komplemente haben als die Standardsphäre S^2. Der folgende Satz ist im Fall $n = 1$ der *Jordansche Kurvensatz*. Das Bild einer injektiven stetigen Abbildung $f \colon S^1 \to \mathbb{R}^2$ ist eine *Jordan-Kurve*.

(3.2) Satz. *Sei $S \subset \mathbb{R}^n$ homöomorph zu S^{n-1} ($n \geq 2$). Dann hat $\mathbb{R}^n \setminus S$ zwei Komponenten, das beschränkte Innere J und das unbeschränkte Äußere A. Ferner ist S gleich der Menge der Randpunkte von J und von A.*

Beweis. Die Aussage über die Komponenten ist offenbar richtig, wenn $S = S^{n-1}$ ist. Nach (3.1) gilt dann die Aussage auch für S. Es bleiben die Randpunkte zu untersuchen.

Sei $x \in S$ gegeben und V eine offene Umgebung von x in $\mathbb{R}^n$. Dann ist $C = S \setminus (S \cap V)$ abgeschlossen in S und homöomorph zu einer echten abgeschlossenen Teilmenge D von S^{n-1}. Offenbar ist dann $\mathbb{R}^n \setminus D$ wegzusammenhängend und folglich nach (3.1) auch $\mathbb{R}^n \setminus C$. Sei $p \in J$ und $q \in A$ und $w \colon [0, 1] \to \mathbb{R}^n \setminus C$ ein Weg von p nach q. Dann ist $w^{-1}(S) \neq \emptyset$. Sei t_1 das Minimum und t_2 das Maximum von $w^{-1}(S)$. Dann liegen $w(t_1)$ und $w(t_2)$ in $S \cap V$. Folglich ist $w(t_1)$ Berührpunkt von $w([0, t_1[) \subset J$ und $w(t_2)$ Berührpunkt von $w(]t_2, 1]) \subset A$. Es gibt also $t_3 \in [0, t_1[$ mit $w(t_3) \in J \cap V$ und $t_4 \in]t_2, 1]$ mit $w(t_4) \in A \cap V$. Das zeigt, daß x im Rand von J und von A liegt.   □

(3.3) Satz. *Sei $A \subset \mathbb{R}^n$ homöomorph zu D^k, $k \leq n$. Dann ist $\mathbb{R}^n \setminus A$ zusammenhängend ($n > 1$)*

Beweis. Da D^k kompakt ist, so auch A. Folglich ist A in $\mathbb{R}^n$ abgeschlossen, und die Behauptung folgt nach (3.1), weil das Komplement von D^k wegweise zusammenhängend ist.   □

(3.4) Satz. *Sei $U \subset \mathbb{R}^n$ offen und $f \colon U \to \mathbb{R}^n$ eine injektive stetige Abbildung. Dann ist $f(U)$ offen in $\mathbb{R}^n$, und f bildet U homöomorph auf $f(U)$ ab.*

Beweis. Es genügt zu zeigen, daß $f(U)$ offen ist. Genauso ist dann für jede offene Teilmenge W von U auch $f(W)$ offen, und das zeigt die Stetigkeit der Umkehrfunktion von f.

Sei $D = \{x \in \mathbb{R} \mid \|x - a\| \leq \delta\} \subset U$, und sei S der Rand von D. Es genügt zu zeigen, daß $f(D^\circ)$ offen ist. Sei $n \geq 2$; der Fall $n = 1$ bleibe als elementare Aufgabe. Sowohl S als auch $T = f(S)$ sind homöomorph zu S^{n-1}. Seien U_1, U_2 die (offenen) Komponenten von $\mathbb{R}^n \setminus T$. Sei U_1 unbeschränkt. Nach (3.3) ist $\mathbb{R}^n \setminus f(D)$ zusammenhängend und folglich in U_1 oder U_2 enthalten. Da $f(D)$ kompakt ist, so ist das Komplement unbeschränkt. Also folgt $T \cup U_1 = \mathbb{R}^n \setminus U_2 \subset f(D)$ und damit $U_1 \subset f(D^\circ)$. Da D° zusammenhängend ist, so auch $f(D^\circ)$. Wegen $f(D^\circ) \subset U_1 \cup U_2$ muß also $f(D^\circ) \subset U_1$ sein. Also ist $f(D^\circ) = U_1$, und diese Menge ist offen.   □

(3.5) Invarianz des Gebietes. *Sei der Raum $V \subset \mathbb{R}^n$ homöomorph zu einer offenen Teilmenge $U \subset \mathbb{R}^n$. Dann ist V offen in $\mathbb{R}^n$.*

Beweis. Die Voraussetzung besagt, daß es eine injektive stetige Abbildung $f \colon U \to \mathbb{R}^n$ mit dem Bild V gibt. Nun wende man (3.4) an.   □

(3.6) Invarianz der Dimension. *Seien $U \subset \mathbb{R}^m$ und $V \subset \mathbb{R}^n$ nichtleere offene homöomorphe Teilmengen. Dann ist $m = n$.*

Beweis. Sei $m < n$. Dann ist nach (3.5) $U \subset \mathbb{R}^m \subset \mathbb{R}^n$ offen, was offenbar nicht sein kann.   □

Wir erinnern an den Erweiterungssatz von Tietze-Urysohn aus der mengentheoretischen Topologie I (3.10).

(3.7) Satz. *Seien $A \subset \mathbb{R}^m$ und $B \subset \mathbb{R}^n$ abgeschlossene Teilmengen und sei $f\colon A \to B$ ein Homöomorphismus. Dann gibt es einen Homöomorphismus $h\colon \mathbb{R}^m \times \mathbb{R}^n \to \mathbb{R}^m \times \mathbb{R}^n$ mit der Eigenschaft $h(a, 0) = (0, f(a))$ für alle $a \in A$.*

Beweis. Sei $\varphi\colon \mathbb{R}^m \to \mathbb{R}^n$ eine stetige Erweiterung von f. Dann ist

$$\mathbb{R}^m \times \mathbb{R}^n \to \mathbb{R}^m \times \mathbb{R}^n, \quad (x, y) \mapsto (x, y + \varphi(x))$$

ein Homöomorphismus. Ein Inverses wird durch Subtraktion von $\varphi(x)$ gewonnen. Sei $\psi\colon \mathbb{R}^n \to \mathbb{R}^m$ eine Erweiterung der Umkehrung g von f. Damit definieren wir den Homöomorphismus $G(x, y) = (x + \psi(y), y)$. Der Homöomorphismus $h = G^{-1} \circ F$ hat wegen

$$h(x, 0) = G^{-1} F(x, 0) = G^{-1}(x, \varphi(x)) = (x - \psi(\varphi(x)), \varphi(x)) = (0, f(x))$$

für $x \in A$ die behauptete Eigenschaft.   □

Mit diesem Hilfsmittel beweisen wir die topologische Invarianz der $\check{H}^k(K)$ in der folgenden Form. Seien $K \subset \mathbb{R}^m$ und $L \subset \mathbb{R}^n$ homöomorphe kompakte Teilräume. Sei $h\colon \mathbb{R}^{m+n} \to \mathbb{R}^{m+n}$ ein Homöomorphismus nach Art von (3.8). Er induziert einen Isomorphismus $h^*\colon \check{H}^k(0 \times L) \to \check{H}^k(K \times 0)$, indem man ihn auf Umgebungssysteme einschränkt. Die Umgebungen der Form $U \times \,]-\varepsilon, \varepsilon[$ sind kofinal in den Umgebungen von $K \times 0$ in $\mathbb{R}^{m+n}$. Deshalb induziert die Projektion $\mathrm{pr}_1 \colon \mathbb{R}^m \times \mathbb{R}^n \to \mathbb{R}^m$ durch Einschränkung auf Umgebungen einen Isomorphismus $\check{H}^k(K) \to \check{H}^k(K \times 0)$.

Wir erläutern die Problematik des Satzes (3.2) noch durch weitere Resultate. Zunächst gilt der *Satz von Schoenflies* (3.8). Für einen topologischen Beweis siehe etwa [184]. Mit den Hilfsmitteln der Funktionentheorie läßt sich aber noch ein besserer Satz beweisen. Die aus dem Riemannschen Abbildungssatz gewonnene holomorphe Isomorphie des Inneren der Jordan-Kurve mit dem Inneren des Einheitskreises besitzt nämlich eine topologische Fortsetzung auf die entsprechenden Ränder. Für Beweise siehe etwa [204].

(3.8) Satz. *Sei $J \subset \mathbb{R}^2$ eine Jordan-Kurve. Dann gibt es einen Homöomorphismus $f\colon \mathbb{R}^2 \to \mathbb{R}^2$, der J auf den Standard-Kreis S^1 abbildet.*   □

Dieser Satz impliziert den Jordanschen Kurvensatz, denn für den Standardkreis ist er leicht zu beweisen (Zwischenwertsatz), und ein Homöomorphismus $f\colon X \to Y$ induziert allgemein für jede Teilmenge $A \subset X$ Homöomorphismen $A \to f(A)$ und $X \setminus A \to Y \setminus f(A)$.

Ein entsprechender Satz gilt nicht in höheren Dimensionen. Man braucht eine Zusatzvoraussetzung. Sei $\tau\colon S^{n-1} \times [-1, 1] \to B$ ein Homöomorphismus auf eine abgeschlossene Menge $B \subset \mathbb{R}^n$. In diesem Fall nennen wir $S = \tau(S^{n-1} \times 0)$ *lokal flach*. Damit gilt der *Satz von M. Brown* [43]:

(3.9) Satz. *Sei $S \subset \mathbb{R}^n$ homöomorph zu S^{n-1} und lokal flach. Dann gibt es einen Homöomorphismus des $\mathbb{R}^n$ auf sich, der S auf S^{n-1} abbildet.*   □

4 Multiplikative Kohomologietheorien

Wir legen eine Kohomologietheorie h^* für Raumpaare mit Werten in $\mathbb{K}$-Mod zugrunde. Wir definieren zunächst externe Produkte. Ist $x \in h^m(-)$, so schreiben wir dafür $m = |x|$.

(4.1) Definition. Eine *multiplikative Struktur* aus externen Produkten auf h^* besteht aus einer Familie (für $m, n \in \mathbb{Z}$) von $\mathbb{K}$-linearen Abbildungen

$$h^m(X, A) \otimes h^n(Y, B) \to h^{m+n}((X, A) \times (Y, B)), \quad (x, y) \mapsto x \times y.$$

Die Abbildungen sind für eine geeignete Klasse von Raumpaaren (X, A) und (Y, B) definiert, zumindest wenn $(X \times B, A \times Y)$ ein schnittiges Paar in $X \times Y$ ist. Wir bezeichnen $x \times y$ als das *Kreuz-Produkt* oder *$\times$-Produkt* von x, y. Diese Abbildungen sollen die folgenden Axiome erfüllen:

   (1) *Natürlichkeit.* Für stetige Abbildungen $f\colon (X, A) \to (X', A')$ und $g\colon (Y, B) \to (Y', B')$ gilt $(f \times g)^*(x \times y) = f^*x \times g^*y$.

   (2) *Stabilität.* Sei $(X \times B, A \times Y)$ schnittig in $X \times Y$. Für $x \in h^m(A)$ und $y \in h^n(Y, B)$ gilt $\delta x \times y = \delta'(x \times y)$. Darin ist δ' die Verkettung

$$h^{m+n}(A \times (Y, B)) \cong h^{m+n}(A \times Y \cup X \times B, X \times B) \xrightarrow{\delta} h^{m+n+1}((X, A) \times (Y, B)).$$

   (3) *Stabilität.* Für $x \in h^m(X, A)$ und $y \in h^n(B)$ gilt $x \times \delta y = (-1)^m \delta''(x \times y)$. Darin ist δ'' die Verkettung

$$h^{m+n}((X, A) \times Y) \cong h^{m+n}(X \times B \cup A \times Y, A \times Y) \xrightarrow{\delta} h^{m+n+1}((X, A) \times (Y, B)).$$

   (4) *Assoziativität.* Es gilt $(x \times y) \times z = x \times (y \times z)$, sofern beide Produkte definiert sind.

   (5) *Einselement.* Es ist ein Einselement $1 \in h^0(P)$ als Strukturdatum fixiert, für das immer $1 \times x = x = x \times 1$ gilt.

   (6) *Kommutativität.* Sei $\tau\colon X \times Y \to Y \times X$ die Vertauschung der Faktoren. Dann gilt immer $\tau^*(x \times y) = (-1)^{|x||y|} y \times x$ (Vorzeichenregel).   ◇

Das Produkt ist immer definiert, wenn A oder B leer ist.

Eine Kohomologietheorie zusammen mit einer (externen) multiplikativen Struktur heißt eine *multiplikative Kohomologietheorie*.

Die Stabilität läßt sich suggestiv als natürliche Transformation von Kohomologietheorien formulieren. Dazu betrachten wir die Theorie $k^m(X, A) = h^{m+n}((X, A) \times (Y, B))$ mit dem Korandoperator δ'. Das Kreuz-Produkt mit einem festen Element $y \in h^n(Y, B)$ ist dann eine natürliche Transformation von Kohomologie-Theorien $h^*(-) \to k^*(-)$. Es sei betont, daß der Korandoperator für die k^*-Theorie gewisse Paare als schnittig voraussetzt.

Aus dem Einselement einer multiplikativen Theorie bilden wir mit der Einhängung das Element $e = \sigma(1) \in h^1(I, \partial I)$. Aus der Natürlichkeit und der Stabilität folgt dann:

(4.2) Satz. *Das Kreuz-Produkt mit e liefert einen Isomorphismus*

$$h^m(Y, B) \to h^{m+1}((I, \partial I) \times (Y, B)), \quad y \mapsto e \times y,$$

der gleich der Einhängung σ ist. □

Die Einhängung σ ist hierbei die Komposition

$$h^m(Y, B) \; \cong \; h^m(1 \times Y, 1 \times B) \xleftarrow{\cong} h^m(\partial I \times Y \cup I \times B, 0 \times Y \cup I \times B)$$
$$\xrightarrow{\partial} h^{m+1}((I, \partial I) \times (Y, B)).$$

Das iterierte Kreuz-Produkt liefert Elemente $e^n = e \times \cdots \times e \in h^n(I^n, \partial I^n)$. Mit einem (kanonischen) Homöomorphismus wird daraus ein Element $e^{(n)} \in h^n(D^n, S^{n-1})$ und weiterhin durch die Inklusion $(D^n, S^{n-1}) \subset (\mathbb{R}^n, \mathbb{R}^n \setminus 0)$ ein Element $e^{(n)} \in h^n(\mathbb{R}^n, \mathbb{R}^n \setminus 0)$. Alle diese Elemente sollen *kohomologische Orientierung* des betreffenden Raumpaares heißen. Das Kreuz-Produkt mit diesen Elementen ist ebenfalls ein Isomorphismus.

Eng verwandt mit dem externen Kreuz-Produkt ist das interne Cup-Produkt, das wir nun axiomatisch definieren.

(4.3) Definition. Eine *multiplikative Struktur* aus internen Produkten auf h^* besteht aus einer Familie (für $m, n \in \mathbb{Z}$) von $\mathbb{K}$-linearen Abbildungen

$$h^m(X, A) \otimes h^n(X, B) \to h^{m+n}(X, A \cup B), \quad (x, y) \mapsto x \smile y.$$

Die Abbildungen sind für alle X und geeignete Paare A, B von Teilmengen von X definiert, zumindest wenn (A, B) schnittig ist. Wir bezeichnen $x \smile y$ als *Cup-Produkt* oder als $\smile$-*Produkt* von (x, y). Diese Produkte sollen die folgenden Eigenschaften haben.

(1) *Natürlichkeit.* Für stetige Abbildungen $f: (X; A, B) \to (X'; A', B')$ gilt immer $f^*(x \smile y) = f^*(x) \smile f^*(y)$.

(2) *Stabilität.* Für $x \in h^i(A)$, $y \in h^j(X, B)$ und ein schnittiges Paar A, B ist $\delta x \smile y = \delta'(x \smile \iota y)$. Darin ist $\iota: h^j(X, B) \to h^j(A, A \cap B)$ durch die Inklusion induziert und

$$\delta': h^{i+j}(A, A \cap B) \xleftarrow{\;\cong\;} h^{i+j}(A \cup B, B) \xrightarrow{\;\delta\;} h^{i+j+1}(X, A \cup B).$$

(3) *Stabilität.* Für $x \in h^i(X, A)$, $y \in h^j(B)$ und ein schnittiges Paar A, B ist $x \smile \delta y = (-1)^i \delta''(x \smile y)$. Darin ist $\iota: h^i(X, A) \to h^i(B, A \cap B)$ durch die Inklusion induziert und

$$\delta'': h^{i+j}(B, A \cap B) \xleftarrow{\;\cong\;} h^{i+j}(A \cup B, A) \xrightarrow{\;\delta\;} h^{i+j+1}(X, A \cup B).$$

(4) *Assoziativität.* Es gilt immer $x \smile (y \smile z) = (x \smile y) \smile z$, sofern die Produkte definiert sind.

(5) *Einselement.* Gegeben ist ein Einselement $1 \in h^0(P)$ als weiteres Strukturdatum. Sei $1 = 1_X = p^*(1) \in h^0(X)$, gebildet mit der Projektion $p: X \to P$ auf einen Punkt. Dann gilt für $x \in h^m(X, A)$ immer $1 \smile x = x = x \smile 1$.

(6) *Kommutativität.* Es gilt immer $x \smile y = (-1)^{|x||y|} y \smile x$. $\diamond$

Die Stabilität ist nun zwar nicht mehr eine natürliche Transformation von Kohomologie-Theorien wie bei den externen Produkten. Jedoch besagt sie, daß das Produkt von rechts mit einem Element $y \in h^j(X, B)$ einen Morphismus der exakten Sequenz des Paares (X, A) in die Sequenz des Tripels $(X, A \cup B, B)$ liefert. Dabei ist im Fall eines schnittigen Paares (A, B) das Produkt $h^i(A) \to h^{i+j}(A \cup B, B)$ durch $x \mapsto x \smile i^*y$, $i^*: h^j(X, B) \to h^j(A, A \cap B)$ definiert. Bei einem Produkt von links gilt entsprechendes, die Verträglichkeit mit dem Korandoperator involviert dann Vorzeichen.

Sei $B = \emptyset$. Wir definieren das rechte Produkt mit $y \in h^j(X)$ auf $h^i(A, B)$ für ein Raumpaar (A, B) in X dadurch, daß wir mit der Einschränkung von y auf $h^i(A)$ multiplizieren. Die Stabilität und die Natürlichkeit zeigen dann, daß ein Morphismus der Sequenz von (A, B) wiederum in diese Sequenz geliefert wird (Graderhöhung um j). Daraus folgt dann, daß ein Morphismus der Mayer-Vietoris-Sequenz von $(A \cup B; A, B)$ in sich geliefert wird, und entsprechendes gilt für relative Mayer-Vietoris-Sequenzen.

Das Cup-Produkt macht $h^*(X, A)$ zu einer assoziativen graduierten Algebra, die im Falle $A = \emptyset$ ein Einselement hat. Ferner ist $h^*(X, A)$ eine graduierter unitaler linker $h^*(X)$-Modul. Diese Modulstrukturen sind mit induzierten Abbildungen und Korandoperatoren (bis auf Vorzeichen) verträglich, wenn wir $h^*(X)$ auf $h^*(A)$ durch Einschränkung auf A wirken lassen.

Wir erläutern nun die Beziehungen zwischen Cup- und Kreuz-Produkten. Sei ein Kreuz-Produkt gegeben. Durch Zusammensetzung mit der durch die Diagonale

$$d: (X, A \cup B) \to (X, A) \times (X, B), \quad x \mapsto (x, x)$$

induzierten Abbildung erhalten wir lineare Abbildungen

(4.4) $h^m(X, A) \otimes h^n(X, B) \to h^{m+n}(X, A \cup B)$, $(x, y) \mapsto x \smile y := d^*(x \otimes y)$,

wenn das Kreuz-Produkt für (X, A), (X, B) definiert ist. Die Eigenschaften des Kreuz-Produktes liefern die Eigenschaften des Cup-Produkts.

Sei umgekehrt ein Cup-Produkt gegeben. Seien $p \colon (X, A) \times Y \to (X, A)$ und $q \colon X \times (Y, B) \to (Y, B)$ die Projektionen. Dann definieren wir

(4.5) $h^m(X, A) \otimes h^n(Y, B) \to h^{m+n}((X, A \times (Y, B)))$, $x \times y := (p^*x) \smile (q^*y)$.

Man bestätigt, daß die Prozesse (4.4) und (4.5) zueinander invers sind. Für die Verifikation der Axiome muß man annehmen, daß die betrachteten Produkte jeweils in beiden Fällen definiert sind, etwa durch Voraussetzungen von Schnittigkeit.

Wir nehmen nun an, daß die beiden Produkte in der vorstehenden Weise miteinander zusammenhängen. Dann gilt, daß das Cup-Produkt in der folgenden Weise mit dem Kreuz-Produkt verträglich ist.

(4.6) Satz. *Sei $x_i \in h^*(X, A_i)$ und $y_i \in h^*(Y, B_i)$. Dann gilt*

$$(x_1 \times y_1) \smile (x_2 \times y_2) = (-1)^{|y_1||x_2|}(x_1 \smile x_2) \times (y_1 \smile y_2).$$

Speziell ist

$$h^*(X) \otimes h^*(Y) \to h^*(X \times Y), \quad x \otimes y \to x \times y$$

ein Homomorphismus von unitalen graduierten Algebren. Die Koeffizientengruppen bilden die graduierte Koeffizientenalgebra h^*; und $h^*(X, A)$ ist ein graduierter linker h^*-Modul. Stetige Abbildungen induzieren h^*-lineare Homomorphismen. □

(4.7) Satz. *Sei $U_1, \dots, U_k$ eine numerierbare Überdeckung von B durch Mengen, deren Inklusion $U_j \to B$ nullhomotop ist. Dann haben je k Elemente in $\tilde{h}^*(B)$ das Produkt Null.*

Beweis. Da $U_j \to B$ bis auf Homotopie über einen Punkt faktorisiert, so liegt $x \in \tilde{h}^*(B)$ im Kern der Restriktion auf U_j und hat deshalb ein Urbild in $\tilde{h}^*(B, U_j)$. Seien $x_1, \dots, x_k$ gegeben und sei $y_j \in \tilde{h}^*(B, U_j)$ ein Urbild von x_j. Dann ist $y_1 \cdots y_k \in \tilde{h}^*(B, \bigcup_j U_j) = 0$ und folglich auch das Bild $x_1 \cdots x_k = 0$. (Wir benutzen im Beweis nur, daß das Produkt der y_j definiert ist.) □

Sei h_* eine Homologietheorie auf Raumpaaren. Ein Kreuz-Produkt auf dieser Theorie wird in vollständiger Analogie zum kohomologischen Kreuz-Produkt definiert.

(4.8) Definition. Eine *multiplikative Struktur* auf h_* besteht aus einer Familie von $\mathbb{K}$-linearen Transformationen

$$h_m(X, A) \otimes h_n(Y, B) \to h_{m+n}((X, A) \times (Y, B)), \quad (x, y) \mapsto x \times y.$$

Die Abbildungen sind wieder für eine geeignete Klasse von Raumpaaren definiert. Wir verlangen wie in (4.1) die weiteren Eigenschaften: Natürlichkeit, Stabilität, Assoziativität, Einselement, Kommutativität.   ◇

Auch hier wird die Einhängung durch Linksmultiplikation mit dem Element $e = \sigma(1) \in h_1(I, \partial I)$ gegeben, siehe (4.2). Eine Theorie zusammen mit einem Kreuz-Produkt heißt *multiplikative Homologietheorie*. Da die Diagonale in die „verkehrte Richtung" weist, gibt es jetzt keine internen Produkte.

5 Paarungen multiplikativer Theorien

Wir kommen noch einmal auf das Cap-Produkt zurück und stellen die Eigenschaften zusammen, die in Anwesenheit von weiteren Produktstrukturen gelten sollen. Seien eine multiplikative Homologietheorie h_* und eine multiplikative Kohomologietheorie h^* gegeben.

(5.1) Definition. Eine Paarung zwischen den gegebenen Theorien besteht aus $\mathbb{K}$-linearen Abbildungen (genannt *Cap-Produkt*)

$$h^i(X, A) \otimes h_n(X, A \cup B) \to h_{n-i}(X, B), \quad x \otimes y \mapsto x \frown y.$$

Diese Abbildungen sind für gewisse Paare (A, B) von Teilmengen definiert; zumindest soll $(A \cup B; A, B)$ als schnittig vorausgesetzt werden. Die Abbildungen sollen die folgenden Eigenschaften haben.
   (1) Es handelt sich um eine Dualitätspaarung gemäß (1.1) und (2.1).
   (2) *Assoziativität.* Es gilt $(x \smile y) \frown u = x \frown (y \frown u)$ für $x \in h^i(X, A)$, $y \in h^j(X, B)$ und $u \in h_n(X, A \cup B \cup C)$.
   (3) *Einselement.* Es gilt $1 \frown u = u$ für jedes $u \in h_*(X, B)$.
   (4) *Dualität.* Für den Punktraum P und jedes $i \in \mathbb{Z}$ ist $h^i(P) \to h_{-i}(P)$, $x \mapsto x \frown 1$ ein Isomorphismus.   ◇

Die Eigenschaften (2) und (3) lassen sich so zusammenfassen: $h_*(X, B)$ ist ein unitaler $h^*(X)$-Modul.

(5.2) Notiz. *Der Zusammenhang zwischen Kreuz- und Cap-Produkten wird durch* $(x \times y) \frown (u \times v) = (-1)^{|y||u|}(x \frown u) \times (y \frown v)$ *beschrieben.*   □

Aus dem Cap-Produkt kann man ein sogenanntes *Slant-Produkt* $x \otimes u \mapsto x \backslash u$ definieren, und zwar durch das folgende kommutative Diagramm

$$
\begin{array}{ccc}
h^q(X, A) \otimes h_n((X, A) \times (Y, B)) & \xrightarrow{\ \ \backslash\ \ } & h_{n-q}(Y, B) \\
\Big\downarrow{\scriptstyle \mathrm{pr}^* \otimes \mathrm{id}} & & \Big\uparrow{\scriptstyle \mathrm{pr}_*} \\
h^q((X, A) \times Y) \otimes h_n((X, A) \times (Y, B)) & \xrightarrow{\ \ \frown\ \ } & h_{n-q}(X \times (Y, B)).
\end{array}
$$

Die axiomatischen Eigenschaften des Cap-Produktes lassen sich in solche des Slant-Produktes übersetzen. Aus dem Slant-Produkt kann das Cap-Produkt zurückgewonnen werden.

6 Produkte in der singulären Theorie

Wir konstruieren Produkte für die singuläre Homologie und Kohomologie. In V.4 haben wir schon ein Kreuzprodukt für die singuläre Homologie konstruiert. Sie wird damit eine multiplikative Homologietheorie. Wir wollen das Produkt jetzt weiter aufbereiten und multiplikative Kohomologietheorien konstruieren. Zunächst etwas Algebra.

Wir haben die *Evaluation (Auswertung)*

(6.1) $\quad H_n(X, A; M) \otimes H_n(X, A; N) \to M \otimes_R N, \quad x \otimes y \mapsto \langle x, y \rangle.$

Sie wird durch eine Kettenabbildung $S^\bullet(X, A; M) \otimes S_\bullet(X, A; N) \to M \otimes_R N$ induziert: Das Tensorprodukt von $\varphi\colon S_\bullet(X)/S_\bullet(A) \to M$ und $c \in S_\bullet(X)/S_\bullet(A) \otimes N$ wird auf $\varphi(c) \otimes n$ abgebildet. Ist $f\colon (X, A) \to (Y, B)$ stetig, so gilt

(6.2) $\qquad\qquad\qquad \langle f^*a, b \rangle = \langle a, f_*b \rangle.$

Ist $x \in H^{n-1}(A; M)$ und $y \in H_n(X, A; N)$, so gilt

(6.3) $\qquad\qquad\qquad \langle \delta x, y \rangle + (-1)^{|x|} \langle x, \partial y \rangle = 0.$

Seien X und Y kontrahierbar. Dann ist auch der Kettenkomplex $S_\bullet(X) \otimes S_\bullet(Y)$ kontrahierbar. Das folgt aus der Verträglichkeit des Tensorproduktes mit Kettenhomotopien. Ist nämlich $H\colon f \simeq g$ eine Kettenhomotopie zwischen Kettenabbildungen $f, g\colon C \to C'$ und ist D ein weiterer Kettenkomplex, so ist $H \otimes \mathrm{id}\colon C \otimes D \to C' \otimes D$ eine Kettenhomotopie zwischen $f \otimes \mathrm{id}$ und $g \otimes \mathrm{id}$.

(6.4) Satz. *Es gibt eine in X und Y natürliche Kettenabbildung*

$$\theta\colon S_\bullet(X \times Y) \to S_\bullet(X) \otimes S_\bullet(Y),$$

die in der Dimension Null mit der kanonischen Abbildung $(x, y) \mapsto x \otimes y$ *übereinstimmt. Je zwei Kettenabbildungen dieser Art sind kettenhomotop mit einer in X und Y natürlichen Kettenhomotopie.*

Beweis. Eine Abbildung θ wird induktiv über die Dimension konstruiert. Wir nehmen an, daß θ in Dimensionen kleiner als k schon gegeben ist und dort $\theta \partial = \partial \theta$ erfüllt. Für $k = 0$ ist θ nach Voraussetzung schon festgelegt.

Wir betrachten nun die azyklischen Modelle $X = \Delta_k = Y$. Die Diagonale $d_k: \Delta \to \Delta_k \times \Delta_k$ ist ein Element von $S_k(\Delta_k \times \Delta_k)$. Die Kette $\theta(\partial d_k)$ ist nach Induktion schon definiert und erfüllt $\partial \theta(\partial d_k) = \theta(\partial \partial d_k) = 0$. Da $S_\bullet(\Delta_k) \otimes S_\bullet(\Delta_k)$ azyklisch ist, gibt es ein Element, dessen Rand $\theta(\partial d_k)$ ist. Wir wählen eines aus und nennen es $\theta(d_k)$. Ist $\sigma = (\sigma_X, \sigma_Y): \Delta_k \to X \times Y$ ein k-Simplex, so gilt $\sigma = (\sigma_X \times \sigma_Y)d_k$, und wir müssen wegen der verlangten Natürlichkeit von θ definieren

$$\theta(\sigma) = (\sigma_{X\#} \otimes \sigma_{Y\#})\theta d_k.$$

Mit dieser Definition ist θ in der Dimension k natürlich. Die Verträglichkeit mit dem Randoperator wird nachgerechnet:

$$\partial \theta \sigma = \partial(\sigma_{X\#} \otimes \sigma_{Y\#})\theta d_k = (\sigma_{X\#} \otimes \sigma_{Y\#})\partial \theta d_k = (\sigma_{X\#} \otimes \sigma_{Y\#})\theta \partial d_k$$
$$= \theta(\sigma_X \times \sigma_Y)_{\#}\partial d_k = \theta \partial(\sigma_X \times \sigma_Y)_{\#}d_k = \theta \partial \sigma.$$

Die Gleichheiten entstehen der Reihe nach aus folgenden Gründen. (1) Definition. (2) Kettenabbildung. (3) Kettenabbildung. (4) Natürlichkeit. (5) Kettenabbildung. (6) Definition.

Wir werden nun induktiv eine Kettenhomotopie H zwischen zwei Kettenabbildungen $\alpha, \beta: S_\bullet(X \times Y) \to S_\bullet(X) \otimes S_\bullet(Y)$ der im Satz genannten Art konstruieren. Wir setzen $H = 0$ in der Dimension Null. Sei H für Ketten in der Dimension kleiner als k schon mit den Eigenschaften einer natürlichen Kettenhomotopie definiert. Dann gilt

$$\partial(\alpha - \beta - H\partial)(d_k) = \partial \alpha d_k - \partial \beta d_k - \partial H \partial d_k$$
$$= \alpha \partial d_k - \beta \partial d_k - (\alpha - \beta - H\partial)(\partial d_k) = 0.$$

Da $S_\bullet(\Delta_k) \otimes S_\bullet(\Delta_k)$ azyklisch ist, wählen wir eine $(k+1)$-Kette Hd_k mit dem Rand $(\alpha - \beta - H\partial)(d_k)$. Damit definieren wir für ein beliebiges Simplex $\sigma: \Delta_k \to X \times Y$

$$H\sigma = (\sigma_{X\#} \otimes \sigma_{Y\#})Hd_k$$

und erhalten eine in X, Y natürliche Abbildung mit den Eigenschaften einer Kettenhomotopie. $\square$

Mit derselben Beweismethode der „azyklischen Modelle" zeigt man, daß je zwei in X und Y natürliche Kettenabbildungen zwischen irgendwelchen der Funktoren

$S_\bullet(X) \otimes S_\bullet(Y)$ und $S_\bullet(X \times Y)$ natürlich kettenhomotop sind, sofern sie in der Dimension Null mit den kanonischen Isomorphismen übereinstimmen. Daraus folgt dann insbesondere der *Satz von Eilenberg und Zilber*:

(6.5) Satz. *Natürliche Kettenabbildungen θ aus (6.4) und κ aus* V(4.1) *sind zueinander homotopieinvers. Es gibt natürliche Kettenhomotopien von $\theta\kappa$ und $\kappa\theta$ zur Identität.* □

Aus diesem Satz folgt, daß man die Homologie und Kohomologie von $X \times Y$ aus dem Kettenkomplex $S_\bullet(X) \otimes S_\bullet(Y)$ bestimmen kann.

Wegen der Natürlichkeit induziert κ eine Kettenabbildung

(6.6) $\quad \kappa \colon S_\bullet(X, A) \otimes S_\bullet(Y, B) \to S_\bullet(X \times Y)/(S_\bullet(A \times Y) + S_\bullet(X \times B))$

und θ eine in der umgekehrten Richtung. Es handelt sich also um eine natürliche Kettenäquivalenz. Im Falle von κ können wir wegen $\iota \colon S_\bullet(A \times Y) + S_\bullet(X \times B) \to S_\bullet(A \times Y + X \times B)$ eine wieder κ genannte Abbildung nach $S_\bullet((X, A) \times (Y, B))$ erhalten. Im Fall von θ müssen wir zusätzlich voraussetzen, daß $(A \times Y, X \times B)$ s-schnittig ist, und erhalten mit einem h-Inversen von ι eine Kettenabbildung in der umgekehrten Richtung. In diesem Fall ist also

(6.7) $\qquad \kappa \colon S_\bullet(X, A) \otimes S_\bullet(Y, B) \to S_\bullet((X, A) \times (Y, B))$

eine natürliche Kettenäquivalenz.

Die Transformationen θ und κ sind bis auf natürliche Kettenhomotopie assoziativ. Das bedeutet für θ: Zwischen den beiden Wegen in dem Diagramm

$$
\begin{array}{ccc}
S_\bullet(X \times Y \times Z) & \xrightarrow{\quad\theta\quad} & S_\bullet(X \times Y) \otimes S_\bullet(Z) \\
\Big\downarrow{\scriptstyle\theta} & & \Big\downarrow{\scriptstyle\theta \otimes 1} \\
S_\bullet(X) \otimes S_\bullet(Y \times Z) & \xrightarrow{\quad 1 \otimes \theta\quad} & S_\bullet(X) \otimes S_\bullet(Y) \otimes S_\bullet(Z)
\end{array}
$$

gibt es eine natürliche Kettenhomotopie. Der Beweis wird nach dem Muster von (6.4) geführt.

Die Transformationen κ und θ sind bis auf natürliche Äquivalenz kommutativ. Das bedeutet folgendes. Das Diagramm

$$
\begin{array}{ccc}
S_\bullet(X) \otimes S_\bullet(Y) & \xrightarrow{\quad\kappa\quad} & S_\bullet(X \times Y) \\
\Big\downarrow{\scriptstyle\tau} & & \Big\downarrow{\scriptstyle t_\#} \\
S_\bullet(Y) \otimes S_\bullet(X) & \xrightarrow{\quad\kappa\quad} & S_\bullet(Y \times X)
\end{array}
$$

ist kommutativ; darin ist $t(x, y) = (y, x)$ die Vertauschung der Faktoren und $\tau(a \otimes b) = (-1)^{|a||b|}(b \otimes a)$. Analog für θ.

Eine wichtige Anwendung des Satzes von Eilenberg-Zilber ist die Konstruktion des Kreuzproduktes in der Kohomologie. Wir verwenden Koeffizienten in einem kommutativen Ring R. Wir setzen die tautologische Abbildung

$$S^\bullet(X; R) \otimes S^\bullet(Y; R) \to \mathrm{Hom}(S_\bullet(X) \otimes S_\bullet(Y); R \otimes R)$$

mit der durch θ und der Ringmultiplikation $m: R \otimes R \to R$ induzierten Abbildung zusammen und erhalten eine Kettenabbildung (Kreuz-Produkt auf dem Kokettenniveau)

$$S^\bullet(X; R) \otimes S^\bullet(Y; R) \to S^\bullet(X \times Y); R), \quad f \otimes g \mapsto f \times g.$$

Nach unseren Regeln V.1 bedeutet das Vorliegen einer Kettenabbildung die Formel

$$\delta(f \times g) = \delta f \times g + (-1)^{|f|} f \times \delta g.$$

Im relativen Fall erhalten wir unter der Voraussetzung der Schnittigkeit des Paares $(A \times Y, X \times B)$ mit Hilfe der Dualisierung der zu (6.7) inversen Kettenäquivalenz θ das Kreuz-Produkt

$$S^\bullet(X, A; R) \otimes S^\bullet(Y, B; R) \to S^\bullet((X, A) \times (Y, B); R).$$

Durch Übergang zur Kohomologie dieser Kokettenkomplexe erhalten wir das kohomologische Kreuz-Produkt, mit dem $H^*(-; R)$ eine multiplikative Kohomologietheorie wird.

Das Cup-Produkt wird durch eine Kettenabbildung

$$D = \theta \circ d_\#: S_\bullet(X) \to S_\bullet(X \times X) \to S_\bullet(X) \otimes S_\bullet(X)$$

mit der Diagonale $d: X \to X \times X$ induziert. Eine *Approximation der Diagonale* ist eine in X natürliche Kettenabbildung $D: S_\bullet(X) \to S_\bullet(X) \otimes S_\bullet(X)$, die auf 0-Simplexen x den Wert $x \otimes x$ annimmt. Mit der Methode der azyklischen Modelle beweist man:

(6.8) Satz. *Je zwei Approximationen der Diagonale sind natürlich kettenhomotop.* □

Es gibt eine klassische explizite Formel für eine Approximation der Diagonale, nach *Alexander und Whitney* benannt. Sei $\sigma: \Delta_n \to X$ ein n-Simplex, $n = p + q$, $0 \le p, q \le n$. Wir haben die affinen Abbildungen $a_p: \Delta_p \to \Delta_n, e_i \mapsto e_i$ und $b_q: \Delta_q \to \Delta_n, e_i \mapsto e_{n-q+i}$. Damit bilden wir $\sigma_p^1 = \sigma \circ a_p$ und $\sigma_q^2 = \sigma \circ b_q$.

(6.9) Satz. *Die Approximation der Diagonale von Alexander-Whitney ist die durch*

$$D\sigma_n = \sum_{p+q=n} \sigma_p^1 \otimes \sigma_q^2, \qquad \sigma_n: \Delta_n \to X$$

bestimmte lineare Abbildung.   □

Man hat nachzurechnen, daß es sich um eine Kettenabbildung handelt. Das Cup-Produkt von Koketten $f^p \in S^p(X)$ und $g^q \in S^q(X)$ lautet mit der Alexander-Whitney-Abbildung

$$(6.10) \qquad (f^p \smile g^q)(\sigma_n) = (-1)^{pq} f^p(\sigma_p^1) g^q(\sigma_q^2).$$

Das Cap-Produkt wird für ein s-schnittiges Paar (A, B) in X durch die folgende Kettenabbildung induziert:

$$
\begin{aligned}
S^\bullet(X, A) \otimes S_\bullet(X)/S_\bullet(A \cup B) \quad &\xleftarrow{\;1 \otimes \iota\;} \quad S^\bullet(X, A) \otimes S_\bullet(X)/(S_\bullet(A) + S_\bullet(B)) \\
&\xrightarrow{\;1 \otimes D\;} \quad S^\bullet(X, A) \otimes S_\bullet(X, B) \otimes S_\bullet(X, A) \\
&\xrightarrow{\;1 \otimes \tau\;} \quad S^\bullet(X, A) \otimes S_\bullet(X, A) \otimes S_\bullet(X, B) \\
&\xrightarrow{\;\varepsilon\;} \quad \mathbb{Z} \otimes S_\bullet(X, B) \cong S_\bullet(X, B).
\end{aligned}
$$

Darin ist D eine Approximation der Diagonale, τ die graduierte Vertauschung der Faktoren und ε die Auswertung. Wir bezeichnen das Cap-Produkt auf diesem Niveau auch durch $f \otimes c \mapsto f \frown c$. Verwendet man die Alexander-Whitney-Abbildung, so nimmt das Cap-Produkt die Form an:

$$(6.11) \qquad f^p \frown \sigma_{p+q} = (-1)^{pq} f^p(\sigma_p^2) \sigma_q^1.$$

Die Vertauschung der Faktoren τ ist an und für sich nicht so bedeutsam; sie dient aber dazu, den Formeln, die in den Axiomen (5.1) auftreten, die richtigen Vorzeichen zu geben.

Kreuz-Produkte, Cap-Produkte und Evaluation stehen miteinander in weiteren Relationen, die in den nachstehenden Formeln zusammengefaßt sind und die ohne Koeffizienten notiert werden. Sei $x \in H^p(X, A)$, $y \in H^q(X, B)$ und $z \in H_{p+q}(X, A \cup B)$. Dann gilt

$$(6.12) \qquad \langle x \smile y, z \rangle = \langle x, y \frown z \rangle.$$

Sei $x \in H^p(X, A_1), y \in H^q(Y, B_1), a \in H_m(X, A_1 \cup A_2), b \in H_n(Y, B_1 \cup B_2)$. Dann gilt

$$(6.13) \qquad (x \times y) \frown (a \times b) = (-1)^{|y||a|}(x \frown a) \times (y \frown b).$$

Sei $x \in H^m(X, A), a \in H_m(X, A), y \in H^n(Y, B)$ und $b \in H_n(Y, B)$. Dann gilt

$$(6.14) \qquad \langle x \times y, a \times b \rangle = (-1)^{|y||a|} \langle x, a \rangle \langle y, b \rangle.$$

Damit die Formeln gelten, sind jeweils geeignete Paare als schnittig anzunehmen.

7 Produkte für punktierte Theorien

Zur Anpassung an die Homotopietheorie definieren wir multiplikative Strukturen auf Kohomologietheorien für punktierte Räume. Sei h^* eine Kohomologietheorie mit Werten in $\mathbb{K}$-Mod für punktierte Räume und Einhängungsisomorphismen σ.

(7.1) Definition. Eine *multiplikative Struktur* auf h^* besteht aus einer Familie

$$h^i(X) \otimes h^j(Y) \to h^{i+j}(X \wedge Y), \quad x \otimes y \mapsto x \wedge y$$

von $\mathbb{K}$-linearen natürlichen Transformationen. Die Abbildungen seien für jedes Paar (X, Y) von wohlpunktierten Räumen (oder eine geeignete andere Klasse von punktierten Räumen) und jedes Paar (i, j) von ganzen Zahlen definiert; das Tensorprodukt ist über $\mathbb{K}$ zu nehmen. Wir bezeichnen $x \wedge y$ als $\wedge$-*Produkt* oder *Dach-Produkt* von x und y. Die Natürlichkeit bedeutet: Für punktierte Abbildungen $f\colon X \to X'$ und $g\colon Y \to Y'$ gilt immer $(f \wedge g)^*(x \wedge y) = f^*x \wedge g^*y$. Ferner soll das Produkt *stabil* sein, das heißt, das folgende Diagramm ist kommutativ:

$$
\begin{array}{ccc}
h^i(X) \otimes h^{j+1}(\Sigma Y) & \xrightarrow{\ \wedge\ } & h^{i+j+1}(X \wedge \Sigma Y) \\[2pt]
{\scriptstyle 1 \otimes \sigma}\big\uparrow & & \big\uparrow{\scriptstyle (-1)^i \tau \circ \sigma} \\[2pt]
h^i(X) \otimes h^j(Y) & \xrightarrow{\ \wedge\ } & h^{i+j}(X \wedge Y) \\[2pt]
{\scriptstyle \sigma \otimes 1}\big\downarrow & & \big\downarrow{\scriptstyle \sigma} \\[2pt]
h^{i+1}(\Sigma X) \otimes h^j(Y) & \xrightarrow{\ \wedge\ } & h^{i+j+1}(\Sigma X \wedge Y).
\end{array}
$$

Darin ist τ eine Vertauschung der Faktoren und $\Sigma X = S^1 \wedge X$. Eine Kohomologietheorie zusammen mit einer multiplikativen Struktur heißt *multiplikative Kohomologietheorie*.

Meistens soll ein Produkt noch weitere Eigenschaften haben.

(1) Das Produkt heißt *assoziativ*, wenn immer $x \wedge (y \wedge z) = (x \wedge y) \wedge z$ gilt. (Wir benutzen hier, daß das $\wedge$-Produkt von Räumen assoziativ ist. Im allgemeinen hat man dazu in der Kategorie der kompakt erzeugten Räume zu arbeiten.)

(2) Ein Element $1 \in h^0(P^+)$ heißt *Einselement* für das Produkt, wenn immer $1 \wedge x = x = x \wedge 1$ gilt (P = Punkt; es wird kanonisch identifiziert $P^+ \wedge X \cong X \cong X \wedge P^+$).

(3) Das Produkt heißt *kommutativ*, wenn mit der Vertauschung $\tau\colon X \wedge Y \to Y \wedge X$, $(a, b) \mapsto (b, a)$ immer $\tau^*(x \wedge y) = (-1)^{|x||y|}y \wedge x$ gilt. $\Diamond$

Sei 1 ein Einselement und gehöre dazu vermöge Einhängung $\sigma\colon h^0(P^+) \cong h^1(S^1)$ das Element $e = \sigma(1)$. Dann stimmt $\sigma\colon h^n(X) \to h^{n+1}(S^1 \wedge X)$ mit

$x \mapsto e \wedge x$ überein. Ist das Produkt assoziativ, so folgt aus $\sigma(x) = e \wedge x$ für alle x die Kommutativität des unteren Quadrates in der Stabilität. Das obere Quadrat folgt aus dem unteren, wenn die Theorie kommutativ ist.

Sei $y \in h^j(Y)$ fixiert. Wir haben dann natürliche Abbildungen

$$\rho_y \colon h^i(X) \to h^{i+j}(X \wedge Y), \quad x \mapsto x \wedge y.$$

Setzen wir $k^i(X) = h^{i+j}(X \wedge Y)$, so bilden die k^i mit den von der Theorie h^* geerbten Einhängungen eine Kohomologietheorie. Die Stabilität besagt, daß ρ_y eine natürliche Transformation von Kohomologietheorien ist. Ebenso läßt sich die zweite Variable behandeln.

Theorien für punktierte Räume lassen sich durch Spektren definieren. Wir erläutern, welche Zusatzdaten für ein Spektrum ein Produkt induzieren. Sei $E = (E_n, e_n : E_n \wedge S^1 \to E_{n+1})$ ein Spektrum aus wohlpunktierten Räumen. Ein *Produkt* in E ist eine Familie von punktierten Abbildungen

$$(m_{k,l} \colon E_k \wedge E_l \to E_{k+l} \mid k, l \in \mathbb{Z})$$

mit den Eigenschaften, die der Stabilität entsprechen:

$$m_{k,l+1} \circ (\mathrm{id}(E_k) \wedge e_l) \simeq e_{k+l} \circ (m_{k,l} \wedge \mathrm{id}(S^1)) \simeq (-1)^l m_{k+1,l} \circ (e_k \wedge \mathrm{id}(E_l)) \circ \tau$$

mit der Vertauschung $\tau \colon E_l \wedge S^1 \to S^1 \wedge E_l$. Sei $E^*(-)$ die durch E gegebene Kohomologietheorie. Das Produkt in E induziert folgendermaßen ein Produkt in $E^*(-)$. Wir betrachten die durch das kommutative Diagramm gegebene Abbildung $\bar{\mu}$:

$$
\begin{array}{ccc}
[X \wedge S^k, E_{m+k}]^0 \times [Y \wedge S^l, E_{n+l}]^0 & \xrightarrow{\ \wedge\ } & [X \wedge S^k \wedge Y \wedge S^l, E_{m+k} \wedge E_{n+l}]^0 \\
\Big\downarrow{\bar{\mu}} & & \Big\downarrow{\tau} \\
[X \wedge Y \wedge S^{k+l}, E_{m+k+n+l}]^0 & \xleftarrow{\ m_*\ } & [X \wedge Y \wedge S^k \wedge S^l, E_{m+k} \wedge E_{n+l}]^0.
\end{array}
$$

Wir setzen (nur vorübergehend) zur Abkürzung $X_k^m = [X \wedge S^k, E_{m+k}]^0$ und bezeichnen mit $b \colon X_k^m \to X_{k+1}^m$ die Abbildungen, über die der direkte Limes zur Definition von $E^k(X)$ gebildet wird. Damit ist das Diagramm

$$
\begin{array}{ccc}
X_m^k \times Y_n^l & \xrightarrow{\ \bar{\mu}\ } & (X \wedge Y)_{m+n}^{k+l} \\
\Big\downarrow{b \times b} & & \Big\downarrow{b \circ b} \\
X_{m+1}^k \times Y_{n+1}^l & \xrightarrow{\ \bar{\mu}\ } & (X \wedge Y)_{m+n+2}^{k+l}
\end{array}
$$

bis auf das Vorzeichen $(-1)^l$ kommutativ. Die Abbildungen

$$(-1)^{ml} \bar{\mu} \colon X_m^k \times Y_n^l \to (X \wedge Y)_{m+n}^{k+l}$$

sind also mit der Bildung der Kolimites verträglich und induzieren das Produkt

$$\mu_{k,l} \colon E^k(X) \times E^l(Y) \to E^{k+l}(X \wedge Y).$$

Die Natürlichkeit und die Stabilität werden unmittelbar aus den Definitionen verifiziert.

Ein Produkt $(m_{k,l})$ im Spektrum E heißt *assoziativ*, wenn gilt

$$m_{k,l+p} \circ (\mathrm{id}(E_k) \wedge m_{l+p}) \simeq m_{k+l,p} \circ (m_{k,l} \wedge \mathrm{id}(E_p)).$$

Ein *(Rechts-)Einselement* für das Produkt ist eine Sequenz von Abbildungen $i_k \colon S^k \to E_k, k \geq 0$, so daß

$$E_l \wedge S^k \xrightarrow{\ \mathrm{id} \wedge i_k\ } E_l \wedge E_k \xrightarrow{\ m_{l,k}\ } E_{l+k}$$

für alle $l, k \geq 0$ homotop zur k-fach iterierten Strukturabbildung des Spektrums

$$E_l \wedge S^k \xrightarrow{\ e_l \wedge \mathrm{id}\ } E_{l+1} \wedge S^{k-1} \to \cdots \to E_{l+k}$$

ist, und das Diagramm

$$
\begin{array}{ccc}
S^k \wedge S^1 & \xrightarrow{\ i_k \wedge \mathrm{id}\ } & E_k \wedge S^1 \\
{\scriptstyle \cong}\downarrow & & \downarrow{\scriptstyle e_k} \\
S^{k+1} & \xrightarrow{\ i_{k+1}\ } & E_{k+1}
\end{array}
$$

h-kommutativ ist. Die Multiplikation des Spektrums heißt *kommutativ*, wenn für gerade k, l immer $m_{k,l} \simeq m_{l,k} \circ \tau$ ist (τ Vertauschung der Faktoren).

Aus diesen Definitionen verifiziert man:

(7.2) Satz. *Die Multiplikation $\mu_{m,n}$ ist bilinear. Ist das Produkt in E assoziativ (kommutativ), so ist das Produkt $(\mu_{m,n})$ assoziativ (kommutativ). Ist (i_k) ein Einselement für das Produkt in E, so repräsentieren die $[i_k] \in [S^k, E_k]^0$ alle dasselbe Element $1 \in E^0(P^+)$, und es ist $\mu(x, 1) = x$.*   □

Man kann weitere algebraische Begriffe für Kohomologietheorien und Spektren imitieren. So kann man von Paarungen

$$E^i(X) \otimes F^j(Y) \to G^{i+j}(X \wedge Y)$$

zweier Kohomologietheorien E, F in eine dritte G sprechen. Ist dann $F = G$ und E eine Theorie mit assoziativer Multiplikation mit Einselement, so kann man formulieren, wann F ein linker E-Modul ist.

(7.3) Beispiel. Produkte für Eilenberg-MacLane-Spektren. Ist R ein kommutativer Ring, so haben wir dafür Abbildungen

$$K(R, m) \wedge K(R, n) \to K(R, m + n)$$

konstruiert. Sie sind assoziativ, kommutativ und haben ein Einselement. Die zugehörige Kohomologie $H^*(-; R) = [-, K(R, *)]$ erhält dadurch eine multiplikative Struktur. Ist M ein R-Modul, so haben wir gleicherweise Paarungsabbildungen $K(R, m) \wedge K(M, n) \to K(M, m + n)$, und die Theorie $H^*(-, M)$ wird dadurch ein Modul über der multiplikativen Theorie $H^*(-, R)$. $\diamond$

(7.4) Beispiel. Produkt für das Sphärenspektrum. Ein assoziatives und kommutatives Produkt mit Einselement wird durch die kanonischen Homöomorphismen $S^m \wedge S^n \cong S^{m+n}$ gegeben. Jede durch ein Spektrum definierte Theorie ist ein Modul über der durch das Sphärenspektrum definierten multiplikativen Theorie. $\diamond$

8 Mannigfaltigkeiten mit Rand

Wir behandeln die Dualität bei Mannigfaltigkeiten mit Rand. Sei M eine geschlossene zusammenhängende n-Mannigfaltigkeit. Seien A und B kompakte zusamenhängende Untermannigfaltigkeiten mit gemeinsamem Rand $C = \partial A = \partial B$. Sei $A \cap B = C$ und $A \cup B = M$. Seien A und B durch Fundamentalklassen $[A]$ und $[B]$ orientiert. Die Inklusionen induzieren einen Isomorphismus

$$H_n(A, \partial A) \oplus H_n(B, \partial B) \to H_n(M, C).$$

Wenn wir $\partial[A] = \partial[B] \in H_{n-1}(C)$ annehmen, so liegt das Bild von $([A], -[B])$ im Kern von $\partial \colon H_n(M, C) \to H_{n-1}(C)$. Es gibt genau ein Urbild in $H_n(M)$, und dieses ist eine Fundamentalklasse $[M]$ von M.

Das *Doppel* $D(A)$ von A entsteht aus zwei Exemplaren $A = A_1 = A_2$ von A durch Identifikation entlang des gemeinsamen Randes. Aus einem orientierten A erhält man so eine orientierte geschlossene Mannigfaltigkeit $D(A)$.

(8.1) Satz. *Sei M eine kompakte zusammenhängende n-Mannigfaltigkeit, die durch $[M] \in H_n(M, \partial M)$ orientiert ist. Dann sind*

$$\frown [M] \colon H^p(M; G) \to H_{n-p}(M, \partial M; G),$$
$$\frown [M] \colon H^p(M, \partial M; G) \to H_{n-p}(M; G)$$

für jede Koeffizientengruppe G Isomorphismen.

Beweis. Wir lassen G in den Bezeichnungen weg und verwenden die zuvor konstruierte Fundamentalklasse des Doppels $D(M) = M_1 \cup M_2$. Der Dualitätssatz liefert einen Isomorphismus

$$\frown [D(M)]\colon H^p(D(M), D(M) \setminus M_2) \to H_{n-p}(D(M) \setminus M_2).$$

Vermöge Ausschneidung und h-Äquivalenz haben wir Isomorphismen

$$H^p(M_1, \partial M_1) \xrightarrow{\cong} H^p(D(M), D(M) \setminus M_2^\circ) \xleftarrow{\cong} H^p(D(M), D(M) \setminus M_2)$$

$$H_{n-p}(D(M) \setminus M_2) = H_{n-p}(M_1^\circ) \xrightarrow{\cong} H_{n-p}(M).$$

Die Natürlichkeit des Cap-Produktes transformiert den Dualitätshomomorphismus in den im Satz betrachteten. Für den zweiten Fall benutzt man die Isomorphismen $\frown [D(M)]\colon H^p(D(M) \setminus M_2) \cong H_{n-p}(D(M), M_2)$, sowie $H_{n-p}(D(M), M_2) \cong H_{n-p}(M_1, \partial M_1)$ und $H^p(M_1) \cong H^p(M_1 \setminus \partial M_1) = H^p(D(M) \setminus M_2)$.   □

Man kann die vorstehenden Isomorphismen in einem allgemeineren Sachverhalt zusammenfassen. Sei M eine orientierte kompakte zusammenhängende n-Mannigfaltigkeit mit Rand $\partial M = A \cup B$, worin A und B kompakte Untermannigfaltigkeiten mit gemeinsamem Rand $A \cap B$ sind. Dann gibt es einen Dualitätsisomorphismus $\frown [M]\colon H^p(M, A) \to H_{n-p}(M, B)$.

(8.2) Satz. *Sei die geschlossene 2n-Mannigfaltigkeit M orientierter Rand der kompakten Mannigfaltigkeit B. Sei $i\colon M \to B$ die Inklusion. Dann gilt*

$$\dim H^n(M) = 2 \operatorname{Rang} i^* = 2 \dim \operatorname{Kern} i_*.$$

Das Cup-Produkt je zweier Elemente aus dem Bild von i^* ist Null. Die Koeffizienten sind hier ein beliebiger Körper.

Beweis. Das ist eine Konsequenz des kommutativen Diagrammes

$$
\begin{array}{ccccc}
H^n(B) & \xrightarrow{\;i^*\;} & H^n(M) & \xrightarrow{\;\delta\;} & H^{n+1}(B, M) \\
 & & \downarrow{\scriptstyle \frown [M]} & & \downarrow{\scriptstyle \frown [B]} \\
 & & H_n(M) & \xrightarrow[\;i_*\;]{} & H_n(B).
\end{array}
$$

Es führt nämlich zu Bild $i^* \frown [M] = \operatorname{kern} \delta \frown [M] = \operatorname{Kern} i_*$ sowie zu

$$\operatorname{Rang} i^* = \dim \operatorname{Bild} i^* = \dim \operatorname{Kern} i_*$$
$$= \dim H_n(M) - \operatorname{Rang} i_* = \dim H^n(M) - \operatorname{Rang} i^*,$$

woraus sich die behauptete Gleichheit errechnet. Wir haben benutzt, daß i_* und i^* als algebraisch duale Abbildungen denselben Rang haben. Seien $a, b \in H^n(B)$. Dann ist $\delta(i^*(a) \smile i^*(b)) = (\delta i^*)(a \smile b) = 0$. Die Abbildung δ ist ein Monomorphismus, da sie dual zu $i_*\colon H_0(M) \to H_0(B)$ ist.   □

9 Die Schnittform. Signatur

Sei M eine geschlossene orientierte zusammenhängende n-Mannigfaltigkeit. Durch das Cup-Produkt und anschließende Evaluation auf der Fundamentalklasse erhalten wir eine Bilinearform

$$s \colon H^k(M) \times H^{n-k}(M) \to \mathbb{Z}, \quad (x, y) \mapsto (x \cup y)[M].$$

Diese Formen heißen *Schnittformen*, weil sie sich in Spezialfällen durch Schnitte von Untermannigfaltigkeiten interpretieren lassen. Wir benutzen nun, daß $H^*(M)$ eine endlich erzeugte abelsche Gruppe ist. Das folgt aus der Tatsache, daß M als Untermannigfaltigkeit eines euklidischen Raumes Retrakt einer Umgebung ist, die ein endlicher CW-Komplex ist; für glatte Mannigfaltigkeiten erschließt man das aus der Existenz einer tubularen Umgebung. Wir bezeichnen mit $A_\diamond$ den Quotienten einer abelschen Gruppe A nach der Untergruppe der Elemente endlicher Ordnung. Da s Elemente endlicher Ordnung auf Null abbildet, erhalten wir eine induzierte Bilinearform $s_\diamond \colon H^k(M)_\diamond \times H^{n-k}(M)_\diamond \to \mathbb{Z}$.

(9.1) Satz. *Die Schnittform $s_\diamond$ ist regulär.*

Beweis. Nach den Regeln über das Cap-Produkt können wir die Form s durch $s(x, y) = \langle x, y \frown [M] \rangle$ beschreiben. Wegen der Dualität $y \mapsto y[M]$ haben wir also die Regularität von

$$s' \colon H^p(M)_\diamond \times H_p(M)_\diamond \to \mathbb{Z}, \quad (x, a) \mapsto \langle x, a \rangle$$

zu zeigen. Es ist aber nach der universellen Koeffizientenformel $H^p(M)_\diamond \cong \operatorname{Hom}(H_p(M)_\diamond, \mathbb{Z})$, und mit diesem Isomorphismus wird s' in die algebraische Hom-Evaluation überführt, die regulär ist. $\qquad\square$

Für eine orientierte kompakte zusammenhängende n-Mannigfaltigkeit mit Rand hat man ebenso eine reguläre Form

$$H^p(M)_\diamond \otimes H^{n-p}(M, \partial M)_\diamond \to \mathbb{Z}, \quad (a, b) \mapsto \langle a \smile b, [M] \rangle.$$

Man kann analog auch mit reellen Koeffizienten verfahren und erhält eine reguläre Bilinearform

$$s_\mathbb{R} \colon H^k(M; \mathbb{R}) \times H_{n-k}(M; \mathbb{R}).$$

Für diese Form gilt $s_\mathbb{R}(x, y) = (-1)^{k(n-k)} s_\mathbb{R}(y, x)$. Ist $n = 4k$, so haben wir eine symmetrische Bilinearform auf $H^{2k}(M; \mathbb{R})$. Ihre Signatur $\sigma(M)$ ist definiert als $p - n$, wenn p (n) die maximale Dimension eines positiv (negativ) definiten Unterraums ist. Ist $r = \dim H^{2k}(M; \mathbb{R})$ und ι die maximale Dimension eines Raumes auf dem die Form die Nullform ist, so gilt $|\sigma(M)| = r - 2\iota$. Die Zahl $\sigma(M)$ heißt die *Signatur* der Mannigfaltigkeit M.

(9.2) Satz. *Sei die 4k-dimensionale geschlossene Mannigfaltigkeit orientierter Rand der kompakten Mannigfaltigkeit B. Dann ist $\sigma(M) = 0$.*

Beweis. Sei $V = H^{2n}(M)$ und dim $V = 2d$, siehe (8.2). Sei $V = V^+ \oplus V^-$ die Zerlegung in einen positiv definiten und einen negativ definiten Teil bezüglich der Schnittform. Sei $p = \dim V^+$. Auf dem nach (8.2) d-dimensionalen Raum $U = \text{Bild}\, i^*\colon H^{2k}(B) \to H^{2k}(M)$ ist die Form Null. Wegen $U \cap V^+ = \{0\}$ ist $p + d \leq 2d$, also $p \leq d$. Ebenso folgt $2d - p \leq d$. Wegen $p = d$ ist also $\sigma = p - (2d - p) = 0$. $\qquad\qquad\qquad\qquad\qquad\qquad\qquad\qquad\qquad\qquad\qquad\qquad$ □

10   Die Künneth-Formel

Die Künneth-Formel dient dazu, die Homologie von $X \times Y$ aus der Homologie von X und Y zu berechnen. Wir verwenden singuläre Homologie mit Koeffizienten in einem kommutativen Ring R. Die besagte Formel ist dann ein algebraisches Resultat über Kettenkomplexe von R-Moduln, das im topologischen Fall auf den singulären Komplex mit Koeffizienten in R angewendet wird.

Seien C und D Kettenkomplexe von R-Moduln. Dazu haben wir in IV.1 den Kettenkomplex $C \otimes_R D$ definiert. Wir haben eine kanonische Abbildung

$$H_i(C) \otimes_R H_j(D) \to H_{i+j}(C \otimes_R D),$$

die auf repräsentierenden Zyklen durch $[x] \otimes [y] \mapsto [x \otimes y]$ definiert ist. Der nächste Satz sagt etwas darüber aus, wieweit diese Abbildung von einem Isomorphismus entfernt ist. Die Aussage kann als eine Verallgemeinerung der universellen Koeffizientenformel angesehen werden. Wir verwenden wieder $*$ für Tor_1^R.

(10.1) Satz. *Seien die Zyklen $Z_n(C)$ und die Ränder $B_n(C)$ für alle n flache R-Moduln. Dann gibt es eine kurze exakte Sequenz*

$$0 \to \bigoplus_{i+j=n} H_i(C) \otimes_R H_j(D) \to H_n(C \otimes_R D) \to \bigoplus_{i+j=n-1} H_i(C) * H_j(D) \to 0.$$

Beweis. Da $Z(C)$ flach ist, haben wir zunächst einmal die Gleichheiten

$$(Z(C) \otimes Z(D))_n = \text{Kern}\,(1 \otimes \partial\colon (Z(C) \otimes D)_n \to (Z(C) \otimes D)_{n-1})$$

$$(Z(C) \otimes B(D))_n = \text{Bild}\,(1 \otimes \partial\colon (Z(C) \otimes D)_{n+1} \to (Z(C) \otimes D)_n),$$

aus denen $H(Z(C) \otimes D) \cong Z(C) \otimes H(D)$ folgt (Homologie ist mit einem flachen Tensorprodukt vertauschbar). Ebenso gilt $H(B(C) \otimes D) \cong B(C) \otimes H(D)$. Wir tensorieren nun die exakte Sequenz von Kettenkomplexen

$$0 \to B(C) \xrightarrow{i} Z(C) \to H(C) \to 0$$

mit $H(D)$. Die Torsionsprodukte mit einem flachen Modul sind Null. Deshalb degeneriert die lange exakte Tor-Sequenz der homologischen Algebra in unserem Fall zu einer exakten Sequenz (†)

$$0 \to H(C) * H(D) \to H(B(C) \otimes D) \xrightarrow{i_*} H(Z(C) \otimes D) \to H(C) \otimes H(D) \to 0.$$

Wir benutzen die Bezeichnung $(A[-1])_n = A_{n-1}$ für ein graduiertes Objekt A. Wir tensorieren die exakte Sequenz von Kettenkomplexen

$$0 \to Z(C) \to C \to B(C)[-1] \to 0$$

mit D. Da $B(C) * D = 0$ ist, erhalten wir die exakte Sequenz

$$0 \to Z(C) \otimes D \to C \otimes D \to (B(C) \otimes D)[-1] \to 0.$$

Deren exakte Homologiesequenz hat die Form

$$\ldots \to H(B(C) \otimes D) \xrightarrow{(1)} H(Z(C) \otimes D) \to H(C \otimes D)$$
$$\to H(B(C) \otimes D)[-1] \xrightarrow{(1)} H(Z(C) \otimes D)[-1] \to \cdots$$

Man verifiziert, daß (1) die Abbildung i_* ist. Damit ergibt sich die exakte Sequenz

$$0 \to \operatorname{Kokern}(i_*) \to H(C \otimes D) \to \operatorname{Kern}(i_*)[-1] \to 0,$$

die zusammen mit der Sequenz (†) die im Satz behauptete liefert. $\qquad\square$

Im topologischen Fall bekommen wir für ein s-schnittiges Paar $(A \times Y, X \times B)$ in $X \times Y$ eine exakte Sequenz

$$0 \to \bigoplus_{i+j=n} H_i(X, A) \otimes H_j(Y, B) \to H_n((X, A) \times (Y, B))$$
$$\to \bigoplus_{i+j=n-1} H_i(X, A) * H_j(Y, B) \to 0.$$

Wie bei den universellen Koeffizientenformeln spaltet diese Sequenz auf, aber nicht natürlich in den beteiligten Räumen. Verwenden wir einen Körper k als Koeffizientengruppe, so erhalten wir speziell

$$H_*(X, A; k) \otimes_k H_*(Y, B; k) \cong H_*((X, A) \times (Y, B); k).$$

Einen analogen Isomorphismus hat man für die Kohomologie, wenn man zusätzlich voraussetzt, daß alle $H_i(X, A; k)$ endlich erzeugt sind.

11   Einfach zusammenhängende ebene Gebiete

Der folgende Satz sammelt einige Eigenschaften eines ebenen Gebietes, die zum einfachen Zusammenhang äquivalent sind. In den Beweisen wird Dualität verwendet.

(11.1) Satz. *Sei $D \subset \mathbb{R}^2$ ein beschränktes Gebiet. Gilt eine der folgenden Aussagen, so auch jede andere.*

(1)   *D ist homöomorph zu $\mathbb{R}^2$.*

(2)   *D ist einfach zusammenhängend.*

(3)   *$H_1(D) = 0$.*

(4)   *$H^1(D) = 0$.*

(5)   *$\mathbb{R}^2 \setminus D$ ist zusammenhängend.*

(6)   *$\mathrm{Rd}(D)$ ist zusammenhängend.*

(7)   *Ist $J \subset D$ eine Jordan-Kurve, so enthält D das Innere von J.*

Beweis. (1) $\Rightarrow$ (2), (3), (4). Klar.

(2) $\Rightarrow$ (3). $H_1(D)$ ist die abelsch gemachte Fundamentalgruppe.

(3) $\Rightarrow$ (2). Wir haben im zweiten Kapitel gezeigt, daß die Fundamentalgruppe einer triangulierbaren Fläche frei ist, wenn die Fläche nicht geschlossen ist. Offenbar ist D triangulierbar. Ist die abelsch gemachte Gruppe Null, so auch die Gruppe selbst.

(2) $\Rightarrow$ (1). Im zweiten Kapitel wurde ebenfalls gezeigt, daß eine einfach zusammenhängende Fläche homöomorph zu S^2 oder $\mathbb{R}^2$ ist. Aber S^2 kommt für D nicht in Frage.

Einen anderen Beweis für (3) $\Rightarrow$ (1) entnimmt man der Funktionentheorie. Unter der Voraussetzung $H_1(D) = 0$ läßt sich nämlich der Riemannsche Abbildungssatz beweisen.

(4) $\Rightarrow$ (5). Angenommen $\mathbb{R}^2 \setminus D = X \cup Y$ sei eine Zerlegung. Da D beschränkt ist, enthält etwa Y die Menge $\{z \mid |z| \geq r\}$ für genügend großes r und somit ist X kompakt. Es gibt deshalb disjunkte offene Umgebungen $U(X)$, $U(Y)$ von X und Y. Sei $x \in X$ und $y \in Y$ gewählt und $K = \mathbb{R}^2 \setminus (U(X) \cup U(Y))$ gesetzt. Dualität liefert ein kommutatives Diagramm

$$
\begin{array}{ccccc}
H^1(\mathbb{R}^2 \setminus \{x, y\}) & \longrightarrow & H^1(D) & \longrightarrow & H^1(K) \\
\uparrow & & & & \uparrow \beta \\
\bar{H}_0(\{x, y\}) & \xrightarrow{\quad \alpha \quad} & & & \bar{H}_0(U(X) \cup U(Y)) ,
\end{array}
$$

in dem die waagerechten Abbildungen durch Inklusionen induziert sind. Das Element $\beta\alpha(x)$ ist von Null verschieden, da x nicht in der unbeschränkten Komponente von $U(X) \cup U(Y)$ liegt. Wegen $H^1(D) = 0$ führt die Kommutativität des Diagramms zu einem Widerspruch.

(3) $\Leftrightarrow$ (5) folgt aus dem Dualitätssatz.

(5) $\Leftrightarrow$ (6) folgt aus III (9.4).

(3) $\Rightarrow$ (4) folgt aus der universellen Koeffizientenformel.

(5) $\Rightarrow$ (7). Sei $J \subset D$ eine Jordan-Kurve mit innerem Bereich B. Es enthalte B Punkte von $\mathbb{R}^2 \setminus D$. Da der äußere Bereich von J jedenfalls Punkte von $\mathbb{R}^2 \setminus D$ enthält, weil D beschränkt ist, so kann $\mathbb{R}^2 \setminus D$ nicht zusammenhängend sein.

(7) $\Rightarrow$ (5). Sei $\mathbb{R}^2 \setminus D$ nicht zusammenhängend. Es gibt dann eine Zerlegung $\mathbb{R}^2 \setminus D = X \cup Y$, in der etwa X kompakt ist. Es gibt eine stetige Funktion $f \colon \mathbb{R}^2 \to [0,1]$ mit $X \subset f^{-1}(0)$, $Y \in f^{-1}(1)$ und, etwa nach dem Weierstraßschen Approximationssatz auch eine unendlich oft differenzierbare mit dieser Eigenschaft. Sei $t \in]0,1[$ ein regulärer Wert von f (Satz von Sard). Dann ist $N = f^{-1}[0,1]$ eine in D enthaltene kompakte eindimensionale Untermannigfaltigkeit, deren Rand $f^{-1}(t)$ in D enthalten ist und aus endlich vielen disjunkten Jordan-Kurven $J_1, \ldots, J_r$ besteht. Da N beschränkt ist, hat jede Komponente N_i von N eine Randkurve ∂N_i, in deren inneren Bereich N_i liegt. Es liegt X in N, also gibt es Jordan-Kurven $\partial N_i \subset D$, die Punkte von X im inneren Bereich enthalten.

Damit ist (11.1) in allen Teilen gezeigt. $\qquad \square$

(11.2) Zusatz. Falls man nicht Bereiche in der Ebene $\mathbb{R}^2$ sondern in der kompakten Sphäre S^2 betrachtet, so gilt mit demselben Beweis der zu (11.1) analoge Satz (sofern $D \neq S^2$). Man benötigt dann keine Beschränktheit. $\qquad \diamond$

Sei $D \subset \mathbb{R}^2$ ein Gebiet. Ein Bogen $L \subset \bar{D}$, der bis auf die Endpunkte in D verläuft, heiße *Querschnitt* von D.

(11.3) Satz. *Sei $H_1(D) = 0$. Ist $L \subset \bar{D}$ ein Querschnitt von D, so besteht $D \setminus L$ aus zwei Komponenten. Sie enthalten beide L im Rand.*

Beweis. Wir verwenden die exakte Mayer-Vietoris-Sequenz mit dem Komplement $cD = \mathbb{R}^2 \setminus D$

$$0 \to H^0(cD \cup L) \to H^0(cD) \oplus H^0(L) \to H^0(cD \cap L) \to H^1(cD \cup L)$$
$$\to H^1(cD) \oplus H^1(L).$$

Nach dem Dualitätssatz ist $H^1(cD) \cong \tilde{H}_0(D) = 0$, weil D zusammenhängend ist. Es ist $H^0(L) \cong \mathbb{Z}$ und $H^1(L) \cong 0$, weil L zusammenziehbar ist. Es ist $H^0(cD \cap L) \cong \mathbb{Z} \oplus \mathbb{Z}$, da $cD \cap L$ aus zwei Punkten besteht. Es ist $H^0(cD) \cong \mathbb{Z} \cong H^0(cD \cup L)$, weil beide Räume zusammenhängend sind. Wegen der exakten Sequenz muß die freie abelsche Gruppe $H^1(cL \cup D)$ deshalb den Rang 1 haben. Sie ist aber nach dem Dualitätssatz isomorph zu $\tilde{H}_0(D \setminus L)$. Demnach hat $D \setminus L$ zwei Komponenten.

Ein analoges Argument zeigt, daß $D \setminus L_1$ zusammenhängend ist, wenn L_1 gleich L ohne einen beliebigen inneren Teilbogen ist. Wie im Beweis des Jordanschen Kurvensatzes schließt man dann, daß jeder innere Punkt von L zum Rand jeder

Komponente gehört. (Es kann übrigens der Schnitt der Ränder beider Komponenten größer als L sein, wenn sich nämlich die beiden Komponenten noch irgendwo „berühren".)   □

(11.4) Beispiel. Ist $G \subset \mathbb{R}^2$ ein Gebiet, dessen Komplement keine kompakten Komponenten hat, so ist G einfach zusammenhängend.   ◇

12 Algebraische Topologie der Flächen

Wir wenden zahlreiche Ergebnisse früherer Kapitel an, um die algebraische Topologie der Flächen zu beschreiben. Im Einzelfall werden diese Ergebnisse noch zusätzlich geometrisch interpretiert. Wir beschränken uns auf orientierbare geschlossene Flächen $F = F_g$ vom Geschlecht $g \geq 1$.

Die im zweiten Kapitel gewonnene Beschreibung durch ein Flächenwort $a_1 b_1 a_1^{-1} b_1^{-1} \ldots a_g b_g a_g^{-1} b_g^{-1}$ liefert eine Darstellung von F als CW-Komplex mit einer 0-Zelle, $2g$ 1-Zellen und einer 2-Zelle. Der zugehörige Zellenkettenkomplex hat deshalb die Form

$$0 \to \mathbb{Z} \xrightarrow{0} \mathbb{Z}^{2g} \xrightarrow{0} \mathbb{Z} \to 0,$$

und die Randoperatoren sind Null. Daraus erhält man die Homologie mit Koeffizienten in $\mathbb{Z}$

$$H_0(F) \cong \mathbb{Z}, \qquad H_1(F) \cong \mathbb{Z}^{2g}, \qquad H_2(F) \cong \mathbb{Z}.$$

Die universellen Koeffizientenformeln (oder auch direkt der Zellenkettenkomplex) liefern für beliebige Koeffizienten G

$$H_i(F; G) \cong H_i(F) \otimes_{\mathbb{Z}} G, \qquad H^i(F; G) \cong \operatorname{Hom}(H_i(F), G).$$

Man kann $H_1(F)$ auch als die abelsch gemachte Gruppe $\pi_1(F)$ berechnen, die wir früher als freie Gruppe mit $2g$ Erzeugenden bestimmt haben. Die Kanten a_j, b_j aus dem Flächenwort liefern Abbildungen $a_j, b_j \colon S^1 \to F$. Die dadurch in $H_1(F)$ repräsentierten Elemente wollen wir mit demselben Symbol bezeichnen. Die orientierte Bordismengruppe $\Omega_1(X)$ ist natürlich isomorph zu $H_1(X)$ ist. Ein Isomorphismus wird ähnlich wie beim Satz von Hurewicz definiert: Ist S^1 durch $z \in H_1(S^1)$ orientiert und $f \colon S^1 \to X$ eine singuläre Mannigfaltigkeit, so wird ihr $f_* z \in H_1(X)$ zugeordnet. Wir fassen a_j, b_j auch als Elemente in $\Omega_1(F)$ auf.

Allgemein erhält man übrigens eine natürliche Transformation von Homologietheorien $\mu \colon \Omega_*(X) \to H_*(X)$, indem man f_* einer singulären Mannigfaltigkeit $f \colon M \to X$ auf die Fundamentalklasse von M anwendet. Im nichtorientierbaren Fall bekommt man eine natürliche Transformation $\nu \colon N_*(X) \to H_*(X; \mathbb{Z}/2)$ von Homologietheorien.

Das 1-Gerüst F^1 von F in der obigen CW-Zerlegung ist eine punktierte Summe $\bigvee S^1$ von $2g$ Exemplaren S^1. Auch diese Exemplare entsprechen den a_j, b_j. Da

$S^1 = K(\mathbb{Z}, 1)$ ist, können wir $[X, S^1]$ als Modell für $H^1(X)$ verwenden. Die Inklusion $i: F^1 \subset F$ induziert einen Isomorphismus $[F, S^1] \to [F^1, S^1]$. Sei $\alpha_j: F^1 \to S^1$ die Abbildung, die den Summanden a_j identisch abbildet und die anderen konstant. Ebenso gehöre β_j zu b_j. Die zugehörigen Elemente in $H^1(F) = [F, S^1]$ seien ebenfalls mit diesem Symbol bezeichnet.

Wir haben die Evaluation $H^1(X) \times H_1(X) \to \mathbb{Z}$, $(\alpha, a) \mapsto \langle \alpha, a \rangle$. Mit den Interpretationen $\Omega_1(X) = H_1(X)$ und $[X, S^1] = H^1(X)$ erhält sie eine geometrische Form: $[a: S^1 \to X] \in \Omega_1(X)$ und $[\alpha: X \to S^1] \in [X, S^1]$ wird der Grad von $\alpha \circ a$ zugeordnet. Im Fall der Flächen liegen duale Basen vor:

$$\langle \alpha_i, a_j \rangle = \delta_{ij} = \langle \beta_i, b_j \rangle, \quad \langle \alpha_i, b_j \rangle = 0 = \langle \beta_i, a_j \rangle.$$

Betrachten wir die Fläche F als differenzierbare Mannigfaltigkeit, so haben wir die Räume $\Omega^i(F)$ der C^∞-Differentialformen vom Grad i und die zugehörige de Rham-Kohomologie $H^*_{DR}(F)$. Wir interessieren uns hier naturgemäß für $H^1_{DR}(F)$.

Fassen wir eine glatte Abbildung $a: S^1 \to F$ als Weg auf, so können wir eine 1-Form über a integrieren. Nach dem Satz von Stokes erhalten wir dadurch eine wohldefinierte Abbildung

$$S_{DR}: \Omega_1(F) \times H^1_{DR}(F), \quad (f, \omega) \mapsto \int_f \omega.$$

Sie ist $\mathbb{Z}$-linear in der ersten und $\mathbb{R}$-linear in der zweiten Variablen. Durch Adjunktion wird daraus eine $\mathbb{R}$-lineare Abbildung

$$s_{DR}: H^1_{DR}(F) \to \mathrm{Hom}_{\mathbb{Z}}(\Omega_1(F), \mathbb{R}).$$

Wir nennen sie *Periodenhomomorphismus*, weil sie angibt, in welcher Weise das Integral über einen geschlossenen Weg ungleich Null ist. Eine analytische Form des Dualitätssatzes ist:

(12.1) Satz. *Der Periodenhomomorphismus ist ein Isomorphismus.*

Beweis. Die Injektivität bedeutet: Ist das Integral einer geschlossenen Form ω über jede geschlosssene Kurve Null, so hat ω die Gestalt df für eine glatte Funktion f auf F. Die Funktion f wird als eine Art Stammfunktion von ω definiert. Sei $x_0 \in F$ gewählt und γ ein glatter Weg von x_0 nach x. Wir setzen $f(x) = \int_\gamma \omega$. Das liefert eine wohldefinierte Funktion f, da das Integral über geschlossene Wege Null ist. Durch eine lokale Rechnung zeigt man $df = \omega$.

Zum Beweis der Surjektivität konstruieren wir eine Abbildung

$$\pi: H^1(F) \to H^1_{DR}(F).$$

Sei $\alpha \in \Omega^1(S^1)$ die Volumenform; das ist die Einschränkung von $x\, dy - y\, dx$ auf S^1. Einer glatten Abbildung $f: F \to S^1$ ordnen wir die Klasse der zurückgeholten Form

$[f^*\alpha] \in H^1_{DR}(F)$ zu. Jedes Element von $[F, S^1]$ hat einen glatten Repräsentanten, und $[f^*\alpha]$ hängt nur von $[f] \in [F, S^1]$ ab. Das Diagramm

$$
\begin{array}{ccc}
H^1_{DR}(F) & \xrightarrow{\;\;s_{DR}\;\;} & \mathrm{Hom}_{\mathbb{Z}}(\Omega_1(F), \mathbb{R}) \\[2mm]
\Big\uparrow{\scriptstyle\pi} & & \Big\uparrow \\[2mm]
H^1(F) & \xrightarrow{\;\;s\;\;} & \mathrm{Hom}_{\mathbb{Z}}(\Omega_1(F), \mathbb{Z})
\end{array}
$$

ist kommutativ. Darin ist s der Isomorphismus, der aus der Adjunktion der oben beschriebenen Evaluationspaarung entsteht. Die Basiselemente von $\mathrm{Hom}_{\mathbb{Z}}(\Omega_1(F), \mathbb{R})$ liegen also im Bild von s_{DR}. (Als Folgerung erhalten wir, daß π nach Tensorieren $\otimes_{\mathbb{Z}}\mathbb{R}$ ein Isomorphismus wird.)   □

Wir erläutern nun die Dualität; siehe dazu auch I.13. Wir beschreiben einen geometrisch definierten Isomorphismus

(12.2) $D: H^1(F) \to \Omega_1(F),$

der ein Spezialfall der Poincaré-Dualität ist.

Sei $f: F \to S^1$ gegeben. Durch eventuelle homotope Abänderung von f können wir annehmen, daß f eine C^∞-Abbildung ist und $1 \in S^1$ ein regulärer Wert. Unter diesen Voraussetzungen ist $A = f^{-1}(1) \subset F$ eine eindimensionale Untermannigfaltigkeit. Die orientierte Untermannigfaltigkeit $A \subset F$ repräsentiert ein Element aus $\Omega_1(F)$. Wir setzen $D[f] = [f^{-1}(1) \subset F]$. Um zu zeigen, daß diese Abbildung wohldefiniert ist, betrachtet man eine Homotopie $H: F \times I \to S^1$, so daß H_0 und H_1 gegebene C^∞-Abbildungen mit regulärem Wert 1 sind. Durch geeignete Wahl von H unter Festhalten der Ränder kann man erreichen, daß H und $H|F \times \partial I$ ebenfalls 1 als regulären Wert haben. Dann liefert $H^{-1}(1)$ einen Bordismus zwischen $H_0^{-1}(1)$ und $H_1^{-1}(1)$. Damit ist D als Abbildung definiert. Nicht unmittelbar ist D als additiv zu erkennen.

(12.3) Satz. *Die Abbildung* (12.2) D *ist ein Isomorphismus.*

Beweis. Sei $A \subset F$ eine orientierte C^∞-Untermannigfaltigkeit, $A \cong S^1$. Wir wählen eine Tubenabbildung $u: A \times [-1, 1] \to F$ auf eine abgeschlossene Umgebung B von A in F. Es trage $A \times [-1, 1]$ die Produktorientierung, und u sei orientierungstreu. Durch das folgende kommutative Diagramm erhalten wir eine Abbildung $\varphi(A)$, die $1 \in S^1$ als regulären Wert mit orientiertem Urbild A hat, das heißt es gilt

$D(\varphi(A)) = [A \subset F]$.

$$
\begin{array}{ccc}
F \to F/(F \setminus B^0) & \xrightarrow{\;u^{-1}\;} & A \times [-1,1]/A \times \{-1,1\} \\
\Big\downarrow{\varphi(A)} & & \Big\downarrow{\mathrm{pr}} \\
S^1 & \xleftarrow{\;\;\cong\;\;} & [-1,1]/\{-1,1\}
\end{array}
$$

Man sieht, daß die Basiselemente von $\Omega_1(F)$ im Bild von D liegen. Da D eine surjektive Abbildung zwischen freien abelschen Gruppen vom Rang $2g$ ist, muß D ein Isomorphismus sein, falls D als Homomorphismus erkannt ist.   □

Die Konstruktion der Abbildung f im Beweis des letzten Satzes ist ein Spezialfall der Pontrjagin-Thom-Konstruktion. Man kann damit die Bijektivität von D geometrisch beweisen, ohne vorher die beteiligten Gruppen auszurechnen. Das ist der Pontrjagin-Thom-Isomorphismus.

Die voranstehende Methode kann auch dazu benutzt werden, die Alexander-Dualität herzustellen. Seien $Y \subset X$ kompakte Teilmengen von F. Die Alexander-Dualität ist dann ein Isomorphismus

(12.4) $D\colon H^1(X, Y) \to H_1(F \setminus Y, F \setminus X)$.

Für uns ist dabei $H^1(X, Y) = [X/Y, S^1]$ und $H_1(A, B) = \Omega_1(A, B)$ zu setzen. Formal ist $X/\emptyset = X \cup \{*\}$ der Raum X mit einem separaten Punkt. Da aber $[X \cup \{\emptyset\}, S^1] \cong [X, S^1]$ ist, so setzen wir auch $H^1(X, \emptyset) = H^1(X) = [X, S^1]$.

Die Gruppen $H^1(X, Y)$ haben Stetigkeitseigenschaften, die für die Konstruktion von (12.4) nützlich sind. Sei $U \supset X$ eine Umgebung von X in F. Dann haben wir eine Restriktionsabbildung $[U, S^1] \to [X, S^1]$. Die Gesamtheit dieser Abbildungen liefert $r\colon \mathrm{kolim}_U [U, S^1] \to [X, S^1]$, wobei über das System der Umgebungen U von X der direkte Limes gebildet wird. Mit dem Erweiterungssatz von Tietze-Urysohn zeigt man, daß r ein Isomorphismus ist.

Wie immer, so braucht man den direkten Limes nur über ein kofinales System von Umgebungen zu bilden. Man kann also etwa als U kompakte Mannigfaltigkeiten mit Rand in der Fläche F wählen. Ist U eine derartige Mannigfaltigkeit, so ist $[U, S^1] \cong [U, S^1]_\infty$, das heißt, wir können mit C^∞-Abbildungen und C^∞-Homotopien arbeiten (angedeutet durch den Index ∞).

Sei $f\colon U \to S^1$ eine C^∞-Abbildung, für die 1 regulärer Wert von f und $f|\partial U$ ist. Dann ist $A = f^{-1}(1)$ mit der Urbild-Orientierung eine kompakte orientierte 1-Mannigfaltigkeit mit $\partial A \subset F \setminus X$, da $\partial A = A \cap \partial U$, $\partial U \subset F \setminus X$. Also haben wir in $(A, \partial A) \to (F, F \setminus X)$ einen Repräsentanten eines Elementes von $\Omega_1(F, F \setminus X)$. Nach dem Transversalitätssatz ist das resultierende Element in $\Omega_1(F, F \setminus X)$ nur von der Homotopieklasse von f abhängig, und wir erhalten demnach eine wohldefinierte

Abbildung

$$D_U = D \colon [U, S^1] \to \Omega_1(F, F \setminus X)$$

(in Wahrheit sogar eine Abbildung $[U, S^1] \to \Omega_1(U, \partial U)$, die mit der Inklusion $(U, \partial U) \to (F, F \setminus X)$ zusammengesetzt, die Abbildung D ergibt).

(12.5) Hilfssatz. *Sei $X \subset V \subset U$ und V ebenfalls eine Fläche mit Rand $\partial V \subset F \setminus X$. Mit der Restriktionsabbildung $s \colon [U, S^1] \to [V, S^1]$ gilt dann $D_V \circ s = D_U$.* $\square$

Damit erhält man aus den D_U eine Abbildung $D \colon \text{kolim}[U, S^1] \to \Omega_1(F, F \setminus X)$, die man mittels r als eine Abbildung $D_X \colon [X, S^1] \to \Omega_1(F, F \setminus X)$ ansehen kann. Der Dualitätssatz (Poincaré, Alexander) besagt nun:

(12.6) Satz. *Für jedes kompakte X ist D_X ein Isomorphismus.*

Beweisskizze. Wir konstruieren ein Inverses. Sei $f \colon (A, \partial A) \to (F, F \setminus X)$ eine singuläre 1-Mannigfaltigkeit. Wir verwenden:

(12.7) Hilfssatz. *Jedes Element $x \in \Omega_1(F, F \setminus X)$ läßt sich durch eine Einbettung f repräsentieren.* $\square$

Sei nun $u \colon A \times [-1, 1] \to F$ eine Tubenabbildung zu f, das heißt eine Einbettung, die f als $u|A \times 0$ erweitert. Sei $B = \text{Bild } u$. Wir betrachten die stetige Abbildung $\varphi(A) \colon F \to S^1$, die wie im Beweis von (12.3) definiert ist. Dann gilt $D(\varphi(A)) = x$. Durch Anwendung einer analogen Konstruktion auf einen Bordismus zeigt man, daß $x \mapsto \varphi(A)$ eine wohldefinierte Abbildung $\tilde{D} \colon \Omega_1(F, F \setminus X) \to [X, S^1]$ liefert und daß D injektiv ist. Es bleibt die Homomorphie von D bzw. von $\tilde{D}$ zu zeigen. $\square$

Für den voranstehenden Dualitätssatz muß die Fläche nicht kompakt sein. Im Fall $M = \mathbb{R}^2$ läßt sich der Dualität die Interpretation aus I.13 geben. Zusammen mit dem Isomorphismus $\partial H_1(\mathbb{R}^2, \mathbb{R}^2 \setminus X) \to \tilde{H}_0(\mathbb{R}^2 \setminus X)$ erweist sich I.13 als ein Inverses (bis auf Vorzeichen).

Wir wenden uns schließlich der Schnittform auf Flächen zu. Wir betrachten Kurven auf Flächen und zählen deren Schnittpunkte. Dadurch wird eine Bilinearform auf $H_1(F)$ mit Werten in $\mathbb{Z}$ definiert.

(12.8) Hilfssatz. *Seien $f_i \colon A_i \to F$ zwei orientierte, singuläre, eindimensionale Mannigfaltigkeiten $(i = 1, 2)$. Die Abbildungen f_i sind homotop zu Abbildungen h_i mit den folgenden Eigenschaften:*

(1) *Die h_i sind C^∞-Immersionen.*

(2) *Die Menge $\{(x_1, x_2) \in A_1 \times A_2 \mid h_1(x_1) = h_2(x_2)\} = \Sigma(h_1, h_2)$ ist endlich.*

(3) *Für jeden Schnittpunkt (x_1, x_2) spannen die Bilder der Differentiale $T_{x_j} h_j$*
     den Tangentialraum $T_y(F)$ auf $(y = h_j(x_j))$.   □

Wegen (3) haben wir für jedes Paar $(x_1, x_2) \in \Sigma(h_1, h_2)$ einen Isomorphismus

(12.9) $T_{x_1}(A_1) \oplus T_{x_2}(A_2) \to T_y(F)$, $(v_1, v_2) \mapsto T_{x_1} h_1(v_1) + T_{x_2} h_2(v_2)$

zur Verfügung. Die beteiligten Vektorräume sind nach Voraussetzung orientiert. Die
direkte Summe bekomme die Summenorientierung. Sei $\varepsilon(x_1, x_2) = +1$, wenn (12.9)
die Orientiertung erhält, und sonst gleich -1. Die Summe

$$S_*(h_1, h_2) = \sum_{(x_1, x_2) \in \Sigma(h_1, h_2)} \varepsilon(x_1, x_2) \in \mathbb{Z}$$

heiße *Schnittzahl* von h_1 und h_2.

(12.10) Satz. *Die Schnittzahl $S_*(h_1, h_2)$ hängt nur von den Klassen $[h_j] \in \Omega_1(F)$*
ab. Deshalb wird durch S_* eine Bilinearform $S_* \colon \Omega_1(F) \times \Omega_1(F) \to \mathbb{Z}$ induziert.□

Die Form S_* heißt *Schnittform* von F. Da sich bei Vertauschung zweier eindimensionaler Vektorräume die Orientierung ändert, so gilt $S_*(x, y) = -S_*(y, x)$.

Wir behandeln nun kohomologische Versionen der Schnittform. Zunächst auf der
de Rham-Kohomologie. Seien α und β geschlossene 1-Formen auf F. Wir setzen
$S_{DR}^*(\alpha, \beta) = \int_F \alpha \wedge \beta$. Diese Bildung ist bilinear in α und β. Sie ist auch mit der
Kohomologiebildung verträglich. Sei nämlich $\alpha = df$. Dann ist

$$d(f\beta) = df \wedge \beta + f \wedge d\beta = \alpha \wedge \beta,$$

und deshalb gilt nach dem Satz von Stokes $\int_M \alpha \wedge \beta = \int_M d(f\beta) = 0$. Folglich
wird eine Bilinearform

(12.11) $S_{DR}^* \colon H_{DR}^1(M) \times H_{DR}^1(M) \to \mathbb{R}$

induziert.

Nun zur homotopischen Kohomologie. Seien $f, g \colon F \cdot \to S^1$ gegeben. Dann hat
$(f, g) \colon F \to S^1 \times S^1$, $x \mapsto (f(x), g(x))$ hat einen Grad $d(f, g) \in \mathbb{Z}$, der nur von
den Homotopieklassen der beteiligten Abbildungen abhängt. Deshalb erhalten wir

$$S^* \colon H^1(M) \times H^1(M) \to \mathbb{Z}, \quad ([f], [g]) \mapsto d(f, g).$$

Mit der im Beweis von (12.1) konstruierten Abbildung π gilt $S_{DR}^*(\pi(x), \pi(y)) =$
$S^*(x, y)$. Mit D aus (12.3) und den voranstehenden Schnittformen gilt für $x, y \in$
$H^1(M)$ die Gleichheit $S(x, D(y)) = S_*(D(x), D(y)) = S^*(x, y)$.

XI Charakteristische Klassen

1 Thom-Klassen und Euler-Klassen

In IX.2 haben wir Orientierungen von Vektorraumbündeln mittels Bündelkarten definiert. Wir behandeln jetzt kohomologische Versionen von Orientierungen eines Vektorraumbündels. Dazu dient der Begriff der Thom-Klasse. Ist $\xi\colon E \to B$ ein reelles Vektorraumbündel, so bezeichnen wir mit E^0 den Totalraum ohne den Nullschnitt (das heißt, aus jeder Faser wird der Nullvektor herausgenommen). Wir schreiben auch $E = E(\xi)$ für den Totalraum und $E(\xi|C) = \xi^{-1}(C)$ für die Einschränkung auf $C \subset B$; ferner stehe ξ_b für die Faser über b. Wir arbeiten mit einer gewöhnlichen Kohomologietheorie $H^*(-)$ mit Koeffizienten in $\mathbb{Z}$, die durch ein Eilenberg-MacLane-Spektrum gegeben wird, jedoch ist meist auch die singuläre Kohomologie geeignet. Wir bezeichnen mit $e^n \in H^n(\mathbb{R}^n, \mathbb{R}^n \setminus 0)$ die Einhängung des Einselementes; das ist ein erzeugendes Element.

Wir nennen $t(\xi) \in H^n(E, E^0)$ *Thom-Klasse* des n-dimensionalen Vektorraumbündels $\xi\colon E \to B$, wenn für jeden Isomorphismus $i_b\colon \mathbb{R}^n \to \xi_b$ eine Relation $i_b^* t(\xi) = \pm e^n$ gilt. Eine Bündelabbildung $f\colon \eta \to \xi$ induziert einen Homomorphismus $f^*\colon H^n(E(\xi), E^0(\xi)) \to H^n(E(\eta), E^0(\eta))$. Mit $t(\xi)$ ist auch $f^* t(\xi)$ eine Thom-Klasse (Natürlichkeit der Thom-Klassen).

(1.1) Satz. *Sei $\xi\colon E \to B$ ein n-dimensionales reelles numerierbares Vektorraumbündel. Dann ist $H^i(E, E^0) = 0$ für $i < n$. Die Orientierungen eines Bündels entsprechen bijektiv den Thom-Klassen. Eine Thom-Klasse $t(\xi)$ gehört dabei zu einer Orientierung, wenn für jeden positiven Isomorphismus $i_b\colon \mathbb{R}^n \to \xi_b$ die Relation $i_b^* t(\xi) = e^n$ gilt.*

Beweis. Sei das Bündel orientiert. Wir zeigen, daß es genau eine Thom-Klasse mit der angegebenen Eigenschaft gibt. Wir setzen zunächst voraus, daß das Bündel von endlichem Typ ist, und beweisen die Behauptungen durch Induktion nach der Anzahl der Trivialisierungen.

Sei ξ trivial, $E(\xi) = \mathbb{R}^n \times B$. Dann ist nach dem Einhängungssatz jedenfalls $H^i(E, E^0)$ für $i < n$ gleich Null. Ferner entsprechen Thom-Klassen $t(\xi)$ in diesem Fall bei der Einhängung Elementen $u(\xi) \in H^0(B)$, deren Einschränkung auf jeden Punkt das Einselement ist. Verwenden wir eine Theorie, die durch ein Eilenberg-MacLane-Spektrum gegeben ist, so ist $H^0(B) = [B, \mathbb{Z}]$ der Ring der lokal konstanten Funktionen $B \to \mathbb{Z}$. Hat die Funktion auf jedem Punkt den Wert 1, so ist sie das Einselement. (Dasselbe gilt übrigens auch für die singuläre Theorie.) Also gibt es in diesem Fall genau eine Thom-Klasse.

Sei C, D eine numerierbare Überdeckung von B und gebe es genau eine Thom-Klasse wie behauptet für die Einschränkungen von ξ auf C, D und $C \cap D$. Wir betrachten dann die relative MVS IV(8.11) von

$$((E(\xi), E^0(\xi)); (E(\xi|C), E^0(\xi|C)), (E(\xi|D), E^0(\xi|D)).$$

Mit den Voraussetzungen zeigt diese Sequenz, daß $(t(\xi|C), t(\xi|D)$ genau ein Urbild $t(\xi)$ in $H^n(E(\xi), E^0(\xi))$ hat; es ist eine Thom-Klasse und wegen der Natürlichkeit der Thom-Klassen bei Einschränkung auch die einzige. Ebenso zeigt die MVS das behauptete Verschwinden der Kohomologiegruppen.

Ist das Bündel von endlichem Typ, so folgt die Behauptung nun durch Induktion über die Anzahl der Trivialisierungen mit einem MVS-Argument.

Für allgemeine Bündel benutzt man, daß B eine numerierbare Überdeckung $B_1 \subset B_2 \subset \cdots$ hat, für die $\xi|B_j$ von endlichem Typ ist (vergleiche X(4.4)). Ferner gilt nach der lim-lim^1-Sequenz einer additiven Kohomologietheorie (siehe IV.12) $H^n(E(\xi), E^0(\xi)) \cong \lim_j H^n(E(\xi|B_j), E^0(\xi|B_j))$. Wegen der Natürlichkeit der Thom-Klassen bei Einschränkung liefern die $t(\xi|B_j)$ eine wohlbestimmte Thom-Klasse $t(\xi)$ im Limes. Ebenso folgt das Verschwinden der Kohomologiegruppen.

Sei umgekehrt eine Thom-Klasse $t(\xi)$ gegeben. Wir zeigen, daß es eine zugehörige Orientierung gibt. Zunächst einmal ist die Einschränkung von $t(\xi)$ auf jedes Teilbündel wieder eine Thom-Klasse. Sei ξ über U trivial und $\varphi \colon \mathbb{R}^n \times U \to \xi^{-1}(U)$ eine Trivialisierung. Die durch φ in die Gruppe $H^n((\mathbb{R}^n, \mathbb{R}^n \setminus 0) \times U)$ transportierte Thom-Klasse t wird bei der Einhängung in ein Element von $H^0(U) = [U, \mathbb{Z}]$ verwandelt, das die Werte ± 1 annimmt und lokal konstant ist. Wir können deshalb die Trivialisierung stetig so abändern, daß nur das Pluszeichen vorkommt. Die damit gewonnenen Trivialisierungen bilden einen orientierenden Atlas, denn ein Homöomorphismus des $\mathbb{R}^n$ ist genau dann orientierungstreu, wenn er den (kohomologischen) Grad 1 hat. □

(1.2) Bemerkung. Die vorstehende Beweismethode liefert übrigens, daß für jedes n-dimensionale numerierbare Bündel und eine beliebige Koeffizientengruppe $H^i(E, E^0; G)$ für $i < n$ gleich Null ist. ◇

Sei $s \colon B \to E(\xi)$ der Nullschnitt. Er induziert einen Isomorphismus in der Kohomologie, da er eine h-Äquivalenz ist. Aus einer Thom-Klasse wird durch Restriktion auf den Nullschnitt

$$t(\xi) \in H^n(E(\xi), E^0(\xi)) \to H^n(E(\xi)) \xrightarrow{s^*} H^n(B) \ni e(\xi)$$

die *Euler-Klasse* $e(\xi)$ des durch $t(\xi)$ orientierten Bündels ξ. Aus der eingangs erwähnten Natürlichkeit der Thom-Klasse bei orientierungstreuen Bündelabbildungen, das heißt $f^* t(\eta) = t(f^* \eta)$, folgt die Natürlichkeit

$$(1.3) \qquad\qquad f^* e(\eta) = e(f^* \eta)$$

der Euler-Klasse.

Ein n-dimensionales orientiertes Vektorraumbündel ist isomorph zu einem assoziierten Faserbündel der Form $\xi\colon E(\xi) = X \times_{SO(n)} \mathbb{R}^n \to B$; darin ist $X \to B$ ein $SO(n)$-Prinzipalbündel. Zu jeder Faser ξ_b über b gibt es einen orientierungstreuen Isomorphismus $i_b\colon \mathbb{R}^n \to \xi_b$, der in diesem Modell durch $v \mapsto (x, v)$ mit einem $x \in X$ über b gegeben ist; verschiedene Wahlen von x führen zu homotopen Isomorphismen i_b. Insbesondere liefert das universelle $SO(n)$-Prinzipalbündel ein orientiertes universelles Vektorraumbündel η_n über $BSO(n)$, und jedes numerierbare orientierte Vektorraumbündel ξ hat eine orientierungstreue Bündelabbildung nach η_n. Die Euler-Klasse von η_n heißt *universelle Euler-Klasse* $e \in H^n(BSO(n))$. Nach (1.3) bestimmt sie die anderen Euler-Klassen.

Wir benutzen nun die multiplikative Struktur der Kohomologietheorie. Aus der Eindeutigkeit der Thom-Klasse folgt sofort ihre Multiplikativität

$$(1.4) \qquad\qquad t(\xi \times \eta) = t(\xi) \times t(\eta)$$

und daraus die Multiplikativität der Euler-Klasse

$$(1.5) \qquad e(\xi \times \eta) = e(\xi) \times e(\eta), \qquad e(\xi \oplus \eta) = e(\xi) \smile e(\eta).$$

Hierbei wird vorausgesetzt, daß $\xi \times \eta$ fasernweise die Produkt-Orientierung von ξ und η trägt. Hier ist eine geometrische Bedeutung der Euler-Klasse:

(1.6) Notiz. *Hat das orientierte Bündel ξ einen Schnitt ohne Nullstellen, so ist* $e(\xi) = 0$.

Beweis. Die Voraussetzung besagt: Es gibt eine stetige Abbildung $s'\colon B \to E^0(\xi)$ mit $\xi \circ s' = \mathrm{id}(B)$. Da s' als Schnitt homotop zum Nullschnitt s ist (lineare Verbindung in jeder Faser), so ist $e(\xi)$ das Bild von $t(\xi)$ bei

$$H^n(E, E^0) \to H^n(E) \to H^n(E^0) \to H^n(B)$$

und damit wegen Exaktheit gleich Null. $\square$

(1.7) Beispiel. Sei $\iota\colon E \to E$ die fasernweise Multiplikation mit -1. Das ist eine Bündelabbildung. Da ι auf $H^n(\mathbb{R}^n, \mathbb{R}^n \setminus 0)$ die Multiplikation mit $(-1)^n$ induziert, so folgt $\iota^* e(\xi) = (-1)^n e(\xi)$. Für das universelle Bündel ist aber $\iota \simeq \mathrm{id}$, wegen der universellen Eigenschaft. Für Bündel ξ ungerader Dimensionen gilt demnach $2e(\xi) = 0$. $\diamond$

Wir führen jetzt eine ähnliche Überlegung durch wie bei der Fundamentalklasse von Mannigfaltigkeiten im fünften Kapitel. Sei $\mathrm{Or}(\xi) \to B$ die Orientierungsüberlagerung eines n-dimensionalen reellen Vektorraumbündels $\xi\colon E \to B$; das ist das Sphärenbündel der n-ten äußeren Potenz von ξ. Darauf operiert $G = \langle 1, t \mid t^2 = 1 \rangle$ durch Vertauschung der Blätter. Wir betrachten die assoziierte Überlagerung $\omega\colon \mathrm{Or}(\xi) \times_G \mathbb{Z} \to B$, wobei $t \in G$ auf $\mathbb{Z}$ durch Multiplikation mit -1 operiert. Jedem Element $y \in H^n(E, E^0)$ ordnen wir einen stetigen Schnitt $J(y)$ von ω zu. Wir identifizieren stetige Schnitte mit stetigen Abbildungen $\lambda\colon \mathrm{Or}(\xi) \to \mathbb{Z}$, die $\lambda(tx) = -\lambda(x)$ erfüllen. Ein Element der Faser von $\mathrm{Or}(\xi)$ über b ist eine Homotopieklasse $[i]$ von Isomorphismen $i\colon \mathbb{R}^n \to \xi_b$. Ist $i^*(y) = \lambda(y, i)e^n$, mit dem kanonischen Erzeugenden $e^n \in H^n(\mathbb{R}^n, \mathbb{R}^n \setminus 0)$, so sei $J(y)\colon [i] \mapsto \lambda(y, i)$ der zu y gehörende Schnitt. Wir müssen die Stetigkeit von $J(y)$ zeigen. Die Bildung von J ist mit der Einschränkung auf Unterräume von B verträglich. Es genügt also, ein triviales Bündel über U zu betrachten. Wir haben die Einhängung $[U, \mathbb{Z}] \cong H^0(U) \cong H^n(U \times (\mathbb{R}^n, \mathbb{R}^n \setminus 0))$. Es besteht $\mathrm{Or}(\xi_U)$ aus zwei Exemplaren U, da das Bündel ξ über U als trivial angenommen wurde. Auf dem einen Exemplar ist $j(y)$ das Bild in $[U, \mathbb{Z}]$, auf dem anderen das Negative davon. Beide sind stetig.

Sei $\Gamma(\xi)$ die Gruppe der stetigen Schnitte von ω. Wir haben also einen Homomorphismus

$$J^\xi\colon H^n(E, E^0) \to \Gamma(\xi)$$

konstruiert, der mit Einschränkungen auf Teilräume der Basis verträglich ist (natürliche Transformation).

(1.8) Satz. *Für jedes numerierbare Bündel $\xi\colon E \to B$ ist J^ξ ein Isomorphismus.*

Beweis. Der Beweis ist ähnlich wie bei der Untersuchung der Fundamentalklasse. Wir haben schon eben gesehen, daß die Aussage für triviale Bündel richtig ist. Ist (U, V) eine numerierbare Überdeckung von $U \cup V$, so wenden wir ein Mayer-Vietoris-Argument an, um von der Isomorphie über U, V und $U \cap V$ auf diejenige über $U \cup V$ zu schließen. Damit erledigt man Bündel von endlichem Typ induktiv nach der Anzahl der Trivialisierungen. Der allgemeine Fall folgt dann durch ein Limesargument. □

(1.9) Folgerung. *Ist B zusammenhängend, so ist $H^n(E, E^0) \cong \mathbb{Z}$, und ein erzeugendes Element ist eine Thom-Klasse.* □

Die Überlegungen zur Thom-Klasse benutzen nicht die Vektorraumstruktur. Es würde genügen, eine relative Faserung zu betrachten, deren Fasern sich kohomologisch wie $(\mathbb{R}^n, S^{n-1})$ verhalten.

2 Der Thom-Isomorphismus

Sei $h^*(-)$ eine additive und multiplikative Kohomologietheorie. Wir haben dann die kanonischen Elemente $e^n \in h^n(\mathbb{R}^n, \mathbb{R}^n \setminus 0)$, die aus dem Einselement vermöge Einhängung entstehen.

Sei $\xi: E(\xi) \to B$ ein n-dimensionales reelles numerierbares Vektorraumbündel. Ein Element $t(\xi) \in h^n(E(\xi), E^0(\xi))$ heißt *schwache Thom-Klasse* von ξ, wenn für jeden Isomorphismus $i_x: \mathbb{R}^n \to \xi_x$ eine Relation der Form

$$i_x^*(t(\xi)) = u_x e^n \in h^n(\mathbb{R}^n, \mathbb{R}^n \setminus 0)$$

mit einer Einheit $u_x \in h^0$ im Koeffizientenring besteht. Wir wollen meist eine etwas strengere Definition einer Thom-Klasse verwenden: $t(\xi)$ heißt *starke Thom-Klasse*, wenn es um jeden Punkt eine Trivialisierung $\varphi: U \times \mathbb{R}^n \to \xi^{-1}(U)$ gibt, so daß $t(\xi_U)$ (die Einschränkung von $t(\xi)$ auf das Bündel über U) durch φ^* auf die Einhängung einer Einheit abgebildet wird. Wir nennen eine Menge $U \subset B$ „klein", wenn für sie diese Bedingung einer starken Thom-Klasse erfüllt ist. Die Restriktion einer starken oder schwachen Thom-Klasse auf einen Unterraum ist wieder eine solche, und eine starke Thom-Klasse ist auch eine schwache.

Mit einer Thom-Klasse bilden wir den *Thom-Homomorphismus*

$$\Phi(\xi): h^k(B) \to h^{k+n}(E, E^0), \quad x \mapsto \xi^*(x) \smile t(\xi) = x \cdot t(\xi).$$

Darin ist $\xi^*(x) \in h^n(E)$. Der Thom-Homomorphismus ist ein Homomorphismus von graduierten linken $h^*(B)$-Moduln vom Grad n.

(2.1) Satz. *Sei $t(\xi)$ eine starke Thom-Klasse. Dann ist $\Phi(\xi)$ ein Isomorphismus.*

Beweis. (1) Für ein triviales Bündel über einer kleinen Menge U folgt das aus der Definition einer Thom-Klasse und dem Einhängungsisomorphismus, denn vermöge einer Trivialisierung φ wird aus dem Thom-Homomorphismus $x \mapsto xu \times e^n$ mit einer Einheit $u \in h^0(U)$.

(2) Durch Einschränkung der Thom-Klasse von ξ erhält man eine von ξ_C. Sei C, D eine numerierbare Überdeckung von B. Sind $\Phi(\xi_C)$, $\Phi(\xi_D)$ und $\Phi(\xi_{C\cap D})$ Isomorphismen, so ist $\Phi(\xi_B)$ ein Isomorphismus. Zum Beweis: Man betrachte die MVS von $(B; C, D)$ und die relative MVS der entsprechenden Urbilder im Totalraum. Die Thom-Homomorphismen liefern dann einen Morphismus der einen Sequenz in die andere. Aus den Voraussetzungen und dem Fünfer-Lemma folgt die Behauptung.

(3) Es gebe eine endliche numerierbare Überdeckung von B durch kleine Mengen. Mittels (1) und (2) beweist man den Satz durch Induktion nach der Anzahl der Überdeckungsmengen.

(4) Im allgemeinen Fall hat B eine numerierbare Überdeckung $U_1 \subset U_2 \subset \cdots$, so daß sich (3) auf U_j anwenden läßt. Jetzt benutzt man wieder ein Limesargument.□

Das Kreuz-Produkt zweier Thom-Klassen ist wieder eine. Einschränkung einer Thom-Klasse $t(\xi)$ auf den Nullschnitt liefert definitionsgemäß die zugehörige *Euler-Klasse* $e(\xi)$. In allgemeinen Kohomologietheorien sind Thom-Klassen natürlich keinesfalls durch ihre Einschränkungen auf die Fasern bestimmt. In dem Fall entsteht die Aufgabe, Thom-Klassen für geeignete Familien von Bündeln in kohärenter Weise auszuwählen, zum Beispiel so, daß sie natürlich sind und mit Produkten verträglich. Siehe dazu den siebenten Abschnitt.

(2.2) Notiz. *Sei* $\Phi = \Phi(\xi)$. *Es gilt* $t(\xi) \smile t(\xi) = \Phi(e(\xi))$. *Im Falle einer kommutativen Multiplikation folgt damit allgemein die Formel*

$$\Phi(x) \smile \Phi(y) = \Phi((-1)^{|y||t(\xi)|}xye(\xi)).$$

Beweis. Sei $j\colon h^n(E, E^0) \to h^n(E)$ durch die Inklusion induziert. Dann ist $jt(\xi) = \xi^*(e(\xi))$. Wegen der Natürlichkeit des Cup-Produktes gilt $t(\xi) \smile t(\xi) = jt(\xi) \smile t(\xi)$. Das zeigt die erste Formel. □

(2.3) Notiz. *Hat die Basis B eines Bündels eine Überdeckung aus offenen Mengen U, deren Inklusion $i\colon U \subset B$ nullhomotop ist, so ist eine schwache Thom-Klasse auch eine starke.*

Beweis. Ist $U \subset B$ nullhomotop, so ist nach dem Homotopiesatz ein Bündel über U trivial. Ist $u \in h^0(U)$ ein Element, dessen Einschränkung auf jeden Punkt $x \in U$ eine Einheit ist, so ist u selbst eine Einheit. Demnach ist U klein im Sinne der Definition einer starken Thom-Klasse. □

Thom-Klassen verwenden wir auch in anderen Erscheinungsformen. Sind $D(\xi)$ und $S(\xi)$ das Zellen- und Sphärenbündel, so ist $M(\xi) = D(\xi)/S(\xi)$ der Thom-Raum des Bündels. Wir haben kanonische Isomorphismen

$$h^n(E(\xi), E^0(\xi)) \cong h^n(D(\xi), S(\xi)) \cong \tilde{h}^n(M(\xi)),$$

und die Thom-Klasse $t(\xi)$ kann in allen drei Gruppen liegen. Auch in diesem Abschnitt hätte es genügt, kohomologische Sphärenfaserungen zu betrachten.

3 Projektive Räume

Wir berechnen den Kohomologiering eines projektiven Raumes in einer Kohomologietheorie unter geeigneten Voraussetzungen über Orientierungen, die insbesondere für gewöhnliche Kohomologie mit Koeffizienten in $\mathbb{Z}$ erfüllt sind.

Die definierende Quotientenabbildung $\mathbb{C}^{n+1} \setminus 0 \to \mathbb{C}P^n$ ist ein $\mathbb{C}^*$-Prinzipalbündel. Wir betrachten das dazu assoziierte Geradenbündel (siehe IX (2.3), H_n ist das duale tautologische Bündel)

$$v_n\colon H_n = (\mathbb{C}^{n+1} \setminus 0) \times_{\mathbb{C}^*} \mathbb{C}(-1) \to \mathbb{C}P^n.$$

Dabei ist H_n durch $(x, u) \sim (x\lambda, \lambda u)$ definiert. Ist $\mathbb{C}P^j \to \mathbb{C}P^n$ eine Inklusion, die durch eine Inklusion von Vektorräumen induziert wird, so wird von H_n wieder ein Bündel H_j induziert. Das Bündel H_∞ ist ein universelles Geradenbündel.

Wir haben eine Einbettung $H_n \to \mathbb{C}P^{n+1}$, $(x, u) \mapsto [x, u]$. Das Bild besteht aus dem Komplement des Punktes $[0, \dots, 0, 1]$. Demnach ist H_n das Normalenbündel der Inklusion $\mathbb{C}P^n \subset \mathbb{C}P^{n+1}$ und $\mathbb{C}P^{n+1}$ der Thom-Raum von H_n.

Wir legen wieder eine additive und multiplikative Kohomologietheorie zugrunde. Für ein Element $t_\infty \in \tilde{h}^2(\mathbb{C}P^\infty)$ bezeichnen wir mit $t_n \in \tilde{h}^2(\mathbb{C}P^n)$ seine Einschränkung auf $\mathbb{C}P^n$. Den Index an t lassen wir manchmal weg. Wegen des Einhängungssatzes ist $\tilde{h}^*(\mathbb{C}P^1)$ ein freier h^*-Modul. Als Basiselement können wir das Einhängungselement nehmen, oder jedes Produkt davon mit einer Einheit des Koeffizientenringes h^*.

Wir sagen, $h^*(-)$ ist eine *komplex orientierte Theorie*, wenn ein Element $t_\infty \in \tilde{h}^2(\mathbb{C}P^\infty)$ gegeben ist, dessen Einschränkung $t_1 \in \tilde{h}^2(\mathbb{C}P^1)$ ein erzeugendes Element dieses h^0-Moduls ist. (Eine Begründung für diese Wortwahl: Wir werden im siebenten Abschnitt sehen, daß in solchen Theorien komplexe Vektorraumbündel kanonische Thom-Klassen haben.) Unter diesen Voraussetzungen gilt:

(3.1) Notiz. $t_n \in \tilde{h}^2(\mathbb{C}P^n) = \tilde{h}^2(M(\nu_{n-1}))$ *ist eine Thom-Klasse von* ν_{n-1}.

Beweis. Die Inklusion $\mathbb{C}P^1 \to \mathbb{C}P^n$ ist die Inklusion einer „Faser" des Thom-Raumes. Die Behauptung folgt aus der Definition einer Thom-Klasse und der definierenden Eigenschaft des Elementes t_∞. $\square$

Da $\mathbb{C}P^n$ durch $n + 1$ Kartenbereiche $\mathbb{C}^n$ überdeckt wird, gilt nach X (4.7) die Relation $t_n^{n+1} = 0$. Wir erhalten also einen Homomorphismus von graduierten h^*-Algebren

(3.2) $$h^*[T]/(T^{n+1}) \to h^*(\mathbb{C}P^n),$$

der T auf t_n abbildet.

(3.3) Satz. *Der Homomorphismus* (3.2) *ist ein Isomorphismus.*

Beweis. Induktion nach n. Für $n = 1$ besagt die Voraussetzung über t_1, daß $\tilde{h}^*(\mathbb{C}P^1)$ ein freier h^*-Modul mit Basis t_1 ist. Also ist $h^*(\mathbb{C}P^1)$ ein freier h^*-Modul mit Basis 1 und t_1.

Aus dem Thom-Isomorphismus (2.1)

$$h^{*-2}(\mathbb{C}P_{n-1}) \cong \tilde{h}^*(M(\nu_{n-1})) = \tilde{h}^*(\mathbb{C}P^n)$$

und der Induktionsvoraussetzung folgt, daß $\tilde{h}^*(\mathbb{C}P^n)$ ein freier h^*-Modul mit Basis $1 \cdot t_n, \dots, t_{n-1}^{n-1} \cdot t_n$ ist. Es ist t_{n-1} die Euler-Klasse von ν_{n-1} bezüglich der Thom-

Klasse t_n. Aus der Regel (2.2) folgt deshalb $t_n^j = t_{n-1}^{j-1} \cdot t_n$. Das zeigt: $h^*(\mathbb{C}^n)$ ist ein freier h^*-Modul mit Basis $1, t_n, \ldots, t_n^n$. $\qquad \square$

In (3.4) (3.6) und ähnlichen Fällen verwenden wir graduierte Potenzreihenringe über der graduierten Koeffizientenalgebra h^*. Im ersten Fall hat T den Grad 2, und wir verwenden nur homogene Potenzreihen $\sum a_j T^j$ mit von j unabhängigem Grad von $a_j T^j$; dieser Grad ist gleich $r + 2j$, wenn a_j in h^r liegt.

(3.4) Satz. $h^*(\mathbb{C}P^\infty) \cong h^*[[T]]$.

Beweis. Aus dem vorigen Satz folgt, daß die Einschränkung eine Surjektion $h^*(\mathbb{C}P^{n+1}) \to h^*(\mathbb{C}P^n)$ induziert. Beim Übergang zu $\mathbb{C}P^\infty$ verschwindet daher der $\lim^1$-Term, und wir erhalten

$$h^*(\mathbb{C}P^\infty) \cong \lim_n h^*(\mathbb{C}P^n) \cong \lim_n h^*[T]/(T^{n+1}).$$

Der letzte algebraische Limes ist aber der graduierte Potenzreihenring $h^*[[T]]$. $\quad \square$

Die vorstehenden Resultate können durch einen formalen Trick auf beliebige Produkte $X \times \mathbb{C}P^n$ übertragen werden. Die Projektion $X \times \mathbb{C}P^n \to X$ macht $h^*(X \times \mathbb{C}P^n)$ zu einer $h^*(X)$-Algebra. Wir bezeichnen mit $u_n \in \tilde{h}^2(X \times \mathbb{C}P^n)$ das durch die Projektion von $t_n \in \tilde{h}^2(\mathbb{C}P^n)$ induzierte Element. Damit gilt:

(3.5) Satz. $h^*(X \times \mathbb{C}P^n) \cong h^*(X)[u]/(u^{n+1}), \quad h^*(X \times \mathbb{C}P^\infty) \cong h^*(X)[[u]]$.

Beweis. Die Kohomologietheorie $k^*(Y) = h^*(X \times Y)$ ist wieder additiv und multiplikativ, und ihre Koeffizientenalgebra ist $h^*(X)$. Das Element u_∞ in der Theorie k^* übernimmt die Rolle des Elementes t_∞. $\qquad \square$

Sei $p_i \colon (\mathbb{C}P^\infty)^n \to \mathbb{C}P^\infty$ die Projektion des n-fachen kartesischen Produkts auf den i-ten Faktor. Sei $T_i = p_i^*(t_\infty)$. Dann folgt induktiv aus dem letzten Satz (unter Beachtung von algebraischen Identitäten wie $h^*[[x, y]] \cong (h^*[[x]])[[y]]$ über graduierte Potenzreihenringe)

(3.6) Satz. $h^*((\mathbb{C}P^\infty)^n) \cong h^*[[T_1, \ldots, T_n]]$. $\qquad \square$

(3.7) Die formale Gruppe einer komplex orientierten Theorie. Sei $\mu \colon \mathbb{C}P^\infty \times \mathbb{C}P^\infty \to \mathbb{C}P^\infty$ die klassifizierende Abbildung des externen Tensorprodukts der universellen Geradenbündel H_∞. Dann ist bezüglich der Isomorphismen (3.4) und (3.6) $\mu^*(T) = F(T_1, T_2)$ eine formale Potenzreihe, die mit dem linearen Term $T_1 + T_2$ beginnt. (Es ist μ^* stetig in dem Sinne, daß μ^* angewendet auf eine beliebige Potenzreihe dadurch gewonnen wird, daß der Wert von $\mu^*(T)$ für T eingesetzt wird.) Wegen der Assoziativität und Kommutativität des Tensorprodukts gelten die formalen Identitäten:

$$F(X, F(Y, Z)) = F(F(X, Y), Z), \quad F(X, Y) = F(Y, X), \quad F(X, 0) = X = F(0, X).$$

Potenzreihen $F(X, Y)$ mit diesen Eigenschaften nennt man *formale Gruppen* oder *formale Gruppengesetze*. Sie haben eine interessante algebraische Struktur und sind eine wichtige Invariante der komplex orientierten Kohomologietheorie ([210], [211]).   ◇

(3.8) Beispiel. Die Theorie $H^*(-; \mathbb{Z})$ ist eine komplex orientierte Theorie, wie aus den Ergebnissen des ersten Abschnittes folgt. Ein komplexes Vektorraumbündel hat nämlich eine kanonische Orientierung und damit eine kanonische Thom-Klasse. Diese verwenden wir, um das Element t_∞ zu definieren. Die formale Gruppe dieser Theorie ist $F(X, Y) = X + Y$ (die sogenannte *additive* formale Gruppe). Die *multiplikative* formale Gruppe ist durch $F(X, Y) = (1 + X)(1 + Y) - 1 = X + Y + XY$ definiert. Sie gehört zur komplexen K-Theorie.   ◇

4 Projektive Bündel

Sei $\xi\colon E(\xi) \to B$ ein n-dimensionales komplexes Vektorraumbündel. Durch Skalarmultiplikation operiert $\mathbb{C}^*$ fasernweise auf $E^0(\xi)$. Sei $P(\xi)$ der Orbitraum. Die Projektion ξ induziert eine Projektion $p_\xi\colon P(\xi) \to B$. Jede Faser $p_\xi^{-1}(b)$ ist der projektive Raum $P(\xi_b)$ des Vektorraumes $\xi^{-1}(b) = \xi_b$. Deshalb heißt p_ξ das zu ξ assoziierte *projektive Bündel*.

Über $P(\xi)$ gibt es ein kanonisches Geradenbündel $Q(\xi) \to P(\xi)$. Sein Totalraum ist definiert als $E^0(\xi) \times_{\mathbb{C}^*} \mathbb{C}$ bezüglich der Relation $(x, u) \sim (x\lambda, \lambda u)$, so daß also über jeder Faser $P(\xi_b)$ das im letzten Abschnitt benutzte Bündel H_n liegt.

Die vorstehenden Konstruktionen sind mit Bündelabbildungen verträglich. Sei $\eta\colon E(\eta) \to C$ ein weiteres Bündel und $\varphi\colon \xi \to \eta$ eine Bündelabbildung über $f\colon B \to C$. Dann wird eine Bündelabbildung

$$
\begin{array}{ccc}
& Q(\varphi) & \\
Q(\xi) & \longrightarrow & Q(\eta) \\
\downarrow & & \downarrow \\
& P(\varphi) & \\
P(\xi) & \longrightarrow & P(\eta)
\end{array}
$$

induziert.

Wir setzen nun wieder eine komplex orientierte Theorie voraus. Die klassifizierende Abbildung $k_\xi\colon P(\xi) \to \mathbb{C}P^\infty$ von $Q(\xi)$ liefert dann ein Element

$$t_\xi = k_\xi^*(t_\infty) \in \bar{h}^2(P(\xi)).$$

(Hier ist immer noch H_∞ das universelle Geradenbündel, mit dem wir arbeiten.) Über die Projektion p_ξ betrachten wir $h^*(P(\xi))$ als $h^*(B)$-Linksmodul mit der üblichen Definition der Modulstruktur $x \cdot y = p_\xi^*(x) \smile y$.

(4.1) Beispiel. Sei $\xi = \nu_n\colon H_n \to \mathbb{C}P^n$. Dann ist $P(\xi) = \mathbb{C}P^n$ und $Q(\xi) = H_n$. Ferner ist $k_\xi\colon \mathbb{C}P^n \subset \mathbb{C}P^\infty$ und $t_\xi = t_n$.   ◇

(4.2) Satz. *Die Gruppe $h^*(P(\xi))$ ist ein freier $h^*(B)$-Modul mit der Basis $1, t_\xi$,*
$t_\xi^2, \ldots, t_\xi^{n-1}$. Insbesondere ist $p_\xi^*\colon h^*(B) \to h^*(P(\xi))$ injektiv.

Beweis. Für triviale Bündel ist die Behauptung ein Spezialfall von (3.5). Für jeden Teilraum $C \subset B$ sei $\varphi_C\colon h^*(C)\langle t \rangle \to h^*(P(\xi_C))$ die $h^*(C)$-lineare Abbildung des freien Moduls $h^*(C)$-Moduls $h^*(C)\langle t \rangle$ mit Basis $1, t, t^2, \ldots, t^{n-1}$ nach $h^*(P(\xi_C))$, die t^j auf $t_{\xi|C}^j$ abbildet. Seien C und D eine numerierbare Überdeckung von $C \cup D$. Aus der MVS von $(C \cup D; C, D)$ erhalten wir durch formale Summenbildung eine analoge Sequenz der freien Moduln. Ebenso haben wir eine MVS für $(P(\xi|C \cup D); P(\xi|C), P(\xi|D))$. Die Abbildungen vom Typ φ_C liefern einen Morphismus der einen MVS in die andere. Ist nun φ_C, φ_D und $\varphi_{C \cap D}$ ein Isomorphismus, so liefert das Fünfer-Lemma einen Isomorphismus $\varphi_{C \cup D}$. Für ein Bündel vom endlichen Typ folgt damit die Behauptung durch Induktion nach der Anzahl der lokalen Trivialisierungen. Für ein beliebiges numerierbares Bündel verwenden wir dann wieder ein Limesargument. $\qquad\square$

(4.3) Folgerung. *Es gibt eindeutig bestimmte Elemente $c_j(\xi) \in h^{2j}(B)$, so daß*

$$\sum_{j=0}^{n} (-1)^j c_j(\xi) t_\xi^{n-j} = 0,$$

weil t_ξ^n eine Linearkombination der Basis ist $(c_0(\xi) = 1)$. $\qquad\square$

(4.4) Beispiel. Hier ist eine Begründung für die Vorzeichenwahl. Sei $\xi = H_n$. Dann gilt nach (4.2) $c_0(\xi)t_\xi - c_1(\xi) = 0$ und deshalb $c_1(\nu_n) = t_n$. $\qquad\diamond$

(4.5) Satz. *Sei $\varphi\colon \xi \to \eta$ eine Bündelabbildung. Dann gilt $f^*(c_j(\eta)) = c_j(\xi)$.*

Beweis. Es ist $k_\eta \circ P(\varphi) \simeq k_\xi$, und deshalb gilt nach Konstruktion $P(f)^* t_\eta = t_\xi$. Es folgt

$$0 = P(\varphi)^*\Big(\sum_j (-1)^j c_j(\eta) t_\eta^{n-j}\Big) = \sum_j (-1)^j f^*(c_j(\eta)) t_\xi^{n-j}.$$

Koeffizientenvergleich liefert die Behauptung. Wir haben dabei die Rechenregel $P(\varphi)^*(a \cdot x) = f^*(a) \cdot P(\varphi)^* x$, $a \in h^*(C)$, $x \in h^*(P(\eta))$ über die Modulstruktur benutzt, die nichts anderes als die Natürlichkeit des Cup-Produktes ist. $\qquad\square$

(4.6) Satz. *Seien ξ und η Bündel. Dann gilt die Summenformel*

$$c_r(\xi \oplus \eta) = \sum_{i+j=r} c_i(\xi) c_j(\eta).$$

Wir setzen dabei $c_i(\xi) = 0$, wenn i größer als $\dim \xi$ ist.

Beweis. Wir haben die Unterräume $P(\xi) \subset P(\xi \oplus \eta) \supset P(\eta)$. Wir betrachten die offenen Komplemente $U = P(\xi \oplus \eta) \setminus P(\eta)$ und $V = P(\xi \oplus \eta) \setminus P(\xi)$.

Die Inklusionen $P(\xi) \subset U$ und $P(\eta) \subset V$ sind h-Äquivalenzen. Um das einzusehen, versehen wir ξ und η mit einer Riemannschen Metrik und konstruieren $P(\xi \oplus \eta)$ als Quotient des Sphärenbündels $S(\xi \oplus \eta)$. Eine Deformationsretraktion von U auf $P(\xi)$ wird dann durch die Formel

$$([u, v], t) \mapsto [|u|^{-1}(1 - t^2|v|^2)^{1/2} \cdot u, t \cdot v]$$

geliefert ($t = 1$ Identität, wegen $|u|^2 + |v|^2 = 1$).

Sei $t = t_{\xi \oplus \eta}$. Wir betrachten die Elemente ($k = \dim \xi, l = \dim \eta$)

$$x = \sum_{i=0}^{k} (-1)^i c_i(\xi) t^{k-i}, \quad y = \sum_{j=0}^{l} (-1)^j c_j(\eta) t^{l-j}.$$

Wegen der genannten h-Äquivalenzen und der Definition der $c_i(\xi)$ wird x bei der Einschränkung $h^*(P(\xi \oplus \eta)) \to h^*(U) \cong h^*(P(\xi))$ auf Null abgebildet (weil t auf t_ξ geworfen wird), kommt also in der exakten Sequenz von einem Element $x' \in h^*(P(\xi \oplus \eta), U)$. Analog kommt y von einem Element $y' \in h^*(P(\xi \oplus \eta), V)$. Da U, V eine numerierbare Überdeckung von $P(\xi \oplus \eta)$ ist, so gilt $x'y' = 0$ und folglich $xy = 0$. Es ist aber

$$xy = \sum_{r=0}^{k+l} (-1)^r \Big(\sum_{i+j=r} c_i(\xi) c_j(\eta) \Big) t^r.$$

Koeffizientenvergleich mit der Definition der $c_r(\xi \oplus \eta)$ liefert die Behauptung. $\square$

5 Chern-Klassen

Sei $h^*(-)$ eine komplex orientierte Kohomologietheorie mit universellem Element $t \in \tilde{h}^2(\mathbb{C}P^\infty)$. Wir verwenden die universellen Bündel $EG \to BG$ aus IX.4. Wir schreiben darum jetzt $BU(1) = \mathbb{C}P^\infty$. Ein Ziel ist die Berechnung von $h^*(BU(n))$. Dabei fassen wir $BU(n)$ auch als Basis des universellen n-dimensionalen komplexen Vektorraumbündels γ_n auf. Wir benutzen das Resultat $h^*(BU(1)^n) \cong h^*[[T_1, \ldots, T_n]]$ aus (3.6). Wir erinnern an den Ring der formalen graduierten Potenzreihen $h^*[[c_1, \ldots, c_n]]$. Wir geben c_j den Grad $2j$. Der Grad eines Monoms in den c_j ist die Summe der Grade der Faktoren, das heißt

$$\mathrm{Grad}(c_1^{k(1)} c_2^{k(2)} \cdots) = 2k(1) + 4k(2) + \cdots.$$

Eine homogene Potenzreihe vom Grad k ist formale Summe von Termen der Gestalt $\lambda_j M_j$, worin M_j ein Monom vom Grad m und $\lambda_j \in h^{k-m}$ ist. Wir geben also den

Elementen in der Koeffizientengruppe h^r den Grad r. Da die Monome alle nichtnegativen Grad haben, tritt eine echte Potenzreihe nur dann auf, wenn für beliebig große negative Grade nichtverschwindende Koeffizientengruppen existieren; andernfalls handelt es sich beim graduierten Potenzreihenring eher um einen Polynomring.

(5.1) Satz. *Sei $\kappa\colon BU(1)^n \to BU(n)$ die klassifizierende Abbildung des n-fachen kartesischen Produktes des universellen Geradenbündels. Dann gilt: Die induzierte Abbildung $\kappa^*\colon h^*(BU(n)) \to h^*(BU(1)^n)$ ist injektiv. Das Bild besteht aus den in $T_1, \ldots, T_n$ symmetrischen Potenzreihen. Sei $c_i \in h^{2i}(BU(n))$ das Element, dessen Bild bei κ^* das i-te elementarsymmetrische Polynom in $T_1, \ldots, T_n$ ist. Dann ist*

$$h^*(BU(n)) \cong h^*[[c_1, \ldots, c_n]].$$

Die Elemente $c_1, \ldots, c_n$ sind die nach Abschnitt 4 aus dem projektivem Bündel des universellen Bündels γ_n konstruierten Elemente $c_i = c_i(\gamma_n)$.

Beweis. Sei $\sigma \in S_n$ eine Permutation und bezeichne σ auch die entsprechende Permutation der Faktoren von $BU(1)^n$. Dann wird σ von einem Bündelautomorphismus von $\gamma_1^n = \gamma_1 \times \cdots \times \gamma_1$ überlagert. Folglich ist auch $\kappa \circ \sigma$ eine klassifizierende Abbildung von γ_1^n und damit homotop zu κ. Auf $h^*(BU(1)^n) = h^*[[T_1, \ldots, T_n]]$ induziert σ die entsprechende Permutation der T_j. Also liegt das Bild von κ^* wegen $\kappa \circ \sigma \simeq \kappa$ im symmetrischen Teil. Sei $\mathrm{pr}_j\colon BU(1)^n \to BU(1)$ die Projektion auf den j-ten Faktor. Wir schreiben $\gamma(j) = \mathrm{pr}_j^*(\gamma_1)$. Dann gilt $\gamma_1^n = \gamma(1) \oplus \cdots \oplus \gamma(n)$ und $T_j = c_1(\gamma(j))$. Es gilt ferner

$$\kappa^* c_i(\gamma_n) = c_i(\kappa^* \gamma_n) = c_i(\gamma_1^n) = c_i(\gamma(1) \oplus \cdots \oplus \gamma(n)).$$

Letzteres ist nach der Summenformel (4.6) gleich

$$c_1(\gamma(1))c_{i-1}(\gamma(2) \oplus \cdots \oplus \gamma(n)) + c_i(\gamma(2) \oplus \cdots \oplus \gamma(n)),$$

und damit schließt man induktiv, daß dieses Element das i-te elementarsymmetrische Polynom σ_i in den T_j ist. Wir entnehmen der Algebra, daß der symmetrische Teil von $h^*[[T_1, \ldots, T_n]]$ gleich dem formalen graduierten Potenzreihenring $h^*[[\sigma_1, \ldots, \sigma_n]]$ in den elementarsymmetrischen Polynomen σ_i ist. Damit hat also das Bild von κ^* die behauptete Form.

Es bleibt einzusehen, daß κ^* injektiv ist. Wir zeigen dazu:

(5.2) Lemma. *Eine klassifizierende Abbildung β von $\gamma_{n-1} \times \gamma_1$ ist das projektive Bündel von γ_n.*

Wenn wir dieses Lemma einmal annehmen, so liefern (4.1) und (3.5) eine injektive Abbildung

$$\beta^*\colon h^*(BU(n)) \to h^*(BU(n-1) \times BU(1)) \cong h^*(BU(n-1))[[\gamma(n)]].$$

Damit folgt durch Induktion nach n die Behauptung.   □

Beweis von (5.2). Wir erinnern zunächst an einige Tatsachen aus der Bündeltheorie.

(1) Ein numerierbares G-Prinzipalbündel $E \to B$ ist genau dann universell, wenn E zusammenziehbar ist.

(2) Ist H eine Untergruppe von G, $G \to G/H$ ein numerierbares H-Prinzipalbündel und $EG \to BG$ ein universelles G-Prinzipalbündel, so ist $EG \to (EG)/H$ ein numerierbares H-Prinzipalbündel mit zusammenziehbarem Totalraum und deshalb ein universelles H-Prinzipalbündel. Wir können also $(EG)/H$ als Modell für den klassifizierenden Raum BH verwenden. Wir erhalten außerdem eine induzierte Abbildung $BH = EG/H \to EG/G = BG$.

(3) Sei H eine abgeschlossene Untergruppe der Lieschen Gruppe G. Dann ist $G \to G/H$ ein numerierbares H-Prinzipalbündel.

Wir wenden diese Resultate auf $H = U(n-1) \times U(1) \subset U(n) = G$ an (darin ist H die Untergruppe der Blockdiagonalmatrizen) und erhalten

$$
\begin{aligned}
B(U(n-1) \times U(1)) &= EU(n)/(U(n-1) \times U(1)) \\
&= EU(n) \times_{U(n)} (U(n)/U(n-1) \times U(1)) \\
&\to BU(n).
\end{aligned}
$$

Als Modell eines universellen n-dimensionalen Vektorraumbündels wählen wir $EU(n) \times_{U(n)} \mathbb{C}^n \to BU(n)$. Die $U(n)$-Matrixmultiplikation auf $\mathbb{C}^n$ induziert eine $U(n)$-Operation auf dem projektiven Raum $P(\mathbb{C}^n)$. Das projektive Bündel zum universellen Bündel ist $EU(n) \times_{U(n)} P(\mathbb{C}^n) \to BU(n)$. Bekanntlich sind die $U(n)$-Räume $U(n)/U(n-1) \times U(1)$ und $P(\mathbb{C}^n)$ isomorph. Damit haben wir eine Abbildung $\alpha\colon B(U(n-1) \times U(1)) \to BU(n)$ als projektives Bündel von γ_n beschrieben. Wir setzen sie mit der kanonischen h-Äquivalenz $j\colon BU(n-1) \times BU(1) \to B(U(n-1) \times U(1))$ zusammen IX (4.23). Dann hat sie die gewünschte Form.

Wir haben durch die voranstehenden Bemerkungen eine Abbildung $\beta = \alpha \circ j$ als projektives Bündel konstruiert. Es bleibt zu zeigen, daß $\alpha \circ j$ eine klassifizierende Abbildung für $\gamma_{n-1} \times \gamma_1$ ist.

Sei $EU(n-1) \times EU(1) \to EU(n)$ eine $U(n-1) \times U(1)$-Abbildung. Daraus erhalten wir eine Bündelabbildung

$$
\begin{aligned}
E(\gamma_{n-1}) \times E(\gamma_1) &= (EU(n-1) \times EU(1)) \times_{U(n-1) \times U(1)} (\mathbb{C}^{n-1} \times \mathbb{C}^1) \\
&\to EU(n) \times_{U(n-1) \times U(1)} \mathbb{C}^n \\
&\to EU(n) \times_{U(n)} \mathbb{C}^n \\
&= E(\gamma_n).
\end{aligned}
$$

Nach Konstruktion liegt sie über $\alpha \circ j$.   □

Elemente in $h^*(BU(n))$ heißen universelle $h^*(-)$-wertige *charakteristische Klassen* für n-dimensionale komplexe Vektorraumbündel. Ist $c \in h^*(BU(n))$ gegeben und ist $f\colon B \to BU(n)$ eine klassifizierende Abbildung des Bündels ξ über B, so setzen wir $c(\xi) = f^*(c)$ und nennen $c(\xi)$ eine charakteristische Klasse. Dann gilt für eine Bündelabbildung $\varphi\colon \xi \to \eta$ die Natürlichkeit $\varphi^* c(\eta) = c(\xi)$. Wegen (5.1) genügt es meist, mit den Elementen c_i zu arbeiten. Die zugehörige charakteristische Klasse $c_i(\xi)$ heißt *i-te Chern-Klasse* von ξ in der komplex orientierten Theorie.

Die vorstehenden Ergebnisse lassen sich insbesondere auf die gewöhnliche Kohomologie $H^*(-)$ mit Koeffizienten in $\mathbb{Z}$ anwenden. Ein komplexes Vektorraumbündel hat, wie schon bemerkt, eine kanonische Orientierung, denn eine komplexe Struktur auf einem Vektorraum orientiert diesen kanonisch. Damit haben diese Bündel auch kanonische Thom-Klassen. Wir verwenden die Thom-Klasse von γ_1 über $\mathbb{C}P^\infty$ als das universelle Element t_∞.

In einer solchen Theorie werden alle charakteristischen Klassen durch Summen- und Produktbildung von gewissen fundamentalen erzeugt, von den sogenannten Chern-Klassen. Wir geben eine axiomatische Beschreibung der Chern-Klassen [116].

(5.3) Chern-Klassen. Eine Sequenz $(c_n \in H^{2n}(-) \mid n \geq 0)$ von charakteristischen Klassen heißt (totale) *Chern-Klasse*, wenn gilt:

(1) $c_0(\xi)$ ist immer das Einselement.

(2) Für je zwei Bündel ξ und η über B gilt $\sum_{i+j=n} c_i(\xi)c_j(\eta) = c_n(\xi \oplus \eta)$.

(3) Für Geradenbündel ist c_1 die durch t_∞ definierte Klasse.

Wir nennen $c = \sum_{n=0}^\infty c_n$ die *totale* Chern-Klasse. (Die Summe ist formal als Element in $\prod_{i \geq 0} H^i(-)$ zu betrachten.)   ◇

(5.4) Satz. *Es gibt genau eine Chern-Klasse. Bezeichnet $c_j \in H^{2n}(BU(n))$ die j-te Chern-Klasse des universellen Bündels, so ist*

$$H^*(BU(n)) \cong \mathbb{Z}[c_1, c_2, \ldots, c_n]$$

der ganzzahlige Polynomring in diesen Elementen. Insbesondere ist $c_j(\xi) = 0$, wenn $\dim \xi$ größer als j ist.   □

Die Chern-Klassen sind *stabile charakteristische Klassen*, das heißt, bezeichnet ε das triviale eindimensionale Bündel, so gilt immer $c_j(\xi) = c_j(\xi \oplus \varepsilon)$, wie (5.3) unmittelbar lehrt. Diese Tatsache legt den Grenzübergang $n \to \infty$ nahe.

Sei $\omega\colon BU(n) \to BU(n+1)$ eine klassifizierende Abbildung von $\gamma_n \oplus \varepsilon$. Dann gilt $\omega^* c_i = c_i$ für $i \leq n$ und $\omega^* c_{n+1} = 0$. Sei $U = \mathrm{kolim}_n U(n)$, gebildet über die Inklusionen

$$U(n) \to U(n+1), \quad A \mapsto \begin{pmatrix} A & 0 \\ 0 & 1 \end{pmatrix}.$$

Das ist die *stabile unitäre Gruppe*. Wir betrachten ihren klassifizierenden Raum BU, gleichermaßen als Kolimes über geeignete Modelle (Inklusionen) ω gebildet $BU = \operatorname{kolim}_n BU(n)$. Wir nennen BU den klassifizierenden Raum für *stabile komplexe Vektorraumbündel*. In einer komplex orientierten Theorie erhalten wir dann durch Limesbildung über die ω^*, weil der $\lim^1$-Term verschwindet:

(5.5) Satz. $h^*(BU) \cong \lim h^* BU(n) \cong h^*[[c_1, c_2, \dots]]$.

Sei $\kappa_{m,n}\colon BU(m) \times BU(n) \to BU(m+n)$ eine klassifizierende Abbildung von $\gamma_m \times \gamma_n = \operatorname{pr}_1^* \gamma_m \oplus \operatorname{pr}_2^* \gamma_n$. Es gilt mit den Elementen $c_j' = c_j(\operatorname{pr}_1^* \gamma_m)$ und $c_j'' = c_j(\operatorname{pr}_2^* \gamma_n)$

(5.6) $\qquad h^*(BU(m) \times BU(n)) \cong h^*[[c_1', \dots, c_m', c_1'', \dots, c_n'']]$.

Ferner ist

(5.7) $$\kappa_{m,n}^* c_k = \sum_{i+j=k} c_i' c_j''.$$

Die Abbildung $\kappa_{m,n}^*$ ist stetig in dem Sinne, daß ihre Wirkung auf eine formale Potenzreihe in den $c_1, \dots, c_{m+n}$ darin besteht, daß für c_k der Wert (5.7) eingesetzt wird.

Wir berichten nun über weitere Ergebnisse. Die Abbildungen $\kappa_{m,n}$ schließen sich im Kolimes zu einer Abbildung $\kappa\colon BU \times BU \to BU$ zusammen. Sie ist bis auf Homotopie assoziativ und kommutativ und hat ein Einselement. Eine klassifizierende Abbildung des „inversen Bündels" liefert ein Homotopieinverses für die Verknüpfung κ. Mit diesen Strukturen wird BU ein Gruppenobjekt in der Homotopiekategorie. Die induzierte Abbildung

$$\kappa^*\colon h^*(BU) \to h^*(BU \times BU)$$

macht $h^*(BU) = h^*[[c_1, c_2, \dots]]$, bei geeigneter Interpretation, zu einer (topologischen) Hopf-Algebra. Diese ist schon im klassischen Fall $h^*(-) = H^*(-; \mathbb{Z})$ ein interessantes algebraisches Objekt: Nämlich der Polynomring $\mathbb{Z}[c_1, c_2, \dots]$ mit der Komultiplikation

$$\mu(c_k) = \sum_{i+j=k} c_i \otimes c_j, \qquad c_0 = 1.$$

Die Eigenschaften dieser Hopf-Algebra regulieren die Theorie der charakteristischen Klassen.

Wir kommen jetzt genauer auf die formale Gruppe der Theorie $H^*(-)$ zu sprechen.

(5.8) Beispiel. Wir haben schon $\mathbb{C}P^\infty = BS^1 = BU(1) \simeq BGL(1, \mathbb{C})$ nachgewiesen. Damit erhalten wir auch, daß ein komplexes numerierbares Geradenbündel ξ über X durch seine klassifizierende Abbildung in

$$H^2(X; \mathbb{Z}) = [X, \mathbb{C}P^\infty] = [X, BU(1)]$$

bestimmt wird. Das zugehörige Element $c_1(\xi) \in H^2(X; \mathbb{Z})$ ist die erste Chern-Klasse von ξ.   ◇

(5.9) Satz. *Die beiden Gruppenstrukturen auf $H^2(X; \mathbb{Z})$, die zum einen durch das Tensorprodukt von Geradenbündeln und zum anderen durch die Hopf-Gruppe $K(\mathbb{Z}, 2)$ gegeben sind, stimmen überein. In Formeln: $c_1(\xi \otimes \eta) = c_1(\xi) + c_1(\eta)$ für Geradenbündel ξ und η.*

Beweis. Wir benutzen hier, daß die Chern-Klasse mit dem Induzieren verträglich ist: $c_1(f^*\xi) = f^*c_1(\xi)$. Aus (3.4) folgt $H^2(\mathbb{C}P^\infty; \mathbb{Z}) \cong \mathbb{Z}$, erzeugt durch die Identität, alias erste Chern-Klasse $c_1(\gamma)$, des universellen Geradenbündels, sowie $H^2(\mathbb{C}P^\infty \times \mathbb{C}P^\infty; \mathbb{Z}) \cong \mathbb{Z} \oplus \mathbb{Z}$, erzeugt durch die Klassen e_j der Projektionen $\mathrm{pr}_j : \mathbb{C}P^\infty \times \mathbb{C}P^\infty \to \mathbb{C}P^\infty$. Wir bezeichnen das äußere Tensorprodukt mit $\hat{\otimes}$.

(5.10) Lemma. *Für die klassifizierende Abbildung $k: \mathbb{C}P^\infty \times \mathbb{C}P^\infty \to \mathbb{C}P^\infty$ von $\gamma \hat{\otimes} \gamma$ gilt $k^*c_1(\gamma) = e_1 + e_2$.*

Beweis. Es gibt eine Relation $k^*c_1(\gamma) = a_1e_1 + a_2e_2$ mit gewissen $a_i \in \mathbb{Z}$. Sei $i_1: \mathbb{C}P^\infty \to \mathbb{C}P^\infty \times \mathbb{C}P^\infty$, $x \mapsto (x, x_0)$ für festes x_0. Dann gilt $i_1^*e_1 = c_1(\gamma)$, da $\mathrm{pr}_1\, i_1 = \mathrm{id}$ ist, und $i_1^*e_2 = 0$, da $\mathrm{pr}_2\, i_1$ konstant ist. Es folgt

$$a_1c_1(\gamma) = i_1^*k^*c_1(\gamma) = c_1(i_1^*k^*\gamma) = c_1(i_1^*(\mathrm{pr}_1^*\, \gamma \otimes \mathrm{pr}_2^*\, \gamma)) = c_1(\gamma),$$

da $i_1^*\, \mathrm{pr}_1^*\, \gamma = \gamma$ und $i_1^*\, \mathrm{pr}_2^*\, \gamma$ das triviale Bündel ist. Also ist $a_1 = 1$, und ebenso folgt $a_2 = 1$.   □

Wir fahren mit dem Beweis fort. Seien $k_\xi, k_\eta: B \to \mathbb{C}P^\infty$ klassifizierende Abbildungen von ξ und η. Es gilt also $c_1(\xi) = k_\xi^*c_1(\gamma)$ und analog für η. Mit der Diagonale d gilt $\xi \otimes \eta = d^*(\xi\hat{\otimes}\eta) = d^*(k_\xi \times k_\eta)^*(\gamma\hat{\otimes}\gamma)$ und damit

$$
\begin{aligned}
c_1(\xi \otimes \eta) &= c_1(d^*(k_\xi^* \times k_\eta^*)(\gamma\hat{\otimes}\gamma)) \\
&= d^*(k_\xi \times k_\eta)^*(e_1 + e_2) \\
&= d^*(k_\xi \times k_\eta)^*\, \mathrm{pr}_1^*\, c_1(\gamma) + d^*(k_\xi \times k_\eta)^*\, \mathrm{pr}_2^*\, c_1(\gamma) \\
&= k_\xi^*c_1(\gamma) + k_\eta^*c_1(\gamma) \\
&= c_1(\xi) + c_2(\eta),
\end{aligned}
$$

da $k_\xi = \mathrm{pr}_1(k_\xi \times k_\eta)d$ ist.   □

(5.11) Satz. *Die Zuordnung* $k \mapsto H(k)$ *liefert eine Bijektion* $\mathbb{Z} \cong \pi_2(BU(1))$. *Jedes komplexe Geradenbündel über* $S^2 = \mathbb{C}P^1$ *ist also isomorph zu genau einem Bündel* $H(k)$, $k \in \mathbb{Z}$.

Beweis. Die Inklusion $S^2 = \mathbb{C}P^1 \subset \mathbb{C}P^\infty = BU(1)$ induziert einen Isomorphismus $\pi_2(\mathbb{C}P^1) \cong \pi_2(\mathbb{C}P^\infty)$. Es ist $H(-1) \to \mathbb{C}P^1$ die Einschränkung des universellen Bündels auf $\mathbb{C}P^1$ und $H(1)$ das duale Bündel dazu. Das duale Bündel des universellen ist ebenfalls universell. Wir müssen also zeigen, daß eine Abbildung vom Grad k von $H(1)$ das Bündel $H(k)$ induziert. Nun ist aber $\mathbb{C}P^1 \to \mathbb{C}P^1$, $[z_0, z_1] \mapsto [z_0^k, z_1^k]$ eine Abbildung vom Grad k (für $k \geq 1$). Durch

$$H(k) = (\mathbb{C}^2 \setminus 0) \times_{\mathbb{C}^*} \mathbb{C}(k) \quad \to \quad H(1) = (\mathbb{C}^2 \setminus 0) \times_{\mathbb{C}^*} \mathbb{C}(1)$$
$$((z_0, z_1), v) \quad \mapsto \quad ((z_0^k, z_1^k), v)$$

wird eine darüberliegende Bündelabbildung definiert. Für $k \leq -1$ kann man entsprechend die Abbildung $(z, v) \mapsto (\bar{z}^k |z|^{-k}, v)$ verwenden. □

(5.12) Beispiel. Das komplexe Tangentialbündel von $\mathbb{C}P^1$ ist das Bündel $H(2)$. ◇

(5.13) Beispiel. Bildet man die Whitney-Summe des k-dimensionalen universellen Bündels mit einem trivialen l-dimensionalen, so liefert die klassifizierende Abbildung dieser Whitney-Summe eine Abbildung $r_{k,l} \colon BO(k) \to BO(k + l)$, $c_{k,l} \colon BU(k) \to BU(k + l)$. Die Abbildung $r_{k,l}$ kann als induziert durch den Homomorphismus

$$O(k) \to O(k + l), \quad A \mapsto \begin{pmatrix} A & 0 \\ 0 & I_l \end{pmatrix}$$

angesehen werden. Deshalb kann $r_{k,l} \colon BO(k) \to BO(k + l)$ als Faserung mit der Faser $O(k + l)/O(k)$ betrachtet werden. Mittels $O(k + 1)/O(k) \cong S^k$ und $U(k + 1)/U(k) \cong S^{2k+1}$ sowie exakter Homotopiesequenzen von Faserungen folgt, daß $r_{k,l}$ k-zusammenhängend und $c_{k,l}$ $2k$-zusammenhängend ist. Folglich ist ein reelles n-dimensionales Vektorraumbündel η über einem k-dimensionalen CW-Komplex X für $k < n$ immer die Whitney-Summe $\xi \oplus (n - k)\varepsilon_{\mathbb{R}}$ mit einem trivialen eindimensionale Bündel $\varepsilon_{\mathbb{R}}$. Ferner ist $\xi \oplus \varepsilon_{\mathbb{R}}$ durch η bis auf Isomorphie eindeutig bestimmt. ◇

(5.14) Beispiel. Ein komplexes n-dimensionales Vektorraumbündel η über S^2 ist isomorph zu $H(k) \oplus (n - 1)\varepsilon_{\mathbb{C}}$, und $k \in \mathbb{Z}$ ist durch η eindeutig bestimmt. Jedes Element $x \in K(S^2)$ hat einen eindeutig bestimmten Repräsentanten der Form $H(k) + l\varepsilon$, k und $l \in \mathbb{Z}$. Die additive und multiplikative Struktur des Ringes $K(S^2)$ wird durch $H(k) \otimes H(l) \cong H(k + l)$ und $H(k) \oplus H(l) \cong H(k + l) \oplus \varepsilon$ bestimmt. Um die letzte Gleichung zu beweisen, beachte man, daß jedenfalls eine Gleichung der Form $H(k) \oplus H(l) \cong H(m) \oplus \varepsilon$ bestehen muß. Durch Anwendung der 2. äußeren

Potenz Λ^2 auf diese Gleichung folgt $m = k + l$. Der Ring $K(S^2)$ ist also isomorph zu $\mathbb{Z}[x]/(x^2)$, wobei $1 \mapsto [\varepsilon]$, $x \mapsto [H(1)] - [\varepsilon]$ entspricht. $\diamond$

(5.15) Beispiel. Die Rechenregel

$$\Lambda^k(\xi \oplus \eta) = \bigoplus_{i=1}^{k} \Lambda^i(\xi) \otimes \Lambda^{k-i}(\eta)$$

läßt sich so ausschlachten: Man bilde mit einer Unbestimmten t die formale Potenzreihe

$$\Lambda_t(\xi) = \sum_{t=0}^{\infty} \Lambda^i(\xi)t^i, \quad \Lambda^0(\xi) = 1.$$

Dann gilt $\Lambda_t(\xi \oplus \eta) = \Lambda_t(\xi)\Lambda_t(\eta)$. Die Potenzreihe $\Lambda_t(\xi)$ ist ein Element in der multiplikativen Gruppe

$$1 + K(X)[[t]]^+ = \{1 + a_1 t + a_2 t^2 + \cdots \mid a_i \in K(X)\}$$

der formalen Potenzreihen mit konstantem Glied eins und Koeffizienten in $K(X)$. Wegen der universellen Eigenschaft von $K(X)$ läßt sich Λ_t zu einem Homomorphismus

$$\lambda_t \colon K(X) \to 1 + K(X)[[t]]^+$$

der additiven Gruppe $K(X)$ in die multiplikative Gruppe erweitern. Der Koeffizient von t^i ist eine Abbildung $\lambda^i \colon K(X) \to K(X)$, eine natürliche Transformation von kontravarianten Funktoren, ebenfalls *äußere Potenz* genannt.

Ist ξ ein n-dimensionales Vektorraumbündel, so ist $\Lambda^k(\xi)$ für $k > n$ das triviale nulldimensionale Bündel. Das Geradenbündel $\Lambda^n(\xi)$ wird auch als *Determinantenbündel* von ξ bezeichnet. Es gilt $c_1(\xi) = c_1(\Lambda^n(\xi)) \in H^2(B; \mathbb{Z})$. Ist η ein weiteres Bündel, so folgt mit $\Lambda^{n+m}(\xi \oplus \eta) \cong \Lambda^n(\xi) \otimes \Lambda^m(\eta)$ die Relation $c_1(\xi \oplus \eta) = c_1(\xi) + c_1(\eta)$. Wegen der universellen Eigenschaft der K-Gruppen wird ein Homomorphismus $c_1 \colon K(B) \to H^2(B; \mathbb{Z})$ induziert (eine natürliche Transformation von kontravarianten Funktoren). Damit ist also eine unabhängige Methode zur Konstruktion der ersten Chern-Klasse gewonnen. $\diamond$

6 Spaltprinzip und Chern-Charakter

Sei $K(X)$ der Grothendieck-Ring der komplexen Vektorraumbündel über X. Sei $h^*(-)$ eine komplex orientierte Theorie. Damit haben wir Chern-Klassen mit Werten in dieser Theorie. Wir betrachten die multiplikative Gruppe

$$\mathcal{E}h(X, t) = \{1 + a_1 t + a_2 t^2 + \cdots \mid a_i \in h^{2i}(X)\}$$

von formalen Potenzreihen mit konstantem Glied 1 in einer Unbestimmten t. Aus den Chern-Klassen bilden wir die Reihe (im wesentlichen die totale Chern-Klasse)

$$c_t(\xi) = 1 + \sum_{i \geq 1} c_i(\xi)t^i \in \mathcal{E}h(X, t)$$

für ein Bündel über X. Die Summenformel (4.6) der Chern-Klassen läßt sich dann übersichtlich so formulieren

$$c_t(\xi \oplus \eta) = c_t(\xi)c_t(\eta).$$

Diese Formulierung zeigt uns aber, daß c_t ein Homomorphismus der additiven Halbgruppe $\mathrm{Vek}(X)$ in die Gruppe $\mathcal{E}h(X, t)$ ist. Nach der universellen Eigenschaft der Grothendieck-Gruppe erhalten wir einen induzierten Homomorphismus

$$c_t: K(X) \to \mathcal{E}h(X, t)$$

der additiven in die multiplikative Gruppe. Dieser Homomorphismus ist in ersichtlicher Weise mit induzierten Abbildungen verträglich, das heißt, eine natürliche Transformation von Funktoren.

Aus den klassifizierenden Räumen für komplexe Vektorraumbündel kann man einen darstellenden Raum für den Funktor K machen.

(6.1) Satz. *Es gibt einen für kompakte Räume X natürlichen Isomorphismus $K(X) \cong [X, \mathbb{Z} \times BU]$.*

Beweis. Jedes Element $x \in K(X)$ hat die Form $[\xi] - [n]$ mit einem Bündel ξ und dem trivialen n-dimensionalen Bündel n. Wir nehmen einmal an, daß ξ konstante Faserdimension m hat. Sei $\varphi: X \to BU$ eine stabile klassifizierende Abbildung von ξ. In diesem Fall ordnen wir x die Homotopieklasse der Abbildung $\varphi: X \to \{m - n\} \times BU$ zu. Man verifiziert, daß diese Zuordnung wohldefiniert ist und eine Bijektion induziert. Sie wird ein Homomorphismus, wenn $[X, \mathbb{Z} \times BU]$ mit der Gruppenstruktur versehen wird, die durch diejenige von $\mathbb{Z}$ und der oben erwähnten H-Gruppenstruktur von BU induziert wird. $\qquad\qquad\square$

(6.2) Bemerkung. Für beliebige Räume X definiert man am besten die K-Gruppen durch die Homotopiemenge $[X, \mathbb{Z} \times BU]$. Im allgemeinen gibt es darin Elemente, die nicht durch endlich-dimensionale Bündel repräsentiert werden. Zum Beispiel ist das Inverse in $K(BU(1))$ des universellen Geradenbündels nicht durch ein solches Bündel darstellbar. Das sieht man dadurch, daß c_t dieses Elements kein Polynom ist. Eine Rechtfertigung dieser Definition durch eine Homotopiemenge liegt darin, daß dann die K-Gruppen Bestandteil einer Kohomologietheorie sind. Der berühmte Bottsche Periodizitätssatz besagt nämlich in einer seiner zahlreichen Versionen, daß der zweifache Schleifenraum von $\mathbb{Z} \times BU$ wieder h-äquivalent zu $\mathbb{Z} \times BU$ ist. Also läßt sich daraus ein Omega-Spektrum konstruieren. $\diamond$

Für den Raum BU gibt es Modelle, die ihn seiner formalen Definition etwas entheben. Sei H ein separabler, unendlich-dimensionaler, komplexer Hilbert-Raum. Sei $\mathcal{F}$ der Raum der Fredholm-Operatoren $H \to H$ mit der Operator-Topologie. Dann gilt:

(6.3) Satz. *Der Raum $\mathcal{F}$ der Fredholm-Operatoren ist ein Modell für den darstellenden Raum $\mathbb{Z} \times BU$ der K-Theorie.* $\square$

In der Algebra $B(H)$ der beschränkten Operatoren $H \to H$ gibt es das Ideal $\mathcal{K}$ der kompakten Operatoren. Sei $C = B(H)/\mathcal{K}$ die Faktoralgebra (Calkin-Algebra). Das Urbild der Einheitengruppe $C^{\times}$ dieser Algebra ist $\mathcal{F}$. Die Projektion $\mathcal{F} \to C^{\times}$ ist eine h-Äquivalenz. Damit gilt:

(6.4) Satz. *Die Gruppe $C^{\times}$ ist ein Modell für $\mathbb{Z} \times BU$. Damit wird dieser Raum sogar als topologische Gruppe realisiert und nicht nur als H-Gruppe, wie im letzten Abschnitt.* $\square$

Das Spaltprinzip besagt, grob gesprochen, daß natürliche Identitäten zwischen charakteristischen Klassen allgemein richtig sind, wenn sie für Summen von Geradenbündeln gelten. Technisch beruht diese Aussage auf dem folgenden Sachverhalt.

(6.5) Notiz. *Es sei ξ: $E(\xi) \to B$ ein n-dimensionales Vektorraumbündel und p_{ξ}: $P(\xi) \to B$ das zugehörige projektive Bündel. Dann zerfällt das induzierte Bündel $p_{\xi}^*(\xi) = \xi_1 \oplus \xi'$ in das kanonische Geradenbündel ξ_1 (siehe Abschnitt 4) und ein $(n-1)$-dimensionales Bündel ξ'.*

Beweis. Um dies einzusehen, denken wir uns ξ als assoziiertes Faserbündel $E \times_{U(n)} \mathbb{C}^n \to B$. Damit erhalten wir ein Pullback

$$E \times_{U(n-1) \times U(1)} \mathbb{C}^{n-1} \times \mathbb{C} \cong E \times_{U(n)} (U(n) \times_{U(n-1) \times U(1)} \mathbb{C}^n) \to E \times_{U(n)} \mathbb{C}^n$$

$$E/U(n-1) \times U(1) \quad \cong E \times_{U(n)} (U(n)/U(n-1) \times U(1)) \to \quad B,$$

welches die gewünschte Aussage belegt. $\square$

Wir wenden diesen Prozeß iterativ an: Wir betrachten über $P(\xi)$ das projektive Bündel $P(\xi')$, et cetera. Insgesamt erhalten wir eine Abbildung $f(\xi)$: $F(\xi) \to B$ mit den folgenden Eigenschaften:

(1) $f(\xi)^*\xi$ zerfällt in eine Summe von Geradenbündeln.

(2)   Die induzierte Abbildung $f(\xi)^*\colon h^*(B) \to h^*(F(\xi))$ ist injektiv.

Dabei folgt (2) aus dem projektiven Bündelsatz (4.2).

Ein Modell für $f(\xi)$ ist ein Bündel von Fahnen. Der *Fahnenraum* $F(V)$ eines n-dimensionalen Vektorraumes V besteht aus allen Sequenzen (= Fahnen)

$$\{0\} = V_0 \subset V_1 \subset \cdots \subset V_n = V$$

von Unterräumen V_i der Dimension i, versehen mit einer Topologie, die wie bei den Graßmannschen Mannigfaltigkeiten erklärt wird. Sei $\langle -, - \rangle$ eine Hermitesche Form auf V. Zu jeder Fahne gibt es dann eine orthonormierte Basis $b_1, \ldots, b_n$ derart, daß V_i von $b_1, \ldots, b_i$ aufgespannt wird. Die Basisvektoren b_i sind dabei durch die Fahne bis auf Skalare λ_i vom Betrag 1 bestimmt. Die Gruppe $U(n)$ operiert transitiv auf diesen Basen. Die Standgruppe der Standardbasis ist der maximale Torus $T(n)$ der Diagonalmatrizen. Deshalb können wir $F(V)$ als $U(n)/T(n)$ ansehen. Das *Fahnenbündel* zu $E \times_{U(n)} \mathbb{C}^n$ ist dann

$$f(\xi)\colon F(\xi) = E \times_{U(n)} U(n)/T(n) \cong E/T(n) \to B.$$

Wir können diese Konstruktionen auf mehrere Bündel anwenden und erhalten das

(6.6) Spaltprinzip. *Seien $\xi_1, \ldots, \xi_k$ Vektorraumbündel über B. Dann gibt es eine Abbildung $f\colon X \to B$ derart, daß $f^*\colon h^*(B) \to h^*(X)$ injektiv ist und $f^*(\xi_j)$ für alle ξ_j in eine Summe von Geradenbündeln zerfällt.*   □

Wir benutzen nun das Spaltprinzip, um den *Chern-Charakter* ch zu konstruieren.

(6.7) Satz. *Es gibt genau einen in X natürlichen Ringhomomorphismus*

$$\mathrm{ch}\colon K(X) \to \prod_{n \geq 0} H^{2n}(X; \mathbb{Q}),$$

der für ein Geradenbündel η über X den Wert

$$e^{c_1(\eta)} = \sum_{i=0}^{\infty} \frac{1}{i!} c_1(\eta)^i \in H^{2*}(X; \mathbb{Q})$$

annimmt.

Beweis. Wir benutzen die sogenannten Newton-Polynome aus der Theorie der symmetrischen Polynome. Das Polynom $s_k(\sigma_1, \ldots, \sigma_k) \in \mathbb{Z}[\sigma_1, \ldots, \sigma_k]$ wird erhalten, indem die Potenzsumme $\sum_{i=1}^{N} x_i^k$ als Polynom in den elementarsymmetrischen Polynomen σ_j der $x_1, \ldots, x_N$ geschrieben wird. (Das Resultat ist unabhängig von

$N \geq k$.) Gibt man σ_i den Grad i, so ist s_k homogen vom Grad k. Damit setzen wir für ein n-dimensionales Bündel ξ über X

$$\mathrm{ch}(\xi) = n + \sum_{i=1}^{\infty} \frac{1}{i!} s_i(c_1(\xi), \ldots, c_i(\xi)).$$

Nach Konstruktion liegt der i-te Summand in $H^{2i}(X; \mathbb{Q})$. Nach Konstruktion wird ferner für Geradenbündel der angegebene Wert angenommen. Wir haben die Relationen

$$\mathrm{ch}(\xi \oplus \eta) = \mathrm{ch}(\xi) + \mathrm{ch}(\eta), \qquad \mathrm{ch}(\xi \otimes \eta) = \mathrm{ch}(\xi)\, \mathrm{ch}(\eta)$$

zu zeigen. Nach dem oben formulierten Spaltprinzip genügt es, jeweils ξ und η als Summe von Geradenbündeln anzunehmen. Ist aber $\xi = \xi_1 \oplus \cdots \oplus \xi_k$ Summe von Geradenbündeln ξ_j, so ist $c_j(\xi)$ die j-te elementarsymmetrische Funktion in den $c_1(\xi_1), \ldots, c_1(\xi_k)$. Wir können dann die Newton-Polynome wieder durch die entsprechenden Potenzsummen ersetzen, und in dem Fall sind die Identitäten klar. Aus der universellen Eigenschaft des Grothendieck-Ringes $K(X)$ folgt nun die Existenz des Ringhomomorphismus ch. $\square$

7 Multiplikative Thom-Klassen

Eine *multiplikative Thom-Klasse* für die multiplikative Kohomologietheorie $h^*(-)$ und für (numerierbare) komplexe Bündel ordnet jedem n-dimensionalen Vektorraumbündel ξ eine Thom-Klasse $t(\xi) \in \tilde{h}^{2n}(M(\xi))$ zu, so daß gilt:

(1) *Natürlichkeit*. Für eine Bündelabbildung $f: \xi \to \eta$ gilt $f^* t(\eta) = t(\xi)$.

(2) *Multiplikativität*. Es gilt $t(\xi) \wedge t(\eta) = t(\xi \times \eta)$, bezüglich der kanonischen Identifizierung $M(\xi) \wedge M(\eta) \cong M(\xi \times \eta)$.

(7.1) Satz. *In einer komplex orientierten Theorie gibt es genau eine multiplikative Thom-Klasse, die für das Bündel H_∞ über $\mathbb{C}P^\infty$ den universellen Wert t_∞ annimmt.*

Beweis. Wir betrachten die exakte Kohomologiesequenz des Paares $(D\gamma_n, S\gamma_n)$ mit dem Zellenbündel D, dem Sphärenbündel S und dem Thom-Raum $MU(n) = D/S$. Sie zerfällt in kurze exakte Sequenzen

$$0 \to \tilde{h}^{2n}(MU(n)) \cong h^{2n}(D\gamma_n, S\gamma_n) \to h^{2n}(D\gamma_n) \to h^{2n}(S\gamma_n) \to 0.$$

Der Grund dafür ist: $S\gamma_n$ kann als Modell für $BU(n-1)$ genommen werden; die Projektion $D\gamma_n \to BU(n)$ ist eine h-Äquivalenz; und eine Rechnung wie für (5.2) zeigt, daß $S\gamma_n \to BU(n)$ die klassifizierende Abbildung ω von $\gamma_{n-1} \oplus \varepsilon$ ist; unsere Berechnung der Kohomologie von $BU(n)$ zeigt, daß ω^* surjektiv ist.

Ferner wird bei ω^* das Element c_n auf Null abgebildet und hat deshalb ein eindeutig bestimmtes Urbild $t(\gamma_n) \in \tilde{h}^{2n}(MU(n))$. Wir zeigen gleich, daß $t(\gamma_n)$ eine Thom-Klasse ist. Deshalb können wir daraus eindeutig über die klassifizierenden Abbildungen natürliche Thom-Klassen für n-dimensionale komplexe Bündel konstruieren. Für γ_1 ergibt sich das richtige Resultat. Die Multiplikativität (2) für $\gamma_m \times \gamma_n$ folgt daraus, daß $\kappa_{m,n}^*(c_{m+n}) = c_m c_n$ ist. Die Einschränkung von $t(\gamma_n)$ auf γ_1^n ist $t(\gamma_1) \wedge \cdots \wedge t(\gamma_1)$, und das ist jedenfalls eine (schwache) Thom-Klasse, als Produkt von Thom-Klassen. Damit ist auch $t(\gamma_n)$ eine schwache Thom-Klasse. In diesem Fall ist eine schwache Thom-Klasse auch ein starke.   □

8 Stiefel-Whitney-Klassen

Die Theorie der Chern-Klassen für komplexe Vektorraumbündel hat eine parallele Theorie für reelle Bündel. Eine Kohomologietheorie $h^*(-)$ heiße *reell orientiert*, wenn ein Element $t_\infty \in \tilde{h}^1(\mathbb{R}P^\infty)$ fixiert ist, dessen Einschränkung $t_1 \in \tilde{h}^1(\mathbb{R}P^1)$ ein erzeugendes Element dieses h^0-Moduls ist. Wie im dritten Abschnitt erhalten wir zunächst einen Isomorphismus

$$(8.1) \qquad\qquad h^*[T]/(T^{n+1}) \cong h^*(\mathbb{R}P^n),$$

der T auf die Einschränkung t_n von t_∞ abbildet. Daraus ergeben sich dann wie in (3.4) – (3.6)

$$(8.2) \qquad \begin{aligned} h^*(X \times \mathbb{R}^n) &\cong h^*(X)[u]/(u^{n+1}) \\ h^*(X \times \mathbb{R}P^\infty) &\cong h^*(X)[[u]] \\ h^*((\mathbb{R}P^\infty)^n) &\cong h^*[[T_1,\ldots,T_n]]. \end{aligned}$$

Das projektive Bündel $P(\xi)$ eines reellen Vektorraumbündels ξ über B liefert einen freien $h^*(B)$-Modul $h^*(P(\xi))$ mit Basis $1, t_\xi, \ldots, t_\xi^{n-1}$, und es gibt eine Relation

$$\sum_{j=0}^\infty (-1)^j w_j(\xi) t_\xi^{n-j} = 0$$

mit Elementen $w_j(\xi) \in h^j(B)$, die der Summenformel

$$(8.3) \qquad\qquad w_r(\xi \oplus \eta) = \sum_{i+j=r} w_i(\xi) w_j(\eta)$$

genügen, wobei $w_0(\xi) = 1$ und $w_j(\xi) = 0$ für $j > \dim \xi$ ist. Wir erhalten wie im fünften Abschnitt eine injektive Abbildung $\kappa^*\colon h^*(BO(n)) \to h^*(BO(1)^n)$. Die Klassen $w_1, \ldots, w_n$, die zum projektiven Bündel des universellen n-dimensionalen reellen Vektorrraumbündels über $BO(n)$ gehören, liefern

(8.4) $$h^*(BO(n)) \cong h^*[[w_1, \ldots, w_n]].$$

Das Bild von w_j bei κ^* ist das j-te elementarsymmetrische Polynom in den $T_1, \ldots, T_n$. Im Limes $n \to \infty$ erhält man h^*BO als Potenzreihenring in den w_1, $w_2, \ldots$. Die w_j heißen die *universellen Stiefel-Whitney-Klassen* der reell orientierten Theorie. Die Stiefel-Whitney-Klasse $w_j(\xi)$ entsteht aus w_j durch die klassifizierende Abbildung von ξ. Auch (6.6) gilt hier mutatis mutandis. Ebenfalls überträgt sich Abschnitt 7, das heißt, eine reell orientierte Theorie hat kanonische natürliche multiplikative Thom-Klassen.

Ein Beispiel für eine reell orientierte Theorie ist $H^*(-; \mathbb{Z}/2)$. Nach dem Muster des ersten Abschnittes konstruiert man eindeutig bestimmte Thom-Klassen. Es treten keine Probleme mit Orientierungen auf, weil $H^n(\mathbb{R}^n, \mathbb{R}^n \setminus 0; \mathbb{Z}/2) \cong \mathbb{Z}/2$ genau ein erzeugendes Element hat. Mit dieser Thom-Klasse beweist man dann den Thom-Isomorphismus wie im zweiten Abschnitt.

9   Thom-Spektren

Sei $MO(n)$ der Thom-Raum des universellen reellen Bündels η_n über $BO(n)$. Der Thom-Raum $M(\xi \oplus \varepsilon)$ für ein eindimensionales triviales Bündel kann kanonisch mit der Einhängung $S^1 M(\xi)$ identifiziert werden. Die klassifizierende Abbildung von $\eta_n \oplus \varepsilon$ liefert

$$e_n \colon S^1 MO(n) \to MO(n+1).$$

Die Thom-Räume $MO(n)$ zusammen mit den Strukturabbildungen e_n liefern das *Thom-Spektrum MO*. Nach dem Verfahren von VI.5 erhalten wir daraus Homologie- und Kohomologietheorien $MO_*(-)$ und $MO^*(-)$. Die klassifizierende Abbildung $\eta_m \times \eta_n \to \eta_{m+n}$ induziert nach Übergang zu den Thom-Räumen $MO(m) \wedge MO(n) \to MO(m+n)$. Wie in X.7 erläutert, werden dadurch die Theorien multiplikativ. Mit Hilfe der Pontrjagin-Thom-Konstruktion VIII.17 zeigt man, daß die Theorie $MO_*(-)$ mit der in VIII.13 geometrisch definierten Homologietheorie $N_*(-)$ übereinstimmt. Wir nennen deshalb $MO_*(-)$ *Bordismentheorie* und $MO^*(-)$ *Kobordismentheorie*.

Die Theorie ist reell orientiert. Die Identität von $MO(n)$ repräsentiert eine kanonische universelle multiplikative Thom-Klasse in $MO^n(MO(n))$. (Wir gehen hier allerdings nicht auf technische Probleme ein, die mit der Konstruktin von $MO^*(-)$ als additiver Theorie zu tun haben.)

Die Bedeutung der Theorie $MO^*(-)$ liegt darin, daß sie in einem sogleich erläuterten Sinn die universelle reell orientierte Theorie ist. Sei $h^*(-)$ eine reell orientierte Theorie. Es gibt dann genau eine natürliche Transformation von multiplikativen Kohomologietheorien $\tau \colon MO^*(-) \to h^*(-)$, die Thom-Klassen auf Thom-Klassen abbildet. Sei x ein Element in $\widetilde{MO}^{-k}(X)$ durch $[f] \in [S^{k+n}X, MO(n)]^0$

repräsentiert. Sei $t(\eta_n) \in \tilde{h}^n(MO(n))$ die universelle Thom-Klasse. Dann definieren wir $\tau(x)$ als $f^*t(\eta_n) \in \tilde{h}^n(S^{k+n}X) \cong \tilde{h}^{-k}(X)$; man verifiziert unmittelbar die Unabhängigkeit vom Repräsentanten sowie die behaupteten Eigenschaften von τ.

Ebenso kann man aus den Thom-Räumen von γ_n über $BU(n)$ ein Thom-Spektrum MU bilden. Die Strukturabbildungen $S^2MU(n) \to MU(n+1)$ erhält man aus der klassifizierenden Abbildung von $\gamma \oplus \varepsilon$. Hier hat man zunächst nur die Räume des Spektrums (X_n) für gerade $n \geq 0$. Man setzt in einem solchen Fall $X_{2n+1} = S^1X_{2n}$; aber es genügt sowieso immer, mit einem kofinalen Teilsystem der (X_n) zu arbeiten. Die Theorien $MU_*(-)$ und $MU^*(-)$ heißen komplexe oder *unitäre Bordismen- und Kobordismentheorie*. Die Theorie ist komplex orientiert und in dem für MO^* erläuterten Sinne universell für komplex orientierte Theorien. Die Theorie $MU_*(-)$ besitzt eine geometrische Beschreibung durch singuläre Mannigfaltigkeiten, bei denen das stabile Tangentialbündel mit einer Struktur eines komplexen Vektorraumbündels versehen ist.

Mit den Thom-Räumen $MSO(n)$ der universellen orientierten Vektorraumbündel über $BSO(n)$ definiert man schließlich die *orientierten Bordismen- und Kobordismentheorien* $MSO_*(-)$ und $MSO^*(-)$. Auf der geometrischen Seite entspricht $MSO_*(-)$ der früher erklärten Homologietheorie $\Omega_*(-)$.

10 Die Gysin-Sequenz

Sei $\xi \colon E \to B$ ein numerierbares reelles Vektorraumbündel mit einer Thom-Klasse $t(\xi) \in h^n(E, E^0)$ in einer multiplikativen Theorie. In der exakten Sequenz des Paares (E, E^0) ersetzen wir $h^k(E, E^0)$ mittels Thom-Isomorphismus durch $h^{k-n}(B)$, ferner $h^k(E)$ vermöge h-Äquivalenz durch $h^k(B)$ und $h^k(E^0)$ durch $h^kS(\xi)$. Dann erhalten wir eine exakte Sequenz vom Typ

$$\cdots \to h^{k-n}(B) \xrightarrow{\ e(\xi)\ } h^k(B) \xrightarrow{\ \xi^*\ } h^k(S(\xi)) \to h^{k-n+1}(B) \to \cdots$$

Darin ist $e(\xi)$ die Multiplikation von rechts mit der Euler-Klasse. Die Sequenz heißt die *Gysin-Sequenz* des durch $t(\xi)$ orientierten Bündels.

Wir behandeln ein Beispiel. Sei $G = \mathbb{Z}/m \subset S^1$ die zyklische Gruppe der Ordnung m. Das Sphärenbündel $S(\gamma^m) \to \mathbb{C}P^n$ der m-ten Tensorpotenz des tautologischen Geradenbündels γ über $\mathbb{C}P^n$ kann mit $S(\mathbb{C}^n)/G = S^{2n+1}/G$ identifiziert werden. Ist $n = \infty$, so ist $S(\gamma^m)$ ein Raum vom Typ BG und $BG \to BS^1 = \mathbb{C}P^\infty$ ist die kanonische Abbildung zu $G \subset S^1$. In einer komplex orientierten Theorie ist $e(\gamma^m) = c_1(\gamma^m)$. In diesem Fall haben wir also über die Gysin-Sequenz Information über $h^*(S(\gamma^m))$ und insbesondere über $h^*(BG)$.

In der Theorie $H^*(-; \mathbb{Z})$ ist

$$c_1(\gamma^m) = mc_1 \in H^*(BS^1) \cong \mathbb{Z}[c_1].$$

Da $H^*(BS^1)$ in ungeraden Dimensionen gleich Null ist, bleibt der Kokern von $e(\xi)$ zu bestimmen; in diesem Fall ergibt sich also als Kohomologiealgebra der Faktorring

$$H^*(BG; \mathbb{Z}) \cong \mathbb{Z}[c]/(mc).$$

Additiv ist demnach $H^k(BG; \mathbb{Z}) = 0$ für ungerade k und $H^{2k}(BG; \mathbb{Z}) \cong \mathbb{Z}/m$ für $k > 0$.

11 Pontrjagin-Klassen

Sei $\xi\colon E \to B$ ein reelles Vektorraumbündel. Es besitzt eine Komplexifizierung $\xi_{\mathbb{C}} = \xi \otimes_{\mathbb{R}} \mathbb{C}$. Diese kann zum Beispiel als $\xi \oplus \xi$ mit der komplexen Struktur $J(x, y) = (-y, x)$ konstruiert werden.

(11.1) Notiz. *Sei ξ ein orientiertes n-Bündel. Dann ist das durch die komplexe Struktur kanonisch orientierte Bündel $\xi_{\mathbb{C}}$ als reelles orientiertes Bündel isomorph zu $(-1)^{n(n-1)/2}\xi \oplus \xi$. Der Faktor gibt die Änderung der Orientierung an.*

Beweis. Sei $v_1, \ldots, v_n$ eine positiv orientierte Basis in einer Faser von ξ. Dann bestimmt $v_1, iv_1, \ldots, v_n, iv_n$ die kanonische Orientierung von $\xi_{\mathbb{C}}$, während $v_1, \ldots, v_n$, $iv_1, \ldots, iv_n$ die Summen-Orientierung von $\xi \oplus \xi$ bestimmt.   □

(11.2) Notiz. *Sei $\xi\colon E \to B$ ein komplexes n-Bündel mit der durch die komplexe Struktur induzierten Orientierung. Dann ist $c_n(\xi) = e(\xi) \in H^{2n}(B; \mathbb{Z})$.*

Beweis. Für eindimensionale Bündel haben wir c_1 so eingerichtet. Allgemein folgt damit die Aussage nach dem Spaltprinzip und der Summenformel.   □

Wir setzen

(11.3) $p_i(\xi) = (-1)^i c_{2i}(\xi_{\mathbb{C}}) \in H^{4i}(B; \mathbb{Z})$

und nennen diese charakteristische Klasse die *i-te Pontrjagin-Klasse* von ξ. Das Bündel $\xi_{\mathbb{C}}$ ist isomorph zum konjugierten Bündel $\bar{\xi}_{\mathbb{C}}$. Für konjugierte Bündel gilt immer die Relation $c_i(\zeta) = (-1)^i c_i(\bar{\zeta})$. Also sind die ungeraden Chern-Klassen von $\xi_{\mathbb{C}}$ Elemente der Ordnung zwei und werden darum zunächst außer acht gelassen. Die Pontrjagin-Klassen sind ihrer Definition nach mit Bündelabbildungen verträglich (Natürlichkeit) und ändern sich nicht bei Addition eines trivialen Bündels (Stabilität). Die nächste Notiz rechtfertigt etwas die Vorzeichenwahl in der Definition der p_j.

(11.4) Notiz. *Sei ξ ein orientiertes $2k$-Bündel. Dann ist $p_k(\xi) = e(\xi)^2$.*

Beweis. Das ist eine Konsequenz aus (11.1) und (11.2).   □

Kohomologisch kann man die Elemente der Ordnung zwei beseitigen, wenn man den Koeffizientenring $R = \mathbb{Z}[\frac{1}{2}]$ der rationalen Zahlen mit 2-Potenz-Nenner verwendet. Der folgende Satz zeigt die universelle Bedeutung der Pontrjagin-Klassen auf.

(11.5) Satz. *Bezeichne p_j die Pontrjagin-Klassen der universellen Bündel und e deren Euler-Klasse. Dann gilt*

$$H^*(BSO(2n+1); R) \cong R[p_1, \ldots p_n], \quad H^*(BSO(2n); R) \cong R[p_1, \ldots, p_{n-1}, e].$$

Beweis. Induktion nach n. Sei $\xi_n \colon ESO(n) \times_{SO(n)} \mathbb{R}^n \to BSO(n)$ das universelle orientierte n-Bündel und $p \colon BSO(n-1) \to BSO(n)$ die klassifizierende Abbildung von $\xi_{n-1} \oplus \varepsilon$. Als Modell für p wählen wir das Sphärenbündel von ξ_n. Damit haben wir die Gysin-Sequenz zur Verfügung. Wir kürzen ab $B_n = BSO(n)$.

Sei n gerade. Dann wird nach Induktion $H^*(B_{n-1})$ von den Pontrjagin-Klassen erzeugt, und weil diese stabil sind, ist p^* surjektiv. Demnach zerfällt die Gysin-Sequenz in kurze exakte Sequenzen. Sei H_n^* die Algebra, deren Isomorphie zu $H^*(B_n)$ gezeigt werden soll, und zwar über den Homomorphismus $\mu_n \colon H_n^* \to H^*(B_n)$, der die formalen Elemente p_j, e auf die entsprechenden Kohomologieklassen abbildet. Wir erhalten ein kommutatives Diagramm mit exakten Zeilen

$$
\begin{array}{ccccccccc}
0 & \to & H^i(B_n) & \xrightarrow{\ e\ } & H^{i+n}(B_n) & \xrightarrow{\ p^*\ } & H^{i+n}(B_{n-1}) & \to & 0 \\
& & \big\uparrow{\mu_n} & & \big\uparrow{\mu_n} & & \big\uparrow{\mu_{n-1}} & & \\
0 & \to & H_n^i & \xrightarrow{\ e\ } & H_n^{i+n} & & H_{n-1}^{i+n} & \to & 0.
\end{array}
$$

Nach Induktionsvoraussetzung ist μ_{n-1} ein Isomorphismus. Durch eine zweite Induktion nach i ist der linke senkrechte Pfeil ein Isomorphismus. Nun verwende man das Fünfer-Lemma. Um die Induktion zu starten, bedenken wir, daß wegen der Gysin-Sequenz $\mu_n \colon H_n^i \to H^i(B_n)$ sicherlich für $i < n$ ein Isomorphismus ist.

Sei $n = 2m+1$. Die Euler-Klasse ist wegen der Koeffizienten in R Null. Demnach liefert die Gysin-Sequenz eine kurze exakte Sequenz

$$0 \to H^j(B_n) \xrightarrow{\ p^*\ } H^j(B_{n-1}) \to H^{j-2m}(B_n) \to 0.$$

Also ist vermöge p^* der Ring $H^*(B_n)$ ein Unterring von $H^*(B_{n-1})$. Das Bild von p^* enthält den Unterrring P^*, der von $p_1, \ldots, p_m$ erzeugt wird. Wir benutzen $p_m = e^2$. Aus der Induktionsvoraussetzung folgt

$$\text{Rang } H^j(B_{n-1}) = \text{Rang } P^j + \text{Rang } P^{j-2m}.$$

Die Gysin-Sequenz liefert

$$\text{Rang } H^j(B_{n-1}) = \text{Rang } H^j(B_n) + \text{Rang } H^{j-2m}(B_n).$$

Es folgt Rang P^j = Rang $H^j(B_n)$. Wäre $p^*H^j(B_n) \neq P^j$, so enthielte das Bild Elemente der Form $x + ey, x \in P^j, y \in P^{j-2m}$. Ein derartiges Element wäre linear unabhängig von den Basiselementen von P^*. Das widerspricht der eben festgestellten Ranggleichheit.   □

12 Charakteristische Zahlen

Die charakteristischen Klassen des Tangentialbündels einer Mannigfaltigkeit sind wichtige Invarianten. Durch Evaluation auf der Fundamentalklasse erhält man daraus charakteristische Zahlen.

Sei M eine geschlossene glatte n-Mannigfaltigkeit mit Fundamentalklasse $[M] \in H_n(M; \mathbb{Z}/2)$. Bis auf weiteres sei $\mathbb{Z}/2$ die Koeffizientengruppe. Ein $x \in H^n(BO(n))$ ist ein homogenes Polynom vom Grad n in den w_j vom Grad j. Sei $x(M) \in H^n(M)$ die zugehörige charakteristische Klasse von M. Die Evaluation $\langle x(M), [M] \rangle \in \mathbb{Z}/2$ nennen wir die zu x gehörende *Stiefel-Whitney-Zahl* von M. Die Zuordnung $x \mapsto \langle x(M), [M] \rangle$ ist ein Homomorphismus $H^n(BO(n)) \to \mathbb{Z}/2$. Nach der universellen Koeffizientenformel entspricht dem ein Element $a_M \in H_n(BO(n))$. Sei $\kappa\colon M \to BO(n)$ die klassifizierende Abbildung des Tangentialbündels. Dann ist $a_M = \kappa_*[M]$. Die Stabilisierung $BO(n) \to BO$ liefert eine injektive Abbildung $H_*(BO(n)) \to H_*(BO)$, da wir aus dem achten Abschnitt wissen, daß die duale Abbildung in der Kohomologie surjektiv ist. Wir betrachten deshalb a_M als Element in $H_*(BO)$. Ist M Rand einer kompakten Mannigfaltigkeit, so ist $a_M = 0$. Die charakteristischen Zahlen sind also Bordismeninvarianten. Wir erhalten somit einen Homomorphismus $a\colon N_n \to H_n(BO)$. Die H-Raumstruktur von BO, induziert durch die klassifizierende Abbildung der Whitney-Summe, macht $H_*(BO)$ zu einer Algebra, und $a\colon N_* \to H_*(BO)$ ist ein Homomorphismus von Algebren. Ein fundamentales Ergebnis von Thom ist (für einen Beweis siehe etwa [33]):

(12.1) Satz. *Der Homomorphismus a ist injektiv. Die Stiefel-Whitney-Zahlen bestimmen die Bordismenklasse einer Mannigfaltigkeit.*   □

(12.2) Beispiel. Das stabile Tangentialbündel von $\mathbb{R}P^n$ ist $(n+1)\eta$ mit dem kanonischen Geradenbündel η (siehe IX (6.3)). Deshalb ist in $H^*(\mathbb{R}P^n) \cong \mathbb{Z}/2[w]/(w^{n+1})$ die totale Stiefel-Whitney-Klasse gleich $(1+w)^{n+1}$. Wegen $w_n = (n+1)w^n$ gibt es eine Stiefel-Whitney-Zahl $\langle (n+1)w^n, [\mathbb{R}P^n] \rangle = n+1$. Der Wert ist modulo zwei zu lesen und ungleich Null für gerade n. Demnach beranden die $\mathbb{R}P^{2n}$ nicht, wohl aber die $\mathbb{R}P^{2n+1}$. Nach einem weiteren Hauptsatz von Thom ist N_* isomorph zu einem Polynomring $\mathbb{Z}/2[x_2, x_4, \ldots]$ in Unbestimmten x_j, $j \neq 2^t - 1$ der Dimension j. Man kann $x_{2n} = [\mathbb{R}P^{2n}]$ wählen.

Sei $n = 2^r$. Dann ist $w(\mathbb{R}P^n) = 1 + w + w^n$. Ist ν invers zum Tangentialbündel, so gilt deshalb $w(\nu) = 1 + w + w^2 + \cdots + w^{n-1}$. Das zeigt, daß ein inverses Bündel mindestens die Dimension $n - 1$ haben muß. Insbsondere besitzt $\mathbb{R}P^n$ in diesem Fall keine Immersion in den $\mathbb{R}^{2n-1}$ (siehe VIII.18).								$\Diamond$

In analoger Weise erhalten wir aus den Pontrjagin-Klassen die *Pontrjagin-Zahlen* einer geschlossenen orientierten Mannigfaltigkeit (Koeffizientengruppe ist jetzt $\mathbb{Z}$). Sie sind Invarianten der orientierten Bordismenklasse.

13   Schnittzahlen. Eulerzahl

Wir haben schon zwei ganzzahlige topologische Invarianten kennengelernt: Den Abbildungsgrad und die Euler-Charakteristik. Es gibt viele weitere derartige Invarianten. Geometrisch besonders ansprechend sind die Schnittzahlen: Schnittpunkte von Mannigfaltigkeiten (oder allgemeineren Objekten) werden mit einer geeigneten Gewichtung gezählt. Schon in der Elementarmathematik unterscheidet man einfache und mehrfache Nullstellen eines Polynoms. Ist $p(x)$ ein Polynom mit reellen Koeffizienten, so sind die Nullstellen die Schnitte des Graphen $\{(x, y) \mid y = p(x)\}$ mit der x-Achse $\mathbb{R} \times 0$. Aus bekannten Gründen ist es zweckmäßig, diese Schnittpunkte mit der algebraischen Vielfachheit auch geometrisch zu gewichten. In diesem Abschnitt geht es um eine allgemeine geometrische Präzisierung dieses Sachverhalts.

Seien A und B kompakte orientierte glatte Untermannigfaltigkeiten der orientierten Mannigfaltigkeit M. Es gelte $\partial A \cap B = A \cap \partial B = \emptyset$, und der Schnitt von A und B sei transvers. Dann ist $A \cap B$ eine glatte Untermannigfaltigkeit von $A \setminus \partial A$, $B \setminus \partial B$ und M. Wir betrachten Paare (S, T) und (U, V) offener Teilmengen S, T, U, V von M mit $S \cap V = \emptyset = T \cap U$. Seien $f \colon (A, \partial A) \to (S, T)$ und $g \colon (B, \partial B) \to (U, V)$ orientierte singuläre Mannigfaltigkeiten. Wir erhalten

$$f \times g \colon (A \times B, A \times \partial B \cup \partial A \times B) \to (S \times U, S \times V \cup T \times U).$$

Wegen $S \cap V = \emptyset = T \cap U$ ist $f \times g$ auf dem Teil $A \times \partial B \cup \partial A \times B$ transvers zu $(S \times U) \cap D$, trifft nämlich diese Untermannigfaltigkeit nicht. Nach dem Transversalitätssatz gibt es eine Homotopie von Raumpaaren von $f \times g$ zu einer Abbildung $h \colon A \times B \to S \times U$, die zu $(S \times U) \cap D$ transvers ist. Aus dem Urbild der Diagonale erhalten wir eine singuläre Mannigfaltigkeit

$$h \colon C = h^{-1}((S \times U) \cap D) \to (S \times U) \cap D \cong S \cap U.$$

Sind h_0 und h_1 zwei zu $f \times g$ homotope transverse Abbildungen, so gibt es auch eine transverse Homotopie h_t zwischen ihnen. Das Urbild von $(S \times U) \cap D$ bei einer derartigen Homotopie ist ein orientierter Bordismus. Also ist die Klasse von $h \colon C \to S \cap U$ in $\Omega_{a+b-n}(S \cap U)$ wohldefiniert. Sind $f_i \colon (A_i, \partial A_i) \to (S, T)$ orientiert bordant und findet man $h_i \colon C_i \to S \cap U$ nach dem beschriebenen Verfahren, so sind $[C_0, h_0]$ und $[C_1, h_1]$ ebenfalls bordant. Insgesamt liefert deshalb der beschriebene Prozeß eine wohldefinierte Abbildung

(13.1)$$s\colon \Omega_a(S, T) \times \Omega_b(U, V) \to \Omega_{a+b-m}(S \cap U),$$

die bilinear ist. Wir nennen s die *Schnittpaarung*.

Interessant ist der Spezialfall $a + b = m$. Dann haben wir die Augmentation $\varepsilon\colon \Omega_0(S \cap U) \to \mathbb{Z}$, die einem Element $\sum n_P P$, $n_P \in \mathbb{Z}$, $P \in S \cap U$ die Summe $\varepsilon(n_P P) = \sum n_P$ zuordnet. Setzen wir s mit ε zusammen, so erhalten wir in diesem Fall eine Bilinearform

(13.2)$$s\colon \Omega_a(S, T) \times \Omega_b(U, V) \to \mathbb{Z}.$$

Der Wert $s(x, y)$ heißt *Schnittzahl* von x, y oder von irgendwelchen Repräsentanten.

Als eine Anwendung der Schnittzahl behandeln wir die Eulerzahl eines Vektorraumbündels.

Sei M eine geschlossene, zusammenhängende, orientierte m-Mannigfaltigkeit und $\xi\colon E \to M$ ein m-dimensionales glattes orientiertes reelles Vektorraumbündel über M. Wir orientieren den Totalraum E, etwa in einem Punkt x des Nullschnittes, durch den kanonischen Isomorphismus $T_x E \cong T_x M \oplus E_x$, das heißt, wir verwenden erst die Orientierung der Basis und dann die Orientierung der Faser. Wir fassen den Nullschnitt $i\colon M \to E$ als singuläre orientierte Mannigfaltigkeit auf. Dann haben wir die *Selbstschnittzahl* $s(i, i) \in \mathbb{Z}$ zur Verfügung. Sie heiße *Eulerzahl* $e(\xi)$ des Bündels ξ. Es handelt sich um eine Invariante des orientierten Bündels ξ. Die Eulerzahl $e(TM)$ des Tangentialbündels wird Eulerzahl $e(M)$ der Mannigfaltigkeit M genannt.

Für die Bestimmung von $e(\xi)$ wähle man also eine zu i homotope glatte Abbildung j, so daß i und j transvers sind, und zähle die Schnittpunkte mit Vorzeichen. Zu dieser Situation machen wir die folgenden Bemerkungen.

(13.3) Notiz. *Je zwei Schnitte von ξ sind als Schnitte homotop: Lineare Verbindung in der Faser.*□

(13.4) Notiz. *Es gibt zu i transverse Schnitte k. Ein solcher Schnitt k hat dann insbesondere nur endlich viele Nullstellen.*□

Als unmittelbare Folgerungen notieren wir:

(13.5) Satz. (1) *Ein Bündel der Form $\xi = \eta \oplus \epsilon$, ϵ trivial und eindimensional, hat $e(\xi) = 0$, da ξ einen Schnitt ohne Nullstellen hat.*

(2) *Aus $e(\xi_1) \neq e(\xi_2)$ folgt, daß ξ_1 und ξ_2 als orientierte Bündel nicht isomorph sind.*

(3) *Ist $e(\xi) \neq 0$, so hat ξ wegen (1) keinen trivialen direkten Summanden, ist also nicht trivial.*□

Falls keine Orientierungen vorliegen, kann man analog die Eulerzahl $e_2(\xi) \in \mathbb{Z}/(2)$ modulo 2 definieren.

(13.6) Beispiel. Wir betrachten das Bündel $\xi\colon S^n \times_G \mathbb{R}^n \to \mathbb{R}P^n$, definiert durch die Relation $(x, z) \sim (-x, -z) \mapsto [x]$, $G = \mathbb{Z}/(2)$. Dann ist $\sigma\colon [x_0, \ldots, x_n] \mapsto ((x_0, \ldots, x_n), (x_1, \ldots, x_n))$ ein Schnitt mit genau einer Nullstelle $[1, 0, \ldots, 0]$. Er ist transvers zum Nullschnitt, deshalb gilt $e_2(\xi) = 1$. Es ist $\xi = n\gamma_1$ mit dem tautologischen Bündel γ_1. $\diamond$

(13.7) Beispiel. Wir betrachten das komplexe Bündel $\xi(k)\colon H(k) \to \mathbb{C}P^1$. Sei $P(z_0, z_1)$ ein homogenes Polynom vom Grad k. Dann ist

$$\sigma\colon \mathbb{C}P^1 \to H(k), \quad [z_0, z_1] \mapsto (z_0, z_1; P(z_0, z_1))$$

ein Schnitt von $\xi(k)$. Die Nullstellen von σ sind durch die Nullstellen von P gegeben. Ist $P(z_0, z_1) = \prod_{j=1}^{k}(a_j z_1 - b_j z_0)$ eine Zerlegung in Linearfaktoren, so sind die $[a_j, b_j] \in \mathbb{C}P^1$ die (eventuell mehrfachen) Nullstellen. Es gibt jedenfalls P mit k verschiedenen Nullstellen. An einer einfachen Nullstelle ist σ *im komplexen Sinne* transvers zum Nullschnitt. Also ist das Vorzeichen des Schnittes an einer einfachen Nullstelle $+1$, denn ein komplex-linearer Isomorphismus ist bezüglich der durch die komplexen Strukturen induzierten Orientierungen orientierungstreu. Deshalb hat $\xi(k)$ als (durch die komplexe Struktur kanonisch) orientiertes Bündel die Eulerzahl k. $\diamond$

(13.8) Beispiel. In dem Modell $TS^n = \{(x, v) \mid x \in S^n,\ v \perp x\}$ ist $(x_0, \ldots, x_n) \mapsto (1 - x_0^2, -x_0 x_1, \ldots, -x_0 x_n)$ ein Vektorfeld mit zwei Nullstellen bei $(\pm 1, 0, \ldots, 0)$. Das Vektorfeld ist transvers zum Nullschnitt. Für die Eulerzahl überlegt man sich damit $e(S^n) = 1 + (-1)^n$. $\diamond$

Beispiel (13.7) legt die Frage nach der Vielfachheit einer isolierten Nullstelle eines Schnittes nahe. Zur Definition dienen die folgenden Überlegungen.

Sei (U, φ, D^n) eine positive Karte von M und

$$
\begin{array}{ccc}
E|U & \xrightarrow{\ \Phi\ } & D^m \times \mathbb{R}^m \\
\Big\downarrow{\scriptstyle \xi} & & \Big\downarrow{\scriptstyle \mathrm{pr}} \\
U & \xrightarrow{\ \varphi\ } & D^m
\end{array}
$$

eine orientierungstreue Trivialisierung von ξ. Ein Schnitt $\sigma\colon U \to E|U$ von ξ über U wird durch (Φ, φ) in einen Schnitt $D^m \to D^m \times \mathbb{R}^m$, $x \mapsto (x, \sigma_U(x))$ von pr verwandelt. Wir nehmen im folgenden an, daß σ keine Nullstelle auf ∂U hat. Äquivalent dazu ist, daß σ_U eine Abbildung $S^{m-1} \to \mathbb{R}^m \setminus 0$ liefert. In diesem Fall haben wir die Umlaufzahl von $\sigma_U\colon S^{m-1} \to \mathbb{R}^m \setminus 0$ um 0 zur Verfügung. Wir schreiben $\mathrm{Ind}(\sigma, U) = \mathrm{Um}(\sigma_U, 0) \in \mathbb{Z}$ und nennen diese Zahl den *Index* von σ auf

U. Falls σ genau eine isolierte Nullstelle x in U hat, setzen wir $\mathrm{Ind}(\sigma, x) = \mathrm{Ind}(\sigma, U)$ und sprechen vom *Index der Nullstelle*.

(13.9) Notiz. *Der Index einer isolierten Nullstelle ist unabhängig von der Wahl der Karte und der Trivialisierung (beide orientierungstreu).* □

Schnitte im Tangentialbündel sind Vektorfelder. Bei einem Vektorfeld mit isolierten Nullstellen sagt der Index etwas über den qualitativen Verlauf der Integralkurven in der Nähe der Singularität (= Nullstelle) aus.

Seien nun positive Karten (U_j, φ_j, D^m), $j \in \{1, \dots, r\}$, von M gegeben. Sei $s\colon M \to E$ ein stetiger Schnitt von ξ, der auf $M_0 = M \setminus \bigcup_{j=1}^{r} U_j$ keine Nullstellen hat. Unter diesen Voraussetzungen gilt:

(13.10) Satz. $e(\xi) = \sum_{j=1}^{r} \mathrm{Ind}(s, U_j)$.

Beweis. Sei s_t eine Homotopie von Schnitten, die alle auf M_0 keine Nullstellen haben. Dann gilt $\mathrm{Ind}(s_0, U_j) = \mathrm{Ind}(s_1, U_j)$. Nach dem Transversalitätssatz für Schnitte können wir deshalb ohne Schaden annehmen, daß s transvers zum Nullschnitt ist. Genau dann ist s transvers zum Nullschnitt, wenn 0 regulärer Wert von s_U für alle $U = U_j$ ist. Wir haben in VIII (9.5) die Umlaufzahl von s_U als Summe der Orientierungszahlen von $T s_U$ in den Urbildern von Null erkannt. Jede solche Orientierungszahl ist aber genau der Beitrag der zugehörigen Nullstelle zur Schnittzahl.□

(13.11) Satz. *Eine geschlossene orientierte Mannigfaltigkeit M hat genau dann ein Vektorfeld ohne Nullstellen, wenn $e(M) = 0$ ist.*

Beweis. Sei der Schnitt $s\colon M \to TM$ transvers zum Nullschnitt. Dann hat s endlich viele Nullstellen $x_1, \dots, x_r$. Nach dem Isotopiesatz können wir annehmen, daß $\{x_1, \dots, x_r\}$ im Innern von U einer Karte (U, φ, D^m) liegt. Ist $e(M) = 0$, so ist $\mathrm{Ind}(s, U) = 0$. Dann läßt sich aber $s|\partial U$ auf U ohne Nullstellen fortsetzen. □

Der folgende Satz begründet die Benennung Eulerzahl. Für einen Beweis siehe etwa [182, §11].

(13.12) Satz. *Die Eulerzahl einer orientierten geschlossenen Mannigfaltigkeit ist gleich ihrer Euler-Charakteristik.* □

Im allgemeinen Kontext der charakteristischen Klassen wird die Euler-Zahl eines orientierbaren Bündels über einer geschlossenen orientierten Mannigfaltigkeit als Evaluation der Euler-Klasse auf der Fundamentalklasse definiert. Wir stellen aus Platzgründen nicht mehr die Beziehung zwischen beiden Definitionen her.

(13.13) Beispiel. Sei $f\colon M \to N$ eine Abbildung vom Grad 1 zwischen orientierten, geschlossenen n-Mannigfaltigkeiten. Ist ξ ein orientiertes Vektorraumbündel über N und η das durch f induzierte Bündel, so gilt $e(\xi) = e(\eta)$. ◇

(13.14) Beispiel. Die orientierten zweidimensionalen reellen Vektorraumbündel über einer orientierten, geschlossenen, zusammenhängenden Fläche F werden durch ihre Eulerzahl klassifiziert. Nach dem Klassifikationssatz für diese Bündel gilt $[F, BSO(2)] = [F, K(\mathbb{Z}, 2)] = H^2(F; \mathbb{Z}) \cong \mathbb{Z}$.   ◇

(13.15) Beispiel. Ist M eine geschlossene nicht-orientierbare n-Mannigfaltigkeit und $E \to M$ ein n-dimensionales Bündel mit orientiertem Totalraum, so kann man immer noch eine Eulerzahl durch die Summe der lokalen Beiträge eines zum Null-schnitt transversen Schnittes definieren, indem man M irgendwie lokal orientiert, um das Schnittvorzeichen zu bestimmen.   ◇

Wir konstruieren zweidimensionale Vektorraumbündel über der projektiven Ebene $\mathbb{R}P^2$. Ist $\xi: E(\xi) \to B$ ein solches Bündel, so kann man entlang der Überlagerung $p: S^2 \to \mathbb{R}P^2$ zurückziehen und erhält ein Bündel $\tilde{\xi}: E(\tilde{\xi}) \to S^2$ mit einer freien Bündelinvolution T. Deshalb suchen wir nach Involutionen auf den Bündeln $H(k) = (\mathbb{C}^2 \setminus 0) \times_{\mathbb{C}^*} \mathbb{C}(-k)$. Durch $\alpha: (x, y; u) \mapsto (\bar{y}, -\bar{x}; \bar{u})$ wird eine wohldefinierte Abbildung gegeben. Ihr Quadrat ist für $k = 2l$ eine freie Involution. Sei $\xi_l: E_l \to \mathbb{R}P^2$ das Quotientbündel nach dieser Involution. Die reellen Bündel ξ_l und ξ_{-l} sind isomorph; durch Konjugation in der Faser erhält man nämlich eine mit α vertauschbare Isomorphie $H(k) \cong H(-k)$.

Das Bündel ξ_l ist nicht orientierbar, denn die Basis ist nicht orientierbar, und der Totalraum ist orientierbar, weil α orientierungstreu ist. Demnach hat ξ_l immer noch eine Eulerzahl $e(\xi_l) \in \mathbb{N}$. Da das auf S^2 zurückgezogene Bündel die Eulerzahl $2e(\xi_l)$ hat, ist $e(\xi_l) = l$. Für $l = 0$ ergibt sich das Bündel $\eta \oplus \epsilon$, η tautologisches Bündel, ϵ triviales Bündel. Da $H(2)$ das orientierte Tangentialbündel von S^2 ist, erhält man dafür $e(T\mathbb{R}P^2) = 1$.

Man hat eine kanonische Einbettung $\mathbb{R}P^2 \subset \mathbb{C}P^2$ durch die reellen Koordinaten. Das Normalenbündel ν ist nicht orientierbar. Es hat die Eulerzahl $e(\nu) = 1$. Der Schnitt $[x_0, x_1, x_2] \mapsto [x_0 + ix_1, x_1 - ix_0, x_2]$ trifft $\mathbb{R}P^2$ nur in dem Punkt $[0, 0, 1]$ und dort transvers. Deshalb ist die Selbstschnittzahl von $\mathbb{R}P^2$ in $\mathbb{C}P^2$ gleich 1, und diese Zahl ist gleich $e(\nu)$.

Es ist $\pi_1(BO(2)) \cong \mathbb{Z}/(2)$. Sei $p: BSO(2) \to BO(2)$ die zweifache Überlagerung. Dann ist $p_*: [S^2, BSO(2)]^0 \to [S^2, BO(2)]^0$ bijektiv. Es ist $[S^2, BSO(2)]^0 = \pi_2 BSO(2) \cong \mathbb{Z}$, und der Zahl $k \in \mathbb{Z}$ entspricht die Klasse des Bündels $H(k)$. Beim Vergessen des Grundpunktes $[S^2, BO(2)]^0 \to [S^2, BO(2)]$ werden $H(k)$ und $H(-k)$ auf dasselbe Element geworfen, da diese Bündel durch Konjugation in der Faser isomorph werden. Es ist $[S^2, BO(2)] \cong \mathbb{N} = \{0, 1, 2, \dots\}$. Im Fall $BSO(2)$ ist dagegen das Vergessen des Grundpunktes in der analogen Situation bijektiv.

Es ist $[\mathbb{R}P^2, BSO(2)] = H^2(\mathbb{R}P^2; \mathbb{Z}) \cong \mathbb{Z}/(2)$. Es gibt also zwei orientierbare Bündel über $\mathbb{R}P^2$: das triviale Bündel und $\eta \oplus \eta$.

Die nicht orientierbaren Ebenenbündel über $\mathbb{R}P^2$ werden durch ihre Eulerzahl in $\mathbb{N}$ klassifiziert. Die Überlagerung $S^2 \to \mathbb{R}P^2$ induziert eine injektive Abbildung

$[\mathbb{R}P^2, BO(2)] \to [S^2, BO(2)]$ auf die Vielfachen von 2.

Hierzu überlegt man sich, daß die Ebenenbündel über $\mathbb{R}P^2$ den Ebenenbündeln über S^2 zusammen mit einer Involution über der antipodischen Abbildung entsprechen. Zerlegt man die Sphäre S^2 in zwei Hemisphären D_+ und D_-, die durch die antipodische Involution vertauscht werden, wählt über D_+ irgendeine Bündelkarte und über D_- die Bündelkarte, die daraus durch die Involution hervorgeht, so erkennt man, daß es darauf ankommt, Homotopieklassen von Involutionen $S^1 \times \mathbb{R}^2 \to S^1 \times \mathbb{R}^2$ über $s \mapsto -s$ zu klassifizieren (bis auf Orientierung von $\mathbb{R}^2$). Diese entsprechen den Homotopieklassen von Abbildungen $f\colon S^1 \to GL(2, \mathbb{R})$ mit $f(-s) = f(s)^{-1}$ und, da $O(2) \subset GL(2, \mathbb{R})$ eine bezüglich Inversion äquivariante Homotopieäquivalenz ist, den Abbildungen $f\colon S^1 \to O(2)$ mit $f(-s) = f(s)^{-1}$. Soll ein nicht orientierbares Bündel entstehen, so hat man Abbildungen $f\colon S^1 \to O(2) \setminus SO(2)$ zu betrachen. Da Elemente in $O(2) \setminus SO(2)$ die Ordnung zwei haben, handelt es sich um die Abbildungen mit geradem Grad. Ein typischer Automorphismus dieser Art ist $(s, z) \mapsto (-s, s^{2l}\bar{z})$.

Der Raum aller Abbildungen $f\colon S^1 \to S^1$ mit $f(-s) = f(s)^{-1}$ hat zwei zusammenziehbare Komponenten. Jedes solche f hat eine Hochhebung $F\colon \mathbb{R} \to \mathbb{R}$ mit $F(t) + F(t + \frac{1}{2}) \in \{0, 1\}$. Ist $F(t) + F(t + \frac{1}{2}) = 0$, so ist τF, $\tau \in [0, 1]$, eine Kontraktion des Raumes dieser Abbildungen.

Literatur

[1] Abraham, R., and J. Robbins: Transversal Mappings and Flows. New York, W. A. Benjamin Inc. 1967

[2] Adams, J. F.: Vector fields on spheres. Ann. of Math. 75, 603 – 632 (1962)

[3] Adams, J. F.: A variant of E. H. Brown's representability theorem. Topology 10, 185 – 198 (1971)

[4] Alexander, J. W.: A proof of the invariance of certain constants of Analysis situs. Trans. Amer. Math. Soc. 16, 148 – 154 (1915)

[5] Alexander, J. W.: An example of a simply connected surface bounding a region which is not simply connected. Proc. Nat. Acad. Sci. 10, 8 – 10 (1924)

[6] Alexandroff, P. S.: Über die Metrisation der im Kleinen kompakten topologischen Räume. Math. Ann. 92, 295 – 301 (1924)

[7] Alexandroff, P. S.: Einführung in die Mengenlehre und die Theorie der reellen Funktionen. VEB Deutscher Verlag der Wissenschaften, Berlin 1956

[8] Antoine, L.: Sur l'homéomorphie de figures et de leurs voisinages. J. Math. Pures Appl. 86, 221 – 315 (1921)

[9] Apéry, F.: Models of the real projective plane. Braunschweig – Wiesbaden, Vieweg 1987

[10] Artin, E., and R. H. Fox: Some wild cells and spheres in three-dimensional space. Ann. Math. 49, 979 – 990 (1948)

[11] Atiyah, M. F.: K-theory and Reality. Quart. J. Math. Oxford(2) 17, 367 – 386 (1966)

[12] Atiyah, M. F.: Bott periodicity and the index of elliptic operators. Quart. J. Math. Oxford(2) 72, 113 – 140 (1968)

[13] Atiyah, M. F.: Collected Works, Vol I-V. Oxford Science Publ. 1988

[14] Atiyah, M. F., and R. Bott: On the periodicity theorem for complex vector bundles. Acta Math. 112, 229 – 247 (1964)

[15] Atiyah, M. F., Bott, R., and A. Shapiro: Clifford modules. Topology 3, 3 – 38 (1964)

[16] Atiyah, M. F., and F. Hirzebruch: Vector bundles and homogeneous spaces. Proc. Symp. in Pure Math., Amer. Math. Soc. 3, 7 – 38 (1961)

[17] Atiyah, M. F., and I. M. Singer: The index of elliptic operators I. Ann. of Math. 87, 484 – 534 (1968)

[18] Barratt, M.: Track groups I, II. Proc. London Math. Soc. 5, 51 – 106 and 285 – 329 (1955)

[19] Baues, H. J.: Algebraic homotoy theory. Cambridge, Cambridge University Press 1989

[20] Baues, H. J.: Combinatorial foundations of homology and homotopy. Berlin, Springer 1999.

[21] Betti, E.: Sopra gli spazi di un numero qualunque dimensioni. Ann. Mat. Pura Appl. 2 (4), 140 – 158 (1871)

[22] Blakers, A. L., and W. S. Massey: The homotoy groups of a triad II. Ann. of Math. 55, 192 – 201 (1952)

[23] Bollinger, M.: Geschichtliche Entwicklung des Homologiebegriffs. Arch. Hist. Exact Sci. 9, 94 – 166 (1972)

[24] Bott, R.: The stable homotopy of the classical groups. Ann. of Math. 70, 313 – 337 (1959)

[25] Bourbaki, N: Topologie générale. Paris, Hermann 1961

[26] Boy, W.: Über die Curvatura integra und die Topologie geschlossener Flächen. Math. Ann. 57, 151 – 184 (1903)

[27] Bredon, G. E.: Introduction to compact transformation groups. New York, Academic Press 1972

[28] Bredon, G. E.: Topology and Geometry. New York – Berlin – Heidelberg, Springer 1997

[29] Brieskorn, E.: Beispiele zur Differentialtopologie von Singularitäten. Inv. Math. 2, 1 – 14 (1966)

[30] Brinkmann, H.-B., und D. Puppe: Kategorien und Funktoren. Berlin – Heidelberg – New York, Springer 1966

[31] Bröcker, Th.: Analysis II. Heidelberg – Berlin – Oxford, Spektrum Akademischer Verlag 1995

[32] Bröcker, Th.: Analysis III. Mannheim, Wissenschaftsverlag 1992

[33] Bröcker, Th. und T. tom Dieck: Kobordismentheorie. Lecture Notes in Math. 178. Berlin, Springer 1970

[34] Bröcker, Th., and T. tom Dieck: Representations of Compact Lie Groups. New York – Berlin, Springer 1995

[35] Brouwer, L. E. J.: Collected Works. Vol. I, II. Amsterdam, North – Holland Publ. Comp. 1975/1976

[36] Brouwer, L. E. J.: Beweis der Invarianz der Dimensionszahl. Math. Ann. 70, 161 – 165 (1911)

[37] Brouwer, L. E. J.: Beweis der Invarianz des n-dimensionalen Gebiets. Math. Ann. 71, 305 – 313 (1912)

[38] Brouwer, L. E. J.: Beweis des Jordanschen Satzes für den n-dimensionalen Raum. Math. Ann. 71, 314 – 319 (1912)

[39] Brouwer, L. E. J.: Über Abbildungen von Mannigfaltigkeiten. Math. Ann. 71, 97 – 115 (1912)

[40] Brouwer, L. E. J.: Zur Invarianz des n-dimensionalen Gebiets. Math. Ann. 72, 55 – 56 (1912)

[41] Brown, A. B.: Functional dependence. Trans. Amer. Math. Soc. 38, 379 – 394 (1935)

[42] Brown, E. H.: Cohomology theories. Ann. of Math 75, 467 – 484 (1962), Ann. of Math 78, 201 (1963)

[43] Brown, M.: A proof of the generalized Schoenflies Theorem. Bull. Amer. Math. Soc. 66, 74 – 76 (1960)

[44] Brown, M.: Locally flat imbeddings of topological manifolds. Ann. of Math. 75, 331 – 341 (1962)

[45] Brown, R.: Elements of modern topology. London, McGraw-Hill 1968

[46] Brown, R.: Groupoids and van Kampen's theorem. Proc London Math. Soc. (3) 17, 385 – 401 (1967)

[47] Brown, M.: Topology. Chichester, Ellis Horwood Ltd 1988

[48] Burde, G., and H. Zieschang: Knots. Berlin – New York, de Gruyter 1985

[49] Cantor, G.: Ein Beitrag zur Mannigfaltigkeitslehre. J. reine angew. Math. 84, 242 – 252 (1878)

[50] Čech, E.: Höherdimensionale Homotopiegruppen. Proc. Int. Congr. Math. (Zürich 1932) Vol. 3, 203 (1932)

[51] Cohen, M. M.: A course in simple-homotopy theory. New York, Springer 1973

[52] Cohen, R. L.: The immersion conjecture for differentiable manifolds. Ann. of Math. 122, 237 – 328 (1985)

[53] Conner, P. E.: Differentiable periodic maps (second edition). Berlin – Heidelberg – New York, Springer 1979

[54] Conner, P. E., and E. E. Floyd: Differentiable periodic maps. Berlin – Göttingen – Heidelberg, Springer 1964

[55] Crabb, M., and I. James: Fibrewise homotopy theory. Berlin, Springer 1998

[56] Dehn, M.: Über die Topologie des dreidimensionalen Raumes. Math. Ann. 69, 137 – 168 (1960)

[57] Dehn, M., und P. Heegaard: Analysis situs. Encyclopädie der Math. Wissenschaften III.1., 153 – 200. Leipzig, Teubner 1907

[58] tom Dieck, T.: Klassifikation numerierbarer Bündel. Arch. Math. 17, 395 – 399 (1966)

[59] tom Dieck, T.: Partitions of unity in homotopy theory. Compositio Math. 23, 159 – 167 (1971)

[60] tom Dieck, T.: Transformation groups and representation theory. Berlin, Springer 1979

[61] tom Dieck, T.: Transformation Groups. Berlin – New York, de Gruyter 1987

[62] tom Dieck, T.: Topologie. Berlin – New York, de Gruyter (1. Auflage) 1991

[63] tom Dieck, T., K. H. Kamps und D. Puppe.: Homotopietheorie. Berlin – Heidelberg – New York, Springer 1970

[64] tom Dieck, T., and T. Petrie: Contractible affine surfaces of Kodaira dimension one. Japan. J. Math., 147 – 169 (1990)

[65] Dieudonné, J.: Une généralisation des espaces compactes. J. Math. Pures Appl. 23, 65 – 76 (1944)

[66] Dieudonné, J.: A history of algebraic and differential topology 1900 – 1960. Boston, Birkhäuser 1989

[67] Dold, A.: Partitions of unity in the theory of fibrations. Ann. of Math. 78, 223 – 255 (1963)

[68] Dold, A.: Lectures on Algebraic Topology. Berlin – Heidelberg – New York, Springer 1972

[69] Dold, A.: Einfacher Beweis des Jordanschen Kurvensatzes unter zusätzlichen Voraussetzungen. Math. Phys. Semesterberichte 17, 23 – 32 (1970)

[70] Donaldson, S.: An application of gauge theory to 4-dimensional topology. J. Differential Geom. 18, 279 – 315 (1983)

[71] Donaldson, S., and P. B. Kronheimer: The Geometry of Four–Manifolds. Oxford, Clarendon Press 1990

[72] Ebbinghaus et al.: Zahlen. Berlin – Heidelberg – New York, Springer 1983

[73] Ehresmann, C.: Sur les espaces fibrés associés à une varieté différentiable. C.R. Acad. Sci. 216, 628 – 630 (1943)

[74] Ehresmann, C.: Les connexions infinitésimales dans un espace fibré différentiable. Colloque de Topologie, Bruxelles, 29 – 55 (1950)

[75] Eilenberg, S.: Singular homology theory. Ann. of Math. 45, 407 – 447 (1944)

[76] Eilenberg, S., and S. MacLane: On the groups H (π, n) I. Ann. of Math. 58, 55 – 106 (1953) (II, III, Ann. of Math. 60, 49 – 139, 513 – 557 (1954))

[77] Eilenberg, S., and N. Steenrod: Axiomatic approach to homology theory. Proc. Nat. Acad. Sci. 31, 117 – 120 (1945)

[78] Eilenberg, S., and N. Steenrod: Foundations of Algebraic Topology. Princeton, Univ. Press 1952

[79] Elemendorf, A. D, Kriz, I., Mandell, M. A., and J. P. May: Rings, modules and algebras in stable homotopy theory. Math. Surveys and Monographs 47. Amer. Math. Soc. 1996

[80] Engelking, R.: Outline of general topology. Amsterdam, North-Holland 1968

[81] Euler, L.: Demonstratio non nullarum insignium proprietatum quibus solida hedris planis indusa sunt praedita. Novi commentarii academiae scientiarum Petropolitanae 4(1752/3), 140 – 160. Opera Mathematica Vd. 26, 94 – 108 (1758)

[82]   Euler, L.: Elementa doctrinae solidorum. Novi commentarii academiae scientiarum Petropolitanae 4(1752/3), 109 – 140. Opera Mathematica Vd. 26, 71 – 93 (1758)

[83]   Federico, P. J.: Descartes on Polyhedra. New York – Heidelberg – Berlin, Springer 1982

[84]   Fischer, G.: Mathematische Modelle (Bildband und Kommentarband). Braunschweig, Vieweg 1986

[85]   Freedman, M. H.: The topology of 4-dimensional manifolds. J. Differential Geom. 17, 357 – 453 (1982)

[86]   Freedman, M. H., and F. Quinn: Topology of 4-Manifolds. Princeton, Univ. Press 1990

[87]   Freudenthal, H.: Über die Klassen von Sphärenabbildungen I. Compos. math. 5, 299 – 314 (1937)

[88]   Fritsch, R., and R. A. Piccinini: Cellular Structures in Topology. Cambridge, University Press 1990

[89]   Fuks, D. B., and V. A. Rokhlin: Beginner's Course in Topology. Berlin, Springer 1984

[90]   Fulton, W.: Algebraic Topology. A first course. New York, Springer 1995

[91]   Gabriel, P., and M. Zisman: Calculus of Fractions and Homotopy Theory. Berlin – Heidelberg – New York, Springer 1967

[92]   Gauß, C. F.: Werke. Bde. I - XII. Göttingen 1870 - 1929

[93]   Giever, J.B.: On the equivalence of two singular homology theories. Ann. of Math. 51, 178 – 191 (1950)

[94]   Gitler, S.: Immersions and embeddings of manifolds. Proc. Symp. Pure Math. XXII, 87 – 96 (1971)

[95]   Goebel, K. and W. A. Kirk.: Topics in metric fixed point theory. Cambridge, Univ. Press 1990

[96]   Goerss, P. G., and J. F. Jardine: Simplicial Homotopy Theory. Basel, Birkhäuser 1999

[97]   Gompf, R. E., and I. S. András: 4-manifolds and Kirby calculus. Graduate Studies in Math. 20. Amer. Math. Soc. 1999

[98]   Grauert, H.: On Levi's problem and the imbedding of real-analytic manifolds. Ann. of Math. 68, 460 – 472 (1958)

[99]   Gray, B.: Homotopy theory. New York, Academic Press 1975

[100] Greenberg, M. J.: Lectures on Algebraic Topology. New York, W.A.Benjamin 1967

[101] Greub, W., S. Halperin, and R. Vanstone: Connections, Curvature, and Cohomology. New York, Academic Press 1972

[102] Griffiths, H. B.: The fundamental group of two spaces with a common point. Quart. J. of Math. 5, 175 – 190 (1954)

[103] Guillou, L., Marin, A. (Ed.): A la Recherche de la Topologie Perdue. Boston, Birkhäuser 1986

[104] Haefliger, A.: Plongements différentiables des variétés. Comment. Math. Helv. 37, 155 – 176 (1962)

[105] Hahn, H.: Mengentheoretische Charakterisierung der stetigen Kurve. Sitzungsber. math. nat. Kl. der Akad. Wiss. Wien, 123, 2433 – 2489 (1914)

[106] Hanner, O.: Some theorems on absolut neighborhood retracts. Ark. Mat. 1, 389 – 408 (1951)

[107] Hausdorff, F.: Grundzüge der Mengenlehre. Leipzig, Verlag Veit & Comp 1914

[108] Heegard, P.: Sur l' Analysis situs. Soc. Math. France Bull. 44, 161 – 242 (1916)

[109] Hempel, J.: 3-Manifolds. Princeton, Univ. Press 1976

[110] Henn, H.-W., und D. Puppe: Algebraische Topologie. In: Ein Jahrhundert Mathematik 1890 - 1990. Festschrift zum Jubiläum der DMV. 637 – 716. Braunschweig – Wiesbaden, Vieweg 1990

[111] Hilbert, D.: Über die stetige Abbildung einer Linie auf ein Flächenstück. Math. Ann. 38, 459 – 460 (1891)

[112] Hilbert, D.: Über die Grundlagen der Geometrie. Math. Ann. 64, 381 – 422 (1902). (Dazu: Nachrichten der K. Gesellschaft der Wissenschaften zu Göttingen 1902.)

[113] Hilbert, D., und S. Cohn-Vossen: Anschauliche Geometrie. Berlin, Springer 1932

[114] Hirsch, M. W.: A proof of the nonretractability of a cell onto its boundary. Proc. Amer. Math. Soc. 14, 364 – 365 (1963)

[115] Hirsch, M. W.: Differential topology. New York – Heidelberg – Berlin, Springer 1976

[116] Hirzebruch, F.: Neue topologische Methoden in der algebraischen Topologie. Berlin, Springer 1962

[117] Hirzebruch, F.: Singularities and exotic spheres. Sém. Bourbaki 314 (1967)

[118] Hirzebruch, F.: Gesammelte Abhandlungen. Bde I - II. Berlin – Heidelberg – New York, Springer 1987

[119] Hirzebruch, F., und K. H. Mayer: $O(n)$-Mannigfaltigkeiten, exotische Sphären und Singularitäten. Berlin – Heidelberg – New York, Springer 1968

[120] Hocking, J. G., and G. S. Young: Topology. Reading Mass., Addison-Wesley 1961

[121] Hoffmann, K. H., and S. A. Morris: The structure of compact groups. Berlin, de Gruyter 1998

[122] Two-dimensional homotopy and combinatorial group theory. Edited by C. Hog-Angeloni, W. Metzler and A. J. Sieradski. London Math. Soc. Lecture Note Series 197. Cambridge, University Press 1993

[123] Hopf, H.: Über die Abbildungen der dreidimensionalen Sphäre auf die Kugelfläche. Math. Ann. 104, 637 – 665 (1931)

[124] Hopf, H.: Die Klassen der Abbildungen der n-dimensionalen Polyeder auf die n-dimensionale Sphäre. Comment. Math. Helv. 5, 39 – 54 (1933)

[125] Hopf, H.: Über die Abbildungen von Sphären auf Sphären niedrigerer Dimension. Fund. Math. 25, 427 – 440 (1935)

[126] Hopf, H.: Über die Drehung der Tangenten und Sehnen ebener Kurven. Compositio Math. 2, 50 – 62 (1935)

[127] Hopf, H.: Systeme symmetrischer Bilinearformen und euklidische Modelle der projektiven Räume. Vierteljahresschrift der Naturforschenden Gesellschaft in Zürich 85, 165 – 177 (1940)

[128] Hopf, H.: Über den Rang geschlossener Liescher Gruppen. Comment. Math. Helv. 13, 119 – 143 (1940/41)

[129] Hopf, H.: Über die Topologie der Gruppen-Mannigfaltigkeiten und ihrer Verallgemeinerungen. Ann. of Math. 42, 22 – 52 (1941)

[130] Hopf, H.: Schlichte Abbildungen und lokale Modifikationen 4-dimensionaler komplexer Mannigfaltigkeiten. Comment., Math. Helv. 29, 132 – 156 (1955)

[131] Hopf, H.: Selecta Heinz Hopf. Berlin – Göttingen – Heidelberg, Springer 1964

[132] Hovey, M.: Model categories. Math. Surveys and Monographs 63. Amer. Math. Soc. 1998

[133] Howard, P., and J. E. Rubin: Consequences of the axiom of choice. Math. Surveys and Monographs 59. Amer. Math. Soc. 1998

[134] Hurewicz, W.: Beiträge zur Topologie der Deformationen I–IV. Proc. Akad. Wetensch., Amsterdam. 38 (1935), 112 – 119, 521 – 528. 39 (1936), 117 – 126, 215 – 224 (1935/36)

[135] Hu, Sze-Tsen: Homotopy theory. New York, Academic Press 1959

[136] Hurewicz, W., and H. Wallman: Dimension theory. Princeton, Univ. Press 1948

[137] James, I. M.: Euclidean models of projective spaces. Bull. London Math. Soc. 3, 257 – 276 (1971)

[138]   James, I. M.: General topology and homotopy theory. Berlin, Springer 1984

[139]   James, I. M.: Fibrewise topology. Cambridge tracts in Math. 91. Cambridge Univ. Press 1989

[140]   James, I. M. (Editor): Handbook of Algebraic Topology. Amsterdam, Elsevier 1995

[141]   James, I.M. (Editor): History of Topology. Amsterdam, Elsevier 1999

[142]   van Kampen, E. H.: On the connection between the fundamental group of some related spaces. Amer. J. Math. 55, 261 – 267 (1933)

[143]   Kamps, K. H., and T. Porter: Abstract homotopy and simple homotopy theory. Singapore, World Scientific 1997

[144]   Karoubi, M.: K-Theory. Berlin, Springer 1978

[145]   v. Kerékjártó, B.: Vorlesungen über Topologie. Berlin, Springer 1923

[146]   Kervaire, M. A.: A manifold which does not admit any differentiable structure. Comment. Math. Helv. 34, 257 – 270 (1960)

[147]   Kervaire, M. A., and J. Milnor: Groups of homotopy spheres, I. Ann. of Math. 77, 504 – 537 (1963)

[148]   Kirby, R. C.: A calculus for framed links in S^3. Inv. Math. 45, 36 – 56 (1978)

[149]   Kirby, R. C.: The Topology of 4-Manifolds. Berlin – Heidelberg – New York, Springer 1989

[150]   Klein, F.: Über den Zusammenhang der Flächen. Math. Ann. 9, 476 – 482 (1876)

[151]   Klein, F.: Gesammelte Mathematische Abhandlungen. Bd. I–III. Berlin, Springer 1921–1923

[152]   Kneser, H.: Geschlossene Flächen in dreidimensionalen Mannigfaltigkeiten. Jahresber. Deutsch. Math.-Verein 38, 248 – 260 (1929)

[153]   Kneser, H.: Analytische Struktur und Abzählbarkeit. Ann. Acad. Sci. Fenn., Ser. A/I. Diss. 251/5 (1958)

[154]   Kneser, H., und M. Kneser: Reell-analytische Strukturen der Alexandroff-Halbgeraden und der Alexandroff-Geraden. Arch. Math. 11, 104 – 106 (1960)

[155]   Koch, W., und D. Puppe: Differenzierbare Strukturen auf Mannigfaltigkeiten ohne abzählbare Basis. Arch. Math. 19, 95 – 102 (1968)

[156]   Koecher, M.: Lineare Algebra und analytische Geometrie. Berlin – Heidelberg, Springer 1983.

[157]   Kuiper, N.: The homotopy type of the unitary group of Hilbert space. Topology 3, 19 – 30 (1965)

[158]   Lamotke, K.: Semisimpliziale algebraische Topologie. Berlin – Heidelberg – New York, Springer 1968

[159]   Leja, F.: Sur la notion du groupe abstrait topologique. Fund. Math. 9, 37 – 44 (1927)

[160]   Lickorish, W. B. R.: A representation of orientable combinatorial 3-manifolds. Ann. of Math. 76, 531 – 540 (1962)

[161]   Lie, S.: Gesammelte Abhandlungen. Bde I - III. Leipzig, Teubner 1934 – 1960

[162]   Lie, S., und F. Engel: Theorie der Transformationsgruppen. Leipzig, Teubner 1888 – 1893

[163]   Lillig, J.: A union theorem for cofibrations. Arch. Math. 24, 410 – 415 (1973)

[164]   MacLane, S.: Homology. Berlin – Göttingen – Heidelberg, Springer 1963

[165]   Massey, W. S.: Algebraic Topology: An Introduction. New York, Harcourt, Brace & World 1967

[166]   Massey, W. S.: Homology and cohomology theory. New York, Marcel Dekker 1978

[167]   May, J. P.: A concise course in algebraic topology. Chicago Lecture Notes in Math. Chicago, Chicago Univ. Press 1999

[168]   Mayer, K. H.: Algebraische Topologie. Basel – Boston – Berlin, Birkhäuser 1989

[169]   Mayer, W.: Über abstrakte Topologie. Monatsh. Math. Phys. 36, 1 – 42 und 219 – 258 (1929)

[170] Mazurkiewicz, S.: Sur les lignes de Jordan. Fund. Math. 1, 166 – 209 (1920)

[171] McCord, M. C.: Classifying spaces and infinite symmetric products. Trans. Amer. Math. Soc. 146, 273 – 298 (1969)

[172] Milnor, J.: On manifolds homeomorphic to the 7-sphere. Ann. Math. 64, 399 – 405 (1956)

[173] Milnor, J.: Construction of universal bundles. II. Ann. of Math. 63, 430 – 436 (1956)

[174] Milnor, J.: On spaces having the homotopy type of a CW-complex. Trans. Amer. Math. Soc. 90, 272 – 280 (1958)

[175] Milnor, J: On axiomatic homology theory. Pac. J. Math. 12, 337 – 342 (1962)

[176] Milnor, J.: A unique factorization theorem for 3-manifolds. Amer. J. Math. 84, 1 – 7 (1962)

[177] Milnor, J: Morse Theory. Princeton, Univ. Press 1963

[178] Milnor, J.: Micro bundles. Topology 3, Suppl. 1, 53 – 80 (1964)

[179] Milnor, J.: Topology from the differentiable view point. Charlottesville, Univ. Press 1965

[180] Milnor, J.: Lectures on the h-cobordiam theorem. Princeton, Univ. Press 1965

[181] Milnor, J.: Singular points of complex hypersurfaces. Princeton, Univ. Press 1968

[182] Milnor, J., and J. D. Stasheff: Characteristic classes. Princeton, Univ. Press 1974

[183] Möbius, A. F.: Gesammelte Werke. Bd. I–IV. Leipzig, Hirzel KG 1886

[184] Moise, E. E.: Geometric Topology in Dimensions 2 and 3. Berlin – Heidelberg – New York, Springer 1977

[185] Moore, G. H.: Zermelo's axiom of choice, its origins, development and influence. New York, Springer 1982

[186] Morse, A. P.: The behavior of a function on its critical set. Ann. of Math. 40, 62 – 70 (1939)

[187] Munkres, J. R.: Elementary Differential Topology. Princeton, University Press 1966

[188] Munkres, J. R.: Topology. A first Course. Englewood Cliffs, Prentice-Hall 1975

[189] Munkres, J. R.: Elements of Algebraic Topology. Reading, Mass., Addison–Wesley 1984

[190] Nagata, J.: Modern general topology. Groningen, Nordhoff 1968

[191] Newman, M. H. A.: Elements of the topology of plane sets of points. Cambridge, Univ. Press 1951

[192] Newman, M. H. A.: The engulfing theorem for topological manifolds. Ann. of Math. 84, 555 – 571 (1966)

[193] Nielsen, J. Collected Math. Papers. Vol 1.2. Birhäuser.

[194] Nomura, Y.: On mapping sequences. Nagoya Math. J. 17, 111 – 145 (1960)

[195] Ossa, E.: Topologie. Braunschweig, Vieweg 1992

[196] Ossa, E.: A simple proof of the Tietze–Urysohn extension theorem. Arch. Math. 71, 331 – 332 (1998)

[197] Peano, G.: Sur une courbe, qui remplit tout une aire plane. Math. Ann. 36, 157 – 160 (1890)

[198] Poincaré, H.: Mémoire sur les Groupes Kleinéens. Acta Math. 3, 49 – 92 (1883)

[199] Poincaré, H.: Sur la généralisation d'un théorème d'Euler relatif aux polyèdres. Compt. Rend. Acad. Sci. Paris 117, 144 – 145 (1893)

[200] Poincaré, H.: Analysis situs. Journal de l'École Polytechnique 1, 1 – 121 (1895)

[201] Poincaré, H.: Complément à l'Analysis Situs. Rend. Circ. Mat. Palermo 13, 285 – 343 (1899)

[202] Poincaré, H.: Cinquième complément à l'Analysis Situs. Rend. Circ. Mat. Palermo 18, 45 – 110 (1904)

[203] Poincaré, H.: Œuvres de Henri Poincaré VI. Paris, Gauthier – Villars 1953

[204] Pommerenke, Ch.: Boundary behaviour of conformal maps. Berlin, Springer 1992

[205] Pont, J. C.: La topologie algébrique des origines à Poincaré. Paris, Presses Univ. de France 1974

[206] Puppe, D.: Homotopiemengen und ihre induzierten Abbildungen. I. Math. Z. 69, 299 – 344 (1958)

[207] Puppe, D.: Bemerkungen über die Erweiterung von Homotopien. Arch. Math. 18, 81 – 88 (1967)

[208] Puppe, D.: Homotopy cocomplete classes of spaces and the realization of the singular complex. In: Topological Topics (I. M. James ed.) Cambridge, Univ. Press, 55 – 69 (1983)

[209] von Querenburg, B.: Mengentheoretische Topologie. Berlin – Heidelberg – New York, Springer, 2. Aufl. 1979

[210] Quillen, D.: On the formal group laws of unoriented and complex bordism theory. Bull. Amer. Math. Soc. 75, 1293 – 1298 (1969)

[211] Quillen, D.: Elementary proofs of some results of cobordism using Steenrod operations. Advances in math. 7, 29 – 56 (1971)

[212] Quillen, D.: Higher algebraic K-theory: I. Conf. Proc. Seattle 1972. Lecture Notes in Math. 341, 77 – 139. Berlin – Heidelberg – New York, Springer 1973

[213] Radó, T.: Über den Begriff der Riemannschen Fläche. Acta. Sci. Math. (Szeged) 2, 101 – 121 (1924)

[214] Ravenel, D. C.: Complex cobordism and stable homotopy groups of spheres. New York, Academic Press 1986

[215] Reidemeister, K.: Fundamentalgruppe und Überlagerungsräume. Nachrichten Akad. Wiss. Göttingen, II. Math.-Phys. Kl., 69 – 76 (1928)

[216] de Rham, G.: Sur l'Analysis situs des variétés à n dimensions. J. Math. Pures Appl. 10, 115 – 200 (1931)

[217] Riemann, B.: Grundlagen für eine allgemeine Theorie einer veränderlichen complexen Grösse. Inauguraldissertation, Göttingen 1851

[218] Riemann, B.: Theorie der Abel'schen Functionen. Borchardt's J.Reine und Angew. Math. 54 (1857)

[219] Riemann, B.: Gesammelte mathematische Werke und wissenschaftlicher Nachlass. Herausgegeben von H. Weber. Leipzig, Teubner 1876

[220] Rolfsen, D.: Knots and links. Berkeley, Publish or Perish 1976

[221] Rotman, J. J.: An Introduction to Algebraic Topology. New York, Springer 1988

[222] Sard, A.: The measure of the critical points of differentiable maps. Bull. Amer. Math. Soc. 48, 883 – 890 (1942)

[223] Rudin, M. E.: A normal space X for which $X \times [0, 1]$ is not normal. Fund. Math. 73, 179 – 186 (1971)

[224] Sard, A.: The measure of the critical points of differentiable maps. Bull. Amer. Math. Soc. 48, 883 – 890 (1942)

[225] Schoenflies, A.: Die Entwicklung der Lehre von den Punktmannigfaltigkeiten. Zweiter Teil. Leipzig, Teubner 1908

[226] Scholz, E.: Geschichte des Mannigfaltigkeitsbegriffs von Riemann bis Poincaré. Boston, Birkhäuser 1980

[227] Schreier, O.: Abstrakte kontinuierliche Gruppen. Abh. Math. Sem. Univ. Hamburg 4, 15 – 32 (1926)

[228] Schreier, O.: Die Verwandschaft stetiger Gruppen im großen. Abh. Math. Sem. Univ. Hamburg 5, 233 – 244 (1927)

[229] Schubert, H.: Topologie. Eine Einführung. Stuttgart, Teubner, 4. Auflage 1975

[230] Segal, G.: Classifying spaces and spectral sequences. Publ. Math. I.H.E.S. 34, 105 – 112 (1968)

[231] Seifert, H.: Konstruktion dreidimensionaler geschlossener Räume. Ber. Sächs. Akad. Wiss. 83, 26 – 66 (1931)

[232] Seifert, H., und W. Threllfall: Lehrbuch der Topologie. Leipzig, Teubner 1934

[233] Selick, P.: Introduction to homotopy theory. Fields Institute Monographs 9. Amer. Math. Soc. 1997

[234] Serre, J.-P.: Homologie singulière des espaces fibrés. Ann. of Math. 54, 425 – 505 (1951)

[235] Serre, J.-P.: Groupes d'homotopie et classes de groupes abéliens. Ann. of Math. 58, 258 – 294 (1953)

[236] Smale, S.: Regular curves on Riemannian manifolds. Trans. Amer. Math. Soc. 87, 495 – 512 (1958)

[237] Spanier, E. H.: Algebraic Topology. New York, McGraw – Hill 1966

[238] Sperner, E.: Neuer Beweis für die Invarianz der Dimensionszahl und des Gebietes. Abh. Math. Sem. Univ. Hamburg 6, 265 – 272 (1928)

[239] Stallings, J.: Polyhedral homotopy-spheres. Bull. Amer. Math. Soc. 67, 485 – 488.

[240] Steen, L.A., and J. A. Seebach jr.: Counterexamples in topology. Holt, Rinehart ans Winston 1970

[241] Steenrod, N.: The topology of fibre bundles. Princeton, Univ. Press 1951

[242] Steenrod, N.: A convenient category of topological spaces. Michigan Math. J. 14, 13 – 152 (1967)

[243] Stiefel, E.: Richtungsfelder und Fernparallelismus in Mannigfaltigkeiten. Comment. Math. Helv. 8, 3 – 51 (1936)

[244] Stillwell, J.: Classical Topology and Combinatorial Group Theory. New York – Heidelberg – Berlin, Springer 1980

[245] Stöcker, R., und H. Zieschang: Algebraische Topologie. Stuttgart, Teubner 1988

[246] Strøm, A.: Note on cofibrations. Math. Scand. 19, 11 – 14 (1966)

[247] Strøm, A.: Note on cofibrations II. Math. Scand. 22, 130 – 142 (1968)

[248] Switzer, R. M.: Algebraic Topology – Homotopy and Homology. Berlin – Heidelberg – New York, Springer 1975

[249] Taubes, C. H.: Gauge theory on asymptotically periodic 4-manifolds. J. Differential Geom. 25, 363 – 43 (1987)

[250] Thom, R.: Quelques propriétés globales des variétés différentiables. Comment. Math. Helv. 28, 17 – 86 (1954)

[251] Thom, R.: Un lemme sur les applications différentiables. Bol. Soc. Mat. Mexicana 59 – 71 (1956)

[252] Tietze, H.: Über Funktionen, die auf einer abgeschlossenen Menge stetig sind. J. reine angew. Math. 145, 9 – 14 (1915)

[253] Toda, H.: Composition methods in homotopy groups of spheres. Princeton, Univ. Press 1962

[254] Tougeron, J. C.: Idéaux de fonctions différentiables. Berlin – Heidelberg – New York, Springer 1972

[255] Urysohn, P.: Über die Mächtigkeit der zusammenhängenden Mengen. Math. Ann. 94, 262 – 295 (1925)

[256] Vietoris, L.: Über die Homologiegruppen der Vereinigung zweier Komplexe. Monatsh. Math. Phys. 37, 159 – 162 (1930)

[257] Vogt, R.: Convenient categories of topological spaces for homotopy theory. Arch. Math. 22, 545 – 555 (1971)

[258] Waldhausen F.: Algebraic K-theory of spaces. Proc. Conf., Rutgers New Brunswick 1983. Lecture Notes in Math. 1126, 318 – 419 (1985)

[259] Wall, C. T. C.: On the exactness of interlocking sequences. Enseign. Math 12, 95 – 100 (1966)

[260] Wall, C. T. C.: A geometric introduction to topology. Reading, Mass., Addison-Wesley 1972

[261] Wallace, A. H.: Modifications and cobounding manifolds. Can. J. Math. 12, 503 – 528 (1960)

[262] Weyl, H.: Die Idee der Riemannschen Fläche. Leipzig – Berlin, Teubner 1913

[263] Whitehead, G. W.: Elements of homotopy theory. New York, Springer 1978

[264] Whitehead, J. H. C.: On C^1-complexes. Ann. of Math. 41, 809 – 824 (1940)

[265] Whitehead, J. H. C.: Combinatorial homotopy. Bull. Amer. Math. Soc. 55, 213 – 245 (1949)

[266] Whitehead, J. H. C.: Mathematical Works. Vol I - IV. Oxford, Pergamon Press 1962

[267] Whitehead, J. H. C., and O. Veblen: A set of axioms for differential geometry. Proc. Nat. Acad. Sci. 17, 551 – 561 (1931)

[268] Whitney, H.: Sphere spaces. Proc. Nat. Acad. Sci. 21, 462 – 468 (1935)

[269] Whitney, H.: A function not constant on a connected set of critical points. Duke Math. J. 1, 514 – 517 (1935)

[270] Whitney, H.: Differentiable manifolds. Ann. of Math. 37, 645 – 680 (1936)

[271] Whitney, H.: On regular closed curves in the plane. Compositio Math. 4, 276 – 286 (1937)

[272] Whitney, H.: The self-intersection of a smooth n-manifold in $2n$-space. Ann. Math. 45, 220 – 246 (1944)

[273] Whitney, H.: The singularities of a smooth n-manifold in $(2n - 1)$-space. Ann. Math. 45, 247 – 293 (1944)

[274] Zeeman, E. C.: The generalized Poincaré-conjecture. Bull. Amer. Math. Soc. 67, 270 (1961)

Index